"十四五"国家重点出版物出版规划项目
中核集团核科学与技术研究生规划教材
黑龙江省精品工程专项资金资助出版

国家出版基金项目
NATIONAL PUBLICATION FOUNDATION

先进核科学与技术应用和探索丛书

核与辐射安全系列

总主编 欧阳晓平

环境辐射监测技术（第2版）

主 编 肖雪夫 岳清宇

哈尔滨工程大学出版社
Harbin Engineering University Press

内 容 简 介

全书分为6章,分别为:第1章概论;第2章环境辐射现场测量技术;第3章环境氡、氢及其子体测量技术;第4章环境样品的采集及预处理;第5章放射性测量数据的处理;第6章环境辐射监测的质量保证。

全书除第1章以外,其余章节均由独立的模块组成,根据教学需要,每个模块可以单独使用,也可以不同的方式组合使用。

本书可作为辐射防护及环境保护专业研究生的教材,也可以作为环境电离辐射监测专业技术人员的参考书。

图书在版编目(CIP)数据

环境辐射监测技术 / 肖雪夫,岳清宇主编. -- 2 版
. -- 哈尔滨 : 哈尔滨工程大学出版社,2023.12
ISBN 978-7-5661-4015-9

Ⅰ. ①环… Ⅱ. ①肖… ②岳… Ⅲ. ①辐射监测
Ⅳ. ①X837

中国国家版本馆 CIP 数据核字(2023)第 058967 号

环境辐射监测技术(第2版)
HUANJING FUSHE JIANCE JISHU(DI 2 BAN)

选题策划 石 岭
责任编辑 石 岭 张 昕
封面设计 李海波

出版发行 哈尔滨工程大学出版社
社　　址 哈尔滨市南岗区南通大街 145 号
邮政编码 150001
发行电话 0451-82519328
传　　真 0451-82519699
经　　销 新华书店
印　　刷 哈尔滨午阳印刷有限公司
开　　本 787 mm×1 092 mm　1/16
印　　张 29.5
字　　数 733 千字
版　　次 2023 年 12 月第 2 版
印　　次 2023 年 12 月第 1 次印刷
书　　号 ISBN 978-7-5661-4015-9
定　　价 98.00 元
http://www.hrbeupress.com
E-mail:heupress@ hrbeu.edu.cn

丛 书 序

核电在我国是战略性高技术产业，是构建清洁低碳、安全高效的现代能源体系的重要组成部分。经过多年的努力，我国核电从无到有，从小到大，取得了举世瞩目的成就。我国核科学与技术的快速发展，推动了整个科学技术领域和国民经济的发展，大大增强了我国的综合国力，提高了我国的国际地位。习近平总书记对我国核工业取得的成就给予了充分肯定，指出核工业要坚持安全发展、创新发展，坚持和平利用核能，全面提升核工业的核心竞争力，续写我国核工业新的辉煌篇章。

核行业的迅猛发展必然对核安全与辐射防护问题提出更多、更高的要求，核安全与辐射防护等工作对核工业健康可持续发展，发挥着重要的支撑作用。我们应居安思危，坚持不懈地推进核安全研究，减少核设施发生事故的概率，并尽可能减轻核事故后果的影响。辐射防护可有效保护人类和环境免受辐射照射产生的有害效应，而又不过于限制辐射照射在有益于人类健康和有利于工业、农业及其他行业领域的应用。因此，核与辐射安全对促进核科学与技术的发展起着越来越重要的作用，对保护人体健康和人类生存环境具有重要意义。

"先进核科学与技术应用和探索丛书——核与辐射安全系列"作为"先进核科学与技术应用和探索丛书"的第一辑，是国内首套系统讲解核科学与技术中的核安全与辐射防护问题的书籍，围绕核科学与技术应用中的辐射及其安全问题，从大气环境、核电厂等对人体可能造成的外照射和内照射等多个维度，讲解电离辐射的类型和来源，电离辐射监测、剂量评定与防护，以及辐射在工业、农业和医学等领域中的应用和安全问题。本丛书紧密贴合我国核技术发展实际，并在各自专题领域具有一定的先进性。

本丛书的出版将是核科学与技术领域关于核与辐射安全问题的一次系统性梳理与提高，将促进相关领域的理论研究和经验反馈，促进核行业稳步、健康与可持续发展，并为高校和科研单位提供知识参考，助力提高人才培养水平，为国家核行业发展储备技术骨干。

中国工程院院士

第2版前言

《环境辐射监测技术（第2版）》主要作为辐射防护及环境保护专业研究生的学科基础课教材，同时也可作为其他学科研究生的选修课教材。其主要内容包括环境放射性核素测量分析、环境辐射剂量监测的基本理论和基本知识，环境放射性核素取样、样品制备、仪器校准、测量分析、数据处理、质量保证以及环境辐射剂量监测的仪器校准、数据处理与分析、质量保证的技术与方法研究。第1版教材自2015年正式出版至今，已经历了近10年的时间，既得到了众多研究生教育工作者、博硕研究生以及其他读者的肯定和热爱，也得到潘自强院士等多位专家学者的肯定性评价及改进完善的意见和建议。随着时间的推移，环境电离辐射监测技术方法也有了较长足的发展。在核工业学院研究生管理部门的推动下，在改版专家老师以及出版社编辑们的共同努力下，结合众多专家学者的建议，我们对第1版教材进行了修改完善，补充了环境电离辐射监测技术近年来所取得的研究成果。

负责本书编写及改版工作的人员，除了少数章节外，基本沿用原班人马：第1章概论、第2章2.1节气体探测器测量技术由岳清宇编写，由肖雪夫改版；第2章2.2节闪烁计数器测量技术和2.3节剂量仪表的校准技术由高飞编写及改版，2.4节热释光剂量测量技术由宋明哲编写及改版，2.5节就地γ谱测量技术由肖雪夫编写及改版，2.6节航空γ能谱测量技术由胡明考编写及改版；第3章环境氡、氧射气及其子体测量技术由邢雨、李先杰编写及改版；第4章4.1节样品的采集与制备由林敏编写及改版，4.2节环境样品的放射化学分析方法由徐立军编写及改版，4.3节样品的实验室γ能谱测量分析由刁立军编写及改版，4.4节样品总α、总β放射性测量由徐立军编写及改版，4.5节α核素测量方法及其在环境放射性监测中的应用和4.6节β液闪谱仪在环境监测中的应用由汪建清编写及改版，4.7节环境样品的加速器质谱分析技术由姜山编写及改版；第5章放射性测量数据的处理由肖雪夫编写及改版；第6章环境辐射监测的质量保证由岳清宇编写，由肖雪夫改版。

本书进行的普遍性修改、补充内容如下：(1)各章(节)对第1版中的国家标准和行业标准进行了捋顺，均替换成现行有效的国家标准和行业标准；(2)各章(节)均补充了若干练习(含思考)题；(3)各章(节)对第1版中的部分文字进行了修改和完善。

本书进行的针对性修改、补充内容如下。

第1章新增了全国环境辐射连续监测国控点最新数据；补充了NORM相关的内容；根据《核动力厂环境辐射防护规定》(GB 6249—2011)，增加了辐射本底调查内容、周期和范围，以及相应的参考文献；补充了《辐射环境监测技术规范》(HJ 61—2021)相关要求。

第2章2.1节复核纠正了苏联切尔诺贝利核事故烟羽飘至北京地区导致的空气吸收剂量率计算结果，并纠正了原计算结果与实验测量结果的比较结论；补充了利用高气压电离室在大的淡水水域表面精确测量宇宙射线的条件和要求。2.2节新增了闪烁计数器在环境放射性 α/β 表面污染监测工作中的应用，并补充了相应的参考文献。2.3节补充了环境放射性 α/β 表面污染测量仪的校准并补充了相应的参考文献。2.4节修改了参考文献格式。2.5节补充了 HPGe γ 谱仪就地测量土壤中沉降的人工放射性核素活度浓度值（Bq/m²）与所取土壤样品的实验室低本底 HPGe γ 谱仪测量分析的人工放射性核素活度浓度值（Bq/kg）比对换算公式的推导；新增了人工放射性核素随土壤深度分布参数（$\alpha/\rho s$）的快速实验测量技术。2.6节新增了航测新发现的未知核素和无人机航测。

第3章补充了氡浓度随时间、环境温度、人类活动等影响因素变化的描述，新增了氡与氡子体测量方法的选择。

第4章4.1节补充了环境样品的制备技术相关内容。4.2节补充了参考文献及在正文中的索引。4.3节补充完善了本底辐射来源及降低本底辐射的措施。4.5节补充完善了多丝正比计数器原理；补充了参考文献。4.6节新增了长度补偿内充气正比计数器测量方法及其在环境监测中的应用。将原4.5、4.6节的参考文献进行了拆解。4.7节补充了典型加速器质谱（AMS）装置的组成；补充了 AMS 在环境监测中应用的特点；补充了超强电离质谱学原理与仪器技术及其在环境样品分析中的应用。

第5章纠正了错误数据和错误计算结果；补充了部分公式的加和符号的上下限。

第6章更新了参考文献（现行有效标准）与部门机构名称。

中国原子能科学研究院邵明刚高工为本次改版提供了新增的2.5.5节部分相关资料；中国原子能科学研究院张焕乔院士、夏益华研究员，清华大学桂立明教授对本书进行了认真细致的审阅，在此一并表示衷心的感谢！

受编者水平和经验所限，书中难免存在疏漏和不足之处，敬请读者不吝赐教。

编　者

2023 年 9 月于北京

第1版前言

因为多年从事环境电离辐射监测技术研究和硕士研究生的教学工作,一直考虑应该编写一本适合从事环境电离辐射监测技术研究或相关技术研究的人员和对环境电离辐射监测技术感兴趣的硕士研究生使用的教材和参考书。此次受中国核工业研究生部的委托,终于如愿组织编写了这本教材——《环境辐射监测技术》。

本书主要作为辐射防护及环境保护专业研究生的专业基础课教材,同时也可作为其他学科研究生的选修课教材。其主要内容包括环境放射性核素测量分析、环境辐射剂量监测的基本理论和基本知识,研究环境放射性核素取样、样品制备、仪器校准、测量分析、数据处理、质量保证,以及环境辐射剂量监测的仪器校准、数据处理与分析、质量保证的技术与方法。

本书由肖雪夫、岳清宇主编。其中第1章概论、第2章的2.1节气体探测器测量技术和第6章环境辐射监测的质量保证由岳清宇编写;第2章的2.2节闪烁计数器测量技术和2.3节剂量仪表的校准技术由高飞编写;第2章的2.4节热释光剂量测量技术由宋明哲编写;第2章的2.5节就地 γ 谱测量技术和第5章放射性测量数据的处理由肖雪夫编写;第2章的2.6节航空 γ 能谱测量技术由胡明考编写;第3章环境氡、氢及其子体测量技术由邢雨、李先杰编写;第4章的4.1节样品的采集与制备由林敏编写;第4章的4.2节环境样品的放射化学分析方法和4.4节样品总 α 、总 β 放射性测量由徐立军编写;第4章的4.3节样品的实验室 γ 能谱测量分析由刁立军编写;第4章的4.5节 α 核素测量方法及其在环境放射性监测中的应用和4.6节 β 液闪谱仪在环境监测中的应用由汪建清、姚顺和编写;第4章的4.7节环境样品的加速器质谱分析技术由姜山编写。倪宁、张力两位研究生在教材的部分文字录入、图表整理以及排版方面做了大量的工作;董柳灿、夏益华两位研究员对本书进行了认真细致的审阅,在此一并表示衷心的感谢!

受编者水平和经验所限,书中疏漏和不足之处在所难免,敬请读者不吝赐教。

编 者

2013 年 2 月于北京

目　　录

第1章 概 论

1.1 引 言

环境是人类和其他生物赖以生存的自然条件的总和。《中华人民共和国环境保护法》指出:"本法所称环境,是指影响人类生存和发展的各种天然的和经过人工改造的自然因素的总体,包括大气、水、海洋、土地、矿藏、森林、草原、湿地、野生生物、自然遗迹、人文遗迹、自然保护区、风景名胜区、城市和乡村等。"生物是环境的产物,大多数生物集中生活在大气、水体和陆地相邻的区域中。动物的生存,一方面受环境影响,另一方面也影响着环境。人类则主要通过自己的劳动来改造环境。人类的生产和生活实践改变了原来的自然条件,改变了环境质量,进而影响了人类的生产与生活。人类保护环境的目的实为保护人类自身。

大气、水和土地是环境的基本成分。在大气、水和土地中,自地球形成以来就存在天然放射性。1894年法国物理学家亨利·贝可勒尔首先发现天然放射性。两年后的1896年,居里夫妇发现天然放射性元素镭(Ra)。随着核反应堆和加速器的建造,各种人工放射性核素不断产生,尤其是自20世纪40年代以来核武器试验产生的放射性落下灰在全球范围的沉降,使得人类生活的环境中不仅存在天然放射性核素,也存在人工放射性核素。此外,来自宇宙空间的宇宙辐射及其与大气的相互作用所产生的放射性核素(即宇生核素)也包括在天然辐射之中。所谓环境电离辐射水平,是指上述广泛存在于人类生存环境中的宇宙辐射、宇生核素、天然核素(即原生核素)和人工放射性核素产生的电离辐射剂量。

随着核能的开发、核技术的应用,特别是核事故的发生,使环境电离辐射监测(以下简称环境辐射监测)更为世人所关注。切尔诺贝利核事故发生以后,截至2006年,欧洲30个国家,先后共建立环境辐射监测网点4113个,总部设在国际原子能机构(IAEA)的国际核应急网络也于2008年2月开始运行。近年来,我国生态环境部已在全国32个省、市、自治区设立了近500个环境γ剂量率连续监测点,并正在逐步增建更多的此类监测点,形成覆盖全国的环境辐射监测网系统。

1.2 环境辐射监测范围、目的和监测方案要求

1.2.1 监测范围

目前,国内外开展的环境辐射和放射性监测主要有以下几个方面:
(1)全国或局部范围的环境辐射本底调查;
(2)建材和居室内(Rn)放射性水平测量;
(3)放射性物质丢失的寻测;
(4)核设施常规运行时的环境辐射监测;
(5)核事故应急监测;
(6)核设施退役的环境辐射监测;
(7)核恐怖监测(包括防范监测)。

1.2.2 监测目的[1]

环境辐射监测的目的主要包括以下几个方面：

(1)评价核设施对放射性物质包容和排出流控制的有效性；

(2)测定环境介质中放射性核素浓度或空气吸收剂量率的变化；

(3)评价公众受到的实际及潜在照射剂量，或估计可能的剂量上限值；

(4)发现未知的照射途径和为确定放射性核素在环境中的传输模型提供依据；

(5)出现事故排放时，保持快速估计环境污染状态的能力；

(6)鉴别由其他来源引起的污染；

(7)对环境放射性本底水平实施调查；

(8)证明核设施是否满足限制向环境排放放射性物质的规定和要求。

总之，环境辐射监测的最终目的归结为评价电离辐射对人类的影响。

环境辐射监测具有上述广泛的目的和内容，其着眼点可以是居民所受的全部剂量，也可以是由某一实践引起的环境辐射场或环境介质中放射性浓度的变化。

1.2.3 监测方案要求[2]

监测方案要求包括以下内容：

(1)监测要有明确的目的性，对于所测量的确切含义、统一的登记表格格式和计算方法等，都要有书面材料，明文规定。

(2)有若干种可以相互核对与补充的稳定可靠的测量手段，并有明确规定的操作与计算方法。监测中应包括有累积测量能力的监测手段，如热释光剂量计，以及对一些固定点的剂量率的变化进行观测和分析的计划。

(3)有统一的仪表校准（包括区分宇宙辐射成分）与性能检验（包括自身污染的检验）的条件和制度，并有记录。

(4)有合理有效的布点与测量周期的规定，并且要有所有布点的测量与部分布点深入观测和分析的有机结合。为了使所测数值具有代表性，要有该区域的粗测结果和可能沾污源的分布数据。

(5)要有比对，以考虑不同小组和不同测量手段所得结果是否矛盾，这是统一量值的最主要手段。在环境辐射监测中，"可追溯性"是非常重要的。为此最好有：①典型的环境基准点；②大淡水水体表面（此处地面辐射很少，主要为宇宙辐射）；③低剂量的标准照射条件；④良好屏蔽的低本底空间。

(6)有正确解释、分析与使用所测结果所需的专门的剂量学研究。

(7)与其他环境监测项目的联系及统一考虑。

(8)数据资料的整理、分析与保存，主要数据应有副本作为档案分地保存。

(9)延续性，一方面要求持之以恒，另一方面在用新的测量手段代替原来的手段时，新旧手段必须同时使用一段时间，并在典型环境基准点与典型季节条件下，求出新旧两种手段对应关系，以防旧数据完全报废。这种替换务必审慎进行。

1.3 环境辐射场的物理特性

环境辐射中包含了宇宙辐射电离成分及天然放射性核素和人工放射性核素发射的射线成分。天然和人工放射性核素以各种状态分布于地壳、建材、空气、水等环境介质和实物中。天然放射性核素有铀系、钍系和 ^{40}K，人工放射性核素主要为 ^{90}Sr 和 ^{137}Cs。可直接探测到的环境辐射主要是十几 keV 至 3 MeV 的 γ 射线，它随地质状况和建材结构不同而变化，表 1.3.1 列出了典型环境辐射场。

表 1.3.1　典型环境辐射场[3]（1 m 高处）

辐射	能量/MeV	来源	自由空气吸收剂量率/（10^{-8} Gy·h^{-1}）
α	1~9	Rn（大气）	2.7
β	0.1~2	Rn（大气）	0.2
	0.1~2	K、U、Th、Sr（土壤）	2.5
	2~200	宇宙辐射	0.7
γ	≤2.4	Rn（大气）	0.2
	≤1.5	K（土壤）	2.0
	≤2.4	U（土壤）	1.0
	≤2.6	Th（土壤）	2.4
	≤0.8	Cs 及其他落下灰	0.3
n	0.1~100	宇宙辐射	0.1
p	10~2 000	宇宙辐射	0.1
μ	100~30 000	宇宙辐射	2.3
总计			14.5

地表 γ 辐射构成的外照射和 Rn 产生的内照射主要来源于土壤中一些放射性核素的贡献，表 1.3.2 给出了这些放射性核素在土壤中的分布。土壤中放射性核素浓度随地质结构的不同而有所差异。

表 1.3.2　主要天然放射性核素在土壤中的浓度[4]　　　　单位:g·g^{-1}

核素	在土壤中的浓度	核素	在土壤中的浓度
^{40}K	2.0×10^{-6}	^{233}U	5.0×10^{-6}
^{87}Rb	8.0×10^{-5}	^{234}U	8.0×10^{-11}
^{115}Ln	1.0×10^{-7}	^{230}Th	2.0×10^{-10}
^{138}La	2.0×10^{-8}	^{226}Ra	1.0×10^{-12}
^{147}Sm	9.0×10^{-7}	^{210}Pb	4.0×10^{-14}
^{176}Lu	2.0×10^{-8}	^{232}Th	1.0×10^{-5}
^{187}Rc	6.0×10^{-10}	^{235}U	7.0×10^{-9}

表 1.3.3 列举了陆地天然放射性核素(系列)和 ^{137}Cs 在地面上不同高度的 γ 吸收剂量 $\dot{D}$ 率变化(相对于 1 m 高处值的百分数)情况。

表 1.3.3　地面上不同高度的 γ 吸收剂量率 $\dot{D}$ 变化[4](相对于 1 m 高处值的百分数)　　单位:%

核素	高度/m					
	0	1	10	30	100	300
^{40}K	102	100	89	74	44	12
^{238}U 系	102	100	89	73	42	10
^{232}Th 系	102	100	89	74	43	12
^{137}Cs	104	100	81	61	29	5
典型天然辐射场	102	100	89	74	44	12

地表 γ 辐射和宇宙辐射产生的外照射剂量(也称贯穿辐射剂量)随时间而变化,γ 吸收剂量率与土壤湿度有关。宇宙辐射一年内变化较小。表 1.3.4 列出了美国环境测量实验室(EML)用一台高气压电离室测到的地表某点处一年内贯穿辐射照射量率 $\dot{X}$ 随时间的变化:一个月内变化量最高可达 29%,一年内变化量最高可达 36.7%。

表 1.3.4　贯穿辐射照射量率 $\dot{X}$ 随时间的变化[5]　　单位:(μR/h)*

时间	日变化范围		月平均值及其变化范围		季平均值及其变化范围	
	数值	$\dfrac{最大值-最小值}{平均值}$ /%	数值	$\dfrac{平均值-月平均值}{平均值}$ /%	数值	$\dfrac{平均值-季平均值}{平均值}$ /%
1981 年 7 月	13.98~15.74	11.9	14.8	−3.5	14.95	−4.6
1981 年 8 月	14.45~15.54	7.2	15.06	−5.3		
1981 年 9 月	14.35~15.87	10.1	15.0	−4.9		
1981 年 10 月	14.29~16.21	13.0	14.77	−3.3	14.32	−0.14
1981 年 11 月	14.46~15.06	4.1	14.77	−3.3		
1981 年 12 月	11.95~15.69	27.9	13.41	6.2		
1982 年 1 月	11.93~14.98	22.8	13.36	6.6	13.7	4.2
1982 年 2 月	12.64~14.14	10.9	13.71	4.1		
1982 年 3 月	13.46~14.44	7.0	14.04	1.8		
1982 年 4 月	10.96~14.86	29.0	13.46	5.9		
1982 年 5 月	14.14~15.67	10.3	14.89	4.1	14.19	0.8
1982 年 6 月	13.77~15.02	8.8	14.22	0.6		
总平均值		13.58	14.30	1.85	14.30	0.07

注:* $\dot{D}$(μGy/h) $=8.73\times10^{-3}\dot{X}$(μR/h),1 R/S $=2.58\times10^{-4}$ C/(kg·s)。

1.4　天然辐射照射

人类受到天然辐射源产生的电离辐射照射具有持续性和不可避免的特征。对于大多数人来说,天然辐射照射比所有的人工源加在一起的照射还大。天然辐射照射主要来自两个方面:进入地球大气层的高能宇宙辐射粒子产生的辐射、地壳中的原生放射性核素产生的辐射。原生放射性核素在我们生活的环境中到处存在,包括存在于人体内。这些天然辐射源对人体既产生外照射,又产生内照射。表1.4.1列举了天然辐射源对地球上生活的成年人所致的平均年有效剂量。

表 1.4.1　天然辐射源对成年人所致平均年有效剂量[6]　　　　单位:mSv

源	世界范围平均年有效剂量	典型范围
外照射		
宇宙辐射	0.4	0.3~1.0①
地面 γ 射线	0.5	0.3~0.6②
内照射		
吸入(主要是 Rn)	1.2	0.2~10.0③
食入	0.3	0.2~0.8④
总计	2.4	

注:①从海平面到高海拔地区;
　　②取决于放射性核素在土壤和建筑材料中的含量;
　　③取决于室内 Rn 的累积;
　　④取决于放射性核素在食物和饮水中的含量。

1.4.1　地表宇宙辐射照射[7]

宇宙辐射由两部分组成:初级宇宙辐射和次级宇宙辐射。初级宇宙辐射成分可更进一步分为银河的宇宙辐射、地磁俘获辐射和太阳的宇宙辐射。

银河的宇宙辐射来自太阳系以外,并且大部分由正荷电粒子组成。一些研究指出:在地球大气层外部、纬度55°以上的宇宙辐射由87%质子、12%α 粒子和1%其他重核所组成。这些粒子的能量在几个 10^9 eV 到大于 10^{17} eV 范围内。

当一个荷电粒子接近地球的时候,它受到地球磁场的作用。为了穿过磁场而到达地球,粒子必须具有一定的动量。否则,它就会被地球磁场俘获。这时产生第二种类型的初级宇宙辐射,即地磁俘获辐射。它包含两个辐射带(电子和质子),可在高纬度处被观察到。这两个辐射带相对于磁性赤道是对称的。

第一个辐射带出现在 1 000 km 高度左右,从北纬30°延伸到南纬30°。带内的强度先随着高度而增加(直至 3 000 km 左右),然后减弱。现在人们对它的能谱还不十分清楚。在空间旅行时这些辐射带将对人体产生辐射。

第二个辐射带开始于大约 12 000 km 的高度,在 15 000 km 处达到最大值。它从北纬60°延伸到南纬60°。

太阳的宇宙辐射是伴随着太阳表面上的强烈耀斑而产生的,这些射线由质子组成。这类事件分为高能和低能两种:高能事件能用地面上的中子探测器观察到;低能事件比较频繁,但必须在高空才能探测到。由于这些事件产生的辐射遍及太阳系,所以在载人宇宙飞船的屏蔽设计时需要对它们做出重要考虑。

次级宇宙辐射是由初级宇宙辐射到达地球大气层时发生相互作用而产生的。当高能辐射粒子与大气原子碰撞时会放出许多产物：介子、电子、光子、质子和中子。这些产物在射向地球表面的途中因为与元素碰撞或者本身衰变，又产生其他次级宇宙辐射，这样就发生了倍增或簇射，使一个初级宇宙辐射粒子能引起多达 10^8 个次级宇宙辐射粒子。

大多数的初级宇宙辐射在大气层的上部 1/10 范围内被吸收。在大约 20 km 高度以下，宇宙辐射几乎全部是次级的。从大气层顶部降到 20 km 高度，宇宙辐射的总注量率是增加的。虽然初级宇宙辐射的注量率降低，但由于次级宇宙辐射数目的迅速上升使总注量率增加。在 20 km 以下，总注量率随高度的降低而减弱，这是因为次级宇宙辐射发生衰减而初级宇宙辐射不再产生次级宇宙辐射。

在地球表面，次级宇宙辐射由介子（硬成分，这是主要成分）、电子和光子（软成分）以及中子和质子（核成分）组成。在海平面，约 3/4 宇宙辐射属于硬成分。

由于地球磁场的存在，宇宙辐射注量率也随纬度的变化而变化。一个荷电粒子到达地球的地磁赤道处的大气层所需要的能量，大于其到达其他纬度处所需要的能量。这一效应在纬度 15°~50° 之间最显著。在纬度 50° 以上，宇宙辐射注量率几乎保持恒定。这样，最低的宇宙辐射注量率值发生在地磁赤道处。这种效应用纬度 50° 处的宇宙辐射注量率比赤道处的宇宙辐射注量率所增加的百分数来表示。在海平面，此效应对于致电离粒子的成分来说是不大的（10%），而对于中子成分来说则较大（150%）。

这种本底辐射源所造成的剂量率可分为两部分。致电离粒子成分引起的部分由电离室读数进行估计。中子成分引起的部分较难测量，因为剂量率与中子的能谱有着密切关系。

在海平面和高纬度地区，电离量约为 1.96 离子对/$(cm^3 \cdot s)$，它对软组织的剂量率约为 28 mrad[①]/a，帕特森（Patterson）等人估计中子剂量率为 25 mRem[②]/a。在中等纬度地区，海平面的总剂量率大约为 50 mRem/a。预期此剂量率随高度增加而增加，并随纬度增加而增加。

地表宇宙辐射场的主要成分是能量为 1~20 GeV 的 μ 介子，它们在自由空气中产生的吸收剂量率约占来自直接电离辐射产生的吸收剂量率的 80%；其余成分是 μ 介子产生的电子或在电磁级联辐射中产生的电子，随着海拔的增加，电子成为剂量率的重要贡献者。表 1.4.2 给出了地表大气中宇宙辐射粒子的性质。

表 1.4.2　地表大气中宇宙辐射粒子的性质[8]

类别	名称	能量/MeV	平均寿命/s	主要衰变方式
重子				
核子	质子(p)	938.2	稳定	稳定
	中子(n)	939.5	$1.01×10^3$	$p+e^-+\nu_e$
介子	π 介子($\pi^{\pm}$)	139.6	$2.55×10^{-8}$	$\mu+\nu_\mu$
	(π^0)	134.9	$1.78×10^{-15}$	$\gamma+\gamma$
	K 介子($K^{\pm}$)	493.7	$1.23×10^{-8}$	$\mu+\nu_\mu$
	(K_1)	497.7	$0.91×10^{-10}$	$\pi+\pi^-$
	(K_2)	497.7	$5.7×10^{-8}$	$\pi+e+\nu_e$

---

① 1 rad = 10^{-2} Gy。

② 1 Rem = 0.01 Sv。

表 1.4.2(续)

类别	名称	能量/MeV	平均寿命/s	主要衰变方式
轻子	μ介子($\mu^{\pm}$)	105.6	2.2×10^{-6}	$e^{\pm} + \nu_{e+} \nu_{\mu}$
	电子($e^{\pm}$)	0.511	稳定	稳定
	中微子(ν_e)	0	稳定	稳定
	(ν_{μ})	0	稳定	稳定
光子	光子 γ	0	稳定	稳定

中国原子能科学研究院在 1978 年至 1987 年的 10 年间用高气压电离室在云南省和新疆维吾尔自治区的不同海拔(490 m~2.23 km)湖泊上,以及在河北省香河地区上空(10 m~26 km)搭载高空气球,测量了低大气层中的宇宙辐射电离量,从海南岛到满洲里(地磁纬度 7.68°N~37.37°N)测量了宇宙辐射电离量随纬度的变化,得出在高度 $h<6\,360$ m 低大气层中宇宙辐射电离量 i(I)随高度 h(m)和地磁纬度 λ_m(°N)分布的经验公式(1.4.1)[9]:

$$i = \begin{cases} (i_0 + 0.009\,8\lambda_m)\exp(7.27 \times 10^{-5}h^{1.184}) & ,\lambda_m > 13°N \\ (i_0 + 0.127)\exp(7.27 \times 10^{-5}h^{1.184}) & ,\lambda_m \leqslant 13°N \end{cases} \tag{1.4.1}$$

式中 i_0——$\lambda_m = 0$, $h = 0$ 时的 i 值。

宇宙辐射电离量 i 的单位 I,表示在标准状况下每立方厘米自由空气中,宇宙辐射每秒产生一个离子对,即 1 I=1 离子对/(cm³·s),相当于空气吸收剂量率 15 nGy/h。地理纬度和地磁纬度存在以下关系:

$$\sin\lambda_m = \sin\lambda\cos 11.7° + \cos\lambda\sin 11.7°\cos(\varphi - 291°) \tag{1.4.2}$$

式中 λ、φ——地理纬度和经度。

北京密云水库 1978—1982 年 4 次宇宙辐射电离量 i 测量平均值为 2.095 I。i_0 值 1983—1987 年平均为 1.67 I,水库地磁纬度 $\lambda_m = 0.283\lambda$,按经验公式可算出 $i = 2.01$ I,与实测平均值 2.095 I 相差 4.1%。

根据以上经验公式、我国大陆地区居民居住地的地理分布和 1986 年底全国人口统计资料,估算得出我国大陆地区居民所受宇宙辐射人口加权平均年有效剂量当量为 278 μSv,其中电离成分和中子成分分别为 252 μSv 和 26 μSv。

宇宙辐射对我国居民产生的年集体有效剂量当量约为 25.5 人·Sv。1988 年联合国原子辐射效应科学委员会(UNSCEAR)报告估计,1984 年空中旅行对世界人口产生的集体有效剂量当量约为 4 300 人·Sv。

历年来的 UNSCEAR 报告对世界居民所受宇宙辐射剂量的估算值除了因改变某些参数而引起较大变化外,一般变化不大。UNSCEAR 报告中的估算值是根据一些国家和地区的现有数据资料所做的一个平均估计。每个国家地理情况和人口分布不同,因此估算出各自国家居民所受宇宙辐射剂量,既可为本国提供科学资料,又可为 UNSCEAR 提供有关的数据资料。

表 1.4.3 列出了 UNSCEAR 近年报告中提供的世界居民所受宇宙辐射年有效剂量当量值和有关作者报道的居民所受宇宙辐射年有效剂量当量。结果表明中国居民所受宇宙辐射年有效剂量当量较世界居民约低 28%,这是由地理分布因素决定的,因为中国居民绝大多数居住在北半球低海拔和较低地磁纬度的地带,人口的 53.6% 居住在海拔 100 m 以下地带,人口的 91% 居住在地磁纬度为 30°N 以下的地带。

表 1.4.3　世界和我国居民所受宇宙辐射有效剂量当量[10]

国家和作者	年有效剂量当量/μSv			备注					
	电离成分	中子成分	总计	建筑物屏蔽因子	室内停留因子	品质因数		高度	纬度
						电离成分	中子成分		
美国 D. T. Oakley 等（1972）	353	56	409			1	8	海平面	美国范围
UNSCEAR（1982）	280	21	301			1	6	海平面	50°N
UNSCEAR（1986）	240	42	282	0.8	0.8	1	12	海平面	世界范围
UNSCEAR（1988）	240	20	260	0.8	0.8	1	6	海平面	世界范围
UNSCEAK（1988）	300	55	355	0.8	0.8	1	6	世界平均高度	世界范围
中国原子能科学研究院	239	26	265	0.8 城市 0.8 农村 0.9	0.8 城市 0.8 农村 0.7	1 1	6 6	中国平均高度 中国范围高度	中国范围 中国范围
	252	26	278						
中华人民共和国卫生部	268			0.9	0.8	1		中国范围高度	中国范围

1.4.2　地表 γ 射线照射

地表 γ 射线来自天然放射性核素（原生核素），存在于所有环境介质中（包括人体自身，如 ^{40}K），土壤中的 ^{238}U 和 ^{232}Th 系列以及 ^{40}K 构成人体的主要外照射。表 1.4.4 列出了这些核素在距地表 1 m 高度处的照射剂量率。

表 1.4.4　一个典型的地球 γ 辐射场——1972 年[4]

辐射源	1 m 高度处照射量率 $\dot{X}$ /($\mu R \cdot h^{-1}$)	1 m 高度处 γ 注量率 φ /($cm^{-2} \cdot s^{-1}$)
^{40}K	2.5	2.7
^{238}U+子体	1.4	2.2
^{232}Th+子体	3.0	4.1
^{137}Cs	0.5	0.8
$^{95}Zr - ^{95}Nb$	0.2	0.4
空气中^{222}Rn子体	0.1	0.2
总计	7.7（0.59 mGy·a^{-1}）	10.4

人体在室内和室外主要受 γ 射线照射（室内 Rn 内照射见第 3 章），根据 UNSCEAR 1993 年报告，估计世界人口的 1/3 居民接受室内 γ 空气吸收剂量率平均为 20~190 nGy·h^{-1}，人口加权平均值为 80 nGy·h^{-1}（我国为 99 nGy·h^{-1}），我国室内外比值为 1.4，室内照射剂量主要取决于建材的天然放射性核素活度浓度。空气吸收剂量率转换为有效剂量率的系数为 0.7 Sv·Gy^{-1}，室内停留因子采用 0.8。这里根据所掌握的资料汇总出 UNSCEAR 发表的 1962—2000 年陆地 γ 辐射产生的外照射剂量率（nGy·h^{-1}），数据结果列于表 1.4.5。

表1.4.5 陆地γ辐射产生的外照射剂量率（nGy·h⁻¹）

国别	1962年	1966年	1977年		1982年			1990年		1993年				2000年			
	估计值	全身照射②	人口/10⁶	室外	室外	室内	内/外	人口/10⁶	室外	人口/10⁶	室外	室内	内/外	人口/10⁶	室外	室内	内/外
中国			12③	60③	69③			1 120	67④	1 120⑤	62	99	1.6	1 232	62	99	1.6
美国			219	45	46	39	0.75	248	46	249	46	37	0.80	269.4	47	38	0.8
英国								56	34	57.2	34	60	1.76	58.14	34	60	1.8
法国					81	99	1.11	55	68	56.1	68	75	1.10	58.33	68	75	1.1
印度			633	36	42			832	55	853	55			944.6	56		
日本			110	41	49			123	49	123	49	50	1.02	125.4	53	53	1.0
世界（均值）	2.99 mSv	2.95 mSv		45	50	60	1.2		53.3		57	83	1.44⑥		59	84	1.4
统计数			共10个国家和地区		共15个国家和地区			共25个国家和地区		共42个国家和地区				共55个国家和地区			

注：① 表内数据摘自1966—2000年，第6届UNSCEAR报告；
② 包括人体性腺，哈弗氏管，骨髓全部所受天然辐射照射有效剂量；
③ 中国台湾地区数据；
④ 中国卫生部数据（热释光剂量计地面测量）；
⑤ 中国国家环境保护局数据；
⑥ 按人口加权均值。

1.5　人类活动增加的辐射剂量

人类活动增加的照射包括6类：核燃料循环、医学应用、工业应用、人为活动引发的天然辐射剂量升高、国防活动和其他应用。其平均年集体有效剂量为 14 000 人·Sv（1990—1994），其中人为活动（如采煤等）引发的天然辐射照射占 83.5%，核燃料循环占 10%，医学应用占 5.4%。表 1.5.1 为全世界职业受照（1990—1994）一览表。

表 1.5.1　全世界职业受照（1990—1994）一览表[6]

实践	受监测工作人员 /(10^3人)	平均年集体有效剂量 /(人·Sv)	生产单位能源的平均年集体有效剂量 /(人·Sv(GWa[①])$^{-1}$)	平均年有效剂量/mSv		分布比	
				受监控工作人员	可测到受照的工作人员	NR$_{15}$	SR$_{15}$
核燃料循环							
采矿	69	310	1.72	4.5	5.0	0.10	0.32
水冶	6	20	0.11	3.3		0.00	0.01
浓缩	13	1	0.02	0.12		0.00	0.00
燃料制造	21	22	0.1	1.03	2.0	0.01	0.11
反应堆运行	530	900	3.9	1.4	2.7	0.00	0.08
后处理	45	67	3.0	1.5	2.8	0.00	0.13
研究	120	90	1.0	0.78	2.5	0.01	0.22
总计	800	1 400	9.8	1.75	3.1	0.00	0.11
医学应用							
诊断放射学	950	470		0.50	1.34	0.00	0.19
牙医实践	265	16		0.06	0.89	0.00	0.24
核医学	115	90		0.79	1.41	0.00	0.10
放射治疗	120	65		0.55	1.33	0.00	0.15
总计[②]	2 320	760		0.33	1.39	0.00	0.14
工业应用							
射线照相	106	170		1.58	3.17	0.01	0.23
同位素生产	24	47		1.93	2.95	0.02	0.25
其他	570	140		0.25			
总计[③]	700	360		0.51	2.24	0.00	0.25
人为活动引发的天然辐射							
采煤	3 910	2 600		0.7			
其他开采	760	2 000		2.7			
矿物加工等	300	300		1.0			
地面受照(Rn)	1 250	6 000		4.8			
机组人员	250	800		3.0			
总计	6 500	11 700		1.8			

表 1.5.1(续)

实践	受监测工作人员/(10³ 人)	平均年集体有效剂量/(人·Sv)	生产单位能源的平均年集体有效剂量/(人·Sv(GWa)⁻¹)	平均年有效剂量/mSv		分布比	
				受监控工作人员	可测到受照的工作人员	NR₁₅	SR₁₅
国防活动							
武器	380	75		0.19			
核动力船只和辅助设备	40	25		0.82			
总计	420	100		0.24			
辐射的其他应用							
教育	310	33		0.11	1.1	0.00	0.07
兽医	45	8		0.18	0.62	0.00	0.02
总计	360	40		0.11	1.0	0.00	0.05
所有应用总计							
人工	4 600	2 700		0.6	2.0	0.00	0.13
天然	6 500	11 700		1.8			
总计	11 100	14 000		0.1			

资料来源:引自 UNSCEAR 2000 年报告第 638 页,题目为"全世界职业受照(1990—1994)"。应指出,在辐射的医学应用中,对于操作人员为职业受照,而对于患者并非职业受照。

注:①1 Wa = 33.85 eV;

②这些总计包括未分别指明的来自所有其他医学应用的份额;

③这些总计包括未分别指明的来自所有其他工业应用的份额。

人类活动引发的辐射剂量主要来源于矿藏开采、氡气内照射和放射医学。从 1945 年起到 1980 年止,人类共进行了 543 次大气层核试验,而进行的地下核试验次数已大大超过大气层核试验次数,但一般为低当量(根据 UNSECEAR 2000 年报告的参数估计)。我国居民受核试验沉降落下灰照射年有效剂量为 6 μSv。我国每年约有 2.2 亿人接受 X 射线诊断,全国平均医疗照射年均剂量约为 90 μSv。

NORM 是 naturally occurring radioactive material 的缩略词,早期按字面原意是指天然存在的放射性物质。随着人类活动(例如开矿、施磷肥、航空、建材生产等)的不断增加,人类受到的天然照射增加,由此引发新的环境相关问题,因此现在 NORM 多指由于人类自身活动引起天然放射性物质浓度增加或者人类受到的天然照射增加,以及由此引起的相关的防护问题。近年来 NORM 问题已成为国际环境辐射防护与环境保护的热点问题之一。我国对 NORM 问题也非常重视,近年来国家环境保护部(现国家生态环境部)、清华大学、中国原子能科学研究院等多个机构已对由内蒙古白云鄂博稀土矿、新疆煤矿等的开采所造成的 NORM 问题开展调查、评估和治理。

1.6　环境辐射监测

1.6.1　环境辐射本底调查

由于世界公众所受天然辐射源照射是人类生存环境辐射的背景资料,其涉及面(无时无处不存在)、照射剂量比大多数人工辐射源大,因此世界范围内的天然辐射本底调查工作为世人所关注。1982年UNSCEAR报告,14个国家及亚洲部分地区地面1 m高度处γ空气吸收剂量率平均值从37 nGy·h^{-1}(波兰)到94 nGy·h^{-1}(德国)。2000年UNSCEAR报告统计了世界55个国家和地区陆地γ外照射剂量率值从18 nGy·h^{-1}(塞浦路斯)到93 nGy·h^{-1}(澳大利亚);人口加权平均,室外γ外照射剂量率值为59 nGy·h^{-1},室内为84 nGy·h^{-1}。我国于1983年开始进行了全国天然放射性水平调查,其中,室外γ外照射剂量率值为62.1 nGy·h^{-1},室内为99.1 nGy·h^{-1}(详见本书第2章)。

核设施运行前本底调查,是指对核设施相关特定区域环境中已存在的辐射水平、环境介质中放射性核素含量进行测量,作为以后评价公众剂量所需的环境资料。其调查内容、时间、范围、监测项目与频次,均按标准《辐射环境监测技术规范》(HJ 61—2021)执行[11]。本底调查的质量保证工作甚为重要。本底调查获得的所有结果要为核设施运行后可能出现的环境辐射变化提供评价依据。

对于核动力厂(核电站)这一国内重要的核设施,按照《核动力厂环境辐射防护规定》(GB 6249—2011)规定,本底调查内容为环境γ辐射水平和主要环境介质中重要放射性核素的活度浓度;环境辐射水平调查的时段不得少于连续两年,并应在核动力厂运行前完成;环境γ辐射空气吸收剂量率水平的调查范围是以核动力厂为中心、半径50 km内的区域,其余项目调查范围的半径为20~30 km[11]。

1.6.2　核设施环境辐射监测

1.6.2.1　核设施常规运行时的环境辐射监测

监测内容按标准HJ 61—2021执行。本书第2章以气体探测器在环境监测中的应用为例,介绍了对某核设施进行连续三年的环境外照射监测数据结果和分析。

1.6.2.2　核事故环境辐射应急监测

世界范围的重大核事故迄今为止已发生三次。

1. 三哩岛核事故

1979年3月28日,美国发生的三哩岛核事故,堆型为压水堆,电功率为880 MW。由于大量放射性物质释放到安全壳内,进入环境中的放射性物质相对较少,其中惰性气体约379 PBq,主要是^{133}Xe和^{131}I,80 km范围内个人平均剂量为15 μSv,最大有效剂量约为850 μSv,相当于世界天然本底年平均剂量的35%,但其社会影响较大[12]。

2. 切尔诺贝利核事故

1986年4月26日,苏联发生了切尔诺贝利核事故。

(1)事故状况

核反应堆为RBMK-1000型压力管式石墨慢化沸水堆,1986年4月26日发生堆芯熔化事故,为反应堆运行史上最大一次事故,事故爆炸产生的烟云高达1.5 km,烟羽迅速向外扩散。4月28日早,瑞典福斯马克核电站职工通过检测门时测出严重污染,各地环境辐射监测站也陆续发现环境放射性水平高出正常本底约100倍,核素为^{131}I和^{137}Cs,根据风向判断来自苏联。在切尔诺贝利核电站周围30 km、东北方向120 km范围内的土地受到严重污染,11万居民紧急疏散,放射性物质扩展到20余个国家。

(2)事故监测[13]

事故周围场区监测(早期):

①航空照相,采用准直探测器进行γ辐射场扫描测量;

②采集堆芯上方3 m、20 m气溶胶样品,进行γ谱分析测量;

③对土壤样品进行γ、α谱分析和β计数器测量。

场区外监测(中晚期):

苏联的全国气象、卫生等系统200多个固定监测站和10个流动监测站协同采集水、空气、土壤生物样品,并进行分析测量,对公交系统的站、场及运输工具进行了污染水平测量。

(3)监测目的

①核电站周围30 km内居民内、外照射剂量,居民甲状腺中放射性碘含量等测量以确定医学处置方案;

②核电站周围30 km以外严重污染地区居民受照水平测定,以决定是否全部或部分撤离该区域居民,是否对其饮食、活动提出适当临时建议;

③防止污染食品的扩散。

许多国家和地区也进行了各种监测:

瑞典:最早发现事故污染的国家,启动数十个环境辐射监测站和核电站在辐射防护研究所协调下进行周密监测,包括航测,γ谱仪就地测量,地面γ剂量率连续测量,大流量空气采样、雨水采样、高空空气采样γ能谱分析以及水样、食品、牧草和牛奶逐日采样分析测量。

匈牙利:由国家放射生物和放射防护研究所在全国选择123个点进行室外γ剂量率和能谱测量分析。

奥地利:进行全国范围内γ剂量率分布测量。

美国:动用7台实验室γ谱仪和野外就地谱仪、8个地面空气采样监测站进行监测。

中国:当年的核工业部安防局、核电局和核燃料局共同组成跟踪小组,在北京、太原、夹江和苏州分别对地面空气照射量率、空气样品、沉降灰样品、雨水样品、植物、地表土壤、水样品和飞机擦拭样品进行测试和分析[14],探测到其污染存在,但不致对人体健康产生危害。中国原子能科学研究院在院内环境中对高气压电离室γ剂量率和空气采样(^{131}I、^{137}Cs)测量,发现1986年5月4日至9日期间环境γ剂量率和空气中^{131}I、^{137}Cs浓度均有显著升高(详见本书第2章)。

我国卫生系统,全国37个省、市工业卫生防疫站所对事故影响也进行了全面监测和报道[14-15]。

UNSCEAR 2000年报告认为:切尔诺贝利核事故是辐射照射最严重的事故,造成30名工作人员在几天或几周内死亡,100多人受到辐射损伤,11.6万人从反应堆周围地区撤离、永久性迁居,22万人从白俄罗斯、俄罗斯联邦和乌克兰撤离,事故也造成了严重的社会和心理影响。但绝大部分公众不会因为事故的辐射而遭受严重的健康后果。

3.日本福岛核事故

2011年3月11日,日本发生9级大地震,并继发海啸,导致福岛第一核电站发生7级核事故,大量放射性物质释放。文献[16]根据相关资料计算得到事故后单位时间内3个机组向环境释放的某些核素活度,如表1.6.1所示。

表1.6.1　日本福岛核事故释放的某些核素活度

	核素						
	^{133}Xe	^{131m}Xe	^{131}I （有机碘）	^{131}I （元素碘）	^{85}Kr	^{85m}Kr	^{137}Cs
释放率 /（GBq·h^{-1}）	$5.86×10^6$	$3.68×10^4$	$2.71×10^3$	$1.10×10^3$	$2.29×10^4$	$6.3×10^3$	$1.78×10^3$

日本原子能灾害对策本部估算事故现场外照射情况:场区正门附近3月15日剂量率为11.9 mSv/h,场区周围3月16日前后剂量率约为40 μSv/h。

事故发生后我国有关部门也极为重视,生态环境部核与辐射安全中心和部分省环境辐射监测站进行了一系列测量和评估工作,《辐射防护通讯》2012年第32卷2期专题刊载了我国环境保护系统和中国辐射防护研究院有关日本福岛核事故监测结果和评价文章。

对惰性气体^{133}Xe的监测:反应堆正常运行时很少有^{133}Xe等核素的泄漏,但在核反应堆事故和核爆初期,^{133}Xe是主要标志性放射性核素,Xe的特征参数如表1.6.2所示。

表1.6.2　Xe的特征参数

	Xe同位素			
	^{135}Xe	^{133}Xe	^{133m}Xe	^{131m}Xe
半衰期	9.14 h	5.243 d	2.19 d	11.84 d
γ射线能量/keV	249.8	80.99	233.2	163.9

测量Xe成为监测核爆和核事故的有效手段和方法,国外文献多有报道[17]。日本福岛核事故期间,浙江省辐射环境监测站用瑞典生产的SAUNA惰性气体氙监测系统(最低检测浓度为0.1 mBq/m^3)在当地大气中测到^{133}Xe,^{131m}Xe浓度明显升高,2011年3月28日达到峰值4 621.26 mBq/m^3,从取样到完成分析测量用时约24 h[18]。西北核技术研究所用自制的放射性氙取样、分离和测量系统(SESPM－Ⅱ)(最小可探测活度浓度(MDC)为0.25 mBq/m^3)测量12 h,2011年3月30日在该地区空气中测到^{133}Xe活度浓度为100 mBq/m^3[19]。上述两个单位对此次福岛核事故都进行了有意义的环境辐射监测。

核事故环境辐射监测的首要目的是尽快掌握事故的性质、范围、污染水平,为采取紧急措施提供依据。测量一般分为三个阶段:早期通过空气和地面测量剂量水平、污染范围以评估居民所受剂量;中、晚期测定空气、水和食物以及农作物受放射性污染状况,以确定处置方案。切尔诺贝利核事故和福岛核事故发生后两国进行监测处置的各种方法和手段可供借鉴。

核事故环境辐射应急监测,不论事故发生在境内或境外都是十分重要的环境保护工作,各有关单位必须充分利用已有的设备和条件,在主管单位的领导下协同努力完成任务,以对公众负责。

对于核事故应急监测,除参照相关标准之外,国务院和国家核安全局尚有条例和规章,如《核电厂核事故应急管理条例》(1993 年 8 月 4 日国务院 124 号令,2011 年 1 月 8 日修订)、《核电厂应急计划与准备准则　核电厂营运单位应急野外辐射监测、取样与分析准则》(GB/T 17680.10—2003)等,均应认真贯彻执行。监测是一项重要手段,它为核事故的应急管理和处置提供依据,而核事故发生后的合理、妥善处置,则是最终的目标。

除上述发生后的核事故之外,国内外均发生过多起工业、农业和医用放射源丢失破损而引发的人员伤亡辐射事故。加强管理,建立健全放射源使用与保管制度,是避免这类事故发生的主要手段。国内也应十分重视核恐怖事件的预防工作,如加强过境的安检和大型会议活动场所的核安全检测等。

环境辐射监测方法和手段很多,本章着重介绍的是环境辐射外照射、测量、调查等情况。空气、水、土壤等环境介质中,农作物和牛奶等食品中放射性核素含量浓度测定,在本底调查和事故监测中均有具体要求,将在下面相关章节中介绍。

在核事故环境辐射应急监测中,直升机和无人驾驶的飞行器乃至机器人都曾有过实用的报道。

最后需要指出:监测点位的合理选择和布设,测量方式和方法、数据获取以及处理方式的合理选择,都有助于获得科学的环境辐射监测的结论。

练习(含思考)题

1. 地球表面环境辐射来自天然辐射源项和人工辐射源项,其中天然辐射源项包括哪几方面? 请列举 10 个以上人类生产生活中的人工辐射源项。

2. 据 UNCEAR 统计,平均而言,全球人类个体每年受到天然辐射照射的年有效剂量为多少? 其中各种成分的年有效剂量占多少? 国内权威数据表明,我国居民每年受到天然辐射照射的年有效剂量为多少?

3. 地表 γ 射线来自天然放射性核素(原生核素),土壤中主要由哪些核(或核素系列)构成人体的外照射?

4. 宇宙射线在地球表面的辐射剂量率贡献大小随着海拔和地磁纬度分别呈现什么样的变化趋势?

5. 电离量 i 的单位为 I,表示在标准状况下每立方厘米自由空气中,宇宙辐射每秒产生一个离子对,即 1 I=1 离子对/(cm³ · s),相当于空气吸收剂量率 15 nGy/h。请推导出 1 I≈15 nGy/h。

6. 环境辐射监测的目的主要包括哪几方面内容?

7. 在世界多国开展的环境 γ 辐射水平调查中发现,室内环境 γ 辐射水平与室外环境 γ 辐射水平测量值之比($D_{室内}/D_{室外}$)为 0.8~2.0;由于室内是近似 4π 测量几何,室外是近似 2π 测量几何,请思考在什么样的情况下会出现($D_{室内}/D_{室外}$)<1?

8. 在核电发展史上,对环境影响严重的核事故有几次? 分别阐述它们发生的核电站名称、国别、时间、事故级别和影响。

9. 核设施的环境辐射监测一般分为哪几类?

10. 核动力厂(核电站)为国内重要的核设施,我国相关标准规定,其本底调查的内容、时间段和范围分别是什么?

11. NORM 的英文全称是什么,其早期原意指什么,现在含义指什么?

参考文献

[1] 国家环保局,中国核工业总公司. 环境核辐射监测规定:GB 12379—90[S].北京:中国标准出版社,1990.

[2] 李德平. 环境辐射场监测中的几个问题[J].核仪器,1980,9:2-82.

[3] NCRP. NCRP Rreport[R].[S. l. : s. n.],1976.

[4] 潘自强,罗国桢. 环境本底辐射测量和剂量评价[M].北京:[出版者不详],1986:13,282.

[5] ABE S, FUJITAKA K, ABE M, et al. Extensive field survey of natural radiation in Japan[J]. Journal of Nuclear Science and Technology, 1981, 18(1): 21-45.

[6] 联合国原子辐射效应科学委员会(UNSCEAR)2000 年向联合国大会提交的报告及科学附件. 电离辐射源与效应(卷 1:辐射源)[M].冷瑞平,修炳林,郭裕中,等,译. 太原:山西科学技术出版社,2002.

[7] MOE H J,LASUK S R,SCHUMACHER M C,et al. 辐射安全教程[M].802 翻译组,译. 北京:原子能出版社,1976:126-127.

[8] 联合国原子辐射效应科学委员会. 联合国原子辐射效应科学委员会(UNSCEAR)1993 年报告[M].北京:原子能出版社,1995:62.

[9] 岳清宇,金花. 低大气层中宇宙射线电离量的分布测量[J].辐射防护, 1988, 8(6): 401-409,417.

[10] 金花,岳清宇. 中国大陆地区居民所受宇宙射线剂量估算[J].原子能科学技术, 1989, 23(6): 9-15.

[11] 生态环境部. 辐射环境监测技术规范:HJ 61—2021[S].北京:[出版者不详],2021.

[12] 胡遵素. 一所亿万美元的学校:浅谈三里岛事故及其影响[J].辐射防护, 1984, 4(3): 226-236.

[13] 任天山. 切尔诺贝利核事故的核素释放特点和场外环境监测[J].辐射防护, 1988, 8(4,5): 299-305,390.

[14] 核工业部安全防护卫生局. 苏联切尔诺贝利核电站事故资料选编(第一集)[M].北京:[出版者不详],1987.

[15] 朱昌寿,朱桂兰,程荣林,等. 苏联切尔诺贝利核电站事故对我国的放射性污染与卫生学评价[J].中华放射医学与防护杂志,1987,7(C1): 1-7.

[16] 王海洋,黄树明,王晓霞,等. 日本福岛第一核电站事故源项及后果评价[J].辐射防护通讯, 2011, 31(3): 7-11.

[17] BOWYER T W, SCHLOSSER C, ABEL K H, et al. Detection and analysis of xenon isotopes for the comprehensive nuclear-test-ban treaty international monitoring system[J]. Journal of Environmental Radioactivity, 2002, 59(2): 139-151.

[18] 胡丹,丁逊,宋建锋,等. 福岛核事故期间浙江地区大气中氙的监测[J].辐射防护通讯, 2012, 32(2): 40-44.

[19] 殷经鹏,申茂泉,杨文静,等. 福岛核事故后西北某地放射性核素监测[J].核电子学与探测技术, 2012, 32(3): 265-268.

第2章　环境辐射现场测量技术

环境辐射现场测量包括在不同场合、时间,以不同手段和技术进行的辐射就地测量。其目的是获取环境辐射的基本数据资料,检查核设施排放的核素造成的环境辐射污染状况。所使用的仪器设备应具备以下性能[1]:

(1)足够的灵敏度;

(2)必要的精密度,长期稳定性(即保持校准的措施);

(3)同型设备的一致性;

(4)自身本底低,并且最好有方法对其进行测定并扣除;

(5)合适的能量响应及对不同成分辐射(如宇宙射线)的响应,对非待测辐射的区分能力;

(6)角响应误差不大;

(7)(谱仪)适当的能量分辨率;

(8)累积测量能力(如热释光剂量计、电容电离室及可以累积记录对时间积分值的电子学设备或可传输到处理中心的传输设备)及自动记录剂量率随时间变化的能力;

(9)对恶劣环境条件(温度、湿度、压力、运输等)的耐受能力;

(10)可携性与低功耗。

此外,还可以考虑长期不需要人照管的能力、自动化程度。

2.1　气体探测器测量技术

2.1.1　电离室

测量环境贯穿辐射(宇宙射线电离成分和地表 γ 射线)一般采用钢壁充高气压氩电离室。

2.1.1.1　电离室结构及特性

高气压电离室早在 20 世纪 30 年代就已经研制应用,Milikan 等人曾将其用于宇宙射线测量,到 20 世纪四五十年代,制作工艺日趋完善,探测理论已基本解决。1946 年 Parkev 将电离室用于核设施环境辐射监测。对于钢壁充高气压氩电离室,文献[2-3]均有报道。球形高气压电离室自身本底低(约 1 nGy/h)、灵敏度高、长期稳定性好(年变化≤5%),几乎无角响应影响,并具有较好的能量响应特性,特别是对 γ 射线和宇宙射线电离成分的剂量响应相近,这对于在天然环境辐射场中测量 γ 剂量率很重要。目前国内外已广泛将高气压电离室用于环境辐射监测。

球形高气压电离室的结构如图 2.1.1 所示,电离室是将 1Cr18Ni9Ti 型不锈钢冷压成两个半球并焊接而成。中国原子能科学研究院研制的 Ⅰ 型电离室壁厚 2 mm,外径 250 mm;收集极是直径 50 mm 的空心不锈钢球,用直径 5 mm 的细不锈钢管固定于室心,经三轴金属-陶瓷绝缘子(绝缘电阻≥10¹⁶ Ω)引出;有效体积 7.72 L。Ⅱ 型电离室的壁厚 1.5 mm,外径 200 mm;收集极是直径 50 mm 的空心铝球;有效体积 3.93 L。工作时充高纯氩气,最高充气压：Ⅰ型电离室为 25 atm①，Ⅱ型电离室为 20 atm。

图 2.1.1　球形高气压电离室的结构[4]

在辐射剂量测量中，仪表的能量响应特性是重要的技术指标之一。对于测量辐射环境外照射空气吸收剂量率，高气压电离室在 γ 射线能量为 100 keV 附近有较高的量值响应，如图 2.1.2 所示。

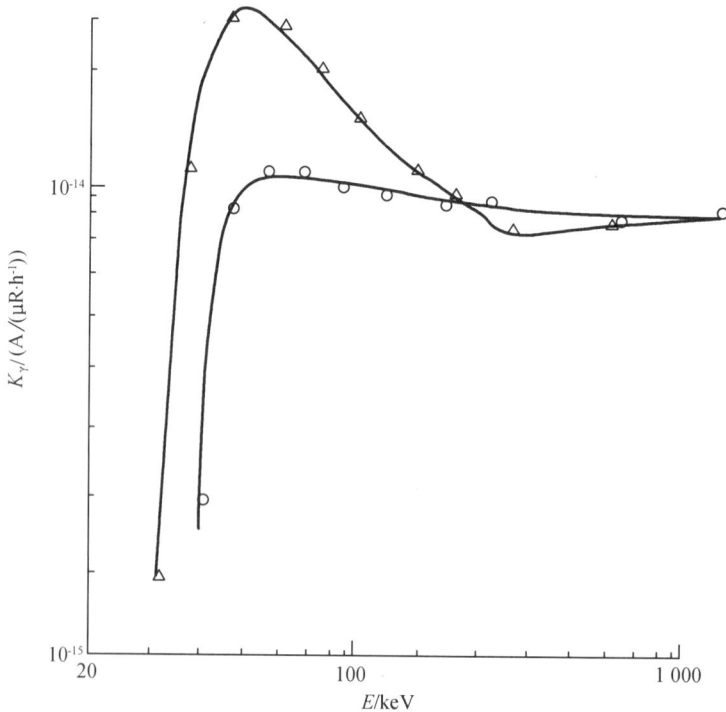

△—钢壁厚 1.5 mm，充 20 atm Ar；○—加过滤补偿。

图 2.1.2　Ⅱ型电离室改进的能量响应饱和特性实验曲线[5]

---

① 　1 atm = 101.325 kPa。

原因是低能 γ 射线与物质相互作用主要为光电效应,而光电吸收截面与受照物质原子序数的 4 次方成正比,改善其能量响应的办法是增加电离室部分壁厚,典型的做法是粘贴某厚度的高原子序数材料(Zn、Pb 等),以屏蔽掉一定份额的低能辐射。合适地选择屏蔽材料和屏蔽面积占比可以获得较平坦的能量响应特性,图 2.1.2 所示是 Ⅱ 型电离室改进的能量响应饱和特性实验曲线。

高气压电离室用于环境辐射监测的显著特点除自身本底低以外,其还具有对环境辐射场中 γ 射线的剂量率响应因子 K_γ(由实验校准获取)与对宇宙射线电离成分的剂量率响应因子 K_c 相近的特点。

2.1.1.2 高气压电离室灵敏度因子 K 的校准和计算

1. 钢壁充高气压氩电离室 γ 剂量率响应因子 K_γ(A/(nGy·h^{-1}))校准

(1)1981—1982 年,三家单位(中国原子能科学研究院、中国计量科学研究院、中国辐射防护研究院)分别用各自的标准镭源对同一台电离室进行校准,其照射量率响应因子均值为 27.83×10^{-15} A/(μR·h^{-1}),最大相对偏差小于 1%[6]。

(2)1986—2002 年,中国计量科学研究院平均每两年对另一台电离室校准 1 次,8 次检定的均值为 3.04×(1±0.04)×10^{-15} A/(nGy·h^{-1}),这一数值相对于 8 次平均值的年变化小于 1.7%。

(3)高气压电离室 γ 剂量率响应因子 K_γ 的理论计算见文献[3]。

2. 高气压电离室对宇宙射线电离成分剂量响应因子 K_c 的计算

(1)对于宇宙射线高能带电粒子,钢-氩(Ar)电离室系统可被看成空气介质中的 Ar 空腔,根据电离室空腔理论:

$$\frac{I_{Ar}}{I_{Air}} = \frac{S_{Ar}}{S_{Air}} \cdot \frac{\rho_{Ar}}{\rho_{Air}} \cdot \frac{W_{Air}}{W_{Ar}} \tag{2.1.1}$$

式中 I——宇宙射线电离成分在气体中产生的电离强度,即宇宙射线电离成分单位时间内在单位体积空气中产生的离子对数,离子对/(cm^3·s);

S——质量碰撞阻止本领,即高能带电粒子穿过物质电离和激发损失的能量,J·m^2·kg^{-1};

ρ——气体密度,g·cm^{-3};

W——电离功,即产生一个离子对所需的能量,eV。

$$\frac{S_{Ar}}{S_{Air}} = 0.85^{[3]}$$

$$\frac{\rho_{Ar}}{\rho_{Air}} = 1.38$$

$$\frac{W_{Air}}{W_{Ar}} = \frac{33.85}{26.4}$$

由公式(2.1.1)可计算出 :

$$I_{Ar} = 1.504 I_{Air} \tag{2.1.2}$$

式(2.1.2)为高能带电粒子在 Ar 与空气中产生的电离强度关系。

(2)在 7.72 L 钢壁(厚 2 mm)充 Ar(25 atm)电离室中,宇宙射线每秒产生的电离量与在空气中产生的电离量关系为

$$\sum I_{Ar} = 25 \times 7.72 \times 10^3 \times T \times 1.504 I_{Air} \tag{2.1.3}$$

式中 T——过渡因子,取值为 1.06[3];

$\sum I_{\mathrm{Ar}}$——宇宙射线在上述电离室 Ar 中每秒产生的离子对数,其相应电离电流为

$$i_{\mathrm{c}} = \sum I_{\mathrm{Ar}} \times 1.6 \times 10^{-19} \ \mathrm{A} \qquad (2.1.4)$$

（一个负离子的电荷为 1.602×10^{-19} C $\approx 1.6 \times 10^{-19}$ C）

由公式(2.1.3)和公式(2.1.4)得出,宇宙射线在空气中产生的单位电离强度 I_{Air}（离子对/(cm³·s)）与在上述电离室中产生的电离电流 i_{c}(A)存在以下对应关系:

$$\frac{I_{\mathrm{Air}}}{i_{\mathrm{c}}} = 2.03 \times 10^{13} \qquad (2.1.5)$$

可知,测量 i_{c} 可得出 I_{Air}。

（3）上述电离室对宇宙射线照射量率响应因子 K_{c}（A/(μR·h⁻¹)）的计算,由公式(2.1.5)给出:

$$i_{\mathrm{c}} = \frac{1}{2.03} \times 10^{-13} I_{\mathrm{Air}} \qquad (2.1.6)$$

若宇宙射线在空气中产生的照射量率为 1 μR/h,可由公式(2.1.6)给出上述电离室产生的电离电流:

$$i_{\mathrm{c}} = \frac{1}{2.03} \times 10^{-13} \times \frac{1}{1.73} \ \mathrm{A} = 28.47 \times 10^{-15} \ \mathrm{A}$$

即

$$K_{\mathrm{c}} = 28.47 \times 10^{-15} \ \mathrm{A}/(\mu\mathrm{R} \cdot \mathrm{h}^{-1})$$

宇宙射线电离成分在空气中产生的单位电离强度（离子对/(cm³·s)）与电荷量(C)的关系:

$$I_{\mathrm{Air}} = 1.6 \times 10^{-19} \times \frac{1}{1.293 \times 10^{-6} \times \frac{1}{3\ 600}} \ \mathrm{C}/(\mathrm{kg} \cdot \mathrm{h}) = 4.455 \times 10^{-10} \ \mathrm{C}/(\mathrm{kg} \cdot \mathrm{h})$$

（每立方厘米空气质量为 1.293×10^{-6} kg）

根据照射量率定义[7]给出:

$$1 \ \mu\mathrm{R/h} = 2.58 \times 10^{-10} \ \mathrm{C}/(\mathrm{kg} \cdot \mathrm{h})$$

$$\frac{I_{\mathrm{Air}}}{1 \ \mu\mathrm{R/h}} = 1.73$$

即 $\frac{1}{1.73} I_{\mathrm{Air}}$ 对应 1 μR/h。

上述电离室由三家单位校准的均值 $K_{\gamma} = 27.83 \times 10^{-15}$ A/(μR·h⁻¹),则

$$\frac{K_{\mathrm{c}}}{K_{\gamma}} = \frac{28.47}{27.83} = 1.023 \ （文献[3]: \frac{K_{\mathrm{c}}}{K_{\gamma}} \approx 1.02）$$

钢壁充高气压氩电离室 $K_{\mathrm{c}} \approx K_{\gamma}$,这一特性对于环境辐射场中测量外照射剂量极为有利。因为剂量仪通常校准标准用 γ 源（Cs 与 Ra）,如果探测器对 γ 射线和宇宙射线电离成分的探测效率有显著不同,在宇宙射线约占总剂量贡献的 1/3 的环境辐射场中,显然用 γ 射线源校准对宇宙射线和 γ 射线辐射效率响应不同的探测器,测量环境辐射剂量(率)必将引入一定误差;即使同为钢壁高气压电离室,因外壁结构不同,$K_{\mathrm{c}}/K_{\gamma}$ 值亦有很大差异,使用时须仔细计算与校准。高气压电离室型环境辐射剂量率仪具有良好的长期工作稳定性能,中国原子能科学研究院一台高气压电离室型剂量率仪自 1986 年至 2002 年 8 次在中国计量科

学院检定结果如表 2.1.1 所示。

表 2.1.1 一台高气压电离室的长期灵敏度系数

	检定年度							
	1986	1987	1988	1990	1993	2000	2001	2002
10^{-15} A/nGy · h^{-1}	3.07	3.07	3.05	3.03	3.09	2.99	2.98	3.06
10^{-15} A/μR · h^{-1}	26.80	26.77	26.60	26.49	26.94	26.11	26.01	26.68

表 2.1.1 检定结果表明:17 年间 8 次检定的灵敏度系数均值为

$$3.04 \times (1 \pm 0.04) \times 10^{-15} \text{ A/(nGy · h}^{-1})$$

相对于 8 次平均值的年变化小于 1.7%。

2.1.2 G-M 计数管

G-M 计数管有较好的长期稳定性、较大的脉冲输出信号幅度、较宽的工作温度范围、较低的功耗,通过能量补偿技术改善能量响应特性可做成高灵敏 γ 辐射剂量仪。但由于 G-M 计数管对宇宙射线高能带电粒子和 γ 射线计数效率相差悬殊,用在辐射环境场中测量 γ 剂量率时应采取补偿修正措施。加拿大的 A. R. Jones 研制的具有能量补偿功能的 G-M 计数管型剂量仪,量程为 5 μrad/h ～ 5 mrad/h,最小可探测的吸收剂量率为 1 μrad/h,适合监测核设施附近的正常和异常排放,工作温度范围为 −30 ～ +50 ℃,γ 射线能量响应范围为 90 keV ～ 1.4 MeV。

美国橡树岭国家实验室的 E. B. Wagner 等人在 G-M 计数管上用锡与铅进行适当屏蔽,用于在中子、γ 的混合辐射场中测量 γ 射线剂量率,其在 200 keV ～ 1.25 MeV 间有平均能量响应。

G-M 计数管型剂量率仪在环境辐射测量中的应用,国内已有不少文献(如文献[8-10])报道。

2.1.2.1 G-M 计数管特点

(1)G-M 计数管具有输出信号幅度大,功耗低,适应环境温、湿度范围宽(文献[9]给出的使用温度范围为−45 ～ +100 ℃),体积小,造价低等特点。

(2)卤素 G-M 计数管具有较长的寿命(> 10^9 计数)[11]。图 2.1.3 示出了存放 6 ～ 48 年的不同型号的 4 只 G-M 计数管的坪曲线特性,表明长期存放后这些 G-M 计数管仍能保持良好的性能。如按环境剂量率水平为 100 nGy · h^{-1},计数管灵敏度因子为 0.6 min^{-1}/(nGy · h^{-1})估算,则用于环境 γ 辐射连续监测的 G-M 计数管使用寿命可长达 30 年。

G-M 计数管的这些特点能够满足环境 γ 辐射连续监测的需要。

2.1.2.2 G-M 计数管存在的主要问题

(1)探测 γ 射线灵敏度较低,对于阴极材料为不锈钢片(0.1 ～ 0.2 mm),阴极直径 20 mm,长度为 150 mm 的 G-M 计数管,用^{137}Cs 源的 γ 射线进行校准,其校准系数 K_γ 约为 0.6 min^{-1}/(nGy · h^{-1})。

(2)本底(含宇宙射线贡献)高。对 3 只国产和 1 只进口 G-M 计数管,用^{137}Cs 源的 γ 射线进行校准,得到各自的校准系数 K_γ;在室内辐射水平为 110 nGy · h^{-1}(其中 γ 辐射为 80 nGy · h^{-1},宇宙射线电离成分约为 30 nGy · h^{-1})的环境中测量 10 min,得出各 G-M 计数管的总计数 $N_{b+\gamma}$,算出 10 min 的本底计数 N_b 和 10 min 的 γ 辐射计数 N_γ 及其相对标准差 S,分别列于表 2.1.2 中。

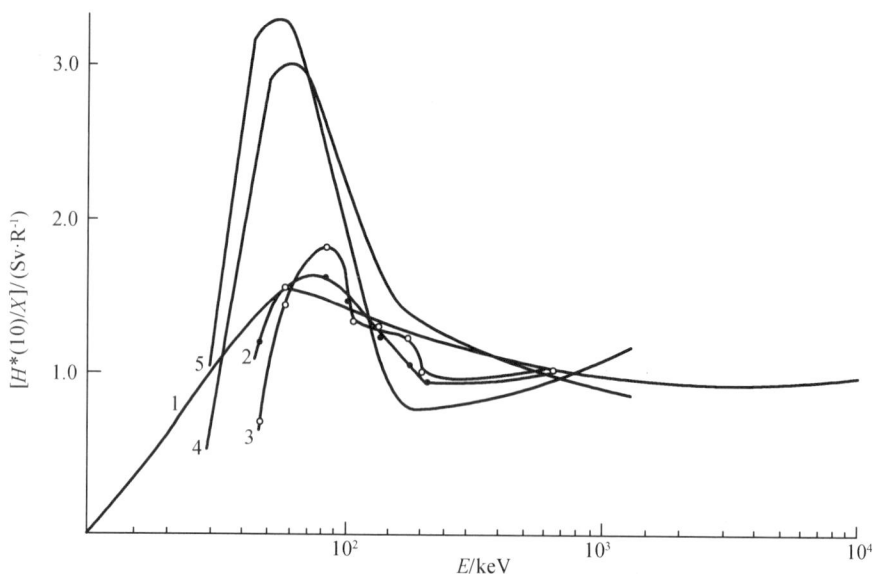

1—ICRU Report.47 图3.1 中的 G-M 计数管；2,3—低、高量程 G-M 计数管(补偿后)；

4,5—低、高量程 G-M 计数管(未补偿)。

图 2.1.3　G-M 计数管能量响应特性[9]

表 2.1.2　G-M 计数管参数及测量结果

编号	出厂年份	坪长 /V	坪斜 /(%/100 V)	K_γ /(min^{-1}/(nGy·h^{-1}))	N_b /(计数/10 min)	N_γ /(计数/10 min)	S/N_γ /%
a	1956	210	1.7	0.5	510	400	9.4
b	1998	130	0.7	0.8	780	640	7.3
c	1999	130	0.8	0.38	1 300	300	18.0
d	1999	80	1.4	0.59	1 428	472	12.2

注：a 代表苏联生产的 CTC-6 型不锈钢壁 G-M 计数管；b 代表国产 1501 型 G-M 计数管；c 代表国产 J408 γ 型 G-M 计数管；d 代表国产 J406 γ 型 G-M 计数管。

表 2.1.2 结果表明，由于 G-M 计数管探测 γ 射线的效率低、本底高，用短采样时间测量环境 γ 辐射水平将出现较大的偏差而影响探测灵敏度。

（3）能量响应特性差。在环境介质中存在的铀系、钍系和钾天然核素射出的 γ 射线，经多次散射形成可探测的由约 10 000 eV 到约 3 MeV 的天然 γ 射线谱，并因地质结构的不同而变化。因此，用于辐射剂量测量仪器的探测器必须具有平坦的能量响应特性，国内有关标准[8,12]对此均有明确规定。一般 G-M 计数管在 60 keV 附近的过响应(相对 137Cs γ 射线)达 300%，可采用金属片屏蔽补偿法进行改善[9,13]。

（4）对 γ 射线和宇宙线的剂量响应差异很大。将 G-M 计数管置于剂量率水平为 20 nGy·h^{-1} 的低本底屏蔽室中(主要是宇宙射线硬成分贡献)，测量估算得出 G-M 计数管对宇宙射线电离成分的计数率为 γ 射线的 2~3 倍。国内相关标准和 UNSCEAR 历届报告均规定和要求，环境辐射监测应分别给出环境 γ 辐射和宇宙辐射剂量。由于 G-M 计数管对宇宙射线带电粒子的探测效率远高于 γ 射线,当仪表测量 γ 剂量采用自动本底扣除时,扣除部分除包括计数管自身本底之外还有相当部分是宇宙射线的贡献;而宇宙射线强度是随地理条件和周围屏蔽物质量厚度而变化的[14],当这些条件改变时,将某一固定常数值作为本底自动扣除,将带来明显偏差。文献[15]报道的环境辐射监测网仪器比对,有 5 台 G-M 计数管和 2 台正比计数管具有自动本底扣除功能(最大扣除 41 nGy·h^{-1}),当在德国 925 m 深地下实验室(辐射水平低于 1 nGy·h^{-1})检测探测器自身本底时,这 7 台仪器中有 6 台出现负值,最大负值为 -28.1 nGy·h^{-1},可见采取的自动补偿扣除地表宇宙射线剂量值,以期给出确切的 γ 辐射剂量值时,若扣除不当可能出现负值。在环境辐射监测中需要检测探测器对不同辐射的响应,这对于 G-M 计数管尤为重要。

(5)存在明显的方向性。常用的圆柱形 G-M 计数管直径与长度比通常为 1:8,存在明显的方向性。环境辐射场具有近于 4π 范围的角分布,当使用近距离单方向照射得到校准系数时,应进行角响应修正。综合考虑,用于环境辐射监测时,计数管垂直放置较为合适。

我们研究使用过的 G-M 计数管在环境 γ 辐射监测中遇到的问题如下:

(1)能量响应

环境天然 γ 辐射来源于土壤和岩石中的钍系、铀系和钾,其中一部分直接射出,另一部分经过单次或多次散射退化为 γ 连续谱,能量范围 0~3 MeV。

G-M 计数管能量响应特性很差,但经补偿可以改进,如图 2.1.3 所示。

(2)G-M 计数管对宇宙射线探测效率显著高于 γ 射线

例 已知某实验室外照射剂量率 $\dot{D}_{\gamma+c+b} = 120$ nGy·h^{-1}(除 γ 辐射剂量率外,尚含宇宙射线(c)和计数管自身本底(b)的剂量率贡献),且其中 γ 辐射剂量率 $\dot{D}_\gamma = 90$ nGy·h^{-1},宇宙辐射剂量率 $\dot{D}_c = 30$ nGy·h^{-1}。

苏联 CTC-6 型不锈钢壁 G-M 计数管在该实验室测量的计数率 $n_{\gamma+c+b} = 94.2$ min^{-1};经校准,该 G-M 计数管的 γ 剂量率校准系数 $K_\gamma = 0.6$ min^{-1}/(nGy·h^{-1}),则可计算得到 $n_\gamma = K_\gamma \times 90 = 54$ min^{-1} 和 $n_c \approx 94.2 - 54 \approx 40.2$ min^{-1}。进而计算得到其比例为

$$\frac{\dot{D}_c}{\dot{D}_{\gamma+c+b}} \times 100\% = 25\%; \qquad \frac{n_c}{n_{\gamma+c+b}} \times 100\% = 43\%$$

由上述计算结果可见,尽管宇宙辐射剂量率仅占 25%,但其计数率却占了 43%。这是因为 G-M 计数管对宇宙射线电离成分的计数效率高(近 100%)。若此时用在该实验室测量的计数率 $n_{\gamma+c+b}$ 和 γ 剂量率校准系数 K_γ 计算室内总吸收剂量率,则有

$$\frac{n_{\gamma+c+b}}{K_\gamma} = 157 \text{ nGy·h}^{-1} > 120 \text{ nGy·h}^{-1}$$

其结果显然与实际不符。

但通过在已知宇宙辐射剂量率的屏蔽室内测出实验所用的 G-M 计数管对宇宙射线的响应因子 $K_c = 1.37$ min^{-1}/(nGy·h^{-1}),则可得到 $90 \times 0.6 + 30 \times 1.37 = 95.1$ min^{-1},其结果与室内实测值 94.2 min^{-1} 基本相符。

(3)测量相对标准差

在上述实验室内用 G-M 计数管测量 γ 空气吸收剂量率,测量 10 min 得到总计数 $N_{c+\gamma+b} = 942$,$N_\gamma = 540$,有

$$S_\gamma = \sqrt{N_{c+\gamma+b} + N_\gamma}$$
$$S_\gamma = (942 + 540)^{1/2} = \pm 38.5$$

$S_\gamma/N_\gamma = \pm 7.1\%$（同一辐射场电离室 5 min 测量值相对标准差 $<\pm 3\%$）

正比计数管比 G-M 计数管响应速度快,用于核设施连续监测对烟羽照射分辨能力优于 G-M 计数管甚至优于高气压电离室,文献[15]有详细介绍。

在上述文献中比较了 G-M 计数管、正比计数管和高气压电离室的有关性能。自身本底:4 台高气压电离室平均本底值为 0.93 nGy·h^{-1},5 台正比计数管平均本底值为 4.8 nGy·h^{-1},4 台 G-M 计数管显示负值(自动扣除本底引起);对于某处宇宙射线剂量值,3 台高气压电离室测量的平均值为 38.5 nGy·h^{-1},而 7 台正比计数管测量的平均值为 50.7 nGy·h^{-1}。参加比对的 22 台仪器的主要性能指标见表 2.1.3。

表 2.1.3　几种国外环境辐射监测仪主要性能指标[15]

型号	探测器	自身本底① /(nGy·h^{-1})	相对响应②				比对测量③ /(nGy·h^{-1})	测量取样 时间/min
			^{241}Am	^{57}Co	^{137}Cs	^{60}Co		
MR14	正比计数管	3.5					42.5	5
MR15	正比计数管	4.1					24.6	5
FHZ621B	正比计数管	7.1					26.0	10
RS-03/232	正比计数管	-28.1	~0.65	~0.97	~1.0	~1.3	40.3	10
LB6360	正比计数管	8.5					34.1	10
RS03	正比计数管	0.8					32.0	10
RS03X	正比计数管	-11.7					36.0	10
LB-6500-3	G-M 计数管	91.7					16.8	10
GS510	G-M 计数管	0.7					37.6	1
GS04	G-M 计数管	-3.8					37.2	1
GS05	G-M 计数管	3.3					39.8	1
Gamma Tracer	G-M 计数管	-7.9	~1.0	~1.2	~1.0	~1.3	38.9	10
DLM1420-2	G-M 计数管	-0.7					—	1
LB/BAI9309	G-M 计数管	16.2					35.9	1
Gamma Trqacer	G-M 计数管	-6.7					38.8	10
RSS-112	高气压电离室	0.9					31.8	10
RSS-111	高气压电离室	0.7					32.8	1
RSS-1012-10R	高气压电离室	1.9	~0.3	~1.5	~1.0	~1.0	—	10
RSS-111	高气压电离室	0.2					31.4	1
N-3201	NaI 晶体	22.3	0.68	0.71	0.74	0.83	—	1.67
3M3/3	NaI 晶体	0.6	0.02	5.52	0.75	0.39	—	10
MAB500	塑料闪烁体	0.7	0.58	0.73	0.96	1.05	29.0	1

注:①仪表在德国国家科学技术协会地下剂量学与谱学实验室(PTB UDO)测值扣除该实验室本底值 0.7 nGy·h^{-1},负值可能由于自动扣除本底值不当引起;

②用标准源校准同类仪表相对响应平均估计值;

③测 ^{226}Ra 辐射场(参考值 38 nGy·h^{-1})扣除宇宙射线响应值,所有仪表测量均值为 33.6 nGy·h^{-1},相对标准差为 $\pm 19.2\%$。

在我国,G-M 计数管用于核设施环境辐射监测研究工作已有一系列文章报道。

国内外几种常用的环境辐射监测仪列于表 2.1.4。

表 2.1.4　几种环境辐射监测仪性能指标

国家	探测器	型号	尺寸	测量范围	能量响应指标	温湿度范围/℃	测量精确度
美国	高气压电离室	RSS-1013	φ254 mm	0.01~2 mSv/h	±30% 80 keV~3 MeV	-25~+50	0.1 μGy/h±5% 5 μGy/h±8%
中国	高气压电离室		φ260 mm	0.10 μGy/h~0.01 Gy/h	±30% 80 keV~3 MeV	0~+42	
中国	高气压电离室	AEI-1		0.01 μGy/h~10 mGy/h	±30% 80 keV~3 MeV	-25~50	±10%
德国	电离室	FHT191N		10 mSv/h~10 Sv/h	常数 35 keV~7 MeV	-30~+50	±10%
德国	G-M 计数管	FH2610		1 mSv/h~10 Sv/h	80 keV~3 MeV	-30~+50	±10%
英国	G-M 计数管	GBMS		10 nGy/h~100 mGy/h	±20% 55 keV~1.3 MeV	-25~+55	
日本	NaI(Tl)		φ2 in①× 2 in	0.01 μGy/h~100 mGy/h	±10% 50 keV~2 MeV		±10%
法国	硅晶体			10^{-2} μGy/h~10^{-2} mGy/h	±30% 60 keV~3 MeV	20~+50	
荷兰、德国	正比计数管	BittRS02/ RM10E FH2600A		0.05 μGy/h~25 mSv/h（可扩大至 7 Sv/h）	±30% 30 keV~1 MeV		

注：①1 in=2.54 cm。

2.1.3　气体探测器的应用

2.1.3.1　核设施环境辐射监测[16]

中国原子能科学研究院应用自制高气压电离室连续监测系统在其院内两座实验反应堆——15 MW 重水反应堆（位于西北方向距测点 360 m）和 3.5 MW 轻水游泳池式反应堆（位于西南方向距测点 310 m）进行了 3 年的环境连续监测（1990—1992 年），共获 33 450 个数据，每 10 s 获取一次剂量率数据，每 5 min 获取 30 个 10 s 剂量率数据并求出其均值，然后对 12 个 5 min 剂量率均值进行统计，计算出每小时剂量率均值及其标准差。

根据测量统计，按反应堆全天候运行、全天候停运、无降水停运、有降水停运 4 种情况数据列出 1990—1992 年度的月均值变化（文献[16]中的表 1 至表 3），以区分放射性烟羽和降水的贡献，求出放射性烟羽的剂量值。数据摘录如表 2.1.5 所示。

表 2.1.5　测量数据统计分析

年度	年测量均值/mV			年测量偏差均值/mV			2 月份均值、比值	
	A（堆运行）	B（停堆）	A/B	A	B	A/B	C[①]	C/A
1990	221.3	210.1	1.05	12.1	3.1	3.9	213.5	0.96
1991	223.1	212.4	1.05	11.2	2.1	5.0	217.3	0.97
1992	233.8	214.2	1.09	20.1	3.0	6.7	221.8	0.95

注：①C 表示每年 2 月份监测平均值（此 3 年的 2 月份反应堆均处于停堆状态）。

表 2.1.5 的数据表明：

（1）3 个年度内，反应堆运行比停堆测量的年测量均值高 5%～9%。

（2）反应堆运行比停堆年测量偏差均值高 3.9～6.7 倍，其中 1992 年显著高出近 6 倍。

（3）3 个年度的 2 月份均值均比其年度均值低约 4%，这是因为 2 月份的春节期间停堆时间较长。

（4）3 个年度的年测量均值标准差，在堆运行期间比停堆期间高 3.9～6.7 倍。

（5）从文献[18]的表 1 至表 3 中查到停堆无降雨时的测量值，年测量均值相对标准差分别为 2.9 mV、2.7 mV、2.9 mV，其平均值 3 倍为 8.5 mV，为监测系统的探测下限，监测仪的校准系数 $K = 44.8 \times 10^{-11}$ Gy/（mV·h），得出监测系统的探测下限为 8.5 mV×44.8×10^{-11} Gy/（mV·h）= 3.8 nGy·h^{-1}，约为环境外照射平均本底剂量率的 4%。

（6）表 2.1.5 显示，3 年中 1992 年的反应堆运行监测年测量均值最高，为 233.8 mV，扣除停堆时的本底平均值 214.2 mV，可算出 1992 年度烟羽排放的空气吸收剂量贡献为

$$D_\gamma = （233.8 - 214.2）\cdot K \cdot C \cdot （24 \times 365） \text{ μSv/a}$$

式中　K——监测仪校准系数值，$K = 44.8 \times 10^{-11}$ Gy/（mV·h）；

　　　C——空气吸收剂量（率）与有效剂量（率）转换系数，$C = 0.7$ Sv/Gy；

　　　24×365——24 h/d×365 d/a。

由此计算得到 $D_\gamma = 53.8$ μSv/a。

文献给出陆地本底辐射外照射总计 0.48 mSv/a，中国原子能科学研究院 1992 年度烟

羽排放的外照射剂量约为天然本底的 11% $\left(\text{即} \dfrac{53.8 \times 10^{-6}}{0.48 \times 10^{-3}} \times 100\%\right)$。现场测量装置如图 2.1.4 所示。

图 2.1.4 核设施环境辐射剂量率连续监测

以上说明,高气压电离室用于核设施环境连续监测可以获得有意义的数据结果,数据的相对标准差对甄别反应堆烟羽释放作用显著。以上只是一台监测仪的监测结果,而核设施特别是核电站用于环境辐射监测的仪表数量一般较多,如果配置合适(指监测点设置的方向、位置点和使用仪器的种类),数据获取与处理得当,可获得更多具有实用价值的数据资料。

2.1.3.2 核事故监测

1986 年 4 月 26 日苏联切尔诺贝利核电站发生事故。5 月 10 日前后我国部分地区发现其影响,中国原子能科学研究院地面 γ 连续监测和空气放射性取样,均发现其影响,如图 2.1.5 和表 2.1.6 所示。

图 2.1.5 表明事故发生 10 天左右,中国原子能科学研究院电离室连续监测仪已发现 γ 本底值升高(约 20%),同时空气中 ^{131}I 和 ^{137}Cs 浓度较同期显著升高,数据由表 2.1.6 给出。

根据电离室测量资料,切尔诺贝利核事故在中国原子能科学研究院工作区地面造成的 γ 剂量率增加约 20 nGy·h^{-1}(图 2.1.5)。

参考 UNSCEAR 2000 年度报告第 32 页,半烟云模式空气中吸收剂量率计算公式为

$$\dot{D}_{\mathrm{a}} = 0.5 \frac{k}{\rho_{\mathrm{a}}} C_{\mathrm{a}} \sum_{i=1}^{n} F_i E_i \qquad (2.1.7)$$

式中　k——在单位质量和单位时间内射线能量沉积产生的吸收剂量率间的转换系数,

　　　　　$k = 5.76 \times 10^{-10}$ Gy·h^{-1}·(MeV·kg^{-1})$^{-1}$;

　　　　ρ_{a}——空气密度,$\rho_{\mathrm{a}} = 1.293$ kg·m^{-3};

　　　　C_{a}——烟云中放射性核素的平均活度浓度,Bq·m^{-3};

　　　　F_i——每次衰变放出能量为 E_i(MeV)的光子份额,%。

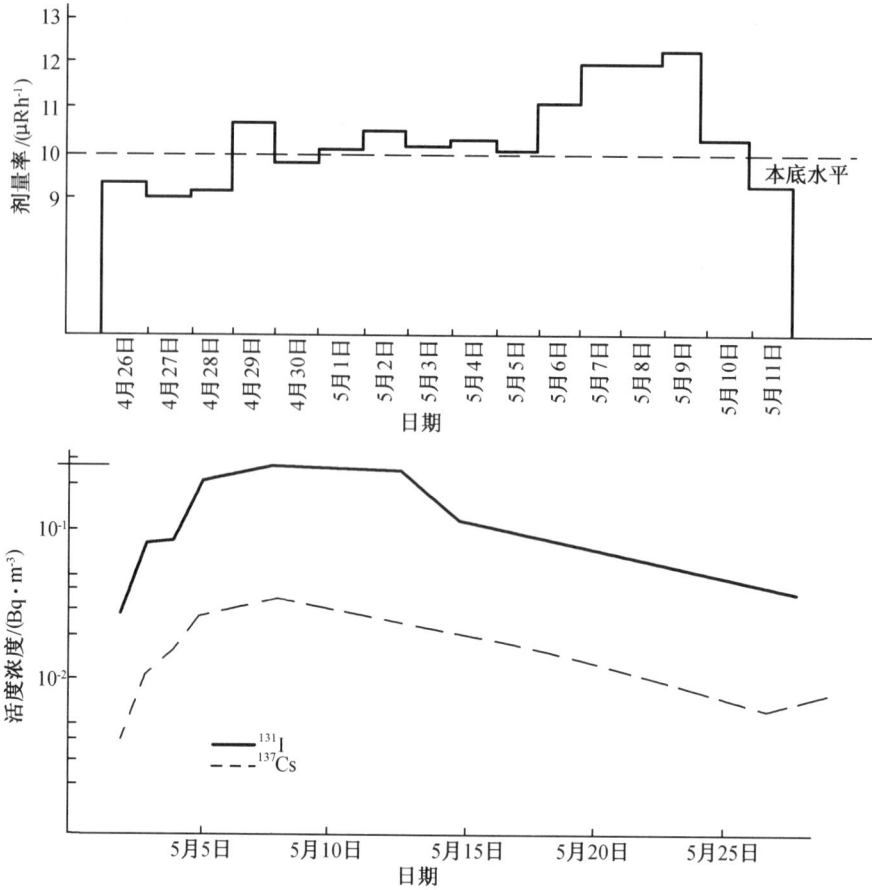

图 2.1.5　中国原子能科学研究院院区空气¹³¹I、¹³⁷Cs 浓度随时间变化图

（1986 年 4 月 26 日苏联发生切尔诺贝利核事故后，中国原子能科学研究院 γ 连续监测与空气采样测量）

表 2.1.6　空气中放射性核素浓度　　　　　　　　　　单位：Bq/m³

取样时间	^{131}I	^{137}Cs	^{134}Cs	^{103}Ru	^{132}Te	^{132}I	^{99}Mo	$^{99\pi}$Tc
5 月 2 日晚	3.0×10^{-2}	1.6×10^{-3}	7.4×10^{-4}		1.7×10^{-3}			
5 月 3 日白	6.2×10^{-2}	4.8×10^{-3}		2.1×10^{-3}	4.1×10^{-3}			
5 月 3 日晚	1.1×10^{-1}	4.4×10^{-3}	3.5×10^{-3}	1.7×10^{-3}	4.2×10^{-3}	5.6×10^{-3}	1.6×10^{-3}	1.6×10^{-3}
5 月 4 日白	7.2×10^{-2}	5.2×10^{-3}	1.9×10^{-3}	4.3×10^{-3}	7.0×10^{-3}		3.0×10^{-3}	3.0×10^{-3}
5 月 4 日晚	1.2×10^{-1}	9.6×10^{-3}	5.6×10^{-3}	7.0×10^{-3}	1.5×10^{-2}	1.5×10^{-2}	V	
5 月 5 日白	2.0×10^{-1}	9.6×10^{-3}	8.1×10^{-3}	9.1×10^{-3}	1.4×10^{-2}	1.3×10^{-2}	V	
5 月 5 日晚	2.4×10^{-1}	1.4×10^{-2}	8.5×10^{-3}	2.5×10^{-2}	3.4×10^{-2}	3.0×10^{-2}	4.0×10^{-3}	4.0×10^{-3}
5 月 8 日	2.9×10^{-1}	1.5×10^{-2}	8.1×10^{-3}	1.5×10^{-2}	1.7×10^{-2}	1.4×10^{-2}	V	
5 月 13 日	2.7×10^{-1}	1.1×10^{-2}	5.9×10^{-3}	1.5×10^{-2}	4.4×10^{-3}	4.2×10^{-1}		
5 月 15 日	1.3×10^{-1}	8.8×10^{-3}	4.1×10^{-3}	1.2×10^{-2}	2.6×10^{-3}	3.0×10^{-3}		
5 月 19 日	8.7×10^{-2}	6.0×10^{-3}	1.3×10^{-3}	9.8×10^{-3}				
5 月 27 日	4.4×10^{-2}	2.7×10^{-3}	1.8×10^{-3}	1.5×10^{-2}				
5 月 30 日		4.0×10^{-3}		9.8×10^{-3}				

注：V 表示定性检出。

根据表2.1.6中数据和同位素手册查取的参数如表2.1.7所示。

表2.1.7 半烟云模式空气中吸收剂量率计算参数

	^{131}I	^{137}Cs	备注
$C_a/(Bq \cdot m^{-3})$	0.184	0.011	（1986年5月4日至8日测量均值）
$F_i/\%$	81.7	85	
E_i/MeV	0.364	0.662	

将上述数据代入公式（2.1.7），可计算得到：$\dot{D}_a = 0.014 \text{ nGy} \cdot h^{-1}$（烟云照射剂量率）。根据 UNSCEAR 2000 年度报告第 59 页中表 9 的数据，可估算出中国原子能科学研究院工作区内由切尔诺贝利核事故烟云浸没造成的环境空气吸收剂量率值。

上述 UNSCEAR 2000 年度报告表 9 给出放射性烟云浸没造成的空气中单位时间积分活度浓度的有效剂量系数（$nSv/(Bq \cdot d \cdot m^{-3})$）如下：

^{131}I	1.4	1.6	平均1.5
^{137}Cs	2.2	2.4	平均2.3

在中国原子能科学研究院工作区内测到空气中^{131}I和^{137}Cs核素活度浓度分别为 0.184 Bq/m³ 和 0.011 Bq/m³。

按有效剂量系数算出照射剂量率值：

$$\dot{D}_I = (1.5 \times 0.184)/(0.7 \times 24) = 0.016\ 4 \text{ nGy} \cdot h^{-1}$$

$$\dot{D}_{Cs} = (2.3 \times 0.011)/(0.7 \times 24) = 0.015\ 1 \text{ nGy} \cdot h^{-1}$$

可计算出切尔诺贝利核事故烟云（^{131}I和^{137}Cs）的浸没照射剂量率约为 0.018 nGy·h⁻¹。

这里需要说明，核事故排放烟云剂量分两种情况：①烟云从头顶上空经过时的照射称为烟云照射，其空气吸收剂量率按公式（2.1.7）计算；②含有放射性核素的空气包围人体形成的照射称为浸没照射。照射剂量率后者高于前者。本例计算的烟云照射剂量率约为 0.014 nGy·h⁻¹，浸没照射剂量率约为 0.018 nGy·h⁻¹；电离室当时测到的核事故增加的外照射剂量率为 17 nGy·h⁻¹。计算与实测结果差别较大。

2.1.3.3 环境辐射本底调查

1983—1990 年国家环保局开展了以全面摸清我国环境放射性水平分布为主要目的的全国放射性水平调查工作。中国原子能科学研究院承担技术咨询及质量保证任务。在任务执行过程中，中国原子能科学研究院提供 2 台自行研制的高气压电离室环境辐射剂量率仪，即 HD-1 型（24 号）和 HD-3 型（19 号），用于环境辐射空气吸收剂量率测量的质量控制。2 台仪器从 1986 年 10 月至 1990 年 1 月由中国计量科学研究院对其进行灵敏度系数 K 计量检定，结果见表 2.1.8。

表2.1.8 仪表灵敏度系数 K 单位：$10^{-15} A/\mu R \cdot h^{-1}$

测试时间	HD-1 型（24 号）①	HD-3 型（19 号）②
1986 年 10 月 14 日	26.82±1.34	11.36±0.57 ③
1987 年 11 月 11 日	26.77±1.3411.27±0.56	
1988 年 12 月 27 日	26.60±0.80	11.40±0.34
1990 年 1 月 18 日	26.49±0.79	11.60±0.35

注：①原编号为 AEI-24；②原编号为 AEI-19；③屏蔽外壳修正因子为 1.073。

检测结果表明:4 年间 2 台电离室 4 次校准结果的相对偏差分别小于 0.6%(24 号)和 1.7%(19 号);工作性能稳定,且可溯源到国家计量标准。

国家环保局全国环境天然放射性水平调查外照射测量主要结果如下[17]:

(1)按全国 8 805 个网格点统计的原野 γ 辐射剂量率 $\dot{D}_原$ 按面积、按人口加权均值分别为 62.8 nGy/h 和 62.1 nGy/h。

(2)道路 γ 辐射剂量率 $\dot{D}_道$ 按网格点加权均值为 61.8 nGy/h,道路和原野 γ 辐射剂量率比值的平均值 $\dot{D}_道/\dot{D}_原 = 0.98$。

(3)室内 γ 辐射剂量率 $\dot{D}_室$ 按人口加权均值为 99.1 nGy/h,$\dot{D}_室/\dot{D}_原 = 1.60$(平均值)。

(4)宇宙射线电离成分所致空气吸收剂量率按点和按人口加权均值,室外分别为 39.9 nGy/h 和 32.5 nGy/h,室内分别为 35.4 nGy/h 和 28.5 nGy/h。

(5)天然 γ 辐射和宇宙射线所致我国居民人均年有效剂量当量分别为 0.55 mSv 和 0.26 mSv。

UNSCEAR 于 1993 年将这项结果收录进其报告中。

除上述全国性本底调查,国家环保法规[18]要求核设施正式运行前要具有不少于两年的环境辐射本底连续监测数据资料,这需要有周密翔实的调查方案和实现此方案具体有效的质量保证措施。环境辐射本底调查的最终目的:了解和掌握所调查环境的实际状况,为以后辐射环境评价提供有效可对比的原始资料。

地球表面环境宇宙射线剂量率测量是环境辐射本底调查的重要内容之一。地球表面环境宇宙射线剂量率测量通常在大的淡水区域表面(例如大的湖泊、水库)进行,测量时船距四周岸边大于 1 km,水深大于 3 m;在有条件的情况下尽可能采用木质船或玻璃钢船作为乘载工具;测量时,测量人员尽可能少且与探测器的相对位置固定不变。淡水中放射性含量低,其对测量点处的剂量率贡献小到可以忽略不计;船距四周岸边大于 1 km,水深大于 3 m 是为了降低岸边及水域底部陆地 γ 辐射对测量点处的剂量率贡献至可忽略不计;木质船或玻璃钢船中的天然和人工放射性含量低,其对测量点处的剂量率贡献小到可以忽略不计;人体内含有天然放射性核素 ^{40}K,多名测量人员会增加 ^{40}K 对测量点处的剂量率贡献,人员位置相对固定不变,便于对测量人员 ^{40}K 的剂量率贡献进行扣除修正。

图 2.1.6 至图 2.1.9 为环境辐射本底调查的现场测量图片。

图 2.1.6 陆地环境辐射测量

图 2.1.7 道路环境辐射测量

图2.1.8 建筑物内环境辐射测量

图2.1.9 水面环境辐射测量

附:辐射环境外照射测量的物理量及单位转换

1. 对 γ 辐射

吸收剂量 D:某一体积元中的物质所接收的能量,单位 Gy,1 Gy = 1 J·kg^{-1}。

有效剂量 E:全身所有组织与器官经辐射与组织(或器官)权重因子加权的剂量之和,单位 J/kg(J·kg^{-1}),专用名希沃特(Sv),且有

$$E = \sum_{T} W_T \sum_{R} W_R D_{T,R}$$

式中 W_T——组织(或器官)T 的权重因子(ICRP 推荐);

W_R——辐射 R 的权重因子(ICRP 推荐);

$D_{T,R}$——辐射 R 在组织(或器官)T 中产生的平均吸收剂量。

一般直接监测的为空气吸收剂量(率)D,评价一般采用有效剂量(率)E,它们的关系为

$$E(\text{Sv}) = f \cdot D(\text{Gy})$$

式中 f——单位转换因子,取值为 0.7 Sv·Gy^{-1}(成年人),0.8Sv·Gy^{-1}(儿童),0.9 Sv·Gy^{-1}(婴儿)。

单位转换:1 Gy = 100 rad,1 Gy = 87.3 R。

照射量:光子在空气中产生的电离量,单位 R,1 R = 2.58×10^{-4} C/kg(1 μR = 11.46 nGy)。

2. 对宇宙射线

在中纬度海平面处,宇宙射线直接电离成分在空气中产生的电离强度平均值为 2.1I[①],可计算得出 32 nGy·h^{-1},UNSCEAR 假定有效剂量率为 32 nSv·h^{-1}。

海平面中纬度有效剂量率为 9 nSv·h^{-1}(由注量率换算得到)。

练习(含思考)题

1. 环境辐射现场(就地)测量所使用的仪器设备应具备哪些性能?

2. 高气压电离室常用于环境辐射剂量率水平现场(就地)测量,请结合中国原子能科学研究院研制的 I 型高气压电离室的性能指标,总结归纳高气压电离室具有哪些环境辐射现场(就地)测量所使用的仪器设备特点。

———————————

① I 为宇宙射线在空气中的电离强度(离子对/cm^3·s),1 I ≈ 15 nGy·h^{-1}。

3. 在辐射剂量测量中,仪表的能量响应特性是重要的技术指标之一,理论上期望测量仪表的剂量响应值不随入射能量的不同而改变,即能量响应值为恒定不变。高气压电离室在 γ 射线能量为 100 keV 附近有较高的量值响应,其原因是什么? 如何对这一能量响应进行改善?

4. G-M 计数管型剂量率仪在环境辐射测量中得到较广泛的应用,它的主要优缺点分别是什么?

5. 壁厚为 2.5~3 mm 不锈钢、充 25 atm 高纯 Ar 气的球形高气压电离室,其对宇宙射线的校准系数约等于 Ra 放射源的校准系数,$K_c \approx 1.02K_{Ra}$,这意味着该类探测器经 Ra 放射源校准后,可以用于地球表面天然电离辐射什么成分的直接测量?

6. 利用球形高气压电离室在地球表面测量宇宙射线时,通常要求在什么样的条件下进行测量? 这些条件的作用分别是什么?

7. 环境辐射外照射剂量监测所获数据 $D(\mathrm{Gy})$,评价时需要转换成有效剂量 $E(\mathrm{Sv})$;对于成年人、儿童、婴儿等不同年龄段的人员,其单位转换因子分别是多少? 引起其取值差别的主要因素是什么?

参考文献

[1] 李德平. 环境辐射场监测中的几个问题[J]. 核仪器,1980, 9:2-82.

[2] MILLIKAN R A. Cosmic-ray ionization and electroscope-constants as a function of pressure[J]. Physical Review, 1932, 39(3): 397-402.

[3] DECAMPO J, BECK H, RAFT P. High Pressure Argon Ionization Chamber Systems for the Measurement of Environmental Radiation Exposure Rates: USAEC Report, HASL-260[R]. [S. l. : s. n.], 1972.

[4] 岳清宇,陈继生,金花,等. 测量环境辐射照射量率的高压电离室[J]. 科学技术成果报告,原[80]-016(内部),中国科学院原子能研究所,1980.

[5] 岳清宇, 金花, 江有玲. 高压电离室环境辐射剂量率仪[J]. 辐射防护, 1986, 6(1): 29-33.

[6] 金花, 岳清宇. 高压电离室灵敏度因子的刻度和估算[J]. 辐射防护, 1984, 4(6): 412-417.

[7] MOE H J, LASUK S R, SCHUMACHER M C, et al. 辐射安全教程[M]. 802 翻译组,译. 北京:原子能出版社,1976.

[8] 刘伯学, 毛用泽, 马文帮, 等. G-M 计数管剂量率仪用于环境辐射水平测量时的一些问题[J]. 核电子学与探测技术, 1995, 15(2): 109-113.

[9] 岳清宇, 王文海, 金花. G-M 计数管用于环境 γ 辐射监测[J]. 辐射防护, 1999, 19(2): 131-134.

[10] 岳清宇, 王薇, 盛沛茹. G-M 计数管在环境 γ 辐射连续监测中的应用[J]. 辐射防护, 2005, 25(4): 227-230.

[11] 于群. 原子核物理实验方法[M]. 北京:人民教育出版社,1961.

[12] 国家环境保护局, 国家技术监督局. 环境地表 γ 辐射剂量率测定规范:GB/T 14583—1993[S]. 北京:中国标准出版社,1993.

[13] 中国核工业总公司. 环境监测用 X、γ 辐射测量仪 第一部分:剂量率仪型:EJ/T

984-95［S］. 北京:中国环境科学出版社,1995.

［14］ 岳清宇,金花. 低大气层中宇宙射线电离量的分布测量［J］. 辐射防护,1988,
8(6):401-409.

［15］ THOMPSON I M G, ANDERSEN C E, BØTTER-JENSEN L, et al. An internation-
al intercomparison of national network systems used to provide early warning of a
nuclear accident having transboundary implications［J］. Radiation Protection Dosime-
try, 2000, 92(1/2/3):89-100.

［16］ 岳清宇,肖雪夫,金花. 核设施环境连续监测［J］. 原子能科学技术,1997,31
(1):35-43.

［17］ 何振芸,罗国桢,黄家矩. 全国环境天然放射性水平调查研究(1983—1990年)
概况［J］. 辐射防护,1992,12(2):81-95.

［18］ 生态环境部. 辐射环境监测技术规范:HJ 61—2021［S］. 北京:［出版者不
详］,2021.

2.2　闪烁计数器测量技术

核辐射与某些透明物质相互作用,会使其电离、激发而发射荧光,闪烁体探测器就是利用这一特性来工作的。

射线引起物质发光的现象,人们是很熟悉的。例如,做X射线透视时,人体器官的图像就是透过人体组织的不同强度的X射线打在荧光屏上使之发光而形成的;将放射性物质和荧光粉混合后敷涂在钟表的数字和指针上,射线使荧光粉发光,这就是"夜光"钟表原理。

利用荧光物质的发光现象来记录核辐射很早以前就有了。历史上,原子核的发展也有闪烁体探测器的一份贡献:1911年著名的 α 大角散射实验,促使卢瑟福的原子核式结构模型建立,当时的 α 探测器是通过显微镜用肉眼直接观察 α 粒子引起硫化锌荧光屏上微弱闪光的装置。到20世纪40年代中期,第一次将闪烁体配以光电倍增管,以后又发展了相应的电子学分析记录仪器,至此闪烁体探测器才获得了广泛的应用。经过几十年的不断发展,现在它已成为相当完善的一种探测装置[1]。

2.2.1　概述

首先介绍一下闪烁体探测器的基本组成部分和工作过程。

闪烁体探测器由闪烁体、光电倍增管和相应的电子仪器三个主要部分组成。图2.2.1所示是闪烁体探测器结构示意图,最左边的部件即为对射线灵敏且能产生闪烁光的闪烁体。

当射线(例如 γ 射线)进入闪烁体时,在某一位置产生次级电子,它使闪烁体分子电离和激发,退激时发出大量光子。一般光谱范围从可见光到紫外光,并且光子呈 4π 角度发射出去。在闪烁体周围包以反射物质(但有一面要透光),使光子从透光的一面集中向光电倍增管方向射出去。光电倍增管是一个电真空器件,它由光阴极、若干个打拿极和一个阳极组成。光阴极前有一个由玻璃或石英制成的窗,整个器件外壳为玻璃,各电极由针脚引出。通过高压电源和分压电阻,阳极—各个打拿极—光阴极间建立从高到低的电位分布。荧光光子入射到光阴极上时,由于光电效应会产生光电子,这些光电子受极间电压加速和聚焦,打在第一个打拿极上,产生3~6个二次电子,这些二次电子在以后各级打拿极上又发生同样的倍增过程,直到最后阳极上接收到$10^4 \sim 10^9$个电子。所以人们把这种器件称为光电倍增管(中文简称 GDB,英文简称 PMT)。大量电子会在阳极负载上建立起电信号,通常为电流脉冲或电压脉冲,这些电信号通过起阻抗匹配作用的射极跟随器,由电缆将信号传输到电子仪器中。

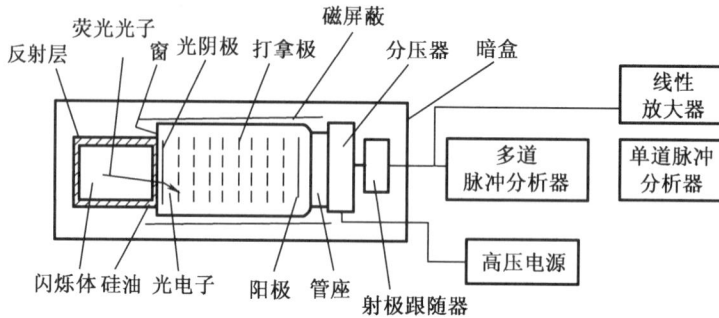

图 2.2.1　闪烁体探测器结构示意图

通常闪烁体透光一面由玻璃封装,如果它与光电倍增管窗之间存在空气层就会使荧光光子经受全反射,不易到达光阴极,故其间常常充以折射系数和玻璃差不多的材料(如硅油等,这些材料又被形象地称作光导),可使光子损失大大减少。

实用上常将闪烁体、光电倍增管、分压器及射极跟随器都安装在一个暗盒中,统称探头。探头中有时在光电倍增管周围包以起磁屏蔽作用的薄膜合金,以防止周围磁场的干扰。电子仪器的组成单元则根据闪烁体探测器的用途而异,常用的有高(低)压电源、线性放大器、单道或多道脉冲分析器,有时也可包括门电路、定时电路、符合电路、定标器以及其他辅助电子学单元(如示波器、脉冲发生器),还有国产 NIM 系统标准插件,可方便灵活搭配。

1929 年科勒(L. R. Koehler)制成了第一种实用光电阴极——银氧铯阴极,从此出现了光电管(photo tube)。1934 年库别茨基(Leonid Aleksandrovitch Kubetsky,1906—1959)(图 2.2.2(a))提出了光电倍增管雏形。1939 年兹沃雷金(V. K. Zworykin,1889—1982)(图 2.2.2(b))制成了实用的光电倍增管。

(a)库别茨基　　　　　　　(b)兹沃雷金

图 2.2.2　库别茨基和兹沃雷金

光电倍增管利用电子次级发射的倍增放大作用测量弱光强度,是灵敏度极高、响应速度极快的光探测器件,其电子倍增原理示意图如图2.2.3所示。这种器件实际上是一种电子管,感光的材料主要是金属铯的氧化物,其中掺杂了其他一些活性金属(例如镧系金属)的氧化物进行改性,以提高灵敏度和修正光谱曲线,用这种材料制成的光电阴极射线管,在光线的照射下能够发射电子,称为光电子,它经多级打拿极加速放大后到达阳极,最终形成了电流。

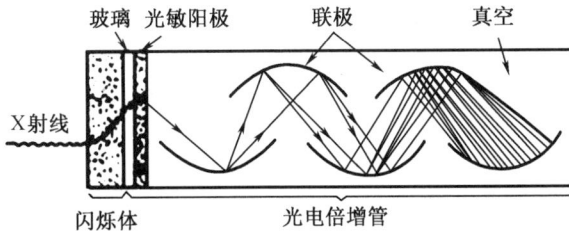

图2.2.3 光电倍增管电子倍增原理示意图

1947年美国的科尔特曼(J. W. Coltman)和美籍德国物理学家卡尔曼(Hartmut Kallmann, 1896—1978)(图2.2.4)证实,由闪烁体、光电倍增管和电子仪器组成的闪烁计数器(scintillation counter)可用于探测射线,且效率比G-M计数器高。

闪烁计数器由闪烁体、光的收集部件和光电转换器件三个主要部分组成。很多物质都可以在粒子入射后而受激发光,闪烁体可以是固体、液体或气体,按化学性质可分为无机闪烁体和有机闪烁体两大类。

2.2.1.1 无机闪烁体

固体的无机闪烁体一般是指含有少量混合物(激活剂)的无

图2.2.4 卡尔曼

机盐晶体,纯无机盐晶体加了激活剂后能明显提高发光效率。最常用的无机盐晶体是用铊激活的碘化钠晶体,即碘化钠(铊)($NaI(Tl)$),其最大可做到直径500 mm以上。它有很高的发光效率和对 γ 射线的探测效率。其他无机盐晶体还有碘化铯(铊)($CsI(Tl)$)、碘化锂(铕)($LiI(Eu)$)、硫化锌(银)($ZnS(Ag)$)等,各有特点。新出现的无机盐晶体有锗酸铋($Bi_4Ge_3O_{12}$)、溴化镧(铊)($LaBr_3(Tl)$)、碲锌化镉($CdZnTe$)等。气体和液体的无机闪烁体多用惰性气体及其液化态制成,如氙(Xe)、氪(Kr)、氩(Ar)、氖(Ne)、氦(He)等。

2.2.1.2 有机闪烁体

有机闪烁体大多属于苯环结构的芳香族碳氢化合物,可分为有机晶体闪烁体、有机液体闪烁体和塑料闪烁体。有机晶体主要有蒽、芘、萘等,具有较高的荧光效率,但体积不易做得很大。有机液体闪烁体和塑料闪烁体都由溶剂、溶质和波长转换剂组成,所不同的是:塑料闪烁体的溶剂在常温下为固态;有机液体闪烁体可将被测的放射性样品溶于其内,这种"无窗"的探测器能有效地探测能量很低的射线。有机液体闪烁体和塑料闪烁体易于制成各种不同形状和大小。塑料闪烁体还可以制成光导纤维,便于在各种几何条件下与光电器件耦合。

闪烁体探测器的优点是效率高,有很好的时间分辨率和空间分辨率,某些闪烁体探测器的时间分辨率可达 10^{-9} s,空间分辨率可达 mm 量级。它不仅能探测各种带电粒子,还能探测各种不带电的核辐射粒子;不仅能探测核辐射是否存在,还能鉴别它们的性质和种类;不仅能计数,还能根据脉冲幅度确定辐射粒子的能量。闪烁体探测器的能量分辨率虽不如半导体探测器好,但对环境的适应性较强,特别是有机闪烁体的定时性能、中子、γ 射线分辨能力和液体闪烁的内计数本领均有其独特的优点,在核物理和粒子物理实验、同位素测量和电离辐射剂量监测中应用十分广泛。20 世纪 60 年代后,它又成为 X 射线天文学和 γ 射线天文学的重要观测仪器。

归结起来,闪烁计数器的工作可划分为五个相互联系的过程:

（1）射线进入闪烁体,与之发生相互作用,闪烁体吸收带电粒子能量而使原子、分子电离和激发。

（2）受激原子、分子退激时发射荧光光子。

（3）利用反射物和光导将荧光光子尽可能多地收集到光电倍增管的光阴极上,通过光电效应,荧光光子在光阴极上打出光电子。

（4）光电子在光电倍增管中倍增,数量由 1 个增加到 $10^4 \sim 10^9$ 个,电子流在阳极负载上产生电信号。

（5）电信号由电子仪器记录和分析。

2.2.2　闪烁体

2.2.2.1　闪烁体种类

闪烁体按其化学性质可分为两大类。

一类是无机闪烁体,通常是含有少量混合物（称为"激活剂"）的无机盐晶体,常用的单晶体有 NaI(Tl)、CsI(Tl);常用的多晶体有 ZnS(Ag) 等。另一种无机闪烁体是玻璃体,如铈激活锂玻璃（$LiO_2 \cdot 2SiO_2(Ce)$）。此外,近年来还开发了不掺杂质的纯晶体,如 $Bi_4Ge_3O_{129}$（简称 BGD）、钨酸镉（$CdWO_4$,简称 CWO）和氟化钡（BaF_2）等[2]。

另一类是有机闪烁体。它们都是环碳氢化合物,又可分为三种:

（1）有机晶体闪烁体,例如蒽、芪、萘、对联三苯等。

（2）有机液体闪烁体,在有机液体溶剂（如甲苯、二甲苯）中溶入少量发光物质（如对联三苯）,称第一发光物质,另外再溶入一些光谱波长转换剂（如 POPOP 化合物）,称为第二发光物质,组成有闪烁体性能的液体。

（3）塑料闪烁体,它是在有机液体苯乙烯中加入第一发光物质对联三苯和第二发光物质 POPOP 化合物后,聚合而成的塑料。

除此之外,还有利用氩、氙等惰性气体作为气体闪烁体,这类闪烁体常作为记录裂变产物和重粒子的探测器。

2.2.2.2　闪烁体的物理特征

1. 发射光谱

闪烁体受核辐射激发后所发射的光并不是单色的,而是一个连续带,图 2.2.5 所示为几种典型闪烁体的发射光谱曲线。

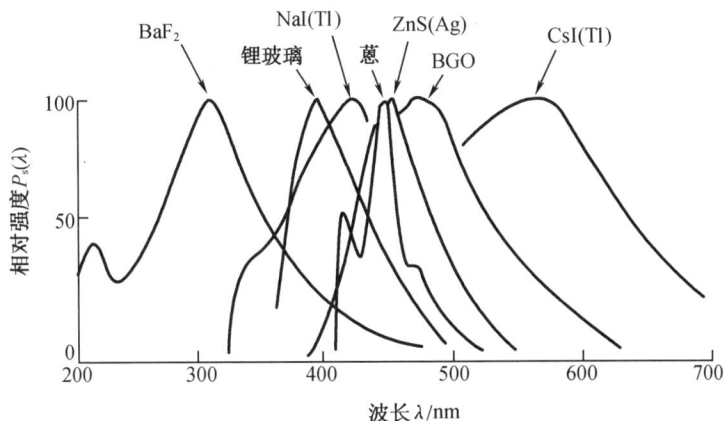

图 2.2.5　几种典型闪烁体的发射光谱曲线

$P_s(\lambda)\mathrm{d}\lambda$ 表示光在波长 $\lambda \sim \lambda+\mathrm{d}\lambda$ 之间的发射强度。对于每种闪烁体,总可以找到一两种具有某波长的光,它的发射概率最大,整个光谱是以该波长为中心的一个或数个发射带。闪烁体的技术说明书上往往给出这个峰位处的波长,称为"发射光谱最强的波长"。

了解不同闪烁体的发射光谱,主要是为了解决闪烁体与光电倍增管光谱响应的匹配问题。这将在第 2.4.4 节中讨论。

2. 发光效率

发光效率是指闪烁体将所吸收的射线能量转变为光的比例。由于历史原因,发光效率具有多种定义方法,一般使用下面三个量来描述。

(1)光能产额

它定义为核辐射在闪烁体中损失单位能量闪烁发射的光子数。

当粒子在闪烁体中损失的能量为 $E(\mathrm{MeV})$,闪烁过程发出的总光子数为 n_{ph} 时,则光能产额为

$$Y_{\mathrm{ph}} = \frac{n_{\mathrm{ph}}}{E} \tag{2.2.1}$$

式中,Y_{ph} 的单位是光子数/兆电子伏($1/\mathrm{MeV}$)。例如在 $\mathrm{NaI(Tl)}$ 中,快电子的 $Y_{\mathrm{ph}} \approx 4.3 \times 10^4 (1/\mathrm{MeV})$。

显然,$1/Y_{\mathrm{ph}}$ 表示在闪烁体中每产生一个光子所消耗的核辐射能量。

(2)绝对发光效率

它就是能量转换效率,表示在一次闪烁中产生的荧光光子总能量与核辐射损耗在闪烁体中的能量之比,即

$$C_{\mathrm{np}} = \frac{E_{\mathrm{ph}}}{E} \tag{2.2.2}$$

式中　下标 np——由核能转换为光能。

相同能量、不同种类的粒子,例如 α 粒子、质子和 β 粒子,C_{np} 值是不同的。$\mathrm{NaI(Tl)}$ 对 β 粒子,$C_{\mathrm{np}} \approx 0.13$,对 α 粒子,$C_{\mathrm{np}} \approx 0.026$。

假如整个发射光谱的光子平均能量为 $\overline{h\nu}$(例如 $\mathrm{NaI(Tl)}$,$\overline{\lambda} = 410\ \mathrm{nm}$,$\overline{h\nu} \approx 3\ \mathrm{eV}$),则 C_{np} 与 Y_{ph} 的关系为 $C_{\mathrm{np}} = Y_{\mathrm{ph}} \cdot \overline{h\nu}$。

（3）相对发光效率

上述两个物理量的测量,由于光子数的绝对定标技术比较复杂,故通常为方便起见,闪烁体中损失相同的能量时,测量它们的相对脉冲输出幅度或电流并与标准进行比较,从而表征闪烁体的发光效率。一般以蒽作为标准:如对 β 射线,蒽的相对发光效率取为 1,则 NaI(Tl) 的相对发光效率为 2.3。

显然,在核辐射探测时,希望闪烁体的发光效率越高越好,这时不仅输出脉冲幅度大,并且由于光子较多,统计涨落小,能量分辨率也有所改善。在能谱测量时,为了使线性好,还要求发光效率对核辐射的能量在相当宽的范围内为一常数。

3. 发光时间和发光衰减时间

闪烁发光时间包括闪烁脉冲的上升时间和衰减时间两部分。上升时间主要由闪烁体电子激发时间以及带电粒子在闪烁体中耗尽能量所需的时间决定,前者时间很短,可以忽略不计,后者一般小于 10^{-9} s。

闪烁体受激后,电子退激发光一般服从指数衰减规律。单位时间发出的光子数(决定输出光脉冲的曲线形状),即发光强度为

$$I(t) = -\frac{\mathrm{d}n_{ph}(t)}{\mathrm{d}t} = \frac{n_{ph}}{\tau_0}\mathrm{e}^{-t/\tau_0} \qquad (2.2.3)$$

显然,经过时间 τ_0,脉冲下降到最大值的 $1/\mathrm{e}$,τ_0 称为闪烁体发光衰减时间,也称衰减常数。例如对于 NaI(Tl),$\tau_0 \approx 0.23$ μs。

公式(2.2.3)对于大多数无机闪烁体是正确的,其中 τ_0 为 μs 量级。对于大多数有机闪烁体和少数无机闪烁体,发光衰减有快、慢两种成分,其衰减规律可以用下式描述:

$$I(t) = I_f\mathrm{e}^{-t/\tau_f} + I_s\mathrm{e}^{-t/\tau_s} \qquad (2.2.4)$$

式中 τ_f,τ_s——快、慢两种成分的发光衰减时间;

I_f,I_s——快、慢两种成分的发光强度。

一般认为,τ_f 为 ns 量级,τ_s 为 μs 量级。它们随闪烁体种类不同而略有变化,见表 2.2.1。

表 2.2.1 一些闪烁体的快、慢两种成分的发光衰减时间

闪烁体	τ_f/ns	$\tau_s/\mu\mathrm{s}$
BaF_2	0.6	0.62
CsI	10	1.0
芪	6.2	0.37
蒽	33	0.37
液体闪烁体	2.4	0.20

在图 2.2.6 中可以看到,由于在半对数坐标上发光衰减曲线并不是一条直线,证明存在着快、慢两种成分。而且从图中也可看到,快、慢两种成分的强度相对值因入射粒子种类不同而变化,例如 α 粒子和中子的强度相对值就不一样。测量中子能量用的中子飞行时间谱仪的探头(液体闪烁体探测器)正是利用这一特性,用电子学技术分别选取快、慢成分以降低中子场中的强 γ 射线本底。用于高强度测量或用于时间测量的闪烁体,应该要求有尽可

能短的发光衰减时间。

除了上述几种物理特性外,在使用闪烁体时还应考虑下面一些性质。

(1)探测效率。它和两个因素有密切关系:一个是闪烁体的几何形状及尺寸;另一个是组成闪烁体的物质的密度以及平均原子序数。

(2)要求闪烁体透明度高,尽可能无缺陷,光学均匀度好。

(3)易于加工成各种尺寸和几何形状。

(4)当温度发生变化时,闪烁体的发光效率、分辨率和时间特征也都会改变,例如NaI(Tl)晶体,25 ℃时的发光效率最大;各种闪烁体的变化规律也并不相同。因此闪烁体的温度效应应该是实际应用中必须注意的问题,在产品说明书中可以查到各种闪烁体的特性随温度变化的测量值。

(5)耐辐照的稳定性。

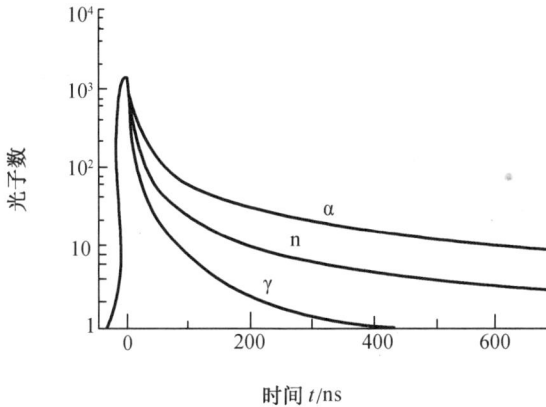

图 2.2.6　有机晶体闪烁体(芪)的发光衰减曲线

2.2.3　闪烁体的选择

在实际使用过程中,选择闪烁体时主要考虑以下几方面的问题:

(1)所选闪烁体的种类和尺寸应适用于所探测射线的种类、注量和能量,也就是说所选用的闪烁体在测量一种射线时能排除他种射线的干扰。一般测量 α 注量时用 ZnS(Ag)闪烁体或 CsI(Tl)晶体。测量 β 射线和中子时用有机闪烁体,大都用塑料闪烁体或有机液体闪烁体。测量 γ 射线用 NaI(Tl)或 CsI(Tl)晶体。测量低能 X 射线或高能 γ 射线用 BGO。

(2)闪烁体的发光谱应尽可能好地与所用光电倍增管的光谱配合,以获得高的光电子产额。

(3)闪烁体对所测的粒子有较强的阻止本领,使入射粒子在闪烁体中消耗较多的能量。

(4)闪烁体的发光效率足够高,有较好的透明度和较小的折射率,以使闪烁体发射的光子尽量被收集到光电倍增管的光阴极上。

(5)在时间分辨计数或短寿命放射性活度测量中,应选取发光衰减时间短及能量转换效率高的闪烁体。

(6)能谱测量时,要考虑发光效率对能量响应的线性范围。所谓闪烁体的能量响应通常包括两个含义:一个是闪烁体的能量转换效率与入射粒子能量的关系;另一个是闪烁体的探测效率与入射粒子能量的关系。

2.2.4 闪烁计数器

前面已分别介绍了各种闪烁体以及光电倍增管的工作原理。在两者耦合以后,再配以电子学仪器,就成为闪烁计数器。闪烁计数器在核辐射探测中是应用较广泛的一种探测器,就其应用可以归结为四类:①能谱测量;②注量(率)测量;③时间测量;④剂量(率)测量。其中,剂量(率)测量是注量(率)和能谱测量的结合。

下面就闪烁计数器在这些测量应用中所遇到的基本问题加以讨论:一是脉冲输出,二是时间分辨,三是能量分辨。在此基础上讨论一个闪烁计数器应用中最典型的例子——NaI(Tl)闪烁谱仪,以进一步了解闪烁计数器的性质。至于上述四种测量应用中的某些细节问题,在以后各章节中会有详细叙述。

从辐射粒子进入闪烁体开始,到在光电倍增管阳极负载上建立电压脉冲,一共经历5个过程,下面我们讨论每个过程对脉冲输出的贡献[3]。

(1)闪烁体中带电粒子或者 γ 射线产生的次级电子引起闪烁体电离、激发。若入射粒子能量为 E_0,则在闪烁体中损失的能量为

$$E = E_0 A \tag{2.2.5}$$

式中 A——入射粒子能量留在闪烁体中的份额。

(2)损失在闪烁体中的能量 E 使闪烁体发射光子。由于发射的光子波长有不同分布,因此发光效率是波长的函数。定义微分发光效率为 $C_{np}(\lambda)\mathrm{d}\lambda$,即闪烁体产生的光子波长在 $\lambda \sim \lambda + \mathrm{d}\lambda$ 之间的光子能量与 E 之比。显然,其发光效率为

$$C_{np} = \int_0^\infty C_{np}(\lambda)\mathrm{d}\lambda \tag{2.2.6}$$

同时,闪烁体发射光子的光谱形状 $P_s(\lambda)$——λ 相对强度的分布函数将由下式决定:

$$P_s(\lambda) = a\frac{C_{np}(\lambda)}{h\nu} = a\frac{\lambda C_{np}(\lambda)}{hc} \tag{2.2.7}$$

式中 a——归一化常数。

于是闪烁体中产生的波长为 $\lambda \sim \lambda + \mathrm{d}\lambda$ 的光子数为

$$\mathrm{d}n_{ph} = E_0 A\frac{C_{np}(\lambda)\lambda}{hc}\mathrm{d}\lambda \tag{2.2.8}$$

发射总的光子数为上式积分:

$$n_{ph} = \frac{E_0 A}{hc}\int_0^\infty \lambda C_{np}(\lambda)\mathrm{d}\lambda \tag{2.2.9}$$

或者写成

$$n_{ph} = \frac{E_0 A C_{np}}{\overline{h\nu}} \tag{2.2.10}$$

式中 $\overline{h\nu}$——对发射光谱平均后的光子能量,且有

$$\overline{h\nu} = \frac{\int_0^\infty (h\nu)P_s(\lambda)\mathrm{d}\lambda}{\int_0^\infty P_s(\lambda)\mathrm{d}\lambda} = \frac{\int_0^\infty (h\nu)\dfrac{C_{np}(\lambda)}{h\nu}\mathrm{d}\lambda}{\int_0^\infty \dfrac{C_{np}(\lambda)}{h\nu}\mathrm{d}\lambda} = \frac{h\nu C_{np}}{\int_0^\infty \lambda C_{np}(\lambda)\mathrm{d}\lambda} \tag{2.2.11}$$

(3)荧光光子在到达光阴极之前,有三种可能使光子数损失:①闪烁体壁的吸收;②闪烁体对荧光光子的自吸收;③光导系统(包括耦合硅油)中的吸收及全发射损失。能够达到光阴极的光子数为 $F_{ph} \cdot n_{ph}$,其中,F_{ph} 为光子收集效率,一般仅 0.3 左右。或者说,波长在 $\lambda \sim \lambda + d\lambda$ 之间到达光阴极的光子数为 $F_{ph} dn_{ph}$。

(4)光子到达光阴极后发射光电子,所产生的光电子数为

$$dn_{ek} = F_{ph} Q_k(\lambda) dn_{ph} \tag{2.2.12}$$

式中 $Q_k(\lambda)$——光阴极对波长为 λ 的光子的量子效率。利用式(2.2.8)得

$$dn_{ek} = E_0 A F_{ph} C_{np}(\lambda) Q_k(\lambda) \frac{\lambda d\lambda}{hc} \tag{2.2.13}$$

考虑这些光电子到达第一打拿极仍有所损失,若收集效率为 g_c(典型的数据 $g_c = 0.9$),则第一打拿极收集到的光电子数为

$$dn_e = g_c dn_{ek} \tag{2.2.14}$$

第一打拿极在一次闪烁过程中所收集到的总光电子数等于上式对所有发射波长的积分:

$$n_e = \int_0^\infty dn_e = E_0 A F_{ph} g_c \int_0^\infty \frac{\lambda}{hc} C_{np}(\lambda) Q_k(\lambda) d\lambda \tag{2.2.15}$$

其中,积分项用以量度闪烁体发射光谱与光阴极量子效率之间的匹配程度。

随着 n_e 绝对数量的增大,统计涨落减小,从而使闪烁探头的能量分辨率也有所改进。上式可以改写为

$$n_e = \frac{E_0 A C_{np} F_{ph} g_c}{\overline{h\nu}} \cdot \frac{\int_0^\infty \lambda C_{np}(\lambda) Q_k(\lambda) d\lambda}{\int_0^\infty \lambda C_{np}(\lambda) d\lambda} \tag{2.2.16}$$

显然积分比正好就是量子效率 $Q_k(\lambda)$ 对发射光谱平均值 $\overline{Q}_k$,因此有

$$n_e = \frac{E_0 A C_{np} F_{ph} g_c}{\overline{h\nu}} \cdot \overline{Q}_k = n_{ph} F_{ph} g_c \overline{Q}_k = n_{ph} \overline{T} \tag{2.2.17}$$

式中 $\overline{T}$——平均光电转换效率,$\overline{T} = F_{ph} g_c \overline{Q}_k$。即使对于确定的光电倍增管和固定的工作条件,$\overline{T}$ 也并不是一个常数,而是与闪烁地点、荧光光子的能量、传播方向、反射条件、入射到光阴极上的位置和方向、打出光电子的概率以及光电子到达第一打拿极的概率等因素有关。

(5)第一打拿极上收集到的光电子经光电倍增管放大 M 倍后,在阳极上所收集到的总电荷为

$$q = n_e M_e = n_{ph} F_{ph} \overline{Q}_k M_e = n_{ph} \overline{T} M_e \tag{2.2.18}$$

式中 n_e——第一打拿极上收集到的总光电子数;

M_e——光电倍增管放大倍数。

事实上闪烁体发射的总光子数 n_{ph} 和光电倍增管放大倍数 M 都有涨落,故上式应写成

$$q = \overline{n}_{ph} \overline{T} \overline{M}_e \tag{2.2.19}$$

通过以上讨论可以知道,为了提高脉冲输出幅度,在设计和使用闪烁体探测器时,必须在每一个环节中尽量增大对最后输出的贡献。这些环节是:增大闪烁体尺寸可以使 A 增加;选择发光效率 C_{np} 大的闪烁体;选择反射系数大的反射层以及性能良好的光导系统,可

以提高光子收集效率 F_{ph}；调整光电倍增管前面几级的分压电阻，使静电聚焦系统获得尽可能大的收集效率 g_c；选择能够与闪烁体匹配的光电倍增管，使 $\overline{Q_k}$ 尽可能大。这样一来，闪烁探头不仅具有较大的脉冲输出，并且还具有良好的能量分辨率。

2.2.5 闪烁计数器在环境辐射监测工作中的应用

2.2.5.1 在环境辐射剂量监测工作中的应用

闪烁体探测器由于具有灵敏度高、能量范围大(150 keV~2.2 MeV)、性能稳定等优点，已经在我国环境辐射的就地测量工作中得到了广泛应用[4]。图2.2.7所示是便携式高灵敏度 X、γ 剂量率仪，该探测器采用 φ90 mm×90 mm 大体积塑料闪烁体探测器，测量范围为 1 nSv/h~100 μSv/h。在利用闪烁计数器进行环境辐射本底测量时，应将便携式仪表垂直置于距地面 1 m 高度处，如图2.2.8所示，如果测量现场地面不平整(有石头等)，可以升高到 1.5 m 高度处。

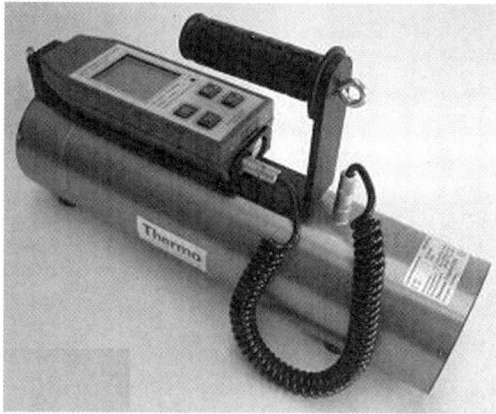

图 2.2.7 便携式高灵敏度 X、γ 剂量率仪

图 2.2.8 环境辐射本底测量

目前国内外部分核电站周围建有环境 γ 辐射连续监测系统，闪烁体探测器对于实施核电站的监督性监测起到了积极作用。一个完整的监测系统是实时在线环境辐射连续监测系统，包括若干个由探测器、前置放大器、数据采集器组成的监测子站以及相应的一系列通信线路、网络。该系统通常具备一定的数据分析处理能力，并将监测数据按照需要传输到

各个部门。图 2.2.9 所示为核电站环境连续监测系统框架图。我国环境 γ 辐射连续监测系统主要由高气压电离室组成,日本核电站的环境 γ 辐射连续监测系统主要由闪烁体探测器组成。

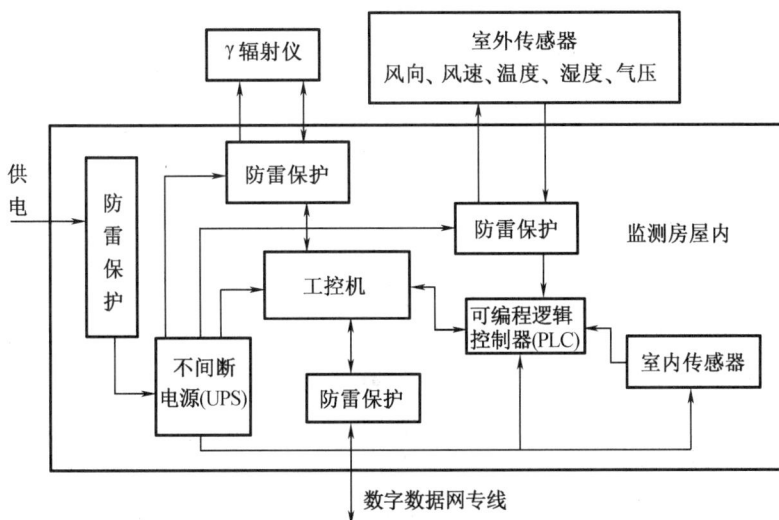

图 2.2.9 核电站环境连续监测系统框架图

2.2.5.2 在环境放射性 α/β 表面污染监测工作中的应用

环境放射性 α/β 表面污染监测,是指对环境外场地、室内、物件的表面污染进行测量,以便及时发现是否存在污染,确定污染点位和范围,并给出污染区域内污染核素的量值。环境放射性 α/β 表面污染监测可分为直接测量和间接测量。直接测量一般是指采用便携式 α/β 表面污染测量仪或监测仪直接对测量对象的表面放射性活度进行的测量;间接测量是指采用擦拭法(用干的或湿的擦拭材料擦拭污染表面取得可去除的放射性活度样品,随后测定转移到擦拭材料上的放射性活度的方法)对表面可去除放射性活度进行的测量。本书以下主要介绍针对环境放射性 α/β 表面污染进行直接测量的仪器。

环境放射性 α 表面污染直接测量通常采用便携式 ZnS(Ag)闪烁体探测器,环境放射性 β 表面污染测量通常采用便携式 ZnS(Ag)闪烁体探测器和便携式薄塑料闪烁体探测器。便携式 ZnS(Ag)闪烁体探测器和便携式薄塑料闪烁体探测器的入射窗有效面积一般为 100 cm² (10 cm×10 cm) ~170 cm² (17 cm×10 cm)。

由于闪烁体必须避光,且 α 粒子和 β 粒子为带电粒子,穿透能力弱,因此 ZnS(Ag)闪烁体探测器入射窗一般采用十几微米厚两面镀几微米厚的铝薄膜材料,这样既避光又使 α 粒子、β 粒子能穿透而使 ZnS(Ag)闪烁体探测器可探测到。不过入射窗材料太薄,很容易被操作人员的手指或其他机械破损,为了使保护膜不易破损,一般在入射窗镀铝薄膜材料前加一层细铜丝或铝丝保护网,如图 2.2.10 所示。即便如此,在环境放射性 α/β 表面污染测量时,也还是要特别注意保护便携式 ZnS(Ag)闪烁体探测器入射窗的镀铝薄膜材料不被刺破或划破。图 2.2.11 为两款国产便携式 α/β 表面污染测量仪。

由于 α 粒子和 β 粒子均为带电粒子,在环境空气中的射程较短(尤其 α 粒子在空气中的射程仅有几厘米),因此在环境放射性 α/β 表面污染测量过程中,应将便携式 α/β 表面污染测量仪的入射面尽可能靠近被测物表面,一般在距离被测物表面 1~2 cm 处进行测量。

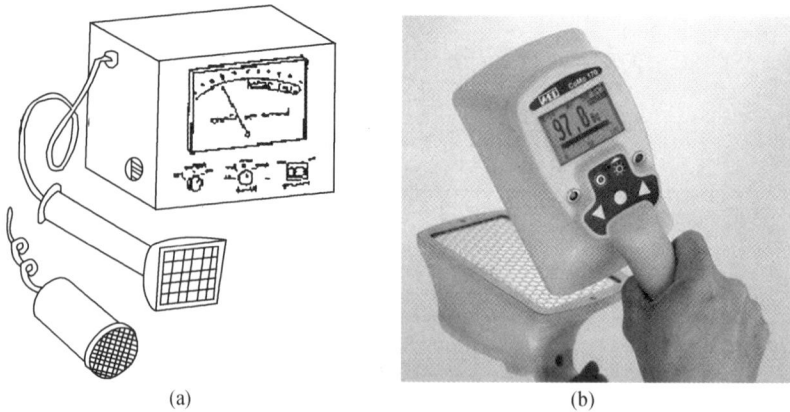

(a)   (b)

图 2.2.10   α/β 表面污染测量仪探测器入射窗保护网

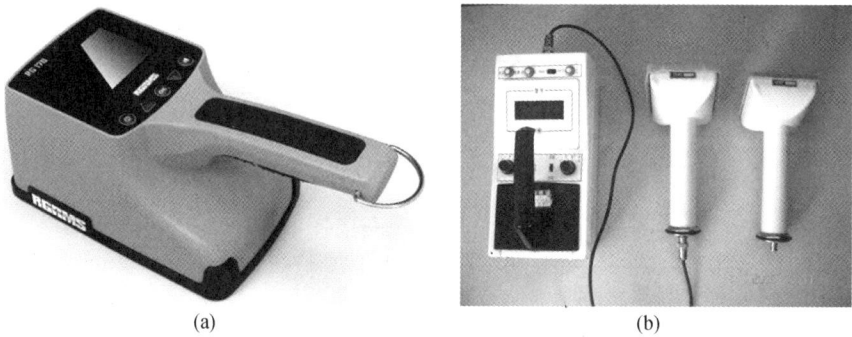

(a)   (b)

图 2.2.11   两款国产便携式 α/β 表面污染测量仪

表征 α 或 β 表面污染的量是单位面积的 α 或 β 表面活度(Bq/cm²)。进行环境放射性 α/β 表面污染测量时,应首先用便携式 α/β 表面污染测量仪在污染场地附近具有代表性的区域测定环境地表本底计数率 $n_B(1/s)$,然后使便携式 α/β 表面污染测量仪的探测器尽可能靠近测量对象(场所地表或物件)表面移动,一旦探测到污染,探测器应在该区域测量足够长的时间,得到污染表面的计数率 $n(1/s)$,则环境放射性 α/β 表面污染值为

$$A = (n - n_B)/(\varepsilon_i \cdot W \cdot \varepsilon_s) \qquad (2.2.20)$$

式中 A——α 或 β 表面污染活度,Bq/cm²;

W——表面污染测量仪入射窗有效面积,cm²;

ε_i——对 α 或 β 探测的仪器效率,无量纲;

ε_s——污染源的效率,无量纲。

在 ε_s 缺少确切的已知数值时,应该采取下述保守但尚合理的值[5]:

①对于 $E_{\beta max} \geq 0.4$ MeV 的 β 发射体,$\varepsilon_s = 0.5$;

②对于 0.15 MeV$< E_{\beta max} < 0.4$ MeV 的 β 发射体,$\varepsilon_s = 0.25$;

③对于 α 发射体,$\varepsilon_s = 0.25 \sim 0.5$,一般通过实验获取。

练习(含思考)题

1. 请简单阐述闪烁体探测器的基本工作原理。

2. 光电倍增管是一个电真空器件,它由哪几个部件组成?

3. 闪烁体按化学性质和物质状态各可分为哪几大类?请按化学性质分别列举一些常见的闪烁体。

4. 现代闪烁体探测器不仅能检测带电粒子,也可以检测 γ 射线和中子。那么,检测 α 射线、硬 β 射线、软 β 射线、γ 射线(X 射线)和中子时通常分别采用什么闪烁体探测器?

5. 请列举闪烁体探测器在核辐射测量中的应用?

6. 闪烁体探测器由哪三个部分组成?与气体、半导体两大类探测器相比,闪烁体探测器在探测效率和能量分辨率方面有何特点?

7. 简述理想的闪烁体应具有的特性。

8. 闪烁体探测器的脉冲幅度分辨率与哪些分辨率有关?哪些分辨率对闪烁体探测器的脉冲幅度分辨率贡献较大?

9. 目前的环境放射性 α/β 表面污染测量仪,为何不用大体积晶体的闪烁体探测器,而是常采用 ZnS(Ag)闪烁体探测器和薄塑料闪烁体探测器?

10. 环境放射性 α/β 表面污染测量仪入射窗采用双面镀铝的聚乙烯薄膜(十几微米厚),其主要的作用是什么?

参考文献

[1] 汪晓莲,李澄,昭明,等. 粒子探测技术[M]. 合肥:中国科学技术大学出版社,2009.

[2] 樊明武,张春燕,张杰. 核辐射物理基础[M]. 广州:暨南大学出版社,2010.

[3] 丁洪林. 核辐射探测器[M]. 哈尔滨:哈尔滨工程大学出版社,2010.

[4] 张虎,罗降,张全虎. 核探测器的发展和现状[C]//第十四届全国核电子学与核探测技术学术年会. 第十四届全国核电子学与核探测技术学术年会论文集, 2008:318-322.

[5] 国家质量监督检验检疫总局,中国国家标准化管理委员会. 表面污染测定 第1部分:β 发射体:GB/T 14056.1—2008[S]. 北京:中国标准出版社,2009.

2.3　剂量仪表的校准技术

2.3.1　环境辐射监测仪的使用特性介绍

环境辐射监测仪是在辐射场所之外使用的专门用来测量环境中的天然本底辐射和核设施的泄漏辐射水平的仪器。其特点是测量值很小，要求仪器的灵敏度极高，达到 1 nGy/h 左右的水平。符合这一要求的探测器通常有充气电离室、闪烁晶体探测器等。但这些类型的探测器都有一定的缺陷，如充气电离室在入射能量较低时响应很差，且体积都很大，携带和使用都不方便，如目前使用较多的 RSS-131 型高气压电离室；闪烁晶体探测器灵敏度很高，但能量响应和线性较差，剂量高时容易使后续的电子学线路发生"阻塞"现象，目前生产的许多闪烁晶体探测器在设计上采用扩大测量范围、降低灵敏度的方法来改善这一问题。近年来随着科学技术的进步，国内也出现了不少性能优良的环境辐射监测仪器，这些仪器通过改良电路设计，使用计算机技术，较好地解决了这一问题，其能量响应和测量线性都令人满意，如原"国营263厂"生产的 FD-3022 型环境辐射测量分析仪，其低剂量率下的测量性能相当好，能很好地满足本底规程的要求。还有 JB4010 型环境辐射监测仪，是专门为环境辐射监测部门设计的仪器，能量响应可达 10% 左右，线性范围达 50 μGy/h，并有专门设计的过载提示/保护电路，是一款相当不错的环境辐射监测仪。

环境辐射监测仪的测量范围通常在 0.1～10 μGy/h 之间（习惯上称为环境水平），随着核电子学技术的发展，有些环境辐射监测仪的测量范围甚至能够覆盖防护水平的剂量率 10 μGy/h～10 Gy/h。目前国际上环境辐射剂量连续监测系统采用的探头主要以 G-M 计数管和高气压电离室为主，也有小部分使用半导体和 NaI 探头。在体积相同的情况下，NaI 探头的灵敏度最高，其次是高气压电离室探头，它具有自身本底小、性能稳定和精度高等优点。G-M 计数管价格便宜，而且其成套系统技术比较成熟，但是 G-M 计数管本底较大而且精度低、稳定性差。高气压电离室具有量程广、稳定性好和精度高等优点，是国内外环境辐射监测活动中最为常用的仪表。美国核能委员会健康与安全实验室（USA Atomic Energy Commission Health and Safety Laboratory）已经将壁厚为 3 mm、内充 25 atm Ar 气的高气压电离室作为环境辐射水平测量的标准电离室。

辐射监测仪器校准中必不可少的是提供必要的参考辐射场的辐射源，根据《用于校准剂量仪和剂量率仪及确定其能量响应的 X 和 γ 参考辐射　第1部分：辐射特性及产生方法》（GB/T 12162.1—2000）等相关标准要求[1]，在计量标准实验室内需要采用多枚不同活度的同位素放射源（如 ^{60}Co、^{137}Cs 和 ^{241}Am 等）以建立多种参考辐射用于仪表校准。

2.3.2　校准方法的分类

电离辐射计量检定通常有两种校准方法，第一种是自由场校准法，第二种是准直场校准法。

自由场校准法理论上是将放射源和探测器置于无限大空间进行校准；但实际操作上只是将放射源置于足够大的屏蔽室内以降低散射辐射的影响，或将放射源和探测器置于一定有限空间的校准实验室内，校准实验室最小尺寸为 4 m×4 m×3 m。除此以外，也可以将放射源置于空旷的户外进行校准。

准直场校准法是现有实验室电离辐射计量检定的通用方法,根据校准方式的不同还可进一步分为替代法、参考场法和同时法三种方法。

2.3.2.1 替代法

所谓替代法,是将参考仪器和被校准仪器相继置于辐射场的检验点,用检验点的空气吸收剂量率 $\dot{D}$ 进行校准(图2.3.1),可得到

$$N_R = \frac{\dot{D}}{M_R} \qquad (2.3.1)$$

式中 N_R——参考仪器的校准因子(在参考条件下),无量纲;

M_R——参考仪器的指示值,$\mu Gy/h$;

$\dot{D}$——参考仪器所在位置处的空气吸收剂量率约定真值,$\mu Gy/h$。

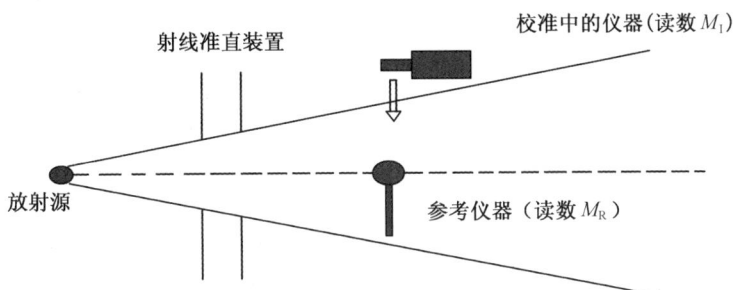

图2.3.1 替代法

对于被校准仪器(下标I),它的指示值与空气吸收剂量率 $\dot{D}$ 相关,可以得到

$$N_I = \frac{\dot{D}}{M_I} \qquad (2.3.2)$$

式中 N_I——被校准仪器的校准因子(在参考条件下),无量纲;

M_I——被校准仪器的指示值,$\mu Gy/h$。

结合式(2.3.1)和式(2.3.2),由 N_R 可得到被校准仪器的校准因子 N_I,即

$$N_I = N_R \frac{M_R}{M_I} \qquad (2.3.3)$$

替代法对辐射场的重复性具有较高要求,在检定时间内辐射场中参考点处的剂量率变化应小于0.1%。

2.3.2.2 参考场法

所谓参考场法,是利用参考仪器对辐射场中某一点的空气吸收剂量率进行测定,并对放射源的半衰期进行修正。在辐射场中检验点空气吸收剂量率 $\dot{D}$ 已知的情况下(图2.3.2),被校准仪器的校准因子 N_I 可由下式得到:

$$N_I = \frac{\dot{D}}{M_I} \qquad (2.3.4)$$

式中 N_I——被校准仪器的校准因子,无量纲;

M_I——被校准仪器的指示值,$\mu Gy/h$。

辐射场的空气吸收剂量率一般可通过标准电离室事先测定,然后根据放射源半衰期修正即可。

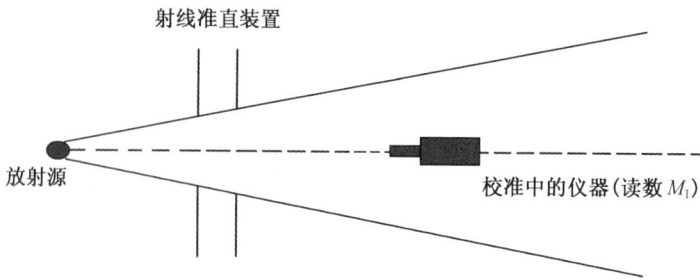

图 2.3.2　参考场法

2.3.2.3　同时法

所谓同时法，是将参考仪器和被校准仪器放在与辐射场轴呈对称且离源同样距离处（图 2.3.3），使参考仪器和被校准仪器在辐射场中同时受照射。两个监测仪之间距离须足够大，以使相互之间读数影响不超过 2%。

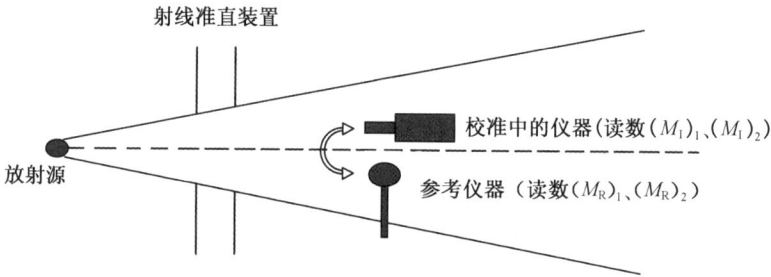

图 2.3.3　同时法

这种方法主要用于对场所监测剂量仪进行校准。这种技术特别适用于用加速器产生的参考辐射或使用非准直源的情况。

参考仪器的校准因子由公式（2.3.5）给出：

$$N_{\mathrm{R}} = \left(\frac{\dot{D}}{M_{\mathrm{R}}}\right)_{1} \tag{2.3.5}$$

式中　N_{R}——参考仪器的校准因子，无量纲；

　　　M_{R}——参考仪器的指示值，μGy/h；

　　　$\dot{D}$——参考仪器所在位置的空气吸收剂量率约定真值，μGy/h。

被校准仪器的校准因子由公式（2.3.6）给出：

$$N_{\mathrm{I}} = \left(\frac{\dot{D}}{M_{\mathrm{I}}}\right)_{2} \tag{2.3.6}$$

式中　N_{I}——被校仪器的校准因子，无量纲；

　　　M_{I}——被校准仪器的指示值，μGy/h；

　　　$\dot{D}$——被校准仪器所在位置的空气吸收剂量率约定真值，μGy/h。

为了消除辐射场非对称性影响，通常将两台仪器交换位置之后再测一次，则可得到

$$N_{\mathrm{R}} = \left(\frac{\dot{D}}{M_{\mathrm{R}}}\right)_{2} \tag{2.3.7}$$

和

$$N_I = \left(\frac{\dot{D}}{M_I}\right)_1 \qquad (2.3.8)$$

将式(2.3.5)和式(2.3.6)、式(2.3.7)和式(2.3.8)分别合并,可以消去 $\dot{D}_1$ 和 $\dot{D}_2$,即

$$\frac{N_I}{N_R} = \left(\frac{M_R}{M_I}\right)_1 \qquad (2.3.9)$$

$$\frac{N_I}{N_R} = \left(\frac{M_R}{M_I}\right)_2 \qquad (2.3.10)$$

式(2.3.9)和式(2.3.10)两边分别相乘,得到

$$N_I = N_R \sqrt{\left(\frac{M_R}{M_I}\right)_1 \left(\frac{M_R}{M_I}\right)_2} \qquad (2.3.11)$$

2.3.3 国外环境辐射监测仪表的校准现状

丹麦自然地表辐射测量中心建于 1994 年,为环境辐射监测仪表提供自由校准场地。该场地为面积 6 000 m²(60 m×100 m)的草坪,位于丹麦国家实验室院内并远离建筑物。丹麦的自由场校准现场如图 2.3.4 所示。

图 2.3.4 丹麦的自由场校准现场

自由场校准法对周围场地的要求比较高:现场土壤应具有典型的辐射组分(铀系、钍系和 ⁴⁰K 等),地面应基本水平,地面土壤没有被破坏;地面覆盖草坪是最理想的,周围应没有树木和建筑物的干扰;到建筑物的距离应大于建筑物自身高度的 10 倍。通常放射源和仪表距离地面为 1 m,如果地面不平整(有石头等),则这一距离可以升高到 1.5 m,自由场校准法中散射辐射的构成如图 2.3.5 所示。

由表 2.3.1 可知,自由场条件下距离 ¹³⁷Cs 放射源 5 m 处散射辐射占总剂量率的 17.01%。

1991 年 PTB 在位于 Brunswick 附近的地下盐矿中建立了 UDO。由于该实验室位于地下 925 m 深处,宇宙射线中 μ 子的强度减弱了 5 个量级以上。实验室周围盐矿的放射性水平也极低,因此实验室中本底的剂量率不足 0.7 nGy/h。UDO 包括两个房间,其中一间为低辐射水平校准实验室,实验室尺寸为 8 m×3.6 m×2.8 m。低辐射水平校准实验室内置一个多源照射装置,装载 ²⁴¹Am、⁵⁷Co、¹³⁷Cs、²²⁶Ra 和 ⁶⁰Co 等放射源,参考辐射剂量率范围为 10～

100 nGy/h。该实验室是校准环境辐射监测仪表低剂量率量程段和开展仪表自身本底测量实验的绝佳场所,如图 2.3.6 所示。

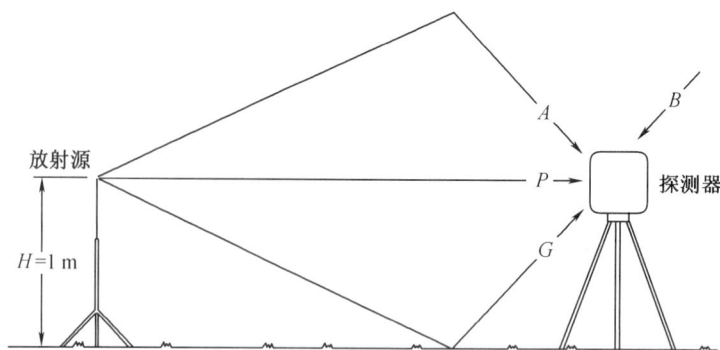

A—空气散射辐射;P—直射辐射;G—地面散射辐射;B—宇宙辐射。

图 2.3.5 自由场校准法散射辐射来源

表 2.3.1 丹麦[137]Cs 自由场中不同位置处的相对散射辐射分布情况

到源的距离/m	空气/%	地面/%	空气+地面/%
1	0.97	2.28	3.25
3	2.44	9.61	12.05
5	3.88	13.13	17.01
10	6.96	15.63	22.59

(a)   (b)

图 2.3.6 德国 PTB 地下超低本底实验室

除德国 PTB 建立的 UDO 以外,其他国家也纷纷建立了相应的低本底实验室,如日本的 Ogoya 地下实验室、比利时的 IRMM 地下实验室、乌克兰的 Solotvina 地下实验室、美国的 Soudan 地下实验室、韩国的 Yangyang 地下实验室、意大利的 LNGS 地下实验室、芬兰的 CUPP 地下实验室、法国的 LSM 地下实验室和加拿大的 SNO 地下实验室等。

2.3.4 我国环境辐射监测仪表的校准现状

我国计量部门至今仍然没有用于校准环境辐射监测用 γ 辐射剂量仪的标准装置和校准实验室。目前,环境辐射监测用 γ 辐射剂量仪的校准基本上是在防护水平校准实验室中进行的,能提供的最低参考剂量率在 1 000 nGy/h 左右(即约为本底的 10 倍)。对于环境辐射监测和早期核辐射预警来说,更需要研究仪表对环境本底附近至高出本底 1~2 倍的剂量率的响应情况。

2.3.5 环境辐射监测用 X、γ 空气比释动能(吸收剂量)率仪检定方法

对于环境辐射水平监测的剂量仪器的检定,我国已经颁布了两个计量检定规程《环境监测用 X、γ 空气比释动能(吸收剂量)率仪》(JJG 521—2006)[2]和《个人与环境监测用 X、γ 辐射热释光剂量测量(装置)系统》(JJG 593—2006)[3]。环境辐射水平监测用的剂量仪器涉及许多新的物理概念和检测方法,因此本节的内容仅叙述环境辐射监测用 X、γ 空气比释动能(吸收剂量)率仪的检定方法。图 2.3.7 所示为国防科技工业电离辐射一级计量站防护水平 γ 射线照射装置。

图 2.3.7 国防科技工业电离辐射一级计量站防护水平 γ 射线照射装置

2.3.5.1 检定依据

《环境监测用 X、γ 空气比释动能(吸收剂量)率仪》(JJG 521—2006)检定规程(以下简称 JJG 521 检定规程)。

2.3.5.2 适用范围

测定环境 X、γ 辐射量率的仪器:不包括测量环境 X、γ 辐射累积剂量的仪器,环境监测热释光剂量系统,以及其他种类电离辐射的仪器。

检定所用辐射量:空气比释动能 K_a。

辐射种类:X、γ 辐射。

能量:50 keV~1.5 MeV(或包括 6 MeV 的测量点)。

测量范围:30 nGy/h~10 μGy/h。

原则上该规程只适用于环境水平 X、γ 辐射仪,但随着技术的进步,目前市场上大多数

的环境监测仪的测量范围都大大超过 10 μGy/h 的上限,如 RSS-131 高气压电离室型仪器的测量范围甚至覆盖了整个防护水平的范围。故在检定中还需按用户的要求和实际使用情况确定其检定的剂量范围。

2.3.5.3 仪器分类

仪器可按多种方式分类,如按体积和质量、携带方式、安装方式或探头类型等分类,但在检定方式上并不做区分,仅在方向性上分为两类:

a 类:仪器的校准方向可认为与其对称轴方向近似重合。

b 类:仪器的校准方向与其对称轴方向近似垂直。

这种分类是在表述方法上的分类,实质上可归结为一种,即在垂直于对称轴的平面上各入射方向的响应偏差不超过20%,其他平面上则为 20%~50%。

2.3.5.4 仪器指示值和有效量程

仪器指示值:直接由仪器给出的量值(现在大多为数字显示,直接读取)。

有效量程:对于数字显示的仪器,有效量程应从每个量程倒数第二个十进制数位的最小非零指示值开始,到量程的最大指示值为止。例如,最大指示值为 199.9 的仪器,其有效量程必须为 1.0~199.9。

2.3.5.5 性能要求和检定项目

环境辐射监测仪的性能要求见表 2.3.2。

表 2.3.2 环境辐射监测仪的性能要求

主要辐射性能			影响量的变化范围	技术要求
相对固有误差			有效量程	±15%
重复性			有效量程	30%
能量响应(校准因子)			50 keV~1.5 MeV	相对^{137}Cs±30%
a 类仪器角响应	a1 和 a2	^{137}Cs(662 keV)	0°~±120°	±20%
		59/60 keV	0°~±90°	±30%
			90°~120° 和 -120°~-90°	±50%
		662 和 59/60 keV	>±120°	生产商说明
	a3	662 和 59/60 keV	0°~±180°	±20%
b 类仪器角响应	b1	662 和 59/60 keV	0°~±180°	±20%
	b2 和 b3	^{137}Cs(662 keV)	0°~±60°	±20%
		59/60 keV	0°~±45°	±30%
			45°~60° 和 -60°~-45°	±50%
		662 和 59/60 keV	>±60°	生产商说明
过载特性			最大量程的 10 倍	有指示/能恢复

注:这些性能要求是根据 *Portable,transportable or installed X or gamma radiation ratemeters for environmental monitoring Part 1:Ratemeters*(IEC 1017-1—1991)制定的。

检定项目见表 2.3.3。

表 2.3.3 检定项目

检定项目	首次检定	后续检定	使用中检验
相对固有误差	+	+	+
能量响应和校准因子	+	−	+
角响应	+	−	−
重复性	+	+	+
过载特性	+*	−	−

注:+指应检项目;−指可不检项目;∗指如仪器在形式评价中已完成该项试验,该项目首次检定可免。

新规程《环境监测用 X、γ 空气比释动能(吸收剂量)率仪》(JJG 521—2006)与原规程《环境监测用 X、γ 辐射空气吸收剂量率仪》(JJG 521—1988)的要求和检定方法比较见表 2.3.4。

表 2.3.4 两种检定规程技术要求比较

技术要求	新规程	原规程
校准量	空气比释动能率/10%	空气吸收剂量率/5%
测量范围	30 nGy/h ~ 10 μGy/h	30 nGy/h ~ 10 μGy/h
相对固有误差	±15%	±15%
重复性	30%	10%
能量响应(校准因子)	相对 ^{137}Cs ±30%(35%)	相对 ^{137}Cs ±30%(35%)
角响应	对称轴平面 ±20%	25%
	其他平面 ±(20% ~ 50%)	
过载特性	最大量程的 10 倍	无

2.3.5.6 标准值

目前,国家计量检定规程规定标准量采用空气比释动能率,这与 IEC 标准相一致,并可溯源至照射量国家基准。由于原先的许多环境辐射仪器仍然在使用吸收剂量,且吸收剂量和比释动能的单位、符号相同,数值也近乎相等,为了与原先的法制计量体系保持一致,该规程的名称仍保留了吸收剂量率仪。另一方面,目前许多新进口的环境辐射仪,包括许多国内新生产的仪器,使用的是剂量当量单位,这也是将来的一种发展趋势。但剂量当量与比释动能率的含义相差较大,数值存在差异,且现行的 IEC 标准采用空气比释动能率,所以现行国家计量检定规程的标准量不包括剂量当量,对环境辐射水平的剂量当量率仪器,还是使用空气比释动能率来检定。

对标准值测量不确定度,新规程要求在 10% 之内,相比原规程 5% 的要求是放宽了不少,同时也更符合实际情况。因为在环境辐射水平下,尤其是在测量范围的低端,要达到 5% 的测量不确定度还是相当不容易的。

辐射条件:所需使用的 X、γ 参考辐射为低空气比释动能率系列 55 ~ 240 keV 的过滤 X 参考辐射和 γ 辐射。辐射条件源自《辐射防护 校准剂量仪和剂量率计及测定其作为光子能量函数的响应用 X 和 γ 参考辐射 第 1 部分：辐射特性和产生方法》(ISO 4037-1—2019) 标准文件，过滤 X 参考辐射的特性以及产生条件见 JJG 521—2006 检定规程中的表 A1。

要求：电离室型环境水平剂量仪，有较好测量性能（线性范围和能量响应）。从国家基准传递，传递后的扩展不确定度<10%。

注意：传递时需考虑 X 辐射因过滤不同而导致的能谱差异对标准值的影响。

2.3.5.7　所需设备（标准器除外）

检定设备主要有辐射场、移动/定位系统、监测电离室、远距离读数系统等。

对辐射场的要求见 JJG 521—2006 检定规程 7.1.2.2 和 7.1.2.3，但考虑到环境监测仪器的特性，与检定其他种类仪器相比要求更高：探测器灵敏体积上空气比释动能率变化不超过 5%，许多环境辐射仪器探测器的体积较大，尤其是电离室型的，在传递和检定时必须考虑选择合适的距离，使空气比释动能率在探测器灵敏体积范围内的轴向和横向的变化尽量小，散射辐射的贡献不超过 5%；在测量范围的低端传递和检定时散射辐射的贡献尤其明显，须加以扣除（具体方法详见 JJG 521—2006 检定规程附录 B）。这就要求辐射场空间足够大，探测器距离辐射源足够远，同时要求辐射场内的环境辐射本底尽量小，此外辐射场内的散射物体应尽可能少，以使环境本底和散射辐射对仪器读数的影响最小。

2.3.5.8　检定方法

JJG 521—2006 检定规程中 7.3 对仪器的相对固有误差、能量响应、校准因子、入射角响应、过载特性和重复性等辐射性能的检定要求进行了详细描述，具体方法参见该检定规程。

2.3.6　发展趋势

随着核能利用规模的不断扩大以及核技术领域的拓展，需要新建大量的核设施（如核电站反应堆、研究型核反应堆等）以满足能源开发与利用、科学研究等需求。为保障放射性工作人员、周围居民以及环境的安全，相关法律规定在核设施内部及周边地区必须开展辐射监测工作，主要包括环境辐射监测、个人剂量监测、区域监测、排出物监测和流出物监测等。固定式环境辐射监测仪表是核设施辐射监测的重要仪表之一，能够提供用于评价环境辐射污染现状及发展趋势等非常有用的数据。美国三哩岛、苏联切尔诺贝利和日本福岛核事故使得各国都加强了环境辐射监测网络系统的建设，特别是固定式 γ 辐射连续监测系统。固定式 γ 辐射监测仪是环境辐射监测网络系统中的重要组成部分，它在核电站安全运行或核事故早期预警中发挥着不可替代的作用。这类仪表具有灵敏度高、稳定性好、操作简便和反应快速等优点，是核设施周围环境辐射监测中布点范围最广、布点数最多、测量频次最高的。在发生核事故时，通过该监测网络可迅速得到核辐射污染的扩散速度、范围、大小等有关信息。针对核设施环境辐射监测，各国制定了一系列规范和标准，我国的相关规范《环境核辐射监测规定》(GB 12379—90)、《辐射环境监测技术规范》(HJ 61—2021) 等规定以反应堆为中心在 20~30 km 的范围内须对环境辐射进行监测，在不同半径（2 km、5 km、10 km、20 km 等）8 个方位角间隔交叉布点监测环境 γ 辐射剂量率。国家生态环境部（原国家环保部）要求核设施边界必须建立环境 γ 辐射连续监测系统，并于 2006 年在中国原子能科学研究院、"中核 404 厂"、清华大学核能技术研究院、中核北方铀业有限公司（又称"核工业 202 厂"）四家拥有核反应堆单位的周边建立环境 γ 辐射连续监测系统。另外，国家环保部为了加强对环境辐射的监测及核设施排放造成环境辐射剂量率增加的监管力度，在全国范围内建立了 180 个环境 γ 辐射连续监测控制点。定期公布北京市、连云港市、上海市、宁波市等全国 41 座城市辐射环境自动监测站空气吸收剂量率数据,以及秦山核电基地,大亚湾、岭澳核电站和田湾核电站等在运行核电站周围环境空气吸收剂量率数据。但是,由于固定式环境辐射监测仪表存在拆卸困难和送检周期长等缺点,阻碍了按期检定。调研结果表明,我国在 1992—2006 年,固定式环境辐射剂量仪表的受检率只有 20%。2007 年现场调研结果表明,我国自主研建的某民用核设施周围的多台固定式环境 γ 辐射监测仪至今仍然没有有效的校准方法。

国际上已经对固定式环境辐射监测仪表的现场校准技术展开了研究,主要技术路线是通过研制便携式照射装置提供参考辐射,进而完成现场辐射监测仪表的校准或检验。目前国际上已经研制出了现场校准用简易照射器、便携式 γ 照射装置和检验源等,主要用于核电站固定式辐射连续监测系统、海军舰艇上安装的固定式辐射监测仪表和便携式 X、γ 辐射监测仪表的现场校准工作。图 2.3.8 所示是美国 Sentinel 公司研制的便携式 γ 照射装置。

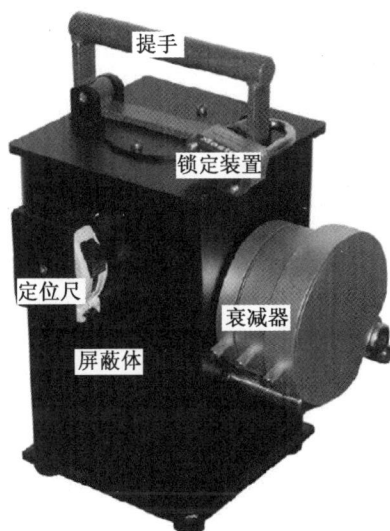

图 2.3.8　美国 Sentinel 公司研制的便携式 γ 照射装置

图 2.3.9 所示是工作人员利用美国 Sentinel 公司研制的便携式 γ 照射装置对 γ 巡测仪进行校准,在照射过程中将待检仪表置于放射源一定距离处,手持操作杆向上提升进行照射。便携式 γ 照射装置出射口配有衰减器,以便提供不同剂量率的参考辐射场。该装置内置活度为 7.4 GBq(200 mCi)的 ^{137}Cs 同位素放射源用以提供参考辐射。该装置能够为仪表提供现场校准用 γ 射线参考辐射,但是装置的表面泄漏剂量较大(约 1.7 mGy/h),不便于运输。因此该装置也只适用于在核电站厂区内、实验室内或特定场所等区域内对固定式辐射监测仪表进行校准。

2009 年美国国家标准与技术研究院(National Institute of Standards and Technology, NIST)开发出了用于检验海军舰艇上固定式辐射探测仪表的新型检验源[4]。检验源主要由 ^{57}Co、^{60}Co、^{137}Cs、^{133}Ba 和 ^{252}Cf 等放射性核素构成,并将其封装在直径为 15 cm 的球形铝壳内,使放射源可在水中漂浮。球形铝壳表面喷成红橙相间颜色,一旦检验源意外落海,易于被发现,防止放射源丢失。为了保证放射源的各向同性,将放射源包裹在不锈钢衰减体中,如图 2.3.10 所示。检验源具有各向同性(0°≤θ≤135°)、耐腐蚀、抗颠簸和能海上漂浮等特点,以满足海上特殊环境的需要。NIST 对新型检验源的能谱分布、剂量率和辐射角分布等特征进行了详细的研究。这类检验源主要应用在美国海军舰艇上配备的固定式辐射监测仪表的现场校准方面,通过对现场监测仪表的照射完成仪表稳定性、重复性和固有误差等辐射性能的检验。

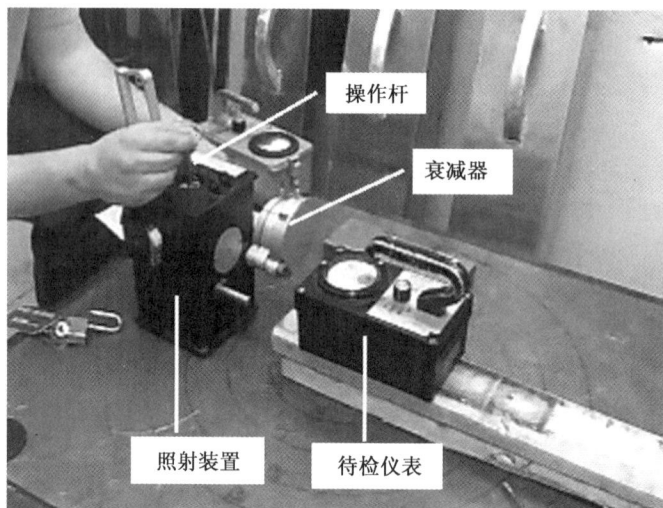

图 2.3.9 美国 Sentinel 公司研制的便携式 γ 照射装置使用示意图

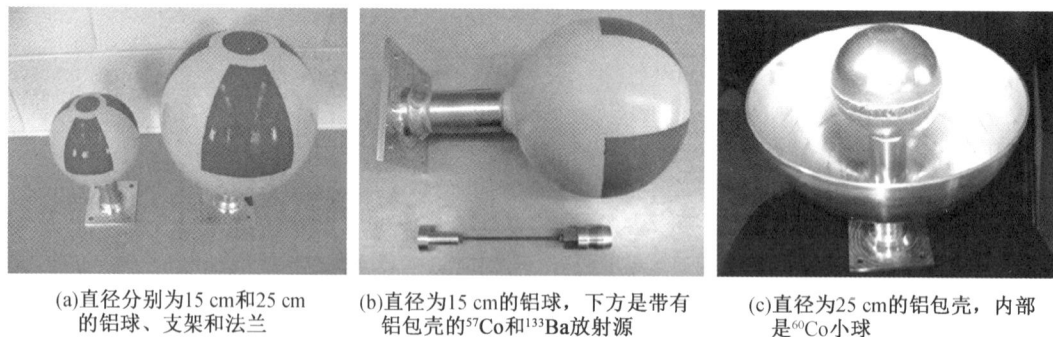

(a)直径分别为15 cm和25 cm 的铝球、支架和法兰　　(b)直径为15 cm的铝球,下方是带有铝包壳的^{57}Co和^{133}Ba放射源　　(c)直径为25 cm的铝包壳,内部是^{60}Co小球

图 2.3.10 固定式辐射探测仪表的新型检验源

现场比对也是校准方法的一种,为了保证核设施周围辐射监测系统的量值准确,1999年欧盟各国于丹麦国家实验室电离辐射测试中心和德国 PTB 地下超低本底实验室举行了环境辐射连续监测仪表的比对工作。此次比对的主要目的是确保核事故发生时欧盟各国环境辐射监测系统提供的测量数据具有一致性和可比性。举办欧盟各国大规模的比对活动,可确保放射性烟羽或放射性污染的应急监测结果不会在各国边界上出现较大分歧。此次比对活动共有 7 个欧盟成员国参加,包括丹麦、德国、捷克、葡萄牙、西班牙、荷兰和奥地利。比对结果显示,即便是环境辐射监测仪表定期送检,不同类型仪表的测量结果也会有较大差距(最大 50%)。经过对仪表自身本底、宇宙射线响应和能量响应的修正,比对结果在 10%内符合。

目前中国原子能科学研究院已经建立了便携式 X 射线现场校准装置,首次将 X 射线作为现场校准源,系统地开展了照射装置的功能设计与辐射剂量学特性研究工作。相比于剂量标准实验室的固定式 X 射线照射装置,便携式 X 射线现场校准装置进一步实现了照射装置小型化、操作便捷化以及适用条件多样化的现场校准需求。但便携式 X 射线现场校准装置的辐射场是开放的,存在两点问题。其一,核设施内环境条件复杂,存在障碍物,造成散射辐射,此外固定式辐射防护用 X、γ 剂量率监测仪固定在墙体上,也会受到来自墙体的散射辐射影响。由于散射辐射的成分复杂且不可忽略,参考点处的辐射场不再是计量检定标准所规定的参考辐射场,这就产生了参考点处的剂量率定值的难题。其二,便携式 X 射线现场校准装置产生的辐射场是开放的,没有加以屏蔽,为了保障进行校准工作的人员安全,需要控制辐射场的剂量率上限,无法对固定式辐射防护用 X、γ 剂量率监测仪进行高剂量率水平下的校准。在现有便携式 X 射线现场校准装置的基础上使用合适的屏蔽体建立封闭辐射场可以简化散射辐射,并在保障人员安全的情况下开展高剂量率水平固定式辐射防护用 X、γ 剂量率监测仪的现场校准工作[5]。

自屏蔽 X 射线照射装置利用便携式 X 射线照射装置为其提供 X 射线,限束光阑和附加过滤与便携式 X 射线照射装置通用。自屏蔽校准室内部为 $\phi44$ mm×44 mm 的圆柱体,为了保证人员安全,采用 20 mm 厚的铅作为屏蔽体材料,铅屏蔽层内外分别由 5mm 厚的不锈钢包裹。利用 X 射线机为自屏蔽式 X 射线照射装置提供 X 射线。自屏蔽校准室前表面有圆孔与 X 射线机对接,用于接收来自 X 射线机的 X 射线束。自屏蔽校准室上表面有圆孔用来放入待校仪表的探头,自屏蔽校准室上方配置挂杆便于悬挂仪器探头。自屏蔽校准室后下方开有约 50 mm×50 mm 的方孔,用于插入并摆放测量空间散射辐射的谱仪探头,自屏蔽 X 射线照射装置结构示意图如图 2.3.11 所示,实物图如图 2.3.12 所示。

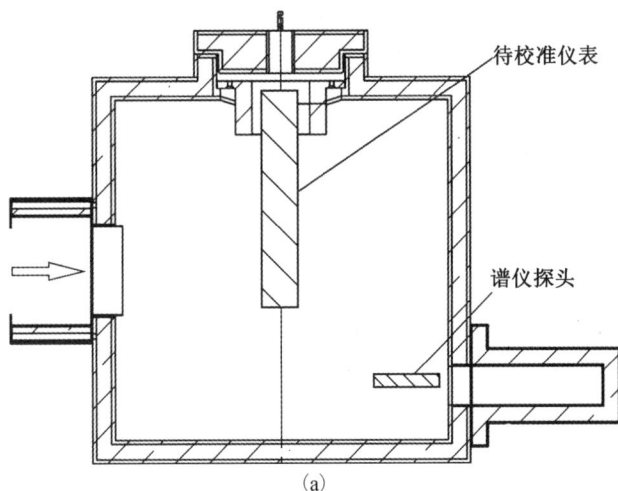

(a)

图 2.3.11 自屏蔽 X 射线照射装置结构示意图

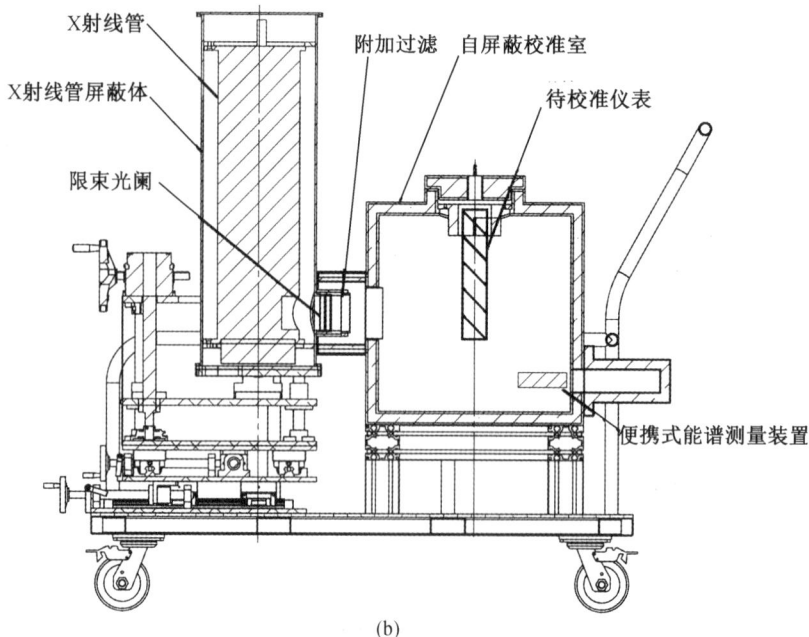

(b)

图 2.3.11（续）

图 2.3.12　自屏蔽 X 射线照射装置实物图

均匀性是描述辐射场特性的一项重要指标,是影响仪表检定与校准工作的关键因素。为探究准直光阑对便携式照射装置参考辐射场均匀性的影响,利用 MCNP 蒙特卡洛程序模拟了参考辐射场的横向均匀性,在距离放射源 1 m 处横向放置多个小长方体计数栅元对辐射场均匀性分别进行模拟计算。

利用 PTW 32005 型电离室配合 UNIDOS E 静电计对移动式 X 射线照射装置限束光阑半张角 $\theta = 8°$、距焦斑不同位置处辐射场范围进行测量。将实测结果与模拟结果进行比较,如图 2.3.13 所示,比较结果表明满足设计要求。

对自屏蔽 X 射线照射装置参考点处的能谱进行模拟计算,并和使用 CZT 谱仪测量实验结果对比,如图 2.3.14 所示,比较结果表明能谱满足放射防护系列标准（ISO 4037）的要求,可以用于仪表检定。

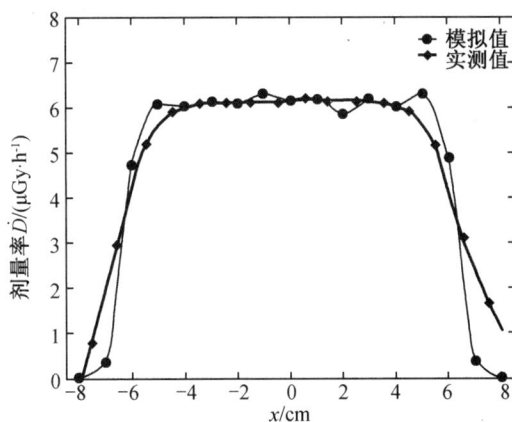

图 2.3.13 剂量率分布的模拟与实测值对比图

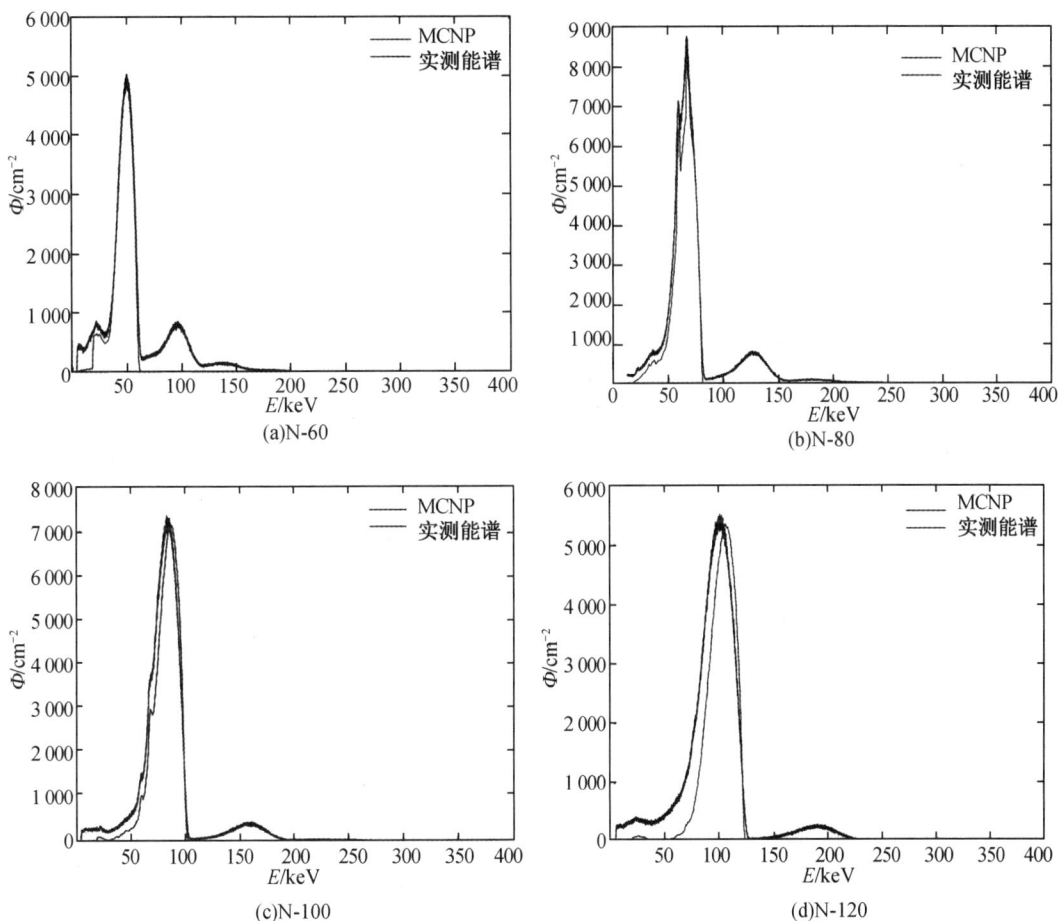

图 2.3.14 参考点处模拟能谱与实测能谱之比较

中国原子能科学研究院已利用机器学习方法对基于便携式 X 射线照射装置的开放辐射场参考点处的剂量进行定值,并基于定值结果对固定式辐射探测仪表进行现场校准,软件使用界面如图 2.3.15 所示。固定式现场校准工作中,对检验点处环境散射辐射的修正是确定剂量率约定真值及校准因子计算正确性的关键环节。便携式 X 射线照射装置辐射范围相对较大,被校仪器有效测量点处剂量值的最大影响因素为前方墙壁。为了扩大照射装置现场校准的适用范围,在进行检验点处参考剂量定值时,应将上述环境散射辐射考虑在内。在散射辐射修正中采用最小二乘支持向量机预测封闭场内部检验点处空气比释动能约定真值的方法,对于开放场采用机器学习方法对检验点处剂量率进行定值。机器学习是一种从数据中发现复杂规律,并利用规律对未来时刻、未知状况进行预测和判定的手段,其前提是要有大量训练数据,训练数据越优质,预测效果越好。基于机器学习的现场环境散射辐射修正系统的研制流程如图 2.3.16 所示,机器学习预测模型搭建流程如图 2.3.17 所示。

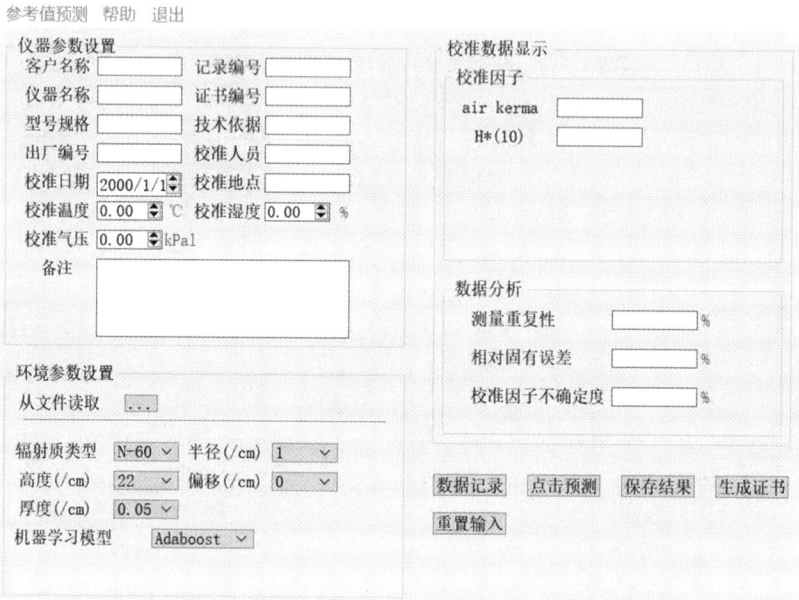

图 2.3.15　便携式 X 射线照射装置现场校准软件使用界面

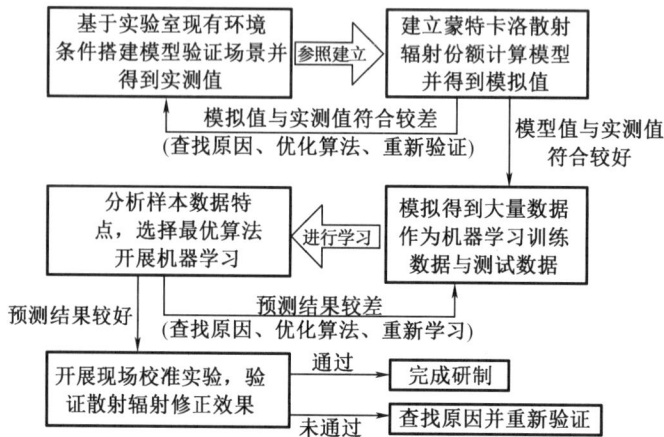

图 2.3.16　基于机器学习的现场环境散射辐射修正系统的研制流程

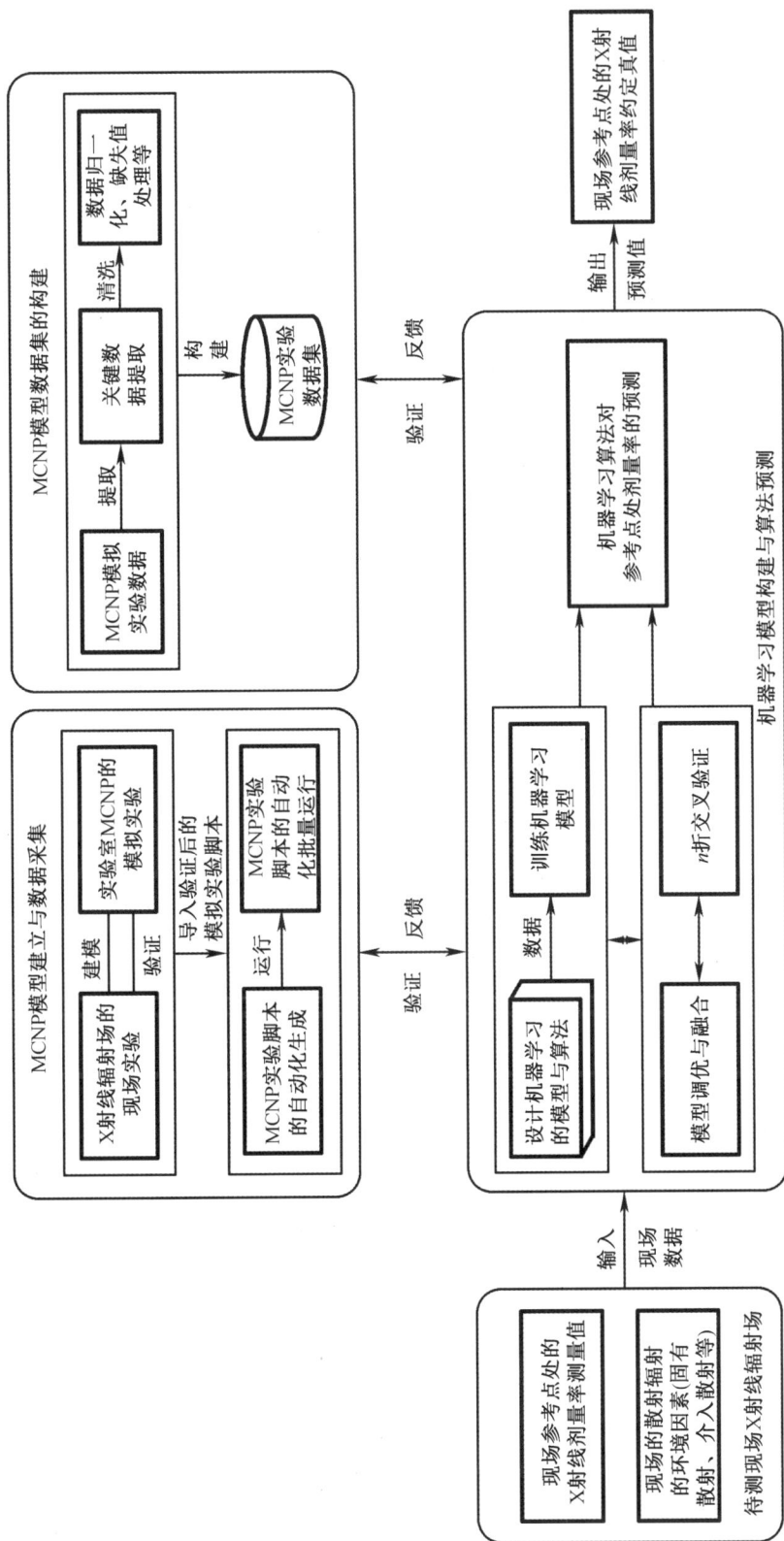

图2.3.17 机器学习预测模型搭建流程示意图

在所涉及的实验环境条件范围之内,无障碍物、有无角度时的实验值与预测值均存在偏差。其中,由无障碍物、无角度($\theta=0°$)时的预测值反推得到的检验点处剂量率与实测剂量率的相对偏差整体保持在±10%范围内;由无障碍物、有角度($\theta\neq0°$)时的预测值反推得到的检验点处剂量率与实测剂量率的相对扩展不确定度为9.8%。

2.3.7 环境放射性 α/β 表面污染测量仪的校准[6]

2.3.7.1 概述

放射性 α/β 表面污染,通常以单位面积的放射性活度来表示,仪器测量的计数率直接与表面发射的辐射有关,而与表面上或表面内所含的放射性活度无关。对于给定的单位面积放射性活度,单位时间内从表面射出的粒子数取决于源的自吸收以及源和衬底材料的反散射。自吸收将减少射出的粒子数目,而反散射将增加射出粒子的数目。由于实际表面吸收和散射性质的变化,一般来说,不能假设在发射率与放射性活度之间存在简单而已知的关系。因此,有必要在源的发射率基础上校准污染测量仪的仪器效率;而对参考源应有活度和发射率的说明。

放射性 α/β 表面污染测量仪的校准,通常通过测定仪器对已知放射性活度(或单位面积放射性活度)的参考源的响应来进行。

为使该校准方法得出唯一的校准因子,要求参考源是理想的薄源,也就是既无自吸收也无反散射的源。但在实际上,源不会是理想的,特别是对 α 发射体和低能 β 发射体(最大 β 能量大约低于 0.4 MeV)。因此,根据活度来校准,将导致校准因子不是唯一的,而与源的结构有关;采用与给定放射性核素的活度相同但结构不同的参考源,可能获得校准因子较宽的取值范围。

以源的发射率为基础得到的校准因子不依赖于源的结构。这样,根据发射率而不是活度校准的表面污染测量仪,它的灵敏度可相互比较。

为避免混淆以及清楚地理解两种校准方法之间的差别,必须对仪器效率 ε_i 和源效率 ε_s 的推荐值做出详细的考虑。

2.3.7.2 术语的定义与说明

(1)源表面发射率 $q_{2\pi}$,其定义为:单位时间从源的前表面发出的大于给定能量、给定类型的粒子数。

(2)源效率 ε_s,其定义为:单位时间从源的表面或源窗发射出大于给定能量、给定类型的粒子数(表面发射率)与单位时间内在源内(对一个薄源)或它的饱和层厚度(对一个厚源)内产生或释放的相同类型的粒子数之比。

(3)仪器效率 ε_i,其定义为:在给定几何条件下仪器的净计数率与源表面发射率之比。对于一个给定的仪器,仪器效率依赖于源的辐射能量。

(4)固有的仪器效率 I_i,其定义为:探测器上得到的计数率与单位时间入射到探测器上粒子数的商。

对于一个理想的源(没有自吸收和反散射),其源效率 ε_s 的值是 0.5(从一个面发射)。而对于一个实际的源,其源效率通常小于 0.5(自吸收的影响),但也可能大于 0.5(反散射的影响),这依赖于自吸收和反散射作用的相对重要性。

仪器效率 ε_i 和固有的仪器效率 I_i 的最大值是 1。

2.3.7.3　α/β 表面污染测量仪的校准

按照校准的定义,α/β 表面污染测量仪的校准就是将测量仪器的读数 $n(\mathrm{s}^{-1})$ 用参考源放射性活度 $A(\mathrm{Bq})$ 来表示的过程,即求取测量仪器对参考源活度响应 R_i 的过程,R_i 就是以参考源活度为基础的 α/β 表面污染测量仪的校准因子。

α/β 表面污染测量仪对参考源活度的响应 R_i 可以表示为仪器效率 ε_i(反映仪器的特性和几何条件)和源效率 ε_s(反映源的大多数重要特性)相乘,即

$$R_i = \varepsilon_i \cdot \varepsilon_s \tag{2.3.12}$$

因此,校准因子 R_i 是探测器特性、源以及几何条件三方面结合的结果。

1. α/β 表面污染测量仪的仪器效率 ε_i 测定与计算

ε_i 测定:

(1)采用已知单位面积发射率符合《用于校准表面污染监测仪的参考源 β 发射体和 α 发射体》(GB 12128—89)要求的参考源提供的参考辐射。

(2)参考源的有效面积大小应足以覆盖测量仪探测器的窗口;在得不到这种尺寸参考源的情况下,应采用小面积参考源进行一系列测量,这些测量应覆盖整个探测器入射窗面积或至少覆盖它有代表性的部分,通过这些测量得出计数率的平均值。

(3)在测定仪器效率 ε_i 时,应区分辐射。

①实际校准工作中,常用某些放射性物质,例如由铀合金(13%的天然铀,0.06 mm 厚)构成的饱和层源,作为对 β 不灵敏的 α 探测器的参考源。

②对于 β 发射体,仪器效率 ε_i 依赖于 β 粒子的能量,故应采用相应于待测污染的 β 能量来测定仪器效率 ε_i;通常具有多种不同 β 能量的放射性核素适合用作 β 参考源,见表 2.3.5,实际上可以只使用单个 β 能量的核素来测定仪器效率 ε_i,但要保证这个参考源的 β 粒子能量不显著大于待测的最低 β 粒子能量。

表 2.3.5　适合作 β 参考源的放射性核素的 β 最大能量

核素	$E_{\beta max}/\mathrm{MeV}$
$^{14}\mathrm{C}$	0.154
$^{147}\mathrm{Pm}$	0.225
$^{36}\mathrm{Cl}$	0.71
$^{204}\mathrm{Tl}$	0.77
$^{90}\mathrm{Sr}/^{90}\mathrm{Y}$	2.26
$^{106}\mathrm{Ru}/^{106}\mathrm{Rh}$	3.54

(4)仪器效率 ε_i 的测定应在已知的几何条件下,已知的几何条件应与其后测量时的几何条件尽可能一致。

ε_i 计算:

仪器效率 ε_i 按公式(2.3.13)进行计算:

$$\varepsilon_i = (n - n_B)/q_{2\pi,\mathrm{SC}} = (n - n_B)/(E_{\mathrm{SC}} \cdot W) \tag{2.3.13}$$

式中　n——测得的参考源加本底的总计数率,s^{-1};

　　　n_B——校准场所的本底计数率,s^{-1};

$q_{2\pi,SC}$——在探头灵敏窗面积 W(以 cm^2 表示)下方测量时参考源的表面发射率,s^{-1};

E_{SC}——测量时参考源单位面积的表面发射率,s^{-1}。

2.α/β 参考源效率 ε_s 推荐值

如前所述,对于理想的参考源(无自吸收和反散射),$\varepsilon_s = 0.5$;对于很多实际参考源,由于自吸收和反散射的影响,使得 α/β 参考源效率 $\varepsilon_s \neq 0.5$。表 2.3.6 给出了 α/β 参考源效率 ε_s 的推荐值。

表 2.3.6 α/β 参考源效率 ε_s 的推荐值

粒子类型和能量范围/MeV	ε_s	说明
$\beta, E_{\beta max} \geq 0.4$	0.5	
$\beta, 0.15 < E_{\beta max} < 0.4$	0.25	
α	0.25	达到均匀污染的饱和厚度情况下的保守值

练习(含思考)题

1.闪烁体的时间分辨率主要由什么决定?

2.闪烁体探测器的光学收集系统由哪些部分组成?

3.α/β 表面污染测量仪对参考源活度的响应 R_i 可以分解为哪几个效率相乘?这些效率分别反映了什么?

4.β 表面污染测量仪的校准中,其参考源效率 ε_s 与什么因素相关?其推荐值如何?

参考文献

[1] 国家质量技术监督局. 用于校准剂量仪和剂量率仪及确定其能量响应的 X 和 γ 参考辐射 第 1 部分:辐射特性及产生方法:GB/T 12162.1—2000[S]. 北京:中国标准出版社,2001.

[2] 国家质量监督检验检疫总局. 环境监测用 X、γ 辐射空气比释动能(吸收剂量)率仪检定规程:JJG 521—2006[S]. 北京:中国计量出版社,2006.

[3] 国家质量监督检验检疫总局. 个人与环境监测用 X、γ 辐射热释光剂量测量(装置)系统检定规程:JJG 593—2006[S]. 北京:中国计量出版社,2006.

[4] LUCAS L, PIBIDA L. New spherical Gamma-Ray and Neutron emitting sources for testing of radiation detection instruments. [J]. Journal of Research of the National Institute of Standards & Technology,2009,114(6):303-320.

[5] 高飞. 利用便携式 X 光机开展现场校准工作的可行性研究[J]. 宇航计测技术,2016,36(5):58-62.

[6] 国家质量监督检验检疫总局,中国国家标准化管理委员会. 表面污染测定 第 1 部分:β 发射体:GB/T 14056.1—2008[S]. 北京:中国标准出版社,2009.

2.4 热释光剂量测量技术

2.4.1 概述

2.4.1.1 热释光剂量测量技术的主要用途

热释光剂量测量技术在电离辐射监测领域的应用始于20世纪60年代,自1965年召开第一次国际发光剂量学会议以来,热释光剂量测量技术的推广应用得到了迅速发展。

热释光探测器(thermoluminescent detector,TLD)的突出优点是能量响应好、灵敏度高、量程范围宽、精确度高、质量和体积小及受环境因素影响小,可测 X、γ、β、中子、质子等多种电离辐射射线。热释光剂量测量技术被广泛应用于辐射防护(环境、个人和事故剂量监测等)、放射生物学(研究电离辐射引起的生物效应,精确估计器官所受剂量等)、放射医学(放射诊断和治疗中病人所受剂量的监测,研究人体所受剂量分布)、地质学(研究地层构造、地质年代,铀矿普查,天然本底调查,放射性找水等)以及考古学(测定陶器年代)等领域。由于 TLD 灵敏度高及记录信息衰退小,特别适用于反应堆等场所的环境放射性监测。此外,TLD 在工业卫生、空间辐射测量、个人和环境氡及氡子体监测、核参数测量、剂量标准传递、海洋放射性调查等方面的应用也具有广阔的发展前景[1-2]。

利用热释光剂量测量技术对环境剂量的监测是通过对布放时间内热释光剂量计累积剂量的测量来完成的。

2.4.1.2 TLD 的优点与缺点

在对热释光剂量测量技术进行系统学习前,应了解并掌握热释光探测器的优缺点,以便能在学习中正确理解和评判 TLD 的特性。

1. 优点

实用剂量范围宽:从几十 μGy 到 10 Gy 的剂量范围内是线性的,此外还有 $10\sim10^3$ Gy 的超线性剂量响应区段。

无剂量率依赖性:在 $0\sim10^9$ Gy/s 的剂量率范围内无剂量率依赖性。

尺寸小:小的 TLD 可以用作对介质(例如体模或体内)中的辐射场扰动很小的剂量探头。TLD 可以做得很薄,在高能情况下也能逼近布拉格-格瑞条件(B-G 条件)。此外,由于 TLD 是浓缩态的,故较容易达到瞬时带电粒子平衡(TCPE)。

商品化:TLD 剂量计、读出仪器及退火炉等均可通过供应厂商购买得到。

重复使用性:通过适当的退火程序来释放所有以前储存的信息,并检验其辐射灵敏度可能的变化,TLD 磷光体便可以正常地使用多次直至它们由于辐射、加热或环境的影响而最终永久性损伤为止。

测读方便:TLD 剂量计采用读出仪读取测量结果,测读方便、快捷。

经济实用:TLD 生产成本较低,而且可以重复使用。

可用于测量混合场:对热中子有不同灵敏度的各种类型 TLD 在测量中子方面具有独特的使用价值。TLD-700(^{7}LiF)、TLD-100(93%的^{7}LiF+7%的^{6}LiF)、TLD-600(96%的^{6}LiF)三种类型的 TLD 对热中子有不同的灵敏度。

自动化测读的适用性:对于大量的监测工作,在市场上可买到能够与计算机连接的自动化热释光读出仪。

准确度与精确度:如果操作仔细,读值的复现性可以达到1%~2%。通过逐个标定和对一批次剂量计读值求平均可获得比较高的精确度。

2. 缺点

缺乏一致性:由给定的一个批次的磷光体制作的TLD,其灵敏度仍然具有一定分布,而不同批次的磷光体通常有不同的平均灵敏度。因此,为了获得满意的准确度和精确度,必须对剂量计进行逐个校准,至少要做分批次校准。

储存期间的不稳定性:例如,由于晶体中的发光中心在室温下逐渐迁移,某些磷光体的灵敏度可能随照射前的时间不同而有所变化。控制TLD的退火条件通常可再次使其恢复到某一标准的状态。

衰退:被照射后的TLD剂量计不可能把其捕获的电荷载流子100%地永久保存。衰退会引起潜在的TLD信号降低,对此必须进行修正。特别是在照射后要延迟较长时间才能测读的应用场合(例如环境剂量监测),就更要对其衰退加以修正。

对光敏感:所有的TLD对光都敏感,特别是对紫外光、太阳光和荧光灯更为敏感。这可能是由TLD加速"衰退"或已填充了的陷阱加速泄漏引起的。或者光可能产生电离并导致陷阱的填充,从而引起假热释光读数。

存在假热释光信号:TLD晶体擦伤或碎裂(例如用镊子夹片时操作过于粗鲁)、污垢以及潮气污染TLD的表面都可能引起假热释光信号。然而,如果测读是在无氧的不活泼气体中进行的,就会一定程度地遏制这种假信号的生成。

辐射和热历史的"记忆效应":TLD在接受大辐射剂量并经过测读之后,灵敏度既可能提高,也可能降低。为了恢复其灵敏度,需要附加退火过程。单次大剂量照射后就将磷光体抛弃可能更为经济。

读出器的不稳定性:TLD的读值取决于读出器的光灵敏度以及磷光体的加热速率。而读出器很难维持长时间的稳定,故必须对包括读出器在内的整个热释光测量系统进行定期的检定校准。

读数值的丧失:在对TLD进行测量时(即加热它)将清除TLD所储存的信息。除非采取特殊的预防措施(例如有同批次TLD剂量计的备份),并无第二次获取读数值的机会。读出器的误操作也可能使读数值丧失。

2.4.2 TLD 基本原理[3-4]

2.4.2.1 能带理论

电子在原子核周围旋转时,由于受到一定的限制,只能在K、L、M、N等轨道层上运转,E_K、E_L、E_M、E_N分别为电子处于K层、L层、M层和N层上所具有的能量,如图2.4.1所示。标志电子能量高低的线段叫作电子能级。在固体物质中,原子排列得很有序,彼此距离很近,相邻原子的电子轨道相互交叠、互相影响,每个原子的电场也相互叠加,这样与轨道相对应的能级不是单一的电子能级,而是由很多能量非常接近但又大小不同的电子能级组成。由很多能量相差很小的电子能级组成的范围叫作"能带"。也就是说,由于原子距离很近,电子互相交叠、共有,每层轨道上的每个电子所具有的能量也不是相等的。这些电子具有大小不同但相差很小的能级,这些能级组成了该轨道所对应的能带。假如晶体由N个原子组成,那么每条能带中就有N个能级,例如:假设每立方厘米晶体中有4.0×10^{22}个原子,则每立方厘米的晶体中,每条能带中就有4.0×10^{22}个能级,能级间距很小,约为10^{-21} eV。

这样每层轨道都有一个对应的能带,如图2.4.2所示。能带的宽度是由晶格的性质决定的,外层电子受相邻原子的影响大,它所对应的能带比较宽;内层电子受相邻原子的影响小,对应的能带比较窄。

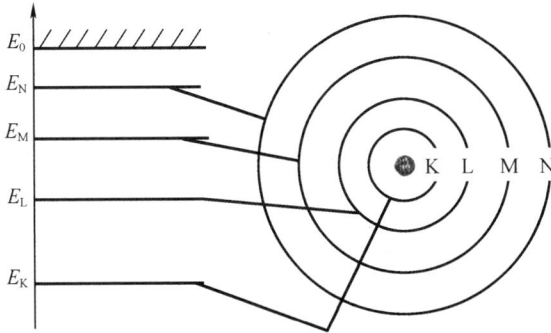

图 2.4.1 核外电子能级示意图

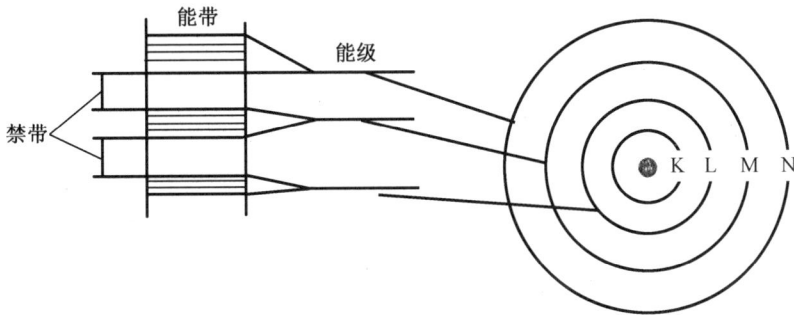

图 2.4.2 电子轨道对应能带示意图

由以上分析可知,每个能带是由能量不同的电子能级组成的,能带中的电子分布常常是从能量较小的能级开始填充,而且每个能级只允许两个能量相同而自旋相反的电子填充。内层电子能级所对应的能带都是被电子填满的,最外层价电子所对应的能带,有的被电子填满,也有的没有被填满,如铜、金等晶体它们的价电子能带有一半的能级是空的,而锗、硅价电子能带则被电子填满。这就引出了固体物理中三个比较重要的概念:禁带、导带和满带。

(1)禁带:在晶体中,电子只能停留在所对应能带的能级上,在能带与能带之间的区域是不允许电子停留的,这个不允许电子存在的区域叫作“禁带”。

(2)导带:众所周知,电流就是电子沿着一定方向移动形成的,电子所以能沿着一定方向移动,是由于受到外界电场的加速作用,这个加速作用使电子获得了附加的动能,因此电子的总能量增大,就相当于电子从能带中较低的能级跳到较高的能级。

电子从较低能级跳到较高能级的过程就是电子参加导电运动的过程。电子能不能参加导电运动,首先要看能带里面有没有空的能级,前面讲到的有的能带被电子填满,有的能带只有一部分能级上有电子,一部分没有电子(能级是空的),那么在外界电场的作用下,电子就能从下面的能级跳到上面的空能级上去参加导电运动。这种没有被电子填满的能带叫作“导带”。

(3)满带:被电子填满的能带,即能带中的每个能级都有两个能量相同、自旋相反的电子。这时电子即使受到外界电场的作用,因为没有空能级,也不可能参加导电运动,这样的能带叫作"满带"。

价电子要从满带越过禁带跳到导带里去参加导电运动,必须从外界获得一个附加能量 E_g,这个能量的大小叫作"禁带宽度",单位是 eV。

2.4.2.2 热释光发光原理

热释光剂量计的灵敏体积由质量很小(1~100 mg)的结晶绝缘材料组成,绝缘材料中含有适当的激活剂(如 LiF(Mg,Ti)中的 Mg、Ti 即为激活剂),使得它形成一个热释光磷光体。激活剂仅是痕量的,它提供两种类型的中心或者晶格缺陷:

(1)电子和空穴(空穴也是载流子,它类似于气体中的正离子)的陷阱,陷阱可以捕获电荷载流子并把电荷载流子保持在电的势阱中很长一段时间。

(2)发光中心,它既可能位于电子陷阱也可能位于空穴陷阱,当电子和空穴在这样的中心处复合时,该中心便发射出光来。

热释光工作过程的能级示意图如图 2.4.3 所示。图 2.4.3 的左面表明把一个电子提升到导带的一个辐射致电离事件。在导带中,电子迁移到电子陷阱(例如,晶格点阵中的一个负离子逃脱掉了的格点)里,留下来的空穴则迁移到空穴陷阱中。在照射期间的实际温度(通常为室温)下,这些陷阱应该算是足够深了(陷阱深度用位能表示),在很长的持续时间内,电子和空穴都不至于逃逸掉,直到有意的加热把它们两者中的任意一个释放出来。图 2.4.3 的右面表示了这种加热产生的效果。假定电子首先被释放,即在该磷光体中电子陷阱比空穴陷阱"浅"(也可能实际情况是相反的,结果是空穴首先被释放)。电子又进到导带,并迁移到空穴陷阱中,空穴陷阱可以设想为一个荧光中心或与一个荧光中心紧密联系在一起。在此情况下,复合伴之以发射一个荧光光子。

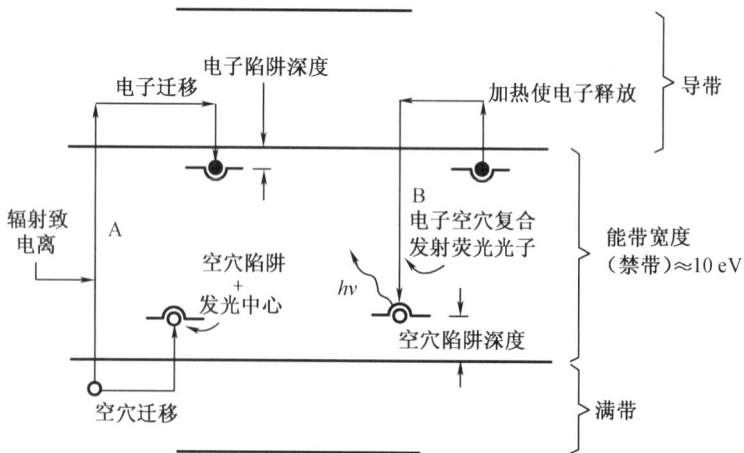

A—辐射致电离,电子和空穴的捕获;B—加热把电子释放出来,得以产生热释光。

图 2.4.3　热释光工作过程的能级示意图

2.4.2.3 热释光发光曲线

热释光发光曲线的产生原理可由 Randall-Wilking 理论解释。在 $T(\mathrm{K})$ 温度下,这种被捕获的电荷载流子逃出陷阱的简单一阶动力学首先由 Randall 和 Wilkins(1954)针对被捕获的电子用下面的方程进行描述:

$$p = \frac{1}{\tau} = \alpha \mathrm{e}^{-E/kT} \qquad (2.4.1)$$

式中　　p——每单位时间电子的逃逸概率,s^{-1};

　　　　τ——在陷阱中的电子的平均寿命;

　　　　α——频率因子(frequency factor);

　　　　E——陷阱深度,eV;

　　　　k——玻尔兹曼常数,$k = 1.381 \times 10^{-23}\ \mathrm{J \cdot K^{-1}} = 8.62 \times 10^{-5}\ \mathrm{eV \cdot K^{-1}}$。

很明显,在 k、E 和 α 为常数的假定之下,增加 T 会引起 p 增加、τ 减小。这样,如果温度 T 从室温开始随时间线性上升,被捕获电子的逃逸概率将会增加,在某一温度 T_{m} 处达到最大值,随后由于储备的被捕获电子数逐渐耗尽而下降。假定光的发射强度正比于电子逃逸概率,则相应的热释光亮度的峰值也将会在 T_{m} 处被观测到,这称之为发光峰,如图 2.4.4 所示。当存在一个以上的陷阱深度时会引起两个以上的发光峰,这些随着温度升高而逐渐出现的发光峰就构成了发光曲线。未经热处理(退火)的 LiF(Mg,Ti)磷光体的发光曲线如图 2.4.5 所示。

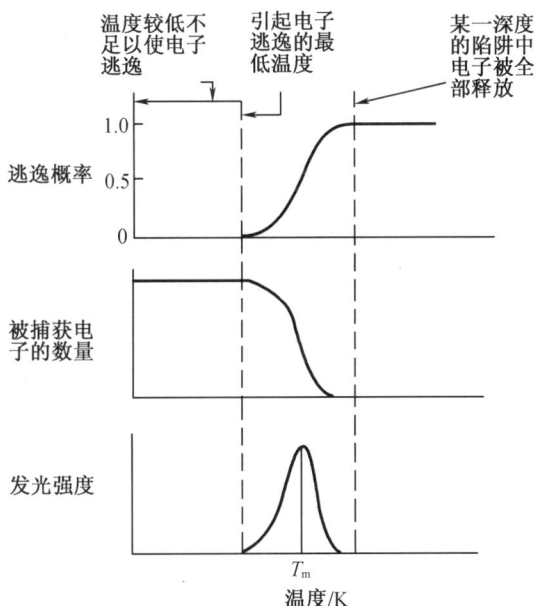

图 2.4.4　热释光发光峰的形成过程

热释光发光曲线与制备工艺,激活剂种类、浓度,辐射类型,辐照剂量,热处理及测量条件等因素有关。但当磷光体材料、形态、热处理和测量过程确定后,针对某种特定辐射的发光曲线几乎是不变的,特别是当经过合理的退火过程后,某些磷光体的发光曲线会由多峰曲线变成单峰(或者两个邻近的峰)曲线。而该峰的峰位和形状在所关心的剂量范围内几乎恒定,峰面积又正比于所受辐射的剂量。如图 2.4.5 所示,假如可以通过某种热处理过程使 LiF(Mg,Ti)的发光曲线仅剩下峰 4 和峰 5,这样就可以选取峰 4 的下限温度和峰 5 的上限温度作为两个恒温点,每次仅测量两个恒温点之间的光子数,而该计数又与所受辐射的剂量成正比,这就使得利用热释光准确测量辐射剂量成为可能。当然这种假设的前提条件是峰 4 和峰 5 所对应的陷阱是稳定的,至少在一个监测周期内陷阱是足够稳定的。

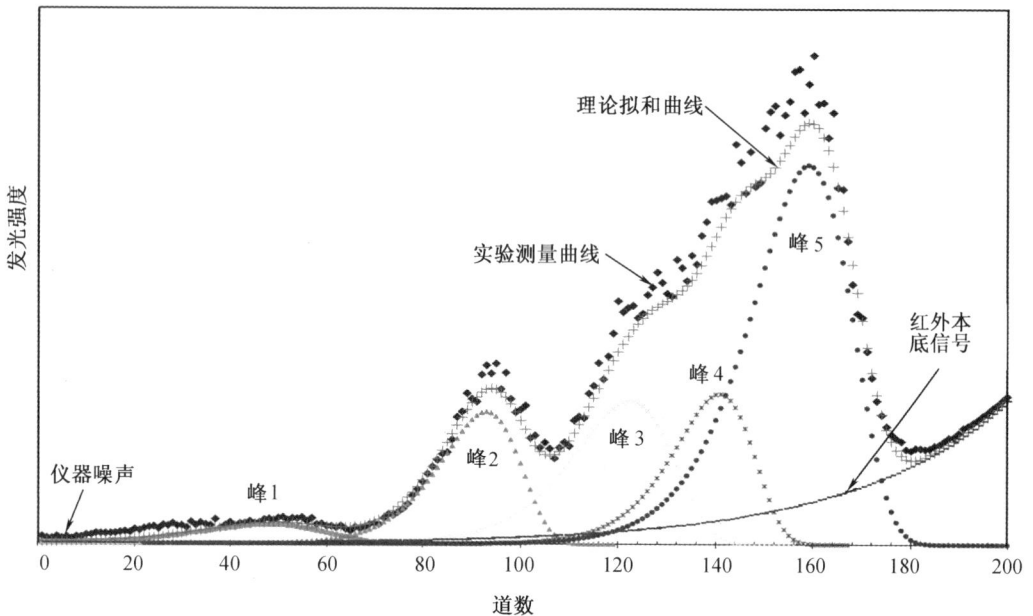

图 2.4.5　未经过热处理(退火)的 LiF(Mg,Ti)磷光体的发光曲线

2.4.2.4　热释光陷阱的稳定性

给定磷光体的陷阱(及与陷阱相关联的热释光发光曲线)对剂量学应用领域的实用价值取决于它与时间及周围条件的无关性。

如果陷阱在室温条件下不稳定,且在晶体内到处移动,并与其他的陷阱合并形成不同的结构形式,则将会观测到辐射灵敏度和发光曲线形状的变化,LiF 就是这样一种磷光体,要想把灵敏度的漂移降低到最低限度,需要专门的退火过程(例如,400 ℃下退火 1 h,快速冷却至室温;然后在 80 ℃下保持 24 h 或者在 100 ℃下保持 2 h,快速冷却至室温)。一般来说,作为剂量计使用的热释光磷光体,如果在使用前后能接受均匀的、可重复的、最优化的(视不同的磷光体而定)的热处理,便能使其具有良好的剂量学性能。

磷光体经照射后,在室温条件下陷阱不能永远将电荷载流子保持于其中,这种现象称为陷阱的泄漏。当然,如果周围环境的温度升高,陷阱泄漏就会变大。根据经验,在典型的热释光磷光体中,如 LiF,室温条件下在 200～225 ℃处的发光峰的泄漏相当小,被捕获的电荷载流子的半寿命为数月或数年。150 ℃处的发光峰半寿命通常仅为几天,而 100 ℃处的发光峰在约几个小时之内便衰退掉了,尽管短期的剂量测量还能够利用这些泄漏较快的陷阱,但需要做仔细的定时控制。通常方法是在测量时采用选取恒温点的办法将短寿命发光峰剔除掉。比 200～225 ℃还要高的高温陷阱通常更为稳定,故对剂量测量颇有裨益,只要不存在下述两个与之相悖的竞争效应。

一是热(红外)信号:在使用热释光读出仪测量时,当磷光体和它的加热盘温度升高时,黑体辐射的短波末尾部分开始扩展到可见光的区域,从而在用来测热释光输出的光电倍增管上产生一个与剂量并无关系的响应。一个波段在热释光谱范围(通常在400~500 nm之间)的通带滤光器可将这种效应降低到最低限度,但当发光峰的温度在300 ℃以上时,它仍然是试图测量小剂量时严重的不利因素。

二是假热释光信号:被吸附的气体、潮湿汽、污物以及磷光体表面的机械擦伤等的联合效应会产生假的(即与剂量不相关的)热释光发射,这种假热释光有时不严格地称为"摩擦发光"。这种光被认为起源于磷光体表面及贴近的气体中。它的波长往往在500~600 nm范围内,且主要在300~400 ℃的温度范围才发射出这种光。在热释光测读过程中,让像N_2或Ar这样的不活泼气体流过加热盘上面的空气,从而把磷光体包围起来,便可使这些由于表面效应而储存的能量释放掉但却并无光发射出来。因此,N_2气流常被用来减少假的本底热释光读数,特别是当测量小剂量(<1 mGy)的时候。

2.4.3 TLD磷光体

TLD磷光体由含有一种或多种激活剂的基质晶体材料组成,激活剂与陷阱、发光中心相关联。激活剂的量在不同的磷光体中是不同的,其范围在百万分之几到百分之几之间。在TLD中发生的各种类型的相互作用主要取决于基质晶体材料,激活剂最主要的作用是提高磷光体的灵敏度。

2.4.3.1 TLD磷光体的本征效率

在TLD磷光体中作为吸收剂量而沉积的能量仅有一小部分在磷光物质加热时以光的形式发射出来,这个光成为被测的剂量学特征参量。单位质量的磷光体发射的光能与吸收剂量的比称为本征热释光效率。Lucke对本征热释光效率做了测量,测得的结果为:LiF(Mg,Ti),0.039%;CaF_2(Mn),0.44%;$CaSO_4$(Mn),1.2%。Attix对LiF(Mg,Ti)中沉积的能量做了估算,他估计电离辐射沉积的能量有99.96%以热能的形式损失掉了。仅将测量到电离辐射沉积能量的0.04%这样小的一部分,作为测量总剂量的量度,因此,TLD测量的重复测量的准确性(简称重复性)成为其重要的技术指标。

2.4.3.2 TLD磷光体的形状

松散的TLD粒状材料,将TLD磷光体筛出尺寸为75~150 μm的颗粒。通常按体积投料到一个照射盒中(例如配制药品的凝胶盒)。照射后,把粉末倒在读出器加热盘上。

将松散的TLD粒状材料压缩成药丸或"小片",通常为边长3.2 mm的正方形,厚0.9 mm或0.4 mm。为了能有最好的测量精确度,可用^{60}Co-γ射线对TLD逐个校准。否则一批TLD的灵敏度统计分散性就得很小才行(通常相对标准差≤5%)。通常将3片或4片TLD作为一个测量单元,取平均值作为测量值以改进测量精确度。

以聚四氟乙烯(Teflon)为基体,内含5%~30%(按质量计)的颗粒尺寸小于40 μm的TLD磷光体粉末。压缩成的药丸或"小片"通常制成直径(或边长)为1~12 mm的圆片(或正方形片),厚0.1~0.3 mm。

TLD小片紧固在充有不活泼气体的玻璃球中的电阻式加热元件上,加热元件插入一个专门的读出器中。这种形态的TLD特别适用于有腐蚀性的环境(如工厂、船坞等)γ射线监测。

出生长成的较大晶体毛坯切成的单晶薄片,这种TLD的重复性、稳定性、透光度及批均匀性均好于其他方法制作的 TLD。但是,由于这种探测器较为昂贵,不适用于广泛的环境辐射监测。目前美国热电公司生产的、被大量使用的 TLD 即为单晶薄片。

将粉末封装于可以加热的玻璃管中,光通过玻璃管壁达到光电倍增管上。

各种不同形状的 TLD 磷光体如图 2.4.6 所示。

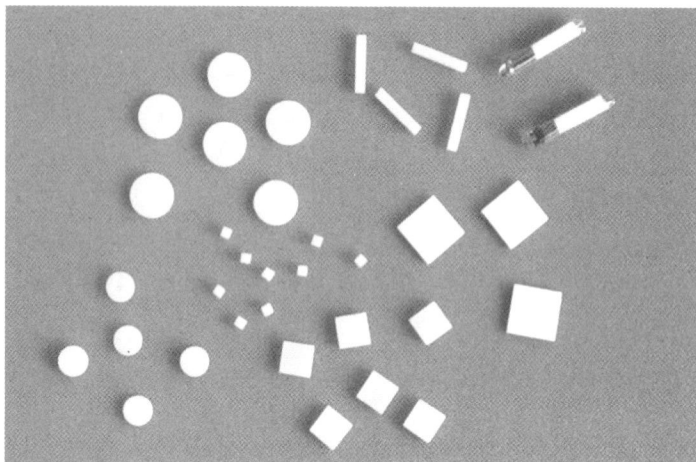

图 2.4.6　不同形状的 TLD 磷光体

2.4.3.3　TLD 磷光体的分类

常用的 TLD 磷光体主要包括两种类型:第一类是以 LiF、$Li_2B_4O(Mn)$ 和 BeO 为代表的低原子序数材料;第二类是以 CaF_2、$CaF_2(Mn)$、$CaF_2(Dy)$、$CaF_2(Tm)$、$CaSO_4(Dy)$ 和 $CaSO_4(Sm)$ 等为代表的高灵敏度材料。另外还有介于两类之间的磷光体,如 $Mg_2SiO_4(Tb)$ 以及强能量响应的磷光体,如 BaF_2 等。目前常用的磷光体有 LiF(Mg,Ti)、LiF(Mg,Ti)-M、LiF(Mg,Cu,P)、$CaSO_4(Dy)$ 和 CaF_2 等。其中 LiF(Mg,Cu,P)磷光体具有灵敏度适中、组织等效性好等优点,广泛用于环境剂量监测中。

2.4.3.4　常用的 TLD 磷光体

1. LiF

目前常用的 LiF 磷光体包括用于 X、γ、β 射线测量的 LiF(Mg,Ti)、LiF(Mg,Ti)-M、LiF(Mg,Cu,P);用于中子、γ 混合辐射场剂量测量的 ^{6}LiF(Mg,Ti)、^{7}LiF(Mg,Ti) 和 ^{6}LiF(Mg,Cu,P)、^{7}LiF(Mg,Cu,P)。LiF(Mg,Ti)系列包括 LiF(Mg,Ti)(热电公司命名为 TLD-100)、LiF(Mg,Ti)-M、^{6}LiF(Mg,Ti)(TLD-600)和 ^{7}LiF(Mg,Ti)(TLD-700)。LiF(Mg,Cu,P)系列包括 LiF(Mg,Cu,P)(TLD-100H)、^{6}LiF(Mg,Cu,P)(TLD-600H)以及 ^{7}LiF(Mg,Cu,P)(TLD-700H)。

LiF(Mg,Ti)典型的发光曲线的主峰在 180~220 ℃ 之间,并在 80~180 ℃ 之间有几个较小的发光峰。实际上,LiF(Mg,Ti)在液氮温度与主峰之间存在至少 10 个发光峰,但这些发光峰很不稳定,因此不会出现在实际的测量过程中。

LiF(Mg,Ti)磷光体能量响应较好,对于 30 keV 光子的响应是 1.25 MeV 光子响应的 1.3 倍。LiF(Mg,Ti)磷光体剂量响应的线性范围为 10^{-5} ~ 1 Gy,当辐射剂量大于 1 Gy 时,出现超线性现象。对不同温度的发光峰,超线性响应不同,超线性的程度与辐射的传能线密度(LET)有关。LiF(Mg,Ti)具有较好的组织等效性,但相对灵敏度和探测阈值(探测阈值取决于磷光体的自身特性,如制备方法和探测器尺寸等因素)却不令人满意。LiF(Mg,Ti)的主要物理特性如表 2.4.1 所示。

表 2.4.1　LiF(Mg,Ti)的主要物理特性

参数名称	指标
密度	2.64 g/cm^3
熔点	846 ℃
溶解度	0.27 g/100g 水
光谱范围	250~600 nm
禁带宽度	10 eV
晶格结构	立方体(NaCl),a=4.026 9 A
有效原子序数	8.2
能量响应	1.25(30 keV),^{137}Cs-662 keV 归一
探测辐射类型	光子、中子、电子、重带电粒子
剂量响应范围	线性响应范围:10 μGy~1 Gy 超线性响应范围:1~1 000 Gy
衰退	20%/3 月,2~5 峰 10%/3 月,3~5 峰 <5%/年,4~5 峰
退火后残余剂量	~0.2%
重复性	1%(1 mGy)
重复利用性/单次效率损失	>500 次/0.02%TL
探测阈值	10 μGy

　　LiF(Mg,Ti)剂量响应曲线如图 2.4.7 所示,几种常用的 TLD 磷光体能量响应曲线如图 2.4.8 所示。LiF(Mg,Ti)发光曲线如图 2.4.9 所示,经退火热处理后 LiF(Mg,Ti)的发光曲线如图 2.4.10 所示。

　　LiF(Mg,Cu,P)具有灵敏度高、能量响应好的特点,其剂量测量阈值约为 10^{-7} Gy,在低剂量范围内,具有较好的线性测量精确度。目前使用的 LiF(Mg,Cu,P)片状探测器存在在使用过程中灵敏度下降的情况,为了解决这一问题,国内一些单位将 LiF(Mg,Cu,P)粉末装入玻璃管(低锂玻璃)内,得到了较为满意的结果。LiF(Mg,Cu,P)是目前在环境监测中使用最为广泛的 TLD 磷光体。

　　LiF(Mg,Cu,P)的主要物理特性见表 2.4.2。LiF(Mg,Cu,P)能量响应曲线如图 2.4.11 所示。LiF(Mg,Cu,P)的发光曲线如图 2.4.12 所示。

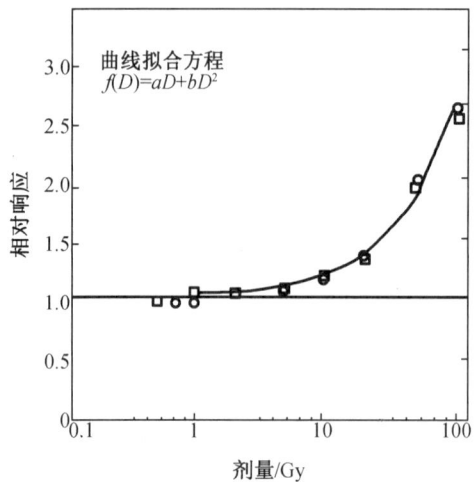

图 2.4.7　LiF(Mg,Ti)剂量响应曲线

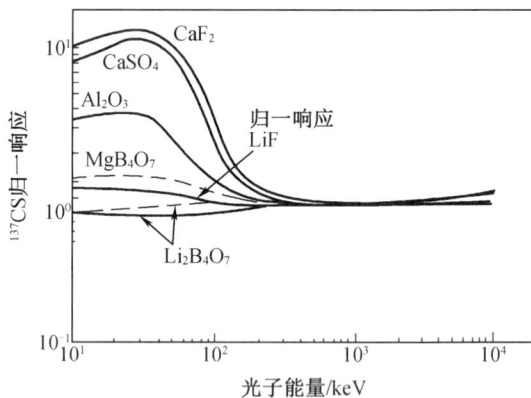

图 2.4.8　几种常用 TLD 磷光体能量响应曲线

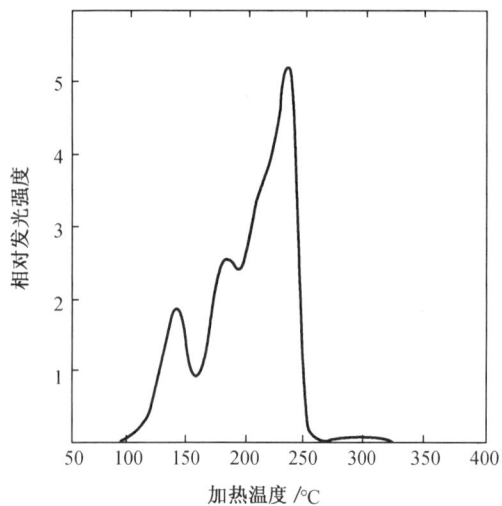

图 2.4.9　LiF(Mg,Ti)发光曲线

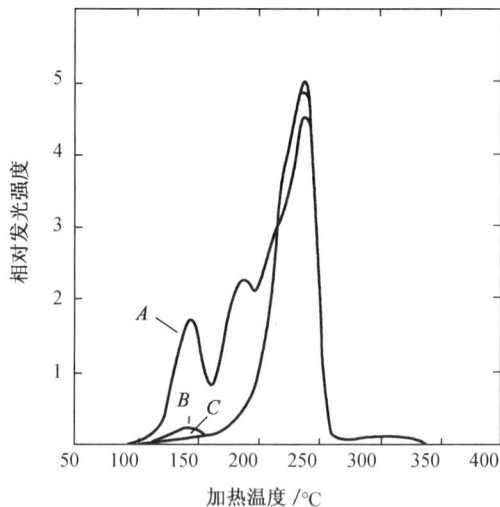

A—400 ℃-1 h 后迅速冷却至室温；

B—400 ℃-1 h 后迅速冷却至室温，

　　80 ℃-24 h 并迅速冷却至室温；

C—400 ℃-1 h 后迅速冷却至室温，

　　100 ℃-2 h 并迅速冷却至室温。

图 2.4.10　退火处理后 LiF(Mg,Ti)的发光曲线

表 2.4.2 LiF(Mg,Cu,P)主要物理特性

参数名称	指标
密度	2.84 g/cm^3
熔点	870 ℃
溶解度	0.27 g/100 g 水
光谱范围	250~600 nm
禁带宽度	10 eV
晶格结构	立方体(NaCl),$a=4.0269$ A
有效原子序数	8.2
能量响应	1.06(30 keV),^{137}Cs 的 662 keV 归一
探测辐射类型	光子、中子、电子、重带电粒子
剂量响应范围	线性响应范围:10 μGy~20 Gy
衰退	可忽略
退火后残余剂量	~0.2%
重复性	1%(1 mGy)
重复利用性/单次效率损失	>1 000 次/0.01%TL
探测阈值	10 μGy

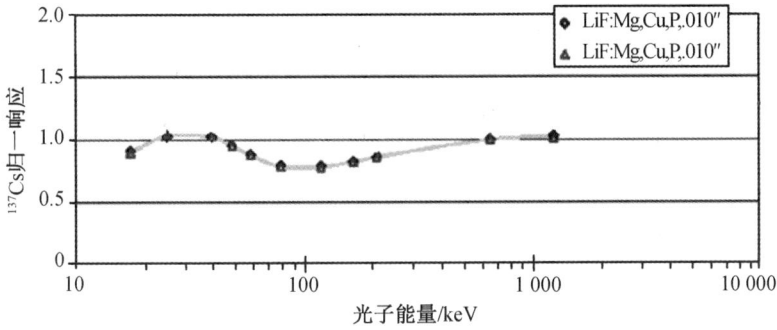

图 2.4.11 LiF(Mg,Cu,P)能量响应曲线

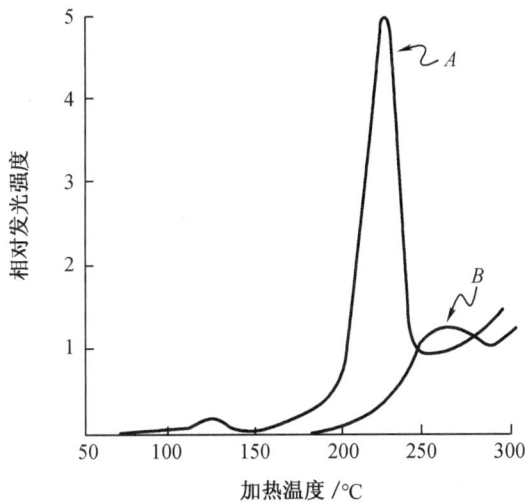

A—240 ℃ - 10 min;B—400 ℃ - 1 h。

图 2.4.12 LiF(Mg,Cu,P)的发光曲线

2. $CaSO_4$

$CaSO_4$ 磷光体具有灵敏度高、稳定性好等特点。由于 $CaSO_4$ 是一种高原子序数材料，其对光子的能量响应较差。

$CaSO_4(Mn)$ 是很早被研究和使用的磷光体，由于其主峰温度较低（约 100 ℃），其热释光强度值（TL 值）衰退很快，目前已很少应用。$CaSO_4(Sm)$ 的灵敏度大约比 $CaSO_4(Mn)$ 高 2.5 倍，它在 200 ℃ 存在一个发光峰，其热释光波长为 600 nm，该磷光体在环境温度下衰退很小，但对光非常灵敏。

$CaSO_4(Dy)$ 和 $CaSO_4(Tm)$ 是两种采用稀土激活剂的磷光体，具有非常稳定的响应，具有发光峰温度高（约 210 ℃）、衰退较小、易制备等特点。在环境剂量监测领域中应用较为广泛（目前已经逐渐被 $LiF(Mg,Cu,P)$ 替代）。$CaSO_4(Tm)$ 的发射光谱在 440～530 nm 之间，主峰值为 452 nm。$CaSO_4(Dy)$ 的发射光谱范围为 430～620 nm，峰值波长为 480～570 nm，另一个小峰的峰值波长为 450 nm。$CaSO_4(Dy)$ 和 $CaSO_4(Tm)$ 磷光体不易单独热压成型，通常将其装入玻璃管中使用，或者将其与聚四氟乙烯混合压制成片后烧结成型。

在 $LiF(Mg,Cu,P)$ 被广泛应用之前，$CaSO_4(Dy)$ 一直作为环境监测用 TLD 磷光体来使用。裸 $CaSO_4(Dy)$ 磷光体的能量响应较差，使用时通常在其外部附加能量补偿层（如 0.6 mm Sn+0.3 mm Cu 或 1 mm Cu 等）来改善其能量响应。有无补偿层 $CaSO_4(Dy)$ 的能量响应见表 2.4.3。

表 2.4.3　$CaSO_4(Dy)$ 磷光体的能量响应

能量范围 /keV	辐射环境剂量率比例 /%	相对响应（归一至 1 MeV）	
		裸片	加 0.6 mm Sn+0.3 mm Cu 补偿层
<50	0.5	9	0.5
50～100	25	8～2.5	0.5～1.1
100～250	10	2.5～1.1	1.1～1.0
250～500	11	1.0	1.0
500～1 000	23	1.0	1.0
1 000～2 000	41	1.0	1.0
>2 000	12	1.0	1.0

3. CaF_2

CaF_2 是一种高原子序数的磷光体，其优点是灵敏度高、线性范围宽，其缺点是能量响应较差。

天然的 CaF_2 是一种萤石。常用的人工掺杂磷光体有 $CaF_2(Mn)$ 和 $CaF_2(Dy)$。天然的 CaF_2 一般有 6 个主要的发光峰，各峰幅度差别很大。低温峰在 80 ℃ 附近，峰值较小，幅度最大的峰在 260 ℃，时间常数为几万年，衰退可忽略。天然的 CaF_2 对光是灵敏的，可产生激发热释光，同时由于光效应迁移热释光，如紫外线照射时，深陷阱里的电子将转移到浅陷阱里，如峰 4、5 转移到主峰（峰 3），在主峰就会有热释光输出，因此在使用天然 CaF_2 磷光体时要采取避光措施。

$CaF_2(Mn)$ 只有 260 ℃ 一个主峰，该峰实际上是一个复合峰，它是由几个彼此非常接近的陷阱能级产生的,当受到高剂量辐射时,同样会出现高温峰。$CaF_2(Mn)$的线性剂量响应上限可达 2.0×10^3 Gy。

$CaF_2(Dy)$的发光曲线由 6 个难以分开的峰组成。120 ℃和 140 ℃处的峰是不稳定的,200 ℃和 250 ℃处的峰是稳定的,另外在 340 ℃和 400 ℃处分别存在两个高温峰。由于其发光曲线存在几个发光峰,而且每个峰的变化又各不相同,其剂量响应曲线是相当复杂的。$CaF_2(Dy)$比 $CaF_2(Mn)$的灵敏度高很多,主要用于低剂量辐射测量。

4. $Li_2B_4O_7$

$Li_2B_4O_7$具有原子序数低、组织等效性好的特点,分为 $Li_2B_4O_7(Mn)$、$Li_2B_4O_7(Cu)$和 $Li_2B_4O_7(Ag)$。

$Li_2B_4O_7$的发光曲线由两组不同性质的峰组成,第一组峰在 50 ℃和 90 ℃之间,第二组峰为一个双峰,其峰值平均温度约为 200 ℃,这组峰在常温下是稳定的。$Li_2B_4O_7(Mn)$在环境温度下储存 2 至 13 个月,其热释光信号衰减 10%~37%。其衰退与环境温度有关,如将 SiO_2加入 $Li_2B_4O_7$中,则可以明显抑制衰退。$Li_2B_4O_7$是一种非常好的组织等效磷光体,其与软组织的能量响应偏差在 ±3% 以内。

5. BeO

BeO 同样是一种组织等效性很好的磷光体,具有能量响应好、发光峰单一、灵敏度高、化学和机械性能稳定等优点,其缺点是 BeO 粉末具有毒性,其烧结温度高达 1 800 ℃,因此须在专门的实验室才能制备。

BeO 的发光光谱为 300~450 nm,如果采用石英窗的光电倍增管测量,BeO 的灵敏度与 $LiF(Mg, Ti)$相近。

BeO 的热释光发光曲线的主峰温度在 180~220 ℃之间,在 350 ℃存在一个高温峰。BeO 的发光曲线与辐射 LET 有关。BeO 的剂量测量下限为 10^{-5} Gy,由于其光敏性强,荧光下可使其激发。因此辐照及辐照后均应采取避光措施。BeO 对 10~50 keV 的光子响应要比对 $^{60}Co-\gamma$ 响应高 60% 左右,对快中子的响应比 LiF 高 2~3 倍,但对热中子响应却很低。

上述 TLD 磷光体的剂量特性见表 2.4.4。

2.4.4 热释光测量系统

2.4.4.1 测量系统组成

热释光测量系统是以热释光磷光体的特性参数为基础构建的一套测量系统。该系统包括恒温退火炉、冷却装置(冷却炉或冷却托盘)、读出仪(根据磷光体发光特性选择合适的光导、滤光透镜和光电倍增管)、重复性和批均匀性满足要求的若干 TLD、根据不同测量目的选用的 TLD 载体(环境剂量计、个人剂量计等)、退火程序及测量程序等。典型的热释光测量系统如图 2.4.13 所示。

在实际辐射剂量测量过程中,首先要根据测量目的选择合适的 TLD 及其载体,并根据所选用的 TLD 选择适合的读出仪、读出程序和退火程序。以环境监测为例:选择 $LiF(Mg, Cu, P)$磷光体作为 TLD 材料,选择环境剂量计作为载体,根据载体尺寸,选择直径 3 mm 的圆片形 $LiF(Mg, Cu, P)$。根据其退火特性(240 ℃-10 min)选择恒温退火炉,并根据如前所述的 $LiF(Mg, Cu, P)$磷光体光谱特性选择合理的读出仪和读出程序。常用的读出程序为:第一恒温点为 135 ℃;第一恒温时间为 10 s;第二恒温点为 240 ℃;第二恒温时间为 20 s;升温速率为 15 ℃/s。上述全部装置及测量程序就构成了一套用于环境监测的热释光测量系统。

表 2.4.4　一些热释光磷光体的剂量特性

磷光体	有效原子序数	密度/(g/cm³)	TL 发射光谱 范围/nm	TL 发射光谱 主峰/nm	峰值温度/℃	相对于LiF(Mg,Ti)的γ射线灵敏度	剂量测量范围/Gy	γ射线能量响应 30 keV/⁶⁰Co	每10^{10} cm⁻² 热中子相对⁶⁰Coγ射线响应/Gy	TL值衰退	光敏性
LiF(Mg,Ti)	8.0	2.6	250~600	400	200	1	$10^{-4}\sim10^3$	1.3	3.3	<5%/年	小
⁶LiF(Mg,Ti)	8.2	2.6	250~600	400	200	0.86	$10^{-4}\sim10^3$	1.3	1.1×10^{-2}	<5%/年	小
⁷LiF(Mg,Ti)	8.2	2.6	250~600	400	200	1.06	$10^{-4}\sim10^3$	1.3	12.5	<5%/年	小
LiF(Mg,Cu,P)	8.2	2.6	250~600	350	230	25~30	$10^{-6}\sim10^3$	1.26	—	无	小
Li₂B₄O₇(Mn)	7.4	2.3	530~600	600	200	0.3	$10^{-4}\sim10^3$	0.98	3.9	10%/月	小
Li₂B₄O₇(Cu,Ag)	7.4	2.3	300~450	368	185	1	$10^{-5}\sim10^4$	0.98	—	10%/月	大
Li₂B₄O₇(Cu)	7.4	2.3	300~450	368	230	8	$10^{-4}\sim10$	0.98	—	5%/月	小
MgB₄O₇(Tb)	8.4	2.3	360~650	481	190	5	$10^{-4}\sim10$	1.5	—	5%/月	小
MgB₄O₇(Dy)	8.4	2.3	360~650	570	210	7	$10^{-5}\sim10^3$	1.5	—	5%/月	小
MgSiO₄(Tb)	11.0	3.1	360~650	552	195	80~100	$10^{-6}\sim10^3$	4.5	—	<3%/月	较大
CaSO₄(Mn)	15.3	2.6	450~600	500	110	70	$10^{-6}\sim10^3$	11.2	—	5%/月	大
CaSO₄(Tm)	15.3	2.6	440~530	452	210	32	$10^{-6}\sim10^3$	11.5	—	60%/日	无
CaSO₄(Dy)	15.5	2.6	430~495/550~620	480/570	210	38	$10^{-6}\sim10$	11.5	3.8×10^{-3}	2%/月	无
CaF₂(Mn)	16.5	3.2	440~650	515	260	5	$10^{-6}\sim10$	15.4	5.1×10^{-3}	3%/月	有
CaF₂(Dy)	16.3	3.2	400~510/530~610	484/576	200	15~30	$10^{-6}\sim10$	15.6	5.9×10^{-3}	60%/日	有
CaF₂(天然)	16.5	3.2	350~500	380	260	23	$10^{-5}\sim10^3$	14.5	—	无	大
BeO(Na)	7.2	2.2	410~450	330	180	3	$10^{-5}\sim10$	0.86	—	8%/月	小
BeO(Li)	7.2	2.2	300~390	330	180	3	$10^{-5}\sim10$	0.86	—	5%/月	小
BeO(陶瓷)995	7.1	2.2	300~390	330	220~240	1	$10^{-4}\sim10^3$	1.25	—	4%/月	小

(a)退火炉

(b)读出仪（内置测量程序）

(c)冷却炉

(d)剂量计盒

(e)TLD磷光体

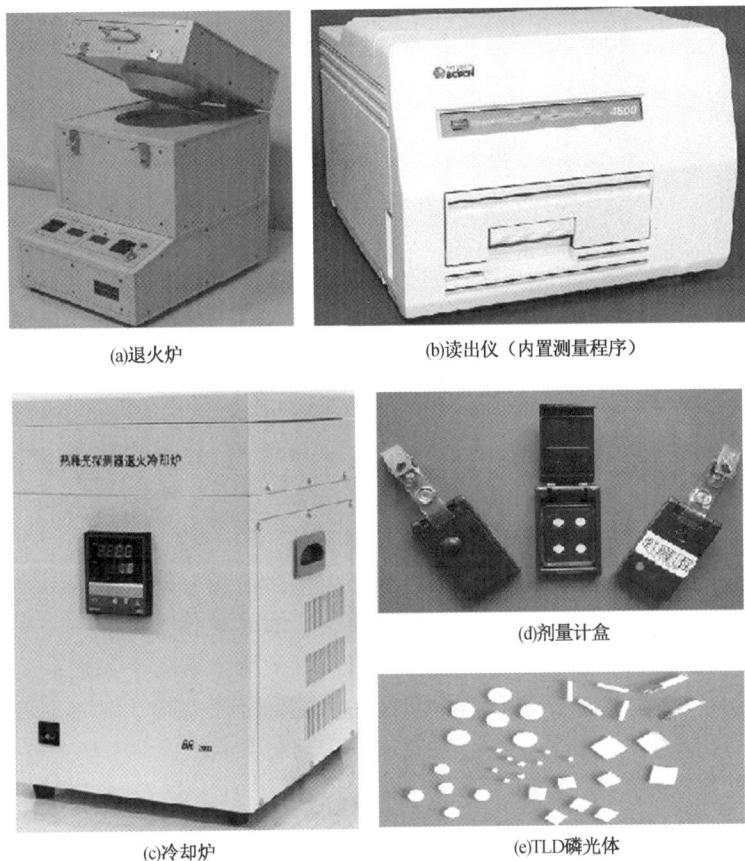

图 2.4.13 典型的热释光测量系统

2.4.4.2 热释光读出仪

热释光读出仪是基于热释光剂量学的基本现象,即加热电离辐射照射过的磷光体(探测器)所产生的光激发现象而设计的。其设计原则如下:

(1)热释光剂量测量是一种相对测量方法,读出仪应具有高度的稳定性和重复性;

(2)加热速率可调,热释光强度近似正比于加热速率(峰值),但过高的加热速率一方面会导致 TLD 受热不均匀,另一方面加热所产生的热淬灭效应会使热释光效率降低,要根据所使用的 TLD 选择适当的加热速率;

(3)热释光剂量测量方法是一种破坏性的方法,TLD 所吸收的辐射能量会在读出过程中释放掉,因此需要保证读出信号不会丢失和过载;

(4)在加热过程中,加热盘或加热器的红外热辐射本底必须降到最低,必要时可根据需要使用红外过滤器,最大限度地减少红外热辐射产生的干扰信号;

(5)非辐射所产生的热释光必须适当淬灭,这种"假"热释光信号是一种至今尚不能够清楚解释的现象,摩擦、可见光都能在 TLD 中引起这种假热释光信号,如不加以抑制,会降低 TLD 探测下限;

(6)收集光的立体角必须很大。

基于上述要求,最基本的热释光读出仪应包含两个系统:光测量系统和加热系统。典型的热释光读出仪工作原理示意图如图 2.4.14 所示。

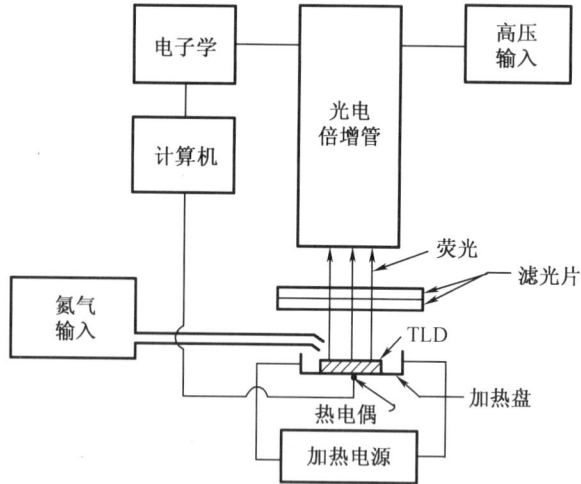

图 2.4.14　典型的热释光读出仪工作原理示意图

1. 光测量系统

光测量系统的主要任务是将探测器所发出的光信号转换成电信号(电荷、电流或电压)，这种信号不仅应是可以测量的，而且还可用以驱动输出装置。一般认为，光探测系统可以分为三部分：光收集系统、光探测器和信号放大器以及信号调节系统。

光收集系统：为了获得最大的探测效率，首先要将尽可能多的热释光聚焦到光探测器(光电倍增管)的光敏层上。理论上最有效的方法就是使 TLD 与光电倍增管光阴极直接接触，但是由于光电倍增管的光阴极对温度是敏感的，故必须采取隔热措施。为此，可使用透镜系统、滤热器、水层、真空层、光导管等进行隔热。

光探测器：为了取得最佳的探测效率，不同 TLD 要选择与其发射光谱相匹配的光电倍增管。光电倍增管的灵敏度及其信噪比将受到暗电流、温度效应、疲劳效应、老化效应、磁场、漏电现象和高压变化等参数的影响。

信号放大器以及信号调节系统：信号调节系统实质上是用来将光电倍增管的信号转换为一种可以定量测量的信号。光电倍增管的输出信号(通常为 pA 级)一般都需要进一步放大，该系统包括信号转换(放大)和显示两部分。

2. 加热系统

在读出装置中，加热 TLD 的关键问题是加热介质与探测器之间应该具有最佳的热接触。由于 TLD 具有多种形状，为保持良好的热接触，应采用不同的加热方式。目前可采用的加热方式很多，如电加热法、热空气加热法、热氮气加热法、电介质射频加热法、电磁感应加热法、金属块加热法和光学加热法等，最常用的是电加热法(热电偶加热法)。

由热释光的发光曲线可以看出，TLD 的加热程序可以分为三个阶段。第一阶段，读出前预热，预热的目的是消除发光曲线的低温峰，即排空低能陷阱中的电子；第二阶段，读出测定峰，其温度需根据 TLD 的测定峰温度来定；第三阶段，读出后的退火，退火处理的目的是排除探测器中的全部残余信号和恢复晶格中陷阱的分布，以便恢复探测器原有的热释光剂量特性(发光曲线的形状、灵敏度)。对于第三阶段，一般是在探测器下一次使用前进行统一退火。

目前国际上较为先进的热释光测量系统是 Harshaw8800，如图 2.4.15 所示，它将全部硬件及程序集成在一起。

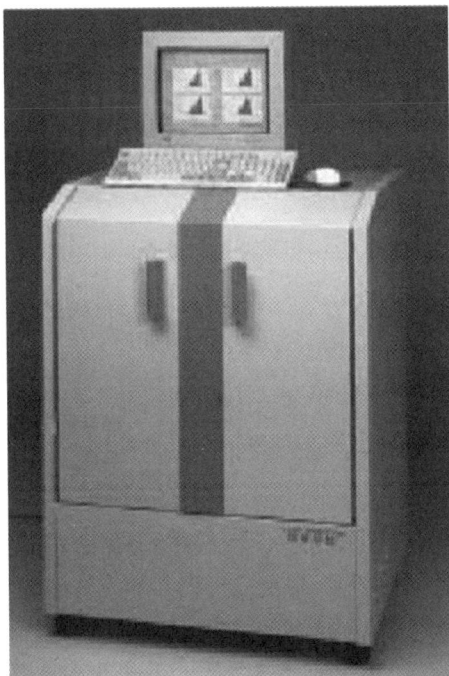

图 2.4.15　Harshaw8800 热释光测量系统

2.4.5　热释光剂量测量的质量控制

如前所述,热释光剂量测量工作是由一套满足测量目的的热释光测量系统完成的,系统又由读出仪、退火炉、探测器、载体及读出程序组成,整个工作纷繁复杂。为了保证测量结果的准确性,一方面要对整个测量过程进行质量控制,另一方面要对整套系统进行检定校准。

热释光剂量测量的质量控制包括读出仪稳定性控制和探测器计量性能控制两部分。

2.4.5.1　读出仪稳定性控制

读出仪的稳定性与参考光源、光学系统、光电倍增管高压、加热盘的性能和加热气体等因素有关。

参考光源:用于校准读出仪的灵敏度,需要用一个恒定的参考光源置于测量时探测器所处位置,对读出仪的灵敏度进行质量控制。在每次读数以前或者间隔一定时间由操作人员完成,或由控制系统自动完成。

参考光源一般由长寿命的 ^{14}C 或 ^{90}Sr 放射源加塑料闪烁体组成。目前使用最多的参考光源为 ^{14}C 放射性同位素和聚苯乙烯单体混合在一起制作的塑料闪烁体,该光源具有发光均匀、性能稳定等特性。不同 TLD 探测器的发光光谱是不同的,测量时应注意 TLD 探测器发光光谱与所用读出仪的光电倍增管吸收光谱匹配的问题。参考光源的发射光谱最好与所用 TLD 探测器的发射光谱相近似。

光学系统:参考光源具有稳定的发射光谱,在参考光源的光到达光电倍增管之前,要通过由滤光片和透镜组成的光路。该光路对不同波长的光有着不同的透射系数。透射系数的不稳定性以及在使用过程中由于灰尘和有机氧化物等原因引起表面污染而导致透射系数的变化，使得参考光源的读数发生变化，而该变化在整个光谱范围内往往是非线性的，因此应保持光路的清洁。通常采用的方法是在光路和探测器之间加装隔热玻璃并通入惰性气体。

光电倍增管高压：多数光电倍增管的光谱响应随着高压的变化而漂移，而该漂移是非线性的，因此需要在调整高压后对整个 TLD 系统进行重新校准。

加热盘：加热盘表面的光学性质对热释光信号的测量有一定的影响。这是由于到达光电倍增管的热释光中，一部分来自加热盘表面的反射光，这种反射光会随着加热盘表面的反射性能变化而变化。使用永久性的加热盘，如铂(Pt)加热盘可以减小误差。为了避免误差，可采用热气(空气、氮气)加热、激光加热等技术。同时，这些加热技术也可减小由热释光探测器在加热盘上的位置不一致引起的误差(可达到10%以上)。

加热气体：对 TLD 低辐射水平的测量，可在特殊气体(氮气、氩气)中进行，目的是减小或消除加热盘表面热致化学发光的误差。

2.4.5.2　探测器计量性能控制

热释光剂量测量受诸多因素影响，因此优化测量参数是至关重要的。测量参数与探测器类型、规格等因素有关。主要影响参数包括退火参数、冷却参数和探测器的筛选等。

(1)退火参数：热释光探测器在使用前要进行退火处理，热释光探测器退火分为照前退火和照后退火。照前退火目的：①消除探测器本底剂量和残余剂量；②恢复探测器初始灵敏度，使深陷阱中的电子释放出来，以消除辐照敏化引起的灵敏度增高的现象；③恢复探测器发光曲线形状。照后退火的目的：消除低温峰，减小低温峰对测量峰的影响，提高测量精确度，缩短测量周期。

(2)冷却参数：冷却速率对探测器灵敏度、发光曲线的形状和探测器的一致性等性能都有影响。不同的探测器受冷却速率的影响程度不同。

(3)探测器的筛选：同一批次的探测器在相同的退火、辐照、测量条件下得到的测量结果是有一定差别的，衡量这一差别的指标是探测器的分散性(批均匀性)。探测器的分散性是探测器制作工艺、退火条件、照射条件、使用条件和测量仪器等因素的综合反映。

探测器分散性和辐射剂量有一定的关系。在筛选探测器时，首先要确定辐照剂量。在辐照剂量小于 10^{-3} Gy 时，探测器的分散性随着剂量的减小而迅速增大；在辐照剂量为 $10^{-3} \sim 1$ Gy 时，分散性与剂量基本无关。一般而言，辐照剂量的选择要考虑读出仪和探测器的灵敏度，通常选择探测器的最灵敏量程和探测器的辐照剂量都尽可能小。具体的分散性指标要根据测量目的而定。

2.4.6　热释光剂量测量系统的检定校准[5]

2.4.6.1　检定目的和项目

由于热释光剂量系统测量结果为 TLD 的发光量，如果想要通过该发光量确定所受辐射剂量的大小，就要通过对系统进行检定确定其校准因子、能量响应等特性参数。检定依据检定规程《个人和环境监测用 X、γ 辐射热释光剂量测量系统》(JJG 593—2016)进行。

环境监测用 X、γ 辐射热释光剂量测量系统的首次检定、后续检定和使用中检验的项目见表2.4.5。

表 2.4.5 环境监测用 X、γ 辐射热释光剂量测量系统检定项目

检定项目	首次检定	后续检定	使用中检验
线性	+	+	+
能量响应	+	-	-
校准因子	+	+	-
量值检验	+	+	-

注:"+"为应检项目;"-"为可不检项目。

2.4.6.2 检定方法及技术指标

1. 热释光剂量计的批均匀性

将同一批次中的所有剂量计,用 ^{60}Co 或 ^{137}Cs 参考辐射以相同的剂量值(约为 10 mGy)辐照,读出每一个剂量计的评定值 E_{ij} 并找出其最大值和最小值 E_{max}、E_{min},应满足:

$$\frac{E_{max} - E_{min}}{E_{min}} \leq 0.3 \qquad (2.4.2)$$

在实际的环境监测中,为了获得更好的测量结果,通常将批均匀性(分散性)控制在 ±3% 以内。

2. 热释光剂量计的重复性

准备 10 个剂量计,用 ^{60}Co 或 ^{137}Cs 参考辐射辐照并读出其评定值。按相同步骤重复 10 次,每次辐照的剂量值应完全相等。

对每一个剂量计,可得其评定值 E_{ij},其中 i 代表第 i 次辐照,j 代表第 j 个剂量计。对第 i 次辐照,计算所有剂量计的平均值 $\overline{E}_i$ 和相应的标准差 $s_{\overline{E}_i}$ 及其 10 次辐照的总平均值 $\overline{E}$,应满足:

$$\frac{s_{\overline{E}_i} + I_i}{\overline{E}} \leq 0.075 \qquad (2.4.3)$$

式中 I_i——第 i 次辐照的标准差 $s_{\overline{E}_i}$ 的置信区间的半宽度,$I_i = t_n \cdot \sqrt{0.5/(10-1)} \cdot s_{\overline{E}_i} = 0.53 s_{\overline{E}_i}$。

对第 j 个剂量计,计算 10 次辐照的平均值 $\overline{E}_j$ 和相应的标准差 $s_{\overline{E}_j}$,亦应满足:

$$\frac{s_{\overline{E}_j} + I_j}{\overline{E}_j} \leq 0.075 \qquad (2.4.4)$$

式中 I_j——第 j 个剂量计的标准差 $s_{\overline{E}_j}$ 的置信区间的半宽度,$I_j = t_{10} \cdot \sqrt{0.5/(10-1)} \cdot s_{\overline{E}_j} = 0.53 s_{\overline{E}_j}$。

3. 热释光剂量计的角响应

对所有用于环境监测的热释光测量系统,使用 ^{60}Co 或 ^{137}Cs 的 γ 射线检定其入射角响应,准备 3 组剂量计,每组剂量计数量为 10 个,将剂量计放置于所需检定点。用剂量当量约定真值 C_i 为 10 mSv 的上述参考辐射分别进行辐照,在辐照过程中每一组中的每一个剂量计都应以剂量计中心为旋转中心分别绕 3 个互相垂直的轴线做均匀转动,然后读出每个剂量计的评定值 E,并计算每组的平均值 $\overline{E}_i$ 和相应的标准差 $s_{\overline{E}_i}$。

对于每一组,都应满足:

$$0.85 \leqslant \frac{\overline{E}_i \pm I_i}{C_i} \leqslant 1.15 \quad ,i = 1,2,3 \qquad (2.4.5)$$

式中 I_i——第 i 组的平均值 $\overline{E}_i$ 的置信区间的半宽度,$I_i = t_n \cdot s_{\overline{E}_i}/\sqrt{n}$;

C_i 的不确定度被认为可忽略。

4. 热释光读出仪的稳定性

选取批均匀性和重复性都较好的剂量计,准备 3 组,每组 10 个,用 ^{60}Co 或 ^{137}Cs 参考辐射以相同的剂量值(约为 10 mGy)辐照。将所有剂量计在实验室标准测试条件下储存两周,读出第 1 组剂量计并用其结果来确定其评定因子 F,然后在相同测试条件下以下列时间间隔读出其余两组剂量计:

第 2 组:第 1 组读出后间隔 24 h;

第 3 组:第 1 组读出后间隔 168 h。

用由第 1 组剂量计所获得的评定因子 F 来确定每个剂量计的评定值 E,并计算每组剂量计的平均值 $\overline{E}$ 及其相应的标准差。应满足:

$$0.95 \leqslant \frac{\overline{E}_2}{\overline{E}_1} + I_{21} \leqslant 1.15 \qquad (2.4.6)$$

$$0.90 \leqslant \frac{\overline{E}_3}{\overline{E}_1} + I_{31} \leqslant 1.10 \qquad (2.4.7)$$

式中 I——相应两个 $\overline{E}$ 的比值的置信区间的半宽度。

5. 线性

准备 5 组剂量计,每组的剂量计数量为 10 个,用 ^{137}Cs 或 ^{60}Co 参考辐射按表 2.4.6 所列的剂量当量约定真值 C_i 对每组剂量计分别进行辐照,然后读出其评定值,计算每组的平均值 $\overline{E}_i$ 和标准差 $s_{\overline{E}_i}$。

表 2.4.6 各热释光系统线性检定剂量范围

热释光系统	各组的受照剂量当量约定真值 C_i/mSv				
	1	2	3	4	5
E_i	0.1	1	3	10	100

置信界限应满足式(2.4.8)的要求:

$$0.90 \leqslant \frac{\overline{E}_i \pm I_i}{C_i} \leqslant 1.10 \quad ,i = 1,2,3,4,5 \qquad (2.4.8)$$

式中 I_i——第 i 组的平均值 $\overline{E}_i$ 的置信区间的半宽度,$I_i = 2.26 \cdot s_{\overline{E}_i}/\sqrt{10}$;

C_i 的不确定度被认为可忽略。

6. 能量响应和校准因子

准备 3 组剂量计,每组的剂量计数量为 10 个,将剂量计正确放置在所选的检定点上,从正面对每组剂量计进行辐照。所选用的参考辐射能量按表 2.4.7 所列,应从窄谱系列的过滤 X 辐射中选择符合表 2.4.7 要求的参考辐射进行这项试验。在无法从窄谱系列中获得所需参考辐射的条件下,也可选用相同能量的宽谱系列参考辐射,所需的转换系数可从《用于校准剂量仪和剂量率仪及确定其能量响应的 X 和 γ 参考辐射 第 3 部分:场所剂量仪和个人剂量计的校准及其能量响应和角响应的测定》(GB/T 12162.3—2004)中获得。应尽量选用相同的剂量当量值进行该项检定。所辐照的剂量当量约定真值 C_i 为 1～10 mSv,然后读出其评定值 E,并计算每组的平均值 $\overline{E}_i$ 和标准差 $s_{\overline{E}_i}$。

表 2.4.7 参考辐射能量

组序 i	辐射能量
1	30～40 keV 参考辐射
2	80～100 keV 参考辐射
3	^{137}Cs 或 ^{60}Co

对用于环境监测的最低能量为 30 keV 的 $E(30\ \text{keV})$ 系统,应满足:

$$0.70 \leqslant \frac{\overline{E}_i \pm I_i}{C_i} \leqslant 1.30 \quad , i = 1,2,3 \tag{2.4.9}$$

对用于环境监测的最低能量为 80 keV 的 $E(80\ \text{keV})$ 热释光测量系统,应满足:

$$\frac{\overline{E}_i \pm I_i}{C_i} \leqslant 2.0 \quad , i = 1 \tag{2.4.10}$$

$$0.70 \leqslant \frac{\overline{E}_i \pm I_i}{C_i} \leqslant 1.30 \quad , i = 2,3 \tag{2.4.11}$$

式中 I_i——第 i 组的平均值 $\overline{E}_i$ 的置信区间的半宽度,$I_i = 2.26 \cdot s_{\overline{E}_i} / \sqrt{10}$;

C_i 的不确定度被认为可忽略。

按公式(2.4.12)计算该热释光剂量测量系统对不同能量的校准因子 K_{fi}:

$$K_{fi} = C_i / \overline{R}_i \tag{2.4.12}$$

式中 C_i——每种能量的剂量当量约定真值;

$\overline{R}_i$——扣除本底后对应每种能量的剂量计读出值的平均值。

2.4.7 TLD 在环境监测中的应用

2.4.7.1 监测目的

为估算核设施或其他辐射设施正常运行和事故条件下在环境中产生的辐射所致关键组或群体的剂量提供数据;验证符合管理限值和法规要求的程度;监视核设施及其他辐射设施的源的情况,提供异常或意外情况的警告,在必要时,采取相应的对策;获得环境天然本底贯穿辐射水平的数据资料和人类实践活动所引起的环境辐射水平的变化,评价环境中所有贯穿辐射对群体产生的剂量。

2.4.7.2 监测参考依据[6-7]

利用热释光剂量计进行环境辐射剂量监测主要依据《个人和环境监测用热释光剂量测量系统》（GB 10264—2014）和《环境地表 γ 辐射剂量率测定规范》（GB/T 14583—93）这两个标准。

2.4.7.3 热释光剂量计的布设

热释光剂量计的布设要尽量选择能代表总的被测环境的地点。合格的布设地点应是物理上均匀的、空旷的地区，不受邻近建筑物的屏蔽。热释光剂量计放置时必须悬挂在离地面（1.0±0.3）m 的高度。合适的悬挂方法是把热释光剂量计放置在特制的收集箱内，收集箱内保持良好的通风，所用材料应质轻、放射性杂质少，同时要考虑悬挂位置的隐蔽性以防止剂量计的丢失。热释光剂量计应尽可能远离可引起辐射入射方向反常或干扰辐射场的高大密集的物体（如在树木上布设监测点时，剂量计不能紧贴主干放置），剂量计也可悬挂在铁栅栏、小树或轻质木柱上。用于环境贯穿辐射的热释光剂量计不能用于那些剂量大到足以产生剩余信号从而干扰环境水平的剂量测量的场所。环境辐射的常规取样及布样周期为 3 个月（1 季度）一次。布设点位一经确定，不可随意更改，以便测量结果的长期比较。剂量率计算公式如下：

$$\dot{D} = N/(K \cdot T) \qquad (2.4.13)$$

式中 $\dot{D}$——某监测点的剂量率，nGy/h；

　　　N——某监测点的样品测量读数；

　　　K——校准因子（由检定证书给出）；

　　　T——样品退火后到测量前的时间，h。

2.4.7.4 剂量计的准备、收回和处置

在进行环境监测之前，需要准备足够数量的经过检定合格的热释光剂量计。退火后放置在清洁专用的容器中保存。这些 TLD 必须是同一批次的，即使相同型号不同批次的 TLD 使用时仍须重新检定。操作须在清洁条件下进行，用清洁过的镊子夹 TLD 元件侧面，在任何情况下均严禁用手触碰 TLD 元件以防止污染。

TLD 元件在投放使用前，应在清洁条件下将 TLD 测量元件密封包装、编号，为防止阳光照射应采用反光性好的材料。为达到电子平衡，消除 β 辐射影响，包装材料厚度应大于 300 mg/cm^2。为扣除本底值，在备用的元件中选取 5 个存放在 10 cm 厚的铅罐中用于记录剂量计自身本底和宇宙射线硬成分（占宇宙射线剂量的 2/3）的剂量贡献。当收回在环境中布设的剂量计，进行测量时扣除留存片的平均测值，以进行本底修正。热释光剂量计还存在衰退现象，尤其在天气炎热的季节。简便的修正方法是在投入现场使用的一批剂量计中抽取 4～6 个进行一定剂量照射，然后保存在与现场环境条件相似的场所中，待现场布设的剂量计回收测量时，同时测量保存的受照剂量计，降低的剂量值是由衰退引起的，以此进行修正。热释光剂量计在环境中布设周期视剂量计性能和工作需要而定。

从环境中收回的热释光剂量计在热释光测量仪上进行测量，根据已知的校准系数和本底修正，计算得出剂量计所在点位处测量期间的累积剂量，数据统计后按规定上报主管部门。为验证可与邻近的连续监测仪数据结果进行比较，一般可做到在±（20%～30%）范围内相符。按照美国国家标准，要求剂量计测量误差不超过 30%。在第八次国际环境剂量计比

对中,约85%的参加者达到上述要求,但在实验条件下只有50%～60%的参加者测量结果与已知剂量值在10%内相符。采用上述各类不同仪表和测量方式进行环境外照射辐射剂量测量时,仪表除对γ射线的响应外,对宇宙射线电离成分均有不同程度的响应,有的探测器(如G-M计数管)其响应约2倍于γ射线的响应,显然仪器γ剂量校准因子不能用于宇宙射线剂量计算。国内相关标准和UNSCEAR历届报告均规定和要求,环境外照射监测应分别给出γ射线和宇宙射线剂量。通常解决的办法是在测点附近选择具有一定深度(>3 m)和宽阔(距岸边>1 km)的淡水面上,布放一批(≥50片)与环境监测时同样的热释光剂量片,布放时间至少3个月,测出其响应值并予以扣除,见《辐射环境监测技术规范》(HJ 61—2021)8.6节。

2.4.7.5 环境监测实例

1.2006年中国原子能科学研究院周围环境γ辐射剂量率监测

测量采用LiF(Mg,Cu,P)探测器,院内院外共布置48个监测点,全年院外共丢失剂量计16个,院外30个监测点的监测结果列于表2.4.8。由表2.4.8可见,原子能院院外γ剂量率年均最高值为85.2 nGy/h,该监测点位于东方红炼油厂。γ剂量率年均最低值为68.3 nGy/h,该监测点位于夏村商场对面。2006年院外γ剂量率平均值为(78.7±4.3) nGy/h。TLD剂量计的布设如图2.4.16所示。

表2.4.8 2006年原子能科学研究院院外γ辐射剂量率监测布点及监测结果

序号	取样点	一季度平均剂量率/(nGy·h⁻¹)	二季度平均剂量率/(nGy·h⁻¹)	三季度平均剂量率/(nGy·h⁻¹)	四季度平均剂量率/(nGy·h⁻¹)	年平均剂量率/(nGy·h⁻¹)
1	北方村西北角	73.9	—	65.6	88.5	76.0±12.0
2	小董村农机厂	81.8	—	61.8	94.3	79.3±16.0
3	大董村路口	85.1	—	63.8	89.9	79.6±14.0
4	桥梁厂门北	65.6	—	66.8	77.1	69.8±6.3
5	房山气象站入口	—	81.5	79.5	86.9	82.7±3.8
6	房山环岛	75.5	72.4	63.6	87.7	74.8±10.0
7	丁家洼水库北	68.0	76.5	66.9	84.4	73.9±8.2
8	顾册路旁	—	84.5	75.5	94.4	84.8±9.5
9	夏村商场对面	71.2	63.9	61.4	76.6	68.3±6.9
10	南区篮球场	71.7	82.8	75.0	96.1	81.4±11.0
11	沙窝村口	74.1	82.6	74.0	79.2	77.5±4.2
12	大苑村路口	73.3	76.2	—	99.6	83.0±14.0
13	坨里第一户人家	78.8	79.7	80.0	101.0	84.9±11.0
14	水峪村路边	83.9	77.0	75.9	88.8	81.4±6.1
15	南上万路边	81.8	77.4	78.0	86.6	80.9±4.2
16	南四位桥边	76.3	77.6	69.5	96.3	79.9±12.0
17	青龙湖岔路口	77.2	77.0	76.4	86.0	79.1±4.6

表 2.4.8(续)

序号	取样点	一季度平均剂量率 /(nGy·h⁻¹)	二季度平均剂量率 /(nGy·h⁻¹)	三季度平均剂量率 /(nGy·h⁻¹)	四季度平均剂量率 /(nGy·h⁻¹)	年平均剂量率 /(nGy·h⁻¹)
18	崇各庄政府门前	—	74.4	81.8	79.5	78.6±3.8
19	怪村	77.0	80.5	81.2	99.2	84.5±10.0
20	坨里镇界牌	—	73.7	77.7	89.3	80.2±8.1
21	云岗	77.9	82.8	67.0	99.7	81.9±14.0
22	长阳火车站	74.1	—	—	86.7	80.4
23	良乡路边牌楼	73.9	81.2	—	85.1	80.1±5.7
24	良乡机场桥前松	72.3	—	60.1	91.0	74.5±16.0
25	南梨园十字路口	75.9	71.4	67.3	81.4	74.0±6.1
26	动力厂门口	67.7	79.6	74.4	88.5	77.6±8.8
27	培训中心	63.1	78.5	76.6	77.8	74.0±7.3
28	东方红炼油厂	76.6	93.5	74.7	95.8	85.2±11.0
29	七里店	—	66.9	81.7	83.0	77.2±8.9
30	大兴	—	—	57.9	93.2	75.6

注:"—"表示剂量计因故丢失,没有测量数据。

图 2.4.16 在监测点附近的树上布置 TLD 剂量计

2. 秦山核电厂一期工程 1992 年至 2001 年周围环境 γ 辐射剂量率监测[8]

测量采用 LiF(Mg,Cu,P) 探测器。秦山核电厂外环境 γ 辐射累积剂量的监测主要集中在电厂周围 30 km 范围内,视交通情况而定,在主导风向的下风向 30~50 km 范围内也适当布置了一些监测点。运行前,本底调查以核岛为中心,在半径 1 km、2 km、5 km、10 km、20 km 和 30 km 的圆弧上,按方位角间隔 22.5°布置 1 个点。据此,每个半径距离应有监测点 16 个。考虑到在秦山核电厂东北海面上布点的困难,在陆地方向适当缩小方位角间隔,采取近密远疏原则,在圆弧线上均匀布点,使每半径距离上的测量点数一般不少于 10 个。由于气态流出物分布半径主要在 5 km 以内,因此在 1 km、2 km、5 km、10 km 半径内加密布点。在接近主导风向的下风向和通往省会城市的主要交通公路边,约间隔 10 km 各布设 1 点。秦山核电厂一期工程 1992 年至 2001 年周围环境 γ 辐射剂量率监测结果如表 2.4.9 所示。

表 2.4.9 秦山核电厂一期工程 1992 年至 2001 年周围环境 γ 辐射剂量率监测结果

年份	一季度平均剂量率 /(nGy·h⁻¹)	二季度平均剂量率 /(nGy·h⁻¹)	三季度平均剂量率 /(nGy·h⁻¹)	四季度平均剂量率 /(nGy·h⁻¹)	年平均剂量率 /(nGy·h⁻¹)
1992	95.5±18.9	92.0±14.1	88.4±6.0	93.4±6.0	92.3±3.0
1993	92.8±14.4	82.9±10.6	90.0±10.8	91.9±8.5	89.6±4.8
1994	102.7±13.0	95.0±14.5	93.2±12.1	95.6±13.5	94.2±1.4
1995	93.1±5.9	104.8±13.4	99.2±16.1	89.4±8.7	99.0±6.8
1996	102.7±13.0	90.0±7.9	80.1±7.0	90.8±13.1	88.5±5.8
1997	91.7±6.9	88.8±7.6	85.1±7.9	94.3±7.5	90.0±4.0
1998	99.4±8.7	88.1±7.8	85.4±9.2	91.1±9.0	91.0±6.1
1999	95.4±8.0	91.6±7.8	84.4±3.9	93.8±10.7	91.3±4.8
2000	92.9±8.3	91.9±8.8	83.5±8.3	84.9±7.9	88.3±4.8
2001	90.9±7.2	94.7±9.3	88.2±8.8	89.7±8.2	90.9±2.8

练习(含思考)题

1. 请用能带理论简述 TLD 的工作原理。

2. TLD 剂量计的主要技术指标是什么?列举出 5 种常用热释光磷光体。

3. 利用热释光测量技术进行环境辐射剂量监测所依据的两个国家标准分别是什么?

4. 环境热释光剂量计检定所依据的检定规程是什么?

5. 在对热释光剂量测量系统进行检定时,某组 10 个剂量计读数分别为 0.958 mSv、1.01 mSv、0.894 mSv、1.01 mSv、1.02 mSv、1.00 mSv、1.03 mSv、0.99 mSv、1.06 mSv 和 0.908 mSv。辐照使用 ¹³⁷Cs 源,辐照剂量的约定真值为 1 mSv。计算确定该组剂量计读数平均值、标准差、平均值置信区间的半宽度及置信界限,其中学生(Student)分布因子 $t_9 = 2.26$。

参考文献

[1] 李士骏. 电离辐射剂量学[M]. 北京:原子能出版社,1981.

[2] 汲长松. 核辐射探测器及其实验技术手册[M]. 北京:原子能出版社,1990.

[3] FRANK H A. 放射物理和辐射剂量学导论[M]. 北京:原子能出版社,2013.

[4] WILLIAMSON J F. Fundamentals of Ionizing Radiation Dosimetry[M]. Germany: Wiley-VCH, 2017.

[5] 国家质量监督检验检疫总局. 个人和环境监测用 X、γ 辐射热释光剂量测量系统检定规程:JJG 593—2016[S]. 北京:中国标准出版社,2016.

[6] 国家技术监督局. 个人和环境监测用热释光剂量测量系统:GB/T 10264—2014[S]. 北京:中国标准出版社,2014.

[7] 国家环境保护局,国家技术监督局. 环境地表 γ 辐射剂量率测定规范:GB/T 14583—1993[S]. 北京:中国标准出版社,1993.

[8] 陈群华,宋建锋,郑惠娣. 秦山核电基地外围环境 γ 辐射剂量率水平监测回顾[J]. 能源环境保护,2014,28(6):58-60,49.

2.5 就地 γ 谱测量技术

2.5.1 概述

就地 γ 谱测量,可以获取比电离辐射剂量率测量更多的信息,它不仅能够识别土壤中 γ 放射性核素类型,而且可给出土壤中 γ 放射性核素的活度浓度及其在地面上一定高度处(如 1 m)各放射性核素的空气吸收剂量率贡献和总空气吸收剂量率。

就地 γ 谱测量技术主要有三种方法:总谱能法、能窗法和吸收峰(全能峰)法。

总谱能法的物理基础是土壤中的核素射出地表的 γ 光子在地面一定高度上(通常选择 1 m)产生的空气吸收剂量率 $\dot{D}_a$ 可以用 γ 光子在该点处的注量率 $\phi(1/cm^2 \cdot s)$ 与其能量 $E(MeV)$ 及空气质能吸收系数 $\mu/\rho(cm^2/g)$ 的乘积表示;在一定时间内就地 γ 谱仪测得的每道计数与该道对应的 γ 射线能量之积为 γ 辐射场的总谱能,而总谱能是与测量点处的空气吸收剂量率成正比的。由于 ^{226}Ra γ 谱与环境 γ 谱近似,可用标准 ^{226}Ra 源对就地 γ 谱仪进行校准,总谱能的计算由便携式计算机进行。总谱能法简便,测量结果可与其他方法比较检验,是早期就地 NaI(Tl) γ 谱仪用作环境空气吸收剂量率测量的主要手段。

能窗法是将自然环境中存在的放射性 ^{238}U 系列、^{232}Th 系列和 ^{40}K 发射的 γ 谱,各取其一个相对干扰较小且发射率较强的特征能量(一般选择能量较高的特征能量,如 ^{238}U 系列选择 1 765 keV、^{232}Th 系列选择 2 615 keV、^{40}K 为 1 460 keV),各开一个计数窗口进行测量的方法。该方法主要由于早期的探测器能量分辨率不太高(如 NaI 探测器),受多道分析器电子学线路复杂、设备庞大所限;为使设备小型化,采用了少道(4 道)分析器。该方法主要用于早期放射性铀矿地质找矿。

随着电子学线路由电子管器件向晶体管器件进而向集成电路和大规模微型集成电路发展,脉冲幅度分析器由单道、4 道、256 道、512 道、4 096 道、8 192 道、16 384 道不断发展,探测器的能量分辨率不断提高(由 NaI(Tl)探测器的几万电子伏提升到 HPGe 探测器的 2 keV 以下),使得就地 γ 谱测量的吸收峰方法成为可能。本书主要以一台 4 096 道就地 HPGe γ 谱仪为例,讲述就地 γ 谱测量技术。

20 世纪 60 年代以来,美国环境测量实验室(EML)的 Beck 等人,利用 γ 谱仪进行了就地测量环境土壤中放射性核素的活度浓度及其在地面上 1 m 高处空气中产生的吸收剂量率的方法和技术的研究工作[1-4]。

就地 γ 谱测量的方法和技术,主要优点如下:

(1)测量时间短。一般对于就地 NaI(Tl) γ 谱仪,只需要 10~30 min,对于 Ge(Li)或 HPGe γ 谱仪需要 30~90 min;而通过取样进行实验室分析,要达到同样的计数统计精度,则需要几个小时甚至更多的时间,并且增加了取样、制样等较大的工作量。

(2)测量结果的代表性强。一台灵敏中心距地面 1 m 高的探测器,可有效地探测到来自半径 12 m 以上的地表 γ 射线[5],即它能"看到"一块约 500 m² 面积内的土壤,土壤量多达几吨;而实验室测量的土壤样品量不过几百克。

这一方法的弱点在于对土壤中放射性核素活度浓度的测量,必须预先了解这些核素在土壤中的分布情况,其测量精度在较小程度上还依赖于土壤的密度、湿度和土壤的组分。这些参数,可通过事先的取样分析或接受这些参数的某些假定而获取。

采用就地 γ 谱测量的方法与技术,可以测定土壤中天然放射性核素(如 ^{238}U 系、^{232}Th 系及其子体和 ^{40}K)和人工放射性沉降物(如 ^{137}Cs、^{144}Ce、^{131}I 等)[5-6]的活度浓度以及它们分别对探测器处空气吸收剂量率的贡献;可以用来测量环境中氡浓度及其子体的变化情况[7];也能对核设施的气态流出物和核电站反应堆的烟羽进行分析[5,10];结合高气压电离室监视动力堆的环境。该方法和技术尤其可用于检测引起环境污染的紧急情况,正如许多国家在 1986 年苏联切尔诺贝利核事故后的环境监测所表明的那样,γ 谱仪对环境中的裂变产物做快速就地测量是非常有价值的[8]。因此就地 γ 谱测量的方法和技术在辐射防护、环境保护、地质勘探、地球物理考察、核动力等方面,得到越来越广泛的应用。随着核能技术的开发、利用和发展,在辐射防护领域中,采用高分辨率半导体探测器 γ 谱仪进行环境常规监测和核与辐射事故的应急监测已经得到长足的发展。

最初,环境就地测量 γ 谱仪是以 NaI(Tl)晶体作为探测器的。20 世纪 70 年代初,美国环境实验室研制并校准了第一台环境测量 Ge(Li)探测器谱仪系统[5,9]。此后,环境就地测量 Ge(Li)探测器谱仪以及后来的 HPGe 探测器谱仪在一些国家相继研制成功并得到应用和发展[6,10-11]。目前,HPGe 探测器谱仪已广泛地应用于核与辐射设施的环境监测工作中。

半导体 Ge 探测器谱仪与 NaI(Tl)晶体探测器谱仪比较,主要优点是它具有较高的能量分辨率。这样,可为准确鉴别和精确测定环境中核爆炸试验沉降灰或由核设施排放(包括计划性排放或事故性排放)的少量人工放射性裂变产物和活化产物,为研究复杂的 γ 辐射场提供了可能。但 Ge 探测器造价高,而且需要在低温下工作,尤其 Ge(Li)探测器还必须在低温下运输和保存,使其应用受到某些条件的限制。HPGe 虽然也必须在低温下工作,但可在常温下运输和保存,因而 Ge(Li)探测器已被 HPGe 探测器所替代。

利用 γ 谱仪对环境土壤中放射性核素的活度浓度及其在地面空气中产生的吸收剂量率进行就地测量,则要求对谱仪系统进行准确的校准。就地 γ 谱仪系统的校准,目前主要有实验校准方法、半经验公式校准方法和蒙特卡洛模拟计算校准方法。

2.5.2　就地 γ 谱测量的实验校准技术

Beck 等人[5]论述过在野外测量中所涉及的复杂的几何因子,描述了校准的原则,并针对一常见的土壤组分,对在土壤中呈均匀体分布的天然放射性核素和一些呈指数分布的人工放射性核素,按不同的深度分布参数和不同的初级 γ 光子能量计算了土壤中单位活度浓度放射性核素在地面上 1 m 高处的初级 γ 光子注量率值(φ/A)以及土壤中某种放射性核素或放射性衰变系列在地面上 1 m 高处的空气中产生单位照射量率的初级 γ 光子注量率值(φ/I)。这些结果不仅为美国各实验室广泛引用,也为日本、奥地利、中国的同行所采用[6,10,12]。但 Beck 计算的这些因子采用的是早先发表的分支比数据[5],使用这些因子,需要进行烦琐的校正。1975 年,日本原子能研究所 Eiji Sakai 校准了一台 Ge(Li)探测器谱仪[10];1983 年,中国工业卫生研究所任天山先生在美国环境测量实验室(Environmental Measurement Laboratory,EML)校准了一台本征锗 γ 谱仪[12];1987 年,奥地利 Seiberdorf 研究中心 I. Nemeth 等人也校准了一台 HPGe γ 谱仪[6]。采用的都是标准点源校准法,均采用 Beck 的(φ/A)和($\varphi/\dot{D}$)数据结果。

从上面的阐述可知,为了得到较为准确的校准因子,早期各个机构均采用标准点源实验校准法。该方法是最基本,也是目前最可靠的校准方法。

下面以中国原子能科学研究院自主研制的一台 HPGe γ 谱仪系统为例,系统地阐述用于环境放射性就地测量的 HPGe γ 谱仪实验校准及测量技术。

2.5.2.1　实验装置

用于环境放射性就地测量的便携式 γ 谱仪系统由三部分构成:HPGe γ 探测器装置、多道脉冲幅度分析器和数据记录、数据处理设备。图 2.5.1 为该 HPGe γ 谱仪系统的结构方框图。

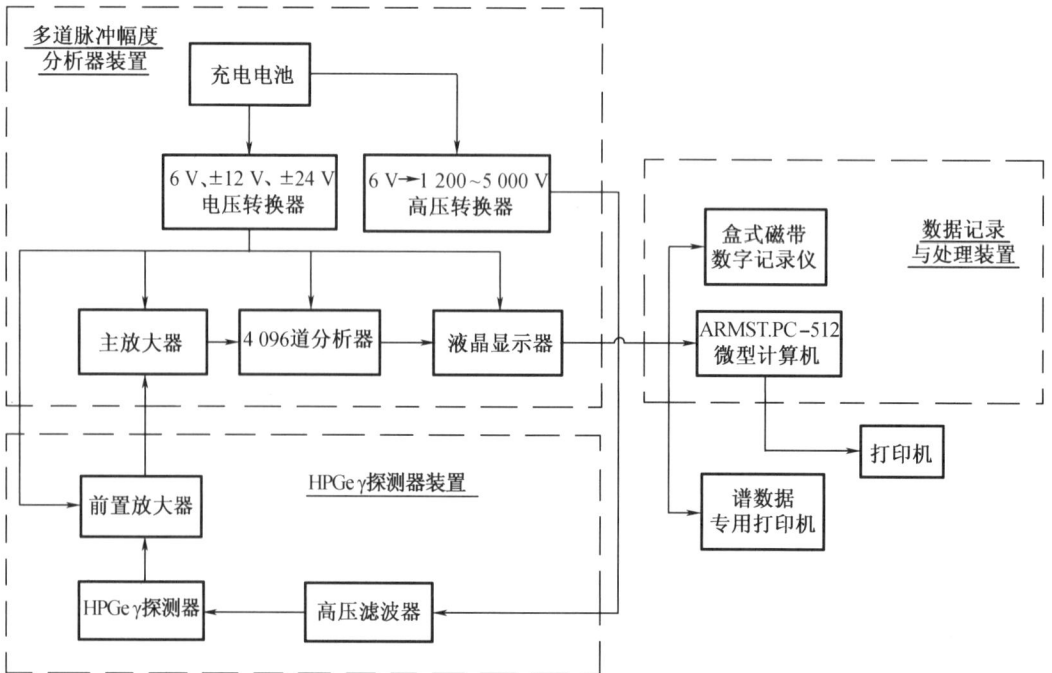

图 2.5.1　HPGe γ 谱仪系统的结构方框图

1. HPGe γ探测器装置

HPGe γ探测器装置由P型准圆柱形HPGe晶体、紫铜冷指、铝合金封装外壳、真空室、容量10 L的冷却液氮罐以及前置电荷灵敏放大器和高压过滤器组成,总质量8.0 kg(不含液氮),探测器窗口朝上,其外形结构如图2.5.2(a)所示。HPGe晶体的活性区直径为45～50 mm,长56 mm,密封于壁厚1.8 mm的真空铝壳中。入射窗为0.5 mm厚的铝箔,对^{60}Co的1 332.5 keV γ光子的相对探测效率为19.5%,半高宽(FWHM)为2.3 keV。前置电荷灵敏放大器增益的温度系数为(0.02%～0.03%)/℃,工作电压为±24 V。在常温(20 ℃左右)条件下,液氮消耗率为1.5 L/d,充满液氮至少可以连续工作80 h。

2. 多道脉冲幅度分析器

由美国CANBERRA公司生产的S-10系列4 096道智能多道脉冲幅度分析器,其外形如图2.5.2(b)所示。它包括给分析器自身和探测器前置放大器提供±12 V、±24 V工作电压的转换器,给HPGe γ探测器提供1 200～5 000 V高压的转换器、主放大器、50 MHz主频的模数转换器ADC(4 K)、液晶显示器和内配微型计算机等。内配微型计算机具有感兴趣区积分、求净面积、能量校准等多种功能。分析器的积分非线性:满校准99%以上为±0.025%。微分非线性:满校准99%以上为±1%;零点漂移±0.002 5%/℃;增益稳定性±0.01%/℃;长期稳定性为0.005%/24 h。该多道脉冲幅度分析器体积小(11.4 cm×22.9 cm×27.9 cm),质量小(4.4 kg),既可用220 V交流电经交直转换器工作,也可用装置内部携带的5F NI-Cd充电电池工作,野外使用非常便利。

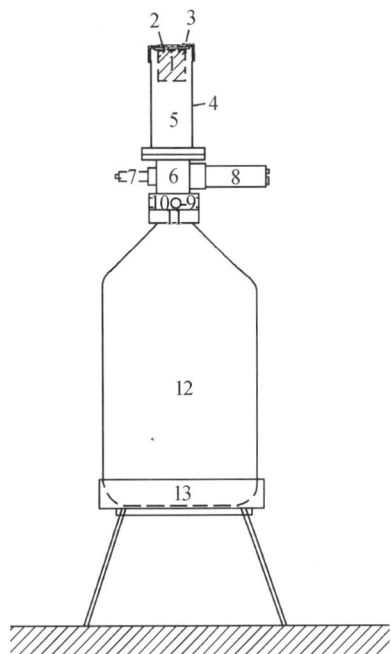

(a)就地HPGe γ谱仪的外形结构   (b)便携式多道脉冲幅度分析器(S-10)

1—HPGe晶体;2—铝箔入射窗(厚0.5 mm);3—聚四氟乙烯端帽(厚2.5 mm);

4—铝封装包壳(厚1.8 mm);5—真空室(铝壳);6—真空室(不锈钢包壳);

7—高压电源滤波器;8—前置放大器;9—液氮进出孔;10—绝热橡胶垫圈;

11—液氮罐接口;12—液氮罐(15 L杜瓦瓶);13—铝制三角支架。

图2.5.2 就地HPGe γ谱仪的外形结构及便携式多道脉冲幅度分析器(S-10)

3. 数据记录与数据处理设备

γ谱数据记录设备为一台专用盒式磁带记录仪（Model 5421M）和一台专用谱数据微型打印机。

ARMSTRAT PPC-512微型计算机也可作记录设备之用，但主要用作谱数据处理设备。它是便携式16位微型计算机，由主机、键盘、中分辨（640×200）液晶显示器和专用的微型打印机组成。主机硬件配置CPU-8086，主振频率8 MHz，8087-3协处理器，内存512 KB、720 KB软盘驱动器两个。配有交直流转换器一个，既可用220 V市电工作，也可用10节2号电池工作。ARMSTRAT PPC-512微机与IBM-PC/XT微机兼容。

所有的校准谱和现场就地测量谱都在ARMSTRAT PPC-512微机上处理。γ谱分析软件由中国原子能科学研究院王德安副研究员编制。

2.5.2.2 原理、公式及有关理论计算

1. 原理、方法及公式

环境放射性就地γ能谱测量分析，主要包括两方面的内容：一是确定放射性核素在土壤中的活度浓度；二是确定土壤中放射性核素在地面一定高度上的辐射水平——空气吸收剂量贡献。

陆地γ辐射场由初级γ光子和次级γ光子两部分组成。它们与土壤中放射性核素的活度浓度、核素在土壤中的分布以及土壤的化学组分、土壤的湿度（包括水的含量）等因素有关[5]。当上述因素（除第一项外）不变时，土壤中任何一种放射性核素或其子体（若有子体存在，假定与母体处于放射性平衡）所发射的某一种能量的初级γ光子，在地面上1 m高处的探测器测量到的全能峰计数率与土壤中该核素的活度浓度呈正比，即

$$N_f \propto A \tag{2.5.1}$$

式中　A——放射性核素在土壤中的活度浓度；

　　　N_f——该核素或其子体所发射的某一能量初级γ光子在探测器中的全能峰计数率。

空气中某一点的γ辐射吸收剂量率与该点所有γ光子的总注量率成正比，而在某些假定条件下，土壤中放射性核素发射某一能量的初级γ光子在地面上一点的初级γ光子注量率与该核素及其子体所有的初级γ光子和次级γ光子在该点的总注量率有确定的比例关系，因而有

$$N_f \propto \dot{D} \tag{2.5.2}$$

式中　N_f——土壤中的放射性核素或其子体所发射的某一能量初级γ光子产生的全能峰计数率；

　　　$\dot{D}$——该核素及其子体所有的初级γ光子和次级γ光子在地面上空测量点产生的空气吸收剂量率。

这种比例关系可用下面等式——Beak公式表示[5]：

$$(N_f/A) = (N_0/\varphi)(N_f/N_0)(\varphi/A) \tag{2.5.3}$$

$$(N_f/\dot{D}) = (N_0/\varphi)(N_f/N_0)(\varphi/\dot{D}) \tag{2.5.4}$$

式中　A——土壤中放射性核素的活度浓度，对于天然放射性核素，A是指它们在单位质量土壤中的活度值，Bq/kg，对于新近沉降的放射性裂变产物和活化产物，A是指它们在单位面积土壤上的沉积量，Bq/m²；

　　　$\dot{D}$——地面上1 m高处的空气吸收剂量率，nGy/h；

　　　(N_f/A)——活度浓度校准因子，即土壤中单位活度浓度放射性核素产生能量为E的

全能峰计数率，$min^{-1}/(Bq/kg)$ 或 $min^{-1}/(Bq/m^2)$；

$(N_f/\dot{D})$——空气吸收剂量率校准因子，即单位空气吸收剂量率的能量为 E 的 γ 光子产生的全能峰计数率，$min^{-1}/(nGy/h)$；

(N_0/φ)——探测效率因子，即沿探测器对称轴入射的单位注量率的能量为 E 的 γ 射线束产生的全能峰计数率，$min^{-1}/(1/(cm^2 \cdot s))$；

(N_f/N_0)——角响应校正因子，即考虑现场测量条件下，2π 立体角度内入射的 γ 射线角度校正因子，无量纲；

(φ/A)——土壤中单位活度浓度的放射性核素，在距离地面 $1\ m$ 高处产生的能量为 E 的初级 γ 光子注量率，$(1/(cm^2 \cdot s))/(Bq/kg)$ 或 $(1/(cm^2 \cdot s))/(Bq/m^2)$；

$(\varphi/\dot{D})$——探测器处产生单位空气吸收剂量率的能量为 E 的初级 γ 光子注量率，$(1/(cm^2 \cdot s))/(nGy/h)$。

在式（2.5.3）和式（2.5.4）中，所有的因子都是入射 γ 光子能量 E 的函数，因子 (φ/A)、$(\varphi/\dot{D})$ 和 (N_f/N_0) 也依赖于土壤中放射性核素的分布、土壤的组分和密度等因素，其中 (N_f/N_0) 不仅与入射 γ 光子的能量、放射性核素的几何分布有关，而且与探测器的形状和结构有关。

2. γ 光子注量率 φ 的计算

土壤中的放射性核素，可能是发射单种或多种能量 γ 光子的单个核素，也可能是放射性衰变系列核素，以下若不做特殊说明，都假定在有衰变系列时，该系列已达到放射性平衡，且子体和母体在土壤中具有相同的分布。

放射性核素在土壤中的分布大体上分为三种不同的情况[5,13]：新近沉降的放射性落下灰在土壤表面形成分布源（$\alpha/\rho_s = \infty$）；随时间推移，沉降物不断向土壤深部渗透，放射性核素活度浓度随土壤深度呈指数下降分布（$0 < \alpha/\rho_s < \infty$）；天然放射性核素则认为是均匀分布于土壤中（$\alpha/\rho_s = 0$）。

表面分布源和均匀体分布源都是随深度呈指数分布源的特殊情况，因此计算从一般情况下的指数分布源入手。

设发射某一单能 γ 光子的核素在土壤中深度 Z 的活度浓度为

$$A = A_0 \cdot e^{-(\alpha/\rho_s) \cdot Z \cdot \rho_s} \tag{2.5.5}$$

式中　A——土壤中深度 Z 处的放射性核素活度浓度，Bq/kg；

A_0——当 $Z \to 0$ 时，放射性核素的地表活度浓度，Bq/kg；

Z——土壤深度，cm；

(α/ρ_s)——放射性核素活度浓度随土壤深度的分布参数，cm^2/g；

α——张弛长度的倒数，其物理含义是放射性活度浓度减少至表面活度浓度 e^{-1} 的土壤深度，cm^{-1}；

ρ_s——土壤密度，g/cm^3，计算中假定测区内的 ρ_s 是一常数。

如图 2.5.3 所示，假定探测器的灵敏中心位于地面上空 P 点，离地面高度为 $H(cm)$。将 P 点作为球坐标原点，考虑一下在土壤深度为 $Z(cm)$ 处的一点 Q，该点（Q）到球坐标原点（P）的距离为 $r(cm)$，在 Q 点取一单位体积元 dV：

$$dV = r^2 \cdot \sin\theta d\theta dr d\psi \tag{2.5.6}$$

式中　θ——入射 γ 射线与圆柱形探测器对称轴线的夹角，$[0, \pi/2]$；

ψ——方位角，$[0,2\pi]$。

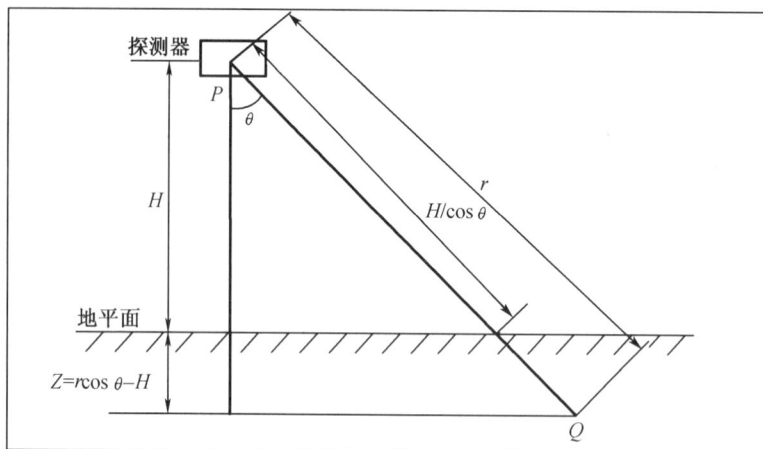

图 2.5.3　探测器与土壤的相对位置图

体积元 dV 内的放射性活度为

$$A \cdot \rho_s dV = A_s \cdot \rho_s \cdot e^{-(\alpha/\rho_s)(r\cdot\cos\theta-H)\rho_s}dV \tag{2.5.7}$$

体积元 dV 内的放射性核素贡献于 P 点的初级 γ 光子注量率等于：

$$d\varphi = A_a\rho_s e^{-\frac{\alpha}{\rho_s}\cdot\rho_s\cdot(r\cos\theta-H)} \frac{1}{4\pi r^2}e^{-\left(\frac{\mu}{\rho}\right)_s\cdot\rho_s\cdot\left(r-\frac{H}{\cos\theta}\right)} \cdot e^{-\left(\frac{\mu}{\rho}\right)_a\cdot\rho_a\left(\frac{H}{\cos\theta}\right)} \cdot r^2 \cdot \sin\theta dr d\theta d\psi \tag{2.5.8}$$

式中　$(\mu/\rho)_s$ 和 $(\mu/\rho)_a$——γ 光子在土壤和空气中的质量衰减系数，cm^2/g；

　　　ρ_a——空气密度，g/cm^3。

将式(2.5.8)对整个半空间土壤积分，便得到 P 点的初级 γ 光子总注量率：

$$\varphi = \int_0^{\pi/2} \frac{A_0\sin\theta}{2[(\alpha/\rho_s)\cos\theta + (\mu/\rho)_s]}e^{-t_\alpha/\cos\theta}d\theta \tag{2.5.9}$$

式中，令 $t_\alpha = (\mu/\rho)_\alpha \cdot \rho_\alpha \cdot H$，无量纲，其物理含义是以初级 γ 光子在空气中的平均自由程为单位来表示探测器到地面的高度。

由于 $A_\alpha = \int_0^\infty \rho_s \cdot A_0 \cdot \exp[-(\alpha/\rho_s) \cdot \rho_s \cdot Z]dZ = A_0/(\alpha/\rho_s)$ 是单位截面积无限深柱状土壤的总放射性活度，Bq/cm^2，则式(2.5.9)可写成：

$$\varphi = \int_0^1 \frac{\alpha A_\alpha e^{-t_\alpha/\omega}}{2\rho_s[(\alpha/\rho_s)\omega + (\mu/\rho)_s]}d\omega \tag{2.5.10}$$

式中　$\omega = \cos\theta$。

由式(2.5.10)，可得到 P 点的注量率角分布：

$$\varphi(\omega) = \frac{\alpha A_\alpha}{2\rho_s}e^{-t_\alpha/\omega}\left[\frac{1}{(\alpha/\rho_s) + (\mu/\rho)_s}\right] \tag{2.5.11}$$

当指数分布源的土壤活度浓度分布参数$(\alpha/\rho_s) \to \infty$ 时，则为面分布源，A_α 就是面活度浓度，P 点的初级 γ 光子注量率和注量率角分布分别变为

$$\varphi = \int_0^1 \frac{A_\alpha}{2\omega} \mathrm{e}^{-t_\alpha/\omega} \mathrm{d}\omega \tag{2.5.12}$$

$$\varphi(\omega) = \frac{A_\alpha}{2\omega} \mathrm{e}^{-t_\alpha/\omega} \tag{2.5.13}$$

当指数分布源的土壤活度浓度分布参数$(\alpha/\rho_s)\to 0$时,则为活度浓度是A_0的均匀体分布源,同样可以得到均匀体分布源的两个类似公式:

$$\varphi = \int_0^1 \frac{A_0}{2(\mu/\rho)_s} \mathrm{e}^{-t_\alpha/\omega} \mathrm{d}\omega \tag{2.5.14}$$

$$\varphi(\omega) = \frac{A_0}{2(\mu/\rho)_s} \mathrm{e}^{-t_\alpha/\omega} \tag{2.5.15}$$

式(2.5.15)中的因子(φ/A),对于均匀分布源,相当于求(φ/A_0);对于面分布源和指数分布源,相当于求(φ/A_α)。它们的值分别可以由式(2.5.10)、式(2.5.12)、式(2.5.14)通过数值积分得到。

进一步简化三个积分表达式,设$\varepsilon = \alpha/\mu_s$,并引入一个函数:

$$E_1(x) = \int_x^\infty \frac{\mathrm{e}^{-t}}{t} \mathrm{d}t \tag{2.5.16}$$

经过简单变换,式(2.5.10)、式(2.5.12)、式(2.5.14)变成:

对于指数分布源$0 < \alpha/\rho_s < \infty$

$$\frac{\varphi}{A_\alpha} = \frac{E_1(t_\alpha) - \mathrm{e}^{\varepsilon t_\alpha} E_1(t_\alpha + \varepsilon t_\alpha)}{2} \tag{2.5.17}$$

对于面源分布$(\alpha/\rho_s \to \infty)$

$$\frac{\varphi}{A_\alpha} = \frac{E_1(t_\alpha)}{2} \tag{2.5.18}$$

对于均匀体分布源$(\alpha/\rho_s \to 0)$

$$\frac{\varphi}{A_0} = \frac{\mathrm{e}^{-t_\alpha} - h E_1(t_\alpha)}{2(\mu/\rho)_s} \tag{2.5.19}$$

当$X \leqslant 1$时,$E_1(X)$可用下面近似公式估算[20]:

$$E_1(x) = \sum (-1)^{n-1} \frac{x^2}{n \cdot n!} - \Gamma - \ln x \tag{2.5.20}$$

式中　Γ——Euler-Mascheroni 常数,$\Gamma = 0.577\ 216$。

对于指数分布源,当$X \geqslant 1$时,式(2.5.20)不再适用,这时可直接用式(2.5.17)计算。

在 ARMSTRAT PPC-512 微机上,采用辛普森(Simpson)数值积分法,计算了(α/ρ_s)值在$0 \sim \infty$范围内,2π无限大空间土壤中的放射性核素在地面上 1 m 高处的初级 γ 光子注量率。各种单能源的计算结果列于表 2.5.1 中,对于均匀体分布源$(\alpha/\rho_s = 0)$,表中结果相应于土壤中放射性核素的活度浓度 $A_0 = 1$ Bq/g;对于面分布源和指数分布源$(\alpha/\rho_s > 0)$,表 2.5.1 中的结果相应于土壤中沉积的放射性核素活度浓度 $A_\alpha = 1$ Bq/cm^2。

表 2.5.1 φ——土壤中指数分布源在地面上 1 m 高处的初级 γ 光子注量率（$1/(cm^2 \cdot s)$）

能量 /keV	$(\alpha/\rho_s)/(cm^2 \cdot g^{-1})$						
	0.0（均匀）	0.062 5	0.206	0.312	0.625	6.25	∞（平面）
50	1.437 08	0.081 45	0.223 83	0.303 96	0.474 04	1.145 45	1.603 94
100	2.752 37	0.144 88	0.360 50	0.468 22	0.676 20	1.354 12	1.724 15
150	3.332 62	0.170 41	0.410 32	0.526 00	0.744 01	1.425 80	1.782 85
200	3.724 98	0.186 98	0.441 51	0.561 79	0.785 61	1.471 65	1.825 02
250	4.066 83	0.201 01	0.467 32	0.591 25	0.819 72	1.510 70	1.863 72
300	4.346 59	0.212 23	0.487 68	0.614 44	0.846 60	1.543 10	1.898 38
350	4.660 66	0.224 46	0.509 21	0.638 63	0.873 97	1.572 36	1.928 31
400	4.900 42	0.233 65	0.525 28	0.656 73	0.894 65	1.596 66	1.950 94
450	5.146 65	0.242 91	0.541 22	0.674 58	0.914 88	1.619 90	1.974 93
500	5.416 35	0.252 82	0.557 98	0.693 23	0.935 78	1.642 73	1.997 15
600	5.848 51	0.268 34	0.583 90	0.722 02	0.968 08	1.679 44	2.035 06
700	6.306 58	0.284 25	0.609 79	0.750 53	0.999 64	1.713 59	2.068 43
800	6.702 97	0.297 65	0.631 33	0.774 22	1.025 94	1.743 36	2.099 46
900	7.094 34	0.310 51	0.651 63	0.796 41	1.050 34	1.770 05	2.126 31
1 000	7.519 42	0.324 09	0.672 67	0.819 29	1.075 28	1.796 52	2.152 03
1 100	7.824 15	0.333 68	0.687 56	0.835 58	1.093 34	1.818 15	2.176 38
1 200	8.149 11	0.343 68	0.702 86	0.852 22	1.111 62	1.839 15	2.199 06
1 300	8.565 82	0.356 08	0.721 24	0.871 90	1.132 55	1.858 99	2.215 49
1 400	9.268 07	0.376 46	0.751 36	0.904 33	1.137 61	1.897 00	2.254 12
1 500	10.040 12	0.397 93	0.782 49	0.937 68	1.203 46	1.935 53	2.293 10
1 750	10.799 1	0.418 19	0.811 36	0.968 52	1.236 52	1.971 29	2.329 79
2 000	11.465 31	0.435 36	0.835 59	0.994 38	1.264 33	2.002 53	2.363 39
2 500	12.129 33	0.451 89	0.858 52	1.018 74	1.290 33	2.030 90	2.393 03
3 000	13.388 61	0.481 67	0.898 85	1.061 23	1.335 04	2.076 50	2.436 92

注：深度 $Z(cm)$ 或 $\rho Z(g/cm^2)$ 的放射性活度为 $A(1/g \cdot s)$，$A = \alpha/\rho A_\alpha e^{-(\mu/\rho)(\rho Z)}$，其中，当 $\alpha/\rho_s \neq 0$ 时，$A_\alpha = 1.0 \ cm^2 \cdot s$ 是 $1 \ cm^2$ 无限深柱状土壤发射的初级 γ 光子数；当 $\alpha/\rho_s = 0$ 时，$A_\alpha = 1.0 \ cm^2 \cdot s$ 是所有深度 Z 每克土壤发射的初级 γ 光子数。

计算中采用的土壤组分以及 $(\mu/\rho)_s$ 和 $(\mu/\rho)_a$ 值在表 2.5.2 中给出，土壤密度为 1.6 g/cm^3，空气密度为 0.001 204 g/cm^3（20 ℃，1 atm），土壤湿度为 10%。

表 2.5.2　传输计算中所有不同湿度和组分土壤的质量衰减系数

E/keV	$(\mu/\rho)/(cm^2/g)$				
	土壤 无 H_2O	土壤 10% H_2O	土壤 25% H_2O	铝	空气
20	3.01	2.78	2.05	3.22	0.683
25	2.34	1.52	1.13	1.76	—
30	1	0.938	0.838	1.03	0.315
35	0.656	0.644	0.566	0.669	—
40	0.47	0.471	0.433	0.492	0.225
45	0.38	0.381	0.338	0.386	—
50	0.327	0.314	0.298	0.319	0.193
55	0.282	0.277	0.265	0.277	—
60	0.254	0.248	0.239	0.246	0.177
65	0.233	0.23	0.221	0.219	—
70	0.218	0.214	0.206	0.205	—
75	0.204	0.202	0.194	0.193	—
80	0.192	0.19	0.189	0.185	0.161
85	0.189	0.185	0.181	0.177	—
90	0.179	0.178	0.175	0.171	—
95	0.173	0.173	0.17	0.166	—
100	0.166	0.167	0.167	0.16	0.151
150	0.138	0.139	0.141	0.134	0.134
200	0.124	0.125	0.127	0.12	0.123
250	0.114	0.115	0.118	0.111	—
300	0.106	0.108	0.109	0.103	0.106
350	0.1	0.101	0.105	0.098	—
400	0.095	0.096 3	0.097 5	0.092 5	0.095 3
450	0.090 6	0.091 9	0.093 1	0.087 5	—
500	0.086 9	10.087 5	25.089 4	0.084 4	0.086 8
550	0.083 1	0.084 4	0.085 6	0.080 6	—
600	0.08	0.081 3	0.082 5	0.077 5	0.080 4
650	0.076 9	0.078 8	0.08	0.075 6	—
700	0.074 4	0.075 6	0.077 5	0.073 1	—
750	0.072 5	0.073 1	0.075	0.070 6	—
800	0.070 6	0.071 3	0.072 5	0.068 1	0.070 6
850	0.068 1	0.069 4	0.070 6	0.066 9	—

表 2.5.2（续）

E/keV	$(\mu/\rho)/(\mathrm{cm^2/g})$				
	土壤 无 H_2O	土壤 10% H_2O	土壤 25% H_2O	铝	空气
900	0.066 9	0.067 5	0.068 8	0.064 4	—
950	0.065 6	0.065	0.066 9	0.063 1	—
1 000	0.063 8	0.063 8	0.065	0.061 4	0.063 5
1 500	0.051 5	0.052 1	0.053	0.05	0.051 7
2 000	0.044 4	0.044 9	0.045 6	0.043 2	0.044 4
2 500	0.039 8	0.040 1	0.041 3	0.038 8	—
3 000	0.036 2	0.036 4	0.037 1	0.035 3	0.035 8

用于传输计算土壤组分比例如下：

Al_2O_3—13.5%；Fe_2O_3—4.5%；SiO_2—67.5%；CO_2—4.5%；H_2O—10%。取自文献[5]。

3. 吸收剂量率 $\dot{D}$ 的计算

在计算 2π 半无限空间土壤中的放射性核素在地面上一点产生的空气吸收剂量率时，沿用了前面计算光子注量率的条件假设。类似地，可以得到在整个 2π 半无限空间土壤中随深度呈指数分布的放射性核素所发射的 γ 光子，在 P 点产生的空气吸收剂量率：

$$\dot{D} = \frac{A_0 E_0}{2}\frac{\mu_{en}}{\mu_s}\int_0^1\int_{\mu_s H/\omega}^{\infty} \mathrm{e}^{-(\alpha/\mu_s)\left(t-\frac{\mu_s H}{\omega}\right)}\cdot \mathrm{e}^{-\left(t-\frac{\mu_s H}{\omega}\right)\cdot\mu_s}\cdot \mathrm{e}^{-\frac{t_a}{\omega}}B(t)\mathrm{d}t\mathrm{d}\omega \qquad (2.5.21)$$

式中　$\dot{D}$——地面上高 H 处点 P 的空气吸收剂量率，$(\mathrm{MeV/g})/\mathrm{s}$；

　　　E_0——土壤中放射性核素发射的初级 γ 光子能量，MeV；

　　　t——以初级 γ 光子在土壤中的自由程为单位表示探测器（点 P）到土壤中点 Q 的距离，$t = (\mu/\rho)_s\cdot\rho_s\cdot r$，无量纲；

　　　$B(t)$——吸收剂量率积累因子，无量纲；

　　　μ_s、μ_{en}——土壤的线衰减系数和线能量吸收系数，$\mathrm{cm^{-1}}$。它们与质量衰减系数 $(\mu/\rho)_s$ 和质量能量吸收系数 $(\mu_{en}/\rho)_s$ 的关系分别为

$$\mu_s = (\mu/\rho)_s\cdot\rho_s, \quad \mu_{en} = (\mu_{en}/\rho)_s\cdot\rho_s$$

吸收剂量率积累因子 $B(t)$ 由下式给出：

$$B(t) = (1+\alpha t)\beta，其中，\alpha = 1/y = \mu_{en}/\mu_s（土壤）$$

$$\beta = \frac{\ln[y(y-1)+1]}{\ln 2}, \quad y < 2.8$$

$$\beta = \frac{(y-1)}{\ln 2}, \quad y > 2.8 \qquad (2.5.22)$$

为了获取因子 $(\varphi/\dot{D})$，须先求因子 $(\dot{D}/A)$。这对于均匀体分布源，相当于求 $(\dot{D}/A_0)$；对于面分布源和指数分布源，相当于求 $(\dot{D}/A_\alpha)$。

将式（2.5.22）代入式（2.5.21），采用双重数值积分法，可得到均匀体分布源的 $(\dot{D}/A_0)$ 值和不同 (α/ρ_s) 的指数分布源以及面分布源的 $(\dot{D}/A_\alpha)$ 值。

Beck 等人针对一种常见的土壤组分，按不同 (α/ρ_s) 值，列表给出了不同能量的初级 γ

光子照射量率的计算结果(I/A)[5]。可以用文献[5]中表7的(I/A)值乘以因子 8.73(nGy/h)/(μR/h),转换成($\dot{D}/A$)值,列于表2.5.3中。对于均匀体分布源($\alpha/\rho_s=0$),表2.5.3中的($\dot{D}/A$)值相应于土壤中放射性核素的活度浓度 $A_0=1$ Bq/g;对于面分布源和指数分布源($\alpha/\rho_s\neq0$),表2.5.3中的值相应于土壤中放射性核素的活度浓度 $A_\alpha=1$ Bq/cm²。

表2.5.3 土壤中指数分布单能源在地面上1 m高处的空气吸收剂量率(nGy/h)

能量/keV	$(\alpha/\rho)/(\mathrm{cm^2 \cdot g^{-1}})$						
	0(均匀)	0.062 5	0.206	0.312	0.625	6.25	∞(平面)
50	7.682 4	—	—	—	—	—	—
100	17.896 4	0.829 4	1.615 1	1.877 0	2.357 1	3.492 0	3.823 7
150	29.594 7	1.222 2	2.488 1	2.924 6	3.649 1	5.412 6	6.111 0
200	42.602 4	1.746 0	3.404 7	4.015 8	5.089 6	7.376 9	8.380 8
250	55.610 1	2.252 3	4.286 4	5.089 6	6.381 6	9.428 4	10.912 5
364	89.046 0	3.526 9	6.730 8	7.822 1	9.690 3	14.229 9	16.674 3
500	125.712 0	4.871 3	8.919 0	10.737 6	13.269 6	19.817 1	22.698 0
662	171.108 0	6.442 7	11.960 1	13.968 0	17.198 1	25.752 3	29.594 7
750	197.298 0	7.307 0	13.444 2	15.714 0	19.293 3	28.983 6	33.174 0
1 000	265.392 0	9.603 0	17.460 0	20.253 6	24.880 5	37.364 4	42.427 8
1 173	316.026 0	11.174 4	20.166 3	22.959 9	28.547 1	42.515 1	48.189 6
1 250	335.232 0	11.610 9	21.039 3	24.356 7	29.856 6	44.874 2	51.157 8
1 333	364.914 0	12.396 6	22.348 8	25.953 5	31.602 6	46.705 5	53.776 8
1 460	393.723 0	13.442 0	24.007 5	27.761 4	33.872 4	50.022 9	57.268 8
1 765	476.658 0	15.539 4	28.372 5	32.737 5	38.412 0	56.308 5	67.919 4
2 204	543.006 0	18.071 1	31.428 0	36.054 9	43.650 0	62.419 5	71.586
2 250	606.735 0	—	—	—	—	—	—
2 500	673.956 0	—	—	—	—	—	—
2 750	742.050 0	—	—	—	—	—	—

注:深度 Z(cm)或 ρZ(g/cm²)的放射性活度浓度(每克土壤每秒发射初级γ光子数)为 $A=(\alpha/\rho)A_\alpha \mathrm{e}^{-(\alpha/\rho)(\rho z)}$;其中,当 $\alpha/\rho=0$ 时,$A_\alpha=1/\mathrm{cm^2 \cdot s}$ 是对所有深度 Z 每克土壤中发射的初级光子数;当 $\alpha/\rho\neq0$ 时,$A_\alpha=1/\mathrm{cm^2 \cdot s}$ 是 1 cm² 面积无限深柱状土壤发射的总初级γ光子数。

4. 因子(φ/A)和($\varphi/\dot{D}$)的计算

为了获得土壤中天然放射性核素(如²³⁸U系、²³²Th系和⁴⁰K)以及某些典型人工放射性核素(如¹³⁷Cs等)的活度浓度校准因子(N_f/A),需要计算因子(φ/A)。

表2.5.4、表2.5.5分别列出了单位活度浓度的²³⁸U系、²³²Th系、⁴⁰K和一些典型沉降人工放射性核素的主要γ辐射,在地面上1 m高处的初级γ光子注量率。它们分别由表2.5.1插值,再乘以相应的γ发射率而得到。γ发射率采用了1986年发表的核数据[14]。

表 2.5.4 φ——土壤中典型落下灰放射性核素单位活度浓度（Bq/m^2），在地面上 **1 m** 高处的初级 γ 光子注量率（$1/(cm^2 \cdot s)$）

核素	E/keV	1/衰变	$(\alpha/\rho)/(cm^2 \cdot g^{-1})$					
			0.062 5	0.206	0.312	0.625	6.25	∞（平面）
^{144}Ce	133.5	0.111	1.81(−6)	4.40(−6)	5.65(−6)	8.04(−6)	1.56(−5)	1.96(−5)
^{141}Ce	145.4	0.484	8.15(−6)	1.97(−5)	2.52(−5)	3.58(−5)	6.87(−5)	8.61(−5)
^{125}Sb	427.9	0.294	7.06(−6)	1.85(−5)	1.97(−5)	2.67(−5)	4.74(−5)	5.78(−5)
^{140}La	487	0.459	1.15(−5)	2.54(−5)	3.16(−5)	4.27(−5)	7.52(−5)	9.14(−5)
^{103}Ru	497	0.887	2.24(−5)	4.94(−5)	6.14(−5)	8.29(−5)	1.46(−4)	1.77(−4)
^{106}Ru	511.9	0.207	5.27(−6)	1.16(−5)	1.44(−5)	1.95(−5)	3.41(−5)	4.14(−5)
^{140}Ba	537.3	0.243	6.29(−6)	1.38(−6)	1.71(−5)	2.31(−5)	4.03(−5)	4.89(−5)
^{125}Sb	600.5	0.178	4.76(−6)	1.04(−5)	1.28(−5)	1.72(−5)	2.99(−5)	3.62(−5)
^{134}Cs	604.7	0.976	2.62(−5)	5.70(−5)	7.04(−5)	9.45(−5)	1.64(−4)	1.99(−4)
^{103}Ru	610.3	0.056 4	1.52(−6)	3.30(−6)	4.08(−6)	5.47(−6)	9.49(−6)	1.15(−5)
^{106}Ru	621.9	0.098	2.65(−6)	5.76(−6)	7.12(−6)	9.54(−6)	1.65(−5)	2.00(−5)
^{137}Cs	661.7	0.852 1	2.36(−5)	5.10(−5)	6.29(−5)	8.40(−5)	1.45(−5)	1.75(−5)
^{95}Zr	724.2	0.441	1.27(−5)	2.71(−5)	3.34(−5)	4.44(−5)	7.59(−5)	9.16(−5)
^{95}Zr	724.2	0.545	1.60(−5)	3.40(−5)	4.17(−5)	5.54(−5)	9.44(−5)	1.14(−5)
^{95}Nb	756.7	0.997 9	2.94(−5)	6.25(−5)	7.67(−5)	1.02(−4)	1.73(−4)	2.08(−4)
^{134}Cs	795.9	0.854	2.55(−5)	5.41(−5)	6.63(−5)	8.78(−5)	1.49(−4)	1.79(−4)
^{140}La	815.8	0.236	7.12(−6)	1.50(−5)	1.84(−5)	2.44(−5)	4.13(−5)	4.96(−5)
^{140}La	815.8	0.236	7.12(−6)	1.50(−5)	1.84(−5)	2.44(−5)	4.13(−5)	4.96(−5)
^{54}Mn	834.8	0.999 8	3.04(−5)	6.42(−5)	7.85(−5)	1.04(−4)	1.75(−4)	2.11(−4)
^{140}La	1 596.5	0.954	3.68(−5)	7.29(−5)	8.76(−5)	1.13(−4)	1.83(−4)	2.17(−4)
^{60}Co	1 173.2	0.999	3.41(−5)	6.98(−5)	8.47(−5)	1.11(−4)	1.83(−4)	2.19(−4)
^{22}Na	1 274.5	0.999 4	3.53(−5)	7.17(−5)	8.67(−5)	1.13(−4)	1.85(−4)	2.21(−4)
^{60}Co	1 332.5	0.999 8	3.59(−5)	7.26(−5)	8.77(−5)	1.14(−4)	1.87(−4)	2.22(−4)

注：表中括号中的数据表示乘以 10 的次方数，如（−n）表示×$10^{−n}$；下同。

表 2.5.5 φ——土壤中均匀分布的 ^{226}Ra、^{232}Th 和 ^{40}K 单位活度浓度（Bq/kg），在地面上 **1 m** 高处的初级 γ 光子注量率（$1/(cm^2 \cdot s)$）

衰变核素	能量 E /keV	γ 发射率/ (1/衰变)	注量率/ (1/($cm^2 \cdot s$))	衰变核素	能量 E /keV	γ 发射率/ (1/衰变)	注量率/ (1/($cm^2 \cdot s$))
^{226}Ra	186.11	0.032 8	1.19(−4)	^{224}Ra	240.76	0.039 0	1.56(−4)
^{214}Pb	241.92	0.074 6	2.99(−4)	^{228}Ac	270.26	0.038 0	1.6(−4)
	295.09	0.192 0	8.35(−4)	^{208}Tl	277.28	0.024 4	1.04(−4)
	351.87	0.192 0	1.73(−4)	^{212}Pb	300.03	0.033 4	1.46(−4)

表 2.5.5(续)

衰变核素	能量 E /keV	γ 发射率/ (1/衰变)	注量率/ (1/(cm²·s))	衰变核素	能量 E /keV	γ 发射率/ (1/衰变)	注量率/ (1/(cm²·s))
^{214}Bi	609.31	0.461 0	2.70(−3)	^{228}Ac	328.07	0.035 0	1.59(−4)
	665.44	0.015 6	9.54(−5)		338.42	0.129 2	5.94(−4)
	768.35	0.048 8	3.23(−4)		463.10	0.046 0	2.41(−4)
	934.04	0.031 6	2.30(−4)	^{208}Tl	510.61	0.082 5	4.51(−4)
	1 120.27	0.1 500	1.18(−3)		583.03	0.340 6	1.96(−3)
	1 238.11	0.059 2	4.94(−4)	^{212}Bi	727.25	0.075 2	4.83(−4)
	1 377.66	0.040 2	3.55(−4)	^{228}Ac	755.28	0.013 2	8.65(−5)
	1 401.48	0.038 7	3.45(−4)		772.28	0.011 8	7.83(−5)
	1 509.22	0.021 9	2.04(−4)		794.79	0.046 0	3.10(−4)
	1 729.88	0.030 5	3.04(−4)		830.6~840.4	0.032 8	2.27(−4)
	1 764.49	0.159 0	1.60(−3)	^{208}Tl	860.3	0.043 1	3.02(−4)
	1 847.41	0.021 2	2.19(−4)	^{228}Ac	911.16	0.290 0	2.09(−3)
	2 204.09	0.499 0	5.66(−3)		964.64	0.058 0	4.29(−4)
	2 447.68	0.015 5	1.86(−4)		968.97	0.174 0	1.29(−4)
^{228}Ac	129.00	0.029 0	9.03(−5)		1 588.23	0.036 0	3.44(−4)
	209.00	0.041 0	1.56(−4)	^{208}Tl	2 614.35	0.358 6	4.46(−3)
^{214}Pb	238.58	0.436 0	1.74(−3)	^{40}K	1 460.83	0.106 7	9.74(−4)

注:除了要求用作其他天然的或落下灰的 γ 辐射体的测量校正外,分支比小于 0.02/衰变的辐射没有列入此表。假设衰变系列处于平衡。

同样,为了获得土壤中放射性核素在空气中的吸收剂量校准因子($N_f/\dot{D}$),需要计算因子($\varphi/\dot{D}$)。

计算出(φ/A)以后,($\varphi/\dot{D}$)可由式(2.5.23)计算[13]:

$$(\varphi/\dot{D}) = (\varphi/A)(\dot{D}/A) \tag{2.5.23}$$

式中 ($\varphi/\dot{D}$)——土壤中放射性核素活度浓度为 A 时,该核素或其子体发射某一能量的初级 γ 光子,在地面上 1 m 高处的注量率与该核素及其子体所有初级 γ 光子和次级 γ 光子在该处空气中产生的吸收剂量率的比值。

利用表 2.5.3,分别求出了天然放射性核素 ^{238}U 系、^{232}Th 系、^{40}K 以及典型落下灰放射性核素的($\dot{D}/A$)值,列于表 2.5.6 和表 2.5.7 中。

表 2.5.6　土壤中所选择的落下灰放射性核素在地面上 1 m 高处的总 γ 空气吸收剂量率(nGy/h)

放射性核素	放射性源活度浓度/(Bq/m²)	$(\alpha/\rho)/(cm^2 \cdot g^{-1})$					
		0.062 5	0.206	0.312	0.625	6.25	∞（平面）
^{144}Ce	1.000	1.82(−5)	3.13(−5)	3.60(−5)	4.51(−5)	6.66(−5)	7.06(−5)
^{144}Ce−^{144}Pr	2.000	4.55(−5)	7.85(−5)	9.04(−5)	1.13(−4)	1.65(−4)	1.79(−4)
^{141}Ce	1.000	6.72(−5)	1.27(−4)	1.48(−4)	1.84(−4)	2.73(−4)	3.00(−4)
^{131}I	1.000	3.70(−4)	6.99(−4)	8.13(−4)	1.01(−3)	1.48(−3)	1.73(−3)
^{125}Sb	1.000	4.51(−4)	7.98(−4)	9.31(−4)	1.15(−3)	1.71(−3)	1.93(−3)
^{140}Ba	1.000	1.84(−4)	3.27(−4)	3.85(−4)	4.76(−4)	7.09(−4)	7.99(−4)
^{140}La	1.000	2.16(−3)	3.85(−3)	4.47(−3)	5.47(−3)	8.06(−3)	9.19(−3)
^{140}Ba−^{140}La	2.150	2.66(−3)	4.76(−3)	5.54(−3)	6.77(−3)	9.97(−3)	1.14(−2)
^{103}Ru	1.000	4.76(−4)	8.72(−4)	1.04(−4)	1.28(−3)	1.92(−3)	2.19(−3)
^{106}Ru−^{106}Rh	2.000	1.99(−4)	3.66(−4)	4.32(−3)	5.33(−4)	7.96(−4)	9.11(−4)
^{137}Cs	1.000	5.53(−4)	1.02(−3)	1.19(−3)	1.47(−3)	2.20(−3)	2.53(−3)
^{134}Cs	1.000	1.55(−3)	2.83(−3)	3.31(−3)	4.07(−3)	6.10(−3)	6.96(−3)
^{95}Zr	1.000	7.14(−4)	1.31(−3)	1.54(−3)	1.89(−3)	2.83(−3)	3.24(−3)
^{95}Nb	1.000	7.44(−4)	1.37(−3)	1.60(−3)	1.96(−3)	2.95(−3)	3.37(−3)
^{95}Zr−^{95}Nb	3.155	2.36(−3)	4.29(−3)	5.01(−3)	6.16(−3)	9.24(−3)	1.05(−2)
^{54}Mn	1.000	8.22(−4)	1.49(−3)	1.73(−3)	2.13(−3)	3.19(−3)	3.63(−3)
^{60}Co	1.000	2.50(−3)	4.50(−3)	5.21(−3)	6.37(−3)	9.49(−3)	1.08(−2)
^{22}Na	1.000	1.18(−3)	2.14(−3)	2.48(−3)	3.03(−3)	4.55(−3)	5.20(−3)

表 2.5.7　土壤中均匀分布的天然放射性核素单位活度浓度在地面 1 m 高处的空气吸收剂量率(nGy/h)

放射性核素	$\dfrac{\dot{D}}{A}$/(nGy/h)/(Bq/kg)	$\dfrac{I}{A}$/(μR/h)/(pCi/g)	$\left(\dfrac{I}{A}\right)^{①}$/(μR/h)/(pCi/g)
^{40}K	0.041 98	0.177 92	0.179
^{226}Ra+子体	0.463 79	1.965 68	1.80
^{214}Pb	0.059 94	0.254 03	0.20
^{214}Bi	0.401 71	1.702 53	1.60
^{238}U+子体	0.468 67	1.986 33	1.82
^{232}Th+子体	0.659 10	2.793 44	2.82
^{228}Ac	0.261 10	1.106 61	1.18
^{208}Tl	0.323 02	1.369 06	1.36
^{212}Bi	0.027 94	0.118 41	0.09
^{212}Pb	0.030 41	0.128 90	0.09
其他核素	0.016 63	0.070 46	0.09

注：①Beck 计算,取自文献[15]。

在表 2.5.7 中,同时分别列出了本工作计算的土壤中单位活度浓度天然放射性核素 ^{238}U 系、^{232}Th 系和 ^{40}K 在地面上 1 m 高处产生的照射量率值(I/A)以及 Beck 等人早先计算的(I/A)值。它们之间的不同主要是 γ 射线发射率新旧数据的差异所致。例如,^{214}Pb 的 295 keV、352 keV 和 ^{214}Bi 的 609 keV 特征 γ 能量,其 γ 射线发射率分别为 0.192、0.371 和 0.461,而不是 Beak 等人原来计算的 0.179、0.350 和 0.430。假定衰变子体核素与放射性活度浓度为 1 Bq/m^2 的母体核素处于平衡状态的空气吸收剂量率。

由表 2.5.4 与表 2.5.6、表 2.5.5 与表 2.5.7,按公式(2.5.23)计算,分别得到天然放射性核素 ^{238}U 系、^{232}Th 系和 ^{40}K 以及典型落下灰的人工放射性核素主要 γ 辐射的($\varphi/\dot{D}$)值,列于表 2.5.8 和表 2.5.9。

表 2.5.8 $\varphi/\dot{D}$——土壤中天然放射性核素在地面上 1 m 高处的注量率密度与空气吸收剂量率之比(1/(cm^2·s)/(nGy/h))

放射性核素	E/keV	$\varphi/\dot{D}$	放射性核素	E/keV	$\varphi/\dot{D}$
^{238}U 系			^{232}Th 系		
^{226}Ra	186.11	2.54(−4)	^{228}Ac	129.03	1.37(−4)
^{214}Pb	241.92	6.39(−4)	^{228}Ac	209.39	2.36(−4)
^{214}Pb	295.09	1.78(−3)	^{212}Pb	238.58	2.64(−3)
^{214}Pb	351.87	3.70(−3)	^{224}Ra	240.76	2.37(−4)
^{214}Bi	609.31	5.77(−3)	^{228}Ac	270.26	2.42(−4)
^{214}Bi	665.44	2.04(−4)	^{228}Ac	277.28	1.57(−4)
^{214}Bi	768.35	6.88(−4)	^{212}Pb	300.03	2.22(−4)
^{214}Bi	934.04	4.91(−4)	^{228}Ac	328.07	2.41(−4)
^{214}Bi	1 120.27	2.74(−3)	^{228}Ac	338.42	9.01(−4)
^{214}Bi	1 238.11	1.05(−3)	^{228}Ac	463.10	3.66(−4)
^{214}Bi	1 377.66	7.58(−4)	^{208}Tl	510.61	6.84(−4)
^{214}Bi	1 401.48	7.37(−4)	^{208}Tl	583.02	2.97(−3)
^{214}Bi	1 509.22	4.34(−4)	^{212}Bi+^{228}Ac	727.25	7.33(−4)
^{214}Bi	1 729.58	6.49(−4)	^{228}Ac	755.28	1.31(−4)
^{214}Bi	1 764.49	3.42(−3)	^{228}Ac	772.28	1.19(−4)
^{214}Bi	1 847.41	4.68(−4)	^{228}Ac	794.79	4.70(−4)
^{214}Bi	2 204.09	1.21(−3)	^{228}Ac	830.6~840.4	3.44(−4)
^{214}Bi	2 447.68	3.97(−4)	^{208}Tl	860.30	4.59(−4)
			^{228}Ac	911.16	3.17(−3)
^{40}K	1 460.83	2.32(−2)	^{228}Ac	964.64	6.51(−4)
			^{228}Ac	968.97	1.96(−3)
			^{228}Ac	1 588.23	5.22(−2)
			^{208}Tl	2 614.35	2.32(−2)

表 2.5.9　$\varphi/\overset{\cdot}{D}$——土壤中天然放射性核素在地面上 1 m 高处的

注量率密度与空气吸收剂量率之比（1/（cm²·s）/（nGy/h））

放射性核素	能量/keV	$(\alpha/\rho)/(cm^2 \cdot g^{-1})$					
		0.062 5	0.206	0.312	0.625	6.25	∞（平面）
¹⁴⁴Ce	133.5	9.95(−2)	1.41(−1)	1.57(−1)	1.78(−1)	2.34(−1)	2.78(−1)
¹⁴⁴Ce−¹⁴⁴Pr	133.5	3.98(−2)	5.60(−2)	6.25(−2)	7.12(−2)	9.74(−2)	1.10(−1)
¹⁴¹Ce	145.4	1.21(−1)	1.55(−1)	1.71(−1)	1.94(−1)	2.52(−1)	2.87(−1)
¹³¹I	364.5	5.00(−2)	5.98(−2)	6.43(−2)	7.10(−2)	8.64(−1)	9.07(−2)
¹²⁵Sb	427.9	1.57(−2)	1.98(−2)	2.12(−2)	2.32(−2)	2.77(−2)	2.99(−2)
¹⁴⁰La	487.0	5.34(−3)	6.60(−3)	7.07(−3)	7.81(−3)	9.33(−2)	9.95(−3)
¹⁴⁰Ba−¹⁴⁰La	487.0	4.32(−3)	5.35(−3)	5.71(−3)	6.32(−3)	7.54(−3)	8.04(−3)
¹⁰³Ru	497.0	4.70(−2)	5.67(−2)	5.91(−2)	6.46(−2)	7.60(−3)	8.09(−2)
¹⁰⁶Ru−¹⁰⁶Rh	511.9	2.65(−2)	3.17(−2)	3.34(−2)	3.65(−2)	4.28(−2)	4.55(−2)
¹⁴⁰Ba	537.3	3.41(−2)	4.24(−2)	4.45(−2)	4.85(−2)	5.68(−2)	6.12(−2)
¹⁴⁰Ba−¹⁴⁰La	537.3	2.36(−3)	2.91(−3)	3.09(−3)	3.41(−3)	4.04(−3)	4.30(−3)
¹²⁵Sb	600.5	1.06(−2)	1.30(−2)	1.38(−2)	1.50(−2)	1.75(−3)	1.88(−2)
¹³⁴Cs	604.7	1.69(−2)	2.01(−2)	2.13(−2)	2.32(−2)	2.69(−2)	2.86(−2)
¹⁰³Ru	610.3	3.19(−43)	3.78(−3)	3.93(−3)	4.26(−3)	4.95(−2)	5.25(−3)
¹⁰⁶Ru	621.9	1.33(−2)	1.57(−2)	1.65(−2)	1.79(−2)	2.08(−3)	2.20(−2)
¹³⁷Cs	661.7	4.27(−2)	4.98(−2)	5.27(−2)	5.71(−2)	6.58(−2)	6.94(−2)
⁹⁵Zr	724.2	1.78(−2)	2.07(−2)	2.17(−2)	2.35(−2)	2.68(−2)	2.82(−2)
⁹⁵Zr−⁹⁵Nb	724.2	5.38(−3)	6.33(−3)	6.66(−3)	7.21(−3)	8.21(−2)	8.69(−3)
⁹⁵Zr	756.7	2.24(−2)	2.59(−2)	2.72(−2)	2.94(−2)	3.33(−3)	3.51(−2)
⁹⁵Zr−⁹⁵Nb	756.7	6.77(−3)	7.92(−3)	8.33(−3)	8.99(−3)	1.02(−2)	1.08(−2)
⁹⁵Nb	765.8	3.95(−2)	4.57(−2)	4.80(−2)	5.18(−2)	5.87(−2)	6.18(−2)
⁹⁵Zr−⁹⁵Nb	765.8	2.68(−2)	3.14(−2)	3.30(−2)	3.56(−2)	4.04(−2)	4.26(−2)
¹³⁴Cs	795.9	1.65(−2)	1.91(−2)	2.00(−2)	2.16(−2)	2.44(−2)	2.57(−2)
¹⁴⁰La	815.8	3.30(−3)	3.91(−3)	4.12(−3)	4.46(−3)	5.13(−3)	5.40(−3)
¹⁴⁰Ba−¹⁴⁰La	815.8	2.67(−3)	3.17(−3)	3.33(−3)	3.60(−3)	4.14(−3)	4.37(−3)
⁵⁴Mn	834.8	3.70(−2)	4.32(−2)	4.53(−2)	4.89(−2)	5.49(−2)	5.81(−2)
¹⁴⁰La	1 596.5	1.71(−2)	1.89(−2)	1.96(−2)	2.06(−2)	2.27(−2)	2.36(−2)
¹⁴⁰Ba−¹⁴⁰La	1 596.5	1.38(−2)	1.53(−2)	1.58(−2)	1.67(−2)	1.83(−2)	1.91(−2)
⁶⁰Co	1 173.2	1.36(−2)	1.55(−2)	1.63(−2)	1.74(−2)	1.93(−2)	2.02(−2)
²²Na	1 274.5	2.99(−2)	3.36(−2)	3.50(−2)	3.72(−2)	4.08(−2)	4.25(−2)
⁶⁰Co	1 332.5	1.44(−2)	1.61(−2)	1.68(−2)	1.79(−2)	1.97(−2)	2.05(−2)

5. 注量率相对角积分分布 $\varphi(\theta)/\varphi_0$ 的计算

式(2.5.11)、式(2.5.13)、式(2.5.15)在 $0\sim\theta$ 角度上积分,可得到入射 γ 光子的注量率角积分分布,用该值除以相同积分函数在 $0°\sim90°$ 角度上的积分值,便是入射 γ 光子注量率的相对角积分分布 $\varphi(\theta)/\varphi_0$。表2.5.10列举了用百分数表示的几种不同能量、不同源分布的入射 γ 光子在地面上1 m高处的注量率相对角积分分布。由表2.5.10可知,大多数入射到地面上1 m高处的初级 γ 光子来自 $20°\sim85°$ 的角度,即来自半径为 0.5~12 m的面积内的一块土壤。所探测到的土壤面积大小取决于探测器的高度、源的深度分布和源所发射 γ 光子的能量。对于均匀体分布源,当 $\theta=84°$ 时,91%的初级 γ 光子注量率来自半径约10 m的面积内;当 $\theta=88°$ 时,98%的初级 γ 光子注量率来自半径约30 m的面积内,而且受 γ 光子能量的影响很小。对于核试验沉降灰和核设施可能排放的典型人工放射性核素,它们的主要 γ 辐射能量大多数小于1 MeV或在1 MeV左右。以 ^{137}Cs的661.7 keV γ 光子为例,假定土壤中 ^{137}Cs的深度分布参数 $\alpha/\rho=0.312$ cm^2/g(张弛长度的倒数为2 cm),83%的初级 γ 光子注量率来自半径约10 m的面积内,95%的初级 γ 光子注量率来自半径约为30 m的面积内。

表2.5.10 以小于 θ 角度进入探测器($h=1$ m)的初级 γ 光子注量率占初级 γ 光子总注量率的百分数(%)

θ /(°)	$\tan\theta=R$ /m	59.5 keV $(\alpha/\rho)/(cm^2\cdot g^{-1})$			351.9 keV $(\alpha/\rho)/(cm^2\cdot g^{-1})$			661.7 keV $(\alpha/\rho)/(cm^2\cdot g^{-1})$		
		0.0	0.312	∞(平面)	0.0	0.312	∞(平面)	0.0	0.312	∞(平面)
90	∞	100	100	100	100	100	100	100	100	100
88	28.64	99	98	87	98	97	79	98	95	76
84	9.51	94	90	63	92	85	56	92	83	53
79	5.14	85	80	48	84	72	42	83	69	39
73	3.27	75	67	36	74	59	31	73	56	29
66	2.25	63	54	26	62	46	23	61	43	22
58	1.60	50	41	19	49	34	16	49	32	15
49	1.15	37	29	13	36	23	11	36	22	10
39	0.81	24	18	7.5	23	14	6.5	23	13	6.1
30	0.57	14	11	4.3	14	8.2	3.7	14	7.6	3.5
20	0.36	6.5	4.7	1.8	6.5	3.6	1.6	6.3	3.3	1.5
10	0.18	1.6	1.2	0.5	1.6	1.0	0.4	1.6	0.8	0.4
θ /(°)	$\tan\theta=R$ /m	1 332.5 keV $(\alpha/\rho)/(cm^2\cdot g^{-1})$			1 460.8 keV $(\alpha/\rho)/(cm^2\cdot g^{-1})$			2 614.4 keV $(\alpha/\rho)/(cm^2\cdot g^{-1})$		
		0.0	0.312	∞(平面)	0.0	0.312	∞(平面)	0.0	0.312	∞(平面)
90	∞	100	100	100	100	100	100	100	100	100
88	28.64	98	94	72	98	94	71	98	92	67
84	9.51	91	80	50	91	79	49	91	76	46
79	5.14	83	65	37	83	65	36	82	61	34
73	3.27	73	52	27	73	51	27	72	48	25
66	2.25	61	40	20	61	39	20	61	36	19

表 2.5.10(续)

θ /(°)	tanθ=R /m	1 332.5 keV (α/ρ)/(cm²·g⁻¹)			1 460.8 keV (α/ρ)/(cm²·g⁻¹)			2 614.4 keV (α/ρ)/(cm²·g⁻¹)		
		0.0	0.312	∞(平面)	0.0	0.312	∞(平面)	0.0	0.312	∞(平面)
58	1.60	49	29	14	48	28	14	48	26	13
49	1.15	36	20	9.4	35	19	9.3	35	18	8.7
39	0.81	23	12	5.6	23	12	5.6	23	11	5.2
30	0.57	14	6.8	3.2	14	6.7	3.2	14	6.1	3.0
20	0.36	6.3	3.0	1.4	6.2	2.9	1.4	6.2	2.7	1.3
10	0.18	1.6	0.7	0.3	1.6	0.7	0.3	1.6	0.7	0.3

2.5.2.3 实验校准及结果

1. 校准源

校准实验所用的标准源分别由中国原子能科学研究院、国营第七五四厂(现天津光电通信技术有限公司)、日本广岛大学制备,活度标准值分别由中国计量科学研究院、中国原子能科学研究院、日本广岛大学测定。标准源除 ^{241}Am 的活度不确定度为5%外,其他标准源活度的不确定度≤3.5%,详见表2.5.11,校准实验在中国原子能科学研究院保健物理部的实验室进行。

表 2.5.11 HPGe γ 谱仪系统校准所用标准源

核素	E /keV	γ 发射率	活度 /MBq	不确定度 /%	活度标准测量机构
^{241}Am	59.536 4	0.357	168.07 (1990.3.12)	5.0	中国原子能科学研究院
^{133}Ba	80.989	0.342	0.111 (1986.3.8)	2.0	日本广岛大学
^{153}Gd	97.431 5	0.276	13.911 (1989.6.12)	3.0	中国原子能科学研究院
	103.63	0.196			
^{152}Eu	121.775 8	0.284	1.329	3.5	中国计量科学研究院
	244.286	0.075 1	(1983.10.16)		
	344.286	0.266			
	778.920	0.129 8			
	964.110	0.145			
	1 112.075	0.136			
	1 408.002	0.208			
^{137}Cs	661.660	0.852 1	3.404 (1983.8.12)	3.0	中国计量科学研究院
^{60}Co	1 173.237	0.999 0	6.028	3.0	中国计量科学研究院
	1 332.501	0.999 824	(1983.7.25)		
^{226}Ra	1 764.49	0.159	0.114(mg)	2.0	中国计量科学研究院
	2 204.09	0.049 9	(1984.6.14)		

2. 探测效率因子 (N_0/φ) 的校准

为了方便操作和减少地面散射影响, 探测器被固定在一木质校准台上, 探测器晶体的几何中心距离地面 1.10 m。标准源位于探测器对称轴的延长线上, 根据标准源活度的强弱, 使其距探测器晶体几何中心分别为 0.8 m、1.00 m 和 1.15 m, 以使 γ 射线束近似平行于探测器的轴线入射。图 2.5.4 是探测器探测效率因子校准实验示意图。

在上述条件下, 用不同能量的标准源进行校准实验测量。校准测量谱经过对本底谱剥谱后, 由计算机分析处理得到相应的全能峰净计数率 $N_0(\min^{-1})$。

γ 光子注量率根据以下公式计算:

$$\varphi_E = \frac{S_0 \eta_E}{4\pi r^2} \tag{2.5.24}$$

式中　S_0——标准源的活度, Bq;

　　　η_E——标准 γ 点源发射能量为 E 的初级 γ 光子的发射率;

　　　φ_E——放射性活度为 S_0 的标准点源在探测器晶体灵敏中心点处产生的能量为 E 的初级 γ 光子注量率, $1/(\mathrm{cm}^2 \cdot \mathrm{s})$;

　　　r——标准点源到探测器晶体灵敏中心的距离, cm。

探测器晶体灵敏中心与入射 γ 光子的能量有关。采用文献[15]的半经验公式, 对不同能量的入射 γ 光子, 计算探测器晶体表面到灵敏中心的距离, 结果列于表 2.5.12。

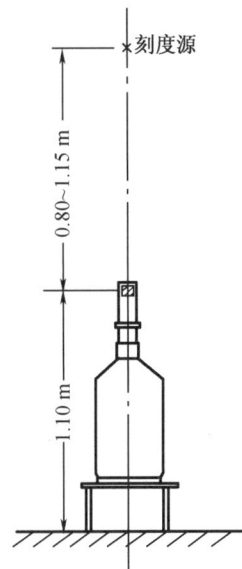

图 2.5.4 探测效率因子校准实验示意图

表 2.5.12　不同能量的入射 γ 光子在 HPGe 晶体中的穿透深度

E/keV	59.6	80.989	97.432	103.18	121.776	224.29	344.286
d/cm	0.661	0.767	0.846	0.873	0.960	1.243	1.479
E/keV	661.66	778.92	964.11	1 112.08	1 173.24	1 332.05	1 408.00
d/cm	1.950	1.960	2.070	2.101	2.117	2.178	2.200

注:采用文献[15]半经验公式计算。

在计算初级 γ 光子注量率时, 对于源到探测器之间空气的吸收、2.5 mm 聚四氟乙烯端帽和 0.5 mm 铝箔入射窗的吸收, 都进行了修正。对于薄膜标准源, 由于聚四氟乙烯薄膜对 γ 光子的吸收很小, 予以忽略。^{241}Am 源和液体 ^{153}Gd 源, 对其入射窗的吸收影响也做了相应的考虑。

由实验测量得到的 N_0 和计算求得的 φ_E, 得出一组平行探测器对称轴入射的不同能量初级 γ 光子的探测效率响应因子 (N_0/φ)。

对实验数据 (N_0/φ) 及其对应的能量, 用最小二乘法进行拟合, 得到"最佳"拟合函数:

$$\ln(Y/Y_0) = \sum B(i)\ln(E/E_0) \qquad , i = 0, 1, \cdots, 9 \tag{2.5.25}$$

式中　E——初级 γ 光子的能量, keV;

　　　$E_0 = 1$ keV;

　　　$Y = (N_0/\varphi)$, $\min^{-1}/(1/\mathrm{cm}^2 \cdot \mathrm{s})$;

$Y_0 = 1 \ \text{min}^{-1}/(1/\text{cm}^2 \cdot \text{s})$；

$B(i)$——拟合系数，其值列于表 2.5.13。

为了便于探测效率响应因子(N_0/φ)值的外推，鉴于当 γ 光子能量大于 200 keV 时，(N_0/φ) 值随能量 E 在双对数坐标图上呈直线展布趋势，采用以下函数进行最小二乘拟合：

$$\ln(Y/Y_0) = B(0) + B(1)\ln(E/E_0) \tag{2.5.26}$$

式中，$B(0)$，$B(1)$——拟合系数，其值见表 2.5.13。

表 2.5.13 探测效率的实验值与拟合计算值比较（附拟合系数值）

γ 光子能量 /keV	实验值 (N_0/φ) /($\text{min}^{-1}/(1/\text{cm}^2 \cdot \text{s})$)	实验值 统计误差 /%	拟合值 (N_0/φ) /($\text{min}^{-1}/(1/\text{cm}^2 \cdot \text{s})$)	拟合系数值
59.54	178.41	0.23	180.44	$E < 200$ keV
80.99	462.99	4.70	453.01	$\ln(Y/Y_0) = \sum\limits_{i} B(i) \cdot \ln^i(E/E_0)$
97.43	641.23	0.41	629.39	$B(0) = -54.222\ 29$
103.63	692.92	0.45	676.02	$B(1) = 19.875\ 59$
121.78	728.63	0.47	772.53	$B(2) = 0.633\ 375\ 6$
244.69	559.34	1.26	548.74	$B(3) = -0.502\ 931\ 4$
344.29	402.65	0.49	401.04	$B(4) = -0.017\ 362\ 79$
661.66	211.21	0.39	220.11	$B(5) = 0.004\ 436\ 712$
778.92	185.93	1.02	189.49	$B(6) = 0.000\ 168\ 527\ 8$
964.11	156.84	1.05	155.78	$B(7) = 0.000\ 103\ 763\ 1$
1 112.07	136.76	1.16	139.66	$B(8) = -0.000\ 013\ 291\ 93$
1 173.24	130.09	0.49	130.08	$E \leqslant 200$ keV
1 332.50	116.91	0.51	115.73	$\ln(Y/Y_0) = B(0) + B(1) \cdot \ln(E/E_0)$
1 408.00	112.16	0.89	110.02	$B(0) = +11.358\ 280$
				$B(1) = -0.918\ 301$

对于式(2.5.26)的拟合函数，进行了拟合优度的 χ^2 检验。由表 2.5.13 可知，参加式(2.5.25)拟合的实验值个数 $n = 9$，线性拟合系数值个数 $m = 2$，按文献[16]的公式和方法，计算得出检验统计量 $\chi^2 = 9.251$，取显著水平 $\alpha = 0.050$，查自由度 $n - m = 7$ 的 χ^2 分布，得 $\chi^2 = 14.1$，即拒绝域为 $(14.1, \infty)$。拟合函数的检验统计量 $\chi^2 < \chi_\alpha^2$，因此公式(2.5.26)的拟合可以接受。

(N_0/φ) 的实验值和上面两式的拟合值同列于表 2.5.13 中，拟合曲线绘于图 2.5.5 中。由表 2.5.13 分析可知，在 60 keV 到 1 408 keV 的能量范围内，拟合值与实验值的最大相对偏差小于 $\pm6.1\%$，当能量大于 200 keV 时，拟合值与实验值的最大相对偏差小于 $\pm4.3\%$。

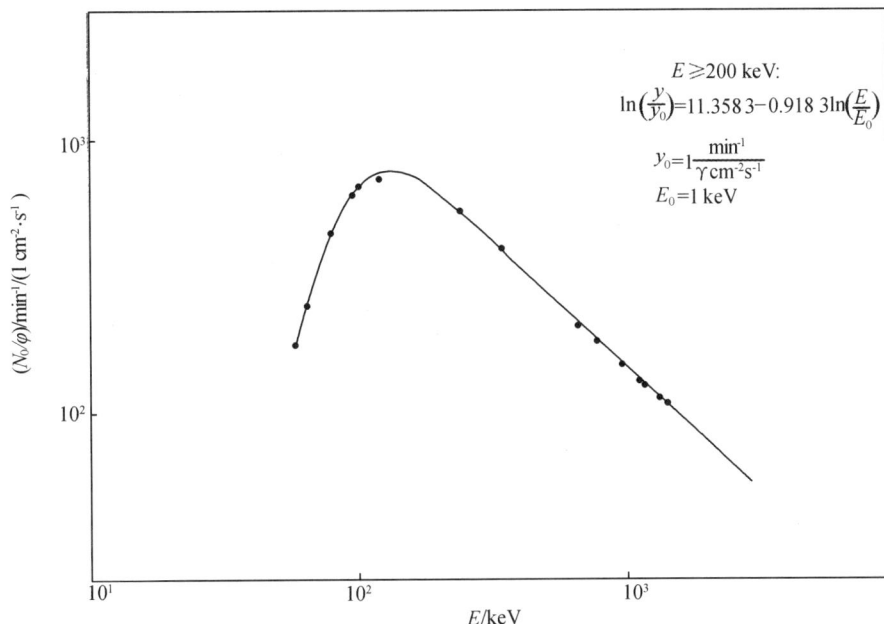

图 2.5.5 探测效率因子实验值及其拟合曲线图

3. 角响应校正因子(N_f/N_0)的校准

由于探测器结构和晶体圆柱形状的影响,探测器对于来自不同方向的入射 γ 光子,其探测效率是不同的,因此必须进行探测效率的角响应校正。对于同轴圆柱形 HPGe 晶体,假定其水平方向对称,则在环境就地测量中,整个半无限空间土壤中放射性核素发射 γ 光子,是以 0°~90° 范围内的任一角度入射到探测器(天空散射光子除外),角响应校正因子可由下式确定:

$$(N_f/N_0) = \frac{1}{\varphi} \int_0^1 R(\omega) \frac{d\varphi}{d\omega} d\omega \qquad (2.5.27)$$

式中 $d\varphi/d\omega = \varphi(\omega)$,前面已做过描述,此处不再赘述;

$R(\omega)$——任何能量的平行 γ 光子束沿探测器对称轴呈某一角度 θ 入射的全能峰计数率,用同一能量的平行 γ 光子束沿探测器对称轴入射的全能峰计数率归一后的拟合函数,以下称之为相对角响应因子。

为了确定相对角响应因子 $R(\omega)$,将探测器安置在一木质校准架上(探测器入射窗朝上),使探测器晶体几何中心距地面大于 2 m。图 2.5.6 是角响应因子校准实验示意图。保持标准源到探测器晶体几何中心的距离不变,在

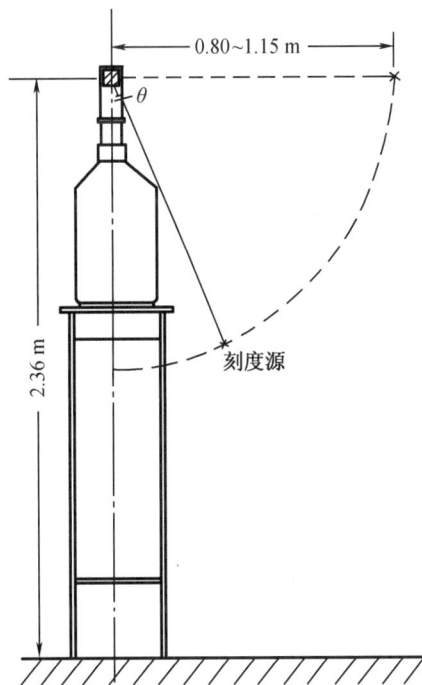

图 2.5.6 角响应因子校准实验示意图

标准源和探测器晶体几何中心的连线与探测器对称轴线的夹角为 0°~90° 范围内，每隔 15° 测出不同能量入射 γ 光子的全能峰计数率 $N(\theta)(\min^{-1})$，用沿探测器入射窗轴线入射的相应能量 γ 光子的全能峰计数率 N_0 归一，得到不同入射 γ 光子能量的若干组相对角响应因子的实验值 $N(\theta)/N_0$；采用最小二乘法分别对各能量入射 γ 光子的相对角响应因子的实验值，按余弦多项式函数进行拟合：

$$R(\omega) = \sum_{i=0}^{6} B_1(i) \cdot \omega^i \quad ,i = 0,1,\cdots,6 \qquad (2.5.28)$$

式中 $\omega = \cos\theta$；

$B_1(i)$——拟合系数，其值列于表 2.5.14 中。实验的 $N(\theta)/N_0$ 值的拟合曲线 $R(\omega)$ 如图 2.5.7 所示。

表 2.5.14　相对角响应因子 $R(\omega)$ 的拟合系数

E/keV	$B_1(0)$	$B_1(1)$	$B_1(2)$	$B_1(3)$	$B_1(4)$	$B_1(5)$	$B_1(6)$
59.54	0.442 5	−0.208 6	0.126 9	−0.376 4	−0.738 8	0.750 0	—
80.99	0.693 6	1.053 5	−11.247 2	32.618 5	−38.968 6	15.841 7	—
97.43	0.731 0	0.707 8	−6.550 8	17.375 2	−20.495 8	8.217 2	—
103.18	0.786 2	2.467 5	−20.235 2	53.859 5	−59.383 8	22.483 4	—
121.78	0.857 8	0.082 4	−1.902 2	4.592 6	−4.792 2	1.134 4	—
244.69	0.884 7	−0.679 2	4.566 8	−12.749 0	15.588 8	−7.655 1	—
344.29	0.953 0	−0.268 7	1.863 2	−7.678 2	12.369 9	−7.276 9	—
661.66	0.954 4	−0.683 8	6.056 9	−20.780 1	29.071 0	−14.644 1	—
778.92	0.954 1	−1.491 7	12.735 6	−39.476 2	51.949 9	−26.874 4	2.185 5
964.11	0.976 8	−1.552 4	12.476 0	−36.932 8	46.160 7	−21.136 7	—
1 173.24	0.967 1	−1.891 0	16.412 5	−49.429 3	61.535 8	−27.605 9	—
1 332.50	0.969 2	−1.739 9	15.086 6	−45.368 1	56.558 5	−25.519 6	—
1 408.00	0.981 8	−1.615 8	13.862 1	−43.310 5	56.551 5	−26.473 7	—
1 765.49	0.980 4	−1.081 4	9.854 6	−33.634 4	46.930 77	−23.017 6	—
2 204.09	0.976 5	−1.999 1	18.028 9	−55.433 5	70.517 6	−32.039 3	—

　　从图 2.5.7 可以看出，所有能量入射 γ 光子的全能峰计数率，都是随入射角 θ 的增大而增加的。这主要是由探测器低温恒温器的液氮罐、所盛液氮以及探测器真空室的柱形钢壁对入射 γ 光子的部分吸收所致。HPGe 晶体对不同角度入射的 γ 光子呈现不同的有效灵敏体积，探测器晶体的铝封装外壳（厚 1.8 mm）和聚四氟乙烯端帽对 γ 光子的吸收也都有一定程度的影响。

　　对图 2.5.7 中 $R(\omega)$ 曲线，可大致做以下解释：

　　当 θ=0° 时，入射 γ 光子受液氮罐、液氮以及探测器的一些附件（如紫铜冷指和圆柱形真空室钢壁等）屏蔽，能量低于 1 MeV 的初级 γ 光子基本上被吸收，只有能量大于 1 MeV 的初级 γ 光子部分穿透屏蔽层而被探测到。

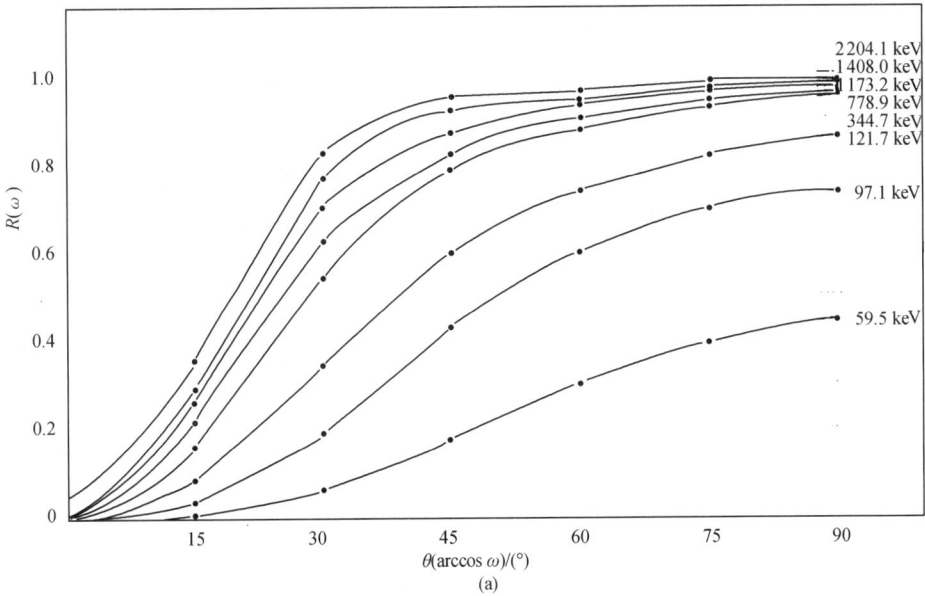

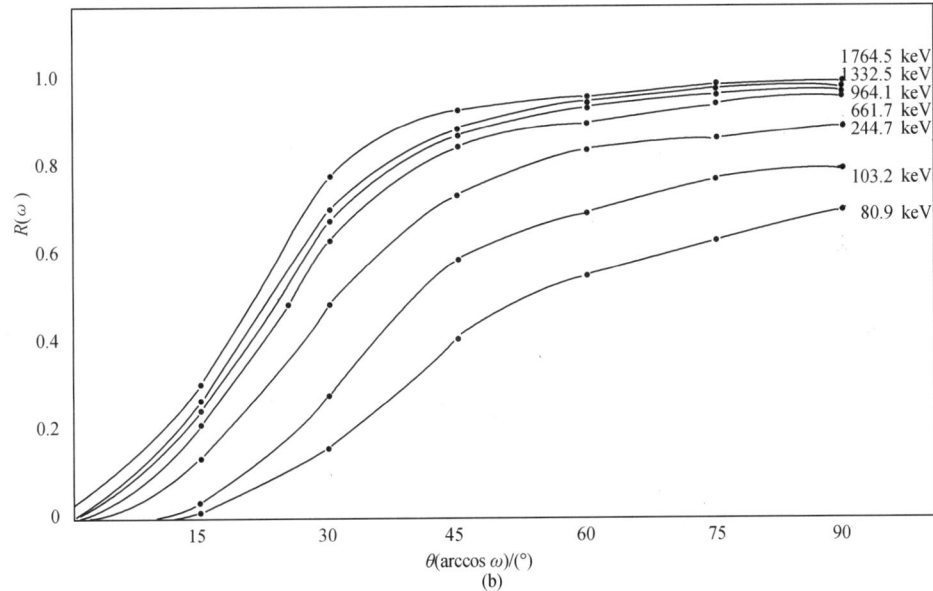

图 2.5.7 角响应因子 $R(\omega)$ 曲线

当 $0° < \theta < 40°$ 时,液氮罐、液氮和圆柱形真空室钢壁对入射 γ 光子的吸收仍然是影响 γ 光子进入 HPGe 晶体灵敏体积的主要因素。随着入射角 θ 值的增加,吸收层的总厚度呈减小趋势。当 $\theta > 15°$ 以后,吸收层厚度随 θ 值的增加而迅速减小,导致了 $R(\omega)$ 值迅速上升。不同能量 $R(\omega)$ 值上升幅度的差异,主要是同一材料对不同能量 γ 光子衰减系数的差异所致,较小程度上也受 HPGe 晶体的形状对沿不同角度入射的不同能量 γ 光子呈现不同灵敏体积以及 Al 壁和探测器聚四氟乙烯帽的影响。

当 $\theta > 40°$ 时,影响 $R(\omega)$ 值的主要因素为 HPGe 晶体形状的影响以及 Al 壁和聚四氟乙烯端帽的影响,这些因素对高能 γ 光子的影响很小,但对低能 γ 光子的影响还占一定的比重。所以相应的,高能 γ 光子 $R(\omega)$ 值随 θ 的增加趋于某一衡定值,而较低能量的 γ 光子,

其 $R(\omega)$ 值随 θ 值的增加，仍然有较大的变化。

有了相对角响应因子 $R(\omega)$，进而利用公式(2.5.27)，采用辛普森数值积分法在积分限 $\omega = 0 \sim 0.999\,9$ 上进行数值积分，得到土壤中放射性核素不同分布参数(α/ρ_s)的角响应校正因子(N_f/N_0)，结果列于表 2.5.15，拟合系数见表 2.5.16，相应的拟合曲线如图 2.5.8 所示。

表 2.5.15　角响应校正因子(N_f/N_0)

E/keV	$(\alpha/\rho)/(\mathrm{cm}^2 \cdot \mathrm{g}^{-1})$						
	0.0 （均匀）	0.062 5	0.206	0.312	0.625	6.25	∞ （平面）
59.54	0.252 57	0.261 36	0.274 22	0.281 10	0.294 80	0.336 56	0.356 2
80.99	0.458 03	0.473 58	0.496 22	0.507 22	0.527 62	0.584 30	0.607 86
97.43	0.501 67	0.519 62	0.544 71	0.556 50	0.577 71	0.632 09	0.652 69
103.18	0.596 65	0.615 432	0.641 26	0.653 32	0.675 06	0.731 28	0.751 28
121.78	0.631 43	0.650 94	0.676 26	0.687 57	0.707 15	0.754 45	0.772 04
244.69	0.714 64	0.733 80	0.755 20	0.763 71	0.777 30	0.806 09	0.816 48
344.29	0.773 90	0.796 36	0.820 52	0.830 02	0.845 18	0.877 52	0.888 78
661.66	0.805 09	0.828 28	0.848 56	0.857 21	0.868 75	0.891 62	0.899 62
778.92	0.803 27	0.826 77	0.846 69	0.853 43	0.863 19	0.881 86	0.889 10
964.11	0.831 75	0.855 21	0.873 55	0.879 53	0.888 05	0.904 78	0.911 70
1 173.24	0.838 32	0.861 21	0.877 64	0.882 63	0.889 37	0.901 74	0.907 24
1 332.50	0.841 71	0.866 18	0.883 00	0.888 02	0.894 79	0.907 22	0.912 59
1 408.00	0.862 47	0.883 77	0.898 23	0.902 62	0.908 70	0.920 78	0.926 20
1 765.49	0.863 38	0.886 18	0.901 69	0.906 57	0.913 56	0.927 44	0.932 93
2 204.09	0.890 50	0.909 53	0.918 83	0.921 02	0.923 56	0.928 44	0.931 66

表 2.5.16　(N_f/N_0)的拟合系数

	0.0 （均匀）	0.062 5	0.206	0.312	0.625	6.25	∞ （平面）
$B_2(0)$	-9.119 63	-9.419 37	-10.009 92	-10.332 28	-10.675 88	-11.558 96	-11.822 50
$B_2(1)$	3.806 98	3.957 56	4.244 23	4.403 77	4.568 42	5.040 82	5.199 79
$B_2(2)$	-0.157 45	-0.174 21	-0.197 99	-0.211 30	-0.220 63	-0.265 05	-0.283 83
$B_2(3)$	-0.107 97	-0.110 08	-0.011 71	-0.121 23	-0.126 67	-0.138 20	-0.141 72
$B_2(4)$	0.016 62	0.017 16	0.018 56	0.019 40	0.020 34	0.022 75	0.023 62
$B_2(5)$	-0.000 70	-0.000 73	-0.000 81	-0.000 85	-0.000 89	-0.001 02	-0.001 06

$$(N_f/N_0) = \sum B_2(i) \cdot \ln^i(E/E_0),\ i = 0,1,2,3,4,5$$

从表 2.5.15 和图 2.5.8 看到,由于本 HPGe γ 探测器入射窗朝上的结构,所有能量入射 γ 光子的角响应校正因子(N_f/N_0)都小于 1,一般在 0.3~0.9 之间。

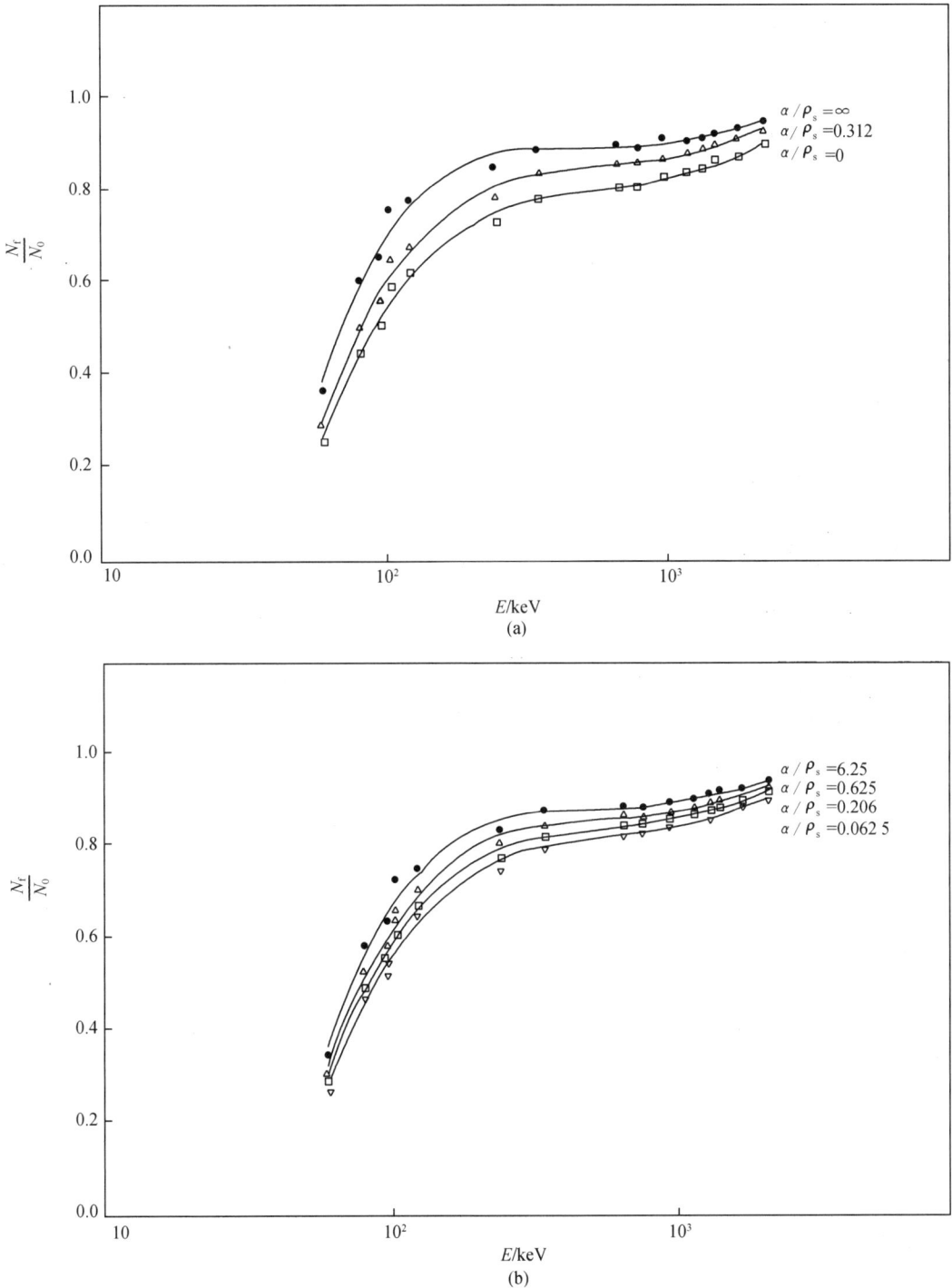

(a)

(b)

图 2.5.8　不同深度分布参数对应的角响应校正因子(N_f/N_0)

4. 校准因子（N_f/A）和（$N_f/\dot{D}$）

由理论计算得到了因子（φ/A）和（$\varphi/\dot{D}$）的值，通过实验获得了因子（N_0/φ）和（N_f/N_0）的值，利用 Beak 公式（2.5.3）和公式（2.5.4）计算，便得到土壤中放射性核素活度浓度校准因子（N_f/A）及其在地面上 1 m 高处的空气中吸收剂量校准因子（N_f/A），结果列于表 2.5.17 至表 2.5.20。

表 2.5.17　（$N_f/\dot{D}$）——空气吸收剂量率校准因子（人工放射性核素）（$\mathrm{min^{-1}/(nGy \cdot h^{-1})}$）

核素	E/keV	N_θ/θ	$(\alpha/\rho)/(\mathrm{cm^2 \cdot g^{-1}})$					
			0.062 5	0.206	0.312	0.625	6.25	∞（平面）
^{144}Ce	133.5	797.2	52.083	76.437	86.876	101.540	142.295	172.645
^{144}Ce–^{144}Pr	133.5	797.2	20.814	30.462	34.599	40.498	57.561	68.155
^{144}Ce	145.4	801.2	66.029	87.808	98.276	114.496	158.152	183.931
^{131}I	364.5	380.6	15.277	18.807	20.463	22.969	28.950	30.737
^{125}Sb	427.9	328.5	4.174	5.415	5.849	6.531	8.040	8.760
^{140}La	487.0	291.6	1.270	1.614	1.744	1.956	2.403	2.587
^{140}Ba–^{140}La	487.0	291.6	1.028	1.308	1.409	1.581	1.941	2.092
^{103}Ru	497.1	286.2	10.987	13.607	14.327	15.883	19.215	20.642
^{106}Ru–^{106}Rh	511.9	278.6	6.043	7.426	7.888	8.738	10.543	11.310
^{140}Ba	537.3	266.5	7.454	9.510	10.069	11.111	13.382	14.542
^{140}Ba–^{140}La	537.3	266.5	0.516	0.651	0.700	0.782	0.951	1.023
^{125}Sb	600.5	240.6	2.094	2.642	2.825	3.108	3.722	4.027
^{134}Cs	604.7	239.1	3.334	4.068	4.338	4.789	5.686	6.089
^{103}Ru	610.3	237.1	0.662	0.758	0.793	0.872	1.038	1.111
^{106}Ru	621.9	233.0	2.564	3.101	3.276	3.598	4.277	4.571
^{137}Cs	661.7	220.1	7.773	9.297	9.904	10.878	12.820	13.628
^{95}Zr	724.2	202.6	2.990	3.558	3.773	4.134	4.811	5.110
^{95}Zr–^{95}Nb	724.2	202.6	0.905	1.090	1.156	1.266	1.474	1.573
^{95}Zr	756.7	194.6	3.621	4.288	4.539	4.962	5.749	6.097
^{95}Zr–^{95}Nb	756.7	194.6	1.096	1.313	1.391	1.519	1.762	1.877
^{95}Nb	765.8	192.5	6.322	7.489	7.926	8.661	10.019	10.631
^{95}Zr–^{95}Nb	765.8	192.5	4.300	5.146	5.448	5.948	6.889	7.335
^{134}Cs	795.9	185.8	2.558	3.032	3.202	3.484	4.026	4.274
^{140}La	815.8	181.6	0.501	0.606	0.644	0.705	0.827	0.878
^{140}Ba–^{140}La	815.5	181.6	0.406	0.491	0.521	0.570	0.668	0.710
^{54}Mn	934.8	177.8	5.504	6.571	6.949	7.567	8.677	9.241
^{140}La	1 596.5	98.0	1.474	1.663	1.729	1.832	2.038	2.132
^{140}Ba–^{140}La	1 596.5	98.0	1.193	1.347	1.397	1.481	1.646	1.724
^{60}Co	1 173.2	130.1	1.515	1.761	1.858	2.000	2.261	2.382
^{22}Na	1 274.5	120.6	3.112	3.553	3.731	3.993	4.441	4.662
^{60}Co	1 332.5	115.7	1.438	1.646	1.728	1.848	2.063	2.164

表 2.5.18 ($N_f/\dot{D}$)——空气吸收剂量率校准因子(天然放射性)($min^{-1}/(nGy \cdot h^{-1})$)

核素	E/keV	N_0/φ	N_f/N_0	$\varphi/\dot{D}$	$N_f/\dot{D}$
^{238}U 系	186.11	728.928 5	0.711 2	2.535(−4)	0.131 4
	241.92	554.512 6	0.748	6.390(−4)	0.265
	295.09	462.038 3	0.766 8	1.782(−3)	0.631 3
	351.87	393.092 1	0.778 5	3.696(−3)	1.131 1
	609.31	237.421 4	0.800 8	5.766(−3)	1.096 2
	665.44	218.965 7	0.804	2.036(−4)	0.035 8
	768.35	191.879 3	0.809 5	6.886(−4)	0.107
	934.04	160.380 1	0.818 8	4.910(−4)	0.064 5
	1 120.27	135.72	0.829 8	2.517(−3)	0.283 5
	1 238.11	123.810 1	0.837 1	1.054(−3)	0.109 2
	1 377.66	112.243 9	0.845 8	7.583(−4)	0.072
	1 401.48	110.490 8	0.847 3	7.37(−4)	0.069
	1 509.22	103.225 8	0.854 2	4.343(−4)	0.038 3
	1 729.58	91.082 7	0.868 2	6.493(−4)	0.051 3
	1 764.49	89.426 5	0.870 4	3.421(−3)	0.266 3
	1 847.41	85.733 7	0.875 6	4.677(−4)	0.035 1
	2 204.09	72.903 6	0.897 4	1.208(−3)	0.079
	2 447.68	66.213	0.911 6	3.966(−4)	0.023 9
^{232}Th 系	129.03	790.560 2	0.627 9	1.369(−4)	0.068
	209.39	633.145 2	0.729 7	2.359(−4)	0.109 0
	238.58	561.637 1	0.746 5	2.640(−3)	1.107
	240.76	556.965 6	0.747 5	2.370(−4)	0.098 7
	270.26	500.878 2	0.759 3	2.42(−4)	0.092
	277.28	489.221	0.761 6	1.573(−4)	0.058 6
	300.03	455.047 5	0.768	2.219(−4)	0.077 6
	328.07	419.203 6	0.774 3	2.408(−4)	0.078 2
	338.42	407.415 6	0.776 2	9.005(−4)	0.284 8
	463.1	305.455 5	0.791 2	3.658(−4)	0.088 4
	510.61	279.253 4	0.794 8	6.844(−4)	0.151 9
	583.02	247.234 9	0.799 3	2.970(−3)	0.587
	727.25	201.814 7	0.807 3	7.328(−4)	0.119 4
	755.28	194.926 3	0.808 8	1.313(−4)	0.020 7
	772.28	190.982 4	0.809 8	1.188(−4)	0.018 4
	794.79	186.009 6	0.811	4.699(−4)	0.070 9
	835.6	177.650 3	0.813 2	3.438(−4)	0.049 7
	860.3	172.960 8	0.814 6	4.589(−4)	0.064 7
	911.16	164.074 5	0.817 5	3.166(−3)	0.424 7
	964.64	155.702	0.820 6	6.508(−4)	0.083 1
	968.97	155.063	0.820 8	1.956(−3)	0.249
	1 588.23	98.500 4	0.859 2	5.216(−4)	0.044 1
	2 614.35	62.326 4	0.921	6.766(−3)	0.388 4
^{40}K	1 460.83	106.361 6	0.851 1	2.321(−2)	2.101 1

表 2.5.19　（N_f/A）——土壤中人工放射性核素活度浓度校准因子（$min^{-1}/(Bq \cdot kg^{-1})$）

核素	E/keV	分支比	$(\alpha/\rho)/(cm^2 \cdot g^{-1})$					
			0.062 5	0.206	0.312	0.625	6.25	∞（平面）
^{144}Ce	133.5	0.111	9.47(−4)	2.39(−3)	3.13(−3)	4.58(−3)	9.48(−3)	1.22(−2)
^{141}Ce	145.4	0.484	4.44(−3)	1.11(−2)	1.45(−2)	2.11(−2)	4.32(−2)	5.52(−2)
^{131}I	364.5	0.812	5.65(−3)	1.31(−2)	1.66(−2)	2.31(−2)	4.30(−2)	5.32(−2)
^{125}Sb	427.9	0.294	1.88(−3)	4.32(−3)	5.44(−3)	7.51(−3)	1.37(−2)	1.69(−2)
^{140}La	487	0.459	2.74(−3)	6.22(−3)	7.80(−3)	1.07(−2)	1.94(−2)	2.38(−2)
^{103}Ru	497	0.887	5.23(−3)	1.19(−2)	1.49(−2)	2.04(−2)	3.68(−2)	4.52(−2)
^{106}Ru	511.9	0.207	1.20(−3)	2.72(−3)	3.41(−3)	4.66(−3)	8.40(−3)	1.03(−2)
^{140}Ba	537.3	0.243 9	1.37(−3)	3.10(−3)	3.87(−3)	5.29(−3)	9.49(−3)	1.16(−2)
^{125}Sb	600.5	0.178	9.44(−4)	2.11(−3)	2.63(−3)	3.57(−3)	6.36(−3)	7.78(−3)
^{134}Cs	604.7	0.975 6	5.15(−3)	1.15(−2)	1.43(−2)	1.95(−2)	3.47(−2)	4.24(−2)
^{103}Ru	610.3	0.056 4	2.96(−4)	6.61(−4)	1.15(−2)	1.12(−3)	1.99(−3)	2.43(−3)
^{106}Ru	621.9	0.098 5	5.10(−4)	1.14(−3)	1.41(−3)	1.92(−3)	3.41(−3)	4.16(−3)
^{137}Cs	661.7	0.852 1	4.30(−3)	9.51(−3)	1.18(−2)	1.60(−2)	2.82(−2)	3.44(−2)
^{95}Zr	724.2	0.441	2.13(−3)	4.68(−3)	5.79(−3)	7.80(−3)	1.36(−2)	1.66(−2)
^{95}Zr	756.6	0.545	2.58(−3)	5.63(−3)	6.97(−3)	9.36(−3)	1.63(−2)	1.98(−2)
^{95}Nb	765.8	0.997 9	4.71(−3)	1.02(−2)	1.27(−2)	1.70(−2)	2.95(−2)	3.59(−2)
^{134}Cs	795.9	0.854 4	3.96(−3)	8.57(−3)	1.06(−2)	1.42(−2)	2.46(−2)	2.98(−2)
^{140}La	815.8	0.236	1.08(−3)	2.34(−3)	2.88(−3)	3.58(−3)	6.66(−3)	8.07(−3)
^{54}Mn	834.8	0.999 75	4.53(−3)	9.76(−3)	1.20(−2)	1.61(−2)	2.77(−2)	3.36(−2)
^{140}La	1 596.5	0.954	3.18(−3)	6.41(−3)	7.73(−3)	1.00(−2)	1.64(−2)	1.96(−2)
^{60}Co	1 173.2	0.999	3.79(−3)	7.93(−3)	9.68(−3)	1.27(−2)	2.14(−2)	2.58(−2)
^{22}Na	1 274.5	0.999 37	3.67(−3)	7.59(−3)	9.24(−3)	1.21(−2)	2.02(−2)	2.42(−2)
^{60}Co	1 332.5	0.999 82	3.60(−3)	7.41(−3)	9.00(−3)	1.18(−2)	1.96(−2)	2.35(−2)

表 2.5.20　（N_f/A）——土壤中天然放射性核素活度浓度校准因子（$min^{-1}/(Bq \cdot kg^{-1})$）

核素	E/keV	N_0/φ	N_f/N_0	$\varphi/\dot{D}$	$N_f/\dot{D}$
^{238}U 系	186.11	728.928 5	0.711 2	10 188(−4)	0.061 6
	241.92	554.512 6	0.748	2.995(−4)	0.124 2
	295.09	462.038 3	0.766 6	8.315(−4)	0.295 9
	351.87	393.092 1	0.778 5	1.732(−4)	0.530 1
	609.31	237.421 4	0.800 8	2.702(−3)	0.513 8
	665.44	218.965 7	0.804	9.541(−5)	0.016 8
	768.35	191.879 3	0.809 5	3.227(−3)	0.050 1
	934.04	160.380 1	0.818 8	2.301(−4)	0.030 2
	1 120.27	135.72	0.829 8	1.180(−3)	0.132 9
	1 238.11	123.810 1	0.837 1	4.938(−4)	0.051 2
	1 377.66	112.243 9	0.845 8	3.554(−4)	0.033 7

表 2.5.20(续)

核　素	E/keV	N_0/φ	N_f/N_0	$\varphi/\dot{D}$	$N_f/\dot{D}$
	1 401.48	110.490 8	0.847 3	3.454(−4)	0.032 3
	1 509.22	103.225 8	0.854 2	2.035(−4)	0.017 9
	1 729.58	91.082 7	0.868 2	3.043(−4)	0.024 1
	1 764.49	89.426 5	0.870 4	1.604(−3)	0.124 8
	1 847.41	85.733 7	0.875 6	2.192(−4)	0.016 5
	2 204.09	72.903 6	0.897 4	5.659(−4)	0.037
	2 447.68	66.213	0.911 6	1.859(−4)	0.011 2
^{232}Th 系	129.03	790.560 2	0.627 9	9.024(−5)	0.044 8
	209.39	633.145 2	0.727 9	1.555(−4)	0.071 9
	238.58	561.637 1	0.746 5	1.740(−3)	0.729 6
	240.76	556.965 6	0.747 5	1.562(−4)	0.065
	270.26	500.878 2	0.759 3	1.595(−4)	0.060 7
	277.28	489.221	0.761 6	1.036(−4)	0.038 6
	300.03	455.047 5	0.768	1.463(−4)	0.051 1
	328.07	419.203 6	0.774 3	1.587(−4)	0.051 5
	338.42	407.415 6	0.776 2	5.935(−4)	0.187 7
	463.1	305.455 5	0.791 2	2.411(−4)	0.058 3
	510.61	279.253 4	0.794 8	4.511(−4)	0.100 1
	583.02	247.234 9	0.799 3	1.958(−3)	0.386 9
	727.25	201.814 7	0.807 5	4.830(−4)	0.078 7
	755.28	194.926 3	0.808 8	8.651(−5)	0.013 6
	772.28	190.982 4	0.809 8	7.827(−5)	0.012 1
	794.79	186.009 6	0.811	3.097(−4)	0.046 7
	835.6	177.650 3	0.813 4	2.266(−4)	0.032 7
	860.3	172.960 8	0.814 6	3.024(−4)	0.042 6
	911.16	164.074 5	0.817 5	2.087(−3)	0.279 9
	964.64	155.702	0.820 6	4.289(−3)	0.054 8
	968.97	155.063	0.820 8	1.289(−3)	0.164 1
	1 588.23	98.500 4	0.859 2	3.438(−4)	0.029 1
	2 614.35	62.326 4	0.921	4.459(−3)	0.256
^{40}K	1 460.83	106.361 6	0.851 1	9.743(−4)	0.088 2

表 2.5.18、表 2.5.20 包括了在土壤中均匀分布的天然放射性核素主要特征；表 2.5.17、表 2.5.19 列出了核设施可能排放的一些人工放射性核素以及核试验沉降灰中的放射性裂变产物的活度浓度校准因子(N_f/A)和空气吸收剂量率校准因子($N_f/\dot{D}$)。

5. 校准因子(N_f/A)和($N_f/\dot{D}$)的不确定度估计

由 Beak 公式(2.5.3)、公式(2.5.4)和公式(2.5.24)，土壤中放射性核素活度浓度校准因子(N_f/A)和空气吸收剂量率校准因子($N_f/\dot{D}$)的不确定度可由以下不确定度分项叠加得到：

$$\Delta(N_f/A) = f(\Delta S_0, \Delta N_0, \Delta \eta, \Delta r, \Delta(N_f/N_0), \Delta(\varphi/A)) \qquad (2.5.29)$$

$$\Delta(N_f/\dot{D}) = f(\Delta S_0, \Delta N_0, \Delta \eta, \Delta r, \Delta(N_f/N_0), \Delta(\varphi/\dot{D})) \qquad (2.5.30)$$

式中　$\Delta(N_f/A)$、$\Delta(N_f/\dot{D})$——活度浓度校准因子和吸收剂量率校准因子的总不确定度；

ΔS_0——校准源活度的不确定度；

ΔN_0——进行探测效率校准时，能量为 E 的全能峰面积计数率的统计误差；

$\Delta \eta$——校准源发射能量为 E 的 γ 光子发射率数据的不确定度；

Δr——校准源到探测器灵敏中心距离的不确定度；

$\Delta (N_f/N_0)$——角响应校正因子的不确定度；

$\Delta (\varphi/A)$、$\Delta (\varphi/\dot{D})$——因子 (φ/A) 和 $(\varphi/\dot{D})$ 的不确定度。

式(2.5.29)和式(2.5.30)中，忽略了计算机的解谱误差项和空气质量衰减系数的不确定度项。式中各不确定度分项按其数值评定方法归纳为 A、B 两类，其数值及数据来源见表 2.5.21。

表 2.5.21　校准因子 (N_f/A) 和 $(N_f/\dot{D})$ 各项相对不确定度(%)

类别		A				B		
项目		ΔN	ΔS_0	$\Delta \eta$	$2\Delta r$	$\Delta (N_f/N_0)$	$\Delta (\varphi/A)$	$\Delta (\varphi/\dot{D})$
不确定度	$E<200$ keV	±1.5	±5	±6.5	±1	±5.5	±5	±5
	$E\geqslant 200$ keV	±1	±3.5	±2.3	±1	±2	±5	±5
数据获取		统计计算	标准源证书	文献[13]	估计	计算	计算	文献[17]

总不确定度按下面公式计算：

$$U = K\left\{ \sum_{ij} \left[A_i^2 + \left(\frac{1}{\sqrt{3}} B_j \right)^2 \right] \right\}^{1/2} \qquad (2.5.31)$$

式中　K——包容因子，这里取 $K=3$。

当 $E\geqslant 200$ keV 时，校准因子 (N_f/A) 和 $(N_f/\dot{D})$ 的总不确定度为 ±7.5%；

当 $E<200$ keV 时，校准因子 (N_f/A) 和 $(N_f/\dot{D})$ 的总不确定度为 ±12%。

2.5.2.4　就地 HPGe γ 谱仪校准结果验证及环境测量初步应用

1. 现场测量条件的选择

在我国某核设施的厂区和生活区，对实验校准过的就地 HPGe γ 谱仪进行了环境测量初步应用及测量结果验证。

为了较好地验证环境测量结果，必须使测量条件与校准计算模式的假设条件尽可能接近一致，为此，结合前面计算初级 γ 光子注量率相对角积分分布 $\varphi(\theta)/\varphi_0$ 的讨论，确定选择测量场地的原则：①地面开阔，至少在半径为 30 m 左右的范围内无建筑物或其他大的障碍物；②地势平坦，无大的起伏；③近期内土壤未遭受大的破坏（如翻耕、填土）。另外，有意识选择三个土壤遭到人为活动破坏的测点、三个受核设施直接影响的测点和一个混凝土楼顶进行测量。

表 2.5.22 是各测点位置以及土壤状况简述。

表 2.5.22 实验测量点概况表

测点号	地点	土壤类型	土壤湿度 /%	土壤情况
1	工作区,办公主楼北面松林草地	褐色粉沙土	17.1	近期未受破坏
2	工作区,图书馆楼南面松林草地	褐色粉沙土	16.3	近期未受破坏
3	工作区,图书馆楼南面松林草地	褐色粉沙土	13.4	近期未受破坏
4	工作区,办公主楼北面树林草地	褐色细沙土	15.4	近期未受破坏,腐殖枯叶覆盖
5	工作区,143 工号北面空地,147 工号西南约 50 m	黄褐色细沙土	12.7	近期植树种花,两年前翻耕
6	工作区,144 工号北面空地	黄褐色细沙土	7.2	土建渣土,活动场地,原土壤遭破坏
7	生活区,南面荒坡草地	黄褐色细沙土	7.3	近期无开垦破坏
8	生活区,北面打麦场边缘草地	黄褐色粉沙黏土	25.0	20 世纪 70 年代初修建,近期土壤未受破坏
9	工作区,办公主楼南面草地	褐色粉沙土		近期土壤未受破坏
10	工作区,办公主楼平顶东侧	混凝土材料,沥青浇面,铺粗砂覆盖		
11	工作区,图书馆楼南面松林草地	褐色粉沙土	15.1	近期未受破坏
12	工作区,615 大院西南角小块空地	黄褐色细沙土		近期推土机推出的新鲜土壤
13	工作区,150 工号北面树林	褐色粉沙土	17.3	近期未受破坏,腐殖层较厚
14	工作区,106 工号南面旁侧,111 工号西面空地	含砾砂土	10.8	近期未受破坏,局部有污染

在用 HPGe γ 谱仪进行测量前,先用便携式巡测仪(如 SG-102 型 X、γ 剂量率仪)检测一遍,以保证测点周围地面的 γ 辐射场大致均匀。测量时,HPGe γ 探测器安放在铝制的三脚架上,使其晶体几何中心距离地面的高度保持 1 m,如图 2.5.2 所示。

测量时间取决于所要求的测量计数精度、土壤中放射性核素的活度浓度以及探测器的探测效率等因素。在本测区内,对于天然放射性核素的一些主要特征 γ 射线能量峰(如 ^{238}U 系的 351.9 keV、609.3 keV,^{232}Th 系的 583 keV、911.2 keV、946.6 keV、969.0 keV、2 614.4 keV 和 ^{40}K 的 1 460.8 keV)以及落下灰人工放射性核素特征 γ 射线能量峰 ^{137}Cs 的 661.7 keV,测量时间取 3 000 s 活时间,可保证其全能峰净计数统计误差控制在 5% 以内;^{238}U 系的 1 120.3 keV、1 764.5 keV 全能峰净计数的统计误差控制在 8% 以内。为了精确地鉴别和测定核设施排放到周围环境中的少量人工放射性核素,测量时间可适当延长。综合考虑了环境温度日变化对仪器性能的影响,确定测量时间为 3 000~4 000 s 活时间,个别测点测量时间延长到 6 000 s 活时间。

2. 就地测量 γ 谱中干扰峰的修正

用 γ 谱仪就地测量天然放射性核素^{238}U、^{232}Th 及其子体的活度浓度以及它们对空气吸收剂量率的贡献，一般用它们中的几个较强 γ 发射率谱线的校准因子进行计算；而对于像^{214}Bi 的 665.4 keV、768.4 keV 和^{228}Ac 的 755.3 keV 等较弱 γ 发射率的 γ 光子，主要用于对其他相近或相同能量的人工放射性核素干扰进行修正。例如，^{214}Bi 的 665.4 keV 峰对^{137}Cs 的 661.7 keV 峰的干扰，^{214}Bi 的 768.4 keV 峰对^{95}Nd 的 765.8 keV 峰的干扰，^{228}Ac 的 835.6 keV 峰对^{54}Mn 的 834.8 keV 峰的干扰，^{228}Ac 的 755.3 keV 峰对^{95}Zr 的 756.8 keV 峰的干扰。同样，人工放射性核素或不同衰变系列的天然放射性核素对其他天然放射性核素中相同或相近能量的干扰，计算时也应该加以考虑或修正。例如，当存在人工放射性核素^{103}Ru 和^{125}Sb 时，由于它们的 610.3 keV 和 606.5 keV 能量峰对^{214}Bi 的 609.3 keV 能量峰的干扰，这就需要结合人工放射性核素的其他分支，反推出干扰部分，加以修正。由于人工放射性核素测量结果的不确定度较大，当出现上述干扰时，可考虑舍弃^{214}Bi 的 609.3 keV，用其他不受干扰的特征 γ 光子进行^{238}U 系计算。

表 2.5.18 和表 2.5.20 中包括了对核设施可能排放的以及核试验沉降灰中的典型人工放射性核素的主要特征 γ 能量产生干扰的 U、Th 分支。对表中未列出者，可依照前面叙述的方法从表中插值计算出该能量的校准因子。

下面以^{214}Bi 的 665.4 keV 峰对^{137}Cs 的 661.7 keV 峰的干扰为例，说明校正干扰峰的步骤。

利用^{238}U 系中几支较强 γ 发射率的特征能量的光子（351.9 keV、609.3 keV、1 120.3 keV、1 764.5keV）计算出^{238}U 系在土壤中的活度浓度，然后用这一活度浓度值乘以表 2.5.18 中^{214}Bi 的活度浓度校准因子（N_f/A），推算出^{214}Bi 的全能峰计数率 N_f（min^{-1}），从^{137}Cs 的 661.7 keV 全能峰计数率减去这一干扰峰的计数率，^{137}Cs 全能峰计数率便得到了校正。

3. （α/ρ_s）值的传统获取方法

放射性核素随土壤深度的分布参数（α/ρ_s）值，一般采用分层取土壤样品，然后送实验室低本底 γ 谱仪测量分析得到。具体实施步骤如下：

（1）从地表向下垂直等间距分若干层取样，并做好标记，一般每层的厚度取 2~5 cm。

（2）分层的土壤样品送实验室，采用低本底 HPGe γ 谱仪分别测量各层土壤样品中沉降的人工放射性核素的活度浓度 A_i（pCi/g）。

（3）以分层取样土壤所在深度 H（cm）为横坐标，以沉降的人工放射性核素的活度浓度的自然对数值 $\ln A$（pCi/g）为纵坐标，作出各土壤深度 H_i 及对应的人工放射性核素活度浓度 A_i 的拟合直线。

（4）在此半对数坐标系中，求取拟合直线的斜率，即求得张弛长度的倒数 α（cm^{-1}），用 α 除以土壤的密度，便获得沉降的某人工放射性核素随深度的分布参数（α/ρ_s）（cm^2/g）。

1975 年 4 月 12 日，日本原子力研究所（JAERI）在核设施周围环境土壤中分层取样测量分析得到的土壤中天然放射性核素（^{238}U 衰变系列的^{214}Bi、^{232}Th 衰变系列的^{208}Tl 和^{40}K）以及沉降的人工放射性核素（^{137}Cs）的活度浓度随土壤深度的分布情况，如图 2.5.9[10]所示。由图 2.5.9 可知，对于土壤中天然放射性核素，其活度浓度总体上随深度呈均匀分布；而对于沉降的人工放射性核素（^{137}Cs），其活度浓度随土壤深度的分布，通过线性拟合，可求取其拟合直线的斜率,即张弛长度的倒数 $\alpha = 2.30/3.30 = 0.693$ cm^{-1}。计算可得^{137}Cs 活度浓度随土壤深度的分布参数(α/ρ_s)为 0.462 cm^2/g$(\rho_s = 1.5$ g$/$cm$^3)$。

图 2.5.10 是美国加利福尼亚州利费莫尔附近土壤中天然放射性核素(^{226}Ra、^{228}Th、^{40}K)以及沉降的人工放射性核素(^{137}Cs)的活度浓度随土壤深度的分布图[18],它是美国在 20 世纪 70 年代调查的结果。从图 2.5.10 可更清楚地看到,对于天然放射性核素,其活度浓度随土壤深度呈均匀分布;而对于沉降的人工放射性核素(^{137}Cs),其活度浓度随土壤深度呈负 e 指数衰减分布。

1987 年 7 月,奥地利 Seibersdorf 研究中心对苏联切尔诺贝利核事故中释放的人工放射性核素在奥地利沉降所造成的地面污染进行测量时,采用^{137}Cs 的深度分布参数(α/ρ_s)为 0.45 cm^2/g$(\rho_s = 1.6$ g$/$cm$^3)$。

本测区环境土壤中人工放射性核素^{137}Cs,除了核试验世界范围内的沉降外,还叠加了 1986 年苏联切尔诺贝利核事故的烟羽沉降、少量的核设施计划和非计划排放的沉降。参照上述实验结果,对于近期未遭受破坏的土壤,取 $\alpha/\rho_s = 0.45$ cm^2/g 作为^{137}Cs 的深度分布参数;对于翻耕过的土壤,取 $\alpha/\rho_s = 0.0625$ cm^2/g;对于混凝土建筑物表面,取 $\alpha/\rho_s = \infty$。其他人工放射性核素,半衰期大于 5 a 的,取 $\alpha/\rho_s = 0.45$ cm^2/g;半衰期小于 5 a 大于 1 a 的,取 $\alpha/\rho_s = 0.625$ cm^2/g;半衰期小于 1 a 的,取 $\alpha/\rho_s = 6.25$ cm^2/g。

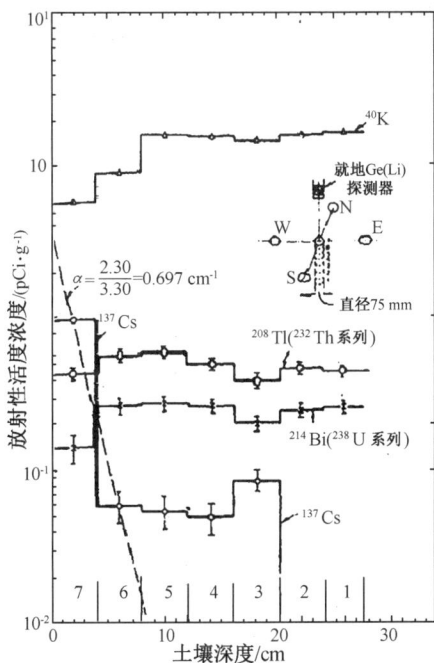

图 2.5.9 日本原子力研究所(JAERI)放射性核素活度浓度随土壤深度的分布
(JAERI 的机器和仓库之间空地测量点位;直接对应就地 Ge(Li)探测器下的土壤(1975 年 4 月 12 日))

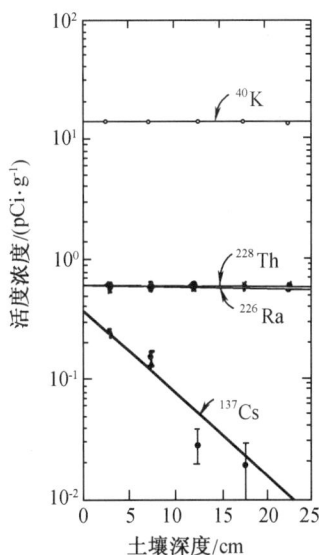

图 2.5.10 美国加利福尼亚州土壤中放射性核素活度浓度随土壤深度的分布

4. 就地测量结果计算

在环境就地 γ 谱测量中，对注量率和吸收剂量率的主要贡献核素是 ^{40}K、^{232}Th 系和 ^{238}U 系及其子体，以及少量其他沉降的人工放射性尘埃。在本次现场测量结果的计算中，^{238}U 系选用了 351.9 keV、609.3 keV、1 120.3 keV、1 764.5 keV 的五个全能峰计数率，^{232}Th 系选了 583.0 keV、911.2 keV、964.8 keV+969.0 keV 和 2 614.5 keV 的四个全能峰计数率，^{40}K 选用了 1 460.8 keV 的全能峰计数率，^{137}Cs 选用了 661.7 keV 的全能峰计数率，其他人工放射性核素均选用较强 γ 发射率的特征能量的光子的全能峰计数率。用上述各个全能峰的计数率除以表 2.5.17 至表 2.5.20 中相应的 (N_f/A) 和 (N_f/D) 因子，便得到所选特征 γ 能量代表的核素在土壤中的活度浓度以及该核素对测量点处的空气吸收剂量率贡献。选用两个以上特征 γ 能量参与计算的放射性核素或衰变系列，按所测量的全能峰计数率的标准差加权平均，能够得到更为精确的结果。所有天然放射性核素都采用表 2.5.18、表 2.5.20（均匀体分布源）的校准因子进行计算。

环境土壤中主要放射性核素在测量点处空气中产生的吸收剂量率以及各放射性核素在土壤中的活度浓度的就地测量结果分别列于表 2.5.23 和表 2.5.24 中。

表 2.5.23 HPGe γ 谱仪与高气压电离室就地测量环境 γ 空气吸收剂量率结果比较

测点号	HPGe γ 谱仪就地测量结果/$(nGy \cdot h^{-1})$					高气压电离室结果*/$(nGy \cdot h^{-1})$	相对偏差/%
	^{238}U 系	^{232}Th 系	^{40}K	^{137}Cs 与其他核素	总和		
1	10.949	21.354	21.764	1.222(^{137}Cs)	55.289	55.872	−1.04
2	11.994	21.057	21.463	1.109(^{137}Cs)	55.723	58.142	−4.16
3	10.915	22.139	20.149	1.868(^{137}Cs)	55.071	55.401	−0.60
4	11.386	23.536	20.961	1.161(^{137}Cs)	55.044	54.711	+4.26
5	11.030	21.520	22.873	0.253(^{106}Ru) 0.262(^{137}Cs)	55.938	60.927	−8.19
6	10.331	27.054	31.000	0.385(^{137}Cs) 0.084(^{131}I) 0.489(^{125}Sb) 0.065(^{95}Nb)	69.408	72.014	−3.62
7	10.977	22.122	28.198	0.515(^{137}Cs)	61.812	58.055	+6.47
8	12.067	23.510	21.467	0.576(^{137}Cs)	57.620	55.287	+4.22
9	15.481	30.590	30.712	0.594(^{137}Cs)	77.377	81.556	−5.12
10	13.165	15.164	15.950	0.105(^{137}Cs)	44.384	44.925	−1.20
11	10.284	22.305	20.900	1.982(^{137}Cs)	55.471	58.142	−4.59
12	11.737	22.375	25.099	0.271(^{137}Cs)	59.482	57.715	+3.06

注：*表示高气压电离室测量结果扣除了宇宙射线的吸收剂量率贡献 31.81 $nGy \cdot h^{-1}$。

5. 环境就地测量及其结果

就地 HPGe γ 谱仪用于环境测量时,通常将就地 γ 谱仪的 HPGe 探测器晶体几何中心架设至距地面高度 1 m 处,连接好探测器与高低压电源及系统的电缆线接头,开机加电预热(一般 10~30 min),测量并获取 γ 谱,γ 谱获取时间可根据测量的精度要求而定。例如,要求某特征 γ 射线全能峰计数的统计误差达到 1%,则该特征 γ 射线全能峰计数必须达到 10 000。具体测量时间可以通过试探性实验获取环境 γ 谱来确定。

对获取的环境 γ 谱采用自编或商用解谱软件,通过解谱,求得各个所感兴趣特征能量 γ 射线的全能峰计数率 N_f,再利用上述实验校准方法所获取的活度浓度校准因子(N_f/A)和空气吸收剂量率校准因子($N_f/\dot{D}$),根据公式(2.5.32)和公式(2.5.33),可分别得到环境土壤中某放射性核素的活度浓度值 A 及其该放射性核素对测量点处的空气吸收剂量率的贡献值 $\dot{D}$:

$$A = N_f/(N_f/A) \qquad (2.5.32)$$
$$\dot{D} = N_f/(N_f/\dot{D}) \qquad (2.5.33)$$

为了提高上述测量结果的精度,如果存在多分支的放射性核素,一般选用数个主要分支的特征能量 γ 射线的全能峰测量值,求取每个选用特征能量 γ 射线的活度浓度值 A 及其空气吸收剂量率贡献值 $\dot{D}$,然后求取其算术平均值或加权平均值。

6. 测量结果的比较

检验用于环境就地测量 γ 谱测量结果质量的好坏,通常的做法是与其他不同测量方法(尤其是传统的成熟的测量方法)的测量结果进行比较。

为了检验 HPGe γ 谱仪用于环境就地测量吸收剂量率的校准因子的质量,在各测量点上,用高气压电离室(CIAE-Ⅲ)进行了环境辐射总吸收剂量率的测量。但必须注意的是,高气压电离室测量的环境辐射总吸收剂量率中,除了陆地环境 γ 光子的贡献外,还包括宇宙射线电离成分的贡献。因此高气压电离室测量的环境辐射总吸收剂量率,必须减去宇宙射线的吸收剂量率贡献,才能得到环境 γ 辐射的吸收剂量率。本测区内的宇宙射线的空气吸收剂量值约为 31.8 nGy/h[19]。将 HPGe γ 谱仪测量的天然放射性核素和人工放射性核素的吸收剂量率值求和,得到了环境 γ 辐射的吸收剂量率。这两组测量结果列于表 2.5.23 中,由表 2.5.23 可知,这两种不同方法测量的环境 γ 辐射吸收剂量率值吻合得很好,最大偏差为-8.19%,一般偏差小于±5.00%。第 10 号测点两种测量方法的测量结果的偏差为-1.20%,说明利用 HPGe γ 谱仪就地测量环境中 γ 辐射在空气中产生的吸收剂量率时,本书给出的吸收剂量率校准因子不仅适用于开阔土壤表面的测量,也适用于其他开阔表面的材料的测量。

为了检验就地测量环境土壤中放射性核素活度浓度的校准因子的质量,在就地测量的同时,按梅花五点分布法在测点采集土壤样品,混合后装入塑料袋中。取样深度为 0~10 cm,土样质量约 1 kg;土样经去除石块草根、称重、风干、再称重、粉碎、60 目过筛、烘干装样品盒、称样品净重,然后用胶带密封 30 d 后,由中国原子能院保健物理部低本底实验室用低本底 HPGe γ 谱仪进行测量分析。

实验室测量分析结果与 HPGe γ 谱仪就地测量结果一并列于表 2.5.24,表中 HPGe γ 谱仪就地测量的放射性核素活度浓度值已做了土壤湿度修正。对于沉降的人工放射性核素,由于实验室测量分析结果是经过样品烘干粉碎过筛,即进行一定均匀化后的结果,活度浓度值的单位为 Bq/kg,而就地测量的活度浓度值的单位为 Bq/m²。为了便于两种不同测量方法结果的比较,对这两种方法给出的结果必须进行单位的换算和统一。

表 2.5.24　HPGe γ 谱仪就地测量结果与实验室土壤样品分析结果比较

测点号	^{238}U 系/(Bq·kg^{-1})		^{232}Th 系/(Bq·kg^{-1})		^{40}K /(Bq·kg^{-1})		^{137}Cs/(Bq·kg^{-1})	
	就地测量	室内分析	就地测量	室内分析	就地测量	室内分析	就地测量	室内分析
1	23.7 ±1.0	23.6 ±1.5	37.9 ±2.7	37.3 ±2.2	607 ±11	566 ±33	12.8 ±2.0	15.1 ±1.4
2	29.7 ±1.1	24.7 ±1.5	37.2 ±2.2	39.2 ±2.1	594 ±18	565 ±33	11.6 ±1.8	15.0 ±1.2
3	26.4 ±0.94	26.3 ±1.5	38.1 ±2.4	41.6 ±2.4	544 ±11	559 ±34	18.9 ±1.9	20.4 ±1.6
4	27.9 ±1.4	24.4 ±1.3	36.8 ±2.8	37.8 2.8	575 ±12	535 ±29	11.9 ±2.1	6.69 ±0.78
5	27.2 ±1.1	28.1 ±1.5	36.8 ±2.4	36.7 ±2.0	614 ±11	540 ±30	8.57 ±1.50	8.97 ±0.92
6	24.9 ±0.99	25.4 ±1.4	43.0 ±4.7	41.4 ±2.2	738 ±26	539 ±31	4.32 ±0.25	4.63 ±0.58
7	25.7 ±3.4	25.5 ±1.3	36.0 ±2.8	38.0 ±1.9	721 ±13	593 ±33	9.06 ±2.00	11.7 ±1.0
8	32.1 ±1.3	28.2 ±1.6	44.6 ±2.3	39.8 ±2.3	639 ±13	620 ±36	5.40 ±2.40	5.71 ±0.82

以下将两种方法结果换算公式进行推导。

(1)为推导方便,将公式(2.5.5)完全复述如下:

$$A = A_0 \cdot e^{-(\alpha/\rho_s) \cdot Z \cdot \rho_s} \qquad (2.5.34)$$

式中　A——土壤中深度 z 处的放射性核素活度浓度,Bq/kg;

　　　　A_0——当 $Z \to 0$ 时,放射性核素的地表活度浓度,Bq/kg;

　　　　Z——土壤深度,cm;

　　　　(α/ρ_s)——放射性核素活度浓度随土壤深度的分布参数,cm^2/g;

　　　　α——张弛长度的倒数,其物理含义是放射性活度浓度减少至表面活度浓度 e^{-1} 的土壤深度,cm^{-1};

　　　　ρ_s——土壤密度,g/cm^3。

(2)对于土壤垂直取样而言,假定取样深度为 H(cm),土壤样品送实验室分析必须通过烘干、粉碎、过筛等制样过程,该制样过程实际上是将随土壤深度呈负 e 指数衰减分布充分均匀化的过程;在数学上该均匀化的放射性核素活度浓度 $\bar{A}$ 可以表示为土壤 h 深度处负 e 指数分布的放射性核素活度浓度 A 由土壤地表($Z = 0$ cm)积分到土壤取样深度($Z = H$(cm)),然后除以取样深度 H,即

$$\overline{A} = \frac{1}{H}\int_0^H A_0 e^{-(\alpha/\rho_s)\cdot\rho_s\cdot h}dh = \frac{A_0}{H\alpha}(1-e^{\alpha H}) \qquad (2.5.35)$$

（3）根据就地测量人工放射性核素活度浓度 $A_a(\mathrm{Bq/m^2})$ 的定义,有

$$A_a = \int_0^\infty \rho_s \cdot A_0 \cdot \exp[-(a/\rho_s)\cdot\rho_s\cdot Z]dZ = A_0/(a/\rho_s) \qquad (2.5.36)$$

（4）由公式(2.5.36)得:

$$A_0 = A_a(\alpha/\rho_s) \qquad (2.5.37)$$

（5）将公式(2.5.37)代入公式(2.5.35)得:

$$A_0 = \frac{\overline{A}\cdot H\alpha}{(1-e^{\alpha H})} \qquad (2.5.38)$$

或

$$A_a = \frac{A_0}{(\alpha/\rho_s)} = \frac{\overline{A}\cdot H\alpha}{(1-e^{\alpha H})}\cdot\frac{1}{(\alpha/\rho_s)} = \frac{\overline{A}\cdot H\rho_s}{1-e^{\alpha H}} \qquad (2.5.39)$$

由公式(2.5.38)和公式(2.5.39)可知,对于沉降的人工放射性核素,为了准确进行上述两种不同测量方法结果的比较,除明确了解 α 值外,在土壤取样时,必须垂直取样(图2.5.7)并准确测量垂直取样的土壤深度 H。

表2.5.24中给出的HPGe γ 谱仪就地测量人工放射性核素活度浓度值 $A_a(\mathrm{Bq/m^2})$ 是经过公式(2.5.39)换算成 $A(\mathrm{Bq/kg})$ 后的结果与取样样品的实验室测量分析结果。

表2.5.24的结果表明,对于天然放射性核素,两种方法给出的活度浓度值吻合较好, ^{238}U系活度浓度的最大偏差为 $\pm 20.2\%$,一般偏差为 $\pm(2\sim15)\%$; ^{232}Th系活度浓度的最大偏差为 $\pm14\%$,一般偏差为 $\pm(3\sim10)\%$; ^{40}K活度浓度的最大偏差为 $\pm37\%$,一般偏差为 $\pm(3\sim20)\%$。对于人工放射性核素 ^{137}Cs,8个测点活度浓度的最大偏差为 $\pm78\%$,一般偏差为 $\pm(5\sim23)\%$。4号测点 ^{137}Cs活度浓度值偏差较大,主要是所取土样代表性不充分造成的。

在表2.5.24中,HPGe γ 谱仪就地测量到的部分人工放射性核素(^{134}Cs、 ^{131}I、 ^{106}Ru等),实验室的土样分析未能给出相应的结果。其原因包括:①由核设施正常排入环境的人工放射性核素都是受到限制的,排放量很低,地面沉积量一般很小;②排入环境的人工放射性核素,一般半衰期较短,在制样过程中(30 d左右)已衰变掉;③由核设施排放的人工放射性核素,一般分布于土壤表层,取样后与深部土壤混合,大大降低了它的活度浓度。以上原因之一或全部致使土壤样品中一些人工放射性核素的活度浓度低于实验室分析仪的探测限,因而未能探测到。

7.影响测量结果的因素分析

（1）全能峰面积净计数的统计误差

用3 000 s活时间测量一般环境水平的 ^{238}U系、 ^{232}Th系主要 γ 射线全能峰面积净计数的统计误差均小于 $\pm8\%$,对 ^{40}K和 ^{137}Cs的全能峰净计数的统计误差分别小于 $\pm2\%$ 和 $\pm5\%$。而 ^{238}U系和 ^{232}Th系的活度浓度值和吸收剂量率值都是用四个强发射率无干扰的特征能量独立计算的活度浓度值加权平均后得到,按统计误差理论,这种平均值的不确定度小于 $\pm3\%$。

（2）实验源的分布与计算模式不符所带来的误差

土壤中放射性核素的分布,对土壤中放射性核素活度浓度的测量影响很大,对空气吸收剂量的测量影响很小。从表2.5.17、表2.5.19可看到这一点,考虑两种极端的情况,选取土壤中放射

性核素活度浓度随深度的分布参数分别为 0.062 5 cm²/g 和∞，对于 ^{137}Cs 能量为 661.7 keV 的 γ 光子，在地面上 1 m 高处空气中产生的吸收剂量率的比值 $(N_f/\dot{D})_∞/(N_f/\dot{D})_{0.062\,5}$ 为 1.72；而在土壤中的放射性核素活度浓度的比值为 175，大了两个量级。

美国 Anspang 等人和日本的 Eiji 等人都在其本土做过天然放射性核素 ^{232}Th、^{226}Ra（^{214}Bi）和 ^{40}K 的深度分布调查[10,18]。结果表明，从宏观看天然放射性核素随土壤深度呈均匀体分布的假设对大多数地点成立。局部的不均匀性的确存在，但是由于位于地面上 1 m 高处的探测器所看到的 γ 射线来自大量的土壤，因此这种微观不均匀性最终被平均掉了，对计算结果的可靠性不会产生显著的影响。

W. Sowa 等人对 ^{137}Cs、^{134}Cs 等四种人工放射性核素的环境测量不确定的研究表明，当 α 在 0.3~3 cm^{-1}（$α/ρ_s = 0.19~1.9$ cm²/g，$ρ_s = 1.6$ g/cm³）范围内取值，若 α 值的估计往负方向偏差 α/2 或正方向偏差 α 时，给 ^{137}Cs 活度浓度测量值带来的误差为 8%~31%，给吸收剂量率测量值带来的误差为 2%~6%。考虑到实际测量中，确定一个 $α/ρ_s$ 后，在一定范围的测量区域内都用此分布参数的校准因子进行计算，估计由此带来的 ^{137}Cs 活度浓度测量不确定度小于±25%，空气吸收剂量的测量不确定度小于±5%。

（3）未达到放射系列平衡的影响

在本工作的计算模式中，是假定放射性衰变系列的母体和子体处于放射性平衡状态。对于天然放射性 ^{238}U 系和 ^{232}Th 系，这种假设往往与实际情况不符。^{238}U 系、^{232}Th 系在衰变中分别产生气态放射性衰变子体 ^{222}Rn 和 ^{220}Rn，它们有可能从土壤中逸出，在土壤中扩散迁移至地表面进入大气。^{222}Rn 进入土壤空气的比例可高达 50% 甚至更大，但典型值约 20%~30%；^{222}Rn 的半衰期为 3.825 d，有足够的时间在土隙中迁移和大气中扩散。由氡及其子体 ^{214}Bi 和 ^{214}Pb 的 γ 光子注量率来确定 ^{238}U、^{226}Ra 在土壤中的活度浓度，误差有时较大。但一般情况下，这一影响对表层土壤中氡子体 ^{214}Bi 和 ^{214}Pb 发射的主要 γ 光子减少 10%~20%，而且能从空气中相同核素的 γ 光子注量率贡献得到部分补偿。由于氡子体 ^{214}Bi 和 ^{214}Pb 产生的 γ 光子占系列的绝大部分，确定空气吸收剂量率的误差会小些。因为存在内外地质作用的影响，土壤中的铀镭平衡也往往被破坏，所以一般在未确定测区内土壤的铀镭平衡系数之前，不能简单地由 ^{226}Ra 的活度浓度推算 ^{238}U 的活度浓度。^{220}Rn 的半衰期为 56.5 s，由它引起的变化忽略不计。

（4）土壤密度的影响

由公式（2.5.9）和公式（2.5.21）可见，土壤密度只出现在 $(α/ρ_s)$ 和 $(μ/ρ)_s$ 中，而 $(μ/ρ)_s$ 是独立于密度的，只依赖于土壤的核素组分。对均匀体分布源来说，注量率值依赖于每克土壤中的活度，与土壤密度无关（公式（2.5.14）），土壤密度对活度浓度的测量结果几乎不产生影响。W. Sowa 等人的研究也表明，密度变化对土壤中放射性核素活度浓度 A 和空气吸收剂量率 D 测量的影响都相当小。

（5）土壤湿度的影响

校准计算中，假设土壤中水分含量为 10%。由表 2.5.24 可知，本测区各测点的土壤湿度为 7%~25% 时，γ 射线的土壤质量衰减系数 $(μ/ρ)_s$ 的变化，还不足以在实质上影响 γ 射线的传递，从而不会影响所计算的物理量 $(φ/A)$ 和 $(φ/\dot{D})$ 的值。增加土壤湿度的主要影响是增加该地的土壤密度，对于均匀体分布源，则减少了每克源的放射性活度，从而成比例减少了通量和照射量率。对于指数分布源，土壤密度的增加等效于降低了 $(α/ρ_s)$ 值，相当于把放射性核素埋藏得更深,从而减弱了空气中的辐射场。Sowa 等人的研究表明,某地含水量分别为 0~40% 的几种表层(0~5 cm)土壤,对于土壤中深度分布参数为 0.19~1.9 cm^2/g 的 ^{137}Cs、^{134}Cs 等四种人工放射性核素,$(\mu/\rho)_s$ 的变化给活度浓度测量带来的不确定度为 1%~3%,给空气吸收剂量率测量带来的不确定度为 1%~2%。

综合上述因素影响,对测量结果的不确定度进行估计:放射性核素在土壤中的活度浓度的测量误差值,^{238}U 系为 ±(15~20)%,^{232}Th 系为 ±(5~10)%,^{40}K 为 ±(5~10)%,^{137}Cs 为 ±(25~30)%;放射性核素在空气中产生的吸收剂量率的测量误差值,^{238}U 系为 ±(10~15)%,^{232}Th 系为 ±(5~10)%,^{40}K 为 ±(5~10)%,^{137}Cs 为 ±(10~15)%。

8. 核设施周围就地测量应用的讨论

图 2.5.11 是在我国某核设施场区内三个不同地点测量的环境 γ 谱。图 2.5.11(a)是其办公主楼北面松林草地上 1 号测点的就地环境 γ 谱,测量活时间为 3 000 s;图 2.5.11(b)是其放射性同位素生产车间附近花园地 5 号测点的就地环境 γ 谱,测量活时间为 4 000 s;图 2.5.11(c)是总通风口、放射性废液处理车间附近 14 号测点就地环境 γ 谱,测量活时间为 6 000 s。

从图 2.5.11 的 γ 谱中,可以清晰地分辨出天然放射性核素的十几个较强发射率的特征峰以及 ^{137}Cs 的特征峰,14 号测点的就地 γ 谱(图 2.5.11(c))还能清晰地分辨包括 ^{134}Cs、^{125}Sb 和 ^{60}Co 等在内的数个人工放射性核素的特征峰。

1 号测点距离各种核设施较远(>100 m),土壤中的 ^{137}Cs 主要包含了核试验大气沉降和核设施气载流出物沉降两部分。由于土壤近期未遭破坏,^{137}Cs 主要分在土壤表层,谱中 ^{137}Cs 峰明显突出。与 1 号测点情况类似的,场区内外共有 8 个测点(表 2.5.24)进行了实验室土壤样品分析。4 号测点由于土壤表面覆盖了一层腐烂的树枝枯叶,所取土样是腐殖层下的土壤,实验室的 ^{137}Cs 土样分析值明显低于 HPGe γ 谱仪的就地测量值;由于该工作没有来得及进行放射性核素在土壤中深度分析的调查,计算中借鉴了与该核设施工作性质相似的日本原子能研究院核设施环境土壤中 ^{137}Cs 的深度分布参数和奥地利当时(1987 年)土壤中 ^{137}Cs 的深度分布参数,采用 (α/ρ_s) = 0.45 cm^2/g 进行计算,除 4 号测点外,其余 7 个测点 ^{137}Cs 的 HPGe γ 谱仪就地测量值与实验室土样分析值在 -30% 以内吻合,平均偏差为 -18.3%。这里似乎有某种系统误差存在,由于本测区内 ^{137}Cs 的排放时间、排放模式和排放口布局以及地质、气象等情况与国外都有差异,所以本工作采用 ^{137}Cs 的深度分布参数与实际深度分布可能存在差异。为了进行比较,用 Beck 等人[5,10]给出的 ^{137}Cs 全球性沉降在土壤中的分布参数 (α/ρ_s) = 0.21 cm^2/g 对测量数据进行了同样的计算,HPGe γ 谱仪的就地测量值与实验室土样分析值在 +40% 以内吻合,平均偏差为 +26.5%。由此可见,本测区内 ^{137}Cs 在土壤中的深度分布参数若采用上面两参数平均值附近的某一值似乎要更合理些。因此,采用实际土壤分层取样调查得到的放射性核素在土壤中的深度分布参数,测量的结果可能会更好。

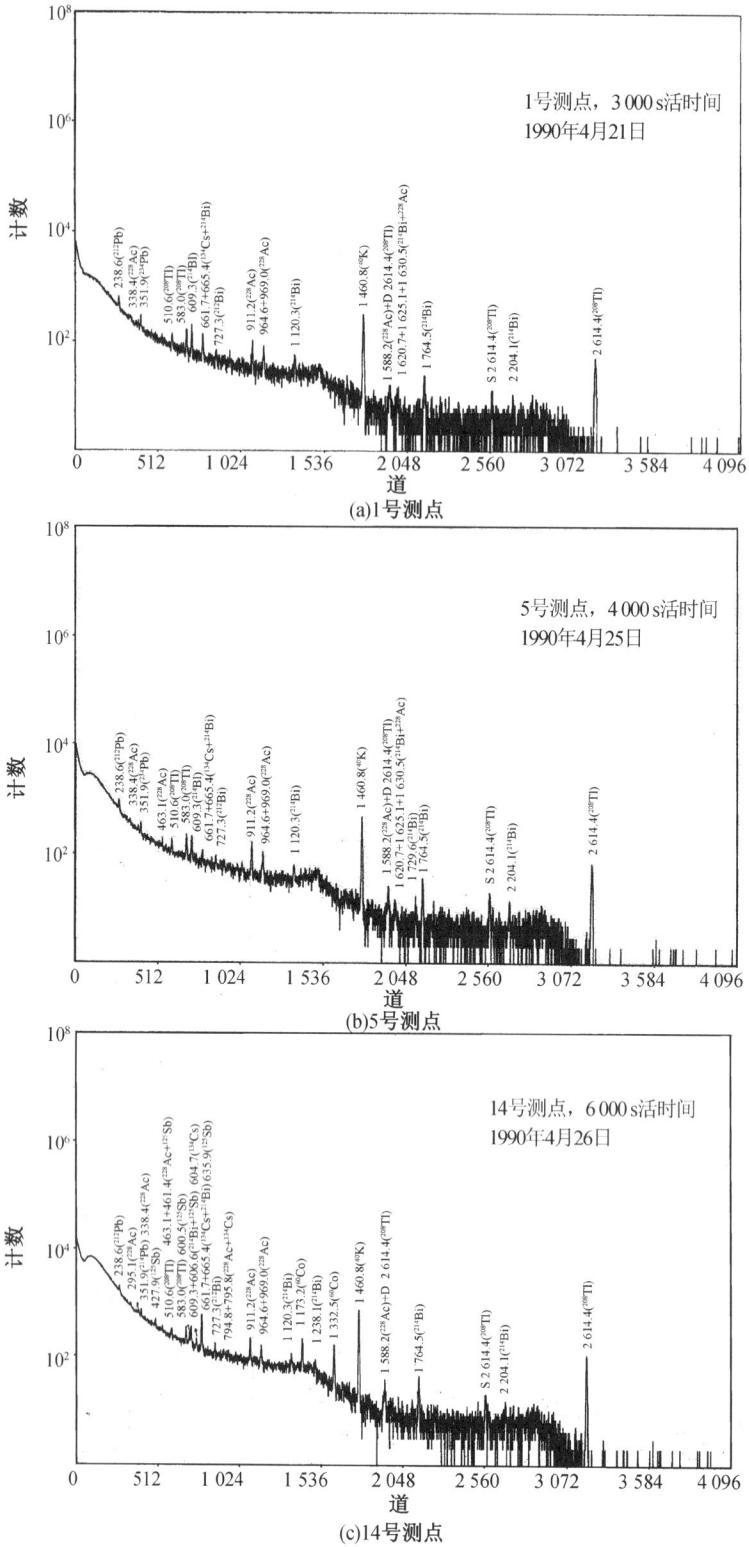

图 2.5.11　某核设施三个特殊测点的环境就地 HPGe γ 谱

5 号测点距同位素生产车间较近(约 50 m),但不在生产车间通风口的主导风向上,除 ^{137}Cs 外,没有探测到排入环境中的其他人工放射性核素。土壤中的 ^{137}Cs 也包含了核试验大气沉降和核设施排放沉降两部分,只是位置偏离各核设施的主导风向,由核设施排放沉降的贡献相对较小。测点处及周围的土壤两年前翻耕,使源埋藏更深。情况类似的还有 6 号测点。采用土壤深度分布参数 $(\alpha/\rho_s)=0.062\,5\ cm^2/g$ 计算土壤中 ^{137}Cs 的活度浓度,HPGe γ 谱仪就地测量值与实验室土样分析值吻合很好,见表 2.5.24。

另外,在该核设施厂区内的多个核设施附近也布置了 3 个就地 HPGe γ 谱仪测点(13~15 号测点)。14 号测点位于放射性废液处理车间南面 30 m、111 总通风口西 80 m 处。图 2.5.11(c)中, ^{137}Cs 特征峰不仅包括核试验大气沉降和核设施排放沉降的贡献,而且还有来自废液处理车间暂存库中放射性废液残渣和污染源的直接辐射的贡献; ^{60}Co 特征峰除了上述的直接辐射贡献外,还有 111 总通风口的排放沉降贡献。类似地存在核设施直接辐射的还有 13 号、15 号测点。13 号测点下方有一条强放废液管道,南面约 25 m 处有一条弱放射性废液输送管道。来自这些设施的直接 γ 辐射源有 ^{137}Cs 和 ^{60}Co。15 号测点主要有来自某反应堆附近 ^{60}Co 源的直接辐射。

由于存在核设施的直接辐射,不能简单地应用表 2.5.17、表 2.5.19 中的吸收剂量率校准因子 $(N_f/\dot{D})$ 和活度浓度校准因子 (N_f/A) 进行计算。但对天然放射性核素,仍可按前述方法对它们在土壤中的活度浓度以及吸收剂量率贡献进行准确估计,见表 2.5.22~表 2.5.24。利用这一点,在测点上同时用高气压电离室进行测量;由高气压电离室测量的总吸收剂量率减去土壤中天然放射性核素(^{238}U 系、 ^{232}Th 系、 ^{40}K)和宇宙射线的剂量率贡献,得到核设施周围环境中由人工放射性核素产生的附加吸收剂量率,这也是核设施环境监测计划中的一项指标[18]。上述有直接辐射存在的三个测点由人工放射性核素在空气中产生的附加吸收剂量率列于表 2.5.25。

表 2.5.25 核设施周围环境中由人工放射性核素产生的附加吸收剂量率

测点号	高气压电离室测量值 /(nGy/h)	天然放射性核素吸收剂量率贡献值 /(nGy/h)	人工放射性核素附加吸收剂量率 /(nGy/h)	人工放射性核素名称
13	224.31	60.81	162.75	^{137}Cs、^{60}Co
14	116.55	51.26	65.29	^{125}Sb、^{134}Cs、^{137}Cs、^{60}Co
15	101.72	51.64	50.08	^{137}Cs、^{60}Co

如能结合文献[12,21]中的铅屏蔽技术和测量方法,开展进一步的工作,可以得到来自土壤、惰性气体烟羽和核设施中放射性核素对测量点空气吸收剂量率贡献的更详细资料。

2.5.3 就地 γ 谱的半经验校准技术

2.5.3.1 引言

1988 年,美国环境测量实验室(EML)的 I. K. Helfer 和 K. M. Miller[9] 对该实验室自 20 世纪七八十年代以来以 Beak 公式为基础,用标准点源通过实验校准的 8 台圆柱形 Ge(Li)

或 HPGe γ 探测器谱仪系统的实验数据，与探测器晶体的尺寸（高度与直径的比值）、探测器入射窗的方向（朝上或朝下）以及探测器的相对探测效率（^{60}Co 的 1 332.5 keV）联系起来，用最小二乘法进行拟合，得到探测效率因子（N_0/φ）与相对探测效率（ε）的关系式；针对不同的相对探测效率（$\varepsilon = 3\% \sim 45\%$），对于均匀体分布源（$\alpha/\rho_s = 0$ cm^2/g）和一指数分布源（$\alpha/\rho_s = 6.25$ cm^2/g），列表给出土壤中放射性核素活度浓度探测效率校准因子（N_0/A）；针对不同的探测器晶体尺寸（$L/D = 0.5 \sim 1.3$）和入射窗朝向（向上或向下），给出不同能量入射 γ 光子的角响应校正因子（N_f/N_0）。采用这种校准方法，只需要了解探测器三个参数，即晶体尺寸、相对探测效率和入射窗的朝向，便可通过对所给定表格数值进行插值和简单的计算，得到活度浓度校准因子（N_f/A）和吸收剂量率校准因子（$N_f/\dot{D}$）。

2.5.3.2 理论基础

表 2.5.26 给出了 EML 的用标准点源通过实验校准的 8 台圆柱形 Ge(Li) 或 HPGe γ 探测器的基础数据。

表 2.5.26　Ge 探测器技术参数

制造厂商	系列号	代码	类型	探测器朝向	相对效率 ε/%	能量分辨率 /keV	尺寸 $D \times L$ /(mm×mm)	(L/D)[3]	峰/康比
Princeton[1] Gama-Tech	484	P1	Ge(Li)	4L 朝下	2.9	1.70	36×20	0.56	23.0
	514	P2	Ge(Li)	4L 朝下	12.2	2.43	43×44	1.02	30.0
	1 039	P3	Ge(Li)	17L 朝上	27.9	2.36	59×47	0.80	35.9
	1 545	P4	Ge(Li)	17L 朝上	22.3	2.10	56×54	0.96	49.5
	1 030	P5	P-type Ge	2L 全方位	21.7	1.77	59×35	0.59	52.0
EG&G Ortec[2]	23-N-37VB	01	N-type Ge	30L 朝上	35.3	1.98	55×65	1.18	59.4
	25-N1514	02	N-type Ge	30L 朝上	35.4	1.73	55×72	1.31	67.9
	26-P-70P	03	P-type Ge	1.8L 全方位	45.0	1.80	60×79	1.31	73.0

注：[1]普林斯顿伽马技术有限公司（Princeton Gamma-Tech, Inc.），1200 State Road, Princeton, NJ 08540。

[2]EG&G 奥特克公司，100 Midland Road, Oak Ridge, TN 37830。

[3]Ge 晶体长度/直径比（L/D）。

根据 Beak 公式，将公式左边的校准因子分解成公式右边的三个独立的因子之乘积：$(N_f/A) = (N_0/\varphi)(N_f/N_0)(\varphi/A)$ 和 $(N_f/\dot{D}) = (N_0/\varphi)(N_f/N_0)(\varphi/\dot{D})$。

首先，因子（φ/A）和（$\varphi/\dot{D}$）在前面 2.5.2.2 节中已经做了较详细的推导，它是纯理论计算取得的值。对于土壤中沉降的人工放射性核素和天然放射性核素，可以通过查表 2.5.3、表 2.5.4 和表 2.5.6、表 2.5.7 获得。

其次,探测效率因子(N_0/φ)是探测器对由探测器对称轴入射的特征 γ 射线的全能峰探测效率。美国 EML 的 I. K. Helfer 和 K. M. Miller 通过研究发现:对于 EML 的用标准点源通过实验校准的 8 台圆柱形 Ge(Li)或 HPGe γ 探测器,当入射的特征 γ 射线能量大于 200 keV 时,所有探测器对不同能量 E 的特征 γ 射线的全能峰探测效率因子(N_0/φ)曲线在双对数坐标下呈线性正比关系;这些全能峰探测效率因子(N_0/φ)曲线大多数近乎平行,但探测器的高度/直径比不同,$\ln(N_0/\varphi)$-$\ln E$ 曲线的斜率稍有不同,详见图 2.5.12。

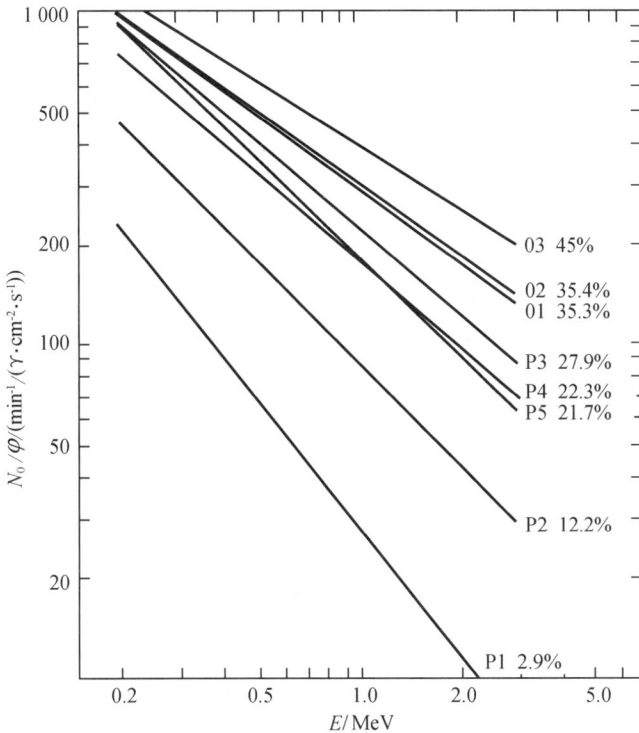

图 2.5.12　8 台 Ge 探测器的探测效率实验曲线

基于上述 8 台圆柱形 Ge(Li)或 HPGe γ 探测器的全能峰探测效率因子(N_0/φ),可拟合得到 200 keV~3 MeV 能量范围内的全能峰探测效率因子(N_0/φ)关系式:

$$\ln(N_0/\varphi) = a - b \cdot \ln E \tag{2.5.40}$$

式中　E——特征 γ 射线能量,MeV;

　　　a、b——与探测器相关的常数。

2.5.3.3　(N_0/φ) 值的获取

由于相对探测效率 ε 是 Ge 探测器对于 ^{60}Co 1 332 keV 相对于 ϕ7.6 cm(3″)×7.6 cm(3″)的 NaI(Tl)探测器的探测效率,且与探测器相关,因此选择利用由生产厂家给出的这一相对探测效率 ε,用作预测其他能量探测效率因子的常数 a 和 b。利用 8 台圆柱形 Ge(Li)或 HPGe 探测器的相对探测效率 ε,拟合出 a' 和 b' 曲线,分别见图 2.5.13 和图 2.5.14;其相应的拟合公式分别为式(2.5.41)和式(2.5.42):

$$a' = 2.689 + 0.499\ 6\ln \varepsilon + 0.096\ 9(\ln \varepsilon)^2 \tag{2.5.41}$$

$$b' = 1.315 - 0.020\ 44\varepsilon + 0.000\ 12 \qquad (2.5.42)$$

上述公式表示 a' 和 b' 相应的拟合理论值。从图 2.5.13 和图 2.5.14 可以看出,拟合得非常好。a 曲线拟合的最大偏差为 2%,而 b 曲线的最大偏差为 6%,所以 a' 和 b' 完全可以用公式(2.5.40)来估计任意探测器的 (N_0/φ) 值。

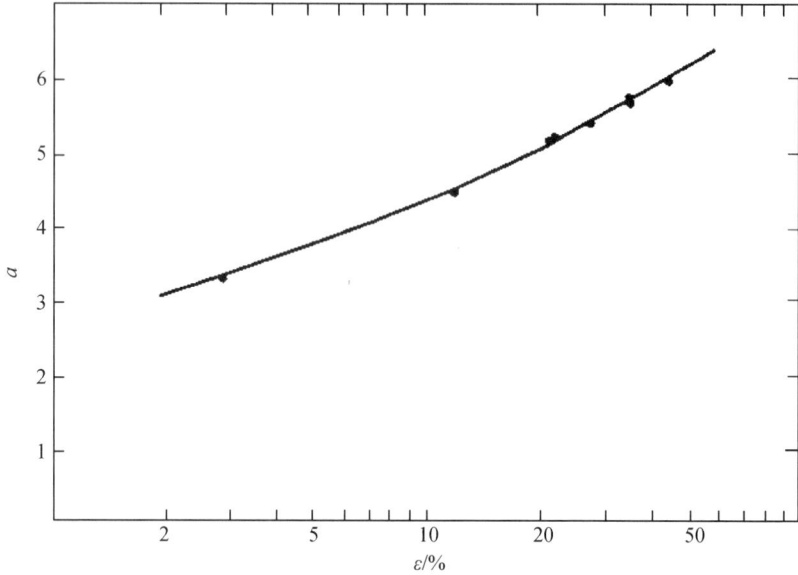

图 2.5.13 作为探测器相对效率(ε)函数的常数 a 的实验值及其拟合曲线

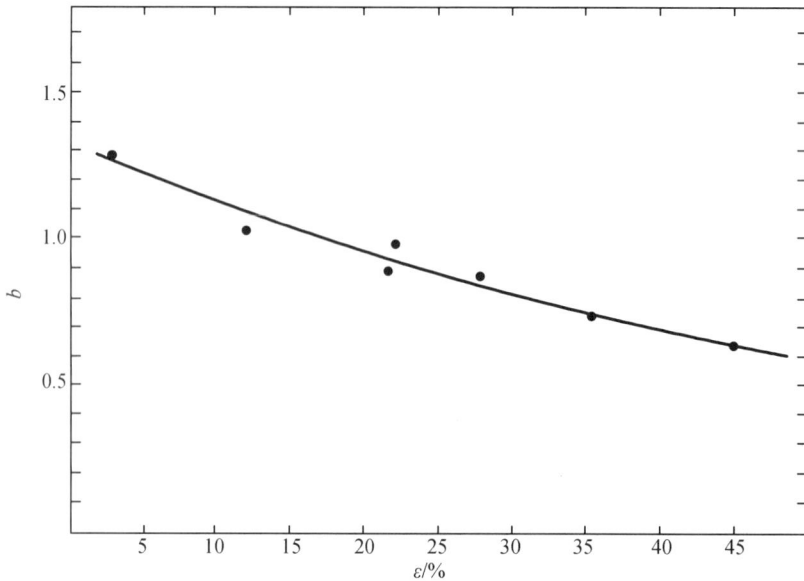

图 2.5.14 作为探测器相对效率(ε)函数的常数 b 的实验值及其拟合曲线

2.5.3.4 (N_f/N_0)值的获取

在纯理论上,探测器的角响应与晶体尺寸相关。在低能量时($<100\ keV$),响应将随入射射线注量所能"看到的"探测器表面积而变化。在高能量时,需要进行更为复杂的探测器晶体三维分析;此外,还存在探测器外包壳、安装件以及"死层"(Ge 不灵敏层)衰减的影响。尽管这种影响很复杂,但通过研究,仍然找到了将角响应修正因子(N_f/N_0)作为探测器 Ge晶体的高度与直径比(L/D)的函数作图,拟合出相对光滑曲线,见图 2.5.15。进而考虑了探测器方向向上和向下两个最极端源的深度分布(均匀分布 $\alpha/\rho=0$ 和表面分布 $\alpha/\rho=\infty$)情况时,给出了不同能量下的(N_f/N_0)的值。(N_f/N_0)数据覆盖了探测器 Ge 晶体 L/D 比值的范围为 0.5~1.3,分别列于表 2.5.27 至表 2.5.30 中。由于(N_f/N_0)随深度分布参数 α/ρ 变化相对较小,因此对于任何近土壤表面的无限大平面源和较深分布的源($\alpha/\rho<0.1\ cm^2/g$),应用表 2.5.27 至表 2.5.30 中的数据值足够了。但对于早期沉降并向土壤中渗透较深($0.1\ cm^2/g<\alpha/\rho<0.5\ cm^2/g$)的放射性落下灰的角响应因子$(N_f/N_0)$没有给出。

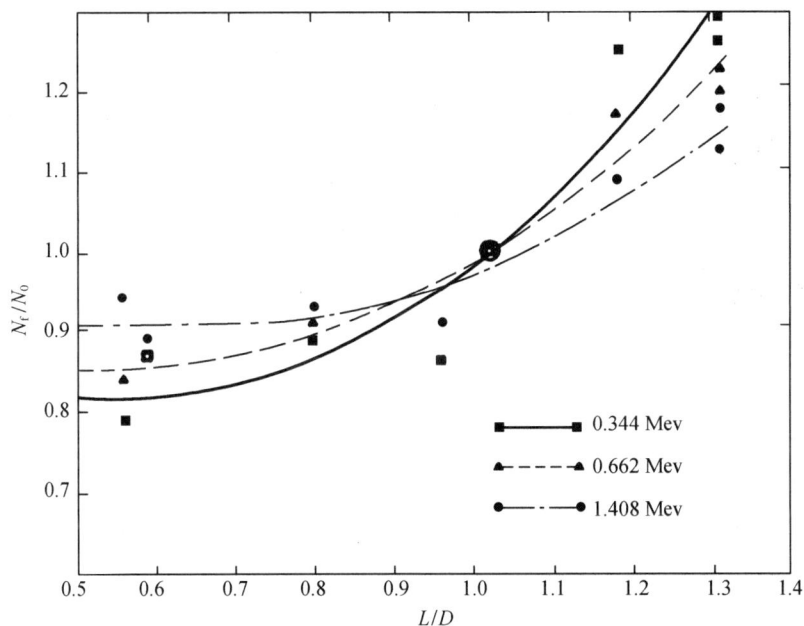

图 2.5.15　角响应校正因子(N_f/N_0)与晶体 L/D 比值的实验值及拟合函数

(三种不同能量、探测器朝下、均匀深度分布 $\alpha/\rho=0$)

通过以上利用拟合公式获得的(N_0/φ)值,查表获得的(N_f/N_0)值、(φ/A) 和 $(\varphi/\dot{D})$ 值,利用 Beak 公式,很容易计算得到就地 HPGe γ 谱仪的两个校准因子(N_f/A) 和 $(N_f/\dot{D})$。

表 2.5.27　角响应校正因子（N_f/N_0）

能量 /MeV	L/D								
	0.5	0.6	0.7	0.8	0.9	1.0	1.1	1.2	1.3
0.3	0.64	0.64	0.65	0.68	0.73	0.80	0.89	1.02	1.17
0.5	0.69	0.69	0.69	0.71	0.75	0.81	0.89	1.00	1.13
0.7	0.72	0.72	0.72	0.73	0.77	0.82	0.89	0.99	1.11
1.0	0.75	0.75	0.75	0.76	0.78	0.83	0.89	0.98	1.08
1.5	0.78	0.78	0.78	0.79	0.81	0.84	0.89	0.96	1.05
2.0	0.80	0.80	0.81	0.82	0.82	0.85	0.89	0.95	1.02
2.5	0.82	0.82	0.83	0.83	0.84	0.86	0.89	0.94	1.01

注：探测器朝上，均匀分布（$\alpha/\rho = 0$）。

表 2.5.28　角响应校正因子（N_f/N_0）

能量 /MeV	L/D								
	0.5	0.6	0.7	0.8	0.9	1.0	1.1	1.2	1.3
0.3	0.77	0.77	0.78	0.78	0.81	0.89	1.00	1.12	1.34
0.5	0.79	0.79	0.80	0.80	0.83	0.90	0.99	1.10	1.28
0.7	0.80	0.80	0.81	0.82	0.84	0.90	0.99	1.09	1.24
1.0	0.82	0.82	0.82	0.83	0.86	0.91	0.98	1.08	1.20
1.5	0.83	0.83	0.83	0.85	0.87	0.92	0.98	1.06	1.16
2.0	0.84	0.84	0.84	0.86	0.88	0.92	0.98	1.05	1.13
2.5	0.85	0.85	0.85	0.87	0.89	0.92	0.97	1.05	1.10

注：探测器朝上，表面分布（$\alpha/\rho = \infty$）。

表 2.5.29　角响应校正因子（N_f/N_0）

能量 /MeV	L/D								
	0.5	0.6	0.7	0.8	0.9	1.0	1.1	1.2	1.3
0.3	0.81	0.82	0.83	0.86	0.91	0.99	1.08	1.18	1.31
0.5	0.84	0.85	0.85	0.88	0.93	0.99	1.06	1.14	1.25
0.7	0.86	0.86	0.87	0.90	0.93	0.98	1.05	1.12	1.21
1.0	0.88	0.88	0.89	0.91	0.94	0.98	1.03	1.10	1.18
1.5	0.91	0.91	0.91	0.92	0.94	0.97	1.02	1.07	1.13
2.0	0.92	0.92	0.93	0.93	0.94	0.96	1.00	1.05	1.10
2.5	0.94	0.94	0.94	0.94	0.95	0.96	0.99	1.03	1.07

注：探测器朝下，均匀分布（$\alpha/\rho = 0$）。

表2.5.30 角响应校正因子(N_f/N_0)

能量/MeV	L/D								
	0.5	0.6	0.7	0.8	0.9	1.0	1.1	1.2	1.3
0.3	0.80	0.80	0.81	0.83	0.88	0.97	1.07	1.19	1.35
0.5	0.82	0.82	0.83	0.85	0.90	0.97	1.06	1.16	1.29
0.7	0.83	0.84	0.85	0.87	0.91	0.97	1.05	1.14	1.25
1.0	0.85	0.85	0.86	0.88	0.92	0.97	1.04	1.12	1.22
1.5	0.86	0.87	0.88	0.90	0.93	0.97	1.03	1.10	1.17
2.0	0.88	0.89	0.90	0.91	0.93	0.97	1.02	1.08	1.14
2.5	0.89	0.90	0.91	0.92	0.94	0.97	1.01	1.07	1.12

注:探测器朝下,表面分布($\alpha/\rho = \infty$)。

2.5.3.5 (N_0/A)值的获取

美国EML的I. K. Helfer和K. M. Miller为了方便核应急情况下的环境快速监测,根据理论计算得到的(φ/A)和($\varphi/\dot{D}$)及拟合得到的(N_0/φ),按照公式(2.5.37),得出一些新沉降的人工放射性核素的因子(N_0/φ)($\alpha/\rho = 6.25$ cm^2/g),适用于探测器相对效率ε在5%~45%(步长5%)的(N_0/A)值列于表2.5.31,且有

$$(N_0/A) = (N_0/\varphi)(\varphi/A) \tag{2.5.43}$$

表2.5.31中第3列列举的数据是空气吸收剂量率转换因子($\dot{D}/A$),利用该转换因子,便可以利用公式(2.5.38)获得($N_0/\dot{D}$):

$$(N_0/\dot{D}) = (N_0/A)/(\dot{D}/A) \tag{2.5.44}$$

对于核爆炸与核事故的环境应急监测而言,^{137}Cs是最重要的裂变放射性核素之一。因此,表2.5.32列举了探测器相对探测效率ε在5%~45%,^{137}Cs在土壤中随深度呈不同α/ρ分布的(N_0/A)值。2.5.32中,第1列是^{137}Cs在土壤中随深度的分布参数α/ρ,第2列是空气吸收剂量率转换因子($\dot{D}/A$),第3列至第11列是对应于探测器相对探测效率ε为5%~45%的因子(N_0/A)值。

表2.5.33是天然放射性核素U系列、Th系列和^{40}K对应于探测器相对探测效率ε在5%~45%的因子(N_0/A)值。表2.5.33的注释给出了天然放射性核素U系列、Th系列和^{40}K的空气吸收剂量率转换因子($\dot{D}/A$)。其中,^{238}U系列为0.668(nGy · h^{-1}/(Bq·kg^{-1})),^{232}Th系列为0.668(nGy · h^{-1}/(Bq·kg^{-1})),^{40}K为0.0424(nGy · h^{-1}/(Bq·kg^{-1}))。

从表2.5.31至表2.5.33查取(N_0/A)值,从表2.5.27至表2.5.30查取对应条件下的(N_f/N_0)值,可以更为方便快捷地得到校准因子(N_f/A)和($N_f/\dot{D}$)。

表 2.5.31　人工沉降落下灰核素的 $N_0/A(\text{min}^{-1}/(\text{Bq}\cdot\text{m}^{-2}))$　（$\alpha\rho=6.25\text{ cm}^2/\text{g}$）

核素	能量 E/keV	$\dot{D}/A$/((nGy/h)/(Bq/m²))	相对探测效率 ε/%								
			5	10	15	20	25	30	35	40	45
^{60}Co	1 173	8.94×10^{-3}	0.006 5	0.012 2	0.018 4	0.025 1	0.032 7	0.041	0.040	0.058	0.068
^{60}Co	1 333	8.94×10^{-3}	0.005 7	0.010 8	0.016 5	0.023 0	0.029 7	0.038	0.046	0.055	0.064
^{95}Zr	724	2.84×10^{-3}	0.004 6	0.008 4	0.012 2	0.015 9	0.020 0	0.024 1	0.028 1	0.032	0.068
^{95}Zr	757	2.84×10^{-3}	0.005 7	0.010 3	0.014 9	0.019 5	0.024 3	0.029 5	0.035 0	0.040	0.046
^{95}Nb	766	2.94×10^{-3}	0.010 3	0.018 4	0.026 8	0.035	0.044	0.054	0.063	0.073	0.083
^{103}Ru	497	1.86×10^{-3}	0.014 1	0.024 3	0.034	0.044	0.053	0.062	0.071	0.080	0.090
^{131}I	365	1.60×10^{-3}	0.018 4	0.031	0.042	0.053	0.062	0.072	0.081	0.089	0.098
^{132}I	668+670	8.67×10^{-3}	0.012 2	0.021 6	0.031	0.041	0.051	0.061	0.071	0.082	0.092
^{132}I	773	8.67×10^{-3}	0.007 8	0.014 1	0.020 3	0.027 0	0.034	0.041	0.048	0.056	0.064
^{134}Cs	605	6.02×10^{-3}	0.013 0	0.022 7	0.032 2	0.042	0.052	0.061	0.071	0.081	0.091
^{134}Cs	796	6.02×10^{-3}	0.008 4	0.015 1	0.022 2	0.029 5	0.037	0.045	0.053	0.061	0.070
^{136}Cs	819	8.11×10^{-3}	0.009 5	0.017 3	0.025 1	0.034	0.042	0.051	0.061	0.071	0.081
^{136}Cs	1 048	8.11×10^{-3}	0.005 9	0.010 8	0.016 2	0.021 9	0.028 4	0.035	0.042	0.050	0.057
^{137}Cs	662	2.20×10^{-3}	0.010 3	0.018 1	0.025 9	0.034	0.042	0.051	0.059	0.068	0.077
^{140}Ba	537	5.71×10^{-4}	0.003 8	0.008 2	0.008 9	0.011 8	0.014 1	0.016 5	0.019 2	0.021 6	0.024 3
^{140}La	487	7.89×10^{-3}	0.007 8	0.013 5	0.018 9	0.024 1	0.029 2	0.034	0.039	0.044	0.049
^{140}La	1 596	7.89×10^{-3}	0.004 6	0.008 6	0.013 5	0.018 9	0.025 4	0.032	0.039	0.047	0.056

注：1. $N_0/A=(N_0/\varphi)\cdot(\varphi/A)$；

2. $N_0/\dot{D}=(N_0/A)/(\dot{D}/A)$。

表 2.5.32　人工沉降 ^{137}Cs 核素的 N_0/A（$\mathrm{min^{-1}/(Bq \cdot m^{-2})}$）

α/ρ /$(\mathrm{cm^2/g})$	$\dot{D}/A$ /$((\mathrm{nGy/h})/(\mathrm{Bq/m^2}))$	相对探测效率 $\varepsilon/\%$								
		5	10	15	20	25	30	35	40	45
∞	2.53×10^{-3}	0.012 1	0.021 4	0.031	0.040	0.050	0.060	0.070	0.080	0.090
6.250	2.20×10^{-3}	0.010 2	0.018 1	0.026 0	0.034	0.042	0.050	0.059	0.068	0.076
0.625	1.47×10^{-3}	0.005 9	0.009 7	0.015 0	0.019 6	0.024 3	0.029 2	0.034	0.039	0.044
0.312	1.19×10^{-3}	0.004 4	0.007 8	0.011 2	0.014 7	0.018 2	0.021 8	0.025 5	0.029 2	0.033
0.206	1.02×10^{-3}	0.003 6	0.006 4	0.009 1	0.027 0	0.011 9	0.014 8	0.017 7	0.023 7	0.026 8
0.062 5	5.52×10^{-4}	0.001 6	0.002 9	0.004 2	0.005 5	0.005 9	0.008 2	0.009 6	0.011 0	0.012 4

表 2.5.33　天然放射性核素的 N_0/A（$\mathrm{min^{-1}/(Bq \cdot kg^{-1})}$）　（$\alpha/\rho=0$）

核素	能量 E /keV	相对探测效率 $\varepsilon/\%$								
		5	10	15	20	25	30	35	40	45
^{226}Ra	186	0.042	0.067	0.086	0.101	0.114	0.125	0.135	0.144	0.152
^{214}Pb	242	0.070	0.113	0.148	0.179	0.206	0.230	0.251	0.273	0.252
	295	0.154	0.252	0.338	0.414	0.484	0.546	0.608	0.665	0.722
	352	0.256	0.427	0.581	0.722	0.854	0.978	1.10	1.21	1.33
^{214}Bi	609	0.206	0.362	0.516	0.670	0.827	0.984	1.14	1.30	1.47
	1 120	0.044	0.082	0.123	0.168	0.217	0.269	0.324	0.384	0.446
	1 765	0.033	0.064	0.100	0.142	0.189	0.242	0.300	0.365	0.435
^{228}Ac	911	0.097	0.176	0.261	0.349	0.443	0.543	0.649	0.757	0.870
	965+967	0.073	0.134	0.199	0.258	0.343	0.422	0.503	0.589	0.678
^{212}Pb+^{224}Ra	239+241	0.470	0.757	0.995	1.20	1.38	1.54	1.68	1.82	1.98
^{206}Tl	583	0.141	0.246	0.351	0.454	0.557	0.660	0.765	0.870	0.978
	2 615	0.059	0.119	0.193	0.283	0.389	0.511	0.651	0.806	0.981
^{40}K	1461	0.028	0.050	0.077	0.107	0.141	0.178	0.219	0.262	0.308

2.5.3.6　结论

上述半经验校准方法可以免除购置大量实验校准用标准放射源和大量的实验工作量，固然方便，而且校准工作人员不必为实验校准遭受附加的辐射剂量。但在 EML 的这一工作中，只采用了两个厂家生产的 8 台探测器，ε 仅在 5%~45% 范围，代表性不够；而且只适用于能量 $E>200$ keV 的情况；由于探测器在结构上会有所差异，采用这种半经验校准方法，误差偏大，当能量 $E>200$ keV 时，校准因子的准确度为 15%。当然，对于核与辐射事故应急中的环境监测，这一准确度还是可以接受的。

2.5.4　蒙特卡洛模拟技术

2.5.4.1　引言

本章节介绍采用蒙特卡洛方法，建立了一套数学计算模型，模拟物理校准实验中由点源发射的初始 γ 光子在 HPGe 晶体中的作用和能量沉积过程；采用 FORTRAN 语言编制了可在 PC 机运行的专用软件包 HPGE，只要详细了解探测器的结构和尺寸，就可以利用 HPGE，通过模拟跟踪大量由点源发射的初始 γ 光子的历史，精确计算就地 HPGe γ 谱仪对点源初始 γ 光子的全能峰探测效率因子 (N_0/φ) 和角响应校正因子 (N_f/N_0)，进而利用 Beck 公式[1]计算就地 HPGe γ 谱仪测量随土壤深度呈不同分布的各种 γ 放射性核素在土壤中的活度浓度校准系数 (N_f/A) 及其在地面上 1 m 高处的空气吸收剂量率校准系数 $(N_f/\dot{D})$。

本章节应用软件包 HPGE 对两台就地 HPGe γ 谱仪的不同 γ 光子能量点源的全能峰探测效率因子 (N_0/φ)、角响应校正因子 (N_f/N_0) 以及土壤活度浓度校准系数 (N_f/A) 和空气吸收剂量率校准系数 $(N_f/\dot{D})$ 进行了计算，并将计算结果与实验校准结果进行了比较。在常规和事故环境就地测量所关心的 γ 放射性核素能量范围（129 keV ~ 2.614 MeV）内，两台就地 HPGe γ 谱仪的校准系数的计算值与实验值，一般在 ±6% 的相对偏差范围内吻合，最大相对偏差小于 ±9%。

2.5.4.2　计算模式与方法

正如 2.5.2 章节所述，利用 γ 谱仪进行就地环境测量，其校准系数可采用 Beak 公式进行计算。在 Beak 公式中，所有因子都是入射 γ 光子能量 E 的函数，因子 (φ/A)、(φ/D) 和 (N_f/N_0) 还依赖于土壤中放射性核素的分布、土壤的组分和密度等因素，因子 (N_0/φ) 和 (N_f/N_0) 还与探测器的几何形状和结构有关。

本章节中，关于 (φ/A) 和 $(\varphi/\dot{D})$ 的计算，2.5.2 章节中已有详细的叙述，完全借用 2.5.2 章节所获得的成果，在此不赘述。本章节主要用蒙特卡洛方法模拟计算就地 HPGe γ 谱仪对点源的全能峰探测效率因子 (N_0/φ) 和角响应校正因子 (N_f/N_0) 进行介绍。

1. 假设

在计算中，假设探测器为一裸露且一端封闭的圆柱形晶体，探测器与源均放置在真空中，即假定放射 γ 光子与探测器的外壳材料、晶体的不灵敏层（亦称"死层"）以及源到探测器之间的空气没有发生任何作用，见图 2.5.16。但考虑到事实上它们对 γ 射线的衰减、对上述物质的衰减影响，对计算结果都做了相应的修正。

计算中还假定输出脉冲幅度正比于 γ 光子沉积于晶体耗尽层中的总能量。

对于 γ 光子与 Ge 晶体的相互作用只考虑了光电效应、康普顿效应和电子对效应，并对这些过程中产生的次级光子和带电粒子，包括康普顿散射光子、X 射线荧光光子、湮没辐射光子和光电子、康普顿反冲电子、电子对效应产生的电子或正电子进行跟踪。计算中入射 γ

光子能量限制在 60 keV~3 MeV,在这一能量范围内没有考虑 Rayleigh 散射和韧致辐射给计算结果带来的误差,由于很小,可以忽略。

光子的截止能量为 11 keV,即光子能量降到 11 keV 就假定被 Ge 晶体全部吸收。

2. 计算采用的光子作用截面和电子射程

γ 光子能量小于 1.0 MeV,光电效应总截面 σ_{ph} 取自文献[22],康普顿总截面 σ_{com} 取自文献[23],能量大于或等于 1.0 MeV,σ_{ph}、σ_{com} 和电子对效应总截面 σ_{pp} 均取自文献[24]。电子(包括正电子)能量及相关的射程数据取自文献[25]。

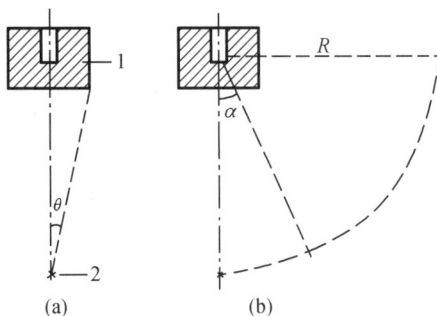

1—Ge 晶柱体;2—γ 点源。

图 2.5.16　探测器-源相对位置图

计算中,γ 光子的作用截面以及电子(包括正电子)在 Ge 晶体中的射程均由上述文献中的值通过拉格朗日(Lagrange)法插值获取。

3. 计算模型

蒙特卡洛计算方法的原理是模拟大量进入 Ge 晶体的单个光子的历史,按照所给定的分布函数,得到所要的服从某一统计分布的物理量。

一个光子在其完全被 Ge 晶体吸收或逃脱之前,用蒙特卡洛过程模拟其历史中的每一个步骤。

(1)(N_0/φ)的计算

描述 γ 光子运动状态的参数有位置(x,y,z)、运动方向(u,v,w)和能量 E。由于点源的 γ 光子为各向同性发射,真正能够入射到探测器 Ge 晶体的份额很小,为了提高抽样效率,对 γ 光子的初始运动方向采用了偏倚抽样,然后对结果进行纠偏的方法,这样使所抽样的每一个初始 γ 光子都进入 Ge 晶体。初始 γ 光子进入晶体后,由初始 γ 光子的通量密度的指数分布抽样确定其在晶体中的首次作用点位置(初始 γ 光子沿入射方向进入晶体的深度 r)。如果 r 大于沿初始 γ 光子入射方向从进入到穿出晶体的路径长度,就认为初始 γ 光子没有与晶体发生作用而逃出探测器外,该 γ 光子的历史结束。反之,如果 r 小于或等于上述路径长度就认为初始 γ 光子要经历一次相互作用。通过 γ 光子各种作用机制(光电效应、康普顿效应、电子对效应)有关截面的抽样,来确定经历哪一种作用过程。然后对作用所产生的次级光子和电子采用"字典编辑多分支方法"[26]分别进行模拟。初始 γ 光子入射方向的偏倚抽样及模拟光子、电子作用机制和输运过程的蒙特卡洛数学模型参见文献[27]。

本计算所求的物理量有两个:一是能量沉积谱;二是全能峰探测效率因子(N_0/φ)。

在初始 γ 光子的历史结束之前,发生作用的全部产物(包括光电子、KX 线辐射光子、康普顿散射光子、康普顿反冲电子、电子对效应产生的正负电子、负电子以及正电子湮没产生的湮没光子)的历史,在 Ge 晶体中被跟踪直到入射初级 γ 光子的能量全部沉积于 Ge 晶体,或能量部分沉积于 Ge 晶体而部分逃逸出 Ge 晶体。为了与实际测量情况一致,记录分为 4 096 个区间(实际测量为 4 096 个能量道),按沉积能量的大小,把一个计数累加到相应能量道中,跟踪一定数目的初始 γ 光子,这样便能记录得到某一能量 E 的初级 γ 光子在 Ge 晶体中的能量沉积谱(直方图形式)。

对于初级 γ 光子入射方向偏倚抽样而言,点源的全能峰探测效率因子可用下式计算:

$$(N_0/\varphi) = \frac{N_p \cdot f_0 \cdot 60}{\left(\dfrac{N_t}{4\pi R^2}\right)} \cdot e^{-\Sigma \mu_i D_i}, \quad f_0 = \frac{1 - \cos \theta}{2} \tag{5.2.45}$$

式中　(N_0/φ)——γ 光子的全能峰探测效率因子,$\min^{-1}/(1/(cm^2 \cdot s))$;

　　　N_t——点源在单位时间内发射的初级 γ 光子入射到 Ge 晶柱体表面的数目,s^{-1};

　　　N_p——1 min 内相应于 N_t 的初级 γ 光子能量全部沉积在 Ge 晶柱体中的数目,$\min^{-1}$;

　　　f_0——纠偏因子;

　　　60——分/秒时间转换因子;

　　　R——位于 Ge 晶体对称轴上的点源到晶体几何中心的距离,cm;

　　　θ——点源对探测器 Ge 晶体所张的最大角(图 2.5.16(a));

　　　μ_i——某屏蔽材料 i 对能量为 E 的初级 γ 光子的线衰减系数,cm^{-1};

　　　D_i——初始 γ 光子穿越某屏蔽层 i 的平均厚度,cm。

本工作自行编制的 HPGE 软件包中的 GED4 程序是用于计算放射性点源置于同轴型 HPGe γ 探测器对称轴的延长线上,探测器对入射初级 γ 光子的全能峰探测效率(N_0/φ),其计算流程见图 2.5.17。

(2) (N_f/N_0) 的计算

计算角响应校正因子 (N_f/N_0),分为两步进行。首先,采用蒙特卡洛方法分别计算探测器对置于距探测器几何中心距离相等而角度各不相同(0°~90°)的 γ 点源(图 2.5.16(b))的全能峰计数率 $N(\alpha)$,并用角度为 0°时的全能峰计数率 N_0 归一化相对角响应因子 $N(\alpha)/N_0$;然后采用下面数值积分公式求取角响应校正因子:

$$(N_f/N_0) = \frac{1}{\varphi} \int_0^1 R(\omega) \frac{d\varphi}{d\omega} d\omega \tag{2.5.46}$$

式中　(N_f/N_0)——谱仪探测器的角响应校正因子;

　　　$R(\omega)$——探测器的相对角响应因子 $N(\alpha)/N_0$ 的拟合函数,即

$$R(\omega) = \sum_i B(i) \cdot \omega^i, \quad \omega = \cos \alpha \tag{2.5.47}$$

　　　$B(i)$——拟合系数;

　　　φ——在土壤中呈某种分布的 γ 放射性核素,在地面上空某点处产生的初级 γ 光子注量率,$cm^{-2} \cdot s^{-1}$。

下面主要介绍采用蒙特卡洛方法模拟计算相对角响应因子 $N(\alpha)/N_0$ 的过程。

正如前面图 2.5.16(a)中所述,由点源发射的初级 γ 光子是各向同性的,因而由点源发出的初级 γ 光子真正射入谱仪探测器的份额很小。为了提高源抽样效率,本书考虑了两种抽样方法。其中一种方法是在谱仪探测器的 Ge 晶体外做了一个辅助外接球(图 2.5.18)。首先,由点源发出的初始 γ 光子的入射方向对辅助球采用偏倚抽样方法抽样,然后,再判断该光子是否进入 Ge 晶体,如果进入 Ge 晶体,则按文献[28]中的方法确定在 Ge 晶体内的首次作用点位置;如果没有进入 Ge 晶柱体,则重新抽样。采用该方法,比原始抽样方法的效率有了很大的提高,但仍有一部分初始 γ 光子虽然进入了辅助球但并未进入 Ge 晶体或穿出 Ge 晶体,它们对所求的物理量没有贡献而造成抽样的浪费。为了进一步提高抽样效率,本书采用了另一种方法,即直接在 Ge 晶体中对入射初始 γ 光子的首次作用点位置进行均匀抽样,再求出入射初始 γ 光子在该作用点上实际发生首次作用的贡献,并以此贡献为权

重对沉积能量在某一记录区间(能量道)的记录进行纠偏。

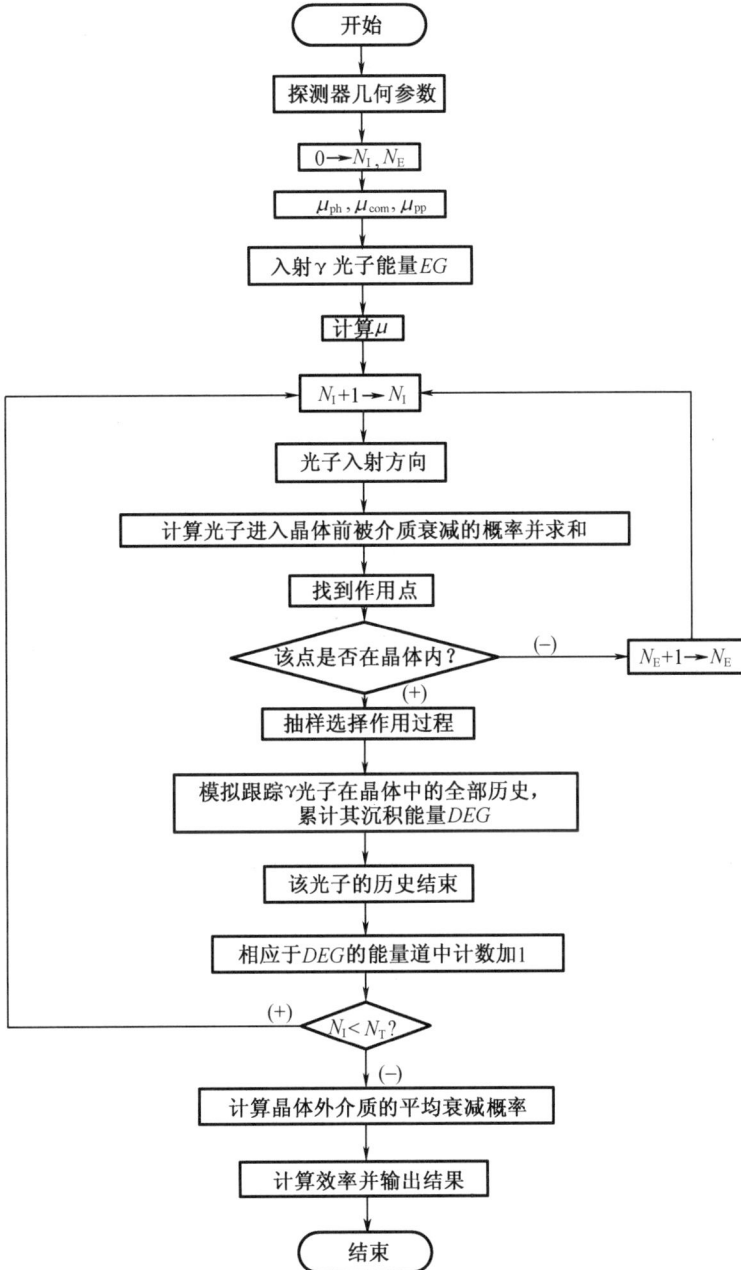

N_I—初级 γ 光子入射数;N_E—初级 γ 光子逃脱数;N_T—将被跟踪的 γ 光子总数。

图 2.5.17　GED4 程序流程图

如图 2.5.19 所示,入射初始 γ 光子在 Ge 晶体内部点发生首次作用的贡献(纠偏因子)为

$$f = \frac{1}{4\pi\rho^2}e^{-(\mu D + \sum \mu_i D_i)} \tag{2.5.48}$$

式中 ρ——点源 S 到首次作用点 P 的距离，cm；

      μ——Ge 介质对某能量初始 γ 光子的线衰减系数，cm^{-1}；

      μ_i——介质 i（如 Ge 不灵敏层、铝端帽、铝包壳和空气）对某能量初始 γ 光子的线减弱系数，cm^{-1}；

      D_i——初始 γ 光子在介质 i 中穿行的径迹长度，cm。

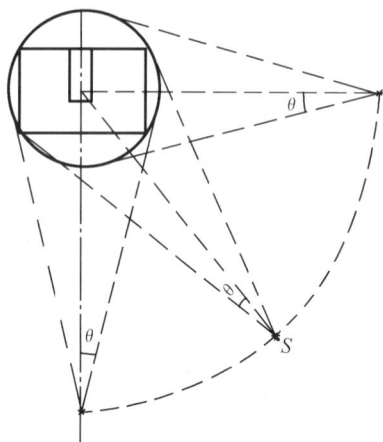

图 2.5.18 首次作用点抽样的辅助球方法示意图

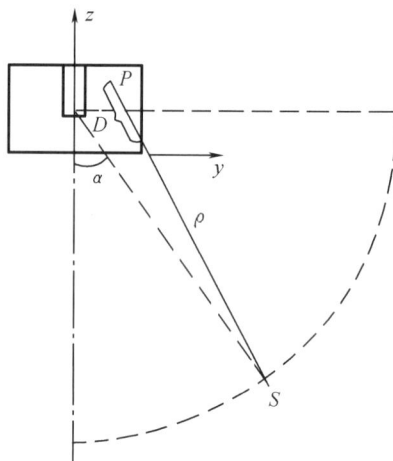

图 2.5.19 首次作用点均匀抽样方法示意图

初始 γ 光子首次作用点位置均匀抽样以及模拟光子电子作用机制和输运过程的蒙特卡洛数学模型详见文献[28]。

本章节所求物理量是谱仪探测器的相对角响应因子 $N(\alpha)/N_0$，$N(\alpha)$ 和 N_0 分别是谱仪探测器对置于不同 α 角和置于探测器对称轴延长线上的点源的全能峰计数率。在测量时间相同的条件下，$N(\alpha)$ 和 N_0 也可以认为是全能峰的总净计数，即为能量全部沉积在 Ge 晶柱体中的总计数。

由于采用首次作用点均匀抽样的方法，当初始 γ 光子的能量 E_0 全部沉积时，在相应的能量道中不再是简单地加一个计数，而是加一个计数与该初始 γ 光子在 Ge 晶体内发生首次作用的均匀抽样点的纠偏因子 f 的乘积。

本工作自行编制的 HPEG 软件包中的 GED5 程序是用来计算放射性点源置于不同角度时谱仪探测器的相对角响应因子 $N(\alpha)/N_0$，其计算流程见图 2.5.20。

计算得到 $N(\alpha)/N_0$ 后，便可利用公式（2.5.41）和（2.5.40）求得所需的角响应校正因子 (N_f/N_0)。

2.5.4.3 计算结果及实验验证

本章节工作采用 FORTRAN 语言编制了计算软件包 HPGE，对两台就地 HPGe γ 谱仪探测器的全能峰探测效率因子 (N_0/φ)、相对角响应因子 $N(\alpha)/N_0$ 及其角响应校正因子 (N_f/N_0) 进行了计算，进而利用 Beak 公式（2.5.3）、（2.5.4）分别计算土壤中放射性核素活度浓度校准系数 (N_f/A) 和地面上 1 m 高处的空气吸收剂量率校准系数 $(N_f/\dot{D})$，并对 (N_0/φ)、(N_f/N_0) 和 (N_f/A) 的计算结果分别与实验结果进行了比较。其中一台就地 HPGe γ 谱仪（以下简称谱仪 1）的实验校准结果为本工作完成，另一台就地 HPGe γ 谱仪（以下简称谱仪 2）的实验校准结果取自文献[6]。由于 $(N_f/\dot{D})$ 与 (N_f/A) 值只相差一个常数，因而其计算结果与实验结果的偏差与 (N_f/A) 相同，故在结果比较中未予给出。

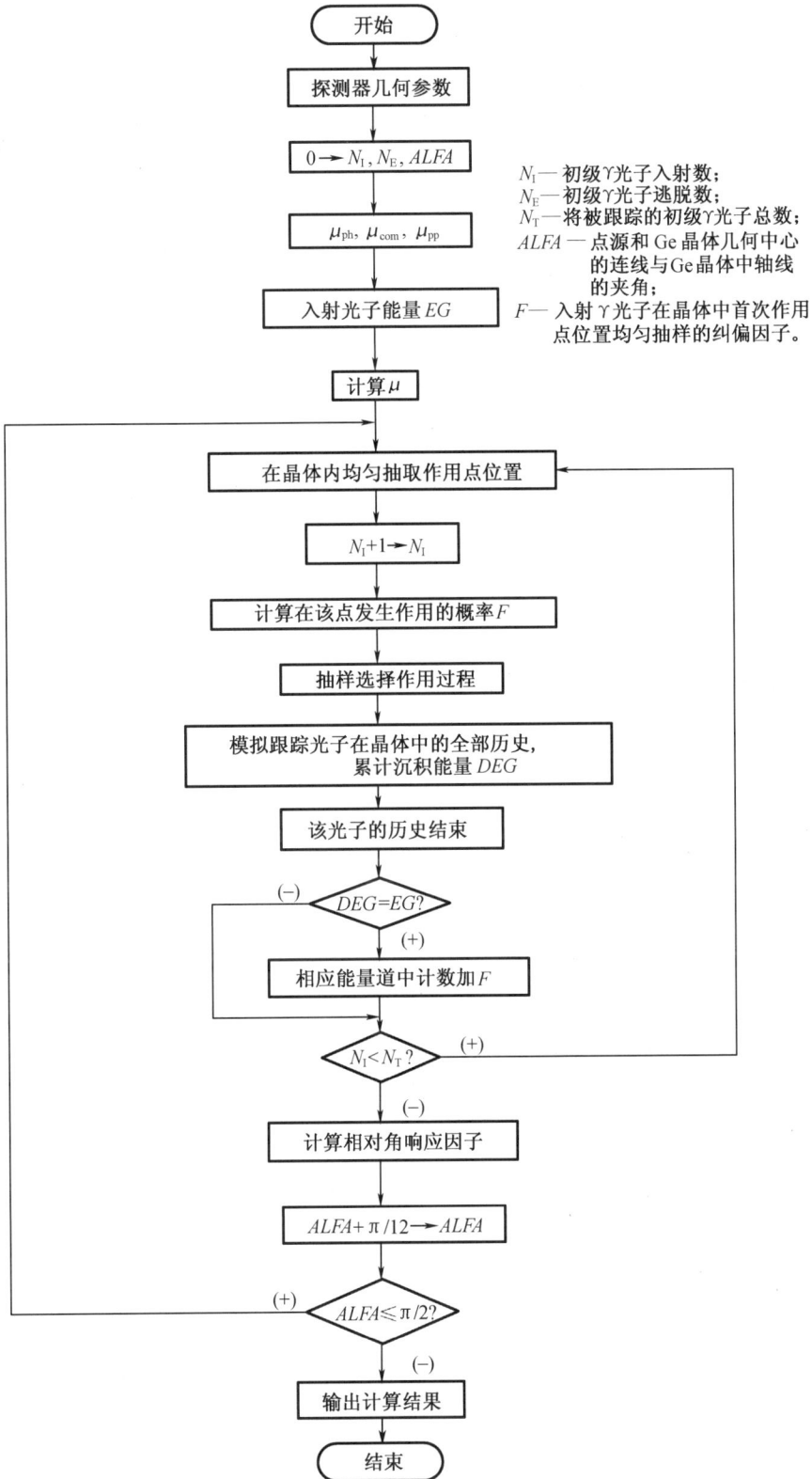

N_I — 初级 γ 光子入射数；
N_E — 初级 γ 光子逃脱数；
N_T — 将被跟踪的初级 γ 光子总数；
$ALFA$ — 点源和 Ge 晶体几何中心
　　　　的连线与 Ge 晶体中轴线
　　　　的夹角；
F — 入射 γ 光子在晶体中首次作用
　　点位置均匀抽样的纠偏因子。

图 2.5.20　CED5 程序流程图

探测器结构如图 2.5.21 所示,两台探测器的结构参数值见表 2.5.34。图 2.5.22、图 2.5.23 分别给出了谱仪1、谱仪 2 的全能峰探测效率因子(N_0/φ)的蒙特卡洛计算值和实验测量值,图中,能量小于 1 MeV 的蒙特卡洛计算值是跟踪 20 000 个初始入射光子的结果;能量大于 1 MeV 的蒙特卡洛计算值是跟踪 30 000 个初始入射光子的结果。图 2.5.22 中,在实验校准的能量范围(59.5 keV～1.408 MeV)内,能量 $E \leqslant 200$ keV 时,(N_0/φ)的计算值与实验值在±13% 的相对偏差范围内吻合,能量 $E > 200$ keV 时,(N_0/φ)的计算值与实验值在±3% 的相对偏差范围内吻合。低能端的相对

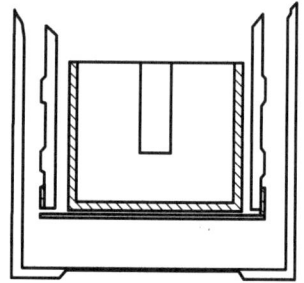

图 2.5.21　探测器结构图

偏差较大,其原因是实验所用低能 γ 源的活度不确定度较大和计算采用的衰减介质厚度与实际厚度的差异对低能 γ 射线影响较大。图 2.5.23 中,在实验校准的能量范围(59.5 keV～1.333 MeV)内,(N_0/φ)的计算值与实验值在±4% 的相对偏差范围内吻合。

表 2.5.34　两台 HPGe γ 谱仪探测器的结构参数　　　　　　　　单位:cm

项目	谱仪 1	谱仪 2
晶体尺寸	$\phi 4.85\times 3.75$	$\phi 5.3\times 6.20$
冷指井尺寸	$\phi 1.00\times 2.90$	$\phi 1.20\times 4.80$
Ge 不灵敏层厚度	0.10	0.05
铝固定筒壁厚度	0.15	0.15
铝端帽厚度	0.10	0.05
铝外壳壁厚度	0.20	0.20
入射窗厚度	0.1	0.05
晶体表面到窗的距离	0.5	0.5

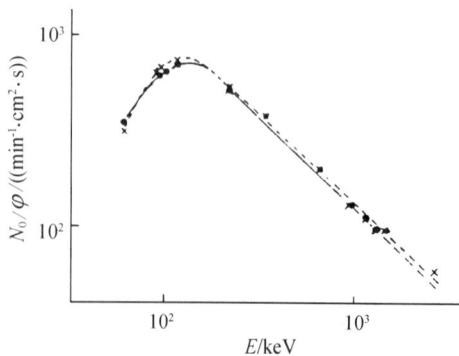

＊:计算值;—●—:实验值。

图 2.5.22　谱仪 1 的全能峰探测效率因子
(N_0/φ)的计算值与实验值

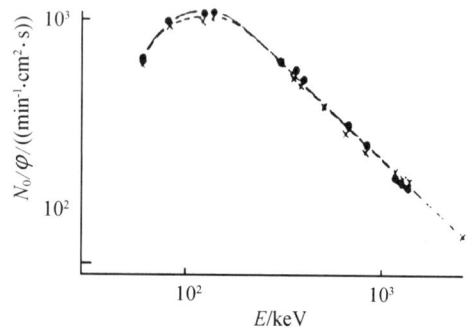

＊:计算值;—●—:实验值。

图 2.5.23　谱仪 2 的全能峰探测效率因子
(N_0/φ)的计算值与实验值

图 2.5.24 和图 2.5.25 分别给出了上述两台就地 HPGe γ 谱仪在张弛长度(α/ρ)为三种不同值(即分别代表放射性核素在土壤中随深度呈均匀分布、指数分布和平面分布)时的角响应校正因子(N_f/N_0)的计算值和实验值,其最大相对偏差为 6%。其计算结果与实验结果的偏差主要是由相对角响应因子 $N(\alpha)/N_0$ 的计算值与实验值的偏差传递所致,其次是受 $N(\alpha)/N_0$ 值的拟合误差影响。

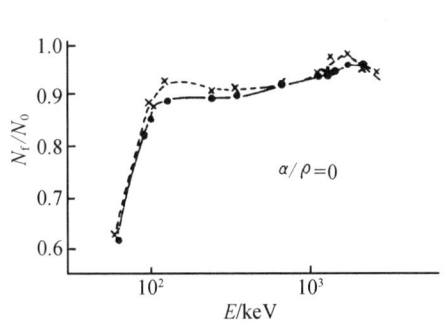

(a)

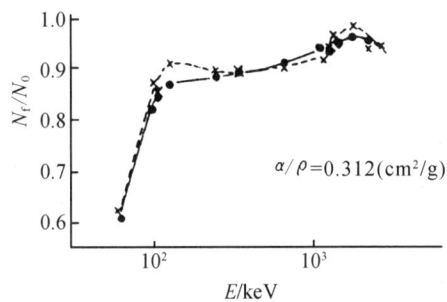

(b)

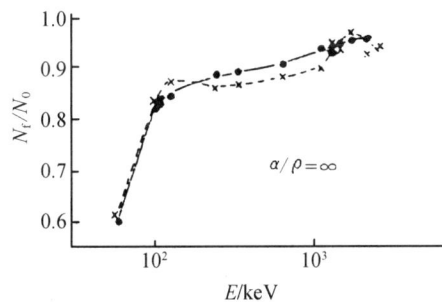

(c)

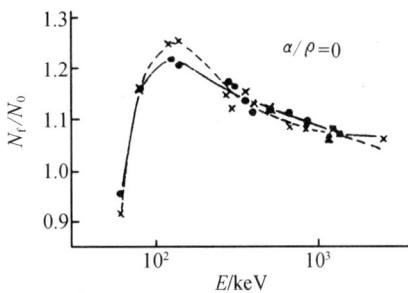

(a)

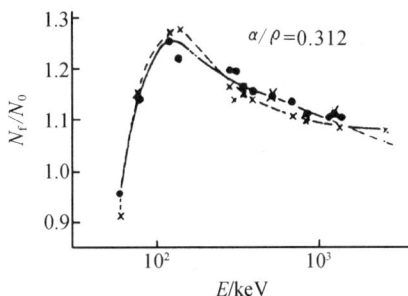

(b)

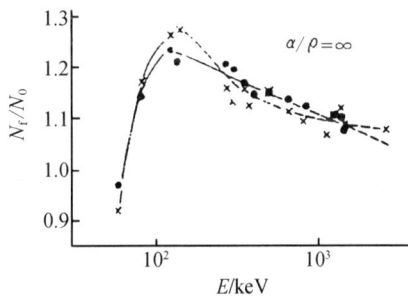

(c)

＊:计算值;——:实验值。

图 2.5.24　谱仪 1 的角响应校正因子
(N_f/N_0)的计算值与实验值

＊:计算值;——:实验值。

图 2.5.25　谱仪 2 的角响应校正因子
(N_f/N_0)的计算值与实验值

表 2.5.35 列出了谱仪 1 和谱仪 2 对在土壤中呈均匀分布的天然放射性核素的校准系数(N_f/A)的计算值和实验值及它们的相对偏差。由表 2.5.35 可看出,对于谱仪 1,在实验校准的能量范围(59.5 keV~1.408 MeV)内,能量 $E<200$ keV 时,(N_f/A)的计算值与实验值在±8%的相对偏差范围内吻合;$E>200$ keV 时,(N_f/A)的计算值和实验值在±3%的相对偏差范围内吻合,超出实验校准的能量范围($E>1.408$ MeV),(N_f/A)的计算值与实验值的偏差随能量

略呈增大趋势,最大相对偏差为5.4%。其低能段偏差较大,主要是低能段(N_0/φ)值的大偏差传递所致。对于谱仪2,在实验校准的能量范围(59.5 keV~1.333 MeV)内,(N_f/A)的计算值与实验值在±8.0%的相对偏差范围内吻合,当能量大于1.333 MeV,其相对偏差随能量增加也呈增大的趋势,最大为9.3%。超出实验能量点,其偏差增大的主要原因有:①超出实验能量点的(N_0/φ)和(N_f/N_0)的实验值均为实验能量点测量值的拟合外推值,其误差一般比在实验能量范围内的要大;②计算中采用的谱仪探测器结构参数与实际参数存在差异。

表2.5.35 两台就地HPGe γ谱仪对土壤中天然放射性核素的活度浓度校准系数(N_f/A)的计算值与实验值比较

核素	能量 /keV	谱仪1			谱仪2		
		计算值 $(10^{-2}\text{min}^{-1}/(\text{Bq}\cdot\text{kg}^{-1}))$	实验值 $(10^{-2}\text{min}^{-1}/(\text{Bq}\cdot\text{kg}^{-1}))$	相对偏差/%	计算值 $(10^{-2}\text{min}^{-1}/(\text{Bq}\cdot\text{kg}^{-1}))$	实验值 $(10^{-2}\text{min}^{-1}/(\text{Bq}\cdot\text{kg}^{-1}))$	相对偏差/%
^{226}Ra	186.11	7.26	7.06	+2.82	24.1	22.9	+5.24
^{214}Pb	241.92	13.9	13.9	0	29.4	28.7	+2.30
^{214}Pb	295.09	31.5	31.4	+0.00	67.7	67.8	−0.15
^{214}Pb	351.87	55.3	55.2	+1.81	120	121	−0.83
^{214}Bi	665.44	1.68	1.67	+0.60	3.84	3.98	−3.52
^{214}Bi	768.35	4.95	4.091	+0.81	11.5	11.9	−3.36
^{214}Bi	934.04	2.97	2.93	+1.37	7.00	7.20	−1.39
^{214}Bi	1 120.27	13.1	12.9	+1.56	32.4	32.3	+0.31
^{214}Bi	1 238.10	5.00	4.88	+2.46	12.6	12.3	+2.44
^{214}Bi	1 377.66	3.30	3.20	+3.13	8.48	8.10	+4.69
^{214}Bi	1 509.22	1.74	1.68	+3.27	4.54	4.26	+6.57
^{214}Bi	1 729.58	2.30	2.20	+4.55	6.16	5.71	+7.88
^{214}Bi	1 764.49	11.9	11.4	+5.26	32.0	29.5	+8.47
^{214}Bi	1 847.41	1.56	1.49	+4.70	4.22	3.86	+9.32
^{214}Bi	2 204.09	3.37	3.21	+5.30	9.38	8.70	+7.82
^{214}Bi	2 447.68	0.995	0.944	+5.40	2.78	—	—
^{228}Ac	129.03	6.21	5.976	+7.81	12.2	12.1	+0.83
^{228}Ac	209.39	8.29	8.31	+0.24	17.4	18.6	−6.45
^{212}Pb	238.58	81.7	81.7	0	173	175	−1.14
^{224}Ra	240.76	7.27	7.27	0	15.4	15.2	+1.32
^{228}Ac	270.26	6.60	6.59	+0.15	14.1	14.0	+0.71
^{208}Tl	277.28	4.16	4.16	0	8.91	8.88	+0.34
^{212}Pb	300.03	5.43	5.41	+0.37	11.7	11.9	−1.68
^{228}Ac	328.07	5.43	5.41	+0.37	11.7	11.5	+1.74
^{228}Ac	338.42	19.7	19.6	+0.51	42.7	39.7	+7.56

表 2.5.35(续)

核素	能量/keV	谱仪 1			谱仪 2		
		计算值($10^{-2}\mathrm{min}^{-1}/$ $(\mathrm{Bq \cdot kg^{-1}})$)	实验值($10^{-2}\mathrm{min}^{-1}/$ $(\mathrm{Bq \cdot kg^{-1}})$)	相对偏差/%	计算值($10^{-2}\mathrm{min}^{-1}/$ $(\mathrm{Bq \cdot kg^{-1}})$)	实验值($10^{-2}\mathrm{min}^{-1}/$ $(\mathrm{Bq \cdot kg^{-1}})$)	相对偏差/%
^{228}Ac	463.10	5.87	5.85	+0.34	13.0	13.3	−2.26
^{208}Tl	510.61	10.1	10.0	+1.00	22.4	—	—
^{208}Tl	583.02	38.8	38.6	+0.52	87.4	82.2	+6.33
^{212}Bi+^{228}Ac	727.25	7.81	7.76	+0.64	18.0	—	—
^{212}Bi+^{228}Ac	755.28	1.35	1.34	+0.75	3.12	—	—
^{212}Bi+^{228}Ac	772.28	1.19	1.18	+0.85	2.77	—	—
^{212}Bi+^{228}Ac	794.79	4.60	4.60	0	10.7	11.5	−6.96
^{212}Bi+^{228}Ac	835.60	3.21	3.18	+0.94	7.55	—	—
^{208}Tl	860.30	4.17	4.13	+0.97	9.85	10.0	−1.50
^{228}Ac	911.16	27.5	27.2	+1.10	66.5	66.0	−0.75
^{228}Ac	964.64	5.41	5.34	+1.31	13.0	12.3	+5.69
^{228}Ac	968.97	16.2	16.0	+1.25	39.0	37.9	+2.90
^{228}Ac	1 588.23	2.80	2.70	+3.70	7.40	7.08	+4.52
^{208}Tl	2 614.35	22.2	21.1	+5.21	62.0	58.9	+5.26
^{40}K	1 460.83	8.57	8.30	+3.25	22.3	21.0	+6.19

表 2.5.36 和表 2.5.37 分别列出了谱仪 1 和谱仪 2 对在土壤中随深度呈指数分布和平面分布的人工放射核素的活度浓度校准系数。表 2.5.36 中,能量小于 200 keV 时,(N_f/A) 的计算值与实验值的相对偏差小于±7%;能量大于 200 keV,(N_f/A) 的计算值与实验值的相对偏差小于±4.0%。在表 2.5.37 中,除 ^{140}La 的 1.596 MeV 能量点 (N_f/A) 的计算值与实验值的相对偏差为 9.0%以外,其余能量点均在实验校准能量范围内,(N_f/A) 的计算值与实验值的相对偏差小于±7.1%。

由此可见,无论放射性核素随土壤深度呈前述的三种分布(均匀分布、指数分布、平面分布)中的哪一种,两台谱仪的 (N_f/A) 计算值与实验值的相对偏差均小于±9%。

上述计算工作是在一台 Compaq MT4/66 微机上完成的,其工作主频 66 MHz,每小时可跟踪计算 45 000~48 000 个入射初始 γ 光子。完成谱仪 1 或谱仪 2 的校准系数计算工作(跟踪入射 γ 光子总数为 10^6),费机时约为 22 h。

2.5.4.4　结语

(1)采用蒙特卡洛方法和解析方法相结合编制的 HPEG 专用软件包,可以用于计算就地 HPGe γ 谱仪的全能峰探测效率因子(N_0/φ)、相对角响应因子 $N(\alpha)/N_0$、角响应校正因子(N_f/N_0)以及在土壤中呈不同分布的(天然或人工)放射性核素的活度浓度校准系数(N_f/A)及其在地面上 1 m 高处的空气吸收剂量率校准系数($N_f/\dot{D}$)。

(2)采用软件包 HPGE 对两台就地 HPGe γ 谱仪的全能峰探测效率因子,角响应校正因子及土壤中活度浓度校准系数和空气吸收剂量率校准系数进行了计算,计算值与实验值吻合较好,说明本书所采用的计算方法和模式正确,软件包实用。

表 2.5.36　谱仪 1 对土壤中不同分布的人工放射性核素的活度浓度校准系数的计算值和实验值比较

核素	能量/keV	α/ρ/(cm²/g) 0.062 5			0.206			0.312			0.625			6.25			8		
		计算值	实验值	相对偏差	计算值	实验值	相对偏差	计算值	实验值	相对偏差	计算值	实验值	相对偏差	计算值	实验值	相对偏差	计算值	实验值	相对偏差
^{144}Ce	133.54	12.4	11.6	+6.90	29.9	28	+6.79	38.2	35.9	+6.41	54	50.8	+6.30	102	97.6	+4.51	128	122	+4.92
^{141}Ce	145.44	55.5	52.6	+5.51	133	126	+5.56	170	162	+4.32	238	228	+3.49	448	435	+2.99	557	544	+2.50
^{131}I	364.48	56.4	56.6	0.353	126	128	-1.56	158	160	-1.25	214	219	-2.28	380	394	-3.55	464	483	-3.93
^{125}Sb	427.88	18.4	18.4	0	40.7	41.7	-0.973	50.6	51.6	-1.36	68.4	69.8	-2.01	120	124	-3.23	146	152	-3.95
^{140}La	487.03	26.6	26.7	-0.375	58.3	58.9	-1.02	72.2	73.2	-1.37	97.1	99.0	-1.92	169	175	-3.43	205	213	-3.76
^{103}Ru	497.05	50.8	50.9	-0.196	111	112	-0.893	138	139	-0.719	185	188	-1.60	322	332	-3.01	390	405	-3.70
^{106}Ru	511.86	11.7	11.7	0	25.4	25.7	-1.17	31.5	31.9	-1.25	42.2	43.0	-1.86	73.4	75.6	-2.91	88.9	92.1	-3.47
^{140}Ba	537.31	13.3	13.3	0	28.9	29.2	-1.03	35.7	36.2	-1.38	47.8	48.7	-1.85	82.9	85.4	-2.93	100	104	-3.85
^{125}Sb	600.50	9.10	9.12	-0.219	19.6	19.8	-1.01	24.2	24.5	-1.22	32.3	32.8	-1.52	55.6	57.1	-2.63	67.2	69.4	-3.17
^{134}Cs	604.71	49.7	49.8	-0.219	107	108	-0.926	132	134	-1.49	176	179	-1.68	303	312	-2.88	366	378	-3.17
^{103}Ru	610.30	2.86	2.86	0	6.16	6.22	-0.965	7.59	7.68	-1.17	10.1	10.3	-1.94	17.4	17.9	-2.79	21.0	21.7	-3.23
^{106}Ru	621.92	4.92	4.92	0	10.6	10.7	-0.934	13.0	13.2	-1.52	17.3	17.6	-1.70	29.8	30.6	-2.61	36.0	37.1	-2.96
^{137}Cs	661.66	41.4	41.4	0	88.5	89.3	-0.896	109	110	-0.909	145	147	-1.36	247	253	-2.37	298	307	-2.93
^{95}Zr	724.20	20.4	20.4	0	43.4	43.6	-0.459	53.2	53.6	-0.746	70.4	71.3	-1.26	120	122	-1.64	144	148	-2.70
^{95}Zr	756.73	24.6	24.6	0	52.1	52.4	-0.573	63.8	64.3	-0.778	84.4	85.5	-1.29	143	146	-2.05	172	176	-2.27
^{95}Nb	765.79	44.8	44.8	0	94.7	95.2	-0.52	116	117	-0.855	153	155	-1.29	259	264	-1.89	312	319	-2.19
^{134}Cs	795.87	37.6	37.5	+0.267	79.2	79.5	-0.377	96.8	97.5	-0.718	128	129	-0.775	216	220	-1.82	259	265	-2.26
^{140}La	815.78	10.3	10.2	+0.980	21.6	21.6	0	26.3	26.5	-0.983	34.7	35.1	-1.14	58.5	59.6	-1.84	70.3	71.8	-2.09
^{54}Mn	834.83	42.9	42.9	+0.234	90.0	90.3	-0.332	110	111	-1.00	145	146	-0.685	244	248	-1.61	293	298	-1.67
^{140}La	1 596.54	32.0	31.0	+3.23	62.0	60.1	+3.16	73.8	71.7	+2.93	93.8	91.5	+2.51	147	145	+1.38	172	169	+1.78
^{60}Co	1 173.24	36.0	35.4	+1.69	73.4	72.5	+1.24	88.9	88.0	+1.02	116	114	+1.75	190	190	0	227	227	0
^{60}Co	1 332.50	34.3	33.5	+2.39	68.8	67.5	+1.93	82.9	88.0	+1.72	107	106	+0.943	174	173	+0.578	207	206	+0.485

注：1. 相对偏差数值为百分数形式；

2. 计算值、实测值单位为 $10^{-3}\ \mathrm{min}^{-1}/(\mathrm{Bq/m^2})$。

表2.5.37　谱仪2对土壤中不同分布的人工放射性核素的活度浓度校准系数（N_f/A）的计算值和实验值比较

核素	能量/keV	0.0625			0.206			0.312			0.625			6.25			8		
		计算值	实验值	相对偏差	计算值	实验值	相对偏差	计算值	实验值	相对偏差	计算值	实验值	相对偏差	计算值	实验值	相对偏差	计算值	实验值	相对偏差
¹⁴⁴Ce	133.54	24.6	—	—	60.0	59.2	+1.35	77.3	—	—	110	110	0.00	214	209	+2.39	269	261	+3.07
¹⁴¹Ce	145.44	110	—	—	266	265	+0.38	341	—	—	484	489	-1.02	932	930	+0.22	117	115	+0.87
¹³¹I	364.48	124	—	—	284	—	—	354	—	—	484	—	—	869	—	—	106	109	-2.75
¹²⁵Sb	427.88	40.9	—	—	91.6	94.2	-2.76	114	—	—	156	160	-2.50	277	286	-3.15	339	350	-3.14
¹⁴⁰La	487.03	59.7	—	—	132	129	+2.33	164	—	—	223	218	+2.29	393	384	+2.34	479	468	+2.35
¹⁰³Ru	497.05	114	—	—	253	265	-4.53	314	—	—	425	442	-3.85	748	786	-4.83	911	960	-5.20
¹⁰⁶Ru	511.86	26.2	—	—	58.0	59.3	-4.53	72.0	—	—	97.2	99.6	-3.85	171	176	-4.83	208	215	-5.20
¹⁴⁰Ba	537.31	30.1	—	—	66.1	—	—	82.0	—	—	111	—	—	194	—	—	236	245	-3.67
¹²⁵Sb	600.50	20.8	—	—	45.3	47.1	-3.82	56.1	—	—	75.4	78.0	-3.33	131	137	-4.38	159	166	-4.33
¹³⁴Cs	604.71	114	—	—	248	257	-3.50	306	—	—	412	428	-3.74	716	744	-3.76	869	906	-4.08
¹⁰³Ru	610.30	6.54	—	—	14.2	14.8	-6.76	17.6	—	—	23.6	24.5	-6.53	41.1	42.7	-6.79	49.9	52.0	-7.12
¹⁰⁶Ru	621.92	11.3	—	—	24.5	25.8	-5.04	0.3	—	—	40.6	42.6	-4.69	70.6	75.0	-5.87	85.6	90.6	-5.52
¹³⁷Cs	661.66	96.5	—	—	207	215	-3.72	255	—	—	341	354	-3.67	589	612	-3.76	714	738	-3.25
⁹⁵Zr	724.20	47.6	—	—	102	106	-3.77	126	—	—	168	173	-2.89	288	301	-4.32	348	359	-3.06
⁹⁵Zr	756.73	57.8	—	—	124	127	-2.36	152	—	—	202	207	-2.41	346	359	-3.62	419	428	-2.10
⁹⁵Nb	765.79	105	—	—	225	232	-3.02	276	—	—	368	378	-2.64	630	654	-3.67	761	774	-1.68
¹³⁴Cs	795.87	88.8	—	—	189	194	-2.58	232	—	—	308	317	-2.84	527	544	-3.12	636	648	-1.85
¹⁴⁰La	815.78	24.3	—	—	51.6	—	—	63.4	—	—	84.1	—	—	143	—	—	173	176	-1.70
⁵⁴Mn	834.83	102	—	—	216	222	-2.70	265	—	—	352	358	-1.68	599	612	-2.12	723	732	-1.23
⁶⁰Co	1173.24	90.8	—	—	187	183	+2.18	227	—	—	297	289	+3.11	496	489	+164	595	570	+4.39
⁶⁰Co	1332.50	8.86	—	—	180	171	+5.26	217	—	—	282	268	+5.22	465	448	+3.79	554	521	+6.33
¹⁴⁰La	1596.54	85.7	—	—	167	—	—	200	—	—	256	—	—	406	—	—	476	437	+8.92

注：1. 相对偏差数值为百分数形式；

2. 计算值、实测值单位为 10^{-3} min^{-1}/(Bq/m^2)。

（3）本节采用蒙特卡洛方法计算就地 HPGe γ 谱仪的全能峰探测效率因子和相对角响应校正因子，在 60 keV～3 MeV 能量范围内，其能量可以任选，即不仅可以对实验 γ 源的能量点进行计算，而且可以对实验难以实现的能量点进行计算。

（4）采用软件包 HPGE 计算就地 HPGe γ 谱仪的土壤活度浓度校准系数和空气吸收剂量率校准系数，可省去实验校准的时间（若用实验校准获取同样的校准系数，则需要数星期的实验工作和数据处理工作时间），提高了工作效率。在 Compaq MT4/66 计算机上采用软件包 HPGE 在不到 24 小时的时间内便可以完成一台就地 HPGe γ 谱仪用于环境土壤中放射性活度浓度测量及其在地面上 1 m 高处的空气吸收剂量率测量的校准系数的计算工作，如果采用速度更快的计算机，计算时间将更短。

（5）目前计算机技术飞速发展，就地 HPGe γ 谱仪一般都配置便携式笔记本计算机多道，无须增添任何设备就能十分便利地利用软件包 HPGE 计算得到和查询或调用就地 HPGe γ 谱仪的校准系数值。

（6）用蒙特卡洛方法计算上述各值，直接影响其准确度的因素是谱仪探测器 Ge 晶柱体的几何尺寸、Ge 晶体不灵敏层厚度以及铝端帽和铝外壳等结构材料的几何尺寸，这些参数的准确度越高，计算所得结果的准确度就越高，否则计算结果的误差较大。

（7）该技术方法可推广用于各种类型 HPGe 低本底谱仪测量不同样品的效率计算。

2.5.5 人工放射性核素随土壤深度分布参数（α/ρ_s）的快速实验测量技术

2.5.5.1 引言

由 2.5.1～2.5.4 可知，对于人工沉降放射性核素活度浓度的就地测量，其随土壤深度的分布参数（α/ρ_s）（以下简称土壤分布参数）是至关重要的参数之一。传统的做法是对土壤进行垂直分层取样送低本底 γ 谱仪进行核素活度浓度测量分析，然后通过对不同深度的土壤样品中某沉降人工放射性核素活度浓度作图，计算获得（α/ρ_s）值。但该方法的取样、制样以及实验室测量分析工作量非常大，周期长，不能及时获得（α/ρ_s）值。

近年来，针对如何采用非取样方法获取人工放射性核素的土壤深度分布参数（α/ρ_s），国际上有研究者建立了多重 γ(X) 特征峰法、能谱康峰比法和铅盘屏蔽法等诸多的就地测量方法。

多重 γ(X) 特征峰法需要 2 个以上的重要的特征 γ 或 X 射线峰[29]，即用同一核素发射的不同能量初级光子的比率来获取该核素的土壤深度分布参数，但是这种方法不适用于单能核素[30]。

能谱康峰比法，即采用 γ 能谱中康普顿坪区计数（率）与核素的特征 γ 射线全能峰计数（率）之比[29]，求取该核素的土壤深度分布参数（α/ρ_s）；但该方法容易受到相邻的 γ 特征峰的影响，且容易受所测对象环境条件（土壤成分、密度、湿度、地面粗糙度、地面平坦度、空气密度等）的影响，仅适用于某核素在 γ 能谱中的贡献占绝对优势的情况[31]。

铅屏蔽盘法，即采用在 γ 谱仪探测器正下方及地面上方之间，设置一铅屏蔽盘；通过移动该铅屏蔽盘与探测器的距离[32]（也有人提出过采用环形铅屏蔽[33-38]），测得不同入射角"视野"入射的初级 γ 光子的全能峰计数率，可求取核素的土壤深度分布参数；但该方法装置笨重，操作困难。

本章节将给出一种简单快速获取的土壤深度分布参数（α/ρ_s）的技术方法，该技术方法采用经过适当屏蔽准直的就地 HPGe γ 谱仪，在同一地点的两个不同高度上进行就地 γ 谱测量；通过解谱，可分别得到某 γ 放射性核素在两个不同高度上的特征 γ 射线全能峰计数

率 n_1、n_2 以及它们的比值 n_1/n_2，然后通过事先 MC 模拟建立的 $(\alpha/\rho_s) \sim n_1/n_2$ 表格、关系曲线图插值或代入关系拟合公式计算，便可得到土壤中沉降的人工放射性核素随土壤深度的分布参数 (α/ρ_s) 值。该技术方法与传统的分层取样方法相比，具有测量分析时间短，结果代表性好，免去了土壤分层取样和实验室测量分析的大量实验工作；该方法与上述国内外已有的就地测量技术方法相比，具有方法简单易行，受干扰因素少的特点。

2.5.5.2 方法原理

根据 Beck 等人的假设，放射性核素在土壤中随深度的分布可大致划分为以下三种分布形式：天然放射性核素近似呈均匀分布，$\alpha/\rho_s = 0$；新沉降的落下灰近似呈表面分布，$\alpha/\rho_s = \infty$；随时间推移，沉降的落下灰近似呈指数分布，$0 < \alpha/\rho_s < \infty$；其中，均匀分布与表面分布是指数分布的两个特例。该假设陆续被多位研究学者的实验所证实[39-41]。放射性核素活度浓度 $A(\text{Bq/kg})$ 在土壤中随深度 $z(\text{cm})$ 呈指数分布的公式如下：

$$A = A_0 \exp\left[-(\alpha/\rho)_s \rho_s z\right] \tag{2.5.49}$$

或

$$A = A_0 \exp\left[-\alpha z\right] \tag{2.5.50}$$

式中　A_0——地表土壤中放射性核素的活度浓度，Bq/kg；

(α/ρ_s)——放射性核素在土壤中随深度的分布参数，cm^2/g；

α——张弛长度的倒数，$\alpha = (\alpha/\rho_s) \cdot \rho_s$，$\text{cm}^{-1}$。

为了计算和阐述简便，以下放射性核素在土壤中随深度的分布参数均用 α 表示。

γ 谱仪测量土壤中放射性核素的全能峰探测效率 $\varepsilon(E_\gamma)$ 用公式（2.5.51）计算：

$$\varepsilon(E_\gamma) = \frac{n}{A \cdot \eta_\gamma} \tag{2.5.51}$$

式中　A——放射性核素的活度，Bq；

η_γ——能量为 E_γ 的 γ 射线发射率；

n——谱仪对能量 E_γ 的 γ 射线的全能峰计数率，s^{-1}。

采用适当屏蔽准直的 HPGe γ 谱仪探测器在地面高度 H 就地测量土壤中放射性核素的相对位置和探测"视域"如图 2.5.24 所示。谱仪探测器所能探测到放射性核素是张角为 θ 土壤样品；但由于土壤自身对 γ 射线具有衰减作用，当土壤达到一定厚度时，再深土壤中放射性核素 γ 射线的贡献很小（可以忽略），例如：当土壤深度大于 60 cm 时，^{137}Cs 的 0.661 7 MeV γ 射线透过 60 cm 土壤概率小于 0.1%。因此，屏蔽准直的 HPGe γ 谱仪探测器就地测量对象可概化为张角为 θ、厚度为 h 的圆台柱土壤样品。

如图 2.5.26 所示，一旦准直孔尺寸及探测器相对位置被确定下来，HPGe γ 谱仪探测器对地面土壤的"视野"的张角 θ 也即确定。沉降的人工放射性核素随土壤深度分布参数为 α，那么带屏蔽准直的谱仪探测器在距地面两个不同高度（H_1 和 H_2）上，测量土壤中沉降人工放射性核素特征 γ 射线能量 E_γ 的计数率分别为 $n_1(E_\gamma)$ 与 $n_2(E_\gamma)$，对应的探测效率分别为 $\varepsilon_1(E_\gamma)$ 与 $\varepsilon_2(E_\gamma)$。根据公式（2.5.51）可得：

$$\frac{\varepsilon_1 A_1}{\varepsilon_2 A_2} = \frac{n_1}{n_2} \tag{2.5.52}$$

式中　A_1、A_2——谱仪探测器晶体几何中心距地表高度分别为 H_1 和 H_2 时"视域"内的放射性核素总活度，Bq。

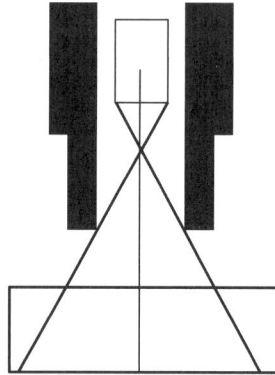

图 2.5.26　带屏蔽准直的 HPGe 谱仪探测器的测量相对位置及"视域"示意图

由公式(2.5.52)可知,放射性核素活度随土壤深度分布参数 α 与谱仪探测器两个不同高度(H_1、H_2)测量的特征能量峰净计数率之比 n_1/n_2,或与谱仪探测器两个不同高度上的探测效率之比 $\varepsilon_1/\varepsilon_2$ 及其谱仪探测器两个不同高度上的"视域"内总活度之比 A_1/A_2 的积有唯一确定的对应关系。那么,就可以针对一系列不同的 α 值,通过蒙特卡洛方法分别模拟两个距地面不同高度上探测器对沉降人工放射性核素 γ 射线特征能量峰的计数率 n_1、n_2 或探测效率 ε_1 和 ε_2,建立起 n_1/n_2-α 或 $\varepsilon_1 A_1/\varepsilon_2 A_2$-$\alpha$ 系数表。

通过将带屏蔽准直的 HPGe γ 谱仪探测器在地面上两个不同高度(H_1、H_2)上进行就地 γ 谱测量,解谱分别得到两个高度上 γ 谱中所关注人工放射性核素 γ 射线特征能量峰的计数率之比 n_1/n_2,利用上述建立起来的 n_1/n_2-α 系数表插值,便可得到沉降的人工放射性核素在土壤中的分布参数 α 或(α/ρ_s)值。

2.5.5.3　探测器晶体几何尺寸的验证与确定

探测器晶体尺寸的正确与否,是蒙特卡洛模拟技术正确与否的关键性参数。由于 HPGe 晶体的加工过程会存在返工切削现象以及尺寸测量误差等,由厂家提供的技术文件中的 HPGe 晶体几何尺寸有时会与所交付探测器的 HPGe 晶体尺寸存在一定的差异。为了蒙特卡洛模拟结果与实验测量结果尽量吻合,需要通过不同角度入射光子探测效率的蒙特卡洛模拟结果与实验测量结果进行比对,对探测器晶体几何尺寸进行验证和确定。

采用标准点源(^{152}Eu、^{137}Cs、^{60}Co)分别置于与探测器晶体对称轴成不同角度的等距离位置进行探测效率的实验测量,然后将同样几何条件下的探测效率蒙特卡洛模拟计算值与实验测量值进行比较,并通过不断微调蒙特卡洛模拟计算时的探测器几何尺寸,使得 HPGe γ 探测器对于各入射角度各种能量 γ 射线探测效率的蒙特卡洛模拟计算值与实验测量值在某一允许的偏差范围内一致,并以此确定该 HPGe γ 探测器较为"准确"的几何尺寸。

1. HPGe γ 谱仪装置

HPGe γ 谱仪装置为美国 CANBERRA 公司生产的 ISOCS 现场 γ 谱仪系统。该系统由一台 HPGe γ 探测器和一台多道脉冲分析器构成。

(1)探测器:N 型 HPGe 晶体,尺寸 ϕ70 mm×30 mm,铝合金外包壳,碳纤维膜入射窗,碳窗与晶体表面距离为 5 mm。相对探测效率 ε 为 32.0%,能量分辨率 FMWM≤2.1 keV;配7 L 便携式液氮罐(Model 7935SL-5),探测器外形如图 2.5.27 所示。

(2)多道脉冲分析器:可携式数字多道分析器(InSpector 2000),可提供探测器 0~5 000 V 的高压。既可直接用 220 V 交流电源工作,也可用自带的锂离子高容量充电电池工作。多道脉冲分析器如图 2.5.28 所示。

图 2.5.27　HPGe γ 探测器

图 2.5.28　多道脉冲分析器

2. HPGe 探测器尺寸验证测量的点源位置布置

建立探测器对点源探测效率的蒙特卡洛模拟方法,模拟计算以下几种已知活度点源(如 ^{60}Co、^{137}Cs、^{152}Eu)置于不同角度(0°、15°、30°、45°、60°、75°、90°)的探测效率,用蒙特卡洛模拟计算的探测效率与实验测量的探测效率结果比较来验证和确定探测器的几何结构参数。验证测量的点源布置方案如图 2.5.29 所示。

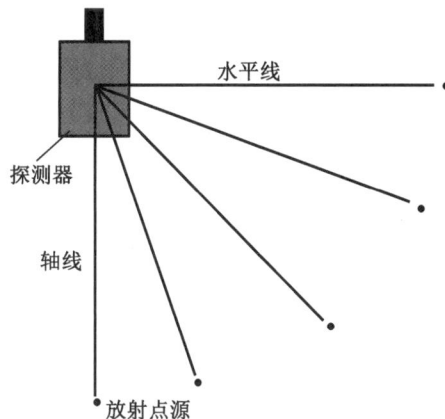

图 2.5.29　探测器探测效率的蒙特卡洛模拟计算和验证测量实验点源布置方案示意图

此次蒙特卡洛模拟和实验验证的 HPGe γ 探测器的内部结构如图 2.5.30 所示。

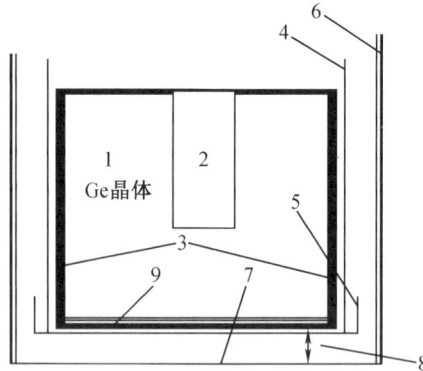

1—Ge 晶体；2—冷指井；3—Ge 晶体侧面"死层"；4—金属固定筒；5—Al 端帽；

6—铝外壳；7—入射窗（Be）；8—Ge 晶体–窗表面的距离；9—Ge 晶体入射面"死层"。

图 2.5.30　HPGe 探测器内部结构示意图

3. HPGe 探测器对不同角度位置处点源探测效率的实验测量

HPGe 探测器对不同角度位置处点源特征 γ 射线全能峰计数的实验测量方法在上一节已有比较详细的描述，在此不再赘述。本章节所述的探测效率是指源–峰探测效率 $\varepsilon(E_\gamma)$，即

$$\varepsilon(E_\gamma) = \frac{n}{A \cdot \eta_\gamma} = N/(T \cdot A \cdot \eta_\gamma) \qquad (2.5.53)$$

式中　n——能量 E_γ 的特征 γ 射线全能峰计数率，s^{-1}，$n=N/T$；

N——能量 E_γ 的特征 γ 射线全能峰计数，无量纲；

T——γ 谱测量活时间，s；

A——实验点源的活度，Bq；

η_γ——实验点源能量 E_γ 的特征 γ 射线的发射概率，无量纲。

本实验共采用了 3 种核素（^{60}Co、^{137}Cs、^{152}Eu）放射源的 10 个特征 γ 射线能量进行验证测量，实验测量用放射性点源的特性列于表 2.5.38。为 HPGe 探测器对不同角度位置处点源探测效率的实验测量，专门加工一套实验测量台架，见图 2.5.31。金属半圆导轨外半径 23 cm，侧面每 15° 刻有凹槽，金属杆长 1.1 m，杆上刻有长度（精度±1 mm），每 10 cm 有 1 孔用于固定点源支架，可精确有效地调节点源与探测器晶体对称轴的角度以及点源到晶体几何中心的距离。

测量方法：将薄膜点源固定在塑料夹上，使点源中心与探测器晶体中心轴线在同一个水平面上，分别测量不同核素的点源（^{60}Co、^{137}Cs、^{152}Eu）与晶体中心轴线不同夹角 θ（0°、15°、30°、45°、60°、75°、90°）且等源–探距条件下探测器的探测效率；实验测量时间为 2007 年 12 月至 2008 年 1 月。其探测效率的实验测量结果见表 2.5.39。为了更清晰地反映该 HPGe 探测器对不同能量的探测效率随入射角度的变化，将实验数据分别绘制成图，分别见图 2.5.30 和图 2.5.31。

表 2.5.38 实验测量用放射性点源的特性

放射点源	能量 E_γ/keV （γ 发射率/%）	半衰期 $T_{1/2}$/a	活度 A/kBq （参考时间）	不确定度/%
^{152}Eu	121.8(28.4) 244.7(7.49) 344.3(26.5) 778.9(12.74) 964.0(14.4) 1 112.0(13.3) 1 408.0(20.7)	13.2±0.3	1 488 (2008.1.10)	±1.5 （国防科工委放射性一级计量站）
^{137}Cs	661.7(85.12)	30.17±0.05	63.7 (2006.12.1)	±2.4(同上)
^{60}Co	1 173.3(100) 1 332.5(100)	5.27±0.003	70.6 (2008.4.7)	±3.2(同上)

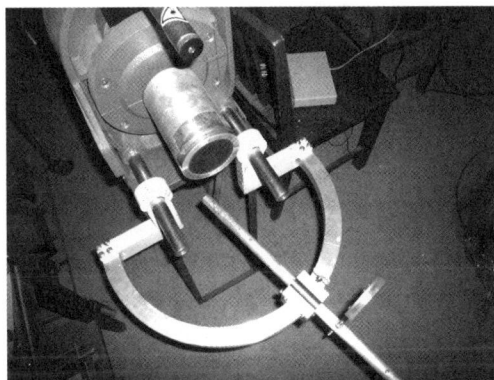

图 2.5.31 不同角度点源探测效率的实验测量位置图

表 2.5.39 探测器在无准直器条件下对 γ 点源探测效率 $\varepsilon(E_\gamma,\theta)$ 的实验结果

能量 E_γ/keV	121.8	244.7	344.3	661.7	778.9	964.0	1 112.0	1 173.2	1 332.5	1 408.0
入射角度 θ/(°)	探测效率									
0	2.24E-04	1.36E-04	9.49E-05	4.86E-05	4.21E-05	3.42E-05	3.02E-05	2.82E-05	2.41E-05	2.40E-05
15	2.18E-04	1.32E-04	9.34E-05	4.76E-05	4.14E-05	3.33E-05	3.01E-05	2.81E-05	2.37E-05	2.35E-05
30	1.99E-04	1.24E-04	8.76E-05	4.56E-05	4.03E-05	3.26E-05	2.90E-05	2.56E-05	2.34E-05	2.33E-05
45	1.72E-04	1.12E-04	7.91E-05	4.16E-05	3.63E-05	3.02E-05	2.75E-05	2.48E-05	2.20E-05	2.17E-05
60	1.32E-04	9.35E-05	6.80E-05	3.80E-05	3.33E-05	2.74E-05	2.46E-05	2.21E-05	1.97E-05	1.97E-05
75	9.36E-05	7.42E-05	5.64E-05	3.25E-05	2.86E-05	2.39E-05	2.22E-05	2.02E-05	1.81E-05	1.79E-05
90	6.23E-05	6.06E-05	4.77E-05	2.89E-05	2.58E-05	2.21E-05	2.03E-05	1.88E-05	1.64E-05	1.65E-05

从图 2.5.32 中可以看出,随着 γ 射线能量的增加,探测器对 γ 射线的源峰探测效率总体上随着 γ 射线能量的增加而减小,随着偏离轴线角度的增加,γ 射线源峰探测效率而减小。

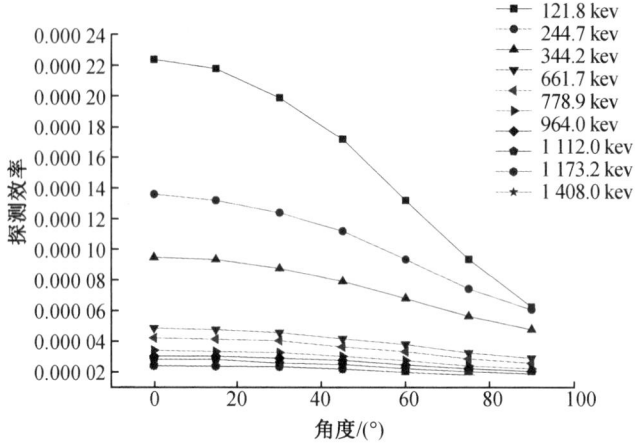

图 2.5.32 不同能量点源探测效率实验值与角度关系

从图 2.5.33 中可以看出探测器对能量小于 600 keV γ 射线的探测效率受入射角度比较明显;对于能量大于 600 keV γ 射线的探测效率影响较小;而且能量越大,这种入射角度的影响则越小。

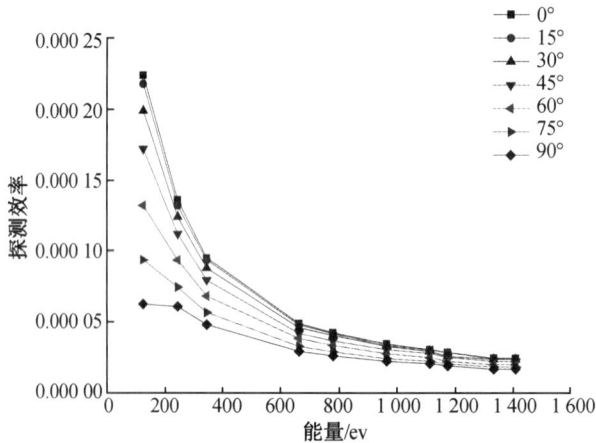

图 2.5.33 不同位置点源探测效率实验值与能量关系图

4. HPGe 探测器对不同角度位置处点源探测效率的蒙特卡洛模拟计算

HPGe 探测器对不同角度位置处点源特征 γ 射线全能峰计数的蒙特卡洛模拟计算方法在 2.5.4 节中已有比较详细的描述,在此不再赘述。本章节所述的探测效率同样指源-峰探测效率 $\varepsilon(E_\gamma)$,即

$$\varepsilon(E_\gamma) = N_P/N_0 \qquad (2.5.54)$$

式中　N_P——蒙特卡洛模拟能量 E_γ 的能量全沉积的特征 γ 光子数,无量纲;

N_0——蒙特卡洛模拟点源抽取的能量 E_γ 的特征 γ 光子数,无量纲。

5. 实验测量结果对蒙特卡洛模拟结果比对验证及 HPGe 晶体几何尺寸的微调

探测器的精细几何结构参数是蒙特卡洛模拟计算不可或缺的重要参数,决定着谱仪校准系数的精度,也直接影响到定量测量放射源的准确度。由于探测器生产厂家常以商业秘密为由不提供探测器的精细几何结构参数,给探测器准确的效率校准(蒙特卡洛方法)带来了非常大的麻烦;鉴于此,本工作采用探测效率的蒙特卡洛模拟计算与实验测量相结合的试探法来确定探测器的几何结构参数。

在保证实验测量数据和蒙特卡洛模拟计算数据的统计精度足够(所关注的特征能量峰的净峰面积计数≥10 000)的情况下,所有不同角度点源探测效率的蒙特卡洛模拟计算结果与实验测量结果的相对偏差≤±5%,则认为蒙特卡洛模拟计算所采用的 HPGe 探测器几何结构参数所引入的误差是可以接受的;如果探测效率的蒙特卡洛模拟计算结果与实验测量结果的相对偏差≥±5%,则采用试探确定法,通过逐步微调 HPGe 探测器几何结构参数进行探测效率蒙特卡洛模拟计算,直至所有角度点源的探测效率的蒙特卡洛模拟计算结果与实验测量结果的相对偏差≤±5%时,将此时的 HPGe 探测器几何结构参数确定下来。

试探法是在探测器生产厂家给出探测器部分几何结构参数的基础上,根据调研国内外同类型仪器的几何结构参数,先确定初始的几何结构参数,同时利用数学上二分法原则进行参数试探,具体采用的步骤如下:

(1)分别将多个不同能量的标准点源安放距探测器晶体几何中心等距离但与探测器晶体对称轴成不同角度的位置处,用谱仪探测器对不同角度位置的点源进行能谱测量,并求取各 γ 特征能量峰计数和探测效率值。

(2)相对探测效率(ε)是 HPGe 探测器的一个非常重要的参数指标(往往购买合同及仪器验收时都必须对该指标进行规定和测试验收)。该指标是利用 ^{60}Co 点源,放置在 HPGe 探测器对称轴线上距入射窗表面 25 cm 处,测得 ^{60}Co 点源 1 332.5 MeV 特征能量峰探测效率相对于同样条件下 $\phi3$ in×3 in NaI(Tl)的探测效率(1.2×10^{-4})的效率。首先通过蒙特卡洛模拟这一条件下的探测效率,以确定生产厂家给出的探测器几何结构参数是否满足要求。

(3)然后输入探测器(HPGe)经过 2)验证过的满足误差要求的几何结构参数,对不同角度的各位置点源各 γ 特征能量峰计数和探测效率进行蒙特卡洛模拟计算,并将探测效率的模拟计算值与实验测量值进行比较;如果它们的相对偏差不满足要求,则利用数学上二分法原则来微调下一个几何结构参数,再对上述位置点源各 γ 特征能量峰计数和探测效率进行蒙特卡洛模拟计算,并与探测效率实验测量值进行比较;如此不断微调,直至探测效率的蒙特卡洛模拟计算值与实验测量值的相对偏差≤±5%;至此,便可确认 HPGe 探测器结构几何参数。

6. HPGe 晶体几何参数的确定

首先对利用生产厂家提供的探测器结构参数,通过 MC 模拟计算其相对探测效率 ε,与其相对探测效率的实验测量值进行比对,验证生产厂家提供 HPGe 探测器结构几何参数。将标准 ^{60}Co 点源置于探测器入射窗表面 25 cm 处(晶体中心轴线上),测量探测器对 ^{60}Co 点源 1 332.5 keV 的源-峰绝对探测效率($\varepsilon_{源峰}$),并按公式 $\dfrac{\varepsilon_{源峰}}{1.2\times10^{-3}}$ 得到其相对探测效率为 32.0%(注:1.2×10^{-3} 是 3 in×3 in NaI(Tl)探测器对距入射窗表面 25 cm 处 ^{60}Co 点源 1 332.5 keV γ 光子的绝对探测效率);采用 MC 方法,模拟同样几何条件下该探测器几何结构参数(入射端"死层"厚 0.1 mm,侧面"死层"厚 0.8 mm,冷指井直径 13 mm、长 2.8 mm),采用偏倚方法抽取 5.0×10^6 个初始 γ 光子,模拟计算得到探测器对于 ^{60}Co 的 1 332.5 keV 源–峰绝对探测效率为 $\varepsilon_{源峰} = 3.84 \times 10^{-4}$(模拟结果统计误差<±0.3%),则同样可计算得到

蒙特卡洛模拟相对探测效率 $= \dfrac{\varepsilon_{源峰}}{1.2 \times 10^{-3}} = 32.6\%$。由此得到蒙特卡洛模拟计算的相对探测效率实验测量的相对探测效率的相对偏差为 0.2%。

为进一步验证和确定探测器结构参数,本书在上述探测器结构参数的基础上,采用试探法和二分法对探测器的其他结构几何参数进行微调,最终确定了其结构几何参数如下:入射面"死层"0.1 mm,侧面"死层"0.8 mm;冷指井直径 13 mm、深 28 mm;晶体侧面包有 1 mm 铜和 1.7 mm 铝;Ge 晶体入射面有 2.8 mm 铝端帽,外壳铝厚 1.6 mm。利用上述探测器结构几何参数,在与实验测量条件一致的情况下,模拟计算探测器对不同点源的探测效率,并与探测效率的实验测量值进行比较,详见表 2.5.40。由表 2.5.40 可知,探测效率的蒙特卡洛模拟值与实验测量值在±6.0%的偏差范围内吻合。

由表 2.5.40 可知,在能量 121.8~1 408.0 keV 范围内,该 HPGe γ 谱仪的探测效率模拟计算值与实验测量值的相对偏差小于±6%,该相对偏差包含了放射性点源本身 1.5%~3.2%的不确定度、实验测量统计误差、解谱误差、蒙特卡洛模拟计算的统计误差以及蒙特卡洛模拟计算的探测器结构参数误差。

2.5.5.4　就地测量放射性核素土壤中深度分布参数技术的硬件配置

为了控制周边环境变化对 HPGe γ 谱仪探测器的影响,对 HPGe γ 谱仪探测器采用铅屏蔽准直技术,如图 2.5.34 所示。就地测量时,带铅准直器的 HPGe γ 谱仪探测器垂直朝向地面。铅准直器由三个大准直器和三个小准直器构件镶嵌组成,两种准直器构件的准直内径相同($\varphi_{内} = 10.8$ cm),大准直器构件的屏蔽层厚 5.8 cm(内层为 5 cm 厚的铅、外层为 0.8 cm 厚的铁),高 5.1 cm;小准直器构件的屏蔽层厚 3.4 cm(内层为 3.0 cm 厚的铅、外层为 0.4 cm 厚的铁),高 5.1 cm。

图 2.5.34　带铅准直器的 HPGe γ 谱仪

表2.5.40 对不同能量γ射线探测效率 ε 的蒙特卡洛模拟值与实验测量值比对表

能量/keV	121.8			244.7			344.2			661.7			778.9		
角度	模拟值	实验值	相对偏差/%	模拟值	实验值	相对偏差/%	模拟值	实验值	相对偏差/%	模拟值	实验值	相对偏差/%	模拟值	实验值	相对偏差/%
0°	2.22E-04	2.24E-04	-0.9	1.36E-04	1.36E-04	0	9.58E-05	9.45E-05	1.4	4.79E-05	4.86E-05	-1.4	4.04E-05	4.21E-05	-4.0
15°	2.24E-04	2.18E-04	2.8	1.33E-04	1.32E-04	0.8	9.88E-05	9.34E-05	5.8	4.81E-05	4.76E-05	1.1	4.24E-05	4.14E-05	2.4
30°	1.97E-04	1.99E-04	-1.0	1.29E-04	1.24E-04	4.0	8.84E-05	8.76E-05	0.9	4.62E-05	4.56E-05	1.3	4.12E-05	4.03E-05	2.2
45°	1.69E-04	1.72E-04	-1.7	1.18E-04	1.18E-04	0.0	7.81E-05	7.91E-05	-1.3	4.11E-05	4.16E-05	-1.2	3.62E-05	3.63E-05	-0.3
60°	1.25E-04	1.32E-04	-5.3	9.22E-05	9.44E-05	-2.3	6.70E-05	6.80E-05	-1.5	3.74E-05	3.80E-05	-1.6	3.24E-05	3.33E-05	-2.7
75°	8.84E-05	9.36E-05	-5.6	7.48E-05	7.42E-05	0.8	5.56E-05	5.64E-05	-1.4	3.15E-05	3.25E-05	-3.1	2.75E-05	2.86E-05	-3.8
90°	6.26E-05	6.23E-05	0.5	6.31E-05	6.06E-05	4.1	4.97E-05	4.77E-05	4.2	2.89E-05	2.89E-05	0	2.49E-05	2.58E-05	-3.5

能量/keV	964.0			1 112.0			1 173.2			1 332.5			1 408.0		
角度	模拟值	实验值	相对偏差/%	模拟值	实验值	相对偏差/%	模拟值	实验值	相对偏差/%	模拟值	实验值	相对偏差/%	模拟值	实验值	相对偏差/%
0°	3.32E-05	3.42E-05	-2.9	3.04E-05	3.02E-05	0.7	2.80E-05	2.82E-05	-0.4	2.53E-05	2.41E-05	5.0	2.51E-05	2.40E-05	4.6
15°	3.25E-05	3.33E-05	-2.4	3.03E-05	3.01E-05	0.7	2.78E-05	2.81E-05	-1.1	2.32E-05	2.37E-05	-2.1	2.27E-05	2.35E-05	-3.4
30°	3.17E-05	3.26E-05	2.8	2.85E-05	2.90E-05	-1.7	2.59E-05	2.56E-05	1.2	2.40E-05	2.34E-05	2.5	2.31E-05	2.33E-05	-0.9
45°	3.04E-05	3.02E-05	0.7	2.84E-05	2.75E-05	3.3	2.43E-05	2.48E-05	-2.0	2.22E-05	2.20E-05	0.9	2.10E-05	2.17E-05	-3.2
60°	2.76E-05	2.74E-05	0.7	2.47E-05	2.46E-05	0.4	2.22E-05	2.21E-05	0.5	2.09E-05	1.97E-05	5.1	2.02E-05	1.97E-05	2.5
75°	2.38E-05	2.39E-05	-0.4	2.20E-05	2.22E-05	-0.9	1.99E-05	2.02E-05	-1.5	1.89E-05	1.81E-05	4.4	1.81E-05	1.79E-05	1.1
90°	2.21E-05	2.21E-05	0	2.01E-05	2.03E-05	-1.0	1.85E-05	1.88E-05	-1.6	1.71E-05	1.64E-05	3.0	1.66E-05	1.65E-05	0.6

注:本书所有表格中的相对标准差按照公式(模拟值 - 实验值)/实验值×100% 计算。

2.5.5.5 就地测量放射性核素在土壤中深度分布参数技术的建立

1. 就地测量放射性核素土壤中深度分布参数的方法

采用蒙特卡洛通用软件 MCNP，可以模拟计算位于任一高度处（H_i）的带准直屏蔽 HPGe γ 谱仪对于土壤中同一深度分布参数 α_j 的 γ 放射性核素（本书以 ^{137}Cs 为例，$E_\gamma = 0.661\ 7$ keV）的探测效率值（$\varepsilon_{i,j}$）；进而得到两两不同高度上探测效率的比值（$\varepsilon_i/\varepsilon_{i+1}$）$_j$。这样可得到带准直屏蔽 HPGe γ 谱仪系统对于土壤中呈不同深度分布参数 α_j 的 ^{137}Cs 核素所对应的两两不同高度探测效率的比值 $\varepsilon_i/\varepsilon_{i+1}$ 的关系数表，并拟合得到了（$\varepsilon_i/\varepsilon_{i+1}$）$_j$ 与 ^{137}Cs 在土壤中深度分布 α_j 的拟合函数关系式。由此建立起了就地测量放射性核素土壤中深度分布参数 α 的技术。

实际工作中，为简化工作程序，提高工作效率，一般选用带准直屏蔽的 HPGe γ 谱仪系统在自然环境中同一地点的两个不同高度（H_1 与 H_2）上分别测量 ^{137}Cs（$E_\gamma = 0.661\ 7$ keV）特征 γ 能量的探测效率 ε_1 和 ε_2，计算其探测效率之比 $\varepsilon_1/\varepsilon_2$；然后通过在（$\varepsilon_i/\varepsilon_{i+1}$）$_j$-$\alpha_j$ 关系数表中插值或通过拟合函数关系式计算，便可得到 ^{137}Cs 在环境测量点处土壤中的深度分布参数 α 值。

2. 谱仪探测效率蒙特卡洛模拟计算的源项考虑

为了提高对初始源 γ 光子抽样的利用效率，本小节采用了探测器"视野"区域与射线衰减深度限制相结合的方法，来确定初始源光子的抽样范围。

（1）带准直的 HPGe 谱仪探测器的"视野"范围

所谓带准直的 HPGe 谱仪探测器的"视野"范围，是指经准直的探测器所能"看到"的最大张角 θ 所涵盖的一个圆台体，如图 2.5.24 所示。蒙特卡洛模拟计算中，假定准直屏蔽体为一黑体，即 γ 光子一旦入射到准直屏蔽体上，该光子就被吸收掉。

（2）谱仪探测效率蒙特卡洛模拟计算的源项深度

本小节以 ^{137}Cs 为例，具体阐述利用带准直的 HPGe 谱仪在某一高度上测量土壤中深度分布参数 α 的 γ 放射性核素探测效率的蒙特卡洛模拟计算的源项深度考虑。

由于 ^{137}Cs 的特征 γ 射线能量为 0.661 7 MeV，由文献［42］中泥土材料的质量衰减系数插值可得 $\mu/\rho(0.661\ 7\ \text{MeV}) = 0.077\ 4\ \text{g}^{-1} \cdot \text{cm}^2$，取土壤密度为 $\rho_s = 1.6\ \text{g} \cdot \text{cm}^{-3}$；计算可知，当土壤深度大于 60 cm 时，0.661 7 MeV γ 射线透射概率小于 0.1%。因此，本小节将 60 cm 作为 ^{137}Cs 的 0.661 7 MeV 初始 γ 源光子抽样深度范围。

（3）谱仪探测效率蒙特卡洛模拟计算的源项构成

综上所述，采用蒙特卡洛模拟计算带准直的谱仪探测器探测效率，其源项是由准直探测器的"视野"范围与厚度为 60cm 构成的一个圆台状土壤。

可根据蒙特卡洛模拟计算需要，设置各种不同深度分布参数（α/ρ_s）的源项以供蒙特卡洛模拟计算进行初始 γ 源光子抽样。

3. 就地测量放射性核素土壤中深度分布参数的步骤

由 2.5.5.2 章节（方法原理）可知，当某一 γ 放射性核素在土壤中呈某种确定的深度分布参数 α 时，利用屏蔽准直的 HPGe γ 谱仪探测器在地面两个不同高度（H_1 和 H_2）测量的特征 γ 能量峰的计数率注量率之比 n_1/n_2 将是一个确定的值。

利用上述关系，建立方法步骤如下：

（1）采用 MC 方法模拟计算带屏蔽准直的 HPGe γ 谱仪探测器在地面上两个不同高度

（H_1 和 H_2）处对在土壤中呈不同分布深度分布 α_j 的某一 γ 放射性核素特征 γ 射线的探测效率 ε_{1j} 和 ε_{2j}，并求取系列不同分布深度分布参数 α_j 上述两高度处 HPGe γ 谱仪探测器的探测效率之比值 $\varepsilon_{1j}/\varepsilon_{2j}$；

（2）同时按照放射性核素在土壤中呈不同分布深度分布参数 α_j，求出带屏蔽准直的 HPGe γ 谱仪探测器在地面上两个不同高度（H_1 和 H_2）处的"视域"体内的总放射性活度之比 A_{1j}/A_{2j}；

（3）以上述蒙特卡洛方法模拟计算结果为基础，建立两高度处 HPGe γ 谱仪探测器的 γ 特征峰计数率之比 n_{1j}/n_{2j} 或 $(\varepsilon_{1j} \cdot A_{1j})/(\varepsilon_{2j} \cdot A_{2j})$ 与 γ 放射性核素在土壤中分布参数 α 的关系数表 n_{1j}/n_{2j}-α_j；

（4）采用带准直屏蔽的 HPGe γ 谱仪探测器，对沉降地面在上述两个高度（H_1 和 H_2）处分别进行 γ 谱测量，分别求取所关心放射性核素的 γ 特征能量峰的计数率 n_1 和 n_2，并求取其比值 n_1/n_2；

（5）利用步骤（4）求取的计数率比值 n_1/n_2，通过在步骤（3）建立的 n_{1j}/n_{2j}-α_j 关系数表中插值，即可得到所测量土壤中 γ 放射性核素的深度分布参数 α_j。

4.谱仪探测效率蒙特卡洛模拟计算的结果

为了模拟大气沉降的 ^{137}Cs 随时间推移在土壤中可能呈现的不同深度分布的情况，分别选取了深度分布参数 α_j = 0、0.1 cm^{-1}、0.133 cm^{-1}、0.2 cm^{-1}、0.4 cm^{-1}、0.5 cm^{-1}、1 cm^{-1}、2 cm^{-1}、5 cm^{-1}、10 cm^{-1}、30 cm^{-1}、∞，共 12 个值。蒙特卡洛模拟计算中，土壤密度为 ρ_s = 1.6 g·cm^{-3}。土壤组分及其含量百分比分别如下：Al_2O_3 为 13.5%，Fe_2O_3 为 4.5%，SiO_2 为 67.5%，CO_2 为 4.5%，H_2O 为 10%。

采用通用蒙特卡洛软件 MCNP 进行模拟计算。计算中，初始 γ 光子的抽样数为 10^8。谱仪探测器的几何中心距地面高度分别取 25 cm、40 cm、60 cm、80 cm、100 cm、120 cm、140 cm。不同深度分布参数 α_j 不同测量高度（H_i）对 ^{137}Cs 661.7 keV 特征能量的探测效率 ε_{ij} 的蒙特卡洛模拟计算结果见表 2.5.41。

表 2.5.41 不同深度分布参数 α_j 不同测量高度（H_i）对 ^{137}Cs 661.7 keV 特征能量的探测效率 ε_{ij}

晶体有效中心到地表距离 H_i/cm	25	40	60	80	100	120	140
A_j/cm^{-1}	探测效率 ε_{ij}						
∞	4.863×10^{-4}	1.383×10^{-4}	5.342×10^{-5}	2.796×10^{-5}	1.698×10^{-5}	1.158×10^{-5}	8.154×10^{-6}
30	4.694×10^{-4}	1.364×10^{-4}	5.184×10^{-5}	2.732×10^{-5}	1.688×10^{-5}	1.090×10^{-5}	7.938×10^{-6}
10	4.473×10^{-4}	1.331×10^{-4}	5.171×10^{-5}	2.731×10^{-5}	1.667×10^{-5}	1.088×10^{-5}	8.016×10^{-6}
5	4.201×10^{-4}	1.269×10^{-4}	4.956×10^{-5}	2.685×10^{-5}	1.636×10^{-5}	1.104×10^{-5}	7.868×10^{-6}
2	3.481×10^{-4}	1.148×10^{-4}	5.023×10^{-5}	2.515×10^{-5}	1.526×10^{-5}	1.028×10^{-5}	7.560×10^{-6}
1	2.605×10^{-4}	9.603×10^{-5}	4.243×10^{-5}	2.331×10^{-5}	1.486×10^{-5}	9.578×10^{-6}	7.185×10^{-6}
0.5	1.627×10^{-4}	7.036×10^{-5}	3.426×10^{-5}	1.958×10^{-5}	1.232×10^{-5}	8.588×10^{-6}	6.426×10^{-6}
0.4	1.344×10^{-4}	6.269×10^{-5}	3.100×10^{-5}	1.876×10^{-5}	1.182×10^{-5}	8.412×10^{-6}	6.192×10^{-6}

表 2.5.41（续）

晶体有效中心到地表距离 H_i/cm	25	40	60	80	100	120	140
A_j/cm^{-1}	探测效率 ε_{ij}						
0.2	6.214×10^{-5}	3.587×10^{-5}	2.037×10^{-5}	1.342×10^{-5}	9.526×10^{-6}	6.917×10^{-6}	5.257×10^{-6}
0.133	3.600×10^{-5}	2.355×10^{-5}	1.462×10^{-5}	9.986×10^{-6}	7.388×10^{-6}	5.649×10^{-6}	4.420×10^{-6}
0.1	2.346×10^{-5}	1.631×10^{-5}	8.131×10^{-6}	7.862×10^{-6}	6.055×10^{-6}	4.792×10^{-6}	3.804×10^{-6}
0	2.795×10^{-6}	2.024×10^{-6}	1.418×10^{-6}	1.042×10^{-6}	8.063×10^{-7}	6.339×10^{-7}	5.123×10^{-7}

为了便于分析带准直的谱仪探测器在不同高度上对土壤中不同深度分布参数探测效率的变化规律,将表 2.5.41 绘制成图 2.5.35。

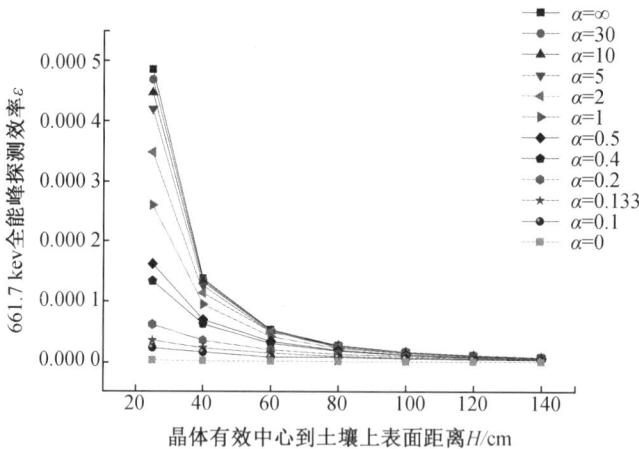

图 2.5.35　不同深度分布参数 α 下谱仪探测效率 ε 随探测器距地表高度 H 变化趋势

由图 2.5.35 可以看出,对本书所采用的带铅准直器的 HPGe γ 谱仪而言,^{137}Cs 不同土壤深度分布的全能峰探测效率随探测器距地面高度变化明显;总体说来,核素深度分布参数 α 越大,即放射性核素分布越浅,探测效率随探测器距地面高度变化就越大。高度在 60 cm 以下的探测效率明显大于高度在 100 cm 以上的探测效率。

实际上,可以根据实际测量情况,设置探测器距地面不同高度(H_i)进行探测效率的蒙特卡洛模拟计算,或者利用表 2.5.41 进行探测器距地面不同高度(H_i)的探测效率插值,便可以得到针对环境土壤中 ^{137}Cs 不同深度分布参数 α_j,该带准直屏蔽 HPGe γ 谱仪探测器距地面不同高度(H_i)的探测效率 ε_{ij};进而可以求得确定的某两个测量高度(H_1、H_2)下对应的 ^{137}Cs 系列深度分布参数 α_j 探测效率比值 $\varepsilon_{1j}/\varepsilon_{2j}$;建立 $\varepsilon_{1j}/\varepsilon_{2j}$~$\alpha_j$ 表格或拟合函数;针对环境土壤中 ^{137}Cs 不同深度分布参数 α_j,均可以获得两两不同测量高度的 HPGe γ 谱仪探测器的探测效率比值 $\varepsilon_{1j}/\varepsilon_{2j}$。

根据环境土壤实际测量情况选用两个探测器高度,例如,$H_1 = 40$ cm,$H_2 = 100$ cm,通过表 2.5.41 中这两个高度上探测效率数据的比值 $\varepsilon_{1j}/\varepsilon_{2j}$ 进行计算,结果列于表 2.5.42。

表 2.5.42 $H_1 = 40$ cm 和 $H_2 = 100$ cm 蒙特卡洛模拟计算的探测效率 ε_{1j}、ε_{2j} 及其比值 $\varepsilon_{1j}/\varepsilon_{2j}$

$\alpha_j/\mathrm{cm^{-1}}$	ε_{1j}	ε_{2j}	$\varepsilon_{1j}/\varepsilon_{2j}$
∞	1.38×10^{-4}	1.70×10^{-5}	8.12
30	1.36×10^{-4}	1.69×10^{-5}	8.05
10	1.33×10^{-4}	1.67×10^{-5}	7.96
5	1.27×10^{-4}	1.64×10^{-5}	7.74
2	1.15×10^{-4}	1.53×10^{-5}	7.52
1	9.60×10^{-5}	1.49×10^{-5}	6.44
0.5	7.04×10^{-5}	1.23×10^{-5}	5.72
0.4	6.27×10^{-5}	1.18×10^{-5}	5.31
0.2	3.59×10^{-5}	9.53×10^{-6}	3.77
0.133	2.36×10^{-5}	7.39×10^{-6}	3.19
0.1	1.63×10^{-5}	6.06×10^{-6}	2.69
0	2.02×10^{-6}	8.06×10^{-7}	2.51

实际上,也可以根据对表 2.5.41 中插值到任意探测器高度(例如,$H_1 = 50$ cm,$H_2 = 100$ cm)的探测效率 ε_{1j},并计算它与其他任意探测器距地面高度的探测效率比值 $\varepsilon_{1j}/\varepsilon_{ij}$,($i \neq 1$)。结果列于表 2.5.43,其曲线如图 2.5.36 所示。

表 2.5.43 $H_1 = 50$ cm 和 $H_2 = 100$ cm 的探测效率及其比值

$\alpha_j/\mathrm{cm^{-1}}$	ε_{1j}	ε_{2j}	$\varepsilon_{1j}/\varepsilon_{2j}$
∞	9.59×10^{-5}	1.70×10^{-5}	5.65
30	9.41×10^{-5}	1.69×10^{-5}	5.58
10	9.20×10^{-5}	1.67×10^{-5}	5.52
5	8.82×10^{-5}	1.64×10^{-5}	5.39
2	8.25×10^{-5}	1.53×10^{-5}	5.41
1	6.92×10^{-5}	1.49×10^{-5}	4.66
0.5	5.23×10^{-5}	1.23×10^{-5}	4.25
0.4	4.69×10^{-5}	1.18×10^{-5}	3.96
0.2	2.81×10^{-5}	9.53×10^{-6}	2.95
0.133	1.91×10^{-5}	7.39×10^{-6}	2.58
0.1	1.22×10^{-5}	6.06×10^{-6}	2.02
0	1.72×10^{-6}	8.06×10^{-7}	2.13

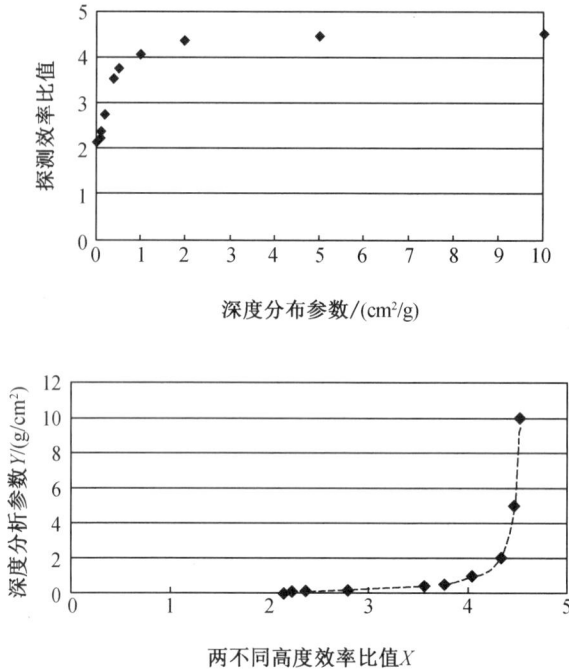

图 2.5.36 不同深度分布参数 α 不同探测器高度 661.7 keV 探测效率比值

至此,人工放射性核素^{137}Cs 随土壤深度分布参数 α 的快速实验测量技术就建立起来了。采用带准直屏蔽的 HPGe γ 谱仪,在环境土壤地面上选取两个不同高度分别进行^{137}Cs γ 谱测量,分析得到距地面两个不同高度(H_1、H_2)下^{137}Cs 661.7 keV 特征能量的全能峰计数率 n_1 和 n_2,计算其比值 n_1/n_2,利用上面建立的相关数表、曲线(图 2.5.36),通过插值,即可获得人工放射性核素^{137}Cs 随土壤深度分布参数 α。

2.5.5.6 HPGe γ 谱仪就地测量放射性核素在土壤中深度分布参数技术的实验验证

为对本书所建立的利用带准直屏蔽的 HPGe γ 谱仪就地测量放射性受人为破坏的土壤,对其大气沉降的落下灰^{137}Cs 深度分布参数 $\alpha_{就地}$ 进行现场就地测量,并用传统的做法——对其土壤进行分层取样,送低本底实验室测量分析的^{137}Cs 深度分布参数 $\alpha_{样品}$ 进行比较,用以检验土壤中大气沉降的落下灰^{137}Cs 深度指数分布参数现场测量技术的准确性。

1.寻找合适的实验地点

(1)土壤多年没有被翻耕、取土或填埋等人为破坏,沉降的放射性核素重力作用、雨水冲刷等作用自然下渗,其活度随深度土壤呈负 e 指数分布;

(2)地面无大的遮挡物,如大树等,避免对放射性落下灰的沉降影响;

(3)地势要较平坦,无大起伏,避免放射性落下灰被雨水冲刷形成"热点"或"冷点"。

经地面实地踏勘,选择了北京市房山区坨里镇上万村附近的一座小山坡上。图 2.5.37中标出了在谷歌地图中地理位置,距离中国原子能科学研究院直线距离约 6.3 km。

图 2.5.37　实验点与原子能院在谷歌地图中的地理位置

2. 就低测量设备布置

采用了自制的不锈钢三角支架和六块混凝土绿化地砖两两叠加,支撑带屏蔽准直的 HPGe γ 谱仪探测器,分别设定了 2 个不同探测器距离地表高度(激光测距:$H_1 = 0.398$ m, $H_2 = 1.004$ m),如图 2.5.38 和图 2.5.39 所示。

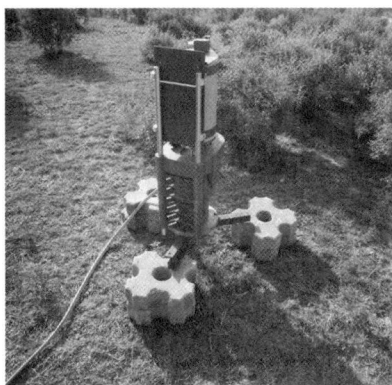

图 2.5.38　就地测量高度 $H_1 = 0.398$ m

图 2.5.39　就地测量高度 $H_2 = 1.004$ m

图 2.5.39 中金属架每个脚下面垫木板是为了增加三个支撑脚压强面积,防止不锈钢三角支架随时间逐渐陷入土中导致测量高度下降。在就地测量前后均用激光测距仪的测量,就地测量前后探测器高度距地面高度均无变化。

3. 就地测量获取 α 值

由于环境土壤中人工放射性 ^{137}Cs 活度很低,探测器经过准直后的"视域"变小,即使测量活时间达到 7~8 h,HPGe 谱仪的计数和计数率仍然不高(就地测量数据见表 2.5.44)。由表 2.5.44 可得到 $n_1 / n_2 = 1.043$。

表 2.5.44　就地测量数据

高度序号	探测器晶体有效中心距地面高度 H/m	661.7 keV 全能峰面积计数	测量活时间/s	计数率 n/s^{-1}	统计误差 /%
1	0.398	2 116	26 992	0.078 4	2.5
2	1.004	2 248	29 900	0.075 2	2.5

采用环境现场在 2 个高度上就地测量的 661.7 keV 特征能量峰计数率之比 $n_1/n_2 =$ 1.043，利用表 2.5.45 进行 2 项式插值计算得到 $\alpha = 0.225$ cm^{-1}。

表 2.5.45　不同 α 值下探测器在 2 个高度（$H_1 = 0.398$ m，$H_2 = 1.004$ m）上蒙特卡洛模拟 661.7 keV 特征能量的 $\varepsilon_1/\varepsilon_2$ 与 n_1/n_2 [43]

α/cm^{-1}	ε_1	ε_2	$\varepsilon_1/\varepsilon_2$	A_1/A_2	n_1/n_2
30	1.40×10^{-4}	1.55×10^{-5}	9.03	0.121	1.093
10	1.38×10^{-4}	1.56×10^{-5}	8.85	0.123	1.088
5	1.32×10^{-4}	1.53×10^{-5}	8.63	0.126	1.087
2	1.17×10^{-4}	1.46×10^{-5}	8.01	0.135	1.082
1	1.01×10^{-4}	1.42×10^{-5}	7.10	0.150	1.065
0.5	7.20×10^{-5}	1.22×10^{-5}	5.90	0.178	1.050
0.4	6.30×10^{-5}	1.15×10^{-5}	5.48	0.192	1.052
0.2	3.91×10^{-5}	$9.701 0^{-6}$	4.03	0.257	1.036
0.133	2.32×10^{-5}	$7.06 10^{-6}$	3.29	0.314	1.032
0.1	1.60×10^{-5}	$5.66 10^{-6}$	2.83	0.365	1.032

注：ε_1 与 ε_2 是探测器距地表高度分别为 0.398 m 与 1.004 m 的探测效率蒙特卡洛模拟值的拟合函数值。

4. 样品实验室分析获取 α 值

在环境现场进行两个不同高度就地测量后，撤下谱仪探测器，依据传统取样方法，在 HPGe 谱仪就地测量位置的正下方土壤，进行垂直分层（每 2 cm 一层）取样。取样面积≥ 25 cm×25 cm，以保证每个土壤样品重量达到 2 kg 以上；每个样品分别装入一个塑料样品袋，并进行标记和记录。地表 14 cm 深度以下为基岩，因此一共取了 7 个不同深度的土壤样品。

按照中华人民共和国国家标准《土壤中放射性核素的 γ 能谱分析方法（Gamma spectroy method of analyzing radionucildes in soil）》（GB 1173—89）对土壤样品进行 γ 能谱分析。

样品的制备：剔除杂草和碎石等异物，土壤样品经 100 ℃ 烘干至恒重，粉碎 100 目过筛，称重后装样，直接进行测量分析。

土壤样品由中国原子能科学研究院低本底实验室的 HPGe γ 谱仪进行活度浓度测量分析，结果见表 2.5.46。

表 2.5.46 土壤分层样品的实验室 HPGe γ 谱测量分析结果

表 2.5.46 土壤分层样品的实验室 HPGe γ 谱测量分析结果

样品号	1	2	3	4	5	6	7
深度/cm	0~2	2~4	4~6	6~8	8~10	10~12	12~14
^{137}Cs 活度浓度/(Bq/kg)	20.2	13.8	6.91	8.48	3.95	1.29	2.46

对表 2.5.46 中数据采用负 e 指数衰减公式(2.5.55)进行拟合,其分层样品中的放射性活度浓度的实验室测量分析结果及拟合曲线见图 2.5.40。

$$A = A_0 \cdot e^{-\alpha Z} \tag{2.5.55}$$

拟合结果:$A_0 = 24.615$ Bq/kg,$\alpha = 0.202$ cm^{-1}。

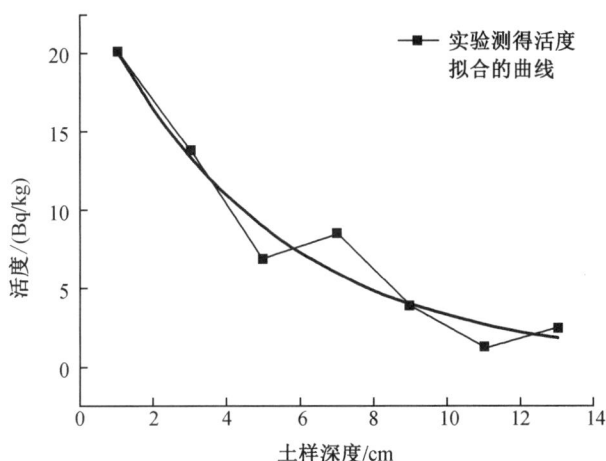

图 2.5.40 实验室分析数据拟合

5. 就地测量结果与分层取样实验室分析结果比对

在所选定地点,采用屏蔽准直的 HPGe γ 谱仪探测器在距地表 40 cm 与 100 cm 两个不同高度进行就地测量技术得到的大气沉降^{137}Cs 核素在土壤中的深度分布参数 $\alpha_{就地} = 0.225$ cm^{-1};采用传统的分层取样送实验室分析得到的大气沉降^{137}Cs 核素在土壤中的深度分布参数 $\alpha_{实验室} = 0.202$ cm^{-1};其相对偏差为

$$(\alpha_{就地} - \alpha_{实验室})/\alpha_{实验室} \times 100\% = \frac{0.202 - 0.225}{0.202} = -11.4\%$$

误差分析:

(1)山顶土壤下存在有石子,一定程度上与 MCNP 模拟的条件有出入;

(2)测量统计误差,由于探测器带有铅准直,导致进入探测器晶体的光子大大减少,即使测量活时间达 7~8 h,^{137}Cs 的全能峰计数只达到了 2 000 左右,统计误差±2.5%;此外 MCNP 的模拟本身带有一定的误差,从模拟方法得出的公式,指数会放大小误差导致结果的偏差较大。

6. 就地测量土壤中放射性人工核素的深度分布参数的不确定度分析

根据数值评定方法的不同,不确定度可以分为两类,即,A 类不确定度:用实验标准差表征;B 类不确定度:用根据经验或资料及假设的概率分布估计的标准差表征。每个高度上的

γ谱测量,其各不确定度分量见表2.5.47。由于该方法采用两个高度,即两次测量,不确定度通过误差传递公式可知,即在表2.5.47合成不确定度基础上乘以$\sqrt{2}$。

表2.5.47 不确定度分量一览表

类别	不确定分量 $u(x_i)$	不确定度来源	相对不确定度/%	备注
A	$u(x_2)$	全能峰计数统计误差	±2.5	测量值
	$u(x_3)$	MC沉积粒子数统计	±1.0	计算值
B	$u(x_4)$	测量高度位置误差	±2.0	估计值
	$u(x_5)$	分支比数据误差	±2.0	文献[44]
	$u(x_6)$	探测器尺寸误差	±6.0	估计值
	$u(x_7)$	解谱误差	±1.0	估计值
	$u(x_8)$	模拟材料的密度误差	±3.0	估计值
	$u(x_9)$	铅屏蔽准直效果误差	±10.0	估计值

本书建立的快速获取土壤中人工放射性核素的深度分布参数的技术,其总不确定度按如下公式进行合成:

$$U = K \cdot \left(\sum A_i^2 + 1/3 \sum B_j^2 \right)^{1/2} \qquad (2.5.56)$$

式中 $K=2$,95.45%的置信度。

将各参数代入公式(2.5.56),可得到总不确定度为±15.31%。

2.5.5.7 讨论

本书利用探测器对于点源的探测效率因子所建立的探测器等效几何模型经过用MCNP模拟探测器对于面源和体源探测效率因子通过实验检验是正确可行的。

在模拟时采用脉冲沉积记录卡F8卡记录γ射线在探测器的能量沉积,由于F8卡属于analog simulation,除了源偏倚抽样以外,不能使用其他减方差技巧。在计算探测器视野时,为了减小源的抽样体积,设定了30°作为视野角度,但是不能认为视野以外的^{137}Cs的全能峰661.7 keV γ射线就被完全屏蔽,从点源准直实验的数据得到还有是一小部分的γ射线进入了探测器。

在野外环境实验测量验证中,山顶土壤的厚度不够,并且由于在山上实验条件的限制,全能峰面积计数达到2 000,全能峰统计误差为2.5%,解谱的过程中也会带来误差,它们直接影响两个不同高度的全能峰计数率之比,经过在拟合的指数公式计算,误差得到放大,这些是影响模拟计算结果的主要原因。

为了能得到更好的实验数据,在实验条件允许的情况下,应该尽量加厚铅准直,尤其是当实验对象选择是高能γ射线;另一方面也可以增加MCNP模拟的体源半径,提高模拟的精度。

练习(含思考)题

1. 请给出Beak公式,并给出公式中各物理量的解释说明及其量纲。

2. 请简述环境土壤就地γ谱测量中α值的物理含义及其量纲。

3. Beak 公式中,假设了放射性核素活度浓度随土壤深度呈哪几种分布,其分布可以用什么参数值进行描述,与各种分布相应的参数值如何?

4. 目前环境土壤中放射性核素就地 γ 谱测量可分为哪几种方法?

5. 采用吸收峰环境就地 γ 谱测量方法,就地 γ 谱仪的校准一般有哪几种技术方法? 这些方法各自的优缺点如何?

6. 对于建立一种新的监测技术方法,一般如何证明该监测技术方法的可行性?

7. 采用吸收峰(全能峰)方法,就地 γ 谱测量的空气吸收剂量率值,与高气压电离室测量的空气吸收剂量率值对比时,应该注意哪些问题?

8. 采用吸收峰(全能峰)方法,就地 γ 谱测量的土壤中的活度浓度值,与取土壤样品的实验室 γ 谱测量的活度浓度值对比时,又应该注意哪些问题?

9. 为了便于就地 γ 谱测量土壤中人工放射性核素活度浓度值(Bq/m^2)与取土壤样品的实验室 γ 谱测量的活度浓度值(Bq/kg)比较,必须将土壤样品的实验室 γ 谱测量的活度浓度值 $A(Bq/kg)$ 转换成用 $A_a(Bq/m^2)$ 表示的活度浓度值,请你在记录样品垂直取样深度 $H(cm)$ 的基础上,推导出其换算公式(某人工放射性核素在土壤中的分布参数为 α/ρ)。

10. 就地 HPGe γ 谱仪校准技术中,半经验公式校准技术是一种非常便利有效的方法;采用该技术必须准确知道哪几个参数?

11. 假设某就地 HPGe γ 谱仪探测器的几何尺寸为 $\phi5.55\ cm \times 5.55\ cm$,其相对探测效率 $\varepsilon = 45\%$,探测器朝下。试分别给出该谱仪就地测量土壤中人工放射性核素^{137}Cs($\alpha/\rho = 6.25\ cm^2/g$)和天然放射性核素^{40}K的($N_f/A$)和($N_f/\dot{D}$)值。

12. 若采用题(10)中的 HPGe γ 谱仪探测器对一环境土壤进行就地测量,测量时间为20 min,分别测得^{137}Cs(662 keV)全能峰面积净计数为 3 256,^{40}K(1 460 keV)全能峰面积净计数为 37 890,请采用题(10)的参数分别计算给出环境土壤中^{137}Cs、^{40}K的活度浓度值及其在地面上 1 m 高处的空气吸收剂量率贡献值。

13. 采用蒙特卡洛模拟计算校准技术(无源校准技术),是目前就地 γ 谱校准重要发展方向之一,影响其准确性的最主要因素是什么?

14. 环境土壤就地 γ 谱测量中的重要参数 α 值,你了解有哪几种获取方法,各种方法的特点是什么?

15. 通过调研、学习和思考,你认为还有哪些可以获取环境土壤中人工放射性核素随深度分布参数的技术方法?

参考文献

[1] BECK H L, CONDON W J, LOWDER W M. Spectometric techniques for measuring environmental gamma radiation:hasl-150[R]. HASL [reports] US Atomic Energy Commission, 1964, 58: 1-71.

[2] LOWDER W M, CONDON W J, BECK H L. Field Spectrometric Investigations of Environmental Radiation in the USA[M]// Adams J A S, Lowder W M. The Natural Radiation Environment. Chicago:Univ. of Chicago Press,1964:35.

[3] LOWDER W M, BECK H L, CONDON W J. Spectrometric determination of dose rates from natural and fall-out gamma-radiation in the United States, 1962-63[J].

Nature, 1964, 202: 745—749.

[4] BECK H L, LOWDER W M, BENNETT B G, et al. Further studies of external environmental radiation: HASL－170 [R]. HASL [reports] US Atomic Energy Commission, 1966: 1—49.

[5] BECK H L, DECAMPO J, GOGOLAK C. In Situ Ge(Li) and NaI(Tl) Gamma-ray Spectrometry: HASL-258[R]. USAEC Report, 1972.

[6] NEMETH I, LOVRANICH E, URBANICH E, et al. Calibration of a HP-Germanium Detector for Rapid In-situ Determination of Environmental Radioactivity: OEFZS-4461, ST-160/88[R]. 1988.

[7] FINCK R R, PERSSON B R R. In Situ Ge(Li)-Spectrometry Measurements of Gamma-Radiation from Radon Daughters Under Different Weather Conditions[R]. [S. l. : s. n.], 1986.

[8] 任天山. 切尔诺贝利核事故的核素释放特点和场外环境监测[J]. 辐射防护, 1988, 8(4—5): 299—305.

[9] HELFER I K, MILLER K M. Calibration factors for Ge detectors used for field spectrometry[J]. Health Physics, 1988, 55(1): 15—29.

[10] SAKAI E J, TERADA H, KATAGIRI M. In-situ gamma-ray measurement using Ge(Li) detectors[J]. IEEE Transactions on Nuclear Science, 1976, 23(1): 726—733.

[11] 吴绍云, 张淑娟. HPGe γ 谱仪的发展与应用[J]. 中华放射医学与防护杂志, 1989, 9(4): 285—288.

[12] 任天山. 本征锗野外 γ 谱仪的刻度[J]. 辐射防护, 1985, 5(5): 331—338.

[13] 杨胤. 环境土壤就地 γ 能谱分析[J]. 辐射防护通讯, 1985, 5(4): 1—7.

[14] BROWN E, FIRESTORE R B, SHIRLEY V S. Table of radiactive isotope[M]. [S. l. : s. n.], 1986.

[15] REN T, MILLER K M. Application of a semi-empirical Ge(Li) detector calibration technique for large-volume samples: EML-409[R]. USDOE Environmental Measurements Lab., 1983.

[16] 周德邻, 赵志祥, 周恩臣. 试验和评价数据的数学处理[M]. 北京: 原子能出版社, 1986: 137—139.

[17] SOWA W, MARTINI E, GEHRCKE K, et al. Uncertainties of in situ gamma spectrometry for environmental monitoring[J]. Radiation Protection Dosimetry, 1989, 27(2): 93—101.

[18] 潘自强, 罗国桢. 环境本底辐射测量和剂量评价[M]. [S. l. : s. n.], 1986.

[19] 岳清宇, 金花. 低大气层宇宙射线分布测量[J]. 辐射防护, 1986, 8(6): 401—409.

[20] ANSPAUGH L, PHELPS P, HUCKABAY G, et al. Methods for the in situ measurement of radionuclides in soil: HASL-269[R]. Workshop on natural radiation environment, 1972.

[21] CUTSHALL N H, LARSEN I L. Calibration of a portable intrinsic Ge gamma-ray detector using point sources and testing for field applications[J]. Health Physics,

1986, 51(1): 53-59.

[22] SCOFIELD J H. Theoretical Photoionization Cross Sections from 1 to 1500 keV. Z = 1 to 101, 1-1500 keV, Cross Sections for Individual Subshells, Tables [R]. Lawrence Liv-ermore Lab. Rep. UCRL-51326. 1973 :19.

[23] HUBBELL J H, VEIGELE W J, BRIGGS E A, et al. Atomic from factors, incoherent scatter-ing functions, and Photon scattering cross sections [J]. Phys. Chem. Ref. Data, 1975 :471.

[24] HUBBELL J H, GIMM H A, DVERBO I J. Pair, triplet and total atomic crss sectio (and mass attenuation coefficients) for 1 MeV-100 GeV Photons in elements Z= 1 to 100 [J]. Phys. Chem. Ref. Data, 1980:1023.

[25] PAGES L, BERTEL E, JOFFRE H, et al. Energy loss, range, and bremsstrahlung yield for 10-keV to 100-MeV electrons in various elements and chemical compounds [J]. Atomic Data and Nuclear Data Tables, 1972, 4: 1-27.

[26] 许淑艳. 蒙特卡洛方法在实验核物理中的应用[M]. 北京：原子能出版社，1996: 119.

[27] 肖雪夫. 就地 HPGe 谱仪探测效率因子的蒙特卡洛计算及实验验证[M]//裴麓成. 蒙特卡洛方法及其应用(一). 长沙：国防科技大学出版社，1993:169-175.

[28] 肖雪夫. 就地 HPGe 谱仪角响应校正因子的蒙特卡洛计算及验证[M]//裴麓成，王仲奇. 蒙特卡洛方法及其应用(二). 北京：海洋出版社. 1998.

[29] BENKE R R, KEARFOTT K J. An improved in situ method for determining depth distributions of gamma-ray emitting radionuclides [J]. Nuclear Instruments and Methods in Physics Research Section A: Accelerators, Spectrometers, Detectors and Associated Equipment, 2001, 463(1/2): 393-412.

[30] UNSCEAR. Sources and efects of radiation[M]. New York:UN, 1982.

[31] FÜLÖP M, RAGAN P. In-situ measurements of ^{137}Cs in soil by unfolding method [J]. Health Physics, 1997, 72(6): 923-930.

[32] KORUN M, LIKAR A, LIPOGLAVŠEK M, et al. In-situ measurement of Cs distribution in the soil[J]. Nuclear Instruments and Methods in Physics Research Section B: Beam Interactions with Materials and Atoms, 1994, 93(4): 485-491.

[33] CHESNOKOV A V, GOVORUN A P, FEDIN V N, et al. Method and device to measure ^{137}Cs soil contamination in situ[J]. Nuclear Instruments and Methods in Physics Research Section A: Accelerators, Spectrometers, Detectors and Associated Equipment, 1999, 420(1/2): 336-344.

[34] THUMMERER S, JACOB P. Determination of depth distributions of natural radionuclides with in situ gamma-ray spectrometry[J]. Nuclear Instruments and Methods in Physics Research Section A: Accelerators, Spectrometers, Detectors and Associated Equipment, 1998, 416(1): 161-178.

[35] BENKE R R, KEARFOTT K J. Demonstration of a collimated in situ method for determining depth distributions using γ-ray spectrometry[J]. Nuclear Instruments and Methods in Physics Research Section A: Accelerators, Spectrometers, Detectors

and Associated Equipment，2002，482（3）：814-831.

［36］ OERTEL C P，GILES J R，THOMPSON K C，et al. In situ depth profiling of ^{137}Cs contamination in soils at the Idaho National Engineering and Environmental Laboratory［J］. Health Physics，2004，87（6）：664-669.

［37］ FULÖP M. Calibration of HPGe detector for in situ measurements of ^{137}Cs in soil by "peak to valley" method［C］. Institute of Preventive and Clinical Medicine，Limbova 14,83101 Bratislava，Slovak Republic.

［38］ LIKAR A，OMAHEN G，VIDMAR T，et al. Method to determine the depth of Cs-137 in soil fromin-situgamma-ray spectrometry［J］. Journal of Physics D：Applied Physics，2000，33（21）：2825-2830.

［39］ SCHIMMACK W，SCHULTZ W. Migration of fallout radiocaesium in a grassland soil from 1986 to 2001. Part I：Activity-depth profiles of（134）Cs and（137）Cs［J］. The Science of the Total Environment，2006，368（2/3）：853-862.

［40］ HUH C A，SU C C. Distribution of fallout radionuclides（^{7}Be，^{137}Cs，^{210}Pb and ^{239,240}Pu）in soils of Taiwan［J］. Journal of Environmental Radioactivity，2004，77（1）：87-100.

［41］ LETTNER H，BOSSEW P，HUBMER A K. Spatial variability of fallout Caesium-137 in Austrian alpine regions［J］. Journal of Environmental Radioactivity，2000，47（1）：71-82.

［42］ 李星洪. 辐射防护基础［M］. 北京：原子能出版社，1982.

［43］ 邵明刚. 大气沉降人工放射性核素在土壤中深度分布参数的快速测量技术研究［D］. 北京：中国原子能科学研究院，2008.

［44］ 刘运祚. 常用放射性核素衰变纲图［M］. 北京：原子能出版社，1982.

2.6　航空 γ 能谱测量技术

2.6.1　引言

航空 γ 能谱测量是在航空放射性 γ 总量测量基础上发展而来，目前常简称航放测量（当仅涉及航放测量时常简称为航测，为简便起见，以下以航测代替航空 γ 能谱测量）。与航空磁力、航空重力、航空电力测量一样，都是利用飞机搭载高灵敏度仪器在空中执行的一种动态瞬时测量。航测具有探测视野宽阔、不受地面交通和地形地貌限制的优势，每个飞行日可以快速获取数千平方千米的区域放射性地球物理资料，截至 2020 年底，我国已完成用于铀资源勘查的国土航测面积约 559 万平方千米，直接发现铀矿床 53 个，以航测信息为线索发现的铀矿床占比达 80%，因此认为航测是放射性地球物理区域调查的最佳手段。

航空放射性 γ 总量测量开始于 20 世纪 40 年代中期，早期使用 G-M 计数管；20 世纪 50 年代 NaI（Tl）探测器的研制成功，大大提高了 γ 辐射的探测灵敏度；20 世纪 60 年代中期开始，四道（总量—Tc、钾—K、铀—U、钍—Th）航空 γ 能谱测量技术用于铀资源勘查；20 世纪 70 年代出现多道（256 道）航空 γ 能谱测仪，但因计算机运行速度和存储介质容量的制约，数据的实际应用仍然局限于四道数据。21 世纪初有人对航空全谱数据的应用开始探索研究,但目前尚未推广应用。

我国的航测始于 1955 年,是在苏联的帮助下使用 G-M 计数管进行的,20 世纪 60 年代中期开始使用由多个小体积 NaI(Tl)晶体组成的探测器,均为总量测量;20 世纪 70 年代初开始使用国产的 FD-123 型四道航空 γ 能谱仪,探测器为 $\phi 200$ mm×$h100$ mm 的 NaI(Tl)晶体;20 世纪 80 年代初开始引进美国产 GR800 和加拿大产 MCA2 多道(256 道)航空 γ 能谱仪,探测器由 4 in×4 in×16 in NaI(Tl)晶体组成,总体积通常达 50 L。1987 年我国研制出首套 AS-2000 型多道航空 NaI(Tl) γ 能谱仪,但因部分技术不过关,后续改进没有跟上,到 1991 年被淘汰;2005 年我国通过引进主要部件集成了兼容于铀资源勘查和核应急航空监测的 703-Ⅰ型航空综合测量系统,包括 512 道航空 NaI(Tl)γ 能谱仪、铯光泵航空磁力仪、GPS 和数据收录系统;2010 年国家 863 课题研发了 AGS-863 型航空综合测量系统,包括航空 NaI(Tl)γ 能谱仪。

由于航测具有在大范围内快速灵敏地探测环境放射性的特点,一些发达国家已成功地将航测技术用于核电站等核设施周围地区的环境辐射监测、寻找丢失的放射源以及核事故的应急监测等领域。核电站等核设施的航测还能提供核电站及周围地区的 γ 辐射环境背景数据。美国已对核电站等核设施完成了数十次的航测,大量航测数据可作为核电站放射性排放或长期累计评价的基础[1]。

核应急航测在国际上已有三起典型的成功案例,1968 年 6 月美国应用航测在事发第二日找到了运输途中丢失的^{60}Co 放射源;1978 年 1 月加拿大应用航测迅速圈定了苏联"宇宙-954 号"核动力卫星散落在加拿大西北部的放射性碎片区域;1986 年首先是瑞典用航测迅速有效地给出了苏联切尔诺贝利核电站事故对瑞典造成的环境地面污染范围和分布[1]。

我国将航测技术应用于环境 γ 辐射调查和核应急领域大致分为三个阶段:20 世纪 80 年代的探索阶段,1982 年苏联核动力卫星在可能坠落我国境内时,国家调用了航测分队在天津某机场待命,1988 年在云南红河州地区进行了以环境 γ 辐射水平为主的航测;20 世纪 90 年代航测仪器校准实验研究阶段,进行了一系列探测器角响应、点源模拟面源、线源模拟面源、有限面源模拟无限面源、木板模拟空气吸收的实验,并完成了石家庄地区、秦山核电站及周围和上海地区的 γ 辐射环境调查,首次用航测发现了煤灰渣、高岭土、磷肥原料等由于人类活动所造成的"热点";21 世纪,属于应用阶段,先后完成了中核集团某科研基地、某生产基地和国家核试验基地的航测,首次探测到了放射性人工核素^{152}Eu、^{137}Cs 等"热点",并检测到了核反应堆排放的^{41}Ar 烟羽[2-5]。

三窗线性相关解算法是目前最常用的航空 γ 能谱解谱方法。国内已有科研院所自 20 世纪 90 年代开始研究航空 γ 能谱的解谱新技术,拟应用蒙特卡洛模拟技术和 G 函数技术获得更为准确的地面核素活度和剂量率结果。尽管蒙特卡洛模拟技术和 G 函数技术在实验室 HPGe 谱仪和地面 NaI(Tl)γ 谱仪中已广泛应用,但由于航测飞机地板结构复杂、航测高度约百米等因素,模拟计算工作复杂、模拟计算量很大,加之 NaI(Tl)γ 能谱仪的分辨率有限,动态瞬时测量的谱线形状不够理想等多因素影响,目前尚未形成商业化技术推广。

车载 γ 能谱测量系统虽然不具备航测不受地面交通限制的优点,但继承了航测探测效率高、快速搜寻 γ 辐射热点的优势。近年在我国也得到了迅速发展,目前各地方环境监测机构和科研院所配备总量已达 20 余台。由于车载 γ 能谱测量系统的配置属于航测系统的简装版,其测量过程可以看作是航测系统 0 高度飞行的特例,因此在仪器校准、实地测量和数据处理等方面可以参考航测进行。

2.6.2　航测仪器及校准简介

2.6.2.1　航测仪器[5]

1.航测系统的构成

为提高航测性价比,一般都采用一机多参数航测。同时搭载航放和航磁仪器进行同步航测是常用选择,有些用户也同时安装了航电仪和/或航重仪,因此航测系统是飞机及所有航测仪器的统称。但涉及等离地高度和等海拔高度飞行的技术矛盾以及电磁干扰的问题目前尚未完全解决,目前同时装载航电仪或航重仪的航测尚未推广应用。

图 2.6.1 和图 2.6.2 是航测系统的主要构成框图,图 2.6.1 代表了 20 世纪 80 年代的集成水平,属于晶体管和集成电路混合产品,由于 γ 能谱仪体积较大,为便于安装和维修,需要分装为 γ 射线探测器、γ 能谱接口和多道分析器三个独立构件。图 2.6.2 代表了 21 世纪初的集成水平,以集成电路为主的设计使得仪器电子部分体积大大缩小,例如 γ 能谱仪已经集成为一体,可以直接与电源和数据收录系统相连。

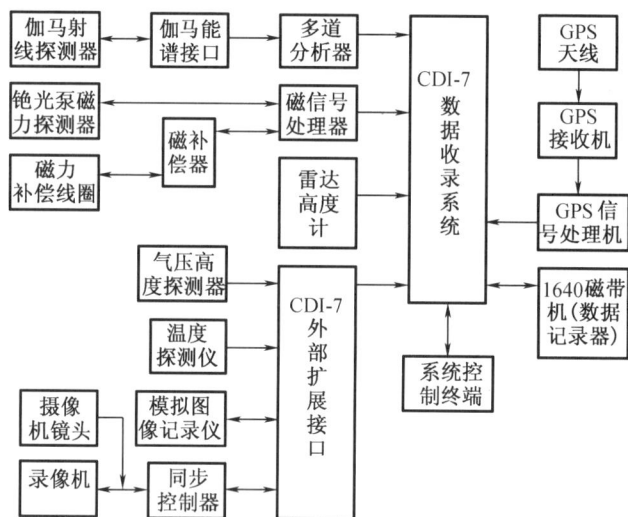

图 2.6.1　老航测系统框图

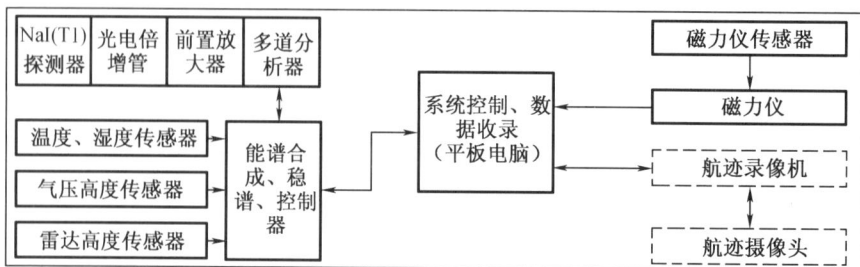

图 2.6.2　新航测系统框图

国外航测通常使用直升机,国内因费用问题通常选择固定翼飞机。目前常用机型为运输五型(Y5)和运输十二型(Y12),近年小松鼠直升机也开始用于航测。固定翼飞机速度快、机舱空间宽阔,一般配置三箱总体积 50 L 的 NaI(Tl)探测器,具有探测效率高和工作效率高的优点。其缺点是高度的可控性较差,在地形复杂的山谷多出现飞行高度超高现象。直升机的优点是高度可控性较好,基本能保持等离地高度飞行。缺点是机舱空间小,最多只能安装两箱探测器,导致探测效率和工作效率较低,同时租机费用也偏高,致使航测成本较高。

Y5 飞机为单引擎、双大翼,飞机机身舱底蒙皮(俗称"肚皮")为铝皮,地板为合金铝,肚皮与地板之间为合金铝框架,油箱在上大翼内部。巡航速度 160~200 km/h,巡航时间最长约 6 h,航测飞行最小离地高度约 30 m,最大飞行高度约 3 600 m。特点:租机费相对较低、超低空性能较好。

Y12 飞机为双引擎、单大翼,肚皮为铝皮,地板为合金铝内镶凹式轨道,肚皮与地板之间为合金铝框架,油箱在大翼内部中。巡航速度 180~280 km/h,巡航时间最长 5.5 h,物探航测飞行最小离地高度约 50 m,最大飞行高度约 4 600 m。特点:租机费相对适中、双发安全系数高、超低空性能较好、受气象影响较小、可适合较复杂地形、具有夜航能力、调机速度快、国内除西藏外均可当天到达。

图 2.6.3 是航测系统在 Y5 飞机内的典型安装,出于飞机起飞和着陆安全考虑,探测器一般不允许通过吊舱安装在固定翼飞机的肚皮之下。

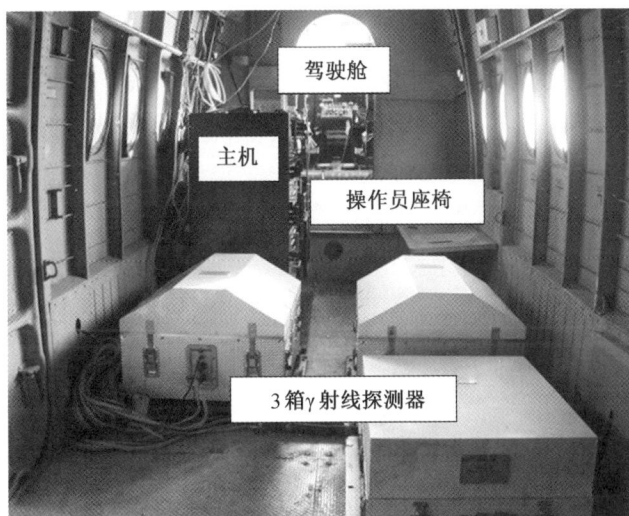

图 2.6.3　机载航测设备照片

直升机最大的缺点是油箱一般都在地板之下,对来自地面的 γ 射线的屏蔽随着油量消耗在变化。为减少飞机油箱和地板的屏蔽影响,有些用户已尝试将伽马射线探测器外挂在飞机的肚皮下边,见图 2.6.4。

2. 航空 γ 能谱仪及必需的辅助设备构成

完整的航测系统至少包括:

(1)用于测量 γ 辐射的航空 γ 能谱仪。

(2)用于空间定位的 GPS。

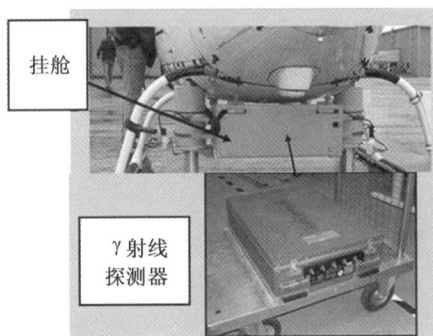

图 2.6.4　机载探测器外挂照片

（3）用于测量离地高度的雷达高度计。

（4）用于测量环境参数的气压高度计、温度计和湿度计。

（5）用于系统控制和数据收录的中央控制台、监视器和操作键盘。

（6）有时还可以选配用于记录地物地貌的航迹照相机或摄像机。

航空 γ 能谱仪由 NaI（Tl）晶体、光电倍增管、前置放大器、多道分析器、增益自稳控制等主要构件组成。增益控制又称稳谱，经历了有源稳谱、恒温稳谱、天然源自动稳谱（简称自稳）三个阶段，目前已全部采用自稳。传统意义上的能谱仪主机目前多已集成到一块可以手持的电路板上，部分产品直接放在了整箱探测器外壳内，涉及多箱探测器的航测系统一般在多箱探测器与平板电脑之间用一个小盒子相连。

航测通常是在离地 60~150 m 的空中进行实时动态测量，需要大体积的 NaI（Tl）探测器来实现高灵敏度。图 2.6.5 是单条航测NaI（Tl）探测器的示意图，主要包括 4 in×4 in×16 in 的 NaI（Tl）晶体、光电倍增管及钢制外包壳；图 2.6.6 是航测仪器通常配置的探测器数量和结构示意图，包括三箱 12 条下测探测器和两条上测探测器。上下测探测器之间的铅屏蔽层是早期的设计，因其笨重而作用不大，现代产品均已取消。图 2.6.7 展示了单条探测器和单箱四条探测器组合结构。

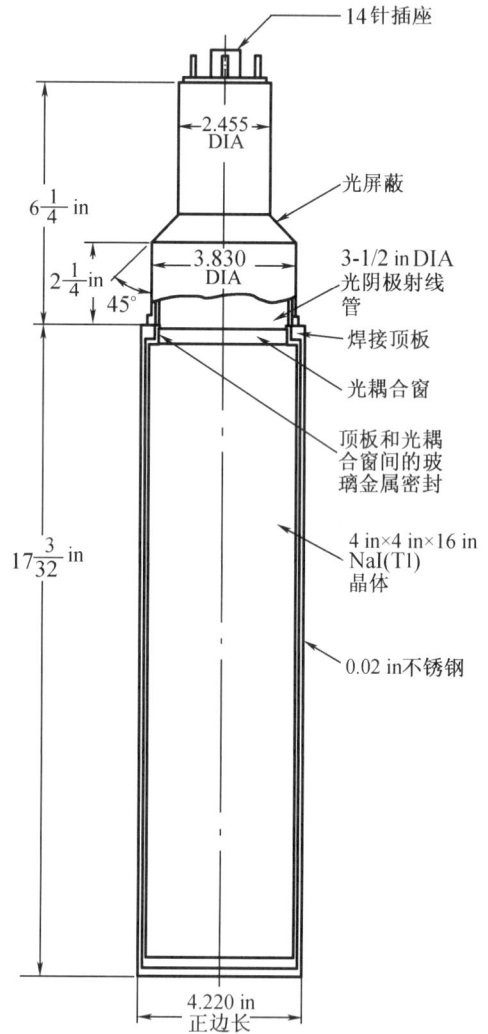

图 2.6.5　航空 γ 能谱仪单条探测器
结构示意图

3. 航空 γ 能谱仪工作原理及主要技术指标

航空 γ 能谱仪的工作原理可以简单概括为：来自地面、空气、宇宙中的 γ 射线经空气吸收、散射衰减后进入 NaI（Tl）晶体中闪烁产生光子，由光电倍增管放大为电子脉冲，随后经脉冲幅度甄别器、模数转换器对模拟脉冲整形并转换为数字信号，形成原始 γ 谱线，采用特征峰检测运算功能对原始 γ 谱线校正为 256 道标准 γ 谱线，形成了标准道对应标准能量的 γ 谱线。

现代航空 γ 能谱仪采用了一个或多个天然放射性核素特征能量峰检测与运算功能来保证能谱仪的稳定性，它不再需要对探测器恒温或用辅助放射源来稳峰，避免了昼夜通电恒温的不便和使用辅助放射源可能影响测量结果的弊端，更适合于核应急的快速响应。

γ 射线探测器通常由 14 个相互独立的探测器组成，分三箱安装，其中两箱分别装有一个上测和四个下测探测器，上测晶体直接平放在下测晶体上面，另一箱仅有四个下测探测器，即（1+4）×2+4 结构（图 2.6.6）。上测主要测量大气中的放射性，对来自地面的放射性通过下测晶体可屏蔽约 80%。每个探测器均由一条 NaI（Tl）晶体、3.5 in 光电倍增管、多道分析器等三部分组成。

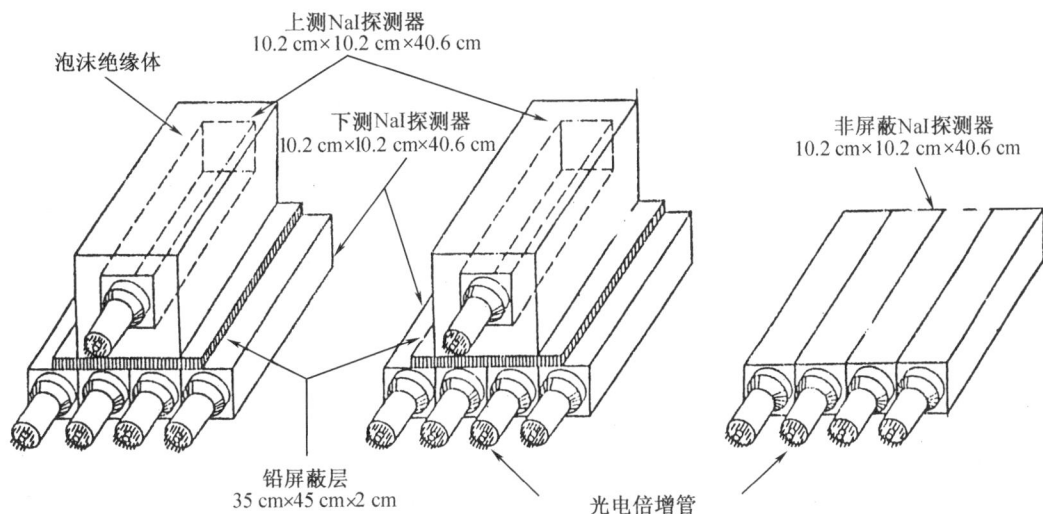

图 2.6.6 航空 γ 能谱仪的探测器典型配置结构示意图

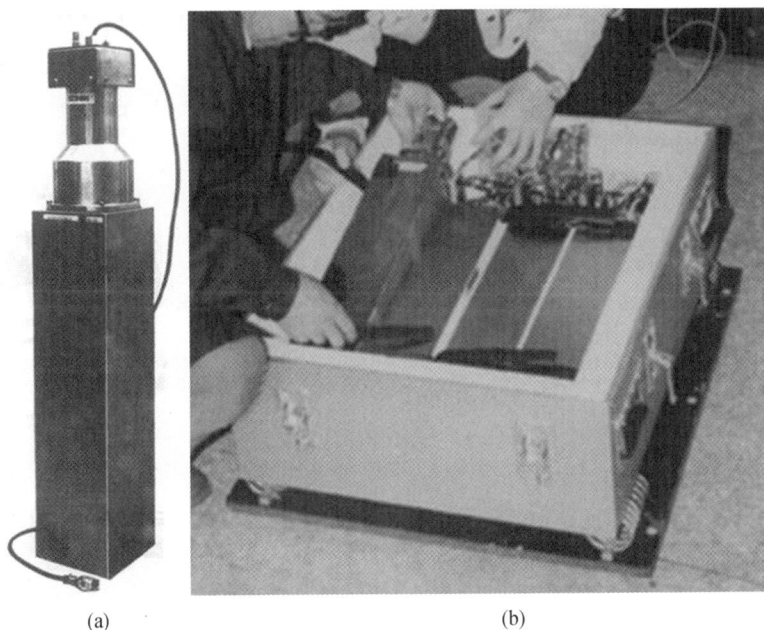

(a)   (b)

图 2.6.7 航空 γ 能谱仪的单条探测器及单箱探测器结构示意图

能谱仪主机通常能够接受 16 条晶体输出的 γ 能谱和温度、压力、湿度、雷达高度、GPS 等数据,与探测器、键盘、显示器可以构成一台独立的 γ 能谱仪,用于能谱矫正、能谱合成、系统控制、数据收录。也可以通过综合控制与数据收录系统相连进行系统控制和数据收录。

能谱仪主机将接收到的最多可达 16 个探测器的 γ 能谱进行峰位校正后,分上下测相加合成。通过菜单设置,每秒 1 次或 2 次,向收录系统输出上下测各 256 道或 512 道的 γ 能谱数据及压力、温度等辅助数据。

输出包括全谱256或512道计数率和天然 K、U、Th 常规窗计数率以及人工核素窗计数率，同时还可以实时估算、显示、存储空气吸收剂量率、天然核素体活度和人工核素[137]Cs、[60]Co 等面活度。

单条 NaI(Tl) 晶体尺寸为 4 in×4 in×16 in。上测共两条，总体积为 512 in³，用于探测空气中大气氡的浓度；下测共 12 条，总体积为 3 072 in³，用于探测地面放射性。

单条晶体对[137]Cs 0.662 MeV 能量峰的能量分辨率通常在 8% 左右，最差不能超过 10%，所有探测器合成谱线的能量分辨率应优于 12%。

道宽：在 0~3 MeV 能量范围之内，可通过菜单设置为 256 道或 512 道。

能量起始阈最低可达 4 道或 8 道（约 50 keV），上阈为 256 道或 512 道（3 MeV）。

宇宙射线：大于 3 MeV 以上的能量，通常存储在 255 道。

反符合计数：为改善低能段峰康比，符合计数（相邻探测器同时获得脉冲）将从 γ 谱中扣除，扣除的脉冲数通常记录在 0 道。

谱跟踪：全自动跟踪天然核素的光峰，高压独立控制峰位并做精细的实时调节，调节步长 0.3 V。

采样周期为 1 s 或 0.5 s，有些仪器的总计数窗可达 0.1 s，取样周期可通过菜单选取。

稳谱采用预置高压（约 700 V）和实时跟踪最小二乘拟合技术，稳谱时间在地面通常小于 30 s，在 100 m 高度上通常小于 120 s，在系统跟踪失败后，恢复跟踪时间小于 15 min。高压调整通常每年一次或在更换电子器件之后进行。

数据响应时间为 50 ns，死时间在每秒 60 000 个脉冲之内忽略不计，每道最高允许计数率为 65 500 s⁻¹。

工作温度范围：-15~55 ℃。

数据输出接口：RS-232 或 USB。

2.6.2.2　仪器校准及典型参数[6]

航空放射性测量仪器的校准随着仪器的更新和计量技术的提高也在相应变化。早期使用[226]Ra 点源校准航空 γ 辐射总量仪，随后使用 φ200 mm×h100 mm 的圆柱形天然核素体源和天然测试带校准四道航空 γ 能谱仪。为了进一步提高大型多道 γ 能谱仪的校准水平，继美国和加拿大之后，1986 年我国在石家庄某机场建立了一套航空放射性测量模型标准装置，与渤海湾本底校准测试带和河北黄壁庄水库及东北陆地动态校准测试带共同构成航空 γ 能谱仪校准标准（包括静态校准模型、海上本底测试带和动态校准测试带）。

1. 航空 γ 能谱仪响应对象分析

航测是在空中进行的动态测量，航空 γ 能谱仪测量结果呈现的是不同测量高度上的混合谱（图 2.6.8），主要响应对象（图 2.6.9）包括飞机本底（包括仪器、机内设备本底）、宇宙射线、大气氡、地面[40]K、地面铀、钍系列等放射性核素产生的 γ 射线。同时还需要将不同高度的测量结果归一化处理。我们期望得到的是地面 K、U、Th 核素的活度和/或地面 1 m 高度的空气吸收剂量率。目前通用的解谱技术为能窗线性相关法，因此需要校准的内容包括飞机本底、宇宙射线影响系数、大气氡影响系数、剥离系数（能窗相关系数）、高度衰减系数、效率因子等 6 项内容。

根据航空 γ 能谱仪的响应对象和我们想获得的成果，可以归纳为以下三项校准：

（1）高高度校准：用于校准飞机本底和宇宙射线影响系数。

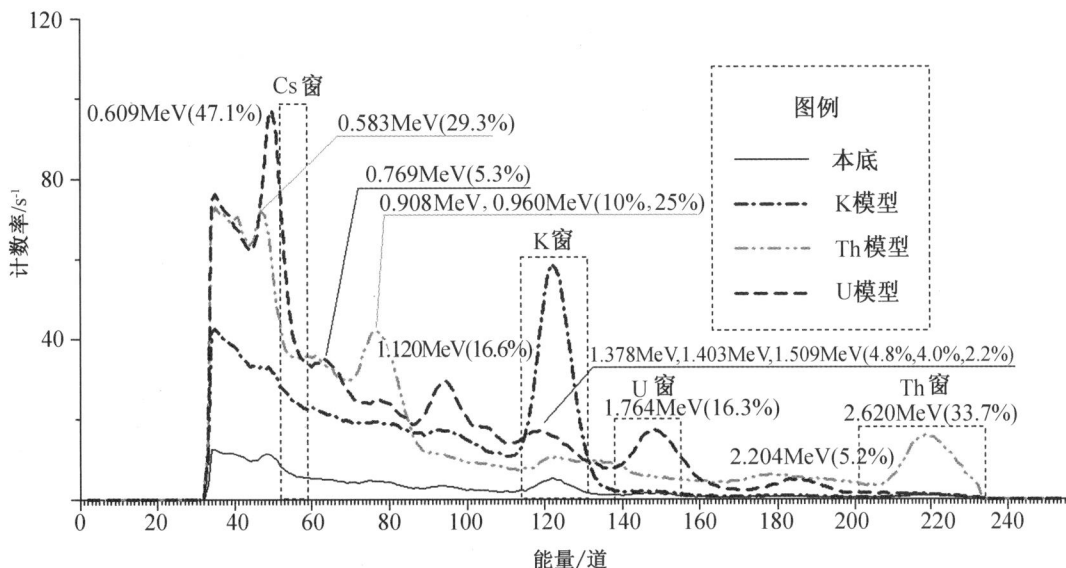

图 2.6.8 航空 γ 能谱仪在航空放射性模型上测量的标准谱线

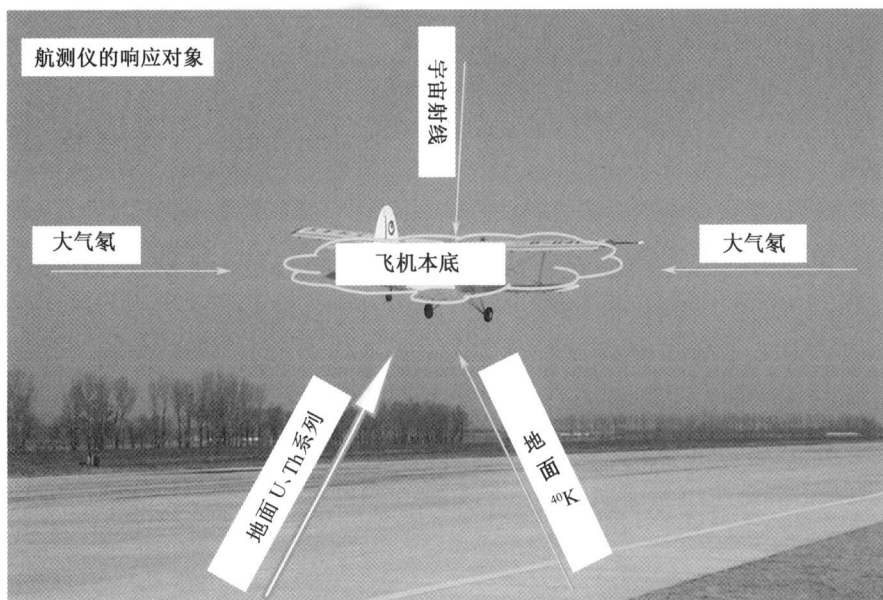

图 2.6.9 航空 γ 能谱仪在空中测量时的响应对象示意图

（2）静态校准：用于校准 γ 射线不同能量之间的相互散射干扰，即能窗剥离系数，或者是康普顿散射系数。

（3）动态校准：用于校准大气氡影响系数、高度衰减系数（通常称为高度系数）及空中灵敏度。

同时在校准之前还需要对晶体的能量分辨率、能谱仪稳定性、能量响应线性和主要核素能量窗宽等仪器基本性能和状态进行确认性检查和测试。

2. 仪器状态及性能测试

能量分辨率是指探测器对核素特征能量的分辨能力。通常用谱线峰值半宽度（峰值最大幅度二分之一处的宽度——FWHM）与特征峰能量之比的百分数来表示。分辨率通常使用 ^{137}Cs 点源进行测试，单条 NaI(Tl) 晶体的能量分辨率对核素 ^{137}Cs 的 662 keV 能量峰而言，一般为 8% 左右。对于整机而言，合成谱线计算的能量分辨率一般不超过 10%。对于探测器外壳设计良好和飞机改装完善的系统而言，^{137}Cs 点源放置位置对能量分辨率测量结果影响不明显，通常测量 60 s 即可获得精确计算能量分辨率的光滑谱线。

Y5 飞机的巡航时间最长可达 6 h，考虑到飞机起飞前和落地后的早晚测试，一般要求航测整机系统进行 7 h 工作稳定性测试。

能量响应线性好坏直接涉及仪器能量窗选择的准确性。通常是在 AP–M 航空放射性模型上附加 Cs 进行测试，通过 ^{137}Cs 和天然放射性钾铀钍的峰位检查能量响应线性。

核素能量窗的设置要考虑有效计数率，窗宽设置太窄会降低测量计数率，并使仪器对峰漂过于敏感，设置太宽又会增加无用计数。一般设置原则是控制全能峰即可，表 2.6.1 列举了一个 256 道谱仪的参考示例。

表 2.6.1　航空 γ 能谱仪能量窗的典型参数

能量窗名称	能量域/MeV	道值/道	主峰能量/MeV	主峰核素
总量	0.216~2.808	18~234		
钾	1.368~1.572	114~131	1.46	^{40}K
铀	1.656~1.860	138~155	1.76	^{214}Bi
钍	2.412~2.808	201~234	2.62	^{208}Tl
Cs	0.624~0.708	52~59	0.662	^{137}Cs
Co1	1.128~1.236	94~103	1.173	^{60}Co
Co2	1.284~1.392	107~116	1.332	^{60}Co
宇宙射线	≥2.808	255		

注：每道能量域宽度为 0.012 MeV。

3. 高高度校准

在飞行高度足够高，即地面 γ 辐射和空气中氡浓度对航空 γ 能谱仪计数影响可以忽略时，对某一飞机和仪器来说，飞机及仪器的本底为常数，宇宙射线窗计数随高度而变化，宇宙射线对各窗的影响计数率与宇宙射线窗计数率呈线性关系，即对每一高度都有公式（2.6.1）的关系：

$$N_j = b_j + a_j \cdot N_{\cos} \qquad (2.6.1)$$

式中　N_j——某高度处 j 窗的测量计数率，s^{-1}；

　　　b_j——j 窗的飞机和仪器本底计数率，s^{-1}；

　　　a_j——宇宙射线对 j 窗的影响系数；

　　　$N_{\cos}$——同一高度宇宙射线窗的计数率，s^{-1}；

　　　a_j, b_j——与窗有关，而与高度无关的常数。

通过实验，在渤海湾上空 1 800 m 之上，正常气象条件下，地面及大气中的放射性贡献

对航空 γ 能谱仪来讲可以忽略。选择高度越高,地面影响越小,宇宙射线强度越高,校准结果的不确定度越小。但受飞机升限的限制,Y12 飞机通常选在 2 200~4 600 m 之间,Y5 飞机通常选在 1 800~3 600 m 之间,一般飞行 5~6 个高度,每一高度测量时间不少于 10 min。通过高高度校准取得 5~6 组数据,根据公式(2.6.1)进行线性回归即可获得各窗的飞机本底和宇宙射线影响系数。表 2.6.2 列举了 2002 年 Y12-3820 飞机搭载 MCA2 航空 γ 能谱仪的高高度校准结果。

表 2.6.2 宇宙射线影响系数和飞机本底

	Tc	K	U	Th	uu	备注
b/s^{-1}	278.5	31.3	16.4	2.2	2.7	2002 年
$a/1$	0.592 3	0.035 4	0.027 6	0.046 4	0.005 1	

4. 静态校准

静态校准的目的是通过在已知钾、铀、钍活度的航空放射性模型上的校准测试,确定航空 γ 能谱仪在地面各能量窗的剥离系数和在地面 0 高度的效率因子。航空放射性模型标准建在河北省石家庄某机场,有本底、钾、铀、钍和混合共五个模型,每个模型均为边长 7 m、厚 0.5 m 的正六边形,见图 2.6.10 飞机停放沿线的 5 个六边形。

图 2.6.10 航空放射性测量模型标准

航空 γ 能谱仪各能量窗响应的飞机本底、宇宙射线贡献及大气氡贡献的计数率通过差分法扣除,即通过与本底模型上的计数率扣除。能谱仪对模型各核素贡献产生的净计数率 $N_{i,j}$ 与模型标准的活度为线性相关,在钾模型上可以用公式(2.6.2)表达:

$$N_{K,K} = S_{K,K} \cdot Q_{K,K} + S_{K,U} Q_{U,K} + S_{K,Th} \cdot Q_{Th,K}$$
$$N_{U,K} = S_{U,K} \cdot Q_{K,K} + S_{U,U} Q_{U,K} + S_{U,Th} \cdot Q_{Th,K}$$
$$N_{Th,K} = S_{Th,K} \cdot Q_{K,K} + S_{Th,U} Q_{U,K} + S_{Th,Th} \cdot Q_{Th,K} \tag{2.6.2}$$

在公式(2.6.2)中,$N_{K,K}$、$N_{U,K}$、$N_{Th,K}$ 分别为钾、铀、钍窗在钾模型上响应的净计数率,$Q_{K,K}$、$Q_{U,K}$、$Q_{Th,K}$ 为钾模型的钾、铀、钍活度(已扣除本底模型的钾、铀、钍活度),$S_{K,K}$、$S_{K,U}$,$S_{K,Th}$ 为单位活度钾、铀、钍对钾窗的贡献系数,$S_{U,K} \cdots S_{Th,Th}$ 同意义。

通过在钾、铀、钍模型上的测量结果,可得到公式(2.6.3)的矩阵式:

$$\begin{bmatrix} N_{K,K} & N_{K,U} & N_{K,Th} \\ N_{U,K} & N_{U,U} & N_{U,Th} \\ N_{Th,K} & N_{Th,U} & N_{Th,Th} \end{bmatrix} = \begin{bmatrix} S_{K,K} & S_{K,U} & S_{K,Th} \\ S_{U,K} & S_{U,U} & S_{U,Th} \\ S_{Th,K} & S_{Th,U} & S_{Th,Th} \end{bmatrix} \times \begin{bmatrix} Q_{K,K} & Q_{K,U} & Q_{K,Th} \\ Q_{U,K} & Q_{U,U} & Q_{U,Th} \\ Q_{Th,K} & Q_{Th,U} & Q_{Th,Th} \end{bmatrix} \tag{2.6.3}$$

解式(2.6.3)可得到 $S_{K,K}\cdots S_{Th,Th}$ 等九个系数。

一般令：

$$\alpha = S_{U,Th}/S_{Th,Th},\beta = S_{K,Th}/S_{Th,Th}$$
$$\gamma = S_{K,U}/S_{U,U}, a = S_{Th,U}/S_{U,U}$$
$$b = S_{Th,K}/S_{K,K}, g = S_{U,K}/S_{K,K}$$

式中　$1/S_{K,K}$、$1/S_{U,U}$、$1/S_{Th,Th}$——地面0高度对钾、铀、钍的效率因子。

不难看出，剥离系数是纯 K、U、Th 源在两个窗中的计数之比，低能窗与高能窗计数率的比值用 α、β 和 γ 表示，而 a、b、g 是高能窗与低能窗计数率之比。

U/Th 剥离比 α，等于纯 Th 源在 U 窗和 Th 窗上的计数率之比。

相反的剥离比 a 是 Th/U，它等于纯 U 源在 Th 窗及 U 窗中的计数率之比。

与此类似，β 是纯 Th 源的 K/Th 剥离比，b 为相反的剥离比，即纯 K 源的 Th/K。γ 是纯 U 源的剥离比 K/U，g 是 γ 的相反剥离比，即纯 K 源的 U/K。

在不同高度测量的 γ 能谱是不同的，即剥离系数也不相同，经验表明，高能窗对低能窗的影响随高度变化较大，即 α、β、γ 变化较大，而且随高度增加而增大；a、b、g 的变化很小，可忽略。表2.6.3列举了2002年Y12-3820飞机搭载 MCA2 航空 γ 能谱仪的静态校准结果。$\Delta\alpha$、$\Delta\beta$、$\Delta\gamma$ 的校准需要使用不同厚度的木板或水等介质模拟不同高度(厚度)的空气吸收或选择三个钾铀钍活度不相关的校准测试带进行，目前在国内仍处于研究阶段，暂引用 IAEA 推荐的结果。

表 2.6.3　航空 γ 能谱仪的剥离系数及各窗校准因子

α	β	γ	a	b	g
0.308 2	0.399 2	0.848 4	0.072 7	0.006 1	0.031 1
$\Delta\alpha/m^{-1}$	$\Delta\beta/m^{-1}$	$\Delta\gamma/m^{-1}$	S_K $/(s^{-1}\cdot Bq^{-1}\cdot kg)$	S_U $/(s^{-1}\cdot Bq^{-1}\cdot kg)$	S_{Th} $/(s^{-1}\cdot Bq^{-1}\cdot kg)$
0.000 49	0.000 65	0.000 69	0.882 4	2.340 1	3.842 4

5. 动态校准

动态校准测试带(俗称：动态测试带)包括毗邻的水域和地面放射性核素活度已知的平坦陆地两部分，动态测试带水域和陆地的范围均不小于 3 km×1 km，且长轴方向不能有高大地物影响飞行安全。我国目前的动态测试带选在河北省黄壁庄水库及毗邻的东北岸农田。通过在动态测试带上空进行 30~300 m 高度范围内的 8 个不同高度，每个高度飞行 4 次，共计 32 次实际飞行测试，来校准大气氡影响系数、高度衰减系数和空中探测效率因子。

(1)大气氡影响系数校准

设 u、U、T、K 和 Tc 分别为扣除飞机本底和宇宙射线影响后的上侧铀窗、下侧铀窗、下侧钍窗、下侧钾窗和下侧总计数窗的包括来自地面 γ 辐射和大气氡贡献的计数率；u_g、U_g、T_g、K_g 和 Tc_g 为地面 γ 辐射在各窗产生的计数率，u_γ、U_γ、T_γ、K_γ 和 Tc_γ 为大气氡在各窗产生的计数率，则地面贡献在下侧钍窗、下侧铀窗和上侧铀窗产生的计数率可用公式(2.6.4)表示：

$$u_g = a_1 U_g + a_2 T_g \tag{2.6.4}$$

式中　a_1——地面放射性贡献在上测铀窗与下测铀窗产生计数率的比值,无量纲;

　　　a_2——地面放射性贡献在上测铀窗与下测钍窗产生计数率的比值,无量纲。

由于我国目前的动态测试带不具备水域两侧 U、Th 含量存在明显差异的条件,其中的 a_1、a_2 需要通过模型上的静态测试确定,方法与确定剥离系数相同。在水库上空测量时,大气氡对上侧铀窗、钾窗和总计数率窗的贡献与大气氡在下侧铀窗产生的计数率(U_γ)呈线性关系,即有

$$u = u_\gamma = a_3 U_\gamma \tag{2.6.5}$$
$$K_\gamma = a_K U_\gamma \tag{2.6.6}$$
$$Tc_\gamma = a_{Tc} U_\gamma \tag{2.6.7}$$

式中　a_3——空中大气氡在上测铀窗与下测铀窗产生计数率的比值,无量纲;

　　　a_K——空中大气氡在下测钾窗与下测铀窗产生计数率的比值,无量纲;

　　　a_{Tc}——空中大气氡在下测总计数率窗与下测铀窗产生计数率的比值,无量纲。

在陆地部分测量时有

$$u = u_g + u_\gamma \tag{2.6.8}$$
$$U = U_g + U_\gamma \tag{2.6.9}$$
$$T = T_g + T_\gamma \tag{2.6.10}$$

因为大气氡对钍窗的影响可以忽略,即 $T_\gamma \approx 0$,所以式(2.6.10)变为

$$T = T_g \tag{2.6.11}$$

将公式(2.6.4)(2.6.5)中的 u_γ, u_g 代入式(2.6.8),得

$$u = a_1 U_g + a_2 T_g + a_3 U_\gamma \tag{2.6.12}$$

将公式(2.6.9)(2.6.10)代入式(2.6.12),得下测铀窗来自大气氡的计数率 U_γ:

$$U_\gamma = \frac{u - a_1 \cdot U - a_2 \cdot T}{a_3 - a_1} \tag{2.6.13}$$

通过在水库上空的测量结果同样可以解算出 a_K 和 a_{Tc}。在实际应用中根据公式(2.6.6)(2.6.7)(2.6.13)即可计算出大气氡对钾窗和总计数率窗的影响份额。

(2)高度衰减系数校准

来自地面的 γ 辐射随高度增加而降低,衰减规律可以用负 e 指数模拟,即

$$N_h = N_0 e^{-\mu h} \tag{2.6.14}$$

式中　N_h, N_0——测量高度和地面 0 高度上能量窗的计数率,s^{-1};

　　　h——经气压、温度修正后的有效高度,m;

　　　μ——高度衰减系数,m^{-1}。

利用动态带陆地上八个校准高度的 32 组测量数据(为获取足够的计数,每一高度飞行四次),按负 e 指数公式拟合就可求得各能量窗的高度衰减系数。

(3)空中探测效率因子校准

飞机在空中进行动态校准的同时,地面上用便携式 γ 能谱仪实时测定动态测试带陆地部分钾、铀、钍的活度。利用陆地动态测试带上空八个校准高度,每个高度四次测量的经各项修正后的钾、铀、钍窗的纯计数率(s^{-1})和地面测定的钾、铀、钍元素活度来计算空中探测效率因子。为了减少测量高度变化的影响,一般使用 120 m 或 90 m 高度上的探测效率因子,高度修正也归一到 120 m 或 90 m。表 2.6.4 至表 2.6.6 列举了 2002 年 Y12-3820 飞机搭载 MCA2 航空 γ 能谱仪的动态校准结果。

表 2.6.4　各窗大气氡影响系数示例

a_1	a_2	a_3	a_K	a_{Tc}
0.076 6	0.009 3	0.201 0	0.845	14.271

表 2.6.5　高度衰减系数示例

μ_{Tc}/m^{-1}	μ_K/m^{-1}	μ_u/m^{-1}	μ_{Th}/m^{-1}
0.005 619	0.007 499	0.006 080	0.005 850

表 2.6.6　天然核素探测效率因子示例（120 m 高度）

$F_{Tc}/(s^{-1}/(nGy \cdot h^{-1}))$	$F_K/(s^{-1}/(Bq \cdot kg^{-1}))$	$F_u/(s^{-1}/(Bq \cdot kg^{-1}))$	$F_{Th}/(s^{-1}/(Bq \cdot kg^{-1}))$
32.56	0.366 6	0.899 2	1.750 2

2.6.3　航空监测人工核素的校准技术研究[7]

航空 γ 谱仪监测人工核素的校准，据文献报道，国外采用蒙特卡洛模拟计算和实验确定，但目前尚未看到公开发表的具体方法和结果。目前在公开文献能够检索到的仅为 IAEA-323 报告，也仅简单介绍了苏联切尔诺贝利核电站事故后瑞典航测的案例，其校准采用的是事后现场比对的方法。

对于航空 γ 谱仪的阵列式探测器来讲，尤其是方晶体，由于相邻晶体对 γ 射线的屏蔽效应和晶体自身棱角的透射问题，阵列式探测器对不同方位射线的测量结果可能非常复杂。我国在 20 世纪 90 年代，针对航空 γ 谱仪监测人工核素的校准，中国原子能科学研究院刘新华以研究生课题为支撑，对放射性点源模拟线源、面源进行了探索性试验研究；之后在李德平、潘自强等院士的指导下，核工业航测遥感中心联合中国原子能科学研究院刘森林和中国辐射防护研究院任小娜团队，在前期探索试验基础上，进行了系列试验研究，包括航空 γ 射线探测器（简称探测器）对人工核素 ^{131}I、^{137}Cs 和 ^{60}Co 能量响应、探测器角响应、木板模拟空气吸收、点源模拟面源、线源模拟面源、有限面源模拟无限面源等一系列试验，以及蒙特卡洛模拟解谱和空地之间测量结果到地面剂量的 G 函数转换计算。鉴于航测瞬时谱的谱线峰形规则性不足，以及空地距离较大的复杂性，最终认为当前采用小的有限平面源模拟无限大面源的方法来确定 ^{137}Cs 的探测效率因子是经济可行的。

2.6.3.1　航空 γ 谱仪测量人工核素影响分析

图 2.6.8 和 2.6.9 展示了航空 γ 谱仪响应对象的复杂性，同时根据航空 γ 探测器的本征特性试验得知，角响应、散射等问题也十分复杂。由于地面、机体和探测器本身对 γ 射线的散射，在较低能的 K 窗、U 窗中，对纯 Th 源中 2 614 keV 的 ^{208}Tl 光子的一部分都有记录，所以这些低能窗的计数会由于 Th 衰变系列的低能 γ 射线光子的存在而增加。类似地，纯 U 源的部分低能光子也能在更低能的 K 窗中记录。并且由于铀衰变系列里有 ^{214}Bi 的高能 γ 射线光子，所以有一部分也能出现在高能 Th 窗上。由于 NaI(Tl) 探测器的分辨率不高，纯 K 源的计数也能在高能 U 窗中有所记录。

图 2.6.11、图 2.6.12 展示了航空 γ 能谱仪对 ^{131}I、^{137}Cs 和 ^{60}Co 的响应谱线。从这些图中我们可以看到各种放射性核素的 γ 光电峰,每个窗中都有其他放射性核素的贡献。

从图 2.6.8、图 2.6.11 和图 2.6.12 中可清楚地看出,即使单能核素 ^{40}K 和 ^{137}Cs 在衰变期间辐射的单能量射线用航空 γ 能谱仪记录时,也会变宽而且不纯。这是由能谱仪的有限分辨率造成的。这些加宽的谱线一般叫作光电峰。在 γ 射线到达探测器之前与地面物质和空气介质已发生了相互作用,加上 γ 射线与探测器本身的相互作用,对 γ 能谱测量影响很大。因此,必须进行核素间的相互影响剥离修正,方能获得某一核素在对应能量窗产生的自身贡献计数率,通常称其为净计数率。

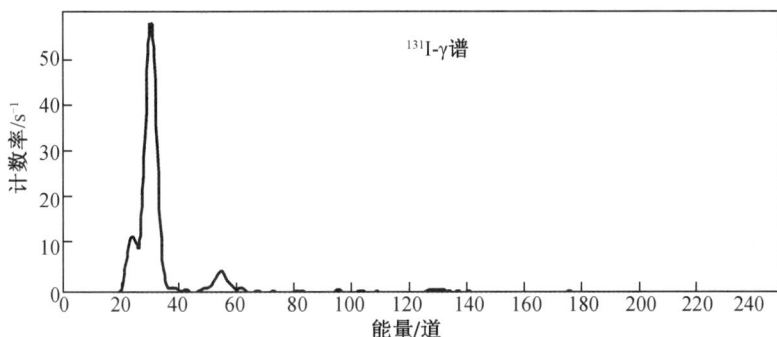

图 2.6.11 航空 NaI(Tl) 探测器响应 ^{131}I 的 γ 谱线

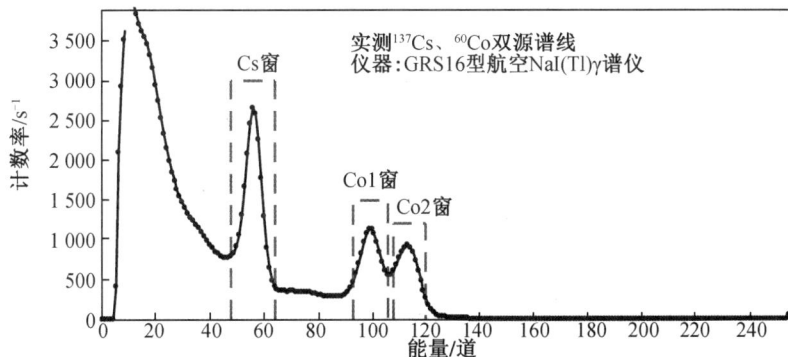

图 2.6.12 航空 γ 谱仪在平面源 ^{137}Cs+^{60}Co 双源上测量的标准谱线

航测是飞机在空中飞行过程中的动态测量,航空 γ 谱仪的测量结果呈现的是一个混合谱。我们期望得到的人工核素 ^{137}Cs 或/和 ^{60}Co 的贡献结果是叠加在天然放射性贡献背景之上的特征峰。而且 Cs 窗的 0.662 MeV 特征峰还很容易受到 U 系 0.609 MeV 和 Th 系 0.583 MeV 能量峰的影响,Co 窗的 1.173 MeV 特征峰很容易受到 U 系 1.120 MeV 能量峰影响,1.332 MeV 特征峰很容易受到 ^{40}K 的 1.460 MeV 能量峰的影响。在每个能窗响应的主要对象包括:飞机本底(包括仪器、机内设备本底)、宇宙射线、大气氡子体、地面 ^{40}K、地面铀、钍系列核素产生的 γ 射线以及因核事故、核试验等人文活动引发的放射性人工核素 ^{137}Cs 和 ^{60}Co 等产生的 γ 射线。同时还涉及不同高度测量结果的归一化问题。

航空 γ 谱仪测量给出的是各能量窗和/或各道的原始计数率(脉冲每秒,s^{-1}),我们希望知道的是测量对象在地表的活度,或是 γ 照射量率,或是地面 1 m 高度的空气吸收剂量率。

在航测实际应用中，人工核素地面等效面活度的计算公式如下（以 ^{137}Cs 为例）：

$$\sigma_S = [N_{Cs} - N_{B,Cs} - a_{Cs} \cdot N_{cos} - a_{Cs,R} \cdot N_{U,R} - (l_0 + \Delta l \cdot h) \cdot N_K - (m_0 + \Delta m \cdot h) \cdot N_U - (n_0 + \Delta n \cdot h) \cdot N_{Th}] \cdot k \tag{2.6.15}$$

式中　σ_S——地面等效面活度，Bq/m^2；

N_{Cs}——铯窗计数率，s^{-1}；

$N_{B,Cs}$——铯窗的飞机本底计数率，s^{-1}；

a_{Cs}——宇宙射线对铯窗的影响系数，无量纲；

N_{COS}——宇宙射线窗计数率，s^{-1}；

$a_{Cs,R}$——大气氡对铯窗的影响系数，无量纲；

$N_{U,R}$——大气氡计数率，s^{-1}；

l_0——钾窗对铯窗的影响系数，无量纲；

Δl——l_0 随高度的变化率，m^{-1}；

h——测量高度，m；

N_K——钾窗计数率，s^{-1}；

m_0——铀窗对铯窗的影响系数，无量纲；

Δm——m_0 随高度的变化率，m^{-1}；

N_U——铀窗计数率，s^{-1}；

n_0——钍窗对铯窗的影响系数，无量纲；

Δn——n_0 随高度的变化率，m^{-1}；

N_{Th}——钍窗计数率，s^{-1}；

k——校准因子，$Bq \cdot m^{-2}/s^{-1}$。

由公式（2.6.15）可知，航空 γ 谱仪监测人工核素需要动态校准获取的系数包括：$N_{B,Cs}$、a_{Cs}、$a_{Cs,R}$、l_0、Δl、m_0、Δm、n_0、Δn、k。

根据以上分析，我们可以将航空 γ 谱仪测量人工核素的校准测试过程分为六个：

（1）仪器基本性能测试确认，在研究阶段，需要对不同飞机、不同仪器进行全面的认识性试验研究；在日常校准过程中，仅需要对能量分辨率、稳定性、能响线性进行测试，并对能量窗等参数设置进行确认。

（2）高高度测试：用于校准飞机本底 $N_{B,Cs}$ 和宇宙射线影响系数 a_{Cs}。人工核素能窗的飞机本底实际是指天然核素各能量峰在人工核素能窗的散射贡献和能窗重叠部分记录的天然核素分支能量贡献。

（3）动态测试：用于校准大气氡影响系数 $a_{Cs,R}$。

（4）静态测试：用于校准 γ 射线在不同能窗之间的相互影响系数，即能窗之间的剥离系数 l_0、m_0、n_0。

（5）平面源测试：用于确定校准因子 k。

（6）测量高度修正，因空气对不同能量的 γ 射线吸收不同，也就导致了在不同高度上测量时，高能的天然核素 γ 射线对低能的人工核素能量窗计数率贡献也不同，亦即窗影响系数存在一个高度变化量 Δl、Δm、Δn。同时不同高度的校准因子 k（或叫作系统灵敏度 S）也不同。

对于前四个过程，在本章2.6.2.2中已有介绍，可以参考应用。重点是在校准因子和高度修正方面,在天然辐射场中是无法解决的。由于在自然界无法获得一个校准人工核素的标准辐射场,1986年苏联切尔诺贝利核电站事故后,瑞典的航测结果校准是借助了已经沉降于地面的人工核素产生的辐射场,通过空中航测和地面就地测量比对完成的,属于事后校准。为探寻一个经济实用的人工核素标准辐射场,我们在研究了航空 γ 探测器的角响应、散射、接收效率等本征特性基础上,选择了正六边形有限面源模拟无限平面源的校准技术。

2.6.3.2　航空 γ 探测器的本征特性

根据我们目前的条件,暂且仅从二维角度讨论其角响应、能量窗探测效率和空气吸收等问题。

1. NaI(Tl)晶体角响应分析

(1)单条 NaI(Tl)晶体角响应分析

如图2.6.13所示,对于 P 点放射性活度为 A 的点源来说,单条 NaI(Tl)晶体在 h 高度上、偏离角度 θ 时,产生的计数率 N 可描述为

$$N = \frac{A \cdot f \cdot s \cdot \cos\theta}{4\pi \cdot R_0^2} \cdot e^{-\mu_0 \cdot R_0} \qquad (2.6.16)$$

式中　N——仪器响应到的计数率,s^{-1};

A——放射源活度,Bq;

f——晶体的本征探测效率,s^{-1}/Bq;

s——晶体的有效探测面积,m^2;

$\cos\theta$——角响应因子;

R_0——晶体与源的有效距离,m;

μ_0——空气对点源产生的 γ 射线的吸收系数,m^{-1}。

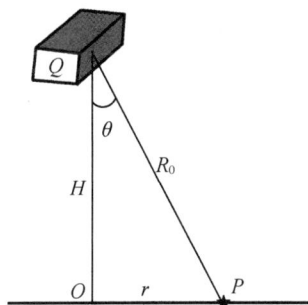

图 2.6.13　探测器相对点源位置示意

(2)阵列式 NaI(Tl)晶体角响应分析

首先来分析两条晶体在如图2.6.14的排列方式下,对某一窄束单向单能 γ 射线的响应情况。

在 γ 射线通过晶体的时候,由于晶体的屏蔽效应会使 γ 射线产生很大的衰减,这个衰减和有效屏蔽厚度 R_1 有关。假设晶体的长宽都是 a,那么在区域1或5时,任何角度照射来的 γ 射线到达 d 点的强度都不受到晶体1的屏蔽;在区域2或4时,受到晶体1的有效屏蔽厚度 $R_1 = \left| \frac{a}{2} \left(\frac{1}{\sin\theta} - \frac{1}{\cos\theta} \right) \right|$;但是在区域3时,$R_1 = \left| \frac{a}{\cos\theta} \right|$。由于有效屏蔽厚度 R_1 与角

度 θ 的关系是一个分段函数,这就造成了探测器对不同角度 γ 射线的响应分段的情况。

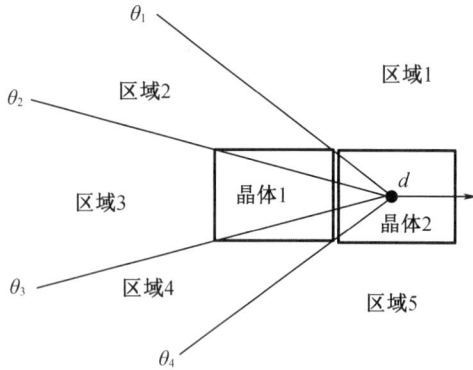

图 2.6.14　NaI(Tl)晶体间的屏蔽示意图

进一步令区域 1、5 为状态 1,区域 2、4 为状态 2,区域 3 为状态 3。如果将这一 γ 射线换成一个点源,如图 2.6.15。根据投影原理知道,晶体 2 对点源的响应情况可分为下面几种:当点源在第 1、7 方位时,受到了状态 1 的影响;在第 2、6 方位时,同时受到状态 1、2 的影响;在第 3、5 方位时,受到了状态 2、3 的影响;在第 4 方位时,只受到状态 3 的影响。

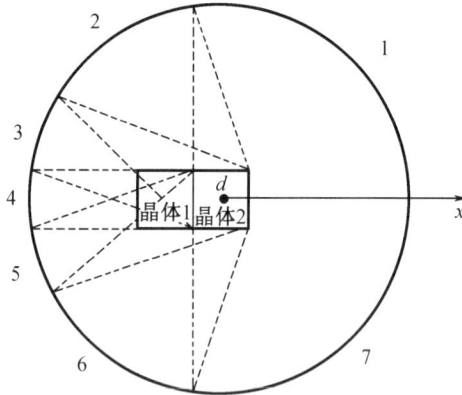

图 2.6.15　放射性点源在不同方位的 γ 射线对晶体照射示意图

如果将上述分析用一分段函数 $R_1 = R_1(\theta)$ 表示的话,对活度为 A,在 NaI(Tl)晶体中的线衰减系数为 μ 的点源来说,在单条 NaI(Tl)探测器的计数计算公式(2.6.16)基础上,可以由公式 $N = N(\cos\theta, R_1(\theta))$ 来描述,即

$$N = \frac{A \cdot f \cdot s \cdot \cos\theta}{4\pi(R_1(\theta) + R_0)^2} \cdot e^{-\mu \cdot R_1(\theta)} \cdot e^{-\mu_0 \cdot R_0} \qquad (2.6.17)$$

式中　μ_0——该射线在空气中的线衰减系数,m^{-1};

　　　μ——该射线在晶体中的线衰减系数,m^{-1};

　　　R_0——点源到探测器在空气中的衰减距离,m。

由此可知,当阵列式探测器由 5 条晶体,以如图 2.6.16 的方式排列时,对每一条 NaI(Tl)晶体探测的计数与 θ 角的关系必须用某一个非常复杂的分段函数来表示。

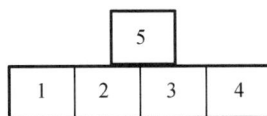

图 2.6.16 阵列式 NaI(Tl)探测器几何结构示意图

但是,当晶体的几何排列固定,对同一点源在某一固定方位时,任意两条晶体探测的计数之比为

$$N_1 : N_2 = \frac{f_1 \cdot s_1}{(R_1(\theta) + R_0)^2} e^{-\mu \cdot R_1(\theta)} : \frac{f_2 \cdot s_2}{(R_2(\theta) + R_0)^2} e^{-\mu \cdot R_2(\theta)} \qquad (2.6.18)$$

由于屏蔽厚度 $R_1(\theta)$ 与 $R_2(\theta)$ 远远小于空气衰减距离 R_0、$f_1 \approx f_2$、$s_1 = s_2$,所以公式(2.6.18)可以表示为

$$N_1 : N_2 = e^{-\mu \cdot R_1(\theta)} : e^{-\mu \cdot R_2(\theta)} \qquad (2.6.19)$$

于是这一比值与源的强度 A 和源到探测器的距离 R_0 无关。

对于一个固定的阵列式探测器来说,由于探测器各晶体间的屏蔽效应,使得他们对任意活度的某一种点源的响应不同。但是在某一方位上各条晶体产生的计数率的比值却不变。

利用这一不同方位上探测器各晶体的响应规律,我们可以达到定向探测的目的。

2. 试验装置及试验设计

为便于操作,试验分别选用了一箱不带上测的 4 条 NaI(Tl)晶体组成的探测器和一箱带有上测的 5 条 NaI(Tl)晶体组成的探测器,放射源选用了核事故后适合航空 γ 谱仪探测的 ^{131}I、^{137}Cs 和 ^{60}Co 三个特征核素。

试验装置设计如图 2.6.17 所示,试验用放射源固定于源支架上,通过旋转角响应试验平台使探测器的不同响应面面向放射源测量其响应计数率,本底包括环境本底和仪器本底通过差分法扣除,测量本底时通过铅影锥来屏蔽放射源的 γ 射线照射探测器。

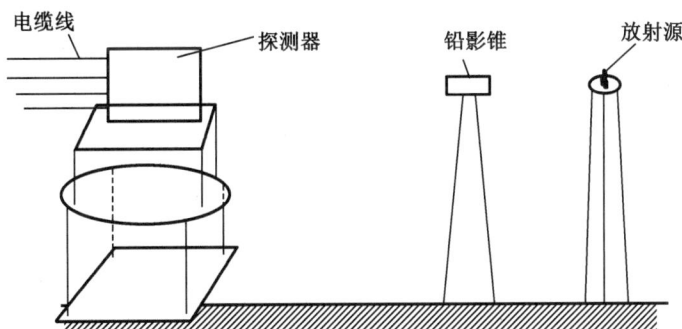

图 2.6.17 实验装置设计示意图

试验是在平坦开阔的场地内进行,源前面有准直器,准直器长度为 17 cm,准直孔宽度为 2 cm,源与探测器之间加铅影锥。试验时,固定放射源和影锥,旋转探测器,旋转角度为 360°,间隔为 15°,放置探测器的架子可以上下、左右移动,在水平方向旋转,每个角度测量时间根据源的强度而定,探测器分三种状态放置在架子上,即平放(探测器大面积朝下),为 A 周;立放(探测器光电倍增管朝上),为 B 周;侧放(探测器小面积朝下),为 C 周。角响应

在三个面内测量,具体见图 2.6.18~图 2.6.20。

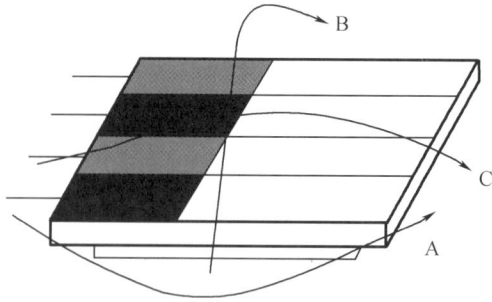

图 2.6.18　角响应选择的方向

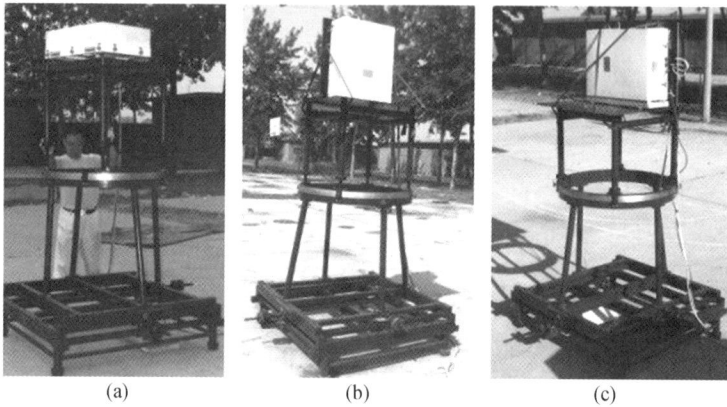

(a)　　　　　　　　(b)　　　　　　　　(c)

图 2.6.19　角响应试验旋转装置及探测器三种状态摆放照片

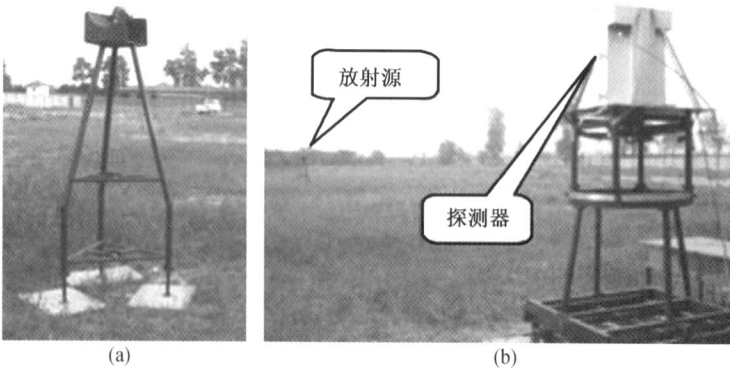

(a)　　　　　　　　　　　　　(b)

图 2.6.20　放射源支架及带有上测晶体的探测器试验照片

3. 探测器对不同能量的角响应试验及结果

角响应试验选择了 ^{131}I、^{137}Cs、^{60}Co 等三种不同能量的 γ 射线源,源与探测器几何中心距离为 5 m、10 m、18 m。具体方法为:源与准直器放在源架上,顺时针旋转探测器,探测器转完 360°后,将源与探测器之间加上铅影锥,再顺时针旋转探测器重新测量,全部测完后,换另外一个源重复测量。源放在源架上,探测器测到的能谱既包括地面天然本底及宇宙射线的成分,同时也包括源在空气、地面及其他物体上散射的成分。在源与探测器之间加铅影锥测量本底是为了将环境散射本底扣除,如果使用无源本底,虽然可以扣除地面及宇宙射线的响应,但无法扣除散射造成的本底,所以为了扣除这部分的响应,在源与探测器之间加上铅影锥,这样既可以挡掉源放出的 γ 射线,又可以不改变源在空气及地面的散射条件。

图 2.6.21~图 2.6.23 是探测器不同角度面向放射源时测量的特征峰计数示意图,其中图 2.6.21 所示为探测器平放(A 周)时用 ^{131}I、^{137}Cs、^{60}Co 测定的角响应结果;图 2.6.22 所示为探测器立放(B 周)时用 ^{131}I、^{137}Cs、^{60}Co 测定的角响应结果;图 2.6.23 所示为探测器侧放(C 周)时用 ^{131}I、^{137}Cs、^{60}Co 测定的角响应结果。

在图 2.6.21、图 2.6.23 中,0°为探测器端面朝源,180°为光电倍增管朝源,在图 2.6.22 中,0°为探测器小面积朝源,180°为探测器大面积朝源。根据探测器所放的状态,理应有几个峰响应相同的值,见表 2.6.7 所示。从理论上说,角响应曲线应该是对称的,从图 2.6.21~图 2.6.23 中可以看出角响应曲线也基本对称,但图 2.6.21 结果不太好,主要原因是探测器在平放时探测器的有效面积小,测量的误差比较大,在进行谱处理时,净峰面积不准确,同时从表 2.6.7 给出的结果看偏差也比较大,最大偏差为 68.4%,并且 ^{60}Co 源的偏差比 ^{131}I、^{137}Cs 源的偏差大,主要原因是在试验中,试验条件无法严格控制,并且在计算 ^{60}Co 源时,将 ^{60}Co 的两个峰加在一起计算,这样得到的不是完全的净峰,并且误差也大,所以表 2.6.7 的结果符合得不是很好。

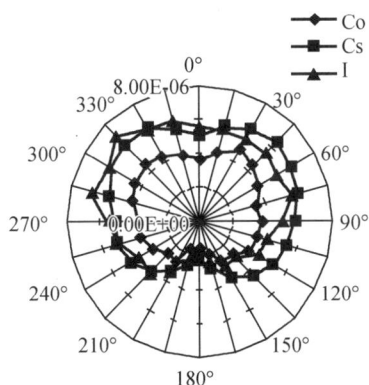

图 2.6.21 探测器平放(A 周)角响应曲线

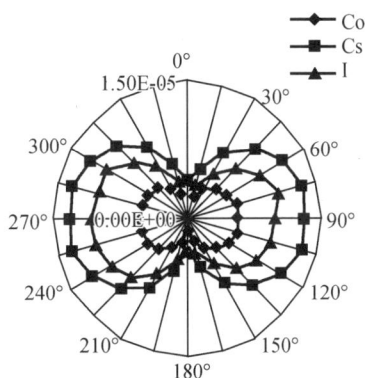

图 2.6.22 探测器立放(B 周)角响应曲线

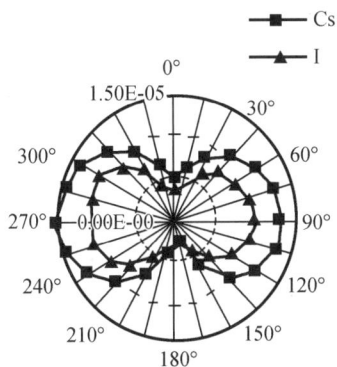

(a)

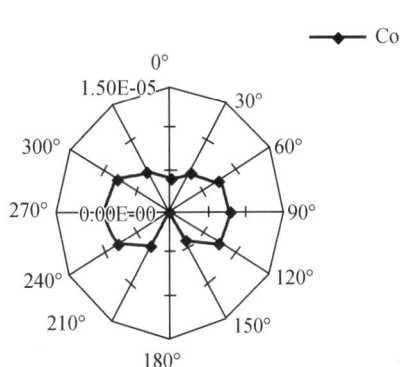

(b)

图 2.6.23 探测器侧放(C 周)角响应曲线

表 2.6.7　部分角度峰响应比较

探测器响应部位	探测器状态	角度/(°)	峰效率					
			^{131}I /10^{-6}	偏差 /%	^{137}Cs /10^{-6}	偏差 /%	^{60}Co /10^{-6}	偏差 /%
侧面小面积	平放	90	4.99	51.7	5.65	30.6	3.68	34.5
	立放	0	2.41		3.92		2.41	
大面积	立放	90	9.86	−5.5	13.0	−4.6	5.42	−45.7
	侧放	90	10.4		13.6		7.90	
端面小面积	平放	0	5.10	26.1	4.51	−10.6	2.28	−68.4
	侧放	0	3.77		4.99		3.84	

总体来说，从图 2.6.21～图 2.6.23 结果看，探测器的角响应比较严重，在使用时需要考虑方向性，同时还可以发现 ^{137}Cs 的探测效率比 ^{131}I 和 ^{60}Co 都高，这可以认为，该探测器的响应对 ^{137}Cs 比较灵敏，这与日本的测量结果也相吻合。根据图 2.6.22、图 2.6.23 的结果，可以大致认为探测器对 1 MeV 左右的 γ 射线，其上、下面（即面积大的 2 个面）的效率为 1，则侧面（即面积小的 3 个面）为 0.3，光电倍增管面为 0.1 左右。

4. 阵列式 NaI(Tl) 探测器角响应试验

从前边的试验得知，长方体晶体的角响应是比较复杂的，但根据探测器各晶体的计数比值的不变这一特性，我们可以采用实际刻度的方法来表征源在不同方位上探测器的响应规律。

（1）试验数据的获取

本次试验使用的阵列试探测器与点源的相对位置关系见图 2.6.24，源 A 到探测器中心 O 点的距离为 90 m（相当于通常飞行的高度）。通过探测器对称轴的投影 O 点逆时针方向转动探测器，每转动 15 度对点源 A 做一次测量。每次测量时间为 2 min。

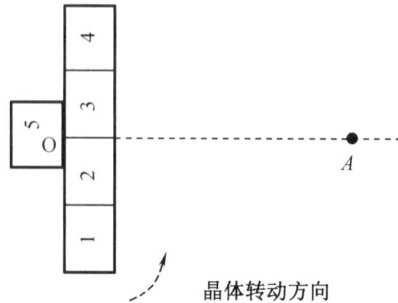

图 2.6.24　阵列式探测器不同晶体角响应试验测量原理图

在加源测量前和测量后分别做一次本底测量，每次本底测量分别在探测器转动到 0°、90°、180° 和 270° 时进行。测量本底时，源 A 放置在离探测器 300 m 处。

（2）数据的归一化

由于在某一方位上，各探测器的计数占所有探测器的总计数的比例是不变的。根据公式（2.6.20），我们将各探测器计数归一化：

$$T_i = \mathrm{e}^{-\mu \cdot R_r(\theta)} \Big/ \sum_{j=1}^{k} \mathrm{e}^{-\mu \cdot R_j(\theta)} \tag{2.6.20}$$

即

$$T_i = N_i \Big/ \sum_{j=1}^{k} N_j \tag{2.6.21}$$

N_i 为第 i 条晶体的净计数, k 为晶体数量, $\sum_{j=1}^{k} N_j$ 为 k 条晶体总的净计数。本次试验中 $k=5$。

各晶体探测结果在各方向上的归一化分布如图 2.6.25,各方向上的归一化分布与探测器晶体的结构关系如图 2.6.26 所示。^{137}Cs 点源在阵列式 NaI(Tl) 探测器各方向的能窗净计数与归一化结果见表 2.6.8。

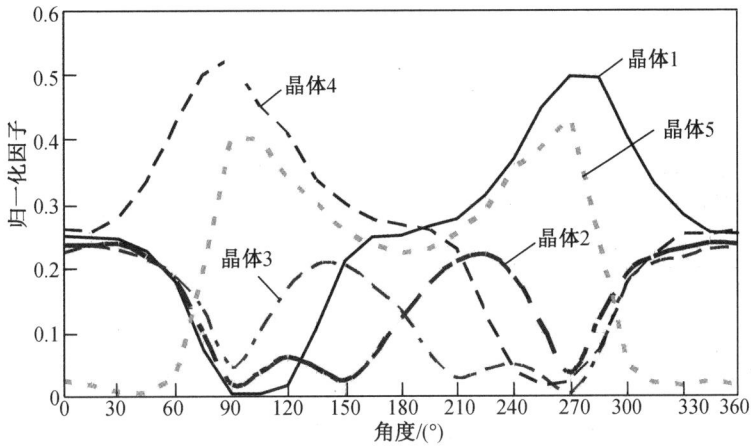

图 2.6.25 各晶体对 ^{137}Cs 点源在不同方向上的响应

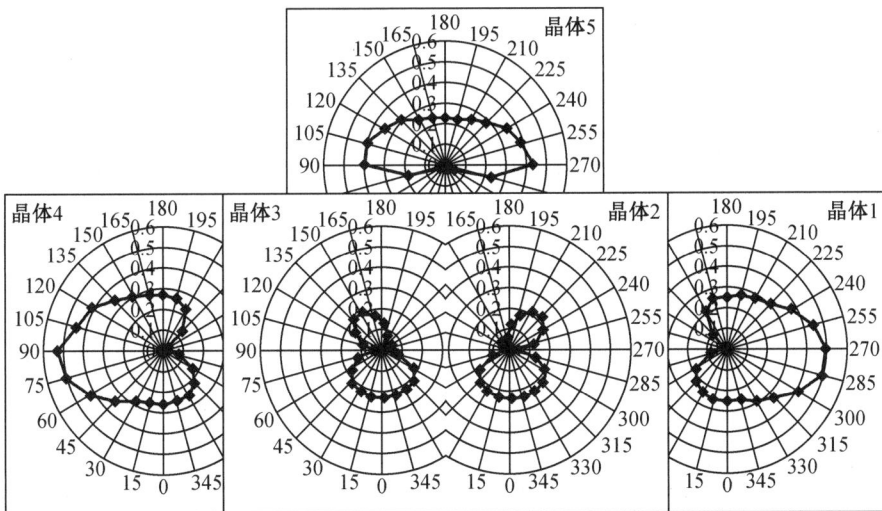

图 2.6.26 各晶体对 ^{137}Cs 点源在不同方向上的响应与各晶体的结构关系

表 2.6.8 ^{137}Cs 点源在阵列式 NaI(Tl) 探测器各方向的能窗净计数与归一化数据表

角度/(°)	各晶体的 Cs 窗净计数					各晶体的 Cs 窗计数归一化因子				
	No. 1	No. 2	No. 3	No. 4	No. 5	No. 1	No. 2	No. 3	No. 4	No. 5
0	46.2	43.5	41.4	48.1	4.8	0.251	0.236	0.225	0.262	0.026
15	45.3	42.9	42.7	46.8	3.7	0.250	0.237	0.235	0.258	0.021
30	41.9	40.4	38.9	47.4	1.4	0.246	0.238	0.229	0.279	0.008
45	33.5	31.9	31.3	49.2	0.8	0.228	0.218	0.214	0.335	0.005
60	21.6	21.6	22.5	51.1	3.7	0.179	0.179	0.187	0.424	0.030
75	7.5	9.7	13.6	50.2	19.3	0.075	0.096	0.136	0.500	0.193
90	0.6	1.8	4.2	47.6	36.0	0.007	0.020	0.047	0.527	0.399
105	0.7	4.1	10.7	46.4	41.3	0.007	0.040	0.103	0.450	0.401
120	2.5	7.6	20.7	50.1	41.7	0.020	0.062	0.169	0.409	0.340
135	15.7	6.7	30.0	49.2	44.3	0.108	0.046	0.205	0.337	0.304
150	36.4	4.5	35.1	51.3	43.6	0.213	0.026	0.205	0.300	0.255
165	45.1	11.5	31.3	50.1	42.5	0.250	0.064	0.173	0.278	0.235
180	47.0	23.3	25.1	50.5	41.8	0.250	0.124	0.134	0.269	0.223
195	48.8	32.4	12.5	47.4	41.8	0.267	0.177	0.068	0.259	0.229
210	48.6	36.7	5.4	40.2	44.4	0.277	0.209	0.031	0.229	0.253
225	47.6	33.3	6.7	19.7	43.8	0.315	0.220	0.044	0.130	0.290
240	45.1	22.7	6.5	4.7	42.9	0.370	0.186	0.053	0.039	0.352
255	47.8	11.7	3.5	2.2	41.5	0.448	0.110	0.033	0.021	0.389
270	44.7	3.3	0.6	2.1	38.9	0.499	0.037	0.007	0.024	0.434
285	47.6	11.4	7.0	7.2	22.9	0.495	0.119	0.072	0.074	0.239
300	46.7	21.8	20.1	20.2	5.7	0.408	0.191	0.175	0.177	0.050
315	49.1	31.9	30.8	32.7	3.3	0.332	0.216	0.209	0.221	0.022
330	47.6	38.3	36.6	42.4	2.8	0.284	0.229	0.217	0.253	0.017
345	45.6	42.5	41.0	45.0	4.1	0.256	0.239	0.230	0.253	0.023
360	44.9	41.6	41.0	45.7	3.6	0.254	0.236	0.232	0.258	0.020

由于不同能量的 γ 射线的空气衰减系数及晶体屏蔽系数是不同的,因此对其他能量放射源的方位判断,需要具体刻度该能量源的角度归一化系数,这些问题有待于进一步试验研究。

我们将上述方法称为角度归一化刻度法。

5. 探测器效率及空气吸收系数试验

试验研究的目的是获取不同能量窗宽对 ^{137}Cs 和 ^{60}Co 点源的探测效率以及不同距离上的衰减系数(空气系数)。同时通过观测"加源加锥"本底与天然本底("无源无锥")的差别来探索本底的扣除方法。

(1)试验设计

针对探测器效率及空气吸收的问题,在距离探测器不同距离上放置^{137}Cs和^{60}Co点源进行了试验,实验装置见图2.6.27。实验采用^{137}Cs(29.6 MBq、0.6 GBq)和^{60}Co(53.3 MBq、136.9 MBq)点源,点源距离探测器30 m、50 m、60 m、70 m、80 m、90 m和100 m,点源距地面高度为2.32 m,NaI(Tl)探测器中心点距地面高度为2.32 m,实验统计误差控制在3%以内。测量时晶体立放,光电倍增管向上,晶体底面朝向点源。

表2.6.9列出了有关数据处理选取的试验窗宽:SCINTREX公司对系统监测^{137}Cs和^{60}Co的窗的能量域给出了推荐值,^{137}Cs是565~753 keV(48~64道),^{60}Co是1 035~1 294 keV(88~110道)。但^{60}Co能量域的选择我们认为是可能存在问题的,1 294 keV能量已进入^{60}Co第二个主能量峰1 332 keV的能量域内,据经验拟使用1 092~1 260 keV(93~107道,MCA-2系统使用值);对于^{137}Cs可使用推荐的565~753 keV(48~64道)能量域,此能量域基本包括了^{137}Cs全能峰面积,同时起始域位于铀系609 keV主能峰的谷底,与624~708 keV(MCA-2系统使用值)相比,数据会更稳定,计数的本底会同时增大。加拿大Gamma-Bob公司使用的^{60}Co是1 075~1 255 keV,^{137}Cs是584~740 keV。

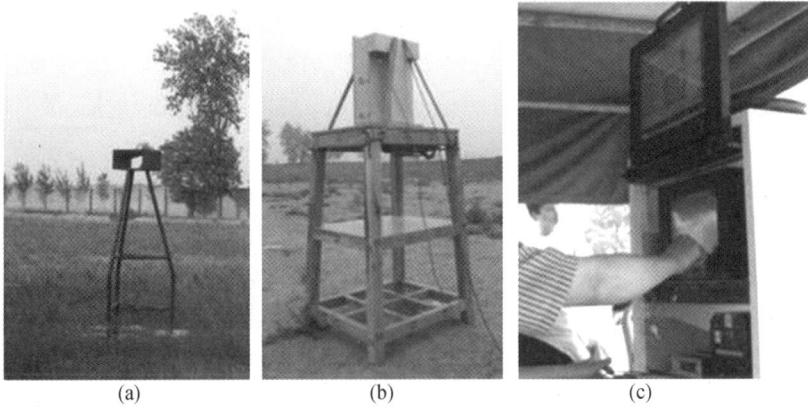

图 2.6.27 对点源的探测效率测试照片

表 2.6.9 ^{137}Cs、^{60}Co 窗宽一览表

		^{137}Cs			^{60}Co			道宽
		下阈	~	上阈	下阈	~	上阈	
SCINTREX 公司推荐值	窗宽/道	48	~	64	88	~	110	11.7
	能量域/keV	565	~	753	1 035	~	1 294	
Gamma-Bob 公司推荐值	窗宽/道	50	~	63	91	~	107	11.7
	能量域/keV	584	~	740	1 075	~	1 255	
我国曾使用值	窗宽/道	52	~	59	94	~	103	12.0
	能量域/keV	624	~	708	1 128	~	1 236	
曾使用能量域按新的道宽折算窗宽	窗宽/道	53		60	96		105	11.7
	能量域/keV	624	~	708	1 128	~	1 236	

本次试验数据供研究使用,相应数据处理选择了多种窗宽,以便充分比较供进一步选择。

按照点源的计算公式(2.6.22)对探测效率和距离(高度)衰减系数进行了拟合:

$$N = \frac{A \cdot s \cdot f}{4\pi \cdot R_0^2} e^{-\mu_0 \cdot R_0} \qquad (2.6.22)$$

式中　A——试验点源的活度,Bq;

$\dfrac{s}{4\pi \cdot R_0^2}$——几何因子;

$e^{-\mu_0 \cdot R_0}$——空气对 γ 射线减弱的修正;

R_0——探测器到点源的距离,m;

N——谱仪响应窗的净计数率,s^{-1};

s——探测器对 γ 射线的接受面积,已知三箱探测器 $s = 0.495 \ m^2$;

μ_0——空气对点源产生的 γ 射线的吸收系数,m^{-1};

f——辐射源每次衰变产生的 γ 光子数×探测器效率,s^{-1}/Bq。

(2) ^{137}Cs 源测试结果

航空 γ 谱仪在不同距离上对 ^{137}Cs 点源的响应测试结果见表 2.6.10~2.6.12,图 2.6.28 和图 2.6.29 展示了探测器距离点源 90 m 的谱线,谱线表面谱仪对核素特征峰以上的响应很小,几乎可以忽略;对核素特征峰以下的散射十分明显,包括加铅隐锥屏蔽点源辐射后,散射本底仍然很高,不容忽视。

从表 2.6.11、表 2.6.12 可以看出,谱仪对点源的探测效率随能量窗宽的加宽而增大,空气吸收系数与能量窗宽关系不大。在不同距离上的实测计数率与理论计算计数率,只有 30 m 距离偏差较大,接近 20%,50~100 m 的偏差均小于 5%。

表 2.6.10　航空 γ 谱仪距 137Cs 源不同距离的测试数据

R_0/m	A	N_{Cs}/s^{-1}		N_B/s^{-1}(加铅隐锥本底)	
		(48~64 道)	(53~60 道)	(48~64 道)	(53~60 道)
/	/	/	/	373.0	158.7
30	29.6 MBq	503.9	264.8	383.8	162.6
50	0.6 GBq	1 386.0	977.4	484.8	209.7
60	0.6 GBq	964.7	637.6	435.6	187.2
70	0.6 GBq	771.4	482.5	415.1	179.6
80	0.6 GBq	653.2	386.6	401.4	173.3
90	0.6 GBq	570.7	319.5	393.0	168.7
100	0.6 GBq	522.6	281.1	389.1	166.4
50(重复测量)	0.6 GBq	1 316.4	915.9	472.9	203.8

表 2.6.11 扣除天然本底的 Cs 窗数据拟合

距离 /m	实测计数率/s⁻¹		拟合计数率/s⁻¹		相对偏差/%	
	(48~64 道)	(53~60 道)	(48~64 道)	(53~60 道)	(48~64 道)	(53~60 道)
30	163.6	132.6	200.6	162.1	−18.4	−18.2
40			102.9	82.9		
50	62.0	50.1	60.0	48.2	3.3	3.9
50	58.6	46.7	60.0	48.2	−2.4	−3.1
60	37.0	29.7	38.0	30.4	−2.5	−2.4
70	25.2	20.2	25.4	20.3	−0.9	−0.6
80	18.0	14.3	17.8	14.1	1.3	1.4
90	12.9	10.2	12.8	10.2	1.2	0.8
100	10.0	7.9	9.4	7.5	5.9	5.5
拟合探测效率 f/(s⁻¹/Bq)			0.490 725	0.399 986		
空气吸收系数 μ/m⁻¹			−0.009 27	−0.009 56		

注:依据表 2.6.10 的实测数据,并已换算为每 mCi(37 MBq)的计数率。

表 2.6.12 扣除带锥本底的 Cs 窗数据拟合

距离 /m	实测计数率/s⁻¹		拟合计数率/s⁻¹		相对偏差/%	
	(48~64 道)	(53~60 道)	(48~64 道)	(53~60 道)	(48~64 道)	(53~60 道)
30	150.1	127.8	182.6	154.6	−17.8	−17.4
40			92.4	78.3		
50	55.1	47.0	53.2	45.1	3.7	4.1
50	51.6	43.6	53.2	45.1	−2.9	−3.4
60	32.4	27.5	33.2	28.2	−2.5	−2.3
70	21.8	18.5	21.9	18.6	−0.6	−0.6
80	15.4	13.0	15.1	12.8	2.0	1.5
90	10.9	9.2	10.7	9.1	1.3	0.9
100	8.2	7.0	7.8	6.7	4.5	5.3
拟合探测效率 f/(s⁻¹/Bq)			0.465 169	0.392 56		
空气吸收系数 μ/m⁻¹			−0.010 62	−0.010 52		

注:依据表 2.6.10 的实测数据,并已换算为每(37 MBq)的计数率。

(3) ^{60}Co 源测试结果

航空 γ 谱仪在不同距离上对 ^{60}Co 点源的响应测试结果见表 2.6.13~2.6.15,图 2.6.30~2.6.31 展示了探测器距离点源 90 m 的谱线,与 ^{137}Cs 试验结果一样,谱仪对核素特征峰以上的响应很小,几乎可以忽略;对核素特征峰以下的散射十分明显,包括加铅隐锥屏蔽点源辐射后,散射本底仍然很高,不容忽视。

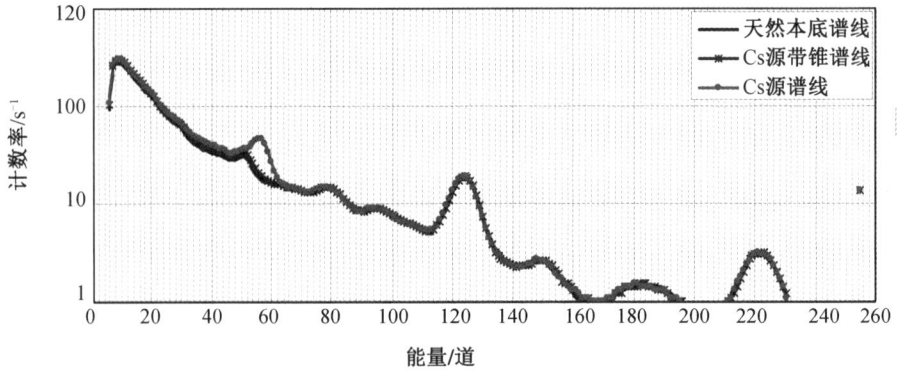

图 2.6.28　单箱 NaI(Tl)探测器距 0.6 GBq ^{137}Cs 点源 90 m 的响应谱线和本底谱线

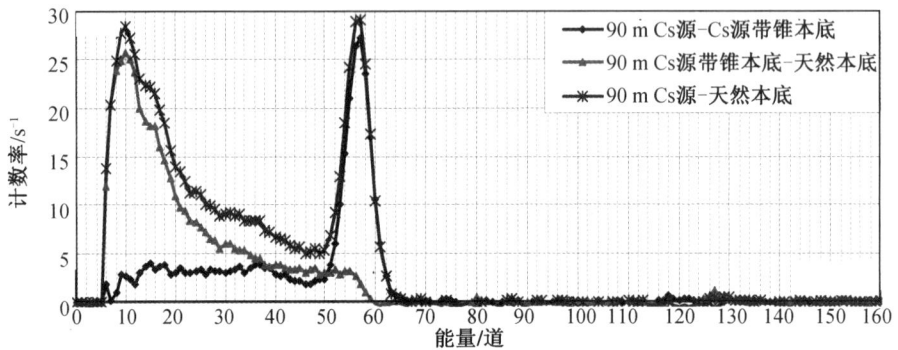

图 2.6.29　单箱 NaI(Tl)探测器距 0.6 GBq ^{137}Cs 点源 90 m 时扣除本底后的谱线

表 2.6.13　航空 γ 谱仪距离 ^{60}Co 源不同距离的测试数据

R_0/m	A	N_{Co}/s^{-1}			N_B/s^{-1}		
		(88~110 道)	(96~105 道)	(91~107 道)	(88~110 道)	(96~105 道)	(91~107 道)
/	/	/	/	/	178.6	77.5	135.4
30.0	53.3 MBq	594.1	335.6	474.8	208.0	88.0	155.9
50.0	136.9 MBq	482.3	261.3	381.7	209.6	89.5	158.3
60.0	0.19 GBq	441.3	238.6	349.1	204.0	87.9	154.3
70.0	0.19 GBq	357.7	189.0	281.7	196.2	84.4	148.0
80.0	0.19 GBq	305.8	156.5	239.0	191.6	82.7	145.0
90.0	0.19 GBq	274.6	136.2	213.1	188.3	81.4	142.3
100.0	0.19 GBq	250.5	122.1	193.7	184.6	79.5	139.4
50.0	136.9 MBq	455.6	250.8	362.6	204.8	87.6	154.5
/	/	/	/	/	172.2	74.8	130.4

从表 2.6.14、表 2.6.15 可以看出,谱仪对点源的探测效率随能量窗宽的加宽而增大,空气吸收系数与能量窗宽关系不大。在不同距离上的实测计数率与理论计算计数率,只有 30 m 距离偏差较大,接近 20%,50~100 m 的偏差均小于 4%。

表 2.6.14 扣除天然本底的 Co 窗数据拟合

R_0 /m	实测计数率/s⁻¹			拟合计数率/s⁻¹			相对误差/%		
	(88~110 道)	(96~105 道)	(91~107 道)	(88~110 道)	(96~105 道)	(91~107 道)	(88~110 道)	(96~105 道)	(91~107 道)
30	288.5	179.2	235.7	246.2	151.2	201.0	17.2	18.5	17.2
40				131.1	80.4	106.9			
50	76.6	47.6	62.8	79.4	48.6	64.7	−3.5	−2.1	−3.0
50	82.1	49.7	66.6	79.4	48.6	64.7	3.4	2.2	2.9
60	52.4	31.9	42.5	52.2	31.9	42.5	0.3	0.0	0.2
70	36.1	22.2	29.4	36.3	22.1	29.5	−0.6	0.4	−0.2
80	26.0	15.9	21.1	26.3	16.0	21.4	−1.2	−0.7	−1.1
90	19.9	11.9	16.1	19.7	12.0	16.0	1.3	−0.1	0.9
100	15.2	9.2	12.3	15.1	9.1	12.2	1.0	0.6	0.8
拟合探测效率 f/(s⁻¹/Bq)				0.537 731	0.332 171	0.440 765			
空气吸收系数 μ/m⁻¹				−0.005 49	−0.005 68	−0.005 61			

注:依据表 2.6.13 的实测数据,并已换算为每 mCi(37 MBq)的计数率。

表 2.6.15 扣除带锥本底的 Co 窗数据拟合

R_0 /m	实测计数率/s⁻¹			拟合计数率/s⁻¹			相对偏差/%		
	(88~110 道)	(96~105 道)	(91~107 道)	(88~110 道)	(96~105 道)	(91~107 道)	(88~110 道)	(96~105 道)	(91~107 道)
30	268.1	171.9	221.5	226.4	142.5	185.7	18.5	20.6	19.3
40				118.8	75.1	97.6			
50	67.8	44.1	56.2	71.0	45.1	58.3	−4.5	−2.2	−3.6
50	73.7	46.4	60.4	71.0	45.1	58.3	3.8	3.0	3.5
60	46.2	29.3	37.9	46.0	29.3	37.8	0.3	−0.1	0.1
70	31.4	20.3	26.0	31.6	20.2	26.0	−0.5	0.7	0.1
80	22.2	14.4	18.3	22.6	14.5	18.6	−1.5	−1.0	−1.6
90	16.8	10.7	13.8	16.6	10.7	13.7	0.9	−0.8	0.4
100	12.8	8.3	10.6	12.6	8.2	10.4	1.9	1.6	1.8
拟合探测效率 f/(s⁻¹/Bq)				0.515 571	0.320 45	0.421 846			
空气吸收系数 μ/m⁻¹				−0.006 89	−0.006 46	−0.006 80			

注:依据表 2.6.13 的实测数据,并已换算为每 mCi(37 MBq)的计数率。

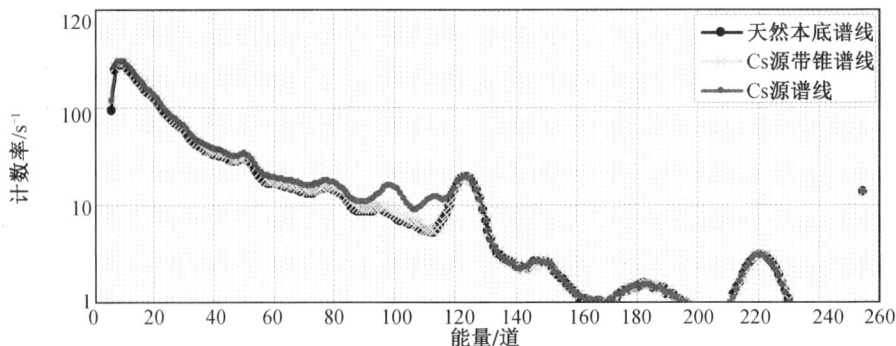

图 2.6.30 单箱 NaI(Tl)探测器距 0.19 GBq ^{60}Co 点源 90 m 的响应谱线和本底谱线

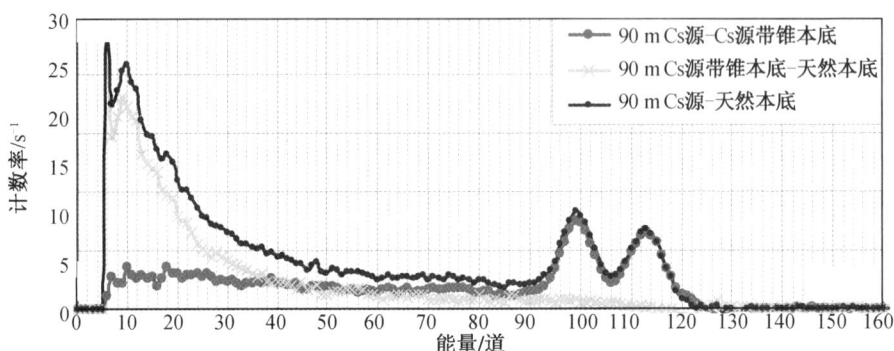

图 2.6.31 单箱 NaI(Tl)探测器距 0.19 GBq ^{60}Co 点源 90 m 时扣除本底后的谱线

2.6.3.3 平面源校准装置及其应用原理

通过对航空 γ 谱仪探测器本征特性的试验研究,发现角响应、散射等问题十分复杂,很难用简单实用的公式进行理论计算。通过对点源的响应试验、积分线源研究,发现由点累加到环状线,再积分到圆形无限面源是可行的。同时可以将无限平面源切割成正六边形有限面源,反之用面积实用的正六边形有限面源可以无间隙拼接为无限(饱和)平面源。由此可以解决模拟沉降于地面的人工核素形成的辐射场。

1. 有限面源替代无限面源的可行性

(1)场源互换原理

由于自然环境中很难找到可利用的人工核素校准试验场,同时因航空 γ 谱仪的体积本身就很大,安装在飞机上之后,更是无法进入实验室进行校准。因此,需要建立一个能够模拟地面无限面源的 γ 辐射场对航空 γ 谱仪进行校准。

科研人员曾利用点源、线源、有限平面源等方式模拟无限面源进行试验研究,最终认为用有限平面源通过场源互换原理模拟无限平面源最为实用。

对于用有限平面源模拟无限面源的可行性,需要探讨的两个问题:一是校准测试高度与实际飞行测量高度的换算;二是利用被校仪器对有限平面源的多次拼接测量结果,通过叠加计算出被校仪器对无限(饱和)平面源的响应结果。

用图 2.6.32 所示来分析高度换算:宽度为 d_1 的有限平面源在校准高度 H_1 上,与地面 d_2 宽度的放射性物质在测量高度 H_2 上,对机载测量系统具有相同的角分布贡献,差别仅是可计算的反距离平方和空气吸收。因此,使用有限平面源在校准高度(飞机停放状态的离地高度)上实测的各圈计数率来校正使用裸晶体、近似角响应计算的计数率是可行的。

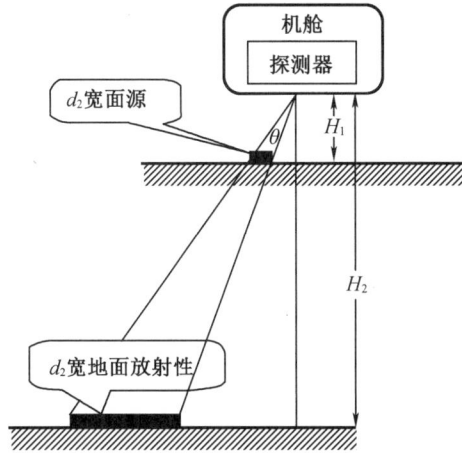

图 2.6.32 有限平面源与地面放射性等效示意图

(2)有限面源模拟无限平面源原理

我们用图2.6.33来示意有限平面源的拼接,或者是将无限面源分割为多个有限平面源。根据伽马射线叠加原理,将大面积源分割成相互紧密衔接的小面积源,则大面积源在其中心点上空高H处产生的照射量率和所有小面积源在该处产生的照射量率之和是相等的。将大面积源分割成正六边形,即可满足紧密衔接的要求,从中心外推时又具有很好的对称性。

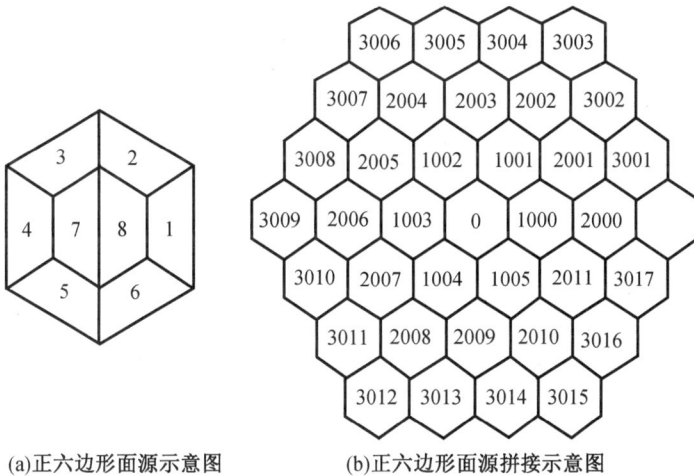

(a)正六边形面源示意图   (b)正六边形面源拼接示意图

图 2.6.33 正六边形平面源及拼接摆放示意图

探测器对平面源拼接叠加后响应的计数率等于探测器对各个平面源响应的计数率之和,可以表示为

$$N(H,\theta) = N_{00} + \sum_{i=1}^{n}\sum_{j=0}^{6n-1} N_{i,j} = N_{00} + 6 \cdot \sum_{i=1}^{n} n \cdot \overline{N_i} \qquad (2.6.23)$$

式中 N_{00}——探测器在平面源中心,高H处响应的计数率,s^{-1};

$N_{i,j}$——探测器对平面源在i圈j位置上响应的计数率,s^{-1};

$\overline{N_i}$——i 圈 $6 \times i$ 个平面源产生的平均计数率，s^{-1}。

通过第一次校准获得被校仪器对各圈平面源响应的平均计数率 $\overline{N_i}$，可以模拟出被校仪器对不同角分布的响应关系，或模拟出被校仪器响应与平面源半径的函数关系。在后续校准中，通过引用第一次校准获得的函数关系可以简化一定的校准点位，即达到校准工作量与校准精度的最优化。

对于航空/车载系统，只要做的圈数足够多，使用公式（2.6.23）得到的计数率就等于无限面源产生的计数率。但事实上因为场地和时间问题，我们不可能做到无限多。同时，对于机载系统，测量高度和校准测试高度是完全不同的。因此，我们就需要借助点源积分计算来解决有限与无限、不同高度的换算等问题。

（3）校准场所及校准方法

利用平面源校准航空 γ 谱仪的校准场所，一般选择在机场的停机坪进行。因为平面源是可移动装置，停机坪的面积足够大、地面平整度较好、环境放射性分布较均匀，除不可回避和控制的大气氡外，一般没有其他放射性干扰。

在停机坪上按照图 2.6.33 所示，将平面源摆放位置进行标记，之后将平面源分别拖至相应位置，并进行测量（图 2.6.34），即可得到受校仪器对平面源在 i 圈 j 位置上响应的计数率 $N_{i,j}$。通过公式（2.6.23）可计算出被校仪器对各圈平面源和无限面源响应的计数率（表 2.6.16），亦即可以测定飞机在地面自然停放状态下的系统灵敏度。

图 2.6.34　用人工核素平面源标准装置校准航空 γ 谱仪照片

表 2.6.16　GRS16 航空 γ 能谱仪校准系数校准实测数据合成表

圈号 i	等效半径/m	累加至 i 圈的实测计数率/s^{-1}		
		Cs 窗	Co_1 窗	Co_2 窗
0	0.909	62 170	35 539	22 964
1	2.406	223 988	144 278	95 538
2	3.964	291 075	189 386	125 727
3	5.532	326 473	215 697	143 027
4	7.103	350 515	233 450	154 635
5	8.675	368 756	246 729	163 338
6	10.248	382 621	256 645	169 850
7	11.822	392 302	263 201	174 171

2. 大型人工核素平面源的介质互换与高度修正技术

（1）测量高度对窗影响系数的影响

^{137}Cs 窗的飞机本底、宇宙射线影响系数、大气氡影响系数的校准同钾窗一样，可参照本章 2.6.2.2 小节。^{137}Cs 窗数据在扣除飞机本底、宇宙射线影响和大气氡影响之后，只剩下两部分贡献：天然 K、U、Th 的贡献和 ^{137}Cs 本身的贡献（假设没有其他人工核素影响）。为叙述方便，我们可将公式（2.6.15）简化为公式（2.6.24）：

$$N_C = N - (l_0 + \Delta l \cdot h) \cdot K - (m_0 + \Delta m \cdot h) \cdot U - (n_0 + \Delta n \cdot h) \cdot Th \qquad (2.6.24)$$

式中 N_C——剥离天然核素影响后的 ^{137}Cs 窗计数率；

N——经本底和大气氡修正后的 ^{137}Cs 窗计数率；

K,U,Th——分别为钾、铀、钍窗的净计数率；

l_0,m_0,n_0——分别为 K、U、Th 对 ^{137}Cs 窗在地面 0 高度上的剥离系数；

$\Delta l,\Delta m,\Delta n$——分别为 l,m,n 随高度的变化率，即与测量高度有关的系数。

已知航空模型不含人工核素，可以假设在航空模型上测量的人工核素窗净计数率 $N_{Cs,C}$ 为 0，亦即 l_0、m_0、n_0 三个系数可以通过 K、U、Th 三个航空模型上的测试数据，通过建立联立方程组解算。

Δl、Δm、Δn 可以通过三种方法获得，一是选择钾、铀、钍浓度活度不同的三个测试带，在不同高度上进行测试飞行，通过联立方程组解算；二是在航空模型上用木板或其他轻物质通过介质互换原理模拟空气吸收实验；三是通过蒙特卡洛模拟计算，该计算在我国的几个涉核科研院所已有研究，但由于建模和计算都很复杂，目前仍处于研究阶段。

下面仅介绍方法一的变通方式和方法二用木板模拟空气吸收的试验研究。

（2）利用现场飞行测量数据研究窗影响系数

方法一需要专门寻找三个 K、U、Th 核素活度较高且不相关的地段进行飞行测试，其成本很高，目前尚未实现。但在实践中探索了一种替代的可行方法和可用结果。

首先在航空放射性模型上测定地面的 l_0、m_0、n_0，然后采用基线数十个不同日期、不同高度和测区内大量测线数据，在 Microsoft Excel 中进行规划求解联动处理。选择不同日期数据拟合可以增加结果对天气的适宜性，选择不同高度数据拟合可以保证结果对实际飞行高度的适宜性，选择大量测区数据拟合可以增加结果在不同地区对放射性活度不同的适宜性。所谓联动处理，就是给定目标值、给定可变参数 Δl、Δm、Δn 的初值，使用 4 000 余组数据进行规划求解，获得合理的 Δl、Δm 和 Δn，并通过对测区内其他测线数据进行处理来检验这一结果。

众所周知，天然放射性处处存在，但人工核素不可能处处存在，而且其测量结果更不可能出现负值。当 Δl、Δm、Δn 的值偏大时，在天然核素 K、U、Th 异常地段，会将 Cs 窗剥离成负值，据此设置的第一目标就是对 Cs 窗的剥离结果不能出现大于判断限的负值；当 Δl、Δm、Δn 的值偏小时，Cs 窗会残余天然核素 K、U、Th 的贡献，导致在没有植被的山脊和坚硬岩石表面，即不可能长期留存人工核素地段测出人工核素的存在，据此设置的第二目标是在此类地段对 Cs 窗的剥离结果不能出现大于判断限的正值[4]。解算结果见表 2.6.17。

基线类似于动态测试带的陆地部分，通常在作业机场与航测工作区之间的航路上，选择一个不小于 3 km×1 km 的平坦区域作为基线。设置基线的目的一是通过在基线上空的不同高度飞行来检查雷达高度计的准确性和高度衰减系数的适宜性，二是在每个飞行架次的测区作业前后,通过基线上空的飞行结果监控仪器的工作状态和飞行质量。

(3)木板模拟空气吸收的介质互换试验

我们分别选用了在积木小体源与单箱探测器之间、航空模型与单箱探测器之间、航空模型与飞机载三箱探测器之间加不同厚度木板模拟不同高度(厚度)的空气吸收进行了试验,试验照片见图2.6.35和2.6.36。试验结果见表2.6.17。

实验用木板为2 440 mm×1 220 mm×12 mm胶合板,木板覆盖整个模型,叠放不同的木板厚度模拟1 m、60 m、80 m、100 m、120 m和150 m五个高度(1 m即为地面),依次在五个模型(本底、钾、铀、钍、混合)上进行实验。先后进行了裸探测器(一箱)和飞机内三箱探测器的实验(图2.6.36),获得了地面剥离系数和随高度的变化率,即l_0、m_0、n_0和Δl、Δm、Δn值[5]。

(a)   (b)

图2.6.35　在积木小体源与单箱探测器之间用木板模拟试验照片

(a)   (b)

图2.6.36　在航空模型与探测器之间用木板模拟实验照片

(4)试验结果讨论

窗影响系数俗称剥离系数,表2.6.18列举了IAEA对天然核素窗剥离系数的评价值,表2.6.19列举了天然核素剥离系数随高度的变化率,表2.6.19列举了人工核素^{137}Cs窗的剥离系数及其随高度的变化率。表2.6.20列举了100 m测量高度上剥离系数的偏差,天然核素的试验结果与国际值相比的偏差分别为3.92%、0.99%、−0.58%。人工核素木板模拟结果相对三种方法平均值偏差分别为0.07%、4.92%、3.23%。不论天然核素还是人工核素,涉及单一铀窗的系数,如α、m均变化较大,分析原因估计还是试验过程中大气氡的随机变化引起。

表 2.6.17 人工核素剥离系数及其随高度的变化率

序号	l_0	m_0	n_0	$\Delta l/\text{m}^{-1}$	$\Delta m/\text{m}^{-1}$	$\Delta n/\text{m}^{-1}$	数据来源
1	0.281 4	1.432 9	0.980 7	0.001 410	0.002 310	0.001 020	现场飞行测量
2	0.250 3	1.416 0	0.950 5	0.001 365	0.002 073	0.000 238	单箱裸晶体在航空模型上用木板模拟空气吸收试验结果
3	0.267 8	1.463 8	1.025 7	0.001 364	0.000 614	0.000 535	航测系统在航空模型上用木板模拟空气吸收试验结果
均值	0.266 5	1.437 6	0.985 6	0.001 380	0.001 666	0.000 598	

表 2.6.18 IAEA-323 报告对天然核素剥离系数的评价表[1]

仪器	α	β	γ	a	b	g
好系统	0.250	0.400	0.810	0.060	0.000	0.003
差系统	0.380	0.430	0.920	0.090	0.010	0.060
中间值	0.315	0.415	0.865	0.075	0.005	0.032

表 2.6.19 天然核素剥离系数随高度的变化率

序号	$\Delta\alpha/\text{m}^{-1}$	$\Delta\beta/\text{m}^{-1}$	$\Delta\gamma/\text{m}^{-1}$	数据来源
1	0.000 490	0.000 650	0.000 690	IAEA323 报告数据[1]
2	0.000 490	0.000 650	0.000 730	美国单箱裸晶体在航空模型上木板模拟
3	0.000 423	0.000 559	0.000 594	加拿大 SCINTREX 公司数据
均值	0.000 468	0.000 620	0.000 671	前三组数据平均值(国际值)
4	0.000 420	0.000 494	0.000 559	单箱裸晶体在积木模型上用木板模拟空气吸收试验结果
5	0.000 400	0.000 589	0.000 788	单箱裸晶体在航空模型上用木板模拟空气吸收试验结果
6	0.001 011	0.000 918	0.000 503	航测系统(仪器+飞机)在航空模型上用木板模拟空气吸收试验结果
均值	0.000 610	0.000 667	0.000 617	4、5、6组平均值(国内试验结果)

表 2.6.20 100 m 高度上剥离系数比较

	α	β	γ	数据来源
国际值	0.361 8	0.477 0	0.932 1	表 2.6.17 中间值+100×表 2.6.18 国际值
实验值	0.3760	0.4817	0.9267	表 2.6.17 中间值+100×表 2.6.18 国内试验结果
偏差	3.92%	0.99%	−0.58%	实验值相对国际值偏差
	l	m	n	数据来源
木板模拟值	0.404 2	1.525 2	1.079 2	航测系统在航空模型上用木板模拟空气吸收试验结果
均值	0.404 5	1.604 2	1.045 4	表 2.6.19 中计算到100 m的平均值
偏差	−0.07%	−4.92%	3.23%	木板模拟结果相对平均值偏差

3. 有限面源模拟无限平面源的高度修正技术

(1)原理

航空 γ 探测器对放射性点源产生的伽马射线的响应计数率计算公式(2.6.15)中的 f 包含了晶体外包装的屏蔽效应,可以通过实验获得,通常称为裸晶体的响应效率。当仪器装入飞机后,受到载体底板的屏蔽吸收,仪器的响应效率会有所降低。因载体底板结构的复杂和材料的不统一,很难构造一个合适的模型进行响应效率的模拟计算,同时也很难通过试验获得包含载体的响应效率。因此,目前只能借用裸晶体的响应效率进行理论计算,最后通过有限平面源的实测数据对计算结果再进行校正。

图 2.6.37 展示了 H 高度上的探测器与环状平面源的相对位置关系,环状平面源的内半径为 r_1,外半径为 r_2,等效圆环半径为 r,探测器离地高度即探测器中心点 Q 到环状平面源圆心 O 的距离为 H,Q 到等效圆环 P 的距离为 R_0,QP 与 QO 的夹角 θ 为探测角。

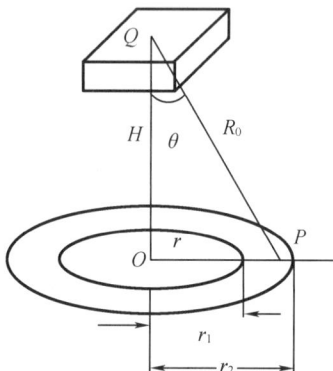

图 2.6.37　探测器与环状平面源示意图

根据公式(2.6.15)可导出环状平面源在其中心 H 高度上产生的计数率计算公式为

$$N = \frac{\sigma \cdot (2\pi \cdot r \cdot dr) \cdot s \cdot f}{4\pi \cdot R_0^2} \cdot e^{\mu_0 \cdot R_0} \tag{2.6.25}$$

式中　σ——平面源的面活度,Bq/m^2。

探测器底面接收伽马射线通量的面积 s 随探测角 θ 而改变,可以用简化公式(2.6.26)表示:

$$s = s_底 \cdot \cos\theta \tag{2.6.26}$$

当考虑探测器侧面响应时,有效接收面积 s 用简化公式(2.6.27)表示:

$$s = s_底 \cdot \cos\theta + s_侧 \cdot \sin\theta \tag{2.6.27}$$

一般航空探测器的单条 NaI(Tl) 晶的 $s_底 = s_侧 = 10.16\ cm \times 40.64\ cm = 0.041\ 29\ m^2$。12 条的底面积为 0.495 m^2。

依据公式(2.6.25)和(2.6.26)可导出平面源在其中心 H 高度上的计数率计算公式:

$$N(H,\theta) = \frac{\sigma \cdot s \cdot f}{2} \cdot \int_0^\theta e^{-\mu_0 \cdot H \cdot \sec\theta} \sin\theta \cdot d\theta \tag{2.6.28}$$

令:

$$N_0 = \frac{\sigma \cdot s \cdot f}{2} \tag{2.6.29}$$

$$\varphi(H,\theta) = \int_0^\theta \mathrm{e}^{-\mu_0 \cdot H \cdot \sec\theta} \sin\theta \cdot \mathrm{d}\theta \qquad (2.6.30)$$

则有

$$N(H,\theta) = N_0 \cdot \varphi(H,\theta) \qquad (2.6.31)$$

被校仪器测量到的有限大面源的计数率 $N(H,\theta)$，可通过有限平面源拼接试验实测和理论计算两种方法获得；在理论计算的基础上，用试验结果去修正理论计算结果，亦即修正因使用裸晶体探测效率和近似角响应模型引起的计算偏差。用试验与理论计算结果的比值曲线，可以修正无限大面积源的理论计算结果，进而获得仪器在无限大面积源上的计数率与面活度的转换系数——被校仪器对有限平面源的系统灵敏度 S，见公式（2.6.32），即校准因子 k 的倒数。Φ 函数通过积分计算可以获得不同高度的曲线，见图 2.6.38。

$$S = \frac{N\left(H,\dfrac{\pi}{2}\right)}{\sigma} = \frac{N_0}{\sigma} \int_0^{\pi/2} \mathrm{e}^{-\mu_0 \cdot H \cdot \sec\theta} \sin\theta \cdot \mathrm{d}\theta \qquad (2.6.32)$$

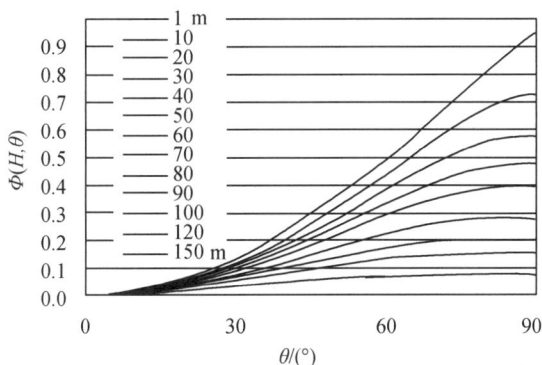

图 2.6.38　不同高度上的 $\Phi(H,\mu)$ 函数曲线

（2）有限面源模拟无限平面源的饱和半径讨论

有限面源模拟无限平面源的半径通常用径高比（模拟源等效半径 r 与探测器离源中心的高度 H 的比值）来表示，当模拟源的贡献相对无限源的贡献达 90% 以上时，即认为饱和度可以接受。

依据公式（2.6.30）和实际试验的资料计算可知，在校准高度 1 m 上，边长 1 m 的正六边形平面源当模拟到第八圈，即径高比达到 13.436 时，饱和度已达 94.5%。因此，目前规范 JJF（军工）61—2014 要求将模拟的圈数定为 8 圈。

（3）不同高度上校准因子的计算

平面源的面活度通过量值溯源和半衰期计算，校准使用时间的面活度是已知的，由公式（2.6.32）可知，在校准测量计数率得到的情况下，系统灵敏度即可获得。

校准测量计数率的本底扣除采用差分法扣除，即通过附加有限平面源的测量结果与环境本底测量结果相减获得纯有限平面源贡献的计数率，用公式（2.6.33）计算：

$$N_{i,j} = N_{T_{i,j}} - N_{\mathrm{b}} \qquad (2.6.33)$$

式中　$N_{i,j}$——仪器对第 i 圈第 j 点有限平面源测量的净计数率，s^{-1}；

$\quad\quad\ \ N_{T_{i,j}}$——仪器对第 i 圈第 j 点有限平面源测量的计数率，s^{-1}；

N_b——校准场地的环境本底，即仪器在无源时测量的计数率，s^{-1}。

在通过公式(2.6.33)获得各校准点位的净计数率之后，用公式(2.6.23)计算累加至各圈的合成计数，见表 2.6.16。再用公式(2.6.32)计算即可获得不同高度上的系统灵敏度，其倒数即为校准因子，见公式(2.6.34)。

根据经验，在 60 m 到 200 m 之间，系统灵敏度可以用简单的 e 指数进行模拟，图 2.6.39 是通过公式(2.6.30)数值积分后，给出的 60~200 m 之间不同高度上对无限大平面源的系统灵敏度变化趋势，其可决系数 R^2 优于 1‰。因此在实际应用中，不同高度测量的数据可以通过 e 指数归一到设计测量高度上，其误差可以忽略：

$$k(H) = \frac{1}{S} \tag{2.6.34}$$

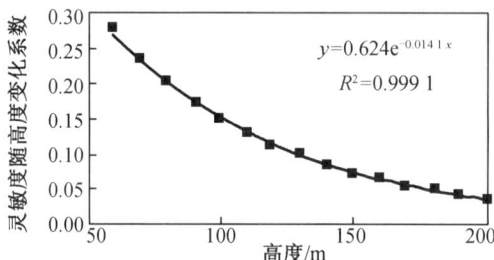

图 2.6.39 不同高度上 Cs 窗系统灵敏度的变化趋势

4. 我国正六边形大型人工核素平面源计量标准装置

(1)简介

"平面源"是相对点源和体源而言，具有一定几何形状和面积、含有单一放射性核素、核素活度已知、核素在平面上呈均匀分布、核素厚度可以忽略的平面状放射源，用于模拟放射性人工核素^{137}Cs、^{60}Co 通过气溶胶沉降或液体流动沉淀或固体破碎弥散等方式，在地面形成的呈面状分布、厚度近似为零的放射性物质形成的放射场。

在经过系列试验研究之后，核工业放射性勘查计量站在中国原子能科学研究院的技术支持下，建立了我国人工核素^{137}Cs、^{60}Co 平面源计量标准装置各一套(图 2.6.40)。包括平面源和相应的便携式平板移动车(以下简称平板车)等配套设备。平面源由 8 块下底长 1 m、上底长 0.5 m、底角 60°的等腰梯形组成(图 2.6.41)，每个等腰梯形包括边缘带有阻挡条结构的托板，托板上粘有滴注了放射性源液的滤纸，滤纸上层用黏性树脂封装，放射性物质厚度近似为零。其化学组分和核素活度(^{137}Cs、^{60}Co)经精确定值。使用时在平板车上拼接为边长 1 m 的正六边形，应用 γ 射线的叠加原理，通过在地表上不同位置摆放有限平面源来模拟无限(饱和)平面源。该标准装置能较理想地模拟放射性人工核素^{137}Cs、^{60}Co 自然沉降于地表或核设施流出物在地表扩散后形成的环境放射性 γ 辐射。配套设备主要包括用于定期核查的便携式多道 γ 能谱仪和便携式定向 γ 辐射仪、数据处理软件和计算机等。

(2)制备

大型航空平面源的制备对传统的小面源涂刷制源技术提出了挑战，为确保平面上的均匀性，借鉴现代网格点阵喷涂技术，将^{137}Cs、^{60}Co 两种放射性标准溶液分别定量滴注在底衬滤纸上，晾干后热塑封并用环氧树脂将塑封源片固定在梯形铝板上，由 8 块梯形铝板拼接为边长 1 m 的正六边形航空平面源。

图 2.6.40 ^{137}Cs 平面源计量标准装置

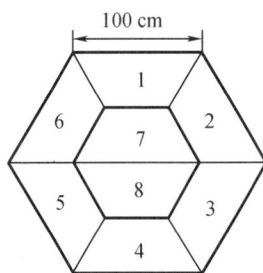

图 2.6.41 平面源结构示意图

源托板为 8 块等腰梯形板,厚度 8 mm,各自独立。每块等腰梯形板边缘有 10 mm 宽压条,用于限位塑封源片并阻挡环氧树脂固化过程中外流。

在滤纸上按照 10 mm×10 mm 网格,每个梯形板共标识 329 格,每个定量滴注制备好的源溶液。^{137}Cs 用微量加液器对每个点滴注 33 μL 溶液,^{60}Co 用专用的称重塑料滴壶为每个点滴加一滴 13 mg 溶液,两种滴注液量的均匀性通过 10 次试验的标准差衡量,分别优于 1.2% 和 3.0%。

对晾干后的滤纸源片进行热塑封膜,再用环氧树脂自流漆将源片封装到预先加工好的源托板上,上面用厚度约 5 mm 的环氧树脂自流平面漆密封,自然晾干。

(3)量值溯源

平面源在制作过程中通过控制标准溶液的量和稀释液体的量来控制总活度和活度浓度,制备完成后用定向 HPGe 谱仪对其面活度进行了验证测量(图 2.6.42),最终定值结果见表 2.6.21。

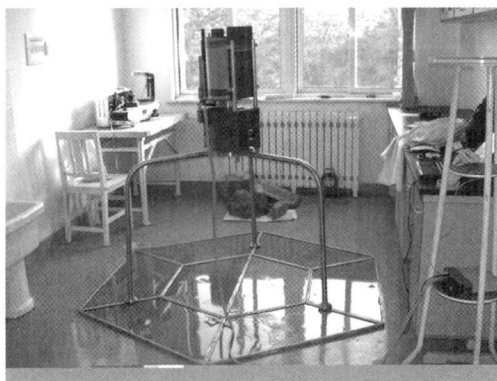

图 2.6.42 定向 HPGe 谱仪验证测量

平面源面活度的均匀性用 FD3025 定向辐射仪进行了测量,其标准差优于 5%。出厂后的量值溯源通过期间核查完成,即定期用 FD3025 定向辐射仪对平面源进行稳定性核查测量,核查测量结果经衰变时间修正后,稳定性均小于其相对合成不确定度。因此,该计量标准器具的稳定性考核符合《国防军工计量标准器具考核规范》(JJF(军工)5—2014)及《国防军工计量标准器具技术报告编写要求》(JJF(军工)3—2012)的要求。

表 2.6.21　^{60}Co 航空平面源身份铭牌

核素名称	^{137}Cs	^{60}Co
出厂总活度	18.9 MBq	18.7 MBq
出厂面活度	7.27 MBq/m^2	7.20 MBq/m^2
不确定度	6%（$k=1$）	
出厂日期	2006 年 7 月 14 日	2006 年 9 月 29 日
国家编码	0406Co071415	0406Co092915

（4）计量标准的工作原理

使用时在平板车上拼接为边长 1 m 的正六边形,应用 γ 射线的叠加原理,通过在地表上不同位置摆放有限平面源来模拟无限(饱和)平面源。对机载/车载 γ 辐射仪、能谱仪进行检定/校准,获得相关校准系数。仪器通过校准,即可将仪器测量的净计数率(经相关修正后的)换算成测量区域地表放射性核素活度浓度、活度或空气吸收剂量率。

（5）该标准的主要用途

主要用于各类机载/车载 γ 辐射仪、能谱仪测量人工核素的探测效率因子测定,亦即测定其灵敏度参数。

该标准于 2006 年研制完成。校准/检定仪器时,依据《平面源法机载/车载 γ 能谱仪校准规范》(JJF(军工)61—2014)和《航空 γ 能谱仪检定规程》(JJG(军工) 26—2012)。

2.6.3.4　计量技术规范及校准典型实例简介

我国于 1986 年在河北省石家庄大郭村机场建立了标定航空 γ 能谱仪的天然核素体源标准,但对动态校准技术缺乏系统研究,一直未能建立相应的检定/校准计量技术规范。在原国防科工委和国防科工局的支持下,核工业航测遥感中心于 2004—2013 年对原有科研成果进行了梳理和系统研究,编制并通过国防科工局发布了《航空 γ 能谱仪检定规程》(JJG(军工)26—2012)和《平面源法机载/车载 γ 能谱仪校准规范》(JJF(军工)61—2014)。

1. 航空 γ 能谱仪检定规程

《航空 γ 能谱仪检定规程》(JJG(军工)26—2012)正文包括:适用范围、引用文件、术语和定义、概述、计量性能要求、通用技术要求、计量器具控制等 7 部分,附录 A 给出了高高度、静态、动态等测试的数据处理和系数确定方法。该检定规程主要是对航空 γ 谱仪工作性能的确认,附带给出了测量天然核素的有关修正系数测定。

适用范围规定了仪器为 NaI(Tl)航空 γ 能谱仪,用于测量天然 γ 辐射的铀资源勘查和放射性辐射环境调查工作。

通用技术要求外观完整、工作正常,计量性能对能量分辨率、能响线性、稳定性、窗灵敏度年变化和在混合模型上的测量误差检验进行了要求。

2. 平面源法机载/车载 γ 能谱仪校准规范

《平面源法机载/车载 γ 能谱仪校准规范》(JJF(军工)61—2014)是 JJG(军工)26—2012 的一个延伸,有关计量性能要求引用了 JJG(军工)26—2012 的条款。当航空 γ 谱仪或车载 γ 谱仪用于测量人工核素时,首先要依据 JJG(军工)26—2012 对仪器性能进行确认,之后依据 JJF(军工)61—2014,通过平面源校准测定测量人工核素的有关校准系数。

正文包括:范围、引用文件、术语、概述、计量性能要求、校准条件、校准项目和校准方法、校准结果的处理及复校时间间隔等9部分内容,附录从A到E分别为测量数据处理、正六边形有限平面源模拟无限源的方法、测量时间、校准因子测量不确定度分析示例和校准证书内页内容格式。

适用范围界定了仪器为机载/车载γ能谱仪,测量对象为人工放射性核素^{137}Cs和^{60}Co。

引用文件:对已规范化的术语和定义,通过引用《通用计量术语及定义》(JJF 1001—2011)、《电离辐射计量术语及定义》(JJF 1035—2006)、《测量不确定度评定与表示》(JJF 1059.1—2012)、《航空γ能谱仪检定规程》(JJG(军工)26—2012)、《航空伽马能谱测量规范》(EJ/T 1032—2005)、《辐射环境监测技术规范》(HJ 61—2021)等文件进行了说明适用。

术语和定义:新增了"平面源""^{137}Cs/^{60}Co平面源""平面源校准装置""面活度""等效面活度σ_s"等5个术语和定义。

平面源(plan source):大面积人工核素平面源,简称"平面源",是指:相对点源和体源而言,具有一定几何形状和面积、含有单一放射性核素、核素活度已知、核素在平面上呈均匀分布、放射性物质厚度可以忽略的平面状放射源,用于模拟放射性人工核素通过气溶胶沉降或液体流动沉淀或固体破碎弥散等方式,在地面形成的呈面状分布、厚度近似为零的放射性物质。

^{137}Cs/^{60}Co平面源(^{137}Cs/^{60}Co plan source):大面积^{137}Cs/^{60}Co平面源,简称"^{137}Cs/^{60}Co平面源",是指:放射性物质为人工核素^{137}Cs/^{60}Co的平面源。

平面源校准装置(plan source calibration assembly):由平面源或平面源组合和配套设备构成的用于校准机载/车载γ能谱仪的专用校准装置。

面活度σ(surface activity σ):单位面积的放射性核素活度。

等效面活度σ_s(equivalent surface activity σ_s):在具有一定深度渗透能力的地区,沉降于地面的人工放射性核素,随着时间的增加可以形成一定的深度分布。等效面活度是指将具有一定深度分布的放射性活度浓度,通过辐射场相等的原理,等效为厚度可以忽略的放射性面活度。

概述中对仪器的测量原理、数据处理原理、构造、分类、用途进行了概述。

计量性能要求包括对仪器基本性能、能量窗范围和校准因子等计量性能进行了要求。其中基本性能包括:能量分辨率、能量线性、7 h工作稳定性等引用了JJG(军工)26—2012中的5.1~5.3。要求探测器对^{137}Cs核素0.662 MeV特征峰能量分辨率应不大于12%;γ能谱仪的能量线性用可决系数衡量,应不小于0.99;稳定性是仪器连续工作7 h后根据不同仪器要求了"峰位的最大漂移不应超过1%""钍核素的2.62 MeV峰的最大漂移不应超过1道""窗计数率的变化应优于10%"。

能量窗范围要求记录人工核素辐射数据的能量窗范围应不小于相应特征峰的半宽度。要求校准因子与上一次校准结果比较,变化应不大于5%。

校准条件规定了环境条件和校准用设备。要求校准场所的地面应平坦,空旷半径应大于20 m;环境温度:5~35℃;相对湿度:小于80%;校准场地不应放置与校准测量无关的放射性物质和可能导致散射影响的物件。校准用设备包括合格有效的^{137}Cs和/或^{60}Co平面源。

校准项目和校准方法规定了对计量性能要求的仪器基本性能、能量窗范围和校准因子等三个项目进行校准,给出了校准点位选取、测量时间估算、校准计数率计算、校准因子计算等详细的校准方法。

　　校准结果的处理要求校准结束后应出具校准证书。校准证书应准确、客观地报告校准结果,校准结果以校准数据、校准曲线等形式给出。校准证书应包括委托方要求的、说明校准结果所必需的和所用方法要求的全部信息。

　　复校时间间隔要求机载/车载γ能谱仪的复校时间间隔一般不超过12个月。由于复校时间间隔的长短是由仪器的使用情况、使用者、仪器本身质量等诸因素所决定的,因此,送校单位可根据实际使用情况自主决定复校时间间隔。

　　3. 校准的典型实例

　　自20世纪90年代开始探索用正六边形有限平面源模拟无限面源校准航空γ能谱仪,2006年正式建立平面源计量标准装置以来,已校准航空γ能谱仪数十台次。图2.6.43是用平面源校准航测仪器的代表性飞机照片。

(a)　　　　　　　　　　　　(b)　　　　　　　　　　　　(c)

图 2.6.43　平面源校准航空 γ 谱仪的代表性照片(依次为 Y12、米 171、小松鼠 AS350)

　　使用平面源校准时,应特别注意仪器过载情况,如图2.6.44所示。正常情况下,Cs峰以上的响应与本底谱无异,当仪器过载时,Cs峰以上的响应会明显抬高。当平面源位于探测器正下方时,部分仪器会出现过载,这时应将8块平面源拆解为4块或2块一组进行分组校准测试,以便降低辐射强度,确保测试数据正常。

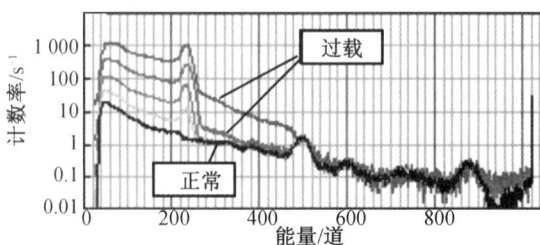

图 2.6.44　仪器过载谱线与正常谱线

　　表2.6.22列举了4种飞机,搭载5种仪器的天然核素影响人工核素窗的影响系数。

表 2.6.22　校准试验获取的天然核素窗对人工核素窗的剥离系数一览表

飞机	仪器	$S_{Cs,K}$	$S_{Cs,U}$	$S_{Cs,Th}$	$S_{Co1,K}$	$S_{Co1,U}$	$S_{Co1,Th}$	$S_{Co2,K}$	$S_{Co2,U}$	$S_{Co2,Th}$	日期
Y12~3832	703-Ⅰ~2005001	0.269	1.908	0.482	0.328	1.206	-0.086	0.192	0.447	0.007	2011-05-25
AS350~7430	AGRS~10001	0.689	3.698	1.427	0.564	1.607	-0.103				2011-11-12
LH~98747	GR-820~32L	0.650	3.553	1.185	0.364	1.183	-0.117	0.170	0.447	0.016	2011-08-12

表 2.6.22(续)

飞机	仪器	$S_{Cs,K}$	$S_{Cs,U}$	$S_{Cs,Th}$	$S_{Co1,K}$	$S_{Co1,U}$	$S_{Co1,Th}$	$S_{Co2,K}$	$S_{Co2,U}$	$S_{Co2,Th}$	日期
LH~98749	GR-820~64L	0.659	3.540	1.190	0.371	1.184	-0.114	0.177	0.447	0.016	2011-08-12
AS350~7435	GRS10~1005904	0.572	3.683	1.541	0.484	1.619	-0.037				2012-05-16
AS350~7440	RS500~NSC01	0.404	2.257	0.622	0.285	0.890	-0.087	0.180	0.537	0.016	2013-04-21

注:为了区分人工核素 Cs 和 Co 的系数,在中分别用 $S_{Cs,K}$、$S_{Cs,U}$、$S_{Cs,Th}$……代替 l_0、m_0、n_0。

表 2.6.23 列举了 5 套典型航测仪器在 120 m 离地高度上测量人工核素 ^{137}Cs、^{60}Co 的校准因子,其意义为航测仪在 120 m 测量高度上获得 1 个窗计数时,地面所对应的等效面活度($Bq \cdot m^{-2}/s^{-1}$)。

表 2.6.23　人工核素平面源校准航测仪的校准因子

Cs	Co1	Co2	备注
149.9	85.8	135.2	米 171 直升机+内置两箱探测器
70.6	40.6	67.3	米 171 直升机+内置四箱探测器
127.1	58.7	94.8	Y12 飞机+内置三箱探测器
261.9	/	/	小松鼠直升机+外挂 1 箱探测器
42.3	26.9	33.7	小松鼠直升机+外挂 4 箱探测器

图 2.6.45 给出了一个 Cs 窗校准因子(窗灵敏度)随高度的变化趋势。表 2.6.24 列举了三种飞机、四套仪器的不同高度上的校准因子和窗灵敏度。其中小松鼠直升机+RS500 谱仪的四箱探测器安装为外挂式,即挂装在直升机肚皮下边,其他探测器的安装均为内置安装,即固定在机舱地板上。

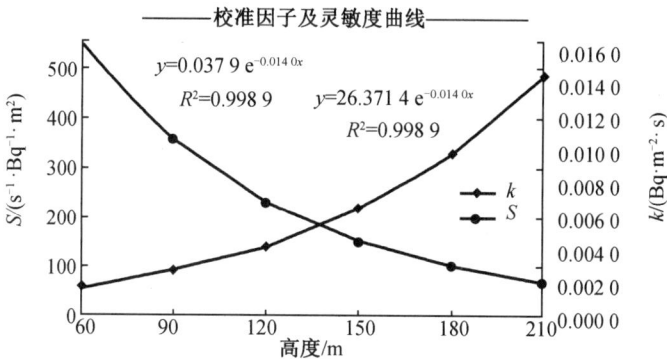

图 2.6.45　Cs 窗校准因子及灵敏度随高度变化曲线

表 2.6.24　航空 γ 能谱仪 Cs 窗在不同高度上的校准系数及灵敏度

H/m	米171直升机+GR820谱仪（两箱探测器）		米171直升机+GR820谱仪（四箱探测器）		小松鼠直升机+RS500谱仪（四箱探测器）		Y12飞机+GRS16谱仪（三箱探测器）	
	k	S	k	S	k	S	k	S
Cs 窗								
60	59.0	0.016 9	27.9	0.035 8	17.6	0.056 8	54.0	0.018 5
90	94.2	0.010 6	44.6	0.022 4	28.1	0.035 6	86.2	0.011 6
120	145.7	0.006 9	68.9	0.014 5	43.5	0.023 0	133.3	0.007 5
150	220.7	0.004 5	104.4	0.009 6	65.8	0.015 2	201.9	0.005 0
180	329.3	0.003 0	155.8	0.006 4	98.2	0.010 2	301.4	0.003 3
210	486.1	0.002 1	229.9	0.004 3	145.0	0.006 9	444.8	0.002 2
Co1 窗								
60	40.2	0.024 9	20.2	0.049 5	13.9	0.071 9	31.4	0.031 9
90	57.3	0.017 5	28.7	0.034 8	19.8	0.050 5	44.7	0.022 4
120	79.5	0.012 6	39.8	0.025 1	27.5	0.036 4	62.1	0.016 1
150	108.6	0.009 2	54.4	0.018 4	37.5	0.026 7	84.7	0.011 8
180	146.4	0.006 8	73.3	0.013 6	50.6	0.019 8	114.2	0.008 8
210	195.6	0.005 1	98.0	0.010 2	67.5	0.014 8	152.6	0.006 6
Co2 窗								
60	67.2	0.014 9	32.5	0.030 8	17.0	0.058 8	49.2	0.020 3
90	97.0	0.010 3	47.0	0.021 3	24.5	0.040 8	71.1	0.014 1
120	136.6	0.007 3	66.1	0.015 1	34.5	0.029 0	100.1	0.010 0
150	188.9	0.005 3	91.4	0.010 9	47.7	0.021 0	138.5	0.007 2
180	258.0	0.003 9	124.9	0.008 0	65.2	0.015 3	189.2	0.005 3
210	349.0	0.002 9	169.0	0.005 9	88.2	0.011 3	255.9	0.003 9

2.6.4　航测方法

航空 γ 能谱测量主要应用于铀资源勘查、放射性 γ 辐射环境调查和核应急监测等领域。都必须涉及航测设计、仪器检查调试、飞行测量和数据处理应用等四个基本过程。

2.6.4.1　航测设计

航测设计涉及飞行安全、航测结果有效性和经济性三方面的问题，通常事先由技术人员和飞行员在室内对着 1:50 000～1:200 000 地形图进行模拟飞行。根据航测任务的性质，选择最为经济的飞行路线；根据飞机巡航速度和爬升性能选择飞机爬高或俯冲起止点，确保在有效测量高度下的飞行安全。航线设计应尽量避开独立的山峰、高楼、高塔等影响视线和飞行安全的高大物体，当航线无法避开时应设计绕飞方案；遇到飞机一次爬升无法飞越的山脊时，应采用分段爬高的直线接线飞行方案，断接线搭接重复测量不短于 1 km。

1. 测线方向

对于资源勘查如果有意义的地质构造走向已知，测线方向应与这些构造走向垂直。如果进行大比例尺普查，测区包含多方向构造，可任意选择测线方向，但通常为南北向或东西向。如果航测同时记录航磁数据,而且测区离地磁赤道很近,那么测线应近南北方向布置。在地形起伏很大的山区,按规则网格进行航测飞行是非常危险或是不可能的,这时应按等高线飞行。寻找放射性物体时,飞行方向应与搜索区的长轴方向平行,比如沿坠落卫星的轨道方向飞行;在搜寻汽车运输途中丢失的放射性物质时,应沿着运输路线飞行。在进行放射性沉降物监测时,飞行方向应与沉降物堆积时风的方向垂直。

2. 线距

测线间距应由预算、测区大小及测量对漏掉小异常的可接受程度等因素确定。

地质普查线距一般为 1 km,区域调查测量一般选 2~10 km 线距。铀矿勘探详查时,如果飞行高度不高于 100 m,那么线距可小至 100 m,应注意:漏掉点状异常的概率随飞行高度和线距的增加而增大。

若想大致了解放射性沉降物的总体分布形式可使用大线距测量。必要时可在污染区进行小线距加密测量。

3. 飞行高度

γ 射线在空中呈指数规律衰减。高度每上升 100 m,无限大放射源的 γ 光子注量率会降低约一半。所以在 120 m 高度上测得的计数率约为地面测量计数率的 35%,对于点源来说,这种衰减更快。有关最佳飞行高度一直存在争论,低高度飞行时得到的信号较强,而且可以解决部分信噪比问题,如与大气氡有关的问题。但此时一次测量所覆盖的地面面积势必会减小,因而漏掉局部异常的可能性很大,除非测线足够密。应注意:即使一流的飞行员,为了安全起见有时也不得不偏离预定的飞行高度。

用固定翼飞机进行天然放射性核素填图时,飞行高度(AGL 高度)统一为 120 m 左右。在地势十分平坦的地区,飞行高度可选 30~50 m。这时对电磁法、磁法等其他地球物理方法非常有益。用直升机(特别是当直升机上配有体积较小的探测器)进行测量时,飞行高度一般较低。

实践证明,对放射性沉降物进行填图时,90~120 m 的飞行高度较为合适。寻找丢失的放射性物体时,由于源的放射性活度大,所以常使用比一般填图测量高的飞行高度。但应充分考虑目标物活度和 γ 射线能量。因为这些因素制约着有效探测的最大离地高度。为了更好地权衡航高、线距、探测器体积及可能漏掉点状放射源之间的利弊关系,有必要根据源的期望活度和能量做初步计算,这往往是核应急航测设计的主要工作。

4. 探测器体积

由于 NaI(Tl) 探测器本身很重,所以航测使用探测器的体积应由飞机的载重性能确定。一般直升机搭载的最大体积为 17 L 或 33 L;固定翼飞机使用 33 L 或 50 L。若能保持低高度、低速度测量时探测器体积可适当减小。

沉降物填图时,如果放射性污染严重,就应使用小体积探测器以避免计数电路过载后工作失效。

5. 采样时间

航测采集的能谱数据是一个连续累积谱,对一次取样的数据进行处理的同时,又获得了下一个取样期间内的一组新数据。因此,取样间隔是毗邻的,没有"死时间"。一般取样速率为每秒一次。

因为在累积时间内飞机一直向前飞行,所以采样的地面范围被拉长。经验做法是计数的 60%~70% 来源于椭圆区域。椭圆的短轴为 2 倍航高,长轴是 2 倍航高与累积时间内飞机飞过的地面距离之和。比如一个固定翼飞机航高为 120 m，航速 180 km/h（50 m/s），采样时间 1 s。每次取样代表大约 240 m×290 m 的地面面积。

2.6.4.2　仪器检查及调试

为确保航测结果的有效性，每架次起飞前和飞行落地后都需要对仪器进行测试，俗称早、晚测试，确认仪器的分辨率和峰位是否处于良好状态，否则应考虑终止起飞或重新测量，同时还要检查数据的收录是否正常，避免测量完成后数据记录不正确或没有记录。

1. 能谱仪的能量分辨率

能量分辨率（以下简称分辨率）是能谱仪测量 γ 射线能量精确程度的指标。如果某个探测器的增益校正不准确或其中一个探测器被损坏，那么整个系统的分辨率将会很差。

为了对航测进行质量控制，每次测量工作之前应用 ^{137}Cs 测试源进行系统分辨率测试，必要时应对增益进行适当调整；每架次飞行落地之后，需再次测试分辨率，不做进一步的增益调整。第二次测试分辨率的目的是确认仪器有无故障（温度稳定性差或电器故障）或仪器性能发生不可接受的变化。分辨率正常范围为 8.5%~9.5%，超过 12% 后就不允许再进行工作，晚测试结果相对早测试变化不应超过 1%。分辨率测试结果应随时记录，并作为质量控制指标体现在工作报告中。

2. 能谱稳定性

新型的航空 γ 能谱仪比较稳定，很少发生对测量结果有重大影响的峰漂。但在仪器故障哪怕是局部故障时，峰位可能会发生严重漂移。为此，通过飞机起飞前和完成测区作业落地后的测试（俗称早晚测试）来确认和/或实时监控能谱稳定性对保证航测数据质量是非常重要的。

每架次的早晚测试还包括在停机坪上用 ^{208}Tl 放射源确认能谱仪的峰位，这也是在检查能谱仪的灵敏度。如果只记录总道、K、U、Th 四个窗的数据，早晚测试的峰位检查是必须做的，这也是所有天然放射性核素填图测量的常规过程。每次测量时，源必须放在相对飞机中探测器的同一位置上。如果可能的话应用刚性固定架把源固定下来。

早晚测试过程包括：一个不少于 60 s 的 ^{137}Cs 源分辨率测试和一个不少于 150 s 的 ^{208}Tl 源峰位测试，这是对航测仪器通常配置的测试源而言，具体测量时间应根据测试窗累计达到的计数确定。对于放射性本底很高的停机坪或怀疑大气氡影响较大的情况下，可能还需要进行本底测试，本底测试时测试源应置于距飞机 30 m 以外。

在测试窗累计达 10 000 个计数时，测试计数率与以往的平均值相差应不大于 5%，如果在扣除本底（含大气氡影响）后窗计数率仍然有超过 5% 的偏差，需查明原因。

3. 测量记录校验

使用存储卡、磁盘保存测量数据一般不会出现问题，但在航测过程中一般没有时间再对测量记录进行检验，因此在早测试结束时对航测系统采集的所有数据，包括能谱数据、GPS 定位数据、高度数据等应确认数据采集可靠、记录正确。

2.6.4.3　飞行测量

1. 基线飞行

在机场与测区之间的航路上，应寻找一条宽阔（不小于 3 km×0.5 km）、平坦、不受人文干扰和季节干扰的测试带作为基线。基线飞行一是用于每个测量架次测区作业前后的基准检查测量，称为早晚基线飞行，用于监控航测质量和大气氡的变化，飞行高度与数据处理归一的高度一致，铀资源勘查一般为 120 m，环境及核应急航测一般为 90 m；二是通过 GPS

高度与雷达高度的比对,检查雷达高度计的稳定性,同时在遇到飞机更换一般部件或雷达高度计之后,用于重新校准雷达高度计;三是在测区正式作业之前做不同高度飞行,用于高度衰减系数的适宜性检查,因为在不同地区,因海拔高度、温度、湿度存在很大差异,各能量窗的高度衰减系数需要做一定的微调。

2. 飞行高度

飞行高度是一个很重要的因素,尽管可以使用高度衰减系数对空气吸收进行修正,但修正的不确定度与高度是成正比的,而且不同高度的视野也会直接影响到测量精度。飞行高度可接受的变化范围为正常航测高度的±20%,对于120 m的测量高度,飞行高度保持在110~135 m之间是很好的。但在丘陵或山区保持这个高度范围内飞行是危险的。这就需要驾驶员运用技巧和判断力,在安全的前提下,尽量保持稳定的测量高度。一般在飞行高度大于250 m时获得的能谱数据没有价值。

为了监视飞行高度,航操员应注意观察雷达高度剖面图。发现飞行高度超出规范或设计时,应及时与驾驶员商讨对策,只要飞机安全条件允许,应重飞这些线或进行测线加密。在某些时候,宁可偏离航线也不要超高。

3. 航线间距

大部分导航系统都具备将航迹实时标注在预定测线网格上的能力,供飞行员或操作员及时识别任何超出飞行允许范围的部分,以便制定测线加密或重飞计划。

对天然放射性核素填图来说,偏离航线的最大容许范围是正常线距的150%(沿测线5 km)或200%(任意一个取样点上)。如果线距为1 km,在两条相邻测线之间出现了1.5 km×5 km的间隙,或任何点的间距大于了2 km,必须进行测线重飞或加密测线。出于安全考虑的偏航测线不受此要求限制。

4. 飞行速度

飞行速度一般不会导致航测过程中出现问题,每秒对地面的取样范围会随飞机速度加快而增大,而点源异常的幅度会降低。对于铀资源勘查详测、放射性辐射环境调查、核应急监测等对辐射水平分区界限和点源异常重点关注的航测,需制定最大的允许速度。

5. 能谱稳定性监控

如果全谱即256道数据都被记录,监控谱稳定性的最好办法是实时监控测量过程中的累加谱。通常使用1 000 s时间内的累加谱。在此期间内,航线将覆盖一系列地质单元。所以谱线上有K、U、Th三个主要放射性核素形成的峰,应注意观察峰位的偏离不超过±2道、峰形的宽度合适。如果其中任何一个不能达到标准,那么整个系统很可能有错误,应彻底检查,有关航线应考虑重飞。

6. 降雨影响

铀资源勘查测量主要关注的是核素^{238}U,航测也是通过测量^{238}U的子体核素^{214}Bi来推算母体活度。^{238}U衰变系列中间一个子体核素^{222}Rn的半衰期为3.8 d,在降雨后由于母体和子体的平衡被破坏,所以一般要求雨后3 d不能进行航测。

降雨会影响天然放射性核素填图测量的结果。因为水涝能衰减来自地面的辐射,所以应尽量避免在近期降过大雨的地区进行航测。

在放射性沉降物填图测量中降雨会把大量的放射性尘埃带到地面上。无论飞机在空中飞行还是在地面上都会被污染,所以应尽量避免。

地面上的雪形成了一个辐射衰减盖层。新下的10 cm厚的雪大约相当于10 m空气的衰减。如果地面上有 1~2 cm 的积雪,那么应暂时停止填图测量。

7. 大气氡影响

尽管在数据处理中可以对大气氡影响进行修正,但在假设的大气氡均匀分布条件被破坏,如逆温条件出现时,大气氡引起的问题十分严重。因为这时氡被局限在逆温层以下。可能的情况下,应尽量回避这种情况,特别是没有上测探测器的系统更应注意。

2.6.4.4 数据处理及应用

航测是一种空中动态测量,采集的数据堪称海量,一般都需要通过计算机自动对数据进行一系列修正换算,并绘制平面等值图和/或剖面平面图辅以数理统计表来应用。

1. 能量校准

通常情况下航测数据是不需要进行能量校准的,但在测量过程中峰漂已为既成事实,而且不能重飞的情况下,利用全谱数据通过能量校准获取最佳的各能量窗数据便是唯一的选择。

最简单方法是绘制整条测线或几组测线的累积谱。利用这个谱线确定能量为 1 460 keV 和 2 614 keV 处的 K、Th 特征峰,U 窗可通过与 K、Th 的比例关系确定。

2. 数据文件的合并及裁剪

专业仪器厂家生产的仪器其软硬件配套都比较完善,记录的数据文件一般不需要进行合并处理。部分组装产品的数据文件存在测量参数独立、分时间独立的情况,如航磁、航放、GPS 是三个独立的文件,每隔 10 min 形成一个文件。对此需要将独立的数据文件按照时间和/或记录点号顺序进行合并处理。

专业仪器及专业操作员测量记录的数据文件通常不需要裁剪,但有些因仪器功能限制或操作员工作不规范,将包括转弯的所有测量数据不分线号地记录为一个文件的情况,必须对数据文件的线号进行改正处理,同时对每条测线数据进行掐头去尾的裁剪,删掉转弯时的无用数据。

3. 死时间修正

目前新型仪器的死时间很小,一般可以忽略。但在使用老仪器或遇到辐射场高到足以影响测量精度的情况时,应考虑死时间修正。

4. 滤波

对一些参数进行数字滤波以减少统计噪声或某些仪器因素产生的尖峰影响。比如,对雷达高度数据进行少量滤波以平滑突然跳跃,当飞机在陡峭地形上空进行航测时会产生这种情况。若不对激烈跳跃的数据进行滤波,会在对数据进行高度修正时造成麻烦。高度数据采用 5 点滤波较为合适。用 10~20 点滤波能有效降低宇宙射线统计噪声。用上测探测器数据计算氡本底时,应对上测 U 窗、下测 U 窗、Th 窗进行 128 点的加重滤波,但应保留原始数据用作后续的剥离等处理。

5. 有效离地高度的计算

雷达高度经轻度滤波后用于剥离系数修正和高度衰减修正,但需要将雷达高度经过温度、气压修正为标准状态下的离地高度——有效离地高度,换算公式见式(2.6.35):

$$h_e = h \cdot \frac{273.15}{T + 273.15} \cdot \frac{P}{1\ 013.25} = h \cdot \frac{273.15}{T + 273.15} \cdot e^{-\frac{H}{8\ 581}} \quad (2.6.35)$$

式中 h——实测的雷达高度,m;

T——机外空气温度,℃;

P——大气压力；

H——气压高度, m。

6. 数据修正

数据修正原理已在航测仪器校准及典型参数一节中叙述，包括飞机本底、宇宙射线影响、大气氡影响、康普顿散射影响等剥离和高度衰减修正。这里不再赘述。

需要强调的是在地形起伏很大的地区，如果飞行高度大于 250 m，那么可能会碰到一系列问题，因为统计噪声和本底误差被放大。在这种情况下，通常要把指数项限制到 250 m 或再低一些的等效值上。

7. 单位换算

航测数据经过以上一系列修正之后得到的仍然是归一到某一高度上的各核素窗计数率，实际应用还需要换算为实用单位。不同航测任务的实用单位及其换算关系见表 2.6.25。计数率与实用单位之间的换算通常会在检定/校准证书中给出。

表 2.6.25 航测实用单位及换算表[8-9]

任务	总量	K	eU	eTh	^{137}Cs 等
铀资源勘查	$nC \cdot kg^{-1} \cdot h^{-1}$, $\mu R \cdot h^{-1}$,	%	10^{-6}, ppm	10^{-6}, ppm	—
环评、核应急	$Ur\ nGy \cdot h^{-1}$	$Bq \cdot kg^{-1}$	$Bq \cdot kg^{-1}$	$Bq \cdot kg^{-1}$	$Bq \cdot m^{-2}$

1% K = 313 $Bq \cdot kg^{-1}$ = 1.505 $\mu R \cdot h^{-1}$ = 13.078 $nGy \cdot h^{-1}$ = 2.305 Ur

1eU ppm = 12.35 $Bq \cdot kg^{-1}$ = 0.653 $\mu R \cdot h^{-1}$ = 5.675 $nGy \cdot h^{-1}$ = 1 Ur

1eTh ppm = 4.06 $Bq \cdot kg^{-1}$ = 0.287 $\mu R \cdot h^{-1}$ = 2.494 $nGy \cdot h^{-1}$ = 0.440 Ur

1$\mu R \cdot h^{-1}$ = 0.258 $nC \cdot kg^{-1} \cdot h^{-1}$

注：Ur 和 ppm 已不是我国的法定计量单位，但国际上尚在使用。

值得注意的是，航测给出的含量是指无限大均匀分布的状态，而且 U, Th 窗实际测量子体^{214}Bi 和^{208}Tl，含量计算首先假定 U, Th 衰变系列处于放射性平衡状态，所以 U, Th 含量分别用当量含量 eU 和 eTh 表示。

8. 统计制图

进行数据统计时应考虑剔除异常数据，有些异常特别是假异常会严重影响统计结果的可靠性。

计算放射性元素的比值 U/Th, U/K 和 Th/K 时应考虑分母过小引起的假异常出现。通常需要忽略 K 含量小于 0.25% 的数据点，因为它们很可能是在水体上方测得的；必要时应将数据点两侧相邻点的元素含量逐次相加后取平均值，U 含量的累积一般需要超过 100 个计数所代表的 U 含量。

绘制平面等值线图时需要对数据进行网格化，网格化需要选择适用于放射性辐射强度随距离衰减的数学模型和适当的网格间距，并注意点状异常不因被网格化平滑而消失。

2.6.5 应用实例

2.6.5.1 某化肥厂原料引起的"热点"

1994 年 4 月 8 日在上海地区进行放射性 γ 辐射环境航测调查中，在某化肥厂上空发现了放射性异常(图2.6.46)，该点总计数率是背景值的1.53倍，当量铀含量是背景值的3.92倍，空气吸收计量率是背景值的1.57倍，钾、钍含量接近背景值。4月21日经地面检查确认是由某化肥厂从国外进口的磷矿粉(图2.6.47)和其磷肥产品引起的。厂内有两堆磷矿粉，每堆面积约为40 m×40 m，高4~5 m，磷矿粉铀含量是厂外农田(2.28×10^{-6} g·g^{-1})的44.7倍，空气吸收剂量率是厂外背景值(86.31 nGy/h)的6.8倍；磷肥铀含量在不饱和状态下测量值高达32.3×10^{-6} g·g^{-1}，空气吸收剂量率高达205.1 nGy/h。

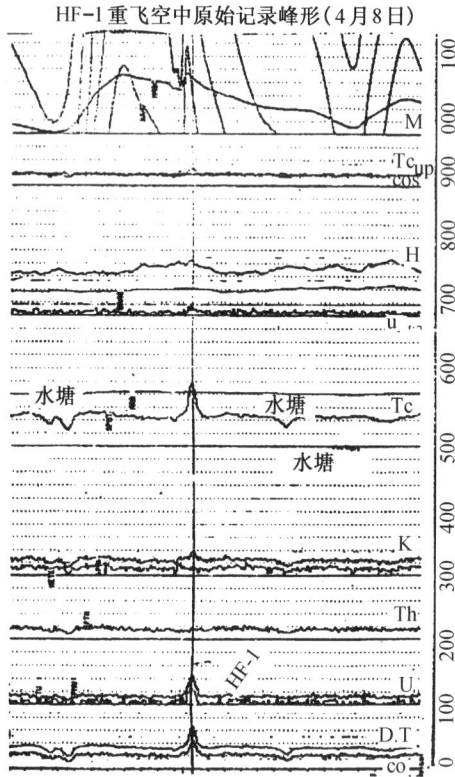

图2.6.46　某化肥厂上空航测原始模拟记录剖面图

图2.6.47　某化肥厂从国外进口的磷矿粉

2.6.5.2 ^{152}Eu 核素引起的放射性异常

2001 年 3 月 8 日在某科研基地进行核应急研究航测中发现了一个辐射热点(图 2.6.48),总计数窗峰值较背景场高 50%,铀、钍窗无响应,钾窗略有增高,分析判定此热点非天然核素引起,应属人文异常。4 月 3 日根据 GPS 定位和航迹录像视频截图(图 2.6.49),对热点位置进行了确认。按照 GPS 指定"热点"位置,经地面采用便携式 γ 辐射剂量率仪测量查找,找到田野土壤中丢弃的一个破裂的绿色小氖管和周边部分污染的土壤,小氖管内的液体已经泄露干枯,经就地 HPGe γ 谱仪和实验室 HPGe γ 谱仪测量分析,确认小氖管内和周边污染的土壤为放射性核素^{152}Eu,总活度约 2 mCi。

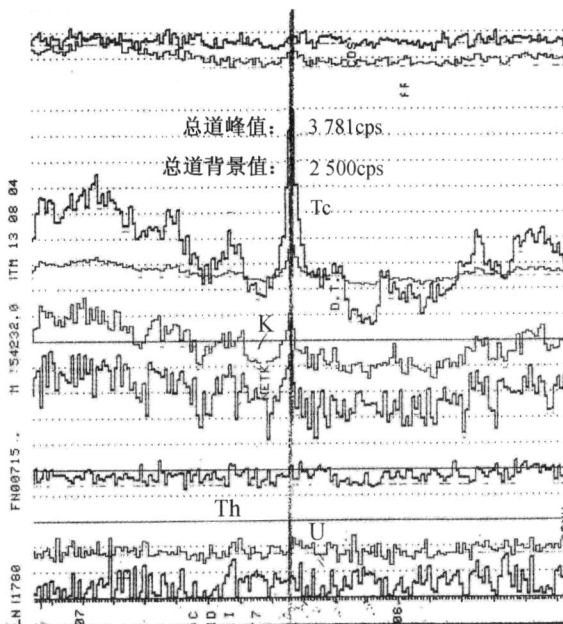

图 2.6.48 ^{152}Eu 辐射热点上空航测的原始模拟记录剖面图

图 2.6.49 ^{152}Eu 辐射热点上空航测航迹录像视频截图

2.6.5.3 ^{41}Ar 烟羽飘向图

2001 年在某科研基地核反应研究堆上空对核应急航测能力进行了实验验证,在反应堆运行状态下,通过航测给出了 ^{41}Ar 烟羽飘向(图 2.6.50)。

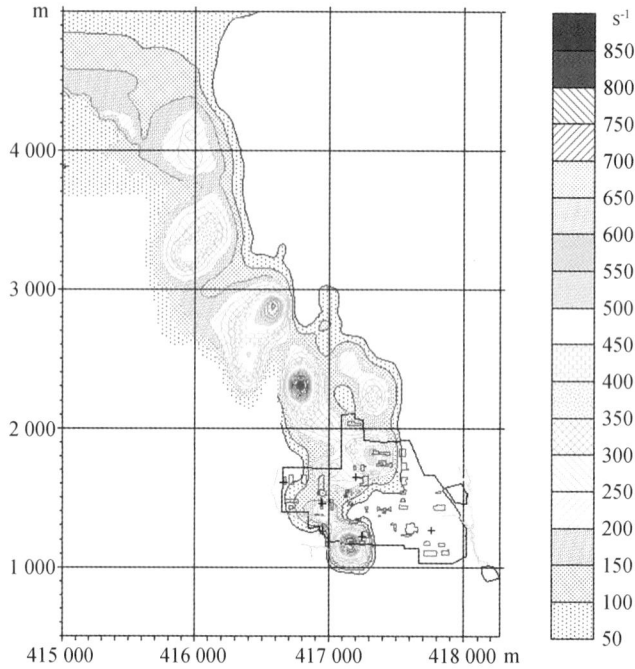

图 2.6.50　离地高度 270 m 上空航测时 ^{41}Ar 窗响应的平面等值线图

2.6.5.4 ^{137}Cs 热区的圈定

航测可以给出沉降于地面的 ^{137}Cs 分布范围和等效面活度(图 2.6.51),50 L 探测器在 90 m 高度上对地表 ^{137}Cs 的探测限约为 2 kBq/m^2(95% 置信度)。

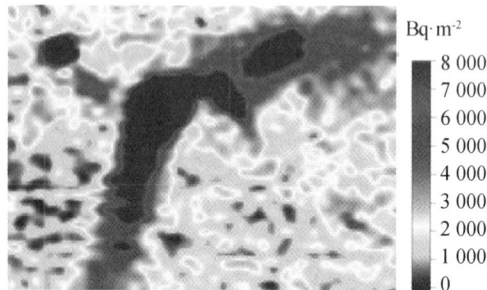

图 2.6.51　航测圈定的 ^{137}Cs 热区

2.6.5.5　航测新发现的未知核素

2021 年对我国 8 个核电厂进行了航测巡查,在一些废物库和大修车间上方发现了一些特征峰和康普顿坪明显高于背景(测线平均谱)的辐射热点,4 个典型谱线见图 2.6.52~图 2.6.55。

图 2.6.52 反映的热点很明确是 ^{60}Co 引起,初步确认为废物库暂存的核废料引起。初步

估算其中心点附加剂量率约为 1 μGy/h。

图 2.6.53 反映的谱线中除 ^{60}Co 之外,在能谱 68 道(能量为 795 keV 附近)存在一个明显的未知峰,初步分析为废物库引起。

图 2.6.54 谱线中,存在明显的天然核素 K、U、Th 峰,亦即在正常放射性背景之上,出现了两个未知的低能峰(?处)。

图 2.6.55 谱线反映的是在天然 K、U、Th 增高背景上,出现了一个明显的特征能量接近于 830 keV 峰。天然背景增高应为地面建筑物引起,未知核素特征峰应为人工核素引起,初步估算其中心点附加剂量率约为 100 nGy/h。

现有计量标准仅是 ^{137}Cs 和 ^{60}Co 平面源,可以有效判定其存在与否,尚不具备直接判定其他特征峰与核素的对应能力,目前计划研制多特征能量峰的平面源,期望能通过其校准,准确判定一些常见核素。

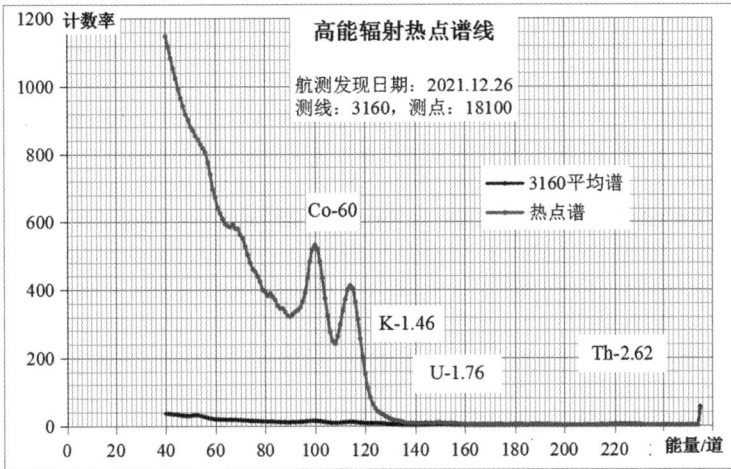

图 2.6.52 航测发现的 ^{60}Co 热点谱线

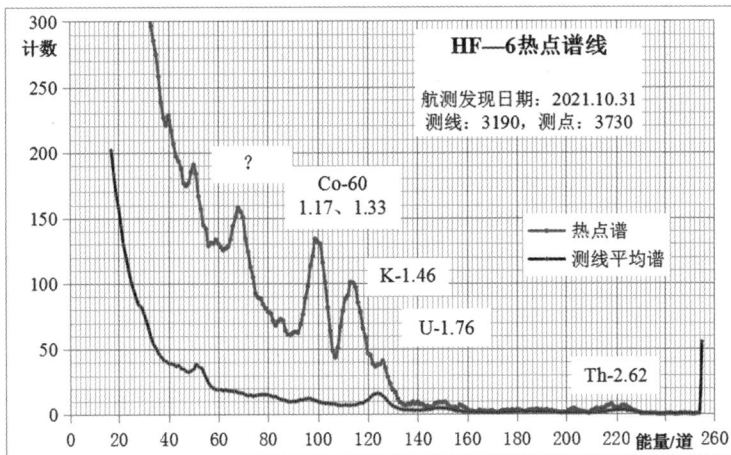

图 2.6.53 航测发现的 ^{60}Co+未知核素热点谱线

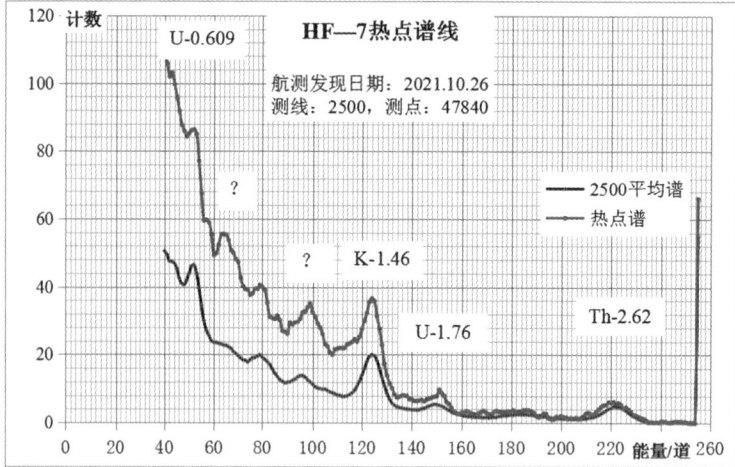

图 2.6.54　航测发现的未知核素热点多峰谱线

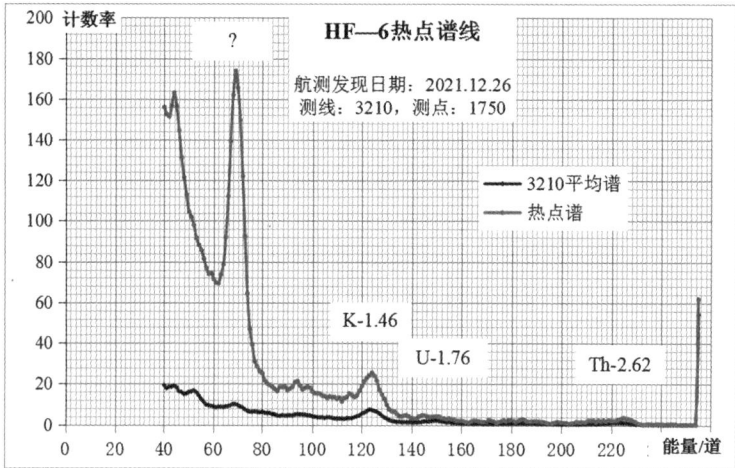

图 2.6.55　航测发现的未知核素热点单峰谱线

2.6.5.6　无人机航测[10]

2020 年,核工业航测遥感中心选用赛鹰 120H 无人机,搭载自主研制的 UGRS-10 型无人机航空 γ 能谱仪,在内蒙古某地开展了放射性异常追索查证研究工作。机载设备重 34 kg,配有 1 条 4.2 L(4 in×4 in×16 in)的 CsI(Tl)晶体探测器,有独立的 GPS 及气压、温度和湿度传感器,可利用 GPS 高度数据和地形高程数据提取离地飞行高度,见图 2.6.56。

无人机飞行的平均高度为 49.7 m,速度为 27.6 km/h,航测得到的 TC 和 U 含量等值线图见图 2.6.57。无人机查证放射性异常继承了航测快速、高效的特点,测量结果与有人机航测和地面就地测量结果基本一致。该研究为今后无人机替代地面查证积累了一定经验。

图 2.6.56 赛鹰 120H 无人机航测系统

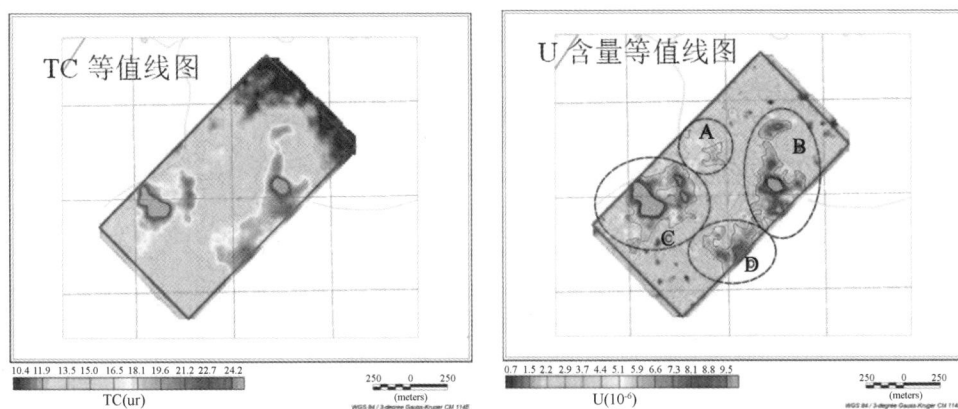

图 2.6.57 无人机航测的某异常天然放射性元素分布等值线图

练习(含思考)题

1. 简述航空 γ 能谱测量的优缺点。

2. 原始航测数据包含几部分 γ 辐射? 简述各自的来源。

3. 降雨后能否进行航测?

4. 地面就地 γ 谱仪测量的 Beck 公式和 G 函数能否直接用于航空 γ 谱测量?

5. 采用木板等材料模拟空气吸收是否可行?

6. 简述有限平面源模拟无限面源的原理。

7. 简述航测实用单位和航测成果数据统计制图的注意要点。

参考文献

[1] IAEA. Airborne Gamma ray spectrometer survey:TECDOC - 323[R]. Vienna: IAEA,1991.

[2] 顾仁康,侯振荣,沈恩升,等.秦山核电站周围及上海地区放射性水平航空检测[J].辐射防护,1997,17(3):167-406.

[3] 顾仁康,刘森林,任晓娜,等.原有航空 NaI(Tl)谱仪兼容于核事故应急监测的开发研究[R].石家庄:核工业航测遥感中心,2001.

[4] 胡明考,顾仁康,倪卫冲,等.罗布泊钾盐矿区环境放射性航空调查报告[R].石家庄:核工业航测遥感中心,2002.

［5］ 胡明考，倪卫冲，房江奇，等. 放射性航空监测装置研制报告［R］. 石家庄:核工业航测遥感中心，2005.

［6］ 胡明考，张积运，江民忠，等. 航空γ能谱仪通用校准技术［C］//中国核科学技术进展报告:第一卷. 中国核学会 2009 年学术年会论文集（第 1 册）. ［S. l. : s. n.］，2009.

［7］ 张积运，胡明考，江民忠，等. 航空和车载对地面人工核素监测校准装置［R］. 石家庄:核工业航测遥感中心，2008.

［8］ IAEA. Guidelines for radioelement mapping using gamma ray spectrometry data:TECDOC-1363［R］. Vienna:IAEA，2003.

［9］ IEC. Radiation protection instrumentation:Mobile instrumentation for the measurement of photon and neutron radiation in the environ:IEC-62438［R］. Geneva:［s. n.］，2010.

［10］ 李艺舟，李江坤，吴雪，等. 旋翼无人机航空γ能谱测量系统研制及试验应用［C］//中国核科学技术进展报告:第七卷. 中国核学会 2021 年学术年会论文集第 1 册:铀矿地质分卷、铀矿冶分卷. 2021:215-224.

第3章 环境氡、氙①及其子体测量技术

3.1 引 言[1-2]

由于氡同位素及其相应短寿命衰变子体在自然界(土壤、岩石、水和空气等)和人工建材(水泥、砖等)中广泛存在,可通过呼吸、饮食进入人体,具有较长的生物半衰期,它们构成公众与职业工作人员接受的天然放射性照射的主要部分,对人体造成的剂量占天然环境辐射年平均剂量的一半以上,是仅次于吸烟的人类肺癌的主要诱发因素。氡及其同位素是气体,衰变后形成的子体是微粒,在环境和测量仪器中具有独特的性质,对氡和氡子体水平的精确测量并进而研究其行为特征对保健物理及其他许多方面具有重要价值,氡和氡子体的测量和控制已成为国防及民用多领域共同关心的问题。

近些年我国先后颁布了《核导弹坑道内氡及其子体放射防护》(GJB 1353A—1992),《室内氡及其子体控制要求》(GB/T 16146—2015)、《地下建筑氡及其子体控制标准》(GB 16356—1996),《民用建筑工程室内环境污染控制标准》(GB 50325—2020),《建筑材料放射性核素限量》(GB 6566—2010),《室内空气质量标准》(GB/T 18883—2022),《公共地下建筑及地热水应用中氡的放射防护要求》(WS/T 668—2019)和《电离辐射防护与辐射源安全基本标准》(GB 18871—2002)等氡的系列控制标准。另外,氡与放射性气溶胶测量、地震预报、探矿、地球科学、建材、大气物理、温室气体效应、癌症病理研究等许多方面的研究和应用相关。

随着对氡和氡子体的危害重视程度加深及测氡技术应用领域的逐步扩大,氡和测氡方法的研究及设备开发取得了较大的进展。

3.2 氡的基本知识

3.2.1 氡的发现

19世纪末,物理学和化学家们在研究物质的放射性过程中,发现放射性物质周围的空气也会变得具有放射性。

1899年,E.卢瑟福和R.B.欧文斯发现钍不断放出一种气态的放射性物质,确定它是化学惰性的,并且具有较高的原子量,称为钍射气(Emanation),符号为ThEm。1900年,德国物理学家F.E.多恩同样发现了镭射气,符号为RaEm。1903年,法国化学家德比尔恩和德国化学家F.O.吉塞尔分别独立发现锕射气,符号为AcEm。1918年,德国化学家施密特按惰性气体氪、氙等命名方式,分别称它们为Thoron(Tn)、Radon(Rn)和Actinon(An)。同时经过化学家们研究,这三种气体的化学性质完全一样,都缺少化学活力,只是半衰期不同,Tn约52 s,Rn约3.8 d,An约3 s,1923年,国际间的一次化学会议决定,采用最稳定(半衰期最长)的氡(Radon)命名这种天然放射性惰性气体元素,Tn、Rn和An都是氡的同位素,分别为^{220}Rn、^{222}Rn和^{219}Rn。

---

① 氙,即^{220}Rn(又常称作钍射气),为业内认可的造字,音tǔ。

3.2.2 氡的来源[3-6]

氡是放射性气体,分别由地壳中的三种天然放射系核素^{238}U、^{235}U 和^{232}Th 的子体^{226}Ra、^{223}Ra 和^{224}Ra 衰变所产生。^{238}Ut 和^{232}Th 衰变链分别如图3.2.1和图3.2.2所示。氡的同位素(^{222}Rn、^{219}Rn 和^{220}Rn)通过三条衰变链衰变,最后终止于铅的稳定同位素,氡的同位素^{220}Rn 通常称为钍射气。在正常情况下,由于^{219}Rn 母体(^{235}U)在地壳中的丰度很小,^{219}Rn 本身半衰期非常短(3.9 s),与其他两个氡系列的活度相比,它的活度和它的衰变子体(RnDP)活度完全可以忽略,其健康效应也不重要。因此,一般不考虑^{219}Rn 及其衰变子体。

氡同位素及其相应短寿命衰变子体(RnDP)(例如:^{222}Rn 的^{218}Po、^{214}Pb、^{214}Bi、^{214}Po;^{220}Rn 的^{216}Po、^{212}Pb、^{212}Bi、^{212}Po、^{208}Tl)相当重要,它们是人类接受的天然放射性照射的最主要来源。天然氡及同位素的衰变产物如表3.2.1所示。

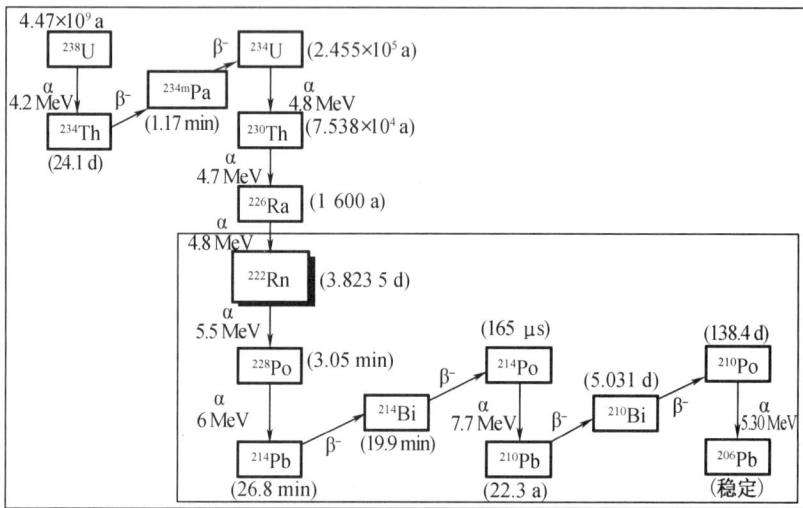

图 3.2.1　^{238}U 衰变链[4]

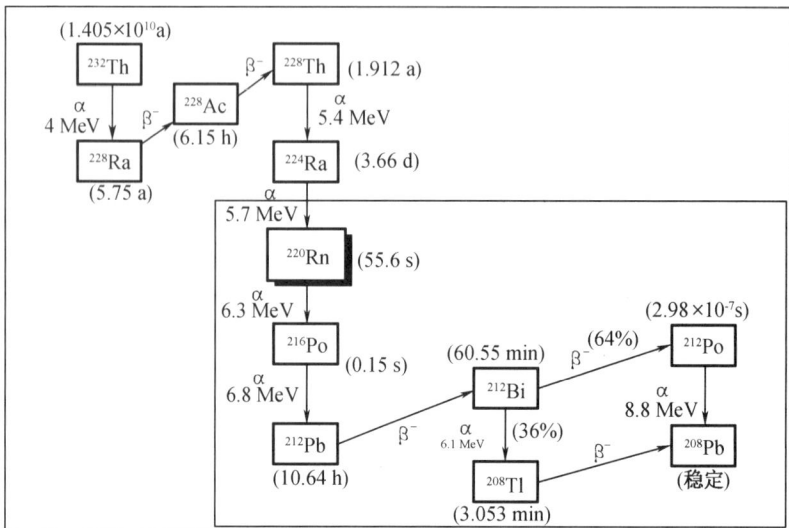

图 3.2.2　^{232}Th 衰变链[4]

表 3.2.1　天然氡及同位素的衰变产物[5]

同位素	衰变方式	半衰期	主要辐射能量/MeV
^{222}Rn(Rn)	α	3.823 5 d	5.489 7
^{218}Po(RaA)	α	3.11 min	6.002 6
^{214}Pb(RaB)	β	26.8 min	0.67,0.73
	γ		0.351 92,0.295 22,0.241 92
^{214}Bi(RaC)	β	19.8 min	1.54,3.27,1.51
	γ		0.609 32,1.764 5,1.120 28
^{214}Po(RaC′)	α	163.7 μs	7.687 1
^{210}Pb(RaD)	β	22.3 a	0.017,0.061
	γ		0.046 539
^{210}Bi(RaE)	β	5.01 d	1.161
	γ		0.265 6,0.304 6
^{210}Po(RaF)	α	138.38 d	5.304 4
^{206}Pb		稳定	
^{220}Rn(Tn)	α	55.6 s	6.288 3
^{216}Po(ThA)	α	0.15 s	6.778 5
^{212}Pb(ThB)	β	10.64 h	0.331,0.569
	γ		0.238 63,0.300 09
^{212}Bi(ThC)	β	60.6 min	2.251
	γ		0.727 2
	α	60.6 min	6.051 0,6.090 1
^{212}Po(ThC′)	α	0.298 μs	8.784 4
^{208}Tl(ThC″)	β	3.053 min	1.796,1.28,1.52
	γ		2.614 6,0.583 1,0.510 7
^{208}Pb		稳定	
^{219}Rn(An)	α	3.96 s	6.819 3,6.553,6.425
	γ		0.271 20,0.401 7
^{215}Po(AcA)	α	1.780 ms	7.386
	γ		0.404 8,0.427 0
^{211}Pb(AcB)	β	36.1 min	1.38
	γ		0.404 8,0.831 8,0.427 0
^{211}Bi(AcC)	α	2.14 min	6.623,6.279
	γ		0.351 0
^{207}Tl(AcC″)	β	4.77 min	1.43
	γ		0.897 8

铀(镭)是自然界中广泛分布的微量元素,存在于陆地岩石、土壤中,在花岗岩中的含量最高,其次是页岩、石灰岩、土壤、火成岩和砂岩。有镭的地方就有氡,氡从岩石、土壤析出到空气中的速率受到岩土中镭含量、孔隙度、水分以及气压、温度等许多因素的影响。全球来讲,环境空气中的氡主要来源于陆地表面的释放(7.6×10^{19} Bq/a,占环境空气中氡的全部来源的77.7%),陆地植物与地下水载带的释放(1.0×10^{19} Bq/a,占10.2%),其余为核工业释放、磷酸盐工业释放、建筑物释放以及燃煤和燃天然气释放等。室内空气中的氡主要来源于:建筑物地基和周围土壤、建筑材料、家用燃料、生活用水以及室外环境空气中的氡。一幢建筑物内,具体哪种氡来源最主要,因地而异。世界平均而言,来源于建筑物地基和周围土壤的氡约占室内氡的60.4%,来自建筑材料和室外空气的部分分别约占19.5%和17.8%(表3.2.2)。

表3.2.2　室内空气中氡的来源[6]

氡源	北京地区		世界平均	
	进入率 /(Bq·m⁻³·h⁻¹)	相对份额 /%	进入率 /(Bq·m⁻³·h⁻¹)	相对份额 /%
房基及其周围土壤	27.5	56.3	34	60.4
建筑材料	10	20.5	11	19.5
室外空气	10	20.5	10	17.8
供水	1	2	1	1.8
家用燃料	0.3	0.7	0.3	0.5
合计	48.8	100	56.3	100

3.2.3　氡的水平、作用及危害[7-9]

UNSCEAR2000年报告书中给出世界范围室外^{222}Rn和^{220}Rn的典型浓度均为10 Bq/m³,但^{222}Rn的长期平均浓度变化范围很宽,从接近1 Bq/m³到超过100 Bq/m³,室内^{222}Rn浓度的算术平均值为40 Bq/m³(几何平均值为30 Bq/m³),室内^{220}Rn浓度与室外基本相同(10 Bq/m³)。

表3.2.3列出了我国居室中氡浓度,我国居室中氡浓度稍低于世界平均值。但有些居室中氡浓度是较高的,如表3.2.3中所列的地下室、窑洞和用煤渣砖及其他工业废渣建材建造的建筑物等。

表3.2.3　我国居室中氡浓度

居室类型和区域		测量点数	氡浓度/(Bq·m⁻³)		备注
			算术平均值	最大值	
一般居室	中国内地	6 708	24		
	香港		41	140	
	全世界		30	1 200	
地下室		836	582	4 900	包括地下商场和旅店等
窑洞		44	171	698	
煤渣(灰)砖房		~150	174		

表 3.2.4 列出了我国部分地区和世界部分地区居室中钍射气浓度。

表 3.2.4 我国部分地区和世界部分地区居室中钍射气浓度

地点和时间	取样方法	取样点数	钍射气浓度 /$(Bq \cdot m^{-3})$ 平均值(范围)	钍射气子体平衡当量浓度 /$(Bq \cdot m^{-3})$ 平均值(范围)	平衡因子
湖北 20 世纪 80 年代	抓取样品	37		0.25(0.03~0.6)	
广东 1984—1986 年	抓取样品	220	48.1	1.13	0.02
包头 20 世纪 80 年代	抓取样品	8		0.65	
陕西 20 世纪 80 年代	抓取样品	895		1.07	
北京 2000 年	累积取样	10	56.4(< LLD~106.5)	0.8(< LLD~1.7)	0.01
北京 2000 年	累积取样			1.41(0.4~3.08)	
珠海 2000 年	累积取样	54	127.9(25~827)	2.7(0.03~4.7)	0.02
平凉	累积取样	24	493.5(5.6~1 326.4)	27.7(3.6~65.7)	0.056
香港				0.75	
世界				0.3	

我国有些地区和某些类型住房中钍射气浓度较高,其主要原因如下:

(1)我国土壤中 Th 的浓度偏高。表 3.2.5 列出了我国、美国和世界土壤中^{232}Th 的含量,我国土壤中^{232}Th 的浓度偏高。

(2)我国房屋结构中,砖木、砖混和泥土房结构较多,窑洞在某些地区也占有相当比例。

表 3.2.5 我国、美国和世界土壤中^{232}Th 的含量(Bq/kg)

地点	平均值	范围
中国内地	49	1.0~438
福建	96.3	19.5~260
漳州	109	17.8~190
厦门	93.5	66.1~125
香港	146	
珠海	193	11~645
美国	35	4~130
世界	30	11~64

地下矿山中铀矿中氡一般为 $10^3 \sim 10^5$ Bq $\cdot$ m^{-3},非铀矿中氡一般为 $10^2 \sim 10^4$ Bq $\cdot$ m^{-3},表 3.2.6 列出了我国地下矿山和地下空间中的氡浓度。按照 ICRP 第 65 号出版物推荐的行动水平为 500~1 500 Bq $\cdot$ m^{-3},则表中所列工作场所中大部分均超过行动水平。

表 3.2.6 我国地下矿山和地下空间中的氡浓度

职业性质	氡平衡当量浓度/(Bq·m⁻³)		年剂量/mSv
	典型值(或平均值)	范围	
有色金属	1×10^3	$2.9 \times 10^2 \sim 2 \times 10^5$	17.2
其他地下矿山		$2.4 \times 10^2 \sim 3.2 \times 10^4$	
煤矿	2.5×10^2	$7 \sim 1.1 \times 10^3$	4.3
隧道施工	1.93×10^3	$5.3 \times 10^3 \sim 2.9 \times 10^3$	33.2
地下坑道	9.2×10^2(氡浓度)	$3.2 \times 10^1 \sim 5.25 \times 10^3$(氡浓度)	
溶洞	5.8×10^2(氡浓度)	$2 \times 10^1 \sim 2.35 \times 10^3$(氡浓度)	

我国国家标准 GB 18871—2002 规定:在大多数情况下住宅中氡持续照射的优化行动水平应在年平均活度浓度为 200~400 Bq/m³(平衡因子 0.4)范围内。其上限值用于已建住宅氡持续照射的干预,其下限值用于对待建住宅氡持续照射的控制;工作场所中氡持续照射情况下补救行动的行动水平是在年平均活度浓度为 500~1 000 Bq/m³(平衡因子 0.4)范围内。达到 500 Bq/m³ 时宜考虑采取补救行动,达到 1 000 Bq/m³ 时应采取补救行动。

表 3.2.7 列出了我国一些矿泉和温泉水中 ^{226}Ra 和 ^{222}Rn 的浓度。我国规定矿泉水中 ^{226}Ra 限制浓度为 1.1 Bq·L⁻¹,饮用和生活用地热水中 ^{222}Rn 控制水平为 50 Bq·L⁻¹,工业用地热水为 100 Bq·L⁻¹。按照上述标准,我国有少量泉水中 ^{226}Ra 超过限制浓度,但大部分矿泉和温泉水中 ^{222}Rn 浓度均超过控制水平。

表 3.2.7 我国一些矿泉和温泉水中 ^{226}Ra 和 ^{222}Rn 的浓度 单位:Bq·L⁻¹

地点	水源数	水源性质	^{226}Ra		^{222}Rn	
			平均值	范围	平均值	范围
广东	487	矿泉	6.86×10^{-2}	$< 2.5 \times 10^{-3} \sim 213$	209.8	$0.4 \sim 1\,918$
鄂东	1	矿泉		$2.58 \sim 4.54$		
陕西	1	矿泉	0.91			
连云港	64	矿泉	3.9×10^{-3}	$1.6 \times 10^{-3} \sim 1.6 \times 10^{-2}$	26.9	$4.3 \sim 68.1$
福建	375	矿泉	2.13×10^{-2}	$4.5 \times 10^{-3} \sim 2.33 \times 10^{-1}$		
辽宁	37	温泉	0.17	$5 \times 10^{-3} \sim 0.84$	288	$<25 \sim 8.27 \times 10^4$
湖北	2	温泉	1.63	165, 1.60	230.8	$230.4 \sim 231.2$
连云港	4	温泉	1.08×10^{-1}	$6.4 \times 10^{-2} \sim 1.51 \times 10^{-1}$	8.9	$6.8 \sim 11.1$
山东	14	温泉			39.3	$19 \sim 216$

世界土壤氡为 3 700~7 400 Bq·m⁻³,其中黏土、砂岩土和页岩最高,石灰岩区土壤最低。

UNSCEAR 报告指出,世界范围来自天然的辐射对公众的年有效剂量为 2.4 mSv,其中 ^{222}Rn 和 ^{220}Rn 及其子体吸入内照射的年有效剂量达 1.26 mSv,约占 52%。

氡对人类健康的影响表现为确定性效应(determination effect)和随机效应(stochastic

effect)。确定性效应表现为在高浓度氡的暴露下,机体出现血细胞的变化,如外周血液中红细胞增加,中性白细胞减少,淋巴细胞增多,血管扩张,血压下降,并可见到血凝增加和高血糖。氡对人体脂肪有很高的亲和力,特别是神经系统与氡结合产生痛觉缺失。随机效应主要表现为肿瘤的发生,由于氡是放射性气体,当人们吸入后,氡衰变过程产生的 α 粒子可在人的呼吸系统造成辐射损伤,诱发肺癌。流行病学研究表明:氡及其衰变子体的吸入是矿工肺癌发病的重要原因。美国估计每年有 7 000～10 000 例肺癌是由室内氡所引起的,是除吸烟以外引起肺癌的第二大因素。在瑞典,氡在所有癌症诱因中排第五位。氡是 ICRP 推荐的慢性照射行动水平具体数据的唯一核素,被 WHO(世界卫生组织)公布为 19 种主要的环境致癌物质之一。1987 年氡被国际癌症研究机构列入室内重要致癌物质。

同时,氡测量可应用于放射性气溶胶测量、氡法找矿、地震预报、环境监测、现代地球动力学运动研究、水资源勘查和工程地质勘查等领域,^{220}Rn 及其子体在大气科学研究中还被发现是靠近地表处大气离子的主要来源,这些离子在降雨中的水滴成核以及雷暴雨的形成过程中起着重要作用,另外,^{220}Rn 及其子体还被用作研究涡流、漫射等大气流动现象的示踪物。

3.2.4 氡的性质[10]

氡(^{222}Rn)是三大天然放射性系之一的铀系中的一种放射性气体,其原子序数为 86,由于它易从其母元素(镭)所在的化合物中逃逸并扩散进入空气,俗称氡射气,^{222}Rn 的半衰期为(3.823 5±0.000 3)d。

氡在常温常压下是单原子、无色无臭透明的惰性气体,密度为 9.73 kg/m^3,为自然界中最重的气体。液态氡密度为 5.7×10^3 kg/m^3,沸点为-65 ℃。固态氡为可发光的橙黄色固体,熔点为-71 ℃。

氡可溶解于水和多种液体中,也易溶于血液和脂肪中,还可溶解于橡胶中,其溶解系数(液体中与空气中浓度之比值)与温度、压力有密切关系。

同时氡容易被活性炭、黏土等多孔材料所吸附。活性炭的吸附系数(每克活性炭吸附的氡量与空气中氡浓度的比)是温度的函数。

室外空气中氡浓度随着昼夜空气温度的变化而变化。白天,土壤表层和大气下层受到太阳辐射加热的程度比上层大气更强烈,上升的暖空气导致了大气垂直混合,因此,白天氡浓度较低。在夜间和清晨,土壤表面和大气低层降温,导致大气层出现稳定的分层,减少了大气的垂直混合,导致较低的室外空气层中氡浓度较高。而且昼夜温差较大,氡浓度变化相应较大。氡浓度的昼夜变化主要由大气垂直分层的波动引起,相对来说地面氡析出率的日变化对室外氡浓度的日夜变化没有实质性影响。

室内和工作场所的氡浓度影响因素众多。由于风荷载或室内外温差引起的压差,氡可以进入室内。室内和室外的温度差异引起空气对流,通过这种空气流动,室外空气流入底部的建筑物,从高层或天花板流出建筑物。建筑结构影响建筑物内氡的分布,例如在地下室,含氡气的土壤中的气体流经楼板和墙壁的裂缝,砌块墙洞,管道连接,和污水井进入房屋。土壤气体中的氡浓度基本上取决于地质情况、土壤中镭的含量及其湿度。当建筑物处于负压下时,氡的输送就会增强。室内氡浓度同样具有昼夜和季节性的变化。

3.2.5　氡子体的性质[11-12]

氡子体一般指的是氡衰变后生成的几个短寿命核素，它们是金属的固体微粒，包括 ^{218}Po（RaA），^{214}Pb（RaB），^{214}Bi（RaC），^{214}Po（RaC′）。钍系中钍射气衰变后产生的几个短寿命子体称为钍射气子体，锕射气的短寿命子体称为锕射气子体。由于钍射气和锕射气的半衰期较短，在空气中积累的浓度有限，因此，人们比较关注的是氡及氡子体。

当氡（^{222}Rn）衰变放出 5.49 MeV 的 α 粒子后，生成的 ^{218}Po 具有的反冲能为 100 keV，在空气中射程大约为 50 μm，^{218}Po 原子的第一电离电位为 8.4 eV，同样其他的 α 放射性氡子体的第一电离电位小于空气中主要气体的相应电离电位（N$_2$ 为 15.5 eV，O$_2$ 为 12.2 eV），根据基本的碰撞原理，这些重的金属原子比气体分子更容易电离，因此，氡子体一般处于带正电的状态。

带正电的氡子体以一定概率与气体分子结合为分子团（直径为 0.002~0.02 μm），处于离子态或分子团态的子体被称为未结合态氡子体，未结合态氡子体与空气中的气溶胶微粒结合在一起而变成结合态氡子体（直径为 0.05~0.5 μm）。

未结合态氡子体有很强的附着能力，它们能牢固地附着在物体的表面，此种现象叫作附壁效应（Plate-out），也称淀积效应。当空气流动速度增大时，这种附壁效应更明显，此种现象常用来降低局部空间的氡子体浓度。

空气中氡子体的存在是由氡衰变产生的，且半衰期远小于氡的半衰期，在一密闭空间中，经过 3 h 左右氡与其子体将达到放射性平衡。但在现实空间中，由于氡子体的迁移和附壁等作用，使氡与氡子体之间处于一种动态平衡。

以下是一些与氡子体相关术语的定义：

（1）α 潜能 PAE（potential alpha energy）或 ε_p（J）

对于 ^{222}Rn 和 ^{220}Rn 衰变链，氡子体（RnDP）原子沿衰变链分别衰变至 ^{210}Pb 或 ^{208}Pb 时释放的 α 粒子总能量。

假设 N_{xxxXx} 为核素 ^{xxx}Xx 的原子个数，则 ^{222}Rn 和 ^{220}Rn 子体 α 潜能分别为

$$\varepsilon_{p222} = \left[(6.003+7.687) \times N_{218Po} + 7.687 \times (N_{214Pb}+N_{214Bi}) + 7.687 \times N_{214Po} \right] \times$$
$$1.602 \times 10^{-13} (\text{J}) \tag{3.2.1}$$

$$\varepsilon_{p220} = \left[(6.779+7.804) \times N_{216Po} + 7.804 \times (N_{212Pb}+N_{212Bi}) + 8.785 \times N_{212Po} \right] \times$$
$$1.602 \times 10^{-13} (\text{J}) \tag{3.2.2}$$

表 3.2.8 列出了单个原子及单位活度氡子体的 α 潜能值。

表 3.2.8　单个原子及单位活度氡子体的 α 潜能值

氡子体	E_n	单个原子（ε_p）		每贝可（ε_p/λ_i）	
	MeV	MeV	10^{-12} J	MeV	10^{-10} J
^{218}Po（RaA）	6.00	13.69	2.19	3.62×10^3	5.79
^{214}Pb（RaB）		7.69	1.23	1.78×10^4	28.6
^{214}Bi（RaC）	7.69	7.69	1.23	1.31×10^4	21.0
^{214}Po（RaC′）		7.69	1.23	2.0×10^{-3}	3.0×10^{-6}

(2)α潜能浓度 PAEC(potential alpha energy concentration)或 c_p(J·m^{-3})

单位体积空气中存在的任何混合的短寿命 RnDP,分别全部衰变至 ^{210}Pb 和/或 ^{208}Pb 释放的 α 能量。

(3)平衡当量浓度 c_{eq}(equilibrium equivalent concentration)(Bq·m^{-3})

与其短寿命子体(RnDP)处于放射性平衡态的氡的活度浓度。平衡态氡子体与氡的平衡当量浓度(c_{eq})所指的非平衡态氡子体混合物具有相同的 α 潜能浓度。

(4)平衡因子 F(equilibrium factor)

氡的平衡当量浓度(c_{eq})与空气中氡的实际浓度(C_{Rn})之比:

$$F = \frac{c_{eq}}{C_{Rn}} \tag{3.2.3}$$

(5)α潜能浓度未结合态份额(unattached fraction of PAEC)

未与环境气溶胶结合的短寿命氡子体的 α 潜能浓度的份额。

(6)结合态份额(attached fraction)

与环境气溶胶结合的短寿命氡子体的 α 潜能浓度的份额。

平衡因子 F 是氡与其子体之间平衡状态的一种度量,还可定义为空气中实际存在的氡子体 α 潜能浓度和与氡处于放射性平衡态的氡子体 α 潜能浓度之比值。其影响因素较多,尤其是与通风状况关系密切,但在一定的通风状况下,F 值变化不大,UNSCEAR 2000 年报告建议,铀矿山的 F 值一般取 0.30,非铀矿山取 0.70,外环境取 0.60,室内取 0.40。

平衡当量氡浓度 c_{eq} 是与实际存在的氡子体处于放射性平衡的氡浓度,其计量单位为 Bq/m^3。一般情况下,c_{eq} 总是比实际存在的氡浓度要小,它实质上是氡子体 α 潜能浓度的另外一种描述。

我国《室内氡及其子体控制要求》(GB/T 16146—2015)给出的住房内氡浓度控制标准为已建住房平衡当量氡浓度年平均值不超过 200 Bq/m^3;新建住房平衡当量氡浓度年平均值不超过 100 Bq/m^3,与前述 GB 18871—2002 的规定略有不同。

3.2.6 氡及氡子体计量单位[11]

3.2.6.1 氡的计量单位

衡量空气中氡含量的高低采用的是单位体积中氡的放射性活度,称为氡浓度(C_{Rn}),其法定单位是贝可/米^3(符号为 Bq/m^3)。在初始阶段,氡浓度的单位还有几种专用单位:皮居里·每升(pCi/L);爱曼(эm),这是一个源于苏联的专用单位;马赫(Maxe),这是一个描述介质(多用于水)中氡浓度的单位,但用得不多。法定单位与专用单位的换算关系见表3.2.9。

表 3.2.9 氡浓度单位的换算关系

专用单位名称	符号	换算关系
皮居里·每升	pCi/L	1 pCi/L = 37 Bq/m^3
爱曼	эm	1эm = 3.7×10^3 Bq/m^3
马赫	Maxe	1 Maxe = 1.35×10^4 Bq/m^3

3.2.6.2　氡子体计量单位

为了表征空气中氡子体的含量，同样也采用氡子体浓度（C_i）来描述，其法定单位也是 Bq/m³，专用单位为 pCi/L，换算关系为 1 pCi/L＝37 Bq/m³。

同时，为了能描述氡子体的危害性，引入了空气中氡子体的 α 潜能浓度 c_p。它的定义是单位体积空气中存在的任何混合的短寿命 RnDP，分别全部衰变至²¹⁰Pb 和/或²⁰⁸Pb 释放的 α 能量，即单位体积空气中短寿命氡子体的 α 潜能总和：

$$c_p = \sum_i C_i \cdot \varepsilon_{pi}/\lambda_i \qquad (3.2.4)$$

式中　C_i——第 i 个原子在空气中的浓度，Bq/m³；

　　　ε_{pi}——第 i 种核素的原子的 α 潜能；

　　　λ_i——第 i 种核素的衰变常数，s⁻¹；

　　　$\varepsilon_{pi}/\lambda_i$——第 i 个原子每 Bq 放射性的总 α 潜能，J。

对于氡子体 α 潜能浓度 c_p，只要将 $\lambda_a = 0.003\ 788$ s⁻¹，$\lambda_b = 0.000\ 431$ s⁻¹，$\lambda_c = 0.000\ 586\ 4$ s⁻¹，$\varepsilon_a = 2.193\ 1$ pJ，$\varepsilon_b = 1.231\ 5$ pJ，$\varepsilon_c = 1.231\ 5$ pJ 代入式（3.2.4）即可得

$$c_p = 0.579C_a + 2.86C_b + 2.10C_c \qquad (nJ/m^3) \qquad (3.2.5)$$

α 潜能浓度 c_p 的法定单位为"焦耳/米³"（J/m³）或"微焦耳/米³"（μJ/m³）。专用单位有"兆电子伏/升"（MeV/L）和"工作水平"（WL）。换算关系列如表 3.2.10。

表 3.2.10　氡子体 α 潜能浓度单位换算

专用单位名称	符号	换算关系
兆电子伏/升	MeV/L	1 MeV/L＝1.6×10⁻¹⁰ J/m³＝1.6×10⁻⁴ μJ/m³
工作水平	WL	1 WL＝1.3×10⁵ MeV/L＝2.08×10⁻⁵ J/m³＝20.8 μJ/m³

3.3　氡浓度测量[10,11,13-22,31,38]

随着测量目的的不同，各种氡及其子体的测量方法和仪器得到应用。按采样方式可分为主动式和被动式两大类；按测量方式可分为瞬时测量、连续测量和累积测量等方法。被动式方法有 TLD（热释光）、活性炭吸附、STD（固体径迹）、驻极体电荷法等；主动式方法有电离室、LUCAS 闪烁室、双滤膜、气球法等。近年来还出现了许多新方法，如法国 P. Zettwoog 用 γ 谱仪测量特殊容器中氡及其子体活度，J. L. Picolo 采用将氡冷凝在金属表面进行小立体角 α 绝对测量，德国 PTB 的流气式多丝脉冲电离室连续测量，还有活性炭浓集萃取用液体闪烁体测量，静电收集半导体测量等，实际上有的方法是各种方法相互联合而产生的改进方法。这里对几种当前广泛使用的典型的测量方法分别加以介绍。

3.3.1　电离室法

电离室法是一种经典的测氡方法，通常用于测氡标准的方法是电离室和 LUCAS 闪烁室两种方法。闪烁室的优点是探测效率高，设备简单，操作方便；缺点是物理性能易变化，导致探测效率的变化，且污染后不易去污，因而长期稳定性差。电离室测量效率长期稳定

性好,测量准确度高,较容易去污。

电离室法按采样方式有充气式和流气式两种,按测量对象又可分为电流式和脉冲式两种,其中脉冲式电离室又分为测量电子脉冲的"快"脉冲电离室和可测量正离子脉冲的"慢"脉冲电离室。基本原理是氡气进入电离室后,由于氡及其子体衰变放出射线使工作气体电离,产生电子离子对,由于电离室所加电场的作用,电子离子对分别向正负电极运动,通过适当的电子学线路测量感应产生的电离电流或脉冲。因为 α 粒子产生的电离电流远大于 β、γ 射线产生的电离电流,所以 β、γ 射线产生的电离电流被忽略。

3.3.1.1 机械式静电计法

电离室的中央电极收集正电荷,当与静电计的中央石英丝接触后使其带电,成为带电导体。在外电场作用下,石英丝由于洛伦兹力的作用而发生偏转,其偏转的速度与其上的电荷量成正比,也就是与氡的浓度成正比。测出偏转速度(亦即电离电流)就可从下式计算出氡的浓度。

$$C_{Rn} = K(J_c - J_b) e^{\lambda_{Rn} t} \tag{3.3.1}$$

式中 C_{Rn}——氡浓度,Bq/m^3;

    K——仪器常数(也称校准系数),$Bq \cdot m^{-3}/(格 \cdot min^{-1})$;

    J_c——样品偏转速度,格 $\cdot min^{-1}$;

    J_b——本底偏转速度,格 $\cdot min^{-1}$;

    λ_{Rn}——氡的衰变常量,$0.007\,553\ h^{-1}$;

    t——取样后至测量的等待时间,h。

当氡引入电离室后,随着氡子体的积累,其电离电流将逐渐增加,3 h 后氡与其子体达到放射性平衡,此时电离电流处于稳定状态,因此,静电计法测氡,一般取样后等待 3 h 以上才开始测量,测量结束后应尽快用无氡气体清洗电离室。

机械式静电计测氡法的仪器主要由机械式静电计和电离室组成。图 3.3.1 为 FD105K 机械式静电计横向剖面图及外形示意图。

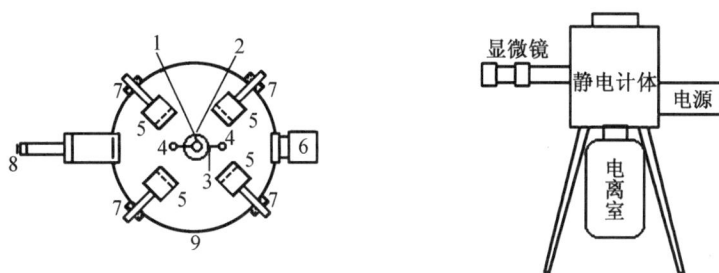

1—中央电极;2—绝缘体;3—水平丝;4—指示丝;

5—刀形电极;6—补偿调节螺丝;7—绝缘体;8—显微镜;9—外壳。

图 3.3.1 FD105K 机械式静电计横向剖面图及外形示意图

3.3.1.2 内充气电流电离室测氡法

内充气电流电离室测氡法与前述静电计法类似,但采用可实时直接测量电离电流的静电计。

原理可用以下公式来说明：

$$Q_0 = \frac{W \cdot I \cdot V_0}{e \cdot E \cdot V \cdot f \cdot K'}$$ (3.3.2)

式中 Q_0——充入电离室的氡的活度，Bq；

W——α 粒子在工作气体中的平均电离功；

I——电离电流；

e——基本电荷，1.602×10^{-19} C；

E——从 ^{222}Rn，^{218}Po 和 ^{214}Po 产生 α 粒子总能量，MeV；

V——电离室的有效体积；

V_0——电离室的总体积；

K'——单位换算系数；

f——修正项，与电离室结构、测量时间、工作条件等因素有关，可表示为

$$f = f_1 \cdot f_2 \cdot f_3 \cdot f_4$$

其中，f_1 为衰变时间修正 $e^{-\lambda \tau_1}$，τ_1 为氡从脱离母体到测量时刻的衰变时间；f_2 为壁损失修正；f_3 为离子复合修正；f_4 为测量时间修正，$f_4 = \dfrac{1 - e^{-\lambda \tau_2}}{\lambda \tau_2}$，$\tau_2$ 为测量一个数据所用时间。

由公式(3.3.2)可得

$$Q_0 = K I_0$$ (3.3.3)

式中

$$K = \frac{W \cdot V_0}{f_2 e E V K' f_3}, \quad I_0 = \frac{I}{f_1 f_4}$$ (3.3.4)

K 为校准系数，仅与电离室结构、特定工作条件有关。

当氡气(已过滤除去子体)被充入电离室后，任一时刻电离室内氡及其子体的原子数可以用 Bateman 公式表示，计算可得 ^{218}Po 与 ^{222}Rn 在充氡后 33 min 达到放射性平衡，^{214}Po 在 240 min 时达到平衡，其后混合体以 ^{222}Rn 的半衰期衰变。充氡后立即测量，经过约 4 h 的稳定时间氡及子体衰变达到动态平衡，其后混合体以 ^{222}Rn 的半衰期衰变。图 3.3.2 是得到的整个电离电流的变化过程。

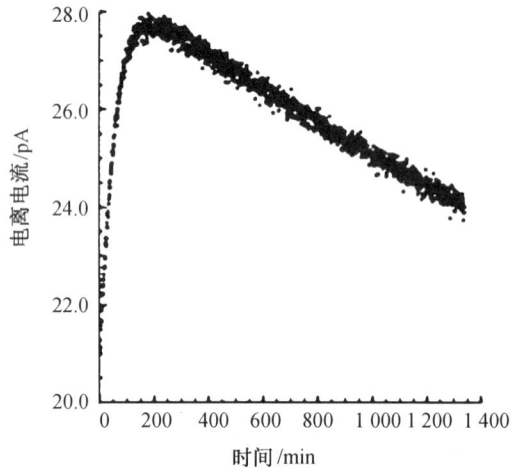

图 3.3.2　电离电流随时间的变化曲线

3.3.1.3　电子脉冲电离室测氡法

作为国际基准镭源的保持者，美国 NIST 所采用的充气式脉冲电离室测量系统[2]最初的 ^{226}Ra 和 ^{222}Rn 的测量和校准检定系统早在 1940 年就已建成，以后一直加以改进，包括快脉冲电离室、标准镭源、相应的采样、纯化、充气系统。系统简图如图 3.3.3 所示。

电离室为圆柱形，体积约 4 L，中心极加+1 200 V 高压，工作于饱和区，测量电子引起的快脉冲，脉宽 10 μs。由于测量的是快脉冲，所以必须严格消除水蒸气及负电性气体(如氧

气)的影响。

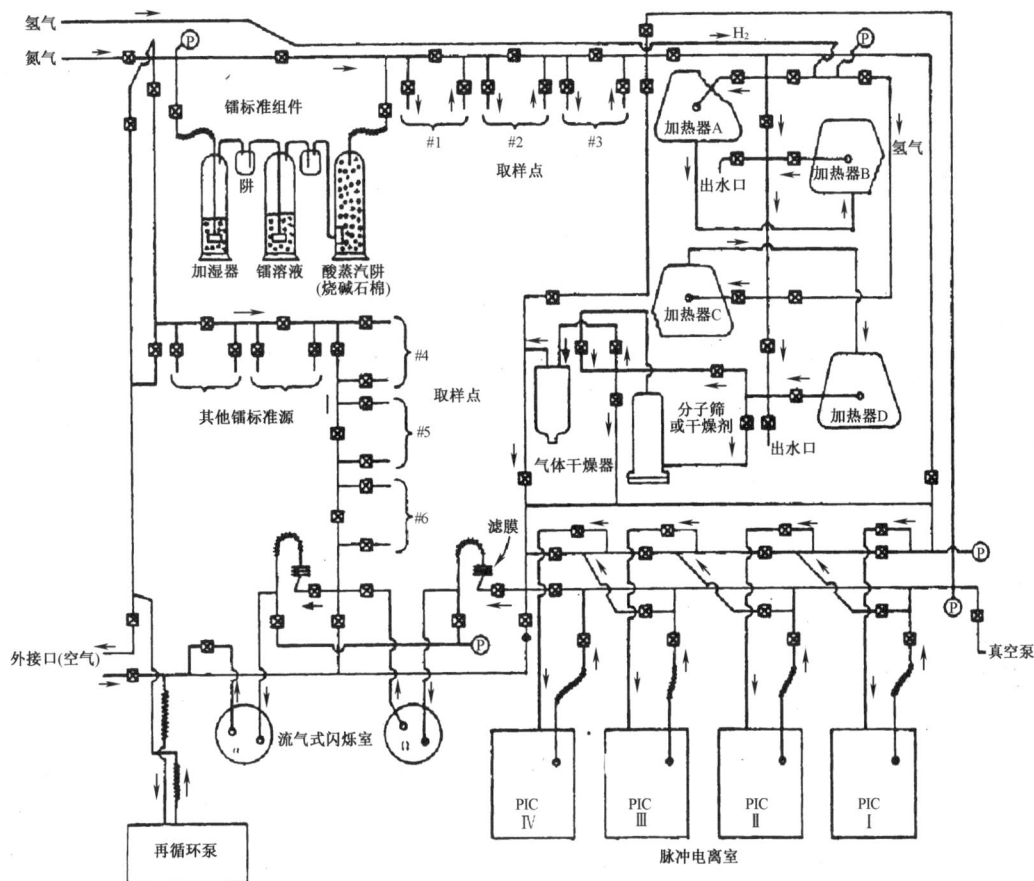

图 3.3.3　NIST ^{222}Rn 的测量系统简图

测量的 α 谱如图 3.3.4 所示。

3.3.1.4　离子脉冲电离室测氡法

内充气电流电离室测氡法在测量的准确度和长期稳定性,特别是高浓度测量方面有显著优点,但由于方法原理本身的限制,测量下限达不到环境水平(本底电流涨落的影响),由于氡及其子体发射的 α 粒子造成的电离信号与 γ 射线、宇宙线及电离室本身漏电流等造成的本底区分开并记录,脉冲法具有更低的探测限。传统的脉冲电离室测氡方法测量电子脉冲,工作气体不同,计数有很大的差别,而采用离子脉冲计数时,载氡工作气体为空气或氮气对测量结果基本没有影响,即不受负电性气体影响,可直接测量空气样品而无须除氧,对环境水平氡的测量定值更加方便准确。

由标准镭源产生的氡或待测样品充入抽空的电离室内,氡浓度 C_0($Bq \cdot m^{-3}$)与测量时间 τ_3(s)内脉冲的平均净计数率 n(s^{-1})的关系为

$$n = \varepsilon V C_0 e^{-\lambda(\tau_1 + \tau_2)}(1 - e^{-\lambda\tau_3})/(\lambda\tau_3) \qquad (3.3.5)$$

式中　τ_1——样品的存储时间,s;

τ_2——电离室充气至测量开始时间,s;

ε——计数效率,s^{-1}/Bq;

V——电离室有效体积,m^{-3};

λ——氡衰变常数,s^{-1}。

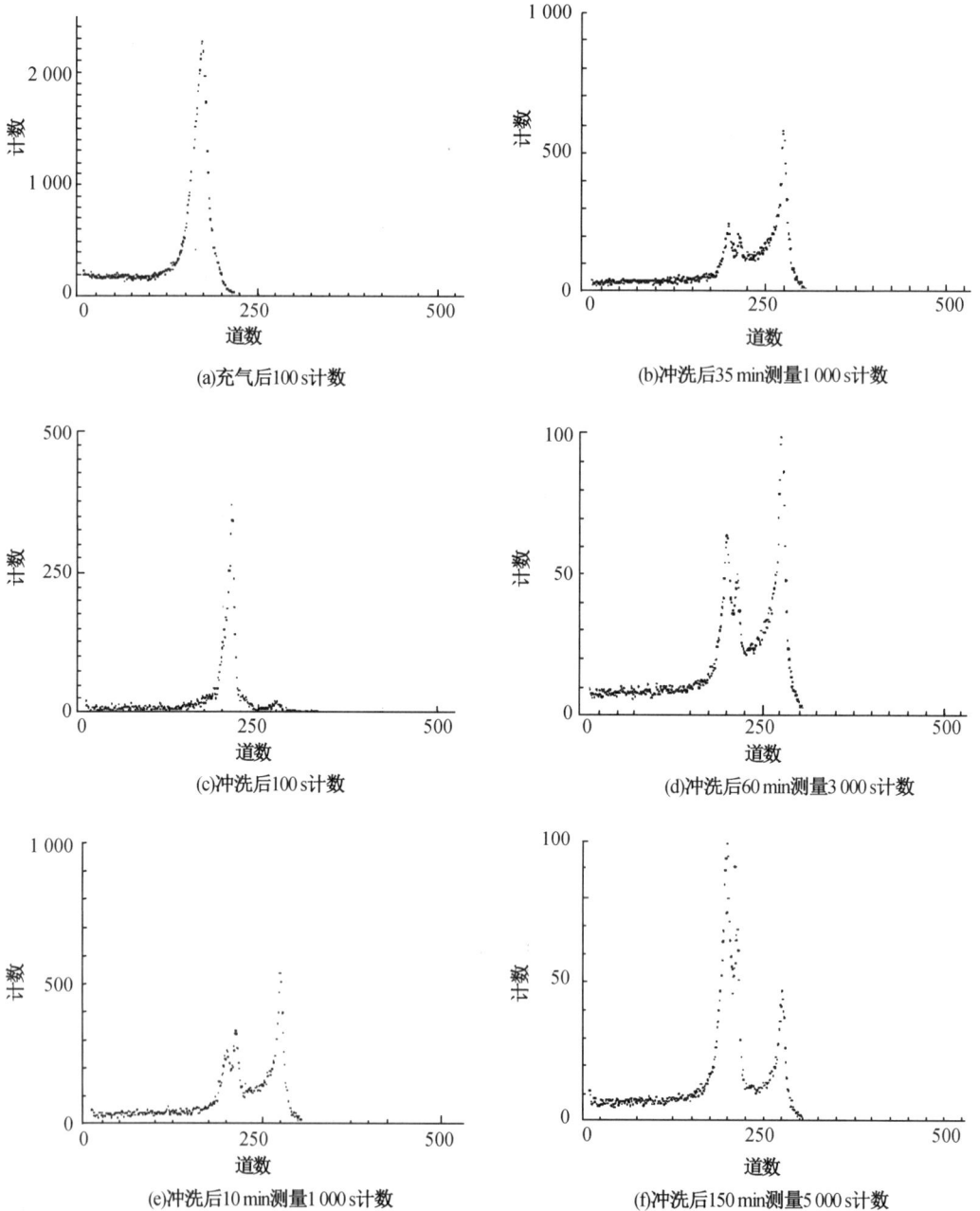

(a)充气后100 s计数

(b)冲洗后35 min测量1 000 s计数

(c)冲洗后100 s计数

(d)冲洗后60 min测量3 000 s计数

(e)冲洗后10 min测量1 000 s计数

(f)冲洗后150 min测量5 000 s计数

图3.3.4 电子脉冲电离室测量得到的^{222}Rn及其衰变产物的α谱

另外,流气式电离室被发展用来连续监测环境中的氡浓度,使空气以 1.0~2.0 L/min 的流量率通过电离室,同时连续测量电离电流或脉冲,测量方法与充气式电离室基本相同,直接测量空气的流气式电离室一般采用电流法和离子脉冲法,连续脉冲法基本公式为

$$C = C_{Rn}TVf \tag{3.3.6}$$

式中　　C——α净计数；

　　　　C_{Rn}——氡浓度，$Bq \cdot m^{-3}$；

　　　　T——计数时间，s；

　　　　V——电离室体积，m^3；

　　　　f——修正系数。

测量离子脉冲带来的收集时间长、氡浓度测量范围有限的问题，可以通过特殊设计信号处理系统、联合电流法和 DSP（数字信号处理）（德国 Alpha GUARD radon monitor）来解决。另外，可以通过采用特殊设计的电极结构和脉冲成形电子技术来提高电离室的能量分辨率以便测得能谱（瑞典 ATMOS 12 radon gas monitor，德国 PTB 多极脉冲电离室（图 3.3.5））。

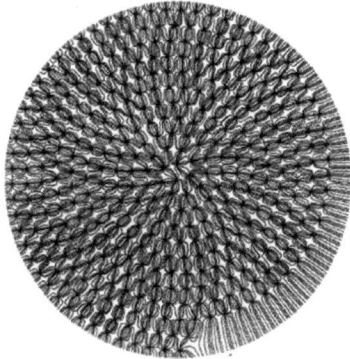

图 3.3.5　德国 PTB 多极脉冲电离室特殊电场分布模型
（Archimedian spiral）

3.3.2　闪烁室法

测氡使用的 LUCAS 闪烁室是由塑料或金属制成的球形或圆筒形容器，其容积为 $100 \sim 500$ mL，筒内壁一般为有机玻璃，涂有 ZnS(Ag) 的荧光粉（图 3.3.6）。工作原理是氡充入闪烁室后，氡及其子体发射的 α 粒子使内壁的荧光粉发光，光通过有机玻璃光导传至光电倍增管光阴极，将光信号转变成电脉冲，由光电倍增管、前放和主放等电子学线路把电脉冲放大，再由单道、多道或定标器记录。测得的脉冲计数率与充入氡浓度成正比，从而可确定所测氡浓度，即

$$C_{Rn} = Kn\mathrm{e}^{\lambda_{Rn}t} \tag{3.3.7}$$

式中　　C_{Rn}——样品中氡浓度，$Bq \cdot m^{-3}$；

　　　　K——校准系数，$Bq \cdot m^{-3}/(\text{计数} \cdot min^{-1})$；

　　　　n——样品净计数率，计数 $\cdot min^{-1}$；

　　　　λ_{Rn}——氡的衰变常数，$\lambda_{Rn} = 0.007\,553\ h^{-1}$；

　　　　t——取样后至测量的等待时间，h。

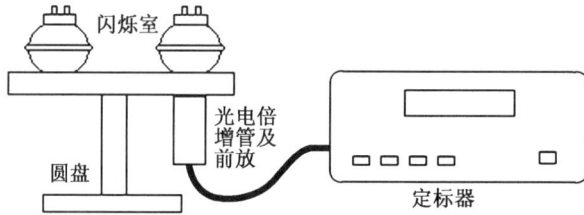

图 3.3.6　FD-125 型 Rn/Tn 分析仪示意图

　　闪烁室法受环境温度、相对湿度等因素的干扰较小,因此,也用于环境氡的连续测量,其采样为间断式,一般 1 小时为一周期,采样 5~10 min,计数 55~50 min。第 i 次取样,闪烁室的计数主要由第 i 次引入的氡及其子体、第 1 次至第 $(i-1)$ 次所取氡及其子体的残留产生,因此,第 i 次样品氡浓度为

$$C_i = K(N_i - N_b) - \sum_{j=i-1}^{1} F_j C_j \qquad (3.3.8)$$

式中　C_i——第 i 次样品氡浓度,Bq/m^3;

　　　K——仪器校准系数,Bq·m^{-3}/计数;

　　　N_i——第 i 次取样测量的总计数;

　　　N_b——固有本底计数;

　　　F_j——第 j 次样品氡及氡子体在闪烁室中的残留份额;

　　　C_j——第 j 次样品氡浓度,Bq/m^3。

　　式(3.3.8)中的校准系数 K 和残留份额 F_j 可以通过实验测定,一般情况下,第 i 次样品可以只考虑受到前五次样品的残留影响,第 $(i-6)$ 次样品的残留影响已经可以忽略。

3.3.3　活性炭测氡法

　　因为活性炭具有很强的吸附氡的能力,经常被用来提高测氡灵敏度,所以活性炭浓缩测氡也是一种非常经典的氡测量方法。常用的有活性炭管浓缩测氡法、活性炭盒 γ 谱法等。

　　活性炭管浓缩测氡法是一种瞬时浓缩采样方法,其测量原理依然是闪烁室法或静电计法。利用活性炭对氡有常温吸附、高温释放的特性,把大体积空气中的氡浓集起来(因为活性炭对水分子的吸附能力比氡更强,因此含氡空气必须先经过干燥管除去水气,从而保证活性炭吸附氡的能力)。当浓缩取样完成后,使氡解吸并转移至电离室或闪烁室中。电离室或闪烁室封闭 3 h 后测量,用下式计算氡浓度:

$$C_{Rn} = KV(n_c - n_b)/QtF_c \qquad (3.3.9)$$

式中　C_{Rn}——氡浓度,Bq·m^{-3};

　　　K——闪烁室法或静电计法的仪器常数,Bq·m^{-3}/(计数·min^{-1})(或格·min^{-1});

　　　V——探测器体积,m^3;

　　　n_c——样品计数率,计数·min^{-1}(或格·min^{-1});

　　　n_b——本底计数率,计数·min^{-1}(或格·min^{-1});

　　　Q——抽气流速,m^3·s^{-1};

　　　t——抽气时间,s;

　　　F_c——活性炭吸附与解吸效率。

活性炭盒 γ 谱法是一种短期累积取样测量方法,一般取样时间为 1~7 天,因此,它给出的是短期平均氡浓度。

活性炭盒是一种被动式取样方式,依赖于氡的扩散特性。氡扩散进炭床内被活性炭吸附,被吸附的氡及其衰变的子体全部沉积在活性炭内。用低本底 γ 谱仪测量活性炭盒的氡子体特征 γ 射线峰(609 keV)或峰群(294 keV,352 keV,609 keV)强度,活性炭盒吸附氡以后的 γ 谱见图 3.3.7。氡子体的 γ 特征峰群一般由四个特征峰组成,为了降低本底,测氡时一般只取能量较高的三个特征峰总面积。根据峰面积可计算出氡浓度:

$$C_{Rn} = kn_\gamma / (ET_s e^{-\lambda_{Rn}T})$$ (3.3.10)

式中 C_{Rn}——采样期间内平均氡浓度,$Bq \cdot m^{-3}$;

k——仪器常数,$Bq \cdot m^{-3}/(计数 \cdot min^{-1})$;

n_γ——特征峰(峰群)对应的净计数率,计数 $\cdot min^{-1}$;

E——探测效率;

T_s——采样时间,h;

λ_{Rn}——氡的衰变常量,$0.007\ 553\ h^{-1}$;

T——采样时间终点至测量开始的时间间隔,h。

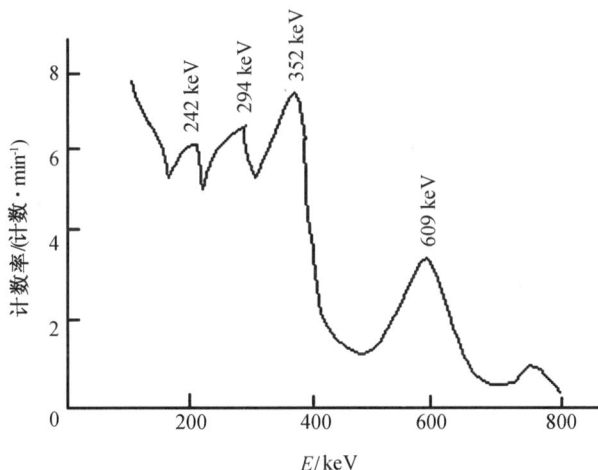

图 3.3.7 活性炭盒暴露 3 天的 γ 谱

3.3.4 高压收集氡子体测量法

高压收集氡子体测量法采用高电压收集一定体积内的带电氡子体以提高测氡灵敏度用于环境氡浓度的测量。采样方式可分为瞬时测量的主动式和扩散累积测量的被动式,测量原理基本相同。

含氡待测气体经过滤膜过滤掉子体后进入一收集室,收集室一般为半球形或圆柱形,在中心部位装有 α 探测器(半导体探测器、ZnS 闪烁体探测器或固体核径迹探测器),在探测器与收集室之间加高电压。停留在收集室中的氡将衰变出新生氡子体(主要是 ^{218}Po),新生氡子体带正电荷,在电场的作用下被收集到探测器的表面,通过对氡子体放出的 α 粒子进行测量来计算出氡浓度,其灵敏度相对较高。但由于电场对氡子体的收集效率受空气湿度的影响较大,因此该方法需要进行除湿或湿度修正。

利用半导体探测器的能量分辨特性，通过能谱分析，分区分时测量子体产生的不同能量的 α 粒子，这种测量方法也可用于环境 $^{222}Rn/^{220}Rn$ 浓度的连续测量，同时由于采用了能量分辨技术，可以排除氡的长寿命衰变产物造成的本底增加。如只测量 ^{218}Po（半衰期 3.05 min）和 ^{216}Po（半衰期 0.15 s）所放射出的 α 粒子，可消除其他子体产生的干扰，联合主动取样可实现 $^{222}Rn/^{220}Rn$ 浓度的快速测量，用于探测 $^{222}Rn/^{220}Rn$ 来源及泄漏。

采用这种测量方法的仪器分为两种：配有取样泵的主动式仪器，如国内的 NR-667A 型测氡仪、美国 Durridge 公司的 RAD7 测氡仪、德国 SARAD 公司的 RTM2100 和 RTM1688 便携式氡钍射气测量仪等；无源的被动扩散式测量仪，如国内的 RCM-2 型测氡仪、美国 Sun 公司的 1027 测氡仪等。

图 3.3.8 中从上至下分别为：^{222}Rn 子体平衡后谱图，^{220}Rn 子体平衡后谱图，$^{222}Rn/^{220}Rn$ 混合子体都平衡后谱图。取样区分为四区，A：6.00 MeV ^{218}Po 和 6.05 MeV ^{212}Bi；B：6.78 MeV ^{216}Po；C：7.69 MeV ^{214}Po；D：8.78 MeV ^{212}Po。

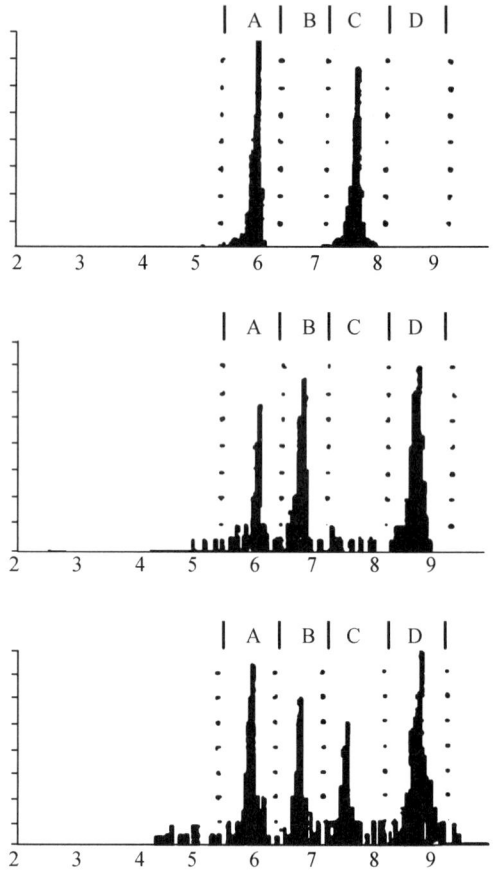

图 3.3.8　RAD7 测氡仪所测能谱

3.3.5　径迹蚀刻法（固体核径迹探测器法）

径迹蚀刻法是 20 世纪 60 年代初，由美国的 R.L. 弗莱谢尔，在美国的 E.C.H. 西尔克和 R.S. 巴尔勒斯、英国的 D.A. 央格和苏联的 H. 弗列罗夫等人发现带电粒子轰击某些绝缘固体时会留下辐射损伤痕迹的基础上，提出用化学蚀刻方法来显现这些痕迹，即径迹而得出的，它是一种累积氡探测器。到 20 世纪 80 年代，随着固体核径迹探测器材料的发展，这种方法被广泛应用于环境氡的调查。这种探测器的优点是对 γ 和 β 照射不敏感，能够长久记录并保持 α 辐射照射信息，适用于大批量样品的采集和集中处理与测读。

固体核径迹探测器一般由有机高聚合材料制成，目前商用的固体核径迹探测器有很多种类，如 CR39，聚碳酸酯，LR115，Kodak 胶片等。其测量原理是将固体核径迹探测器置于一个杯形容器中（称探测杯），杯口用滤膜封闭，氡通过扩散进入杯内，杯内的氡及其衰变子体发射的 α 粒子轰击到固体核径迹探测器上，这些具有一定能量的 α 粒子在其入射路径上造成高分子链断裂、电离等过程，在探测器材料上留下微小的分子量级的损伤，称为潜径迹。

将受照过的径迹探测器置于高浓度的 NaOH 或 KOH 溶液中（一般在 6 mol/L 左右），溶液温度保持在 70 ℃ 左右，数十小时后潜径迹扩大为直径数十微米的径迹，这个过程称作"蚀刻"。还有一种方法是将受照过的探测器预先蚀刻后,置于温度 70 ℃ 左右的高浓度的 NaOH 或 KOH 溶液中(一般在 6 mol/L 左右),并加上上千伏的交变电场,数小时后潜径迹扩大为直径数百微米的径迹,这个过程称作"电蚀刻"。

经过蚀刻或电蚀刻后的探测器可以通过光学显微镜、缩微胶片阅读器等光学放大装置测读径迹数,为提高测读效率,可以采用径迹自动阅读装置(一般由光学显微镜、图像卡、微型计算机加径迹自动分析软件组成)测读径迹数。因为一个 α 粒子只能产生一个径迹,所以径迹密度与氡浓度和暴露时间成正比:

$$\rho = k \int_0^T C_{Rn} dt \tag{3.3.11}$$

式中 ρ ——径迹密度,个数/cm^2;

$\quad\quad$ k ——灵敏度系数,个数 $\cdot cm^{-2}/(Bq \cdot m^{-3} \cdot h)$;

$\quad\quad$ C_{Rn} ——探测杯中氡浓度,Bq/m^3;

$\quad\quad$ T ——累积暴露时间,h。

主要设备及仪器包括:固体核径迹探测器(CR-39 或聚碳酸酯);采样盒(一般由塑料制成);超级恒温器,0~100 ℃ 可调控,误差为±0.5 ℃;化学试剂(NaOH 或 KOH);蚀刻槽;显微镜等。

图 3.3.9 给出了国内使用的 KF-606 型环境氡累积探测仪原理结构图。

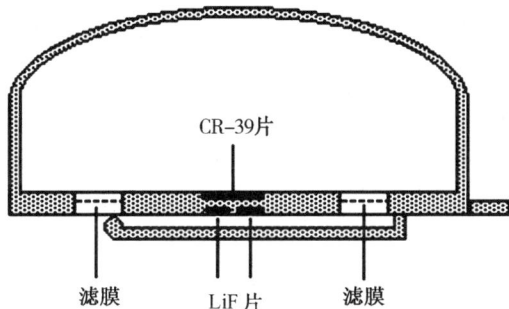

图 3.3.9 KF-606 型环境氡累积探测仪原理结构图

3.3.6 小立体角绝对测氡法

1996 年由法国 LPRI 的 J. L. PICOLO 提出了一种绝对测氡法,其基本原理是由于固态氡的熔点为-71 ℃,在真空状态下,将氡冷凝在一个小面积的金属表面用半导体探测器进行小立体角 α 测量,通过对各种影响因素的测量和修正,实现氡的绝对测量。冷凝氡源通过绝对测量定值后,使用加热设备升温释放,真空条件下转移至液氮冷却的容器中,产生确定活度的氡气气态源。探测室结构如图 3.3.10 所示。

面源对探测器所张立体角为 Ω_{eff}:

$$\Omega_{eff} = \pi \frac{a^2}{z^2}\left[1 - \frac{3}{4} \frac{a^2 + b^2 + 2e^2}{z^2} + \frac{5}{8} \frac{a^4 + b^4 + 3e^4 + 6a^2e^2 + 6b^2e^2 + 3a^2b^2}{z^4} - \right.$$

$$\left. \frac{35}{64}\left(\frac{a^6 + b^6 + 4e^6 + 6a^2b^4 + 6a^4b^2 + 12a^4e^2}{z^6} + \frac{12b^4e^2 + 18a^2e^4 + 18b^2e^4 + 36a^2b^2e^2}{z^6} \right) + \cdots \right]$$

$$\tag{3.3.12}$$

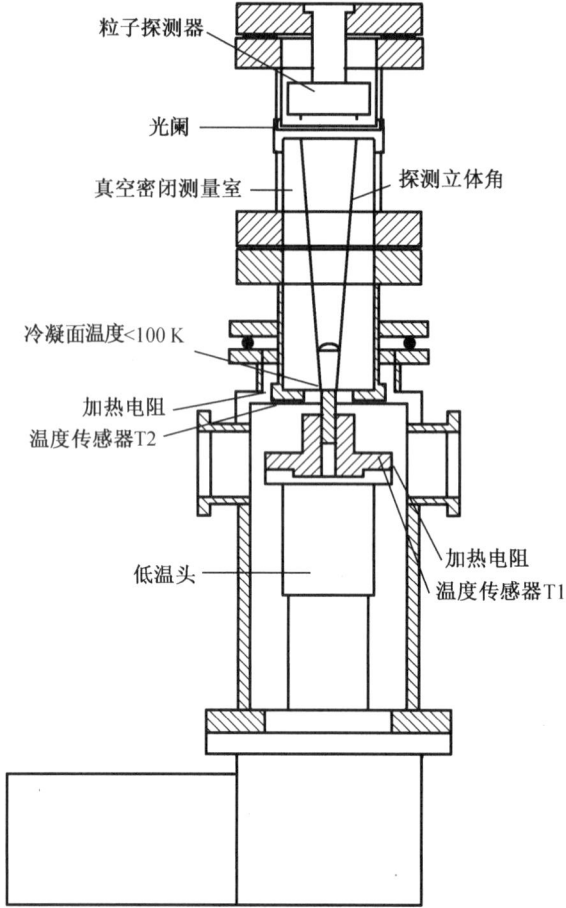

图 3.3.10　小立体角测氡法探测室结构图

$$Q = \frac{4\pi}{\Omega_{\text{eff}}} n \tag{3.3.13}$$

式中　Q——样品中氡活度，Bq；

　　　a——光阑半径，m；

　　　n——^{222}Rn 计数率，s^{-1}；

　　　z——冷凝氡源与光阑的距离，m；

　　　b——冷凝氡源的半径，m；

　　　e——偏心率，m。

冷凝氡源所测谱如图 3.3.11 所示。

3.3.7　表面氡析出率测量

氡析出率测量是环境氡污染及治理中寻找源项的手段，是对建筑材料放射性含量是否符合国家标准的一种鉴别性测量方法；氡析出率是退役铀矿冶设施治理中废石场、尾矿库防氡覆盖治理的关键技术指标；为此建立了多种测量方法和仪器。但氡析出率易受环境条件和取样的干扰，难以再现和比较。

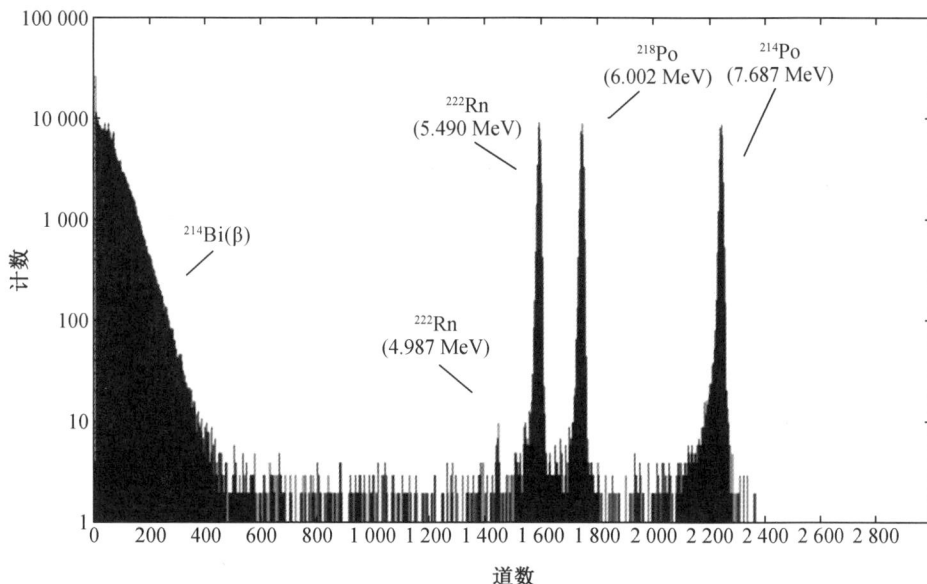

图 3.3.11 小立体角法所测得的 α 谱

国际原子能机构出版的 333 号技术丛书《铀尾矿氡析出测量与计算》(1992)中对氡析出率测量方法给出了技术规范,描述了三种氡析出率测量方法,分别是积累法、流气法和活性炭吸附法,目前最常用的是积累法和活性炭吸附法。

3.3.7.1 积累法

所谓积累法(accumulation method)又称局部静态法,就是在射气介质表面盖一个氡积累箱,周边用不透气材料密封。积累箱中单位时间内氡浓度的增长为

$$\frac{\mathrm{d}C}{\mathrm{d}t} = \frac{JS}{V} - \lambda C - RC \tag{3.3.14}$$

式中 JS/V——单位时间析出到积累箱中引起的氡浓度变化,$\mathrm{Bq} \cdot \mathrm{m}^{-3} \cdot \mathrm{s}^{-1}$;

J——氡析出率,$\mathrm{Bq} \cdot \mathrm{m}^{-2} \cdot \mathrm{s}^{-1}$;

S——积累箱底面积,m^2;

V——积累空间体积,m^3;

λC——积累空间中氡的衰变引起的氡浓度变化率,$\mathrm{Bq} \cdot \mathrm{m}^{-3} \cdot \mathrm{s}^{-1}$;

λ——氡的衰变常数,s^{-1};

C——积累空间中的氡浓度,$\mathrm{Bq} \cdot \mathrm{m}^{-3}$;

RC——积累空间中氡泄漏和反扩散引起的浓度变化率,$\mathrm{Bq} \cdot \mathrm{m}^{-3} \cdot \mathrm{s}^{-1}$;

R——氡的泄漏率,s^{-1}。

令 $\lambda_e = \lambda + R$ 为等效衰变常数,s^{-1},则积累箱中任意时刻 t 的氡浓度与介质表面氡析出率的关系为

$$J = \frac{\lambda_e V}{S(1 - \mathrm{e}^{-\lambda_e t})}(C - C_0 \mathrm{e}^{-\lambda_e t}) \tag{3.3.15}$$

1. 积累快速测量法

从公式(3.3.15)可以看到,当 $\lambda_e t \ll 1$ 时,即认为积累箱中氡浓度的泄漏与反扩散等影

响因素可以忽略,此时积累箱中的氡浓度随积累时间线性增长,公式(3.3.15)简化为国际原子能机构 333 号技术丛书和核行业标准《表面氡析出率测定积累法》(EJ/T 979—95)所给计算式:

$$J = \frac{V}{St}(C - C_0) \tag{3.3.16}$$

式中　J——氡析出率,$Bq \cdot m^{-2} \cdot s^{-1}$;

　　　V——为积累空间体积,m^3;

　　　S——积累箱底面积,m^2;

　　　t——积累时间,s;

　　　C——积累空间中的氡浓度,$Bq \cdot m^{-3}$;

　　　C_0——初始氡浓度,$Bq \cdot m^{-3}$。

公式(3.3.16)的成立是有局限性的,积累时间必须在线性增长区间内。我们可以通过 $\lambda_e t \leqslant 1$ 来判断积累箱中氡浓度的线性增长区间,也就是公式成立的时间段。当 λ_e 越小,线性时间越长,反之泄漏和反扩散大,线性时间短,但 λ_e 最小为氡的衰变常数 λ,所以积累箱中氡浓度的线性增长时间是有限的,一般在 3 h 以内,甚至更短。

2. 积累等时间间隔测量法

要准确测定氡析出率,确定线性增长区间,可以采用积累等时间间隔测量法。

在介质表面盖上积累箱后,每隔 T 分钟测量一次积累箱中的氡浓度 C_n,共测量 n 次(一般 $n \geqslant 4$),将相邻的两次测量数据成对组合。由公式(3.3.15)可推出采用等时间间隔取样的相邻浓度值有如下线性关系:

$$C_n = a + bC_{n-1} \tag{3.3.17}$$

式中　$a = \dfrac{JS}{\lambda_e V}(1 - e^{-\lambda_e T})$;$b = e^{-\lambda_e T}$;$\lambda_e = (-\ln b)/T$。

通过对等时间间隔取样得到的成对组合数据进行线性拟合,可求出系数 a,b 的值,由 b 值可得出包括泄漏和反扩散在内的等效衰变常数 λ_e,从而由公式(3.3.15)得到氡析出率。这种方法在《氡的析出与排氡通风》一书中有介绍。

积累箱中氡浓度的取样测量有三种方式,分别为闪烁室或电离室真空取样测量、闪烁室或电离室流气循环取样测量、静电收集新生氡子体 R_aA 测量。

3.3.7.2　吸附法

活性炭盒吸附法(Adsorption method)测氡析出率,依赖于活性炭对氡具有较强的吸附特性。活性炭盒一般为圆柱形,直径 70～250 mm。盒内装 18～28 目的优质椰壳活性炭约 100 g,在炭盒开口处装有 100 目的不锈钢丝网,以防止炭盒扣在析出介质表面时活性炭颗粒流出。活性炭床与被测表面之间的空间要尽可能小。当氡从介质表面析出进炭床内即被活性炭吸附,被吸附的氡及其衰变的子体全部沉积在活性炭内。用 γ 谱仪测量活性炭盒的氡子体特征 γ 射线峰(609 keV)或峰群(294 keV,352 keV,609 keV)强度,氡子体的 γ 特征峰群一般由四个特征峰组成,为了降低本底,测氡时一般只取其中能量较高的三个特征峰总面积(270～720 keV)。根据峰面积、积累时间和炭盒取样面积可计算出氡析出率:

$$J = \frac{(n_\gamma - n_b)\lambda e^{\lambda T}}{kS(1 - e^{-\lambda T_s})} \tag{3.3.18}$$

式中　J——采样期间内平均氡析出率,$Bq \cdot m^{-2} \cdot s^{-1}$;

k——仪器常数,计数·min^{-1}·Bq^{-1};

n_γ——特征峰(峰群)对应的计数率,计数·min^{-1};

n_b——相同能域仪器的本底计数率,计数·min^{-1};

S——活性炭盒取样面积,m^2;

T_s——采样时间,h;

λ——氡的衰变常数,$0.007\,553\ h^{-1}$($2.1\times10^{-6}\ s^{-1}$);

T——采样时间终点至测量开始的时间间隔,h。

此种测量方法在《建筑物表面氡析出率的活性炭测量方法》(GB/T 16143—1995)中给出,需要至少一天的采样时间,不能测量瞬时的氡析出率,但由于活性炭的强吸附性,从介质表面析出的氡全部被活性炭所吸附,可以认为取样盒不存在析出氡的泄漏和反扩散,这是活性炭吸附法的优点。

活性炭吸附法使用前,须将取样盒置于>110 ℃温度下均匀加热,使活性炭干燥,以及解析掉活性炭中所吸附的氡和去除任何可能被吸附的污染物。当取样盒暴露于含湿或潮湿环境时,活性炭具有同时吸附水的能力,因此会降低氡的吸附效率。为了消除这一现象的影响,取样盒在暴露前后要称重,根据因吸收水分而测得的活性炭质量的增加来采取合适的修正系数(通过实验得到)。

3.3.7.3 贯穿气流法

贯穿气流法(flow-through method)与积累法的布置相类似,不过积累法通过测定积累箱中氡浓度与积累时间的关系来确定氡析出率,而贯穿气流法则通过测定贯穿气流中建立的稳定氡浓度来得到表面氡析出率。因为这种方法将积累箱中的氡连续不断地排除,从而避免了积累法中由于氡浓度的增长导致的反扩散和泄漏对氡析出率测定的影响。

贯穿气流法取样测量时,气流中的氡浓度通过采用闪烁室流气法或活性炭吸附解析测定,表面氡析出率与气流中稳定氡浓度的关系为

$$J = \frac{C}{S}Q \tag{3.3.19}$$

式中　J——表面氡析出率,$Bq\cdot m^{-2}\cdot s^{-1}$;

C——气流中稳定氡浓度,Bq/m^3;

S——积累箱底面积,m^2;

Q——取样流率,m^3/s。

本方法中通过积累箱的空气流率是关键,首先取样流率必须高到足以防止积累箱中角浓度的过高积累。但是,流率还不能太大,过大会导致积累箱中氡浓度太低,以及产生负压使氡析出率产生变化,从而难以准确测量氡析出率。因此,通过积累箱的取样流率需根据预计的氡析出率范围来确定,其经过积累箱的流速应保持与自然环境条件一致。

3.3.7.4 三种测量方法的比较

上面所介绍的三种氡析出率测量方法——积累法(又称局部静态法)、吸附法(活性炭吸附法)、贯穿气流法(又称动态法),各自存在有一定的适应性,其性能比较见表3.3.1。

表 3.3.1　氡析出率测量方法比较表

测量方法		适用条件	注意事项
积累法 (局部静态法)	真空取样法	适用于小面积多点氡析出率瞬时测量;积累时间要求在线性区	取样装置简单;但须注意闪烁室的真空度;抽气时间 1 min 左右;周边要求密封较好
	流气循环法	用于单一点的瞬时氡析出率测量;积累时间要求在线性区	取样装置较复杂;循环流量要求比较严格,不能太大;循环时间以换气 5 次以上确定;周边要求密封较好;应进行泄漏修正
	静电吸附法	用于单一点的瞬时氡析出率测量;积累时间要求在线性区	取样测量装置较简单;要注意环境湿度修正;泄漏与反扩散修正;周边要求密封较好
吸附法(活性炭吸附法)		适用于大面积布样调查氡析出率的平均值,积累时间需 1~3 d	取样器简单,测量仪器复杂、昂贵;要进行吸湿量修正,停留时间修正;密封要求一般
贯穿气流法(动态法)		用于单一点的瞬时氡析出率测量	装置比较复杂;贯穿流量要求比较严格;测氡仪灵敏度要求较高,周边要求密封较好

目前国内主要依据积累法和吸附法研制了相应的氡析出率测量仪器,采用积累静电吸附法的有 REM-Ⅲ氡析出率仪、PCMR-Ⅰ型测氡仪等,采用积累气流循环法的有 RAD7 型连续测氡仪、KF618A 型氡及氡子体连续测量仪、PQ2000 型测氡仪等。

上述仪器在实际测量中应特别注意的是积累箱与待测表面边沿的密封,应保证氡浓度取样测量是在线性增长区间内。在较松散介质表面测量时,应采取积累等时间间隔测量法或活性炭吸附法。

3.3.8　水氡、土壤氡测量方法

3.3.8.1　水中氡浓度测定

由于氡可溶于水,供水将氡带到室内,从水中释放出一些氡气,从而使氡浓度上升,有时达到相当高的程度。水中的氡浓度有明显的差别。供水大致可以分为地表水、地下水或井水。这几类水的氡浓度相差一个数量级,其应用也有很大差别。地表水含氡最少,浓度变化最大,但用量最大。参考供水的氡浓度的加权平均值略高于 10 000 Bq·m^{-3}。

水中氡的测量方法是指采用氡测量装置系统,通过采集的水样,在现场或室内测量溶解和游离或镭衰变于其中的氡(^{222}Rn)的浓度的一组方法和技术,用于找矿或环境监测。此方法具有探测深度大,可寻找盲矿的特点,并且成本低,操作简便、快捷,在铀矿勘查中应用日益广泛和深入,并且在辐射防护、环境保护、寻找地下水源和地震预报等方面得到了普遍应用,也可用来进行水中镭的分析测定,在我国已有几十年的应用历史。我国相应的标准有《水中氡测量规程》(EJ/T 1133—2001)和《水中镭-226 的分析测定》(GB 11214—89)。

水中氡的测量方法按是否脱气输出可分为两类:进行不脱气测量的有液体闪烁法、γ能谱法和现场测量用的气体闪烁法等;进行脱气测量的有闪烁室法、电离室法、半导体法、径迹蚀刻法和活性炭法等。以下介绍一些常用方法:

1. 液体闪烁法

取水样 10 mL,在实验室里与 5 mL 矿物油基料混合、搅动。3 h 后,用液体闪烁仪对样品进行计数。通常这种方法的探测限为对 10 mL 水样可以达到 0.04 Bq/L。

2. 气体闪烁法

这种野外水中 Rn 的测量设备为一台附带涂有荧光体闪烁室的 α 闪烁仪,以及取样用的注射器。在现场采水点用注射器收集 10 mL 气样,并将其注入密封性能良好的闪烁室,再用闪烁仪计数 1 min,测定样品的 Rn。这种方法的探测限为对 10 mL 气样可以达到 0.185 Bq/L。水中 Rn 测量结果用 Bq/L 表示。

3. 脱气测量法

用真空法或循环法,将水样中的氡脱出,并引入闪烁室法、电离室法和半导体法等测氡仪测量氡浓度,测氡仪的测量原理与前述测量空气中氡浓度的测量仪器相同,一些国际国内常用的氡气测量仪如 PQ2000,RAD7 等也都有用于水氡脱气测量的附件,可进行水中氡的测量。

循环法:把盛水样的扩散器、循环泵与仪器测量室连接成测量系统,如图 3.3.12 所示。

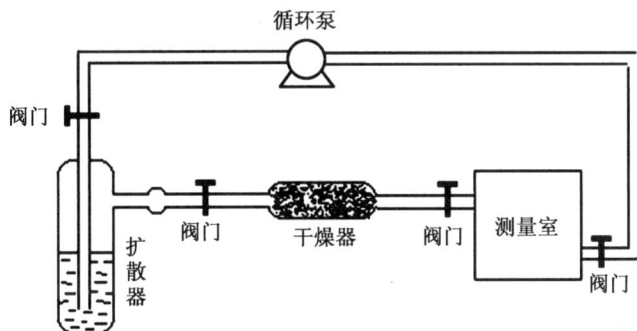

图 3.3.12　循环法测量系统连接示意图

测量仪器本底后,依次打开图 3.3.12 中的回路阀门开关,开启循环泵一定时间,使水样中氡在测量系统中均匀分布,然后立即关闭测量室阀门开关。连续读取 3 个读数,取 3 次读数平均值。计数或查表得中间读数时刻的计数(或电流)增长率 P_t,按公式(3.3.20)计算氡浓度:

$$C_{Rn} = \frac{K \cdot (N - N_0) \cdot V_M}{e^{-\lambda t} \cdot V_S \cdot P_t}$$

(3.3.20)

式中　C_{Rn}——水中氡浓度,Bq/m³;

K——真空法校准的仪器换算系数;

N——仪器本底计数率(或电流),s⁻¹(或 A);

N_0——样品加本底计数率(或电流),s⁻¹(或 A);

λ——氡的衰变常数(2.1×10⁻⁶ s⁻¹);

t——样品封闭至开启的时间差,s;

V_M——探测部件的体积,m³;

V_S——水样的体积,m³;

P_t——计数(或电流)增长率。

真空法:将盛水样的扩散器与测量室连接成测量系统,如图 3.3.13 所示。

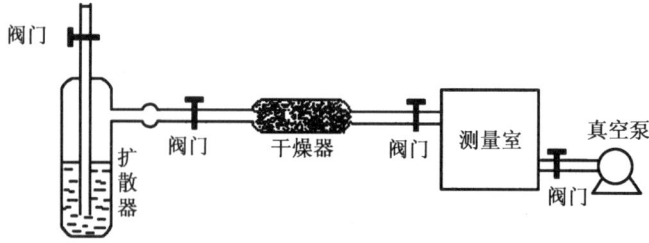

图 3.3.13　真空法测量系统连接示意图

测量仪器本底后,将测量室抽成一定真空度后,立即关闭阀门开关,置开关于"吸"处,缓慢地依次打开图 3.3.13 中的阀门开关,氡从水中脱出,气泡上升速度要先快后慢,在一定时间(如 3 min)内水样中的氡即被引入测量室。脱气后,立即关闭阀门开关,连续读取 3 个读数,取 3 次读数平均值。计数或查表得中间读数时刻的电流(计数)增长率 P_t,按公式(3.3.21)计算氡浓度:

$$C_{Rn} = \frac{K \cdot (N - N_0) \cdot V_T}{e^{-\lambda t} \cdot V_S \cdot P_t}$$ （3.3.21）

式中　C_{Rn}——水中氡浓度,Bq/m³;

K——循环法校准的仪器换算系数;

N——样品加本底计数率(或电流),s⁻¹(或 A);

N_0——仪器本底计数率(或电流),s⁻¹(或 A);

λ——氡的衰变常数(2.1×10⁻⁶ s⁻¹);

t——样品封闭至开启的时间,s;

V_T——整个循环系统的体积(测量室、循环泵及管路、干燥器、扩散器气体部分体积之和),m³;

V_S——水样的体积,m³;

P_t——计数(或电流)增长率。

3.3.8.2　土壤中氡浓度测定

土壤中氡浓度测量的关键是如何采集土壤中的空气。土壤中氡气的浓度一般大于数百 Bq/m³,这样高的氡浓度的测量可以采用电离室法、静电收集法、闪烁瓶法、金硅面垒型探测器等方法进行测量。

测量区域范围应与工程地质勘查范围相同。在工程地质勘查范围内布点时,应以间距 10 m 做网格,各网格点即为测试点(当遇较大石块时,可偏离±2 m),但布点数不应少于 16 个。布点位置应覆盖基础工程范围。在每个测试点,应采用专用钢钎打孔。孔的直径宜为 20~40 mm,孔的深度宜为 600~800 mm。成孔后,应使用头部有气孔的特制的取样器,插入打好的孔中,取样器在靠近地表处应进行密闭,避免大气渗入孔中,然后进行抽气。正式现场取样测试前,应通过一系列不同抽气次数的实验,确定最佳抽气次数。所采集土壤间隙中的空气样品,宜采用静电扩散法、电离室法或闪烁瓶法、金硅面垒型探测器等测定现场土壤氡浓度。取样测试时间宜在 8:00~18:00 之间,现场取样测试工作不应在雨天进行,如遇雨天,应在雨后 24 h 后进行。现场测试应有记录,记录内容包括测试点布设图,成孔点土壤类别,现场地表状况描述,测试前 24 h 以内工程地点的气象状况等。地表土壤氡浓度测试报告的内容应包括取样测试过程描述、测试方法、土壤氡浓度测试结果等。

氡浓度测量方法还有许多种,如双滤膜法、气球法、液闪法、驻极体电荷法、溶剂萃取法、液氮蒸发法等,这些方法使用较少,在此不再进行描述。

3.4 氡子体浓度测量[11,18,23-27]

氡子体是一种悬浮在空气中的固体颗粒,处于放射性气溶胶状态。对人体造成危害的主要是氡子体,它随着人的呼吸而沉积到支气管和肺部,给呼吸器官组织造成辐射损伤。对空气中氡子体浓度的测量,由于浓度较低,一般不可能直接对空气测定,都是采用将大量氡子体收集起来,通过 α 辐射测量仪测量滤膜上的 α 放射性活度。收集氡子体的方法有很多,但最常用的是滤膜过滤取样,即通过采样泵和纤维滤膜过滤器将一定体积的空气穿过滤膜,空气中的氡子体被滤膜收集。根据放射性衰变规律——贝特曼方程计算氡子体浓度。

3.4.1 氡子体测量的基本原理

氡子体测量主要由两个过程组成:一是取样过程氡子体的积累,二是取样后测量过程中氡子体的衰变。这两个过程都可以由贝特曼方程来描述。

3.4.1.1 取样过程滤膜上氡子体的变化

1. 积累方程

由于氡子体是一种悬浮在空气中的固体颗粒,取样过程中氡子体被不断地截留在滤膜上。同时,被截留在滤膜上的氡子体又会不停地衰变,因此,滤膜上任一种氡子体放射性核素的原子数目 N_i 服从下述贝特曼微分方程组:

$$\frac{\mathrm{d}N_i}{\mathrm{d}t} = \eta Q C_i \tau_i + \lambda_{i-1} N_{i-1} - \lambda_i N_i \tag{3.4.1}$$

式中　η——滤膜的过滤效率;

　　　Q——取样流量,L/min;

　　　C_i——第 i 种核素在空气中的浓度, Bq/m^3;

　　　λ_i——第 i 种核素的衰变常量, min^{-1};

　　　τ_i——第 i 种核素的寿命($\tau = 1/\lambda$),min;

　　　$\lambda_{i-1} N_{i-1}$——滤膜上已沉积的前一种子体衰变而使第 i 种子体增加的数目,原子数/s;

　　　$\lambda_i N_i$——第 i 种子体自身衰变而减少的数目,原子数/s。

在 $t = 0$ 时刻,滤膜上 $N_i = 0$ 的初始条件下,并且将第 i 种放射性核素原子数目 N_i 转化为第 i 种核素的放射性强度, $I_i = \lambda_i N_i = N_i/\tau_i$,Bq。则采样结束时,滤膜上氡子体的沉积可由式(3.4.1)的解给出:

RaA(^{218}Po)的沉积

$$I_a = \eta Q \tau_a (1 - e^{-\lambda_a t}) C_a \tag{3.4.2}$$

因为氡是气体,滤膜无法阻挡,因此式(3.4.2)中描述的是空气中的 RaA 在滤膜上的直接沉积。

RaB（^{214}Pb）的沉积

$$I_b = \eta Q \tau_a \left(1 - \frac{\tau_a}{\tau_a - \tau_b} e^{-\lambda_a t_0} - \frac{\tau_b}{\tau_b - \tau_a} e^{-\lambda_b t_0} \right) C_a + \eta Q \tau_b (1 - e^{-\lambda_b t_0}) C_b \qquad (3.4.3)$$

式中，第一项代表在采样过程中滤膜上的 RaA 衰变产生的 RaB，第二项是空气中 RaB 在滤膜上的直接沉积。

RaC（^{214}Bi）的沉积

$$I_c = \eta Q \tau_a \left(1 - \frac{\tau_a}{\tau_a - \tau_b} \cdot \frac{\tau_a}{\tau_a - \tau_c} e^{-\lambda_a t_0} - \frac{\tau_b}{\tau_b - \tau_a} \cdot \frac{\tau_b}{\tau_b - \tau_c} e^{-\lambda_b t_0} - \frac{\tau_c}{\tau_c - \tau_a} \cdot \frac{\tau_c}{\tau_c - \tau_b} e^{-\lambda_c t_0} \right) C_a +$$

$$\eta Q \tau_b \left(1 - \frac{\tau_b}{\tau_b - \tau_c} e^{-\lambda_b t_0} - \frac{\tau_c}{\tau_c - \tau_b} e^{-\lambda_c t_0} \right) C_b + \eta Q \tau_c (1 - e^{-\lambda_c t_0}) C_c \qquad (3.4.4)$$

式中，第一项代表在采样过程中滤膜上的 RaA 衰变产生的 RaC，第二项是滤膜上的 RaB 衰变产生的 RaC，第三项是空气中 RaC 在滤膜上的直接沉积。

2. 假设条件

公式（3.4.1）成立的前提假设条件有三点：取样过程中空气中各氡子体浓度不变；取样过程中取样流量不变；滤膜对各种氡子体的过滤效率相同。

3.4.1.2　取样后滤膜上氡子体的变化

采样结束后，滤膜上积累的氡子体放射性强度分别为 I_a, I_b, I_c，其衰变规律为

$$\frac{\mathrm{d}N_i}{\mathrm{d}t} = \lambda_{i-1} N_{i-1} - \lambda_i N_i \qquad (3.4.5)$$

在初始条件为 $t = 0, I_i(t) = I_i$ 的情况下，从采样结束到某一时刻 T，滤膜上氡子体放射性强度由公式（3.4.5）的解可得

RaA（^{218}Po）

$$I_a(T) = I_a e^{-\lambda_a T} \qquad (3.4.6)$$

RaB（^{214}Pb）

$$I_b(T) = I_b e^{-\lambda_b T} + \frac{\tau_a}{\tau_a - \tau_b} I_a(T) \left[1 - e^{-(\lambda_b - \lambda_a) T} \right] \qquad (3.4.7)$$

RaC（^{214}Bi）

$$I_c(T) = I_c e^{-\lambda_c T} + \frac{\tau_b}{\tau_b - \tau_c} I_b(T) \left[1 - e^{-(\lambda_c - \lambda_b) T} \right] +$$

$$I_a(T) \left[\frac{\tau_a}{\tau_a - \tau_b} \cdot \frac{\tau_a}{\tau_a - \tau_c} - \frac{\tau_a}{\tau_a - \tau_b} \cdot \frac{\tau_b}{\tau_b - \tau_c} e^{-(\lambda_b - \lambda_a) T} - \frac{\tau_a}{\tau_a - \tau_c} \cdot \frac{\tau_c}{\tau_c - \tau_b} e^{-(\lambda_c - \lambda_a) T} \right] \qquad (3.4.8)$$

上述描述氡子体在滤膜上积累和衰变的两个方程组同样适应于钍射气子体在滤膜上的积累和衰变。

3.4.1.3　氡子体浓度测量的基本公式

氡子体浓度测量一般是通过测量滤膜上一段时间（从 T_1 测到 T_2）内放射性所产生的计数，根据滤膜上氡子体衰变公式（3.4.6）、公式（3.4.7）和公式（3.4.8），只要将式（3.4.2）、式（3.4.3）和式（3.4.4）代入进行时间积分，就可分别得到在 T_1 至 T_2 时间内各氡子体对探测器测到的计数贡献：

RaA 的贡献

$$N_a(t_0; T_1 \rightarrow T_2) = 0.06\varepsilon\eta\beta Q\tau_a^2 f_a C_a \tag{3.4.9}$$

RaB 的贡献

$$N_b(t_0; T_1 \rightarrow T_2) = 0.06\varepsilon\eta\beta Q\left[\left(\frac{\tau_a^3}{\tau_a - \tau_b}f_a + \frac{\tau_b^2\tau_a}{\tau_b - \tau_a}f_b\right)C_a + \tau_b^2 f_b C_b\right] \tag{3.4.10}$$

RaC 的贡献

$$N_c(t_0; T_1 \rightarrow T_2) = 0.06\varepsilon\eta\beta Q\left\{\left[\frac{\tau_a^4}{(\tau_a - \tau_b)(\tau_a - \tau_c)}f_a + \frac{\tau_b^3\tau_a}{(\tau_b - \tau_a)(\tau_b - \tau_c)}f_b + \right.\right.$$
$$\left.\frac{\tau_c^3\tau_a}{(\tau_c - \tau_a)(\tau_c - \tau_b)}f_c\right]C_a + \left[\frac{\tau_b^3}{\tau_b - \tau_c}f_b + \frac{\tau_c^2\tau_b}{\tau_c - \tau_b}f_c\right]C_b + \tau_c^2 f_c C_c\right\} \tag{3.4.11}$$

式中 ε——探测器的探测效率；

η——滤膜的过滤效率；

β——滤膜的自吸收系数；

Q——取样流量，L/min；

C_i——各氡子体浓度，Bq/m^3；

λ_i——各氡子体的衰变常量，$\lambda_i = 1/\tau_i$，min^{-1}；

f_i——时间系数

$$f_i \equiv (1 - e^{-\lambda_i t_0})(e^{-\lambda_i T_1} - e^{-\lambda_i T_2}), \quad i = a, b, c \tag{3.4.12}$$

公式(3.4.9)至公式(3.4.11)是对任何放射性衰变系 A→B→C 都适应的一般公式。对于氡子体测量，多数是测量滤膜上的 α 活度。释放 α 粒子的是 RaA 和 RaC′，由于 RaC′ 的半衰期很短，与 RaC 始终处于放射性平衡状态。因此将氡子体的各衰变常量 $\lambda_a = 0.227\ 261$ min^{-1}，$\lambda_b = 0.025\ 864$ min^{-1}，$\lambda_c = 0.035\ 185$ min^{-1} 代入式(3.4.9)和(3.4.11)中，两式相加即为滤膜上氡子体在 $T_1 \sim T_2$ 时间内产生的 α 计数：

$$N_\alpha(t_0; T_1 \rightarrow T_2) = [(1.19f_a + 43.5f_b - 24.6f_c)C_a +$$
$$(3.38 \times 10^2 f_b - 1.83 \times 10^2 f_c)C_b + 48.5f_c C_c]\varepsilon\eta BQ \tag{3.4.13}$$

从公(3.4.13)可以看到，通过测量滤膜上的 α 计数，以及探测效率 ε、过滤效率 η、自吸收系数 β 和取样流量 Q 的确定，就可以得到空气中的氡子体浓度。此公式成立的条件是探测器对不同能量的 α 粒子具有相同的探测效率。

在此基本原理的基础上，根据《环境空气中氡的测量方法》(HJ 1212—2021)所列方法及《空气中氡及其子体的测量方法》一书，主要介绍下列几种常用方法。

3.4.2 托马斯三段法

分析式(3.4.13)可见，存在着 RaA，RaB，RaC 三个未知浓度，因此必须建立三个方程才能求得，首先这三个方程是齐沃格劳通过不同的测量时间点的计数率建立的，称三点法。美国的托马斯在三点法的基础上，将测量三个点的计数率改为测量三段时间间隔的积分计数，从而提高了方法的灵敏度和准确度，所以托马斯三段法又叫改进的齐沃格劳法或改进的三点法。

3.4.2.1 测量方法原理

美国的托马斯通过统计误差分析，给出了一个比较优化的测量程序：取样 $t_0 = 5$ min，测量取样后$(T_1 \sim T_2) = (2 \sim 5)\,\text{min}$，$(T_3 \sim T_4) = (6 \sim 20)\,\text{min}$，$(T_5 \sim T_6) = (21 \sim 30)\,\text{min}$ 的 α 计数，从而由公式(3.4.14)可得氡子体浓度 C_a，C_b，C_c，单位为 Bq/m^3：

$$\begin{cases} C_a = \dfrac{1}{\varepsilon \eta \beta Q}[\,6.2508N(2,5) - 3.0340N(6,20) + 2.8686N(21,30)\,] \\[2mm] C_b = \dfrac{1}{\varepsilon \eta \beta Q}[\,0.0451N(2,5) - 0.7611N(6,20) + 1.8163N(21,30)\,] \\[2mm] C_c = \dfrac{1}{\varepsilon \eta \beta Q}[\,-0.8332N(2,5) + 1.2277N(6,20) - 1.3953N(21,30)\,] \end{cases}$$

$$(3.4.14)$$

从 3.2.5 节氡子体 α 潜能浓度的定义可知，将式(3.4.14)代入式(3.2.5)可得氡子体 α 潜能浓度 c_p，$\mu\text{J/m}^3$：

$$c_p = \frac{10^{-3}}{\varepsilon \eta \beta Q}[\,1.999N(2,5) - 1.352N(6,20) + 3.912N(21,30)\,] \qquad (3.4.15)$$

如果考虑测量仪器的本底计数，则将三段计数用总计数替代：

$$N(T_1,T_2) = G(T_1,T_2) - (T_2 - T_1)n_b \qquad (3.4.16)$$

式中　$G(T_1,T_2)$——T_1 至 T_2 时间段的总计数；

　　　n_b——仪器的本底计数率，计数·min^{-1}。

3.4.2.2　测量程序

根据托马斯测量方法原理，具体的测量程序为：

(1)测量仪器的本底计数率；

(2)将滤膜装在采样头上，并连接在取样泵入口，滤膜直接面向空气，以一定的流量 $Q(\text{L/min})$ 取样 5 min；

(3)在取样结束后，将取样滤膜样品置于 α 辐射探测器中，在 $(2 \sim 5, 6 \sim 20, 21 \sim 30)\,\text{min}$ 三段时间间隔内测量样品的 α 计数，分别计为 $G(2,3)$，$G(6,20)$ 和 $G(21,30)$；

(4)计算出各氡子体浓度、α 潜能浓度和标准差。

3.4.3　五段法

空气中一般同时存在有氡和钍射气及其子体，只是钍射气及其子体相对氡来说可以忽略，因此人们一般只测氡。当钍射气及其子体水平较高不可忽略时，上述三段法测氡子体浓度就会受到钍射气子体的干扰，为了准确测定氡子体浓度，同时也测定钍射气子体浓度(由于 ThA(^{216}Po)的半衰期很短，空气中基本只有 ThB 和 ThC 存在)，采用五段法。五段法的测量原理与三段法相同，只是加入了 ThB 和 ThC 的贡献，总的测量时间达 590 min。其测量程序如下：

(1)以流量 $Q(\text{L/min})$ 取样 30 min；

(2)在取样结束后的 $(2 \sim 5, 6 \sim 20, 21 \sim 30, 200 \sim 300, 360 \sim 560)\,\text{min}$ 时间段测量样品的 α 计数，其净计数分别用 N_1，N_2，N_3，N_4，N_5 表示；

(3)用下式计算 ^{218}Po(C_a)，^{214}Pb(C_b)，^{214}Bi(C_c)，^{212}Pb(C_{ThB})，^{212}Bi(C_{ThC})的放射性浓度，单位为 Bq/m^3：

$$\begin{cases} C_a = \dfrac{1}{\varepsilon\eta\beta Q}\left[4.263\,5N_1 - 2.082\,1N_2 + 1.988\,0N_3 - 0.094\,72N_4 + 0.047\,92N_5\right] \\[2mm] C_b = \dfrac{1}{\varepsilon\eta\beta Q}\left[-0.333\,5N_1 - 0.023\,27N_2 + 0.297\,6N_3 - 0.142\,2N_4 + 0.078\,62N_5\right] \\[2mm] C_c = \dfrac{1}{\varepsilon\eta\beta Q}\left[-0.199\,2N_1 + 0.349\,7N_2 - 0.461\,2N_3 - 0.104\,0N_4 + 0.063\,603N_5\right] \\[2mm] C_{ThB} = \dfrac{1}{\varepsilon\eta\beta Q}\left[0.185N_1 - 0.222N_2 + 0.444N_3 - 1.184N_4 + 5.069N_5\right]\times10^{-3} \\[2mm] C_{ThC} = \dfrac{1}{\varepsilon\eta\beta Q}\left[-0.021\,5N_1 + 0.029\,19N_2 - 0.056\,35N_3 + 0.140\,6N_4 - 0.082\,25N_5\right] \end{cases}$$

$$(3.4.17)$$

五段法与三段法都属于通过测量多段计数来得到氡子体或钍射气子体的放射性浓度，然后计算出 α 潜能浓度，一般测量时间都比较长，所需的仪器设备也相同。

3.4.4 马尔柯夫法

因为三段法测量时间较长，尽管比较准确，但实际使用不太方便，所以人们又找到了几种简便快速的测量方法。马尔柯夫法属快速 α 潜能浓度测量法，它是苏联马尔柯夫等建立的一种操作简便、快速的测量方法，测量的准确度基本能满足辐射防护的要求。方法原理：

为了快速和简便，确定取样时间为 5 min，测量取样结束后的 7～10 min 内样品的 α 计数，由公式(3.4.13)可知，此时的 α 计数与氡子体浓度有如下关系：

$$N_\alpha(5,7\to10) = (3.65C_a + 9.16C_b + 22.7C_c)\varepsilon\eta\beta Q \qquad (3.4.18)$$

而氡子体 α 潜能浓度与氡子体浓度的关系为

$$c_p = 1.6\times10^{-4}\times(134C_a + 659C_b + 485C_c) \quad (\mu J/m^3) \qquad (3.4.19)$$

马尔柯夫假设氡子体 α 潜能浓度与 α 计数成正比：

$$c_p = K_m N_\alpha(5,7\to10)/\varepsilon\eta\beta Q \qquad (3.4.20)$$

由式(3.4.18)至(3.4.20)可得马尔柯夫系数 K_m 为

$$K_m = \frac{134C_a + 659C_b + 485C_c}{3.65C_a + 9.16C_b + 22.7C_c}\times1.6\times10^{-4} \qquad (3.4.21)$$

从公式(3.4.21)可见，如果已知空气中氡子体间的平衡比，K_m 即为一常数。通过假设氡子体各种平衡比状态，K_m 的值列于表3.4.1中，其平均值为 6.45×10^{-3}，因此，马尔柯夫法计算公式为

$$c_p = 6.45\times10^{-3}N_\alpha(5,7\to10)/\varepsilon\eta\beta Q \quad (\mu J/m^3) \qquad (3.4.22)$$

表 3.4.1　不同平衡比下的马尔柯夫系数 K_m 值

氡子体平衡比 $C_a:C_b:C_c$	K_m /1.6×10⁻⁴	偏差/%	氡子体平衡比 $C_a:C_b:C_c$	K_m /1.6×10⁻⁴	偏差/%
1:1:1	36.02	+11	1:0.5:0.2	43.88	-8.9
1:0.9:0.6	39.93	+0.9	1:0.4:0.1	46.52	-15

表 3.4.1(续)

氡子体平衡比 $C_a:C_b:C_c$	K_m /1.6×10⁻⁴	偏差/%	氡子体平衡比 $C_a:C_b:C_c$	K_m /1.6×10⁻⁴	偏差/%
1:0.8:0.6	38.73	+3.9	1:0.3:0.2	39.18	+2.8
1:0.7:0.5	39.14	+2.9	1:0.2:0.1	40.51	−0.5
1:0.7:0.3	43.91	−9.0	1:0.1:0.05	39.23	+2.7
1:0.6:0.3	42.30	−5.0	1:0:0	36.59	9.2
1:0.5:0.4	38.00	+5.7	平均值	40.3±3.06	−15~+11

从马尔柯夫系数 K_m 的取值可见,平均值与实际的氡子体平衡比之间存在固有误差,此固有误差范围为−15%~+11%。

3.4.5 库斯尼茨法

库斯尼茨法是最早出现的直接测量氡子体 α 潜能浓度的方法,为美国人库斯尼茨于 20 世纪 50 年代建立。此方法的基本原理与马尔柯夫法相同,是以一定的流量抽取空气样品 5 min,待取样后 40~90 min 之间测量样品的 α 计数率,此时的计数主要由 RaC′ 的 α 粒子所贡献,与氡子体 α 潜能浓度的关系如下:

$$c_p = \frac{4.16N(\Delta T)}{\varepsilon\eta\beta QF(T)\Delta T} \quad (\mu J/m^3) \quad (3.4.23)$$

式中 $N(\Delta T)$——测量的 α 净计数,计数;

ΔT——测量时间,min;

$F(T)$——与等待时间 T(取样结束至测量时间中点的时间)有关的修正系数;

其余符号与前相同。

$F(T)$ 可由下式确定:

$$F(T) = \begin{cases} 230 - 2T & (40 \leq T \leq 70) \\ 196 - 1.5T & (70 \leq T \leq 90) \end{cases} \quad (3.4.24)$$

与马尔柯夫法同理,库斯尼茨法同样存在方法的固有误差,但由于计数主要由 RaC′ 的 α 粒子所贡献,经过 $F(T)$ 修正,因此库斯尼茨法比马尔柯夫法准确,其最大方法误差为±8%。

库斯尼茨法测量程序和设备与马尔柯夫法相同,只是测量 α 计数时间在取样后的 40~90 min。

3.4.6 氡子体连续测量法

因为环境中氡及氡子体浓度日夜都在变化,随着对环境氡调查需要的加强,20 世纪 80 年代初建立了氡子体连续测量法,方法原理如下:

氡子体连续测量有两种途径。一种是采用的测量方法依然是托马斯三段法或马尔柯夫法等,只是采样滤膜通过机械传动装置进行更换,在此不做进一步叙述;另一种是不更换采样滤膜,通过衰变方程扣除前几次样品的氡子体干扰。

氡子体连续测量一般都采用一小时一个样,取样 5~10 min,立即测量 55~50 min。由氡子体测量的基本原理可知,任一时刻滤膜上的 α 计数为 $N_\alpha(t_0,T_1{\rightarrow}T_2)$ (公式(3.4.13)),则任一取样周期的 α 计数为

$$G_i = N_i(t_0,T) + \sum_{j=1}^{i-1} N_j(t_0,j\Delta T + T) \quad (T_1 \leqslant T \leqslant T_2) \tag{3.4.25}$$

式中　G_i——第 i 周期的 α 总计数;

$N_i(t_0,T)$——第 i 个样品氡子体产生的 α 计数;

t_0——取样时间,一般为 5~10 min;

$\sum_{j=1}^{i-1} N_j(t_0,j\Delta T + T)$——第 $(i-1)$ 次样品至第 1 次样品氡子体产生的 α 计数;

ΔT——周期间隔时间,一般为 60 min;

T_1——取样后开始计数时间,一般为 0 min;

T_2——结束计数时间,一般为 55~50 min。

任一取样周期的氡子体 α 潜能浓度为

$$C_{\mathrm{p},i} = K\Big[G_i - \sum_{j=i-3}^{i-1} N_j(t_0,j\Delta T + T)\Big] \quad (T_1 \leqslant T \leqslant T_2) \tag{3.4.26}$$

3.4.7　α 能谱法

在氡衰变链中,子体均放出特征能量的 α 粒子,因此可利用 α 能谱进行^{222}Rn$/^{220}$Rn 子体的测量。α 能谱法测量过程:首先通过滤膜采样装置以一定的流量过滤待测空气,将空气中的^{222}Rn$/^{220}$Rn 子体收集在采样滤膜上,然后将滤膜放入 α 能谱仪,按一定的测量程序如 Marts、Jonassen 程序,在几段时间内测量^{222}Rn$/^{220}$Rn 子体对应的各 α 能量峰计数,再联立 Bateman 衰变特征方程组来求解各子体水平。^{222}Rn 子体的特征能量峰包括:RaA(^{218}Po)的 6.0 MeV,RaC′(^{214}Po)的 7.69 MeV;^{220}Rn 子体的特征能量峰包括:ThC(^{212}Bi)的 6.05 MeV,ThC′(^{212}Po)的 8.78 MeV,由于峰的展宽,人们将特征峰划分为特征能量段以利于测量。

α 能谱法测量由于对 α 粒子能量进行了鉴别,因而能够迅速、准确地测量^{222}Rn$/^{220}$Rn 子体,而且^{222}Rn$/^{220}$Rn 子体的测量互不干扰。在一个未知环境下,一方面只要在对应 8.78 MeV 的^{220}Rn 子体道上有计数存在,就可以判定环境中有^{220}Rn 子体存在,再通过 1~2 h 的监测就可以得出^{220}Rn 子体浓度;另一方面无论环境中有无^{220}Rn 子体存在,它都可以在 30 min 内获得^{222}Rn 子体测量结果。正如 Thiessen(1994)指出的那样,α 能谱法测量^{222}Rn$/^{220}$Rn 子体在理想情况下可通过不同的能量道获得^{222}Rn$/^{220}$Rn 子体浓度,即获得高准确度的^{222}Rn 子体浓度测量结果所需时间仍为纯^{222}Rn 子体环境所需时间,同样获得高准确度的^{220}Rn 子体浓度测量结果也仍为纯^{220}Rn 子体环境下所需时间。

α 能谱法测量的缺点主要有两点:一是 α 能谱测量需要相对复杂的电子学仪器和数据分析过程;二是 α 能谱测量存在峰重叠问题,峰重叠会造成^{222}Rn$/^{220}$Rn 子体特征峰各计数段计数的偏差,因而对^{222}Rn$/^{220}$Rn 子体测量结果会造成不可忽视的系统误差。

α 能谱法除应用于^{222}Rn$/^{220}$Rn 子体的测量外,还可应用于^{222}Rn$/^{220}$Rn 浓度测量中,由于 α 能谱能够区分来自^{222}Rn$/^{220}$Rn 衰变系列的不同能量的 α 粒子,因此,它能够甄别^{222}Rn$/^{220}$Rn,实现浓度的快速测量。在静电收集法测量^{222}Rn$/^{220}$Rn 过程中,人们通过^{222}Rn 子体^{218}Po 的变化情况来推断^{222}Rn 浓度,通过^{220}Rn 子体^{216}Po 的变化情况推断^{220}Rn 浓度。

美国 Durridge 公司的 RAD7 测氡仪就是这类仪器,它使用钝化离子注入平面硅(PIPS)半导体探测器,通过 α 谱鉴别^{222}Rn,^{220}Rn,同时分别给出^{222}Rn,^{220}Rn 的浓度。RAD7 测量较为准确,5~10 min 即可给出一次^{222}Rn,^{220}Rn 的浓度值,并且能连续给出每个测量时间段的浓度值。RAD7 的采样室是一个 0.7 L 的半球,半球的内表面涂有电导体,半球中心是固态的平面 α 探测器。工作时采样室内加 2 000~2 500 V 的电场。RAD7 显示的能谱范围为 0~10 MeV,能满足^{222}Rn,^{220}Rn 及其子体 6~9 MeV 的 α 能量范围。当沉积在探测器表面的^{222}Rn,^{220}Rn 及其子体衰变时,探测器探测到具特征能量的 α 粒子并产生相应的电信号,经过电子学系统将它转换成数字信号形成 α 能谱。由于湿度对高压收集子体的效率影响较大,采用干燥器使进入收集室的气体相对湿度小于 10%,考虑到^{222}Rn,^{220}Rn 的不同衰变特性,选取不同长度和大小的干燥器。

在采样和测量程序的优化和子体特征能量段的重叠因子确定方面进行研究可以提高测量的准确性。测量程序的优化可以减小流速和子体浓度波动、放射性统计涨落对测量结果的影响。其优化一般考虑子体的衰变特性、子体不同平衡比情况、测量误差公式几个方面,再通过理论计算使各子体测量结果对上述影响因素不敏感,使测量误差最小来完成。

氡子体测量还有多段法、罗尔法等,这些方法原理与上述方法相同,只是采用的取样时间、测量时间和测量设备不同。

3.5　氡及其子体测量[9,18,23-31]

^{220}Rn 与^{222}Rn 同样是地壳中主要的放射性气体,具有相同的化学特性,^{220}Rn 由钍^{232}Th 系列衰变产生,渗透于大部分的土壤、岩石及无机建筑材料中;^{220}Rn 的半衰期为 55.4 s,当它衰变成^{216}Po 的过程中放射出能量为 6.29 MeV 的 α 粒子;^{220}Rn 在水里的溶解度随温度升高而降低,当温度 18 ℃时在水中的扩散系数为 $1.1×10^{-5}$ cm^2·s^{-1},当标准大气压时在空气中的扩散系数为 0.1 cm^2·s^{-1}。

钍射气(^{220}Rn)及其子体(ThA、ThB、ThC)对人类照射的危害已经得到共识。UNSCEAR 2000 年报告中,将^{220}Rn 及其子体的照射剂量与氡及其子体的照射剂量的比例由 UNSCEAR 1993 年报告的 6% 提高到 9%。

直接测量室内^{220}Rn 的浓度要比直接测量室内^{222}Rn 的浓度困难得多,因为^{220}Rn 的半衰期较短,原子浓度较小且同时还要受到^{222}Rn 的信号干扰。目前测量^{220}Rn 的方法和测量^{222}Rn 的方法十分相似,根据测量原理不同可分为双滤膜法、闪烁室法、固体核径迹法、活性炭吸附法、半导体探测法和电离室法等。根据测量目的和采样方式不同可分为瞬时采样测量、累积采样测量、连续采样测量。在测量^{220}Rn 时,被测得样品有时是^{220}Rn,^{222}Rn 混合气体,所以在^{220}Rn 的测量工作中需加入“甄别^{222}Rn”这一环节,可根据它们半衰期不同或它们子体衰变释放的 α 粒子的能量差异来甄别,有的方法还不太成熟,不断有新的改进,以下仅加以介绍。

3.5.1　双滤膜法

双滤膜法是一种瞬时采样测量法,与前述测量^{222}Rn 的双滤膜法结构及原理相同。含有^{220}Rn 的空气从探测器的衰变筒中通过,衰变筒的入口处和出口处各有一个滤膜。入口滤膜用来除去空气中原有的^{220}Rn 子体,出口滤膜则收集在衰变筒内产生的^{220}Rn 子体。由于出口滤膜收集的^{220}Rn 子体的 α 活度与空气中^{220}Rn 活度成一定的比例关系,由探测器内^{220}Rn 子体的探测结果即可算出室内空气中^{220}Rn 的浓度。在不考虑^{220}Rn 和 ThB 在衰变筒中飞行时的衰变时,^{220}Rn 浓度计算公式为

$$C_{\text{Tn}} = \frac{0.450N}{\varepsilon V F_t Z F_f} \tag{3.5.1}$$

式中 C_{Tn}——空气样品^{220}Rn 浓度,37 Bq/m^3;

N——取样结束后 T_1 至 T_2 时刻的 α 净计数;

ε——对^{220}Rn 子体 α 粒子的探测效率;

V——衰变筒容积,L;

Z——衰变校正系数,min,它是取样时间 t、测量开始时刻 T_1 和结束时刻 T_2 的函数;

F_t——滤膜包括自吸收修正的过滤效率;

F_f——收集在出口滤膜上 ThB 的份额。

当采样气体中同时含有^{222}Rn 和^{220}Rn 时,出口滤膜也会收集其中的^{222}Rn 子体,所以在实验过程中要区分^{222}Rn 子体和^{220}Rn 子体,以防止^{222}Rn 子体对^{220}Rn 浓度测量的干扰,可利用 γ 能谱或 α 能谱测量的方法。由于^{220}Rn 的半衰期极短,必须考虑其在衰变筒中飞行的衰变损失,为了有足够的灵敏度,需要增加收集滤膜上 ThC 的放射性活度,即增加取样、等待及测量时间。

3.5.2 闪烁室法

闪烁室法是一种瞬时采样测量法,与前述测量^{222}Rn 的闪烁室法结构及原理相同。当采样气体中同时含有^{222}Rn 和^{220}Rn 时,由于它们的半衰期有差异,在基本方法基础上利用流气延时法进行^{220}Rn 的测量。

流气延时法的测量装置由 2 套闪烁室测量装置,1 台延时装置,1 台采样泵,4 个三通阀,2 个高效^{222}Rn 及^{220}Rn 子体过滤器和 2 个转子流量计等组成。

3.5.3 固体核径迹法

固体核径迹法是累积采样测量方法,与前述测量^{222}Rn 的固体核径迹法结构及原理相同。当采样气体中同时含有^{222}Rn 和^{220}Rn 时,利用相同的两个探测器选用不同的滤材时,它们的扩散速率不同的性质进行测量。如在探测器的过滤窗上分别装 PE 塑料滤膜和纤维滤膜,那这两个探测器对^{222}Rn 的响应近似相同,而对^{220}Rn 的响应则存在很大差异。

3.5.4 主动式活性炭吸附法

活性炭吸附法也是一种累积采样测量方法,相对固体核径迹法,它是一种短期累积测量方法。测^{220}Rn 时,由于^{220}Rn 的半衰期仅为 55.6 s,依靠其自身扩散迁移的被动式,收集效率太低,所以需采用有源的主动式。

俞义樵等研制的^{220}Rn 活性炭收集器,对测量 γ 能谱时出现的干扰现象提出处理方法和优化措施,此方法中加滤膜可以除去空气中已有的^{214}Pb 和^{212}Pb,而且利用"热驱法"消除^{222}Rn 干扰,利用"剥谱法"消除^{214}Pb 的影响,改进了活性炭法对环境中^{220}Rn 的测量。

3.5.5　高压收集子体α能谱测量法

高压收集子体后以半导体探测器测量α能谱，可用于连续或瞬时测量，应用越来越广泛，比较典型的是美国的 RAD7 型连续测量仪。

3.5.6　^{220}Rn 子体测量法

3.5.6.1　五段法

对^{222}Rn 子体的标准过滤技术同样适用^{220}Rn 子体，最简单的方法就是测量^{212}Pb 的方法，空气通过过滤器在 6 h 之后，^{212}Pb 和^{212}Po 之间便已建立起平衡，则^{212}Pb 的浓度 C_{Pb} 的表达式如下：

$$C_{Pb} = \frac{N_\alpha \lambda^2}{fV}(1 - e^{-\lambda T_1})^{-1}(e^{-\lambda T_2} - e^{-\lambda T_3})^{-1} \tag{3.5.2}$$

式中　T_1——收集时间，s；

　　　T_2——从开始收集到开始计数的时间，s；

　　　T_3——从开始收集到结束计数的时间，s；

　　　N_α——α 粒子计数；

　　　V——通过过滤器的空气体积流速，$m^3 \cdot s^{-1}$；

　　　f——α 粒子衰变的部分；

　　　λ——^{212}Pb 的衰变常数，s^{-1}。

但是，^{212}Pb 的上述计算式比较复杂。为简化对^{222}Rn 和^{220}Rn 的主要长寿命子体^{218}Po，^{214}Pb，^{214}Bi，^{212}Pb 和^{212}Bi 的计算，在仅有 α 粒子计数总数可用的情况下，使用 5 个独立的计算间隙来获得 5 个较长寿命子体的计算，即前述五段法，设第一个收集时间为 10 min，后面仍以 min 计时的计数间隔（12，14），（15，30），（40，70），（150，210）和（280，330），如果 C 以 Bq·m^{-3} 为单位，V 以 $m^3 \cdot s^{-1}$ 为单位，则简化的计算式为

$$\begin{cases} KC_{Po218} = 0.980\ 02I_1 - 0.228\ 88I_2 + 0.074\ 30I_3 - 0.034\ 71I_4 + 0.028\ 672I_5 \\ KC_{Pb214} = -0.060\ 92I_1 - 0.019\ 29I_2 + 0.048\ 28I_3 - 0.071\ 40I_4 + 0.071\ 40I_5 \\ KC_{Bi214} = -0.053\ 71I_1 + 0.053\ 27I_2 - 0.012\ 70I_3 - 0.053\ 95I_4 + 0.065\ 48I_5 \\ KC_{Pb212} = 0.000\ 68I_1 - 0.000\ 49I_2 + 0.000\ 68I_3 - 0.002\ 84I_4 + 0.010\ 54I_5 \\ KC_{Bi212} = -0.019\ 17I_1 + 0.014\ 37I_2 - 0.018\ 37I_3 + 0.070\ 05I_4 - 0.078\ 99I_5 \end{cases} \tag{3.5.3}$$

式中　I_1，I_2，I_3，I_4，I_5——各个计数间隔的 α 粒子计数；

　　　$K = 10^4 Vf$。

根据在 5 个计数区间基础上测量 α 粒子计数，可以计算出^{222}Rn 和^{220}Rn 子体的浓度。

3.5.6.2　两段计数法

这种方法由瑞典 Stranden 所创立，滤膜采样后，通过测量两个时间间隔的样品的计数，通过潜能换算系数可求出氡子体、^{220}Rn 子体的潜能浓度。在计算它们的潜能浓度之前，得先求出两种子体的潜能换算系数。此法具有改进库斯尼茨法的优点，但测量时间长是这种方法最大的缺点，最长需要 20 h。

3.5.6.3　主动式固体核径迹法

这种方法主要采用主动式测量方法，也是目前比较流行的测量方法。一般使用固体径

迹片 CR-39 或 LR-115 为探测元件,用气泵进行滤膜采样,空气中的 ^{222}Rn$/^{220}$Rn 子体通过被采集在滤膜上,子体衰变时发射的 α 粒子通过 25 mm 厚的空气层和作为吸收片的 Al 膜后打到径迹片上,形成径迹,被累积记录。为了对 ^{222}Rn$/^{220}$Rn 子体进行甄别,可设置吸收片 A,使之只有由 ^{212}Po(ThC′)发出的 α 粒子(8.78 MeV)可以穿过而被 CR-39 记录;而吸收片 B 较薄,使 ^{222}Rn$/^{220}$Rn 子体 ^{218}Po,^{214}Po,^{212}Bi 和 ^{212}Po(RaA,RaC′,ThC 和 ThC′)衰变时发射出的 4 个 α 粒子均可通过而被径迹片记录。经过化学蚀刻后,用光学显微镜、火花计数器或原子显微镜进行读数,通过径迹密度计算 ^{222}Rn$/^{220}$Rn 平衡当量浓度(EEC)。

3.6 氡与氡子体测量方法选择[18, 32-34]

从氡的辐射防护和应用过程中,根据不同目的发展了多种氡及氡子体的测量方法和仪器。虽然测量方法与仪器很多,但每种方法与仪器都有其适用的范围和局限性,测量人员应充分了解现场环境(温度、湿度、气压、风速)以及仪器的性能指标对测量结果的影响。

表 3.6.1 和表 3.6.2 归纳了适用于环境空气中氡的测量方法及适用范围和不同测量方法的优缺点。

表 3.6.1 测量方法及适用范围

测量方法	采样方式	推荐采样或测量时间	探测下限	适用范围
径迹蚀刻法	累积	30 d~1 a	至少可达 5 Bq/m³	获得空气中氡的平均浓度值,适用于职业或公众照射的剂量评价,居民所受氡照射量的普查等
活性炭盒法	累积	3~7 d	至少可达 6 Bq/m³	获得空气中氡的平均浓度值,适用于居民所住房屋的筛查等
脉冲电离室法	瞬时	1 d~4 h	至少可达 5 Bq/m³	快速获得空气中氡浓度值,适用于居民所住房屋的筛查等
	连续	2~7 d		获得空气中氡浓度的变化,适用于职业或公众照射的剂量评价等
静电收集法	瞬时	1 d~4 h	至少可达 5 Bq/m³	快速获得空气中氡浓度值,适用于居民所住房屋的筛查等
	连续	2~7 d		获得空气中氡浓度的变化,适用于职业或公众照射的剂量评价等

表 3.6.2 不同测量方法的优缺点

测量方法	优点	缺点
径迹蚀刻法	采样器操作及携带方便、价格低廉、适合于大面积长期测量	现场无法得到测量结果、低浓度测量时不确定度大、只能得到平均测量结果

表 3.6.2（续）

测量方法	优点	缺点
活性炭盒法	采样器批样性好、操作及携带方便、价格低廉、适合于短期大面积筛选测量	对温度和湿度敏感，暴露周期<7 d，只能得到平均测量结果，对于变化的环境氡浓度只能做半定量的测量，要有可靠的修正方法对测量结果进行修正
脉冲电离室法	测量设备灵敏度高，稳定性好，现场能得到测量结果，能够得到氡浓度随时间的变化	测量设备价格较高，野外长时间测量需提供电力保障，无法辨别氡钍射气
静电收集法	测量设备灵敏度高，稳定性好，现场能得到测量结果，能够得到氡浓度随时间的变化	测量设备价格较高，野外长时间测量需提供电力保障，收集效率易受湿度影响

3.6.1　室外氡测量

在室外环境氡测量中，由于室外环境条件的限制，氡浓度测量一般采用瞬时取样测量或短时间的连续测量。但环境中氡浓度时刻在变化，其变化规律如图 3.6.1，瞬时取样测量可以在上午 8~12 时采样测量，且连续 2 d，此时所测氡浓度接近日平均值，如果在其他时间测量，则应进行时间修正，最好能进行 24 h 连续测量。同时在外环境测量中，采样点要有明显的标志，要远离公路，远离烟囱，地势开阔，周围 10 m 内无树木和建筑物，雨后 24 h 内或大风过后 12 h 内不能测量。

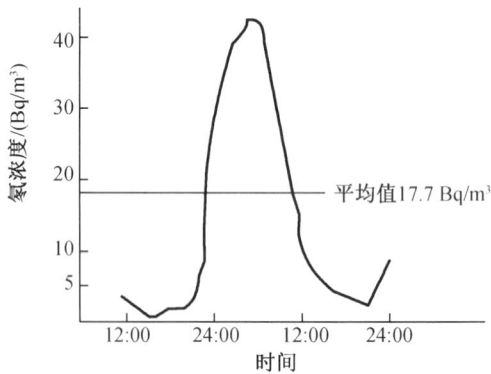

图 3.6.1　室外环境氡浓度日变化示意图

3.6.2　室内氡测量

在居室内的氡测量中，因室内氡具有低浓度、高差异、大波动等特点，受时间、季节、通风、气象条件等因素的影响，同一房间不同时间、地点氡浓度同样存在较大变化。因此，《室内氡及其衰变产物测量规范》（GBZ/T 182—2006）参考美国国家环保局（EPA）推荐方案，采用筛选测量和跟踪测量两级测量程序，并在偏安全情况下给出了标准测量环境，以利于测量结果的有效性和可比性，以及判断室内氡浓度是否过高。

筛选测量：快速了解房屋空气中氡浓度的测量程序（一般为短时间封闭门窗式的快速

测量），用于判断房屋中的氡浓度是否可能超过国家标准规定的控制水平，以决定是否需要进一步的测量。

跟踪测量：对筛选测量中发现的可能超标的房屋进行验证式的氡浓度测量测序，以确定被测房屋的氡浓度是否符合国家标准规定的水平，为可能进行的干预和治理提供依据。

因此，筛选测量选择的测量方法与仪器通常是短期累积、瞬时测量或连续测量，常用方法与仪器见表 3.6.3。

表 3.6.3　筛选测量的方法与仪器与测量时间选择

测量类型	最小取样(测量)时间和频次	方法与仪器
瞬时测量	上午 8 时~11 时取样测量 5~30 min；≥1 次/d，连续 2 d	闪烁室法、双滤膜法、气球法、电离室法等
		α 潜能法、三段法等
连续测量	≥2 d~1 周	静电收集氡子体法、闪烁室法、脉冲电离室法
		连续工作水平测量仪
累积测量	≥2 d~1 周	α 径迹蚀刻法(主动)
		氡子体累积测量装置(主动)
		活性炭盒法(低本底 γ 能谱仪或液闪测量仪)
		驻极体法
	≥60~90 d	α 径迹蚀刻法(被动)

与筛选测量不同的是跟踪测量在正常的居住条件下进行，不必关闭门窗。跟踪测量应采用长期累积测量方法，以得到有代表性的测量结果。方法有 2 种：可采用连续 12 个月的累积测量；也可采用分季测量，然后把 4 次测量的结果加以平均，所得结果必须是可靠和能够重复的，常用方法与仪器见表 3.6.4。

表 3.6.4　跟踪测量的方法与仪器与测量时间选择

方法与仪器	短期跟踪测量	长期跟踪测量
α 径迹蚀刻法	相对密封条件下，采样 60~90 d 后测量	正常居住条件，采样 90 d~1 a 后测量
驻极体法	封闭条件下，采样 2~7 d 后测量	正常居住条件，采样 90 d~1 a 后测量
活性炭盒法	封闭条件下，采样 2~7 d 后测量	—
氡子体累积测量装置	封闭条件下，2~7 d 的连续测量	正常居住条件，采样 90 d~1 a 后测量
连续工作水平监测仪	封闭条件下，2~7 d 的连续测量	—
连续氡监测仪	封闭条件下，2~7 d 的连续测量	—

3.6.3　标准测量方法

在选定检测方法时，凡有国家标准的一律使用国家标准(GB 或 GBZ)，没有国家标准的优先选用行业标准(EJ)。选用其他方法时，测量系统和操作程序需要通过计量认可，仪器的灵敏度(参考最小探测限<10 Bq·m^{-3})、准确度和精密度必须达到环境测量要求，环境效

应(如湿度、气压等)能够排除或可修正。常用的标准测量方法参见表3.6.5。

表 3.6.5　氡及氡子体的标准测量方法

项目	方法名称	标准编号	标准名称
氡	闪烁室法	GB/T 16147—1995	空气中氡浓度的闪烁瓶测量方法
	α径迹法	HJ 1212—2021	环境空气中氡的测量方法
		EJ/T 605—2018	铀矿勘察氡及其子体测量规范
	活性炭盒法	HJ 1212—2021	环境空气中氡的测量方法
		EJ/T 605—2018	铀矿勘察氡及其子体测量规范
	RaA 法	EJ/T 605—2018	铀矿勘察氡及其子体测量规范
	电离室法	EJ/T 825—94	矿用便携式α潜能快速测量仪
	静电收集法	EJ/T 1133—2001	水中氡测量规程
	连续测量法	GBZ/T 182—2006	室内氡及其衰变产物测量规范
	驻极体法		
氡子体	α潜能法	EJ/T 378—89	铀矿山空气中氡及氡子体测定方法
		EJ/T 825—94	矿用便携式α潜能快速测量仪
	三段法	HJ 1212—2021	环境空气中氡的测量方法

3.7　仪器检定校准[11,12,32-34]

从氡的辐射防护和应用过程中发展了多种氡及氡子体的测量方法和仪器。为了保证氡及氡子体的测量质量,早在1940年,美国 NBS(现为 NIST)就在国际基准镭源基础上建立了脉冲电离室氡测量标准,但是氡及氡子体测量仪的检定校准需要一个环境参数和氡及氡子体浓度可调控,且浓度由标准测量仪器定值的氡环境装置,这个装置简称氡室。国际上是从20世纪70年代末开始建设氡室,1995年由 IAEA 建立了国际氡计量机构(IRMP),以美国环境实验室(EML)、美国矿务局实验室(USBM)、英国的国家放射防护部(NRPB)和澳大利亚的辐射实验室(ARL)等4个实验室的氡室作为国际参考实验室。

3.7.1　氡环境试验系统(STAR)

为了在受控条件下对氡及子体测量仪器实现完善的、标准化的试验,需使用参考氡气,因此需建立一种提供参考氡气的试验装置,该装置可由以下四部分组成:

(1)产生氡气的设备;

(2)氡容器;

(3)生成的参考氡气;

(4)监测参考氡气的设备和方法。

用于表征参考氡气性质的设备应可溯源到基准。

这样的系统称为氡环境试验系统(system for test atmospheres with radon,STAR),图

3.7.1 为完整 STAR 的整体组成框图。

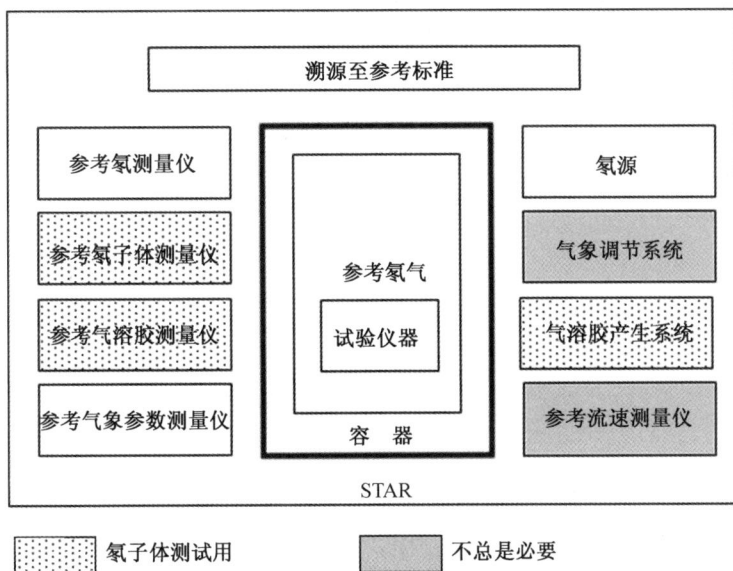

图 3.7.1 氡环境试验系统组成框图

它也称为"氡室",但是这个词并不具有 STAR 的全部的概念。

在有些情况下,STAR 可以只包括组成框图的一部分。例如:仅用于氡测量仪试验的 STAR,氡测量仪不受气溶胶和氡子体的影响,就不需要控制这些相关量的专门设备。

3.7.2 氡及氡子体测量参数的测定

在氡及氡子体测量中,探测效率、取样流量、滤膜的过滤效率和自吸收修正系数是测量方法所需的几个主要参数。

3.7.2.1 探测效率 ε 的测定

在与滤膜样品测量相同的几何条件下,测得 α 平面标准源的净计数率,其测量标准不确定度应小于 2%,则仪器的探测效率为

$$\varepsilon = n/(2n_s) \times 100\% \tag{3.7.1}$$

式中　ε——仪器的探测效率,%;

　　　n——仪器测得 α 平面标准源的净计数率,$\min^{-1}$;

　　　n_s——α 平面标准源的表面发射率,$\min^{-1}$。

3.7.2.2 滤膜过滤效率 η 的测定

选取两张质量厚度很相近的滤膜,重叠在一起(更准确的做法是使两张滤膜相隔 2 mm 左右,但当测得的 η 大于 0.99 时,重叠引起的误差可以忽略),以规定的取样流量和取样时间取氡子体样。取样完成后,将两张滤膜分别装在两个相同的取样头上,在同一台仪器上交替测量,或在两台仪器上同时做平行测量(两台仪器的探测效率差别应加修正),得到两条衰变曲线。将第一层滤膜和第二层滤膜在相同时刻的计数率或相同时间段的计数代入下式得滤膜的过滤效率 η 为

$$\eta = 1 - n_2/n_1 \tag{3.7.2}$$

式中　η——滤膜的过滤效率；

　　　n_1——第一层滤膜的计数；

　　　n_2——第二层滤膜的计数。

3.7.2.3　滤膜的自吸收修正系数 β 测定

按规定的取样条件，将氡子体收集在滤膜上（滤膜厚度小于氡子体 α 粒子的射程），等待 30 min 后，在相同的几何条件下，依次并快速地（如每次 1 min）重复测量滤膜正面的、滤膜反面的和滤膜正面加盖一张同类等厚（近似相等）的空白滤膜的 α 计数，然后通过内插法或作图分别得到同一时间的 3 个 α 计数 C_1、C_2 及 C_3。按下式计算滤膜自吸收修正系数：

$$\beta = \frac{2C_1}{2C_1 + C_2 - C_3} \tag{3.7.3}$$

式中　β——滤膜的自吸收修正系数；

　　　C_1——滤膜正面的 α 计数；

　　　C_2——滤膜反面的 α 计数；

　　　C_3——滤膜正面加盖空白滤膜后的 α 计数。

3.7.2.4　负压下使用转子流量计的校准

对于氡子体取样测量，由于转子流量计只能置于滤膜的下游，滤膜的阻力将使流量计处于负压下测量流量，此时转子流量计在负压下的读数与所对应的实际流量（即对应环境气压下的流量）不同，有如下关系：

$$Q_e = Q_n \sqrt{p_n / p_e} \tag{3.7.4}$$

式中　Q_e——实际流量，L/m；

　　　Q_n——流量计在负压下的读数，L/m；

　　　p_n——流量计入口的绝对压力，Pa；

　　　p_e——环境大气压力，Pa。

因此，必须测定流量计在取样时的入口压力和环境大气压力，按（3.7.4）式进行修正。一般情况下，滤膜阻力不大，此项修正可以忽略。

3.7.3　测氡仪的检定

目前的测氡仪基本都属于相对测量，其仪器常数（或称校准系数）的确定是通过标准氡源给出已知氡浓度样品，然后按一定规则进行测量得到。已知氡浓度可以由液体镭源、标准氡室给出。

3.7.3.1　检定规程

1.《测氡仪检定规程》（Radon Measuring Instruments）（JJG 825—2013）

本规程适用于测量范围为（0~10）kBq·m^{-3} 的环境中放射性氡（专指 ^{222}Rn，）体积活度测量仪的首次检定、后续检定和使用中检查。

2.《测氡仪检定规程》（Verification Regulation of Radon Meter）（JJG（核工）024—98）

（1）主体内容：本规程规定了测量空气或其他气体中氡的活度浓度的瞬时测量、连续测量和累积测量仪器的检定方法。

（2）适用范围：本规程适用于新制造、使用中或修理调整后的测氡仪检定。

3.7.3.2 用液体镭源进行仪器检定

使用液体镭源校准仪器时,将已知活度的液体镭源装在玻璃扩散器中。首先必须将液体镭源中残余的氡全部排出,然后将扩散器封闭来积累氡,积累时间根据液体镭源的活度大小而定。将仪器调节到工作状态,同时将探测器抽成真空,如图3.7.2所示连接。

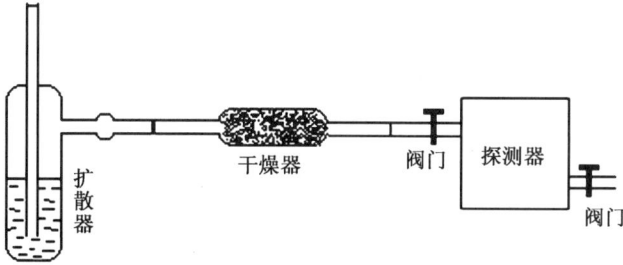

图3.7.2 液体镭源标定真空取样示意图

然后以一定的流速将液体镭源中的氡转入探测器中(也可采用循环方式将氡转入,只是循环泵不能漏气),根据测量方法的要求得到测量计数。

3.7.3.3 用标准氡室进行测氡仪检定

采用液体镭源来检定仪器,一般只适应于瞬时取样且取样量较小的测量方法和仪器,如闪烁室法和静电计法等。对于双滤膜法、气球法、累积测氡和连续测氡等方法与仪器,由于取样量大或暴露时间长,液体镭源就无法满足这类仪器检定的需要,因此,国际上在20世纪70年代后期开始建立用于检定仪器的标准氡室。

具体过程为:在标准氡室中产生一已知氡浓度的气体环境,将已知氡浓度的气体样品通过真空法或循环法抽入探测器中,根据测量方法的要求进行测量。

测氡仪体积活度响应在3个参考氡气体积活度下进行测量,分别为小于0.8 kBq·m^{-3}、(1~1.5) kBq·m^{-3}和大于2 kBq·m^{-3},每个体积活度下被检测氡仪至少重复测量5次,每次测量时间一般不少于30 min,取5次测量的平均值。按下式计算各测量点被检测氡仪的体积活度响应:

$$R_j = \frac{I_j - I_b}{Q_j} \qquad (3.7.5)$$

式中　R_j——被检测氡仪在第j个测量点的体积活度响应,测氡仪以 Bq·m^{-3} 为示值单位时,R无量纲,测氡仪示值为计数率时,R的单位为 s^{-1}·Bq^{-1}·m^3;

　　　　I_j——被检测氡仪在第j个测量点的平均示值,Bq·m^{-3} 或 min^{-1};

　　　　I_b——被检测氡仪的本底示值,Bq·m^{-3} 或 min^{-1};

　　　　Q_j——第j个测量点氡体积活度约定真值,Bq·m^{-3}。

对于特定用途的测氡仪(如土壤测氡仪),体积活度响应在相应测量范围的氡气体积活度下进行检定,在证书中对检定条件和仪器用途进行说明。

被检测氡仪的体积活度响应取3个测量点的体积活度响应的平均值,按下式计算:

$$\overline{R} = \frac{1}{3} \sum_{j=1}^{3} R \qquad (3.7.6)$$

式中　$\overline{R}$——3 个测量点的体积活度响应的平均值，$\text{s}^{-1}\cdot\text{Bq}^{-1}\cdot\text{m}^3$ 或无量纲。

3.7.4　氡子体测量仪的检定

在 20 世纪 70 年代以前，氡子体测量仪的检定是无法实现的，只有在 20 世纪 80 年代标准氡室建立以后才成为可能。从氡子体测量方法来看，对于直接给出氡子体活度浓度的仪器，是通过测定修正系数进行检定，而对于只给出氡子体 α 计数的测量仪器，是通过测定仪器常数来进行检定。

3.7.4.1　检定规程

《氡子体浓度测量仪检定规程》（Verification Regulation of Progeny Concentration Meter）（JJG（核工）025—98）。

主体内容：本检定规程规定了测量空气中氡子体 α 潜能浓度或氡子体活度浓度的瞬时测量、连续测量和累积测量仪器的检定方法。

适用范围：本检定规程适用于新制造、使用中和修理调整后的氡子体浓度测量仪的检定。氡子体 α 个人剂量计的检定亦可参照执行。

3.7.4.2　用标准氡室检定氡子体测量仪

检定程序：首先将标准氡室调节至所需氡子体浓度水平，将被检仪器的取样头或取样部件或整体仪器置于标准氡室的均匀稳定区域，按所选取的流量和时间取样，然后把获得的氡子体样品置于探测器上进行测量。根据所选氡子体测量方法（如马尔柯夫法）测得 t_1 至 t_2 时间段的计数，每个浓度点必须取 4 个以上的平行样品，按下式计算仪器常数：

$$K = c_{\text{pS}}/\overline{N}(t_1,t_2) \tag{3.7.7}$$

式中　K——仪器常数，$\mu\text{J}\cdot\text{m}^{-3}/$计数；

　　　c_{pS}——标准氡室的氡子体 α 潜能浓度标准值，$\mu\text{J}\cdot\text{m}^{-3}$；

　　　$\overline{N}(t_1,t_2)$——被检仪器在 t_1 至 t_2 时间段测得的平均净计数。

如果被检仪器直接给出氡子体活度浓度，则需同时计算出氡子体 α 潜能浓度，此时仪器的修正系数为

$$K_{\text{c}} = c_{\text{pS}}/\bar{c}_{\text{p}} \tag{3.7.8}$$

式中　K_{c}——修正系数；

　　　c_{pS}——标准氡室的氡子体 α 潜能浓度标准值，$\mu\text{J}\cdot\text{m}^{-3}$。

3.8　氡剂量估算[18,35-37]

3.8.1　相关概念

$^{222}\text{Rn}/^{220}\text{Rn}$ 及其子体在地球上广泛存在，人们在呼吸过程中，会将其吸入体内，它们衰变产生的 α 粒子会导致以呼吸器官为主的内照射，可能诱发肺癌。人体所受到的照射量包括氡的"放射性照射量"和氡子体的"α 潜能照射量"或称"暴露量"。

剂量学研究表明，$^{222}\text{Rn}/^{220}\text{Rn}$ 气体被吸入后，不与肺部组织发生化学结合作用，所以大部分又被呼出，而子体是气溶胶形态，被吸入后大部分会停留在呼吸道，所以对人体的辐射剂量主要不是来自气体本身，而是由其短寿命子体的 α 衰变对人体的辐射照射所形成。20

世纪 50 年代美国首先提出了氡子体 α 潜能和潜能浓度的概念,如前叙述氡子体性质时所述,潜能浓度单位是 J·m⁻³ 或 MeV/L(1 J=6.24×10¹² MeV)。同时,氡子体浓度还有一个历史单位——工作水平(WL) , 1 WL=1.3×10⁵ MeV/L=2.08×10⁻⁵ J·m⁻³。

氡气的放射性照射量是一定时间内氡放射性浓度的时间积分(Bq·h·m⁻³);而对于子体,则被称为 α 潜能照射量(potential alpha energy exposure)$P_p(T)$,定义为:个体暴露于氡子体浓度中一定时间(例如一年)时,空气中氡子体 α 潜能浓度 $c_p(t)$ 对个体暴露时间 T 的积分,即

$$P_p(T) = \int_T c_p(t) \cdot \mathrm{d}t \tag{3.8.1}$$

α 潜能照射量的 SI 单位是 J·m⁻³·h,专用单位是"工作水平时"(WLh)。它们的换算关系为

$$1 \text{ WLh} = 20.8 \text{ nJ} \cdot \text{m}^{-3} \cdot \text{h} \tag{3.8.2}$$

α 潜能照射量通常还用"工作水平月"(WLM)作单位来表示。1 WLM 相当于在 1WL 氡子体 α 潜能浓度下照射一个月的参考工作时间(ICRP 建议一个月的参考工作时间为 170 h,一年的工作时间为 2 000 h)。因此,1 WLM = 170 WLh = 3.54 mJ·m⁻³·h。

在实际应用中,我们不可能知道 α 潜能浓度随时间的分布 $c_p(t)$,而是间断地测得 c_p,则 α 潜能照射量也可近似用下式表示:

$$P_p = \sum_i c_{pi} \cdot T_i \tag{3.8.3}$$

式中,c_{pi} 是在第 i 个工作位置暴露 T_i 时间内的平均 α 潜能浓度。

α 潜能摄入量 I_p 是指个体人员在一定时间内吸入的 ²²²Rn/²²⁰Rn 子体混合物的总 α 潜能。设 U 为该时间内的平均呼吸率,则 α 潜能摄入量与 α 潜能照射量 P_p 的关系为

$$I_p = U \cdot P_p \tag{3.8.4}$$

ICRP 建议对参考人的平均呼吸率 $U=1.2$ m³/h,α 潜能摄入量 I_p 的 SI 单位是"焦耳"(J)。即 1 J 的 α 潜能摄入量相当于 240 WLM 的 α 潜能照射量,反之 1 WLM 相当于 4.2 mJ。

3.8.2 氡子体 α 潜能照射量、摄入量与有效剂量的换算

在对氡子体的暴露进行剂量评价和危险度估算或比较时,需要把氡子体的 α 潜能照射量(WLM)换算成有效剂量(Sv),UNSCEAR、ICRP、美国电离辐射生物效应委员会(BEIR)等国际组织均提出了相应的具体剂量估算方法,可以概括地分为两类:剂量学评价方法和流行病学评价方法。

UNSCEAR 一直采用的是剂量学评价方法。相同的氡子体 α 潜能照射量在气管支气管区和肺区产生的剂量主要取决于:①未结合态子体的份额;②子体气溶胶粒径的分散度(AMAD);③个体呼吸率;④选择的靶组织学模型等因素。关于呼吸道模型,其随着组织学、呼吸道解剖学以及不同组织敏感性研究的进展不断得到改善和发展。ICRP 于 1994 年在其66 号出版物中又提出了新的呼吸道模型,同时也给出了一些新的用于呼吸道剂量计算的参数。但由于存在着很多不确定因素,因此委员会建议:剂量学模型不应当用于评价和控制氡的照射(ICRP-65)。

在 ICRP 第 65 号出版物中建议电离辐射照射对健康带来的后果的估计最好基于人群

的流行病学研究。从这一立场和原则出发，ICRP 采用流行病学方法取代剂量学方法作为对氡暴露进行评价和控制的手段，为此引入了一个新的概念：剂量约定转换（conversion conventions），是根据同等危害将用 WLM 表示的氡子体 α 潜能照射量与用 mSv 表示的有效剂量联系起来的方法，其根据是危害相等，而不是剂量测定。剂量的约定转换的主要依据是肺受到辐射照射时产生的危险定量资料。资料主要来源于日本原子弹爆炸幸存者的寿命研究和铀矿工人等的流行病学调查。其中，寿命研究提供了有关全肺受到完全均匀的且主要是 γ 辐射照射时的癌症死亡系数的估计值；而矿工的流行病学研究则给出了致死性肺癌发病率与采矿环境中氡子体浓度之间关系的资料（ICRP-65）。

在相同的危害下，剂量约定转换因子 $K=$ 有效剂量 E/α 潜能照射量 $P_p=$ 标称概率系数/危险系数，与有效剂量 E 有如下关系：

对工作人员（在工作场所）：$E/P_p = 1.4$ mSv/(mJ·h·m^{-3})，对应剂量限值 20 mSv/a，相当于氡子体 α 潜能照射量为 4 WLM/a 或 0.014 J·h·m^{-3}。

对公众（在住宅中）：$E/P_p = 1.1$ mSv/(mJ·h·m^{-3})，对应剂量限值 1 mSv/a，相当于氡子体 α 潜能照射量为 0.25 WLM 或 0.885 mJ·h·m^{-3}。

根据标准参考人的呼吸率 1.2 m^3/h，α 潜能摄入量 I_p 与有效剂量 E 有如下关系：

对工作人员（在工作场所）：$E/I_p = 1.17$ mSv/mJ

对应剂量限值 20 mSv/a，相当于氡子体 α 潜能摄入量为 0.017 J。

3.8.3 Tn 子体 α 潜能照射量、摄入量与有效剂量的换算

吸入的 Tn 子体在肺内产生的有效剂量也采用与氡子体相同的流行病学方式，从而得到吸入 Tn 子体的 α 潜能照射量 $P_{p,Tn}$、α 潜能摄入量 $I_{p,Tn}$ 与有效剂量 E 的约定转换因子为

$$E/P_{p,Tn} = 0.47 \text{ mSv/(mJ·h·m}^{-3}) \tag{3.8.5}$$

$$E/I_{p,Tn} = 0.39 \text{ mSv/mJ} \tag{3.8.6}$$

对应剂量限值 20 mSv/a，相当于 Tn 子体 α 潜能摄入量为 0.051 J，Tn 子体 α 潜能照射量为 12 WLM 或 0.042 J·h·m^{-3}。

3.8.4 氡照射量与有效剂量

因为氡浓度测量比氡子体浓度测量更容易，且代表性好。如前所述，氡照射量是一定时间内氡放射性浓度的时间积分，当确定了氡与子体平衡因子时，可推出氡照射量与氡子体 α 潜能照射量的关系，相应可确定氡照射量与有效剂量的换算关系。

如平衡因子定为 0.4，氡照射量为 1 Bq·h·m^{-3} 相当于氡子体 α 潜能照射量 2.22 nJ·h·m^{-3} 或 6.28×10^{-7} WLM。氡照射量与有效剂量的换算关系为

对工作人员：$E/E_{Rn} = 3.1×10^{-6}$ mSv/(Bq·h·m^{-3})

对公众：$E/E_{Rn} = 2.44×10^{-6}$ mSv/(Bq·h·m^{-3})

以上给出的 Rn 和 Tn 子体的有效剂量约定转换因子是 ICRP 的建议，我国国家标准《电离辐射防护与辐射源安全基本标准》（GB 18871—2002）等同采用。

练习（含思考）题

1. 自然界中主要氡同位素的来源？

2. ^{222}Rn/^{220}Rn 子体的定义,进行子体的 α 测量时,主要测量哪几个元素?

3. 为什么一般不考虑^{219}Rn 及其子体的健康效应?

4. 三大天然放射核素衰变系列分别是什么?^{222}Rn,^{220}Rn 分别属于哪个系列?

5. 分析氡及子体构成天然放射性照射的主要来源之一的原因。

6. 试述氡子体 α 潜能浓度的定义,以及平衡当量氡浓度的定义。

7. ^{222}Rn,^{220}Rn 的半衰期分别是多少?我国某些地区和某些类型住房中钍射气浓度较高的原因。

8. 简述氡及子体对人类健康影响的表现。

9. 室内外环境中氡浓度变化的影响因素有哪些?室外氡浓度随时间大致呈什么规律变化?

10. GB 18871—2002 对民居氡浓度的限值是多少?

11. 分析电流电离室测氡的优缺点及原因。

12. 简述小立体角绝对测氡法的原理,为何能实现绝对测量?

13. 常用的环境氡测量方法主要可以分为哪几类?哪些方法可以同时测量^{222}Rn/^{220}Rn 浓度?

14. 常用的氡子体测量方法有哪几种,其中哪些方法可以同时测量^{222}Rn/^{220}Rn 子体浓度?

15. 氡析出率的定义,影响因素有哪些?

16. 氡环境试验系统(氡室)的主要组成部分有哪些?其中哪些环境因素影响^{222}Rn 子体浓度?

17. 为什么对人体造成辐射剂量的主要是氡子体而不是氡气本身?

18. 假定室内氡浓度为 40 Bq/m^3,平衡因子 0.4,室外氡浓度为 10 Bq/m^3,平衡因子 0.6。某人在室内外的居留因子为 0.8 : 0.2。请计算其因吸入氡及其子体所致的年有效剂量。(假定平衡当量氡浓度 C_{eq} 的有效剂量转换因子 DF $=9$(nSv·h^{-1})/(Bq·m^{-3}))

19. 某铀矿井下氡浓度为 5 000 Bq/m^3,^{218}Po(RaA)、^{214}Pb(RaB)和^{214}Bi(RaC)的浓度分别为 4 000 Bq/m^3、3 000 Bq/m^3 和 2 000 Bq/m^3。请根据本书表中提供的参数计算平衡因子 F。

参考文献

[1]　张智慧. 空气中氡及其子体的测量方法[M]. 北京:原子能出版社,1994.

[2]　谈成龙. 当今测氡方法及设备面面观[J]. 世界核地质科学,2003,20(4):213-223.

[3]　国家质量监督检验检疫总局,中国国家标准化管理委员会. 辐射防护仪器 氡及氡子体测量仪 第1部分:一般原则:GB/T 13163.1—2009[S]. 北京:中国标准出版社,2009.

[4]　IEC. Radiation protection instrumentation:Radon and radon decay product measuring instruments Part 1:General principles:IEC 61577-1[S]. [S. l. :s. n.],2006.

[5]　STEIN L. Chemical Properties of Radon[C]//Radon and Its Decay Products:Occurence,Properties and Health Effects. The 191st Meeting of the American Chemical Society. [S. l. :s. n.],1985.

[6]　任天山. 室内氡的来源、水平和控制[J]. 辐射防护,2001,21(5):291-299.

［7］　潘自强. 我国天然辐射水平和控制中一些问题的讨论［J］. 辐射防护，2001，21（5）：257-268.

［8］　吴慧山. 关于氡若干问题的讨论（二）：氡危害的历史考究［J］. 世界核地质科学，2005，22（3）：172-177.

［9］　俞义樵，柏本宣，李帅. 建筑物内钍射气的性质和测量［J］. 重庆大学学报（自然科学版），1999，22（4）：34-38.

［10］　张哲. 氡的析出与排氡通风［M］. 北京：原子能出版社，1982.

［11］　国防科工委科技与质量司. 电离辐射计量［M］. 北京：原子能出版社，2002：369-402.

［12］　IEC. Radiation protection instrumentation：Radon and radon decay product measuring instruments Part 4：Equipment for the production of reference atmospheres containing radon isotopes and their decay products（STAR）：IEC 61577-4［S］：［S. l. ：s. n. ］，2009.

［13］　COLLÉ R，HUTCHINSON J M R，UNTERWEGER M P. The NIST primary Radon-222 measurement system［J］. Journal of Research of the National Institute of Standards and Technology，1990，95（2）：155-165.

［14］　PICOLO J L. Absolute measurement of Radon 222 activity［J］. Nuclear Instruments and Methods in Physics Research Section A：Accelerators，Spectrometers，Detectors and Associated Equipment，1996，369（2/3）：452-457.

［15］　PAUL A，HONIG A，RÖTTGER S，et al. Measurement of radon and radon progenies at the German radon reference chamber［J］. Applied Radiation and Isotopes，2000，52（3）：369-375.

［16］　RÖTTGER S，PAUL A，HONIG A，et al. On-line low- and medium-level measurements of the radon activity concentration［J］. Nuclear Instruments and Methods in Physics Research Section A：Accelerators，Spectrometers，Detectors and Associated Equipment，2001，466（3）：475-481.

［17］　张怀钦，邢雨，敬凡兰，等. 内充气电离室相对测氡标准装置［J］. 原子能科学技术，1998，32（4）：317-322.

［18］　潘自强. 电离辐射环境监测与评价［M］. 北京：原子能出版社，2007：439-482.

［19］　国家质量监督检验检疫总局，中华人民共和国建设部. 民用建筑工程室内环境污染控制规范：GB 50325—2001［S］. 北京：中国计划出版社，2002.

［20］　国防科学技术委员会. 水中氡测量规程：EJ/T 1133—2001［S］. 北京：中国标准出版社，2001.

［21］　国家环境保护总局. 水中镭-226 的分析测定：GB 11214—1989［S］. 北京：中国标准出版社，1989.

［22］　谈成龙. 水中氡的测量方法及其应用［J］. 世界核地质科学，2004，21（3）：163-167. ［23］

［23］　康玺，肖德涛. 空气中^{222}Rn/^{220}Rn 子体水平的 α 能谱法测量［J］. 南华大学学报（自然科学版），2005，19（2）：14-18.

［24］　THIESSEN N P. Alpha particle spectroscopy in radon/thoron progeny measurements

[J]. Health Physics, 1994, 67(6): 632-640.

[25] 陈生庆, 周剑良. 空气中^{222}Rn/^{220}Rn子体α潜能浓度测量方法的研究进展[J]. 南华大学学报(自然科学版), 2006, 20(4): 81-84.

[26] 刘艳丽, 肖德涛, 刘良军, 等. 钍射气^{220}Rn测量方法综述[J]. 辐射防护通讯, 2007, 27(2): 34-38.

[27] 联合国原子辐射影响科学委员会. 电离辐射与生物效应[R]//联合国原子辐射影响科学委员会2000年报告(Ⅰ, Ⅱ卷). 冷瑞平, 修炳林, 郭裕中, 等, 译. 太原: 山西科学技术出版社, 2002.

[28] 联合国原子辐射影响科学委员会. 电离辐射与生物效应[R]//联合国原子辐射影响科学委员会1993年报告. 王恒德, 李素云, 郭亮天, 等, 译. 北京: 原子能出版社, 1995.

[29] 肖德涛, 丘寿康, 冒学勇, 等. 流气延时法测量^{220}Rn、^{222}Rn浓度的研究[J]. 原子能科学技术, 2005, 39(3): 278.

[30] 俞义樵. 空气中钍射气活性炭收集器的研究[J]. 重庆大学学报(自然科学版), 1999, 22(2): 63-68.

[31] 俞义樵, 柏本宣, 陈佳慎. 空气中钍射气的探测[J]. 重庆大学学报(自然科学版), 2000, 23(5): 96-99.

[32] 国家质量监督检验检疫总局. 测氡仪检定规程: JJG 825—2013[S]. 北京: 中国标准出版社, 2014.

[33] 全国电离辐射计量技术委员会. 测氡仪检定规程: JJG(核工)024—98[S]. 北京: 中国标准出版社, 1998.

[34] 全国电离辐射计量技术委员会. 氡子体浓度测量仪检定规程: JJG(核工)025—98[S]. 北京: 中国标准出版社, 1998.

[35] 郭秋菊, 许寿元. 氡的危害及剂量估算[J]. 中华放射医学与防护杂志, 2004(1): 85-87.

[36] ICRP. Protection Against Radon - 222 at Home and at Work [R]. [S. l.: s. n.], 1993.

[37] 郭秋菊, 孙建永. 氡暴露的剂量评价方法[J]. 中华放射医学与防护杂志, 2001, 21(5): 376-377.

[38] 国际原子能机构. 铀尾矿氡析出测量与计算[M]. [S. l.: s. n.], 1992.

第4章　环境样品的采集及预处理

4.1　样品的采集与制备

4.1.1　采样的一般原则

环境放射性及污染物的监测数据是评判环境质量优劣的重要依据。样品的采集、保存和预处理是整个环境监测工作的重要环节,是保证样品中待测污染物具有代表性的首要条件。实际经验表明,采样误差往往大于分析误差。因此,必须重视样品采集、保存和预处理,把从样品采集到分析测量作为一个有机整体来看待,并对其中每一环节实施必要的质量保证。

对于环境监测来说,由于监测的对象是环境的一部分,因而无论是就地测量,还是取样后实验分析测量,都不可能直接获得监测对象的总体信息。实质上都存在一个取样问题。所谓取样,就是为了得到有关整个总体的信息而从研究其性质的总体中抽取出一组单个样品或一组测量值。由此可见,要保证环境监测的质量,首先保证取样的代表性是十分关键的。所谓样品的代表性,就是指取样获得的数据能准确代表监测对象的总体特性、取样点参数的变化、取样过程的条件或环境状态。需要采集的环境样品的种类,通常取决于监测的目的和监测对象。例如,事故状况下的环境监测与常规环境监测的取样对象可能不同,前者首先要考虑的是水源和食品的污染范围及污染水平,以便决定取舍;而后者除应满足环境质量评价的要求外,还要满足各级环境法规的要求。对污染源调查以及环境本底调查中的采样而言,则有某些各自不同的特点,要结合具体情况予以确定。

取样对象确定后,如何合理地确定取样范围与分析频度,需要充分考虑以下一些因素:待测污染物的种类及其物理化学形态;待测污染物在环境中的转移与归宿;影响污染物在环境中转移的自然因素(气象、水文、植被等)和社会因素(土地利用、水资源利用情况)。同时要从技术可行性、经济合理性以及监测数据的效益上来综合考虑,尽可能做到环境监测最优化。有时还要结合监测工作经验,做出试行计划,以便在做初步分析后做合理的调整。

对任何环境介质的采样必须遵守采样的一般准则:样本采集的代表性、样本的均匀性、适时性。样品的代表性应体现在时间、空间及理化特性上。为体现时间分布的代表性,必须合理选定时间和频度;为体现空间位置的代表性,必须合理选定取样点。只有抽取的样本能够正确代表样品的总体时,分析结果才有意义。此外,样本记录应准确无误,样本的保存、运输中应防止其成分发生变化或沾污。

目前,国际标准化组织(ISO)及我国有关部门已就采样装置、采样技术、样品保存及其管理等制定了一系列标准。例如:

《核设施烟囱与管道中的气载放射性物质取样》(ISO 2889—2010)

《水质 采样 第1部分:采样程序和采样技术设计导则》(ISO 5667-1—2023)

《水质 采样 第3部分:水样保存和处理指南》(ISO 5667-3—2018)

《气态排出流(放射性)活度连续监测设备 第1部分:一般要求》(GB/T 7165.1—2005)

《气态排出流(放射性)活度连续监测设备 第2部分:放射性气溶胶(包括超铀气溶胶)监测仪的特殊要求》(GB/T 7165.2—2008)

《气态排出流(放射性)活度连续监测设备 第3部分:放射性惰性气体监测仪的特殊要求》(GB/T 7165.3—2008)

《气态排出流(放射性)活度连续监测设备 第4部分:放射性碘监测仪的特殊要求》(GB/T 7165.4—2008)

《气态排出流(放射性)活度连续监测设备 第5部分:氚监测仪的特殊要求》(GB/T 7165.5—2008)

《水质采样方案设计技术规定》(GB/T 12997—1991)

《水质采样技术指导》(GB/T 12998—1991)

《水质采样样品保存与管理技术规定》(GB/T 12999—1991)

《大气降水采样和分析方法》(GB 13580.1—1992)

《大气降水样品的采集与保存》(GB 13580.2—1992)

《环境核辐射监测中土壤样品采集与制备的一般规定》(EJ 428—89)

《环境辐射监测中生物采样的基本规定》(EJ 527—90)

《放射性气溶胶采样器》(EJ/T 631—92)

《工业固体废物采样制样技术规范》(HJ/T 20—1998)

《核设施水质监测采样规定》(HJ/T 21—1998)

《气载放射性物质取样一般规定》(HJ/T 22—1998)

《水质 总 α 放射性的测定 厚源法》(HJ 898—2017)

《水中氚的分析方法》(HJ 1126—2020)

4.1.2　采样方案的统计学考虑

选择采样点,规定采样方法、采样时间、采样频度和采样量,是监测方案的重要组成部分。统计学方法是以研究偶然现象的规律性的概率为基础的科学分析方法,而其在样品采集和监测方案制订以及环境监测数据分析中的应用日益广泛,成为一种重要的工具和手段。

4.1.2.1　随机抽样方法

按随机抽样原则进行采样而构成的样本,是对监测数据进行统计分析和推断的基础。客观上,在环境监测工作中应用随机抽样还存在一定困难和问题,主要是受到经费、时间和条件的制约。

为取得随机样本,首先应明确定义总体。应考虑地域、时间、监测项目以及待测污染物的差异。将定义的总体划分为相对独立的基本抽样单元,再按随机原则从这些单元中采集一部分样品监测,这些实测的采样单元就组成了该总体的一个随机样本。实际工作中,应结合具体情况研究确定组成随机样本的方法。

一般常用的随机抽样法有单纯随机抽样法、机械抽样法、分层抽样法和混合抽样法。

1. 单纯随机抽样法

具体方法为对总体的全部抽样单元进行编号,然后用抽签法或用随机数字表在编号范围内抽取若干数,相应于这些编号的抽样单元便组成一个随机样本。此法适用于采样单元之间差异不太大的情况,缺点是对抽样单位进行编号较为烦琐、费时。

例如,对某一区域不同时间土壤中的污染物采集随机样本时,可将地区范围划分成等面积的小块,并进行编号,按上述方法抽取,同时将时间分成相等的间隔按类似方法处理,最后再将地域范围和时间因素随机搭配,就构成了一个随机样本。

2. 机械抽样法

具体方法为将总体中的抽样单元按一定顺序排列,每隔若干单元抽取一个单元,也称系统抽样法。此法较单纯随机抽样法易于实行。当被抽取的单元在总体中分布较均匀时,样品的代表性较好。但当对某种呈现周期性(或间隔性)变化的项目进行机械抽样时,可能出现较大的偏差,特别是当选定的抽样间隔和此周期一致时,样本中包含的测量值无法反映其变化情况,以致样本对总体的估计具有某种偏离。

例如,对每周内呈现周期性变化的河水样品进行随机抽样,若一年内在每周的某一时间采样,则所采集的样品组成的样本对总体而言存在偏离,最终所得的河水中污染物浓度水平的估计将会过高或过低。因此,对存在周期性变化的监测项目,要仔细研究获得随机样本的方法。

3. 分层抽样法

具体方法为将总体按一些重要特征分成几个层次,在每一层次中用单纯随机抽样或机械抽样法各抽取适当数目的采样单元组合成一个样本。该法的优点在于:一般对由几个具有不同特征的部分组成的总体具有较好的代表性;因事先已按一些重要特征将总体分成不同层次,故同一层次内抽样单元之间的差异较小;在各层抽取同样数目的抽样单元的情况下,平均水平估计值的差异比单纯随机抽样大为减少;采用该法可对各层间的调查结果进行比较。

为确定各层内抽样单元的数目,可采用按比例分层抽样和样品容量最优配置的分层抽样两种方法。

采用按比例分层抽样时,各层中抽取的单元数在样本中的比例与该层内单元数目在总体中所占的比例保持相等。设总体共分 K 个层次,各层内抽样单元数分别为 $N_1, N_2, \cdots, N_k$, N_i。现拟抽取 n 个单元组成样本,则按比例分层抽样各层内抽取的单元数 n_i 为

$$n_i = n\frac{N_i}{N} \tag{4.1.1}$$

而

$$n = \sum_{n=1}^{k} n_i$$

令样本数据 x_i 的权重:

$$w_i = \frac{N_i}{N}$$

由于 $N_i/N = n_i/n$,计算均数 $\overline{X}$ 及其标准差 S 的公式分别为

$$\overline{X} = \frac{\sum n_i \bar{x}_i}{n} \tag{4.1.2}$$

$$S_{\bar{x}} = \sqrt{\frac{\sum w_i S_i^2}{n}} \tag{4.1.3}$$

式中　$\bar{x}_i$——第 i 层的均值;

　　S_i——第 i 层的标准差,由以往积累资料或事前调查来估计[1]。

采用最优的配置分层抽样时,各层内要抽取的单元数 n_i 与 N_iS_i 成正比。在样本容量相同的情况下,其最终结果的差异最小。

例如,为调查排入废水流经附近的一个湖的底质中的放射性水平,根据以往积累的资料,将调查区域分成四个层次,每层内的放射性水平相似。若以 a_i 和 S_i 分别表示第 i 层的湖床面积和标准差,以 n 表示待采集的样品数,则第 i 层中分配采集的样品数 n_i 为

$$n_i = n \times \frac{a_iS_i}{\sum\limits_{i=1}^{k} a_iS_i} \qquad (4.1.4)$$

在各层中按计算得到的 n_i 随机采样组成样本,并由样本数据推断整个湖底质的平均放射性水平,则

$$\overline{X} = \sum w_iX_i \qquad (4.1.5)$$

$$S_{\overline{X}} = \sqrt{\sum \frac{w_i^2S_i^2}{n_i}} \qquad (4.1.6)$$

4. 混合抽样法

为分析环境污染而采集的样品可以为单个样品,也可以把一些样品混合起来组成代表一些地区、一段时间或两者均代表的混合样品。即使是单个样品,也可以认为是某一小范围或时间段内的混合样品。该法的优点在于:在保持样品代表性的情况下,分析混合样品,可减轻实验室负担;只要组成混合样品的数量相同,则由混合样品得到的结果是相应总体平均水平的无偏估计。但从混合样品中无法获得抽样单元间变异度的估计,且将增大最终推断总体均数置信区间的宽度。不过,该法在常规监测中应用较广。例如,将不同采集点的土壤样品混合起来代表某一区域的土壤样本;空气监测中的连续抽样一周或一个月的样品[2-3]。

4.1.2.2 采样时间和频度的确定

1. 采样时间

在环境污染监测中,有些监测项目存在周期性变异,有些则不呈现周期性变异。对呈现周期性变异(日、周、月)的监测项目,采样时间不能固定在日、周、月的某一固定时刻,而应分配在不同时刻采集大致相同的样品,这样才能使总体平均水平的估计值不致产生严重偏差。对不呈现周期性变异的监测项目,可直接按所需采样总量平均分配在整个监测期中,其采样时间不会影响总体平均水平的估计。

对监测项目是否存在周期性变异,可从两方面确认:对以往监测结果进行分析;进行试验性调查。必要时,试验性调查可在整个监测期间内进行,以免存在周期性变异而导致监测结果的失误。

2. 采样频度

一般而言,环境监测的采样频度以能反映出月、季、年的变化为宜,同时应与不同监测项目的要求相适应。相对而言,监视性监测应以相对较高的频度进行,而了解污染物积蓄趋势的一些监测项目则以低频度进行。

统计学方法在确定分析项目的采样频度中并非是唯一方法,有时可作为辅助手段。在确定采样样本容量后,将所需样品数分配在整个监测期内,则可以得出采样频度。

4.1.2.3 样本容量的确定

在随机采样中,样本容量是指所包含的实测个体或单一的数目,而由样本所代表的待

测对象的全体则成为总体。统计学方法用于确定样本容量的前提是随机采样，样品易于获得，取样及分析费用有保证。

依据置信区间确定样本容量，当监测项目的测定结果遵从正态分布时，如果要求用样本均数 $\overline{X}$ 推断总体均数 μ 的置信区间不超过某一数值 $2L$（L 为置信区间的 $1/2$），则可得到

$$L = t_{\alpha/2} \times \frac{S}{\sqrt{n}} \tag{4.1.7}$$

式中　S——监测项目样本的标准差；

　　　n——所需的样本容量；

　　　$t_{\alpha/2}$——学生（Student）分布因子。

变换式（4.1.7）可得

$$n = (t_{\alpha/2}S/L)^2 \tag{4.1.8}$$

由于式（4.1.8）中 $t_{\alpha/2}$ 值随自由度（$df = n-1$）而改变，通常要用逐步逼近法求解。先用标准正态变量 $u_{\alpha/2}$ 替代 $t_{\alpha/2}$ 求得样本容量的第一次近似值 n'，该值偏小。再用 $df = n'-1$ 的 $t_{\alpha/2}$ 代入求得 n''，这样连续替代，直到求得的样本容量与前一次的近似值基本相同时为止，此值即为所求的样本容量。

当监测项目结果的离散程度以变异系数 $CV = S/\overline{X} \times 100\%$ 的形式表示时（S 为监测数据的标准差），则置信区间也要以对平均数的百分比的形式表示，即 $L/\overline{X} \times 100\%$，则

$$\frac{L}{\overline{X}} \times 100\% = t_{\alpha/2} \times \frac{CV(\%)}{\sqrt{n}} \tag{4.1.9}$$

若要求 $L/\overline{X} \times 100\%$ 不大于 $P(\%)$，则

$$n = \left[\frac{t_{\alpha/2}CV(\%)}{P(\%)} \right]^2 \tag{4.1.10}$$

求解上式即可确定样本容量。

例如，由以往监测数据得知的土壤中铀含量近似正态分布，且 $\bar{x} = 1.30\ \mu g/g$，$S = 0.24\ \mu g/g$。现拟设计一个调查方案，要求 95% 置信度宽度 $2L \leqslant 0.26\ \mu g/g$，求所得样本容量。

由公式（4.1.10），当 $t_{0.025}$ 用 $u_{0.025} = 1.96$ 代替时，

$$n' = \left(\frac{1.96 \times 0.24}{0.13} \right)^2 = 13.1$$

取 $n' = 14$，这时 $df = 14-1 = 13$，$t_{0.025} = 2.15$，代入式（4.1.10）得

$$n'' = \left(\frac{2.15 \times 0.24}{0.13} \right)^2 = 15.8$$

取 $n'' = 16$，这时 $df = 16-1 = 15$，$t_{0.025} = 2.13$，代入式（4.1.10）得

$$n''' = \left(\frac{2.13 \times 0.24}{0.13} \right)^2 = 15.5$$

由于 n'' 与 n''' 近似相等，不再进行计算，则所需样本容量定为 16。

当监测项目结果遵从对数正态分布时，对置信区间的要求一般以上置信限（UCL）为几何均数 G 的若干倍的形式表示。设要求上置信限至多为几何均数 G 的 M 倍，则所需样本容量为

$$n = \left(\frac{t_{\alpha/2}S \lg X}{\lg M} \right)^2 \tag{4.1.11}$$

式中　$Slg\ X$——监测数据的几何标准差的常用对数值。

当确定了第一类错误的显著水平 α(双侧或单侧)及第二类错误的显著性水平 β 值后,样本容量也可由文献[1]直接查得。

4.1.2.4　最小采样量的确定

原则上,最小采样量 M_{min} 通常由两部分构成:监测分析样 M_{min}^A 和储存备用样 M_{min}^0,即

$$M_{min} = M_{min}^A + M_{min}^0 \tag{4.1.12}$$

式中,M_{min}^A 通常由污染物待测水平和监测方法的检出限来确定。环境样品中污染物待测水平可由以往监测结果、类比数据、文献资料中提供的数据来估计,也可通过预先调查进行估计。而 M_{min}^0 一般可取为 M_{min}^A 的 $1\sim3$ 倍,主要考虑今后重复测量、仲裁分析测量等所需的样品量[3]。

监测方法的检出限的估计是一个统计学问题。对于放射性测量,还应根据待测核素特性、探测效率和放射化学回收率将其换算成 Bq,则最小采样量可按下式进行估计:

$$M_{min}^A = \frac{L_D}{YEAe^{-\lambda t}} \tag{4.1.13}$$

式中　M_{min}^A——最小采样量,L 或 kg;

　　　L_D——仪器的最低探测限,计数·s^{-1};

　　　Y——化学回收率,%;

　　　E——仪器探测效率,计数·s^{-1}·Bq^{-1};

　　　A——样品中的待测核素含量,$Bq·L^{-1}$ 或 $Bq·kg^{-1}$;

　　　$e^{-\lambda t}$——从采样到测量期间待测核素的衰变因子。这表明对于短半衰期核素,其采样量应增大。

4.1.3　空气采样

空气采样和测量的目的是为了确定气载放射性物质的污染水平,还可检验核设施的运行情况,及早发现核事故,检查排放控制系统的运行效果,并为有关规程提供佐证资料等。

气载放射性物质通常包括气溶胶以及气体和蒸气两大类。由于气载放射性物质的浓度、粒度分布和理化特性随时间和空间不断变化,因此制订常规采样计划之前,必须查明气载放射性物质的时空分布变化规律,确定为获得有代表性的特征值所需的最少采样点与适宜的采样频度和时间。

4.1.3.1　气溶胶采样

气溶胶是指固体或液体粒子在空气或其他气体介质中形成的分散体系,其粒径一般为 $10^{-3}\sim10^2\ \mu m$ 量级。载有放射性核素的气溶胶被称为放射性气溶胶,如反应堆、加速器周围空气中的 ^{58}Fe,^{30}Si 等杂质被中子活化就会形成放射性气溶胶;铀、钍矿石的开采和冶炼中以及核燃料的生产和乏燃料后处理中产生的含有放射性物质的固体微粒泄漏到设备所在场所直到环境空气中也会成为放射性气溶胶;一些放射性气态核素子体产物,如 ^{222}Rn 和 ^{220}Th 的子体,也会在空气中形成放射性气溶胶。

1. 气溶胶微粒的采样原则

气溶胶微粒的代表性取样,应当不会改变它们的放化和物理特性。特别应当注意对取样嘴和传送管道的设计,以保证样品损失和对不同粒径的粒子间的分离做到最小。为了做好设计,有必要对流出物中气载微粒的大小分布和化学性质进行研究。同时在设计中,考虑到操作工艺的可能改变所带来的影响。在保证取样和监测系统的设计中,还应考虑保证

在事故或异常条件下仍能充分满足取样和探测要求。在排放之前流出物要先经过过滤,这一点是特别重要的。虽然可能直接贯穿高效过滤器滤材的粒子直径范围是 0.1~0.3 μm,但假若由此就得出取样系统只需要设计成收集亚微米粒子的结论,则是错误的。因为较大的粒子可以通过过滤器框架、密封填料上的小孔,以及滤材中的缺损而穿过过滤器,特别是在其使用寿期之后。在事故或异常情况下,可能会出现更大的粒径范围,包括明显进入惯性粒径范围的粒子(大于 2 μm AD),在设计中应当加以考虑。同时,异常情况下这种通过滤材填料和滤材缺损的泄漏量也可能大大增大。

因此,正常和异常条件下释放的特征是缓慢的、低水平的、几乎涉及过滤前各种粒径分布的释放;而事故条件下,其后果和浓度要大得多,但大于 100 μm 的粒子不可能大量出现,因为重力沉降和惯性撞击会使它们很快损失在管道内。因此可以在设计中考虑一个粒径的上界,对典型的烟囱条件,评价 10 μm AD 的粒子是适当的,对事故条件,考虑多大的粒径是一种慎重的选择。

总之,设计用于气溶胶取样的系统(连续空气监测器或在线记录性取样过滤器,或两者结合),应当要满足在正常、异常和事故条件下的最低性能目标。包括涉及输送粒子从取样点达到过滤(收集)器的效率、粒子大小或粒子种类偏离所带来的性能歧变,以及容许的监测总随机误差等。有关这些条件下的性能目标,将包括除了样品代表性这个中心问题以外的许多其他因素。

为了评估核设施对周围环境的影响,核设施设置了气体取样系统,对气载流出物进行连续取样测量。由于气载流出物主要是通过管道或烟囱排放到环境中,为了指导核设施气载流出物取样测量系统的设计,国际标准化组织参考美国国家标准《核设施气载放射性物质的取样导则》(ANSI N13.1—1969),制定了相应的国际标准《气载放射性物质取样的一般原则》(ISO 2889—1975),提出了多嘴等速取样方法,以降低放射性物质分布不均匀带来的影响。但是经美国得克萨斯大学研究人员发现,多嘴等速取样法存在诸多问题,其中最大的问题是多嘴取样器造成气溶胶的大量损失而导致较大测量误差,为此提出了护套式单嘴取样法并转化为美国国家标准《核设施烟囱与管道中气载放射性物质释放的取样与监测》(ANSI/HPS N13.1—1999)。经多年研讨和试验研究,国际标准化组织在新版美国国家标准基础上,修订并颁布了新版标准《核设施烟囱与管道中的气载放射性物质取样》(ISO 2889—2010)。该标准在推荐护套式单嘴取样方法及相应性能指标(即对流体动力学直径为 10 μm 的气溶胶粒子,取样器的总贯穿系数应大于 50%,且传输比在 0.8~1.3 之间)的基础上,并没有否定多嘴等速取样方法。同时,新标准要求采用试验方法进行验证。为了确定取样位置处气体充分混合,在实际工程中一般采用数值计算、比例模型试验和现场试验方法进行验证。

2. 采样点的确定

从静止的气体中采样,采样头的入口气流一般应取水平方位。在设计一个操作放射性物质的设施时,应考虑到采样点的预留位置和数目。在设施启动初期,应做较密的布点实验,以获取工作场所的最具有特征的采样点方面的资料。

在外环境中,应根据污染源的性质、分布情况和气象条件等确定采样点的位置和数目。一般在核设施的上风向和下风向都应布点。根据污染范围,在下风向应多布点。在障碍物的下风向采样时,采样点离障碍物的距离应大于障碍物高度的 10 倍。采样点入口气流的方向和速度一般应与被采样气流的方向和速度一致。采样高度一般距离地面 1.5 m。注意保持取样系统进气口和出气口之间的距离,防止形成部分自循环。

3. 采样时间和频度

固定式采样器可在采样频度和采样时间上均匀分布。对于短半衰期核素,采样和测量应在 2~3 个半衰期内进行。

在外环境中,放射性气溶胶的浓度一般较低,需进行大流量、长时间采样。环境采样无需高频度和短周期,一般能够反映旬、月甚至季度的变化即可。对于长半衰期核素,除非排放率波动很大或环境条件显著变化,采样周期一般为一个月或更长时间。

在连续监测仪发出警报,已知或怀疑出现异常场合时,必须增加采样点和频度,立即用大流量采样器收集样品,并采用单次与连续采样相结合的形式。可设置一套专门的采样系统,以备在非常规的情况下采样之用。

4. 采样体积

采样体积根据监测目的、样品浓度及测量分析方法的灵敏度来确定,对累计采样有:

$$F = \frac{q}{CT} \tag{4.1.14}$$

$$V = FT = \frac{q}{C} \tag{4.1.15}$$

式中 F——采样流量,以单位时间空气体积表示,$L \cdot min^{-1}$;

q——最小可探测放射性活度,Bq;

C——待测放射性活度浓度,以单位体积空气中的放射性活度表示,$Bq \cdot L^{-1}$;

T——采样时间,min;

V——采样体积,L。

可以通过选取适当的采样器截面积和流速达到一定的流量,调节流量 F 和时间 T 达到一定的体积,以满足测量分析方法的灵敏度和待测浓度的要求。若可直接进行物理测量,选择采样器截面积时应考虑到采样后所用测量探测器的有效面积;选择采样流量时应考虑到获取代表性样品对采样流速的要求,以及流速与收集效率、流阻等的关系。

由于取样体积的测定,直接影响到空气中放射性气溶胶浓度的推断,因此取样体积的准确度至少应在 ±10% 以内。取样流量要保持稳定,在正常运行和预期的滤纸负荷变化范围内,流量变化应不大于 20%。由于滤纸上的尘埃量有可能直接影响到取样流量,因此为了保证流量变化不大于 20%,必须根据具体情况及时更换滤纸。在一般含尘浓度高的环境中取样,采用目前国内普遍采用的国产大流量采样器,流量定在 $1 \ m^3/min$,连续采样 8 昼夜,可能需要每两昼夜更换一次滤纸。这样昼夜四张滤纸,可采样 $1\ 000 \ m^3$。对于大流量采样器,要防止收集到采样器本身的抽吸设备所排出的气体。

环境条件(温度,气压)的变化,可能影响取样体积估算的准确度,为了修正取样的这种影响,空气取样体积 $V(m^3)$ 应换算为标准状态下的取样空气体积。首先要对流量调节装置中的流量计测录到的流量修正到标准状态下的流量:

$$Q_{nb} = (Q_i - Q_{i-1}) \cdot \frac{T}{T_i} \cdot \frac{p_i - p_{bi}}{p} \tag{4.1.16}$$

式中 Q_{nb}——标准状态下的流量,m^3/min;

Q_i——在 p_i 和 T_i 下取样结束时的流量,m^3/min;

Q_i——在 p_i 和 T_i 下取样开始时的流量,m^3/min;

p_i——取样时的大气压力,Pa;

p——标准状态下的大气压力，$p = 101$ kPa；

p_{bi}——T_i 时饱和水蒸气的压力，Pa；

T_i——取样时的绝对温度，K；

T——标准状态下的绝对温度，$T = 273.15$ K。

然后，再根据换算后的标准状态下流量和取样时间算得取样体积：

$$V = Q_{nb}(t_2 - t_1) \tag{4.1.17}$$

式中　t_2, t_1——取样结束和取样开始的时间。

5. 样品的保护

取样结束后要注意保护好样品，防止样品脱落。样品不能互相重叠放置，不能暴露于空气中。对于小型滤纸，可将其小心装入稍大一些的测量盒中封盖保存。对于大型滤纸，可把载尘面向里折叠成较小尺寸，用塑料膜包好密封。

6. 采样方法与设备

放射性气溶胶采样器有两种类型：一种是对粒子大小无选择的总浓度采样器；另一种是对粒子大小有选择的粒度分级采样器。它们都配有相应的抽气设备、流量指示和调节装置等。

对于粒子不分离的总浓度采样器（图 4.1.1），最常用的是空气过滤法，可用于粒径在 $10^{-3} \sim 10^2$ μm 范围的放射性气溶胶的采样。目前所用滤纸主要有醋酸纤维素、醋酸纤维和石棉混合物、玻璃纤维以及薄膜滤纸等。对滤材的要求是：对粒子的收集效率高，对气流的阻力低，以及对 α 粒子的自吸收小。其他总浓度采样器还有静电沉降器和重力沉降器。

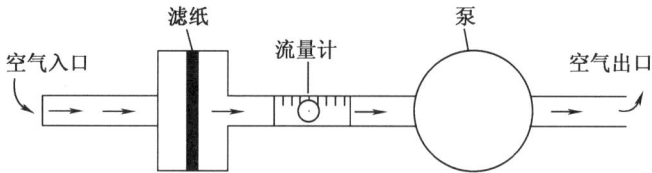

图 4.1.1　空气过滤法总浓度采样器示意图

例如，对于碘的取样，由于除了气溶胶形态的放射性碘以外，还存在普通滤纸不易收集的碘形态（元素态，化合物）。为了有效收集碘，必须采用特殊的过滤芯，如活性炭或沸石等。通过这种滤芯的流速一般要低于正常气溶胶的取样流速。可以采用浸渍（三亚乙基二胺）（TEDA）的活性炭收集碘和惰性气体，利用高纯锗 γ 谱仪很容易区分不同核素。在某些情况下也可能需要分析碘的组成，此时应采用组合式全碘取样器，见图 4.1.2。另外，为防止碘或碘化物凝结，还需对空气通道进行温度控制。

对于水蒸气中氚的取样，主要有干燥剂法、冷冻法和鼓泡法。其中，干燥剂法比较普遍，可用的干燥剂如硅胶、分子筛、沸石等，使空气通过干燥剂一定时间，把水分捕集在干燥剂上，从

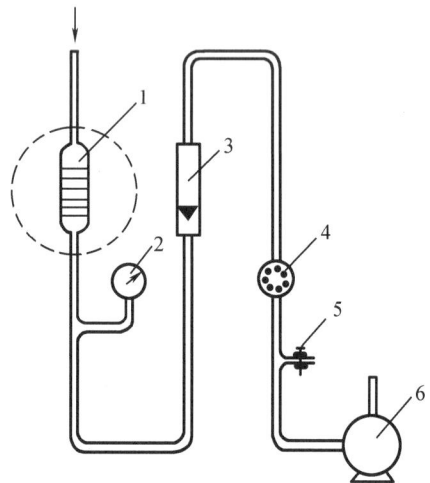

1—碘取样器；2—真空压力表；3—转子流量计；
4—累计流量计；5—气流调节阀；6—抽气泵。

图 4.1.2　碘取样系统示意图

流量计读数和抽气时间确定抽取的空气量,再通过测定吸收了水分的硅胶总质量,即可求出收集的水蒸气质量,从干燥剂上驱赶出来的水样供测量氚之用;冷冻法是将待测气流引入冷阱中,气流中的氚化水蒸气就在冷阱中凝结下来,供分析之用;鼓泡法,是使待测气流流进鼓泡器(如盛蒸馏水或乙二醇的容器瓶),使气流与液体发生气液两相交换以便把氚化水蒸气被收集在液体中。对于氢气中氚气的收集,都是先通过催化剂(如钯、铂和氧化铜)使元素态氚被氧化成氚化水,再用上述水蒸气收集法采集。

对粒子大小有选择的粒度分级采样器的种类很多,如冲击式采样器、向心分离式采样器、旋风式采样器、模拟肺沉积式采样器等,基本上都是利用粒子运动时的惯性不同来达到分离不同大小粒子的目的。测量粒子大小分布可选择的采样器一般是多级的,即把气溶胶粒子按大小分成多个部分,以给出气溶胶的粒度分布特性;也可是两级,即把气溶胶粒子按大小分成两部分,直接模拟肺沉积模型曲线。对这类采样器,应给出采样器各收集级或各收集部位的收集特性的实验刻度曲线。

无论是总浓度采样器还是粒度分级采样器都需要抽气设备。对抽气设备的要求是:

(1)能给出不同情况下所要求的流量。

(2)具有较好的负载特性,以便满足长时间采样,阻力随收集介质上的离子对积累而增加,但不应引起流量的明显下降。

(3)给出的流量要稳定,特别是用于粒度分级采样器的抽气设备,要有稳定的瞬时流量,气流脉动越小越好。

(4)要有足够的流率和探测效率,以符合灵敏度要求。

(5)发生收集器内的泄漏最少,在收集区内的粒子损失最少。

(6)噪声小,耗电少,维修方便。

各类叶片泵和隔膜泵均可满足上述要求。各类加油抽气泵和鼓风机等亦可酌情选用。

测定流量的装置有转子流量计、孔板流量计等。对于总浓度采样器,可采用只给出累计体积的累积式流量计。

4.1.3.2 气体和蒸气采样

对可疑结或反应性气体(如某些形态的放射性碘)的收集,必须加以专门考虑。应当避免长传送管道内的沉积和由于管道内温度变化而造成传送管道内的凝结。取样头和传送管的内表面应当由非反应性材料构成或覆盖。在设计中还应当考虑到气体到样品输送过程中发生部分化学变性(例如分子碘转换成有机碘蒸气)的可能性。对样品本身做某些调节可能是必要的,例如,小心地改变温度,或者用某种气态载体专门对样品进行稀释。对于由于相变可能引起损失和破坏的非放射性成分(例如水蒸气)的存在,也应当加以考虑。

1. 特定成分的采样

特定成分的采样是指用一种收集器把特定成分从气流中分离出来并保存住它的采样方法。采样时应详细了解采样对象及与之共存的非放射性气体和其他干扰物质的物化性质。当需要分离和收集一特定组分时,一般进行连续采样,且采样流量和时间要保证满足辐射测量方法探测限的要求,同时又要兼顾到收集器的收集特性。其基本收集方法有:

(1)固体吸附剂法

该法采用固体吸附剂作收集器。例如,活性炭是放射性碘的有效吸附剂,浸渍活性炭是碘的有机化合物的有效吸附剂。低温下活性炭也可用于吸附惰性气体。应注意,气流通过吸附床的时间要足够长,以保证有效的吸附;活性炭应维持适当温度,以提高吸附速率;

避免让气流中的粒子和非放射性的有机化合物阻塞或饱和活性炭的活化中心。

渗有活性炭的滤纸有时也可作收集器,但其后要放置一个活性炭床,以保证收集和留存所有的单质碘和有机碘蒸气。

银和纯铜网是去除特殊气载放射性蒸气的收集器。3~6层孔径约为150 μm的银或铜栅是去除单质气载碘的有效收集器,其效率约100%,但其不能作为有机碘的收集器。使用该类收集器时,通常在其前端放置一张微孔滤纸以去除气载粒子,后端放置一张浸渍活性炭滤纸或活性炭床以吸附有机碘。可利用各种过滤介质对不同形态碘的吸附差异组成组合式采样器,以分别测量气溶胶状态、单质态和化合态的碘。

变色硅胶也是一种吸附剂,常用于收集蒸气形态的氚。被收集的氚可直接由收集床测量,也可用加热解吸或用合适的溶剂将其洗脱下来进行测量。

(2)吸收法

该法用装有吸收液的容器作收集器,使空气从中通过,利用一些特殊的化学反应或溶液的特殊溶解性,把某种放射性气体和蒸气与空气分离出来。例如,氢氧化钠溶液吸收采样器可从气流中吸收单质态的碘和四氧化钌,不过在气流进入溶液之前应先利用过滤器去除气载粒子。

通常在吸收采样器内填充陶瓷填料、玻璃小球等材料,以增加吸收液与气流的接触面积,提高吸收效率。对吸收器的流量、采用的溶液整体结构及总的效率均由实验确定。例如,收集空气中的^{14}C时,可先使空气通过变色硅胶柱以除去水分,然后用泵使空气通过分子筛。国际上已经证明利用该法在-70 ℃下将空气中的CO_2吸附到分子筛上是一个成功的方法。当分子筛被加热到380 ℃或500 ℃时,被吸附的CO_2即可从分子筛上解析下来,经过纯化后可直接进行读数,也可用$Ba(OH)_2$或$BaCl_2$溶液吸收使其转变为$BaCO_3$盐形式进行测量,还可以溶液形式进行液闪测量。

由于^{14}C和氚具有许多相似的性质,如具有不同的化学形态:HTO、HT、CH_3T和CO、CO_2、CH_4等碳氢化合物;碳氢化合物完全燃烧后生产H_2O和CO_2;同属低能β核素只能用液体闪烁计数法测定其活度。因此,空气中的^{14}C和氚取样器,根据CO_2或HTO吸收剂瓶对催化剂床的不同布置,又分为空气中CO_2-CO、CH_4或HTO-HT甄别式取样器,空气中总^{14}C取样器和总氚取样器。在许多核设施气体流出物累积取样监测中,也有二合一的^{14}C和氚累积取样器[4]。

(3)冷凝法

该法用于收集挥发性的放射性物质。冷凝收集器可由置于干冰池中的U形管构成,适用于收集挥发性的有机化合物;也可由液态空气冷阱系统构成,用于收集氪和氙等惰性气体。这两种方法均应先用特殊收集器去除气流中的水蒸气。样品收集后,需用杜瓦瓶使其保持在沸点以下待分析。

该法也常用于收集蒸气形态的氚,适用于收集较长时间的累积样品和连续监测样品。

2.不分离特定成分的采样

在某些情况下,含气态放射性成分的空气取样可能旨在测量气载物质的相对水平或趋势。对象是惰性气体同位素、氚、反应堆附近的活化气体。体积式收集器和流气式探测器,是用于总气体取样或监测的两种主要方法,由于这两种方法对于所关注的放射性物质成分并不进行浓集,因此其灵敏度可能是不能满足要求的,必须具体对象进行具体评估。

体积式取样可以包括以下几种:

(1)利用一个抽空容器来收集总的放射性气体和蒸气,主要用于确定空气中总的放射性污染水平。该容器可为电离室,其电离电流即表示空气的相对放射性水平。需要注意的是,采样系统和电离室内气体的温度必须远高于露点;电离室内的污染程度将随采样次数的增加而逐渐累积,需设法去污,并随时充入干净空气,以检查电离室是否存在累积下来的污染。利用该法采样时,可在采样器前加过滤器,以去除放射性粒子,也有助于保持采样器的清洁。

(2)把一个预先抽空的容器在取样地点打开,气体吸入后加以密闭,在实验室进行测量。

(3)使取样气流通过取样容器,直到容器内的原有气体被完全驱走为止,然后关闭进出阀门。

(4)把取样气流泵入一个抽瘪的袋内,然后压出进行分析。

(5)把取样气流压缩进一个容器,以进行实时或接下来的分析。

流气式取样容器也可以是一个电离室,电离室的电流大小反映气体中物质的相对放射性活度。必须注意,要保持气体明显处在它的雾点以下。污染物可能在电离室内累积,要注意定期清洁。

流气式取样器也可以用一个装置在附近,或插入管壁的井形 γ 射线闪烁计数器,或其他类型探测器来进行监测。同样也有测量室被污染累积的问题,需定期去污,当只监测气体时,在前面设置预过滤器可以减轻污染的累积。流气式取样系统经常用于动力堆的事故监测,可以把高或宽量程探测器直接装在流出物烟囱或导管内。

由于该法未对气体放射性进行浓集,测量灵敏度较低,使其应用受到限制。

值得注意的是,空气采样监测应与生物样品分析的结果经常进行对照,管道和烟囱的排放采样分析结果应与周围环境的采样分析结果相互印证。

4.1.4 沉降物的采样

沉降物通常包括沉降到地球表面的落下灰、雨水和雪。收集沉降物并测量其放射性活度的目的在于了解核事故或核武器试验引起的地面辐射场强度变化,并估算可能引起的任何危害[5]。

4.1.4.1 采样设备与方法

沉降灰取样,除了利用专门的沉降收集器收集以外,土壤和植物上的污染收集也是一种方法,广义上讲,地表污染的直接测量也是一种沉降取样监测。以下介绍几种常规方法。

1. 黏纸法

该法常用于测量单位时间、单位面积地表放射性落下灰的沉降量。早期采样的装置如图 4.1.3 所示,框架距离地面约 1 m,每张纸暴露 24 h,纸表面的黏性涂层可有效捕集沉降于其表面的落下灰颗粒,平均收集效率约为 70%,不能用于放射化学分析,一般

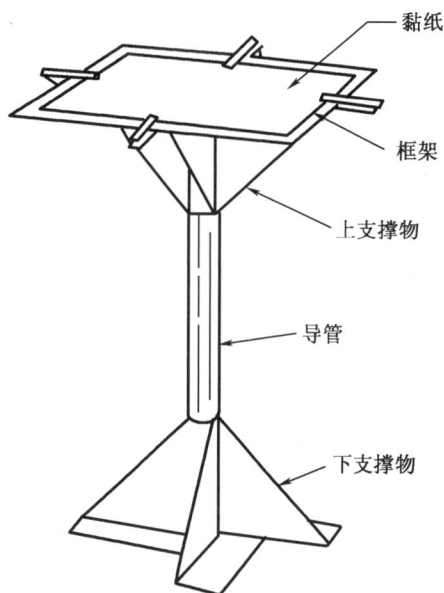

图 4.1.3 采集黏纸样品的框架

只用于总 β 放射性活度测定。

经改进的黏纸法是将含灰量低的棉纸、粉廉纸等制成圆形薄纸,涂上一层凡土林加机油或松香加蓖麻油等黏性油,将其粘于面积相同、边高 10 cm 的圆形盘底。该法可在雨雪后将雨、雪同时收集,并用纸和酸性水擦洗盘底,样品合并。将黏纸剪碎、蒸干、炭化,并移入 500 ℃ 马福炉中灰化,灰样供总 β 放射性活度测定或核素分析用。

2. 水盘法

该法通常采用不锈钢或聚乙烯制成的高 15 cm、面积 2 500 cm² 的圆形水盘采集沉降物样品。盘内盛有 0.1% 的硝酸或盐酸,并酌情加适量载体。将水盘置于采样点暴露 24 h 或更长的一段时间,暴露期间保持盘底有水,以免已被收集的沉积物随风扬起造成损失。暴露结束后,将盘内收集物全部转移到烧杯中,盘底用稀硝酸洗涤,样品合并。将样品加热蒸发浓缩至约 20 mL,转入已称重的坩埚中蒸干,并于 500 ℃ 马福炉中灼烧 2 h,灰样供总 β 放射性活度测定或核素分析用。

3. 高罐法

该法是采用不锈钢或聚乙烯制成壁高为直径 2.5~3 倍的圆柱形罐采集沉降物样品(图 4.1.4)。罐内不必存水,可作长时间采样器使用。样品处理方法同水盘法。

注意,无论是水盘法或高罐法,均要求容器表面光滑,不吸附放射性核素。为了防止降雨会冲走沉积物和防止降水样与气载沉降物相混,应采用降雨时会自动关上顶盖,不降雨时自动打开顶盖的沉降收集器,见图 4.1.5。另一个值得注意的问题,是要防止地面扬土和树叶之类杂物直接进入沉降盘,在沉降盘顶可加设适当的百叶窗片,沉降盘位置也不能太靠近地表。采集器应放置在开阔地,远离建筑物或树林。不被树木遮盖的建筑物的平顶也是理想的采样处所。

图 4.1.4　收集灰样沉积物的高罐

图 4.1.5　带自动顶盖的沉积物收集器

4.1.4.2　雨水(雪)的采集

除水盘或高罐可作为雨、雪的采样器外,还可将采样器制成漏斗型(图4.1.6),由30 L的聚乙烯瓶和漏斗两部分组成。收集器的面积要考虑采样期间能够收集到20 L雨水,因此根据各地的雨量情况可设置若干个采集器,或者在合适的房顶上用塑料薄膜做成大型漏斗。有时根据监测分析对象,串接离子交换柱等。例如,专门收集放射性碘时,可将阴离子交换柱与漏斗相连,吸附在离子交换柱上的放射性核素被洗脱后进行放射化学分离和测定,也可将树脂烘干后在450 ℃马福炉中灰化后进行放射性测定。

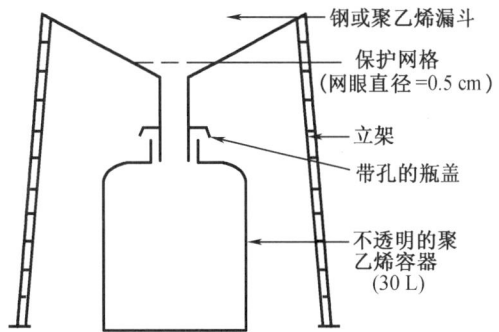

钢或聚乙烯漏斗
保护网格
(网眼直径=0.5 cm)
立架
带孔的瓶盖
不透明的聚乙烯容器
(30 L)

图4.1.6　雨水收集器

雨水采集器可设计成自动化收集装置,降雨时,雨滴可将灵敏电极接通自动移开盖板,雨停后线路断开将盖板自动复位。在冬季时为防止雨水结冰阻塞漏斗,应在采集器上安装电热器给漏斗加温。降水采集器应安放在周围至少30 m以内没有树林或建筑物的开阔平坦地域。采集器边沿上沿离地面高1 m,采取适当措施防止扬尘干扰。

如需从地面采集雪样,可选取一较平坦地面,用木铲取一定面积的全部雪层,清除其中的树叶和草木等异物。待雪融化后按雨水样品进行处理。

4.1.5　水和底部沉积物的采样

从核设施释放出的各种放射性流出物和来自核试验或核事故的放射性沉降物都可能造成水体污染,而底部沉积物则对一些关键核素具有较高的浓集作用,可记录给定水环境的污染历史并反映放射性沉积物的累积情况,因此需要对水和底部沉积物进行监测。核设施产生的各种液态流出物,一般都应当按场所、按放射性水平和化学特性等分别收集在相应的罐或池中,以便于分类管理和处理。

对各种水体的采样,通常有单次采样、连续采样和组合采样等三种方法。单次采样是指在特定地点单次(短时间内)采集水样。连续采样是指在特定地点不间断地采集水样。组合采样则有几种情况:将同一采样点不同时刻所采集的样品集中在一起的混合样,称时间组合样品;将不同采样点同时(或接近同时)所采集的样品集中在一起的混合样,称空间组合样品;将不同采样点不同时刻所采集的样品集中在一起的混合样,称时间空间组合样品。

单次采样只代表该点在采样时刻的状况,适用于一段时间内水体中的放射性水平比较稳定的情况,否则应考虑连续采样。组合采样适用于生产和特种工艺下水的监测,以及环境水体(地下水、地表水)长寿命放射性核素的监测。

底部沉积物是指矿物、岩石、土壤的自然侵蚀产物,生物过程的产物,有机质的降解产物,污水排出物和河床母质等随水流迁移而沉降积累在水体底部的堆积物质的统称。水、沉积物和各种水生生物构成了水环境体系。底部沉积物的采样监测目的是为了全面了解水环境的现状、污染历史以及沉积物污染对水体的潜在危险。

4.1.5.1 采样点的选定

1. 水样

一般来讲,水样的采样位置主要考虑以下三类:第一类为在水的使用地点,例如,娱乐区、公共供水源等;第二类为在动物(如牛)饮水或取水后用于喂养动物的地方;第三类为用于灌溉的水源。

布点时应考虑河流、湖泊、水库、海洋等水源的自然条件,将其分为若干断面进行采样。当作本底水平调查时,断面设置应多些;而在作污染水平调查时,断面可相对少些。但是,在自然径流改变的区域布点应多些,以便能追溯到污染源。

例如,经过城市的河流至少应在城市的上游、中游和下游各设一断面。城市供水点上游1 km 处至少设一个采样点。对于湖水和水库水,除了在其水域内按面积布点外,还应在各条小河或溪流的注入口及出口前后 10 m 左右布点。水深在 10 m 以下时,可只取表层水样;大于10 m 的可取表层及深层(距湖底 2 m)水样。对于河面较宽的河流,至少要在河两岸处适当距离及河流中心区域布设 3~5 个断面。河流深度超过 3 m 时,应在断面的上、下层布设采样点,3 m 以内可只取表层水样。流经城市、重要工业区或污染源的江(河)段上,对照断面应设在上游适当距离处,消减断面设置在最后一个排放口下游一定距离处(依河流大小而定),中间控制断面依具体情况选定。在粗略了解污染物垂直分布时,应根据水深的具体情况,至少在表层、中层、底层布设采样点;而做垂直分布调查时,采样点的数目至少要在 6~15 个之间[6]。

2. 底部沉积物

底部沉积物的采样是指采集泥质沉积物,其采样点应与水样的采样点位于同一垂线上,以便进行对比研究。

如果采集水样的控制断面和削减断面所处位置是沙砾、卵石或岩石区,则沉积物采样断面可向下游偏移至泥质区;如果水的对照断面所处位置是沙砾、卵石或岩石区,则沉积物采样断面可向上游偏移至泥质区。如果在采样点采样遇到障碍物,可适当偏移。若中泓点为沙砾和卵石,可设左、右两点;如果采样断面的左、右两点中有一点或两点均采集不到泥质样品,可把采样点向岸边偏移,但采样点必须在枯、丰水期都能被水淹没到的地方。

调查特定污染源影响时,应在排污口上游避开污水回流影响处设置一个对照断面,在排污口下游视河流大小而定,该距离内设置若干个断面进行采样。

4.1.5.2 采样频度与周期的确定

确定采样频度和周期时要综合考虑许多因素,包括污染源、污染物的特征,污染物出现的周期,污染物浓度变化规律等。

1. 水样

生活用水和工业用水的采样频度视水源和采样点位置而异。

当水源水体很大且采样点离岸边足够远、不受支流汇水或岸边排放的废水等影响时,可每两周或每月取样一次,使其能反映出季节变化,否则应缩短采样周期。

对于环境水体的污染监测,采样频度应视水的利用情况和废水排放情况而定。地下水可每月或每季度采样一次;地表水可每两周或每月取样一次。当发现水体受污染时,应增加采样频度。为能确定以预定的置信水平发现超过本底水平的污染,可应用统计学方法确定采样频度。

沿海受潮汐影响的河流,每次采样均应在退潮、涨潮时增加采样频度。

城市主要承受污水或废水的小河渠,每年至少在丰、枯水期各采样一次。

2. 底部沉积物

通常情况下,底部沉积物采样频度为每半年一次。有丰、枯水期的河流,每年应在枯水期采样一次。

4.1.5.3 采样器材的准备

1. 水样

应根据待测放射性核素可能存在的形态选取合适的采样容器。通用的采样容器是硬质玻璃或聚乙烯塑料容器。测量总 α、总 β 放射性活度时可采用聚乙烯瓶,但测量氚水时必须要用硬质玻璃瓶。采样前可设法用含待测核素的稳定同位素的水浸泡一天以上,以减少样品瓶壁对待测核素的吸附[7]。表 4.1.1 列出了几种国产水质监测采样器。

表 4.1.1　几种国产水质监测采样器

采样器名称	材质或规格型号	适用范围
水桶	塑料	表层水采样
单层采水瓶	玻璃或塑料	表层、深层水采样
直立式采水器	玻璃或塑料	同上
手摇泵	塑料	同上
电动采水泵	塑料	同上
深层采水泵	有机玻璃 HQM_1、有机玻璃 HQM_{1-2}	同上
连续自动定时采水器	XH_{81-1}	表层、深层和混合水采样
自动采水器	772,773,778,806 型等	同上

2. 底部沉积物

底部沉积物的采样容器可选用塑料袋或广口瓶,事先应用洗涤剂洗涮、清水漂洗干净后备用。装样品时,最好在塑料袋外面再套一个同样大小的白布袋。

底部沉积物采样器有两种类型:

(1)掘式采泥器:它是一种着底以后利用自重和弹簧关闭底板,抓取底泥的结构物。这类采泥器可能采集相当坚硬的底泥,采集面积也是一定的,提升过程中样品流失较少。缺点是一旦夹住砾石之类物质,采泥底板可能关闭不严,造成样品流出。在倾斜面和底泥非常坚硬的情况,采集也很困难。常用 $0.025\ m^2$ 的掘式采泥器(图 4.1.7),适用于表层泥质沉积物样品的采集。

(2)柱状采泥器(图 4.1.8):用于从软的、沙质和中等硬度的水体底部取样。其特点是既可通过缆绳操作,也可通过手工操作。如果需要大量样品,可以快速更换

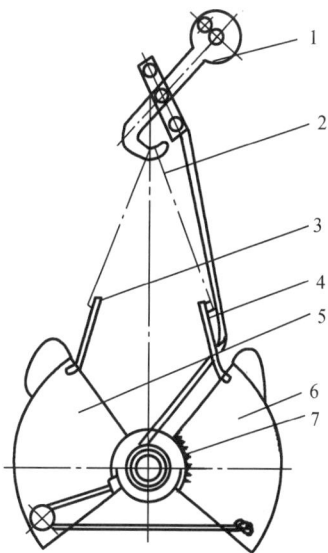

1—吊钩;2—采泥器的钢丝绳;3,4—铁铲;
5,6—内、外斗壳;7—主轴。

图 4.1.7　$0.025\ m^2$ 掘式采泥器

采泥器的取样管。取样管可以采用透明的有机玻璃材质。柱状采泥器的使用非常简单,既可以从浅水中取样,也可从深水中取样。柱状采泥器可通过用手推或者自身重力插入采样底部。当采泥器采集到所需的样品时,将采泥器从沉积物中取出,在上升过程中,采泥器顶端的阀门会由于水压的作用而关闭。采泥器向上移动产生一个真空作用,使得样品保留在采泥器的管中而不会损失。当采泥器从水中取出后,通过一个活塞将样品取出进行分析。

（3）箱式采泥器（图 4.1.9）:由一个坚固的黄铜或不锈钢材质制成,一般采泥器底部有 2 个弹簧闭合器,采泥器的这 2 个闭合器由释放的使锤激发。在采泥器向上拉出水体的过程中,采泥器顶部开口处的 2 块钢板可以防止样品被冲走。

图 4.1.8　柱状采泥器　　　　　　　图 4.1.9　箱式采泥器

4.1.5.4　采样方法

1. 水样

先将采样容器和接触水样器件的内表面用被采样水洗涤 3 次。从塞子或阀门处采样时,应先将采样管内积累的水放光,用水样清洗采样器后再进行采样。在水库和水池等特定深度采样时,要采用专用的采样器,防止在采样时扰动水体或使样品与空气接触引起待测成分的变化。采样时应避开表面泡沫和杂物。乘船采样时,不能在被螺旋桨或摇橹搅起的漩涡处采样。采集深层水样时,应将专用采样器放置在预定深度处,待扰动平稳后再开始采样。

一般采样时不分离颗粒状物质。如果水中含有胶状或絮状悬浮物,采样时要使其在样品中的比例与被采样水体中的比例大致相同。还应注意到,若采用防止吸附的措施（如加酸）,可能使吸附在颗粒表面上的放射性核素从悬浮状态向溶解状态转移。

在较浅的小河和靠近岸边水浅的采样点,可以涉水采样,但要避免搅动沉积物使水样遭受污染。涉水采样时,采样者应面对上游,稍后采样。

在需要采集大体积水样时,最好进行现场浓集。例如,通过泵将一定体积的水样流经适宜的离子交换剂、吸附剂,这样可大大减小样品体积。

2. 底部沉积物

底部沉积物中人工放射性核素主要存在于沉积物的表层,采集时应尽量采集未被搅乱的表层。在装样品前,先用采样点的水样荡洗容器 2~3 次。

对于浅水区,可用铲子手工挖出;对于深水区,可乘船采用掘式采泥器采样,方法如下:

（1）测量水深,检查采泥器与钢丝绳的连接是否牢固。

（2）开动绞车，将采泥器扶至船舷外慢慢放入水中。入水后先常速下放，至离底约3 m 时全速开放绞车，使采泥器迅速下降。

（3）采泥器到达底部后，不要立即关闭绞车，放出的绳子应稍大于水深，但不能过长，以免钢丝绳打结。

（4）提升采泥器时，开始应慢速，待其离底后即可快速提升，高过船舷时立即停车。

（5）将采泥器转入船舷内，送至接样盘上，打开腭瓣，使泥沙落入盘中。

（6）用不锈钢铲将盘中样品刮起上表层5 cm。若样品层次不清，则根据需要量取样，将样品装入500 mL 广口瓶中，装箱运回实验室。

取样后，将样品放入盘中以后静置一段时间，除去上面的澄清液和异物，把底泥样品移入样品容器中，密封保存。将运到实验室的样品倒入搪瓷盘内，拣出石块、贝壳、杂草等杂物，根据待测核素的特性，确定风干或烘干方法。如样品需要烘干，可将样品置于电热恒温箱中，于110 ℃恒温至半干，取出捣碎，过40 目筛，再放入110 ℃电热恒温箱中烘干，冷却，装入瓶中备用。

4.1.5.5 样品的保存和运输

从采样到样品分析的时间间隔越短越好。对于短寿命待测核素，应记录取样时刻并尽快分析。

取水样后，只有在分析方法中有明确规定时，才能向水样中加入化学保存剂（一般为硝酸或盐酸，pH 为2），如加入盐酸（1∶1）或者硝酸（1∶1），每升水样加2 mL 酸，然后盖严，并在标签上注明。监测氚、^{14}C 和^{131}I 的水样不用加酸；用离子交换树脂吸附法浓集锶与铯的水样也不用加酸酸化。取样时，可将温度计直接浸入河水或湖泊中，或者是水桶装满水后立即用温度计测量水温。由于湖泊、池塘水的分层，主要是受到温度分布的影响，因此最好能够测定不同取样深度上的温度分布。如有需要，也要测量 pH 值。原则上取样时不进行过滤等处理。如要进行过滤（澄清）操作时，要在野外记录表上记录清楚。

对于含有某些有机成分的水样，可用快速冷冻法保存。

对于排放水和环境水体的放射性监测，采样后应尽快分离清液与颗粒沉淀物，然后向清液中加入保存剂（一般用硝酸），避免水体中颗粒物质吸附的放射性核素向清液中转移。

除特殊情况外，盛水样容器不要装满，以防运输过程中因液体膨胀而使容器破裂。对快速冷冻的样品，要使用单独容器，并装上固体二氧化碳（干冰）一起运输，以保持样品的冰冻状态。

底部沉积物采样后应及时转移到样品容器中保存和运输，样品容器最好是广口聚乙烯容器（5～10 L，视采泥器的尺寸容量来选择）。没有容器时可采用聚乙烯袋（可将几个聚乙烯袋套在一起），放在硬板纸箱内运输。

4.1.5.6 样品的制备

1. 水样的制备

从采样点取回的水样，量取一定体积的水样于烧杯中，置于可调温电热板上缓慢加热，电热板温度控制在80 ℃左右，使样品在微沸条件下蒸发浓缩。为防止样品在微沸过程中溅出，烧杯中样品体积不得超过烧杯容量的一半。若样品体积较大，可分次陆续加入。全部样品浓缩至50 mL 左右，放置冷却。

将浓缩后的样品全部转移到蒸发皿中，用少量80 ℃以上的热去离子水洗涤烧杯，防止盐类结晶附着在杯壁，然后将洗涤液一并转入蒸发皿中。

沿器壁向蒸发皿中缓慢加入 1 mL 硫酸,将蒸发皿放在红外箱内或红外灯下加热,直至硫酸冒烟,再把蒸发皿放到可调温电热板上(温度低于 350 ℃),继续加热至干。

将装有残渣的蒸发皿置于马弗炉中,在 350 ℃ 下灼烧灰化 1 h 后取出,放入干燥器内冷却至室温后准确称量,根据与蒸发皿的差重求得灼烧后残渣的总质量。

将残渣全部转移到研钵中,研磨成细粉末状,准确称取不少于 0.14 mg(A 为测量盘的面积,mm^{-2})的残渣粉末到测量盘中,滴几滴易挥发的有机溶剂滴到测量盘中,使样品均匀地铺平在测量盘内,然后将测量盘晾干或置于烘箱中烘干,制成样品源用于低本底总 α、总 β 放射性活度测量和分析。

对于水中氚的测量,可在水样中加入高锰酸钾,经常压蒸馏后,馏出液与闪烁液按一定比例混合后用于液体闪烁法放射性活度浓度测量。对于部分环境水样,可采用碱式电解浓集或固体聚合物电解质(SPE)电解浓集的方法,将样品中的氚浓集后进行放射性活度分析和测量。

2. 底泥沉积物样品的制备

底泥沉积物取样后,将样品放入盘中静置一段时间,除去上面的澄清液和异物,把底泥样品移入样品容器中,密封保存。

将运到实验室的样品倒入搪瓷盘内,拣出石块、贝壳、杂草等杂物,根据待测核素的特性,确定风干或烘干方法。如样品需要烘干,可将样品置于电热恒温箱中,于 110 ℃ 恒温至半干,取出捣碎,过 40 目筛,再放入 110 ℃ 电热恒温箱中烘干,冷却,装入瓶中备用。

4.1.6　土壤的采样

土壤的采样和分析是测定沉积到地面上的气载及水载长寿命放射性污染累积量的有效方法。在核设施运行前的监测中,可提供放射性核素在土壤中的浓度;在常规监测中,可监测核设施排放的放射性核素的沉积情况;在事故情况下,也可获得相关信息,只是不如沉积物或气载放射性物质分析那样能及时、有效地提供资料[8]。

4.1.6.1　采样场所的选定

样品采集前应尽可能了解待测样品区域的自然条件(地质、水文、植被、气候等)、土壤特性(类别、化学成分、分布特征、耕作状况等)、毒物污染历史及现状等。可采用环境水平剂量当量巡测仪进行初步测定,以便了解辐射场是否均匀或异常。在充分掌握资料的情况下,根据分析评价的目的(如事故监测、本底调查等)设计合理的采样区域和采样点布局。在进行污染调查时,应选择远离污染源但土壤基质尽可能相似的区域作对照点。

农耕地,要考虑作物种类、施肥培植管理等情况,选定能代表该地区状况的地点采集土壤。对未耕地,最好选在有草皮(植皮)、无表面流失等引起的侵蚀和崩塌,周围没有建筑物和人为干扰的地点。农耕地的取样时间,最好选在作物生长的后期(能突出显示土壤条件对作物生长产量的影响)到下一期作物播种前。采集部位,应随监测目的而异。对于研究性监测,可能需要了解污染在土壤中的垂直分布,此时应采集剖面样。对于一般监测目的,如要了解表层沉积情况,可取 0~10 cm 表层土;若要了解耕作层的污染情况,对一般农作物耕作层可取 0~20 cm,对果林类农作物可取 0~60 cm 层混合样。

每个采样点实际是一个采样单元,应具体代表它所在的整片土壤。由于土壤本身在空间分布上具有一定的不均匀性,土壤被认为是不均匀的介质。因此,在环境监测中在每一单元内应多点采样并均匀混合,以获得有代表性的土壤样品。采样单元应注意避开有过多蚯蚓和啮齿类动物活动的区域,以及施过化肥的耕地。

典型的采样区域应选择在远离公路、铁路的平坦开阔地带。采样场所选好后,可在不同方位上选择有代表性的采样点,一般有四种情况供选择:对角线法、梅花形法、星形法和蛇形法等,见图4.1.10。其中,对角线法适宜于受污染的水灌溉的田块,由流水入口和出口连线将其三等分,每等分的中央点作为采样点;梅花形法适宜于面积较小、地势平坦、土质较均匀的区域,一般采样点5~10个;星形法适宜于中等面积、地势较平坦、土质不太均匀的区域,采样点一般采样点10~15个;蛇形法适用于面积较大、地势起伏、土质及植被分布均均匀的区域,一般采样点30~50个。

图4.1.10　几种采集土壤样品的布点方法

对土壤背景值调查的采样,应特别注意浅土母质的作用。采样点必须包括主要土壤类型,尽可能选取未受污染及人类活动影响的区域采样,对同一类土壤应取3~5个以上重复样。

4.1.6.2　采样频度和时间

采样频度取决于监测的目的。为了解土壤污染状况,可随时采样。如要同时了解该土壤上生长的农作物的污染状况,则采样时间应选择在作物生长的后期到下一期作物播种前。对于常规监测,一般每年采样一次。

4.1.6.3　采样深度

采样深度也取决于监测的目的。对于环境监测,一般采样取表层土壤。为了解近期气载及水载放射性物质的沉积情况,采样深度为5 cm。为测定早期核试验落下灰的沉积量,采样深度可为30 cm。为分析土壤中^{90}Sr和^{239}Pu的浓度,采样深度可分别为15 cm和10 cm。对于环境放射性水平调查,采样深度一般为10 cm。

4.1.6.4　采样方法与步骤

用于采集土壤的工具可多种多样,只要能采集到面积和深度符合要求的完整土壤样品即可。根据采样深度的不同,土壤采集器一般有两种(图4.1.9):一种是上下两端开口的圆筒,上部有把手,圆筒的前端装有锐利的刀子,内径5~8 cm,高15 cm或20 cm,可以从地表往下采集15 cm或20 cm深的土壤;另一种也是圆筒取样器,其前端有特殊的刀子,插入用第一种取样器打出的孔穴,旋转着向下再推进取样,内径5~8 cm,高70~100 cm,主要用于采集下层土壤样品。随着技术的发展,旋转锯法、自动化机械臂融合可视系统等也将被应用于土壤采集中。除采集器外,其他用具主要有以下几种:

(1)捡土棒,长100 cm左右,钢铁制品,主要用于取样前对取样地点附近的土壤做预备调查。

(2)铁锹、移植镘刀,用于挖空穴、回收土壤采集器等用。

(3)锤子、大木槌,用来冲打采集器。

(4)卷尺、刻度尺(100 cm)、绳索、标签、简易木筷,还可以包括GPS,用于决定取样点。

(5)其他,如乙烯罩布、聚乙烯口袋、地图等。

采样前应先除去采样点上的所有杂物。植物留下10~20 mm高。如有必要,可保留去除的植物。对于粉末状、干燥、疏松的土壤,用锤子打击采样器至预定深度,然后用铁锹和移植镘刀等挖出采样器。如为砂质土壤,为防止在回收采样器过程中采样器内的土壤脱落,可用移植镘刀将采样器开口部位堵住。在取出土芯前应去除采样器周围的土壤。

记下土芯的数目和直径,以便把监测结果和一定的地表面积联系起来,并标明采样地点、时间、深度及采样点周围情况。将同一地方多点采集的土壤样品平铺在搪瓷盘中或塑料布上去除石块、草根等杂物,现场混合后取 2~3 kg 样品,装在双层塑料袋内密封,再置于同样大小的布袋中保存待用。

4.1.6.5　土壤样品的制备

从采样点取回的新鲜土壤,首先取出一部分测量其含水率。分别测定新鲜土壤的湿重和 110 ℃ 下烘干后的干重,然后根据两者之差计算土壤的含水百分率。

将其余土壤放在搪瓷盘内,捣碎,除去石块等杂物,摊平,置于通风良好处风干,或者置于干燥箱中于 100 ℃ 下烘干。注意在风干或烘干过程中要严防放射性污染。

将干土块压碎、研磨,并用混样机或其他方法进行充分混合。样品先通过 20 目筛分一次,再粉碎,然后经 60 目筛分。如含砂较多,必须重复研磨,至全部过筛后,盛于玻璃瓶或塑料瓶内待测。

需要注意的是,对于制备好的土壤样品,若测量分析其天然放射性核素比活度,必须密封 20~30 天,待制土样过程中重新建立氡与氡子体的放射性平衡,才能进行低本底 γ 谱测量分析。

4.1.7　生物样品的采样

4.1.7.1　采集生物样品的一般原则

1. 样品的代表性

选择一定数量能代表被研究对象总体的样品, 例如,谷类一般选择当地消费较多和种植面积较大、生长均匀的地方,在收获季节现场采集谷类样品;蔬菜以普通蔬菜或者当地居民消费较多或种植面积较大的蔬菜为采集对象,原则上不选择大棚或水箱中培植的蔬菜样品;奶制品以直接从母牛(羊)身上挤得的原汁牛(羊)奶和经过消毒杀菌、脂肪均匀化等加工处理以后直接在市场上销售的市奶,以及脱水处理后的奶粉为对象,而黄油、干酪、冰激凌等奶制品除外;淡水生物以食用鱼类和贝类为淡水生物中的取样对象,在捕捞季节在养殖区直接捕集,或从渔业公司购买确知其捕捞区的淡水生物;指示生物如陆上的松叶、杉叶、艾蒿等,海洋里的紫壳菜、马尾藻等。

2. 典型性

采集的部位要能反映所了解的情况,例如,淡水生物取整个或可食部分,或者内脏、肌肉等;海产生物取全体或可食部分,或者内脏、肌肉等,根据目的采集不同部位;指示生物对松叶等,原则上采集二年生叶,对艾蒿等野草,也以其叶部为样品,茎、花蕾、花、枯叶则应除去,对海洋指示生物根据目的采集不同部位,可取全体或可食部分,或者内脏、肌肉等。

3. 适时性

根据监测目的和污染物质对样品的影响情况,在植物的不同生长发育阶段适时采样,有的仅在收获季节采集当年刚生产的食物样品[9]。

需要指出的是,食品的生产日期对半衰期较短的放射性核素的衰变校正十分重要,因此对生产日期有以下规定:

（1）大米、玉米、黄豆、小麦与蔬菜等农作物的生产日期指收获日期；

（2）茶叶、水果指采摘日期；

（3）鱼、虾指捕捞日期；

（4）奶、鸡蛋一般指挤奶、产蛋日期。

有些样品不能指出确切日期，只知一个日期范围，则按该时期的中点日期计算。

4.1.7.2 生物样品的采集

采样前，应对采样区的污染状况及自然环境进行了解，然后选定采样区，并在区内划分具有代表性的典型小区域进行采样。

依据监测目的，在选好的区域内分别采集植物的根、茎、叶、果或全株。对农作物、蔬菜的采集，一般在各典型小区域内按梅花形法采样或交叉间隔式（图4.1.11）采集5~10个样，然后混合成一个代表样品。对粮食作物，一般在收获季节按同法采样。对水生生物（如浮萍、藻类等），通常采集全株。对于食品样应选择膳食食品，重点采样产地或消费市场。

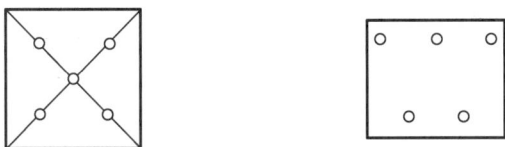

图4.1.11 生物样品采集方法示意图

4.1.7.3 生物样品灰化预处理

1. 干灰化法

通过该法处理，样品质量（或体积）一般可缩小1%~10%。干灰化法适用于样品量较大、对设备腐蚀作用小的样品。缺点是易挥发元素的损失率较大，且对某些样品（如粮食等）灰化时间太长。依据干式灰化方式的不同，可分为直接干灰化法、加辅助剂的干灰化法、低温干灰化法和充氧干灰化法。

（1）直接干灰化法

该法以空气中的氧为氧化剂，体系不密封，是一种通用方法，俗称"马福炉法"（图4.1.12）。该法中元素的损失率与灰化条件（温度、灰化时间、容器材料等）、元素性质和样品类型有关。某些元素和核素，如 Na，K，Cs，Hg，P，I，Ru，Zn，Cd，Sn，As，^{3}H 等较易挥发，应在低温下（<450 ℃）干灰化。

（2）加辅助剂干灰化法

该法同湿式灰化法结合使用，所用灰化助剂有 HNO_3，H_2SO_4，H_2O_2，$Mg(NO_3)_2$，NH_4NO_3 等。其目的在于促进有机物质的氧化分解，以缩短灰化时间。缺点是使操作复杂化，且因加入试剂而易引起污染、增高本底，因此需选用高纯试剂。

图4.1.12 马福炉

（3）低温干灰化法

该法可避免易挥发元素干灰化时的损失。一般有两种方法：射频激发氧低温灰化法和微波炉低温灰化法。前者应用较广,是在常压和低温下(<200 ℃),用射频(~10 MHz)激发氧的等离子体氧化样品中的有机物。基本可定量回收大多数易挥发元素,不改变无机物的组分和结构,特别适合于作无机物状态和结构分析时的样品处理。缺点是处理样品量少,设备较昂贵。

(4)充氧干灰化法

该法是一种快速干灰化法,也称"氧弹法"。该法采用纯氧作氧化剂,在密闭的压力体系中进行氧化,优点为有机物分解完全,无试剂污染问题,缺点是设备昂贵,容器内壁需用耐腐蚀、耐高温材料,样品处理量较小。

2.湿消化法

该法是将样品在氧化性溶液中加热进行消化,也称"湿消化法"或"湿消解法",通常在常压下进行,也有加压下进行消解的。该法优点在于氧化速率快,无需专门仪器设备,元素损失率小。缺点是试剂用量较大,需用高纯试剂,腐蚀严重,可能引起剧烈反应造成发生样液溅失或爆炸危险,处理较为费时费事。一般可分为高温湿消化法、低温湿消化法和微波湿消化法。

(1)高温湿消化法

该法以无机酸类为氧化剂,与样品在闭口容器中进行加热消化,消化温度一般在 300~350 ℃。该法可用单一无机酸,也可用混合酸。使用单一无机酸仍难以分解的试样,可用混合酸法进行消化。混合酸通常有以下几种: $HNO_3 + HClO_4$, $HNO_3 + HClO_4 + H_2SO_4$, $HNO_3 + H_2SO_4$。

(2)低温湿消化法

该法又可分为 Fenton 试剂(H_2O_2/Fe^{2+})消化法和 $HNO_3 - H_2O_2/UV$ 照射消化法。优点在于低温操作,适用于含低熔点挥发性元素的样品灰化。前者 H_2O_2 作氧化剂,Fe^{2+} 为催化剂,消化温度约 100 ℃,但不适用于脂肪、油类等消化。后者是处理植物样品的新方法,先用 HNO_3 预消化,再加入 H_2O_2 用紫外灯照射,消化温度 150 ℃。

(3)微波湿消化法

该法为当代样品前处理的发展趋势,其最大优点是灰化时间短(几分钟)、酸用量少(一般数毫升)、灰化损失极小。该法样品处理用量较少(0.2~10 g),但不适用于对微波渗透性差的样品,如焦炭、燃料等。常用微波功率为 400~700 W,可用单一无机酸或混合酸。为提高灰化速率,还可采用加压容器或密封容器中的微波湿灰化法(图 4.1.13)。

(4)熔融法

该法主要用于以三几种情况:

①干灰化法或湿消化法中不溶性残渣的处理。

②待测组分以不溶于酸的形式存在于样品中。

③加速示踪剂同待测核素间的同位素交换平衡。

图 4.1.13 微波消解仪

该法的制样效果取决于样品组成、熔剂选择及熔融温度。熔剂一般分三种:酸性熔剂、碱性熔剂和氧化性熔剂。酸性熔剂,如碳酸氢钠、硫酸氢钾、焦硫酸钾等,适用于氧化物和碱性物质的熔融;碱性熔剂,如氟化钠、碳酸钠、氢氧化钠等,适用于酸性物质如硅酸盐的熔融;氧化性熔剂,如硝酸盐、亚硝酸盐、过氧化钠等,可用于难熔融的氧化物。

各种样品前处理方法都有一定的适用性,表4.1.2从几个方面对各种样品前处理方法进行比较。

表 4.1.2 各种前处理方法的比较

方法	元素损失可能性	氧化速度	处理样品量	沾污可能性	对设备腐蚀性	设备费用
直接干灰化法	大	较慢	大	小	无	较贵
加辅助剂干灰化法	较大	较快	较大	可能	稍有	较贵
低温干灰化法	很小	快	小	小	无	昂贵
充氧干灰化法	可能	很快	较小	小	无	昂贵
无机酸湿灰化法	小	较快	较小	大	大	便宜
Fenton 试剂湿消化法	小	快	小	可能	不大	较便宜
$HNO_3-H_2O_2$ 湿消化法	较小	快	小	小	不大	较便宜
微波湿灰化法	小	快	小	小	不大	较贵

应该注意,不同的前处理方法都有一定的适应性和局限性。鉴于待测元素在环境样品中的化学形态往往不清楚,因而难以从理论上判断前处理时的损失率,应根据实验进行测定,也可做些预测。此外,由于灰化时影响元素损失的因素较复杂,谨慎选择适宜的前处理方法是必要的,只有在确定无损失的情况下,才能得到可靠的分析结果。

练习(含思考)题

1. 随机采样方法有几种?
2. 采样时间和频度确定应注意什么问题?
3. 最小采样量如何确定?
4. 气溶胶采样时应注意什么问题?
5. 简述水样采样点如何选择?
6. 土壤采样方法有几种? 简述各种方法的适用范围。
7. 土壤样品,若测量分析其天然放射性核素活度(浓度),为什么一般密封20~30天再进行低本底 γ 谱测量分析?
8. 农作物的合适采样时间是何时?
9. 生物样品灰化预处理有几种方法?
10. 生物样品的灰化处理应特别注意的事项是什么?

参考文献

[1] 高玉堂.环境监测常用统计方法[M].北京:原子能出版社,1980.
[2] 《环境放射性监测方法》编写组.环境放射性监测方法[M].北京:原子能出版社,1977.

［3］ 刘书田,夏义华.环境污染监测实用手册［M］.北京:原子能出版社,1997.

［4］ 王平,许光,丁世海,等.核设施气载放射性流出物取样新标准的分析与应用［J］.核电子学与探测技术,2012,32(4):391-395.

［5］ IAEA.Predisposal management of radioactive waste from nuclear fuel cycle facilities:IAEA safety series.No.41［S］.Vienna:IAEA,1975.

［6］ IAEA.Reference methods for marine radioactivity studies Ⅱ:Technical reports series No.169［R］.Vienna:IAEA,1975.

［7］ 中国环境监测总站等.环境水质监测质量保证手册［M］.北京:化学工业出版社,1984.

［8］ HARLEY J H.EML procedures manual:HASL-300［R］.New York:EML,1978.

［9］ 潘自强.电离辐射环境监测与评价［M］.北京:原子能出版社,2007.

4.2　环境样品的放射化学分析方法

4.2.1　方法概述

环境中的放射性有以下几个方面:①天然存在;②核试验沉降;③核燃料循环和核能生产;④放射性同位素生产与应用;⑤以核为能源的太空飞行器或水上舰船事故。由于天然放射性的本底极低且天然放射性系衰变复杂,而以上其他各种人类活动所涉及的放射性核素种类和污染物形态的差别很大、环境介质的成分种类繁多,因此相关的环境监测所关注的核素、监测范围和灵敏度等也会存在很大的差别。环境样品分析中所涉及的样品基质有空气、水、奶、动植物、土壤和岩石等,样品基质成分非常复杂。环境样品在直接进行放射性测量时,源的体积、面积越大,则需要加以修正而使结果的误差也越大。当所测辐射的能量分布不明确时,这个问题尤为明显。

在各种辐射中 α 测量样品必须很薄(测能谱时要求更严),β 测量样品也要相当薄才便于测量。因此用放射化学分析方法除去样品基质提高比活度,并制出薄而均匀的测量样品是非常重要的。对于 γ 测量样品而言,样品体积可以大得多(尤其在辐射能量明确,或使用谱仪测量时可以很大),但当样品来源未知时,除去基质可以测量更大的原始样品,从而提高了探测能力。对活度测量或是低分辨率谱仪测量来说,两种来源的辐射不能区分。即使是高分辨率谱仪,较高能量的辐射也会增加对较低能量辐射的测量结果的误差。经过放化分析程序,保留在测量样中的待测核素活度占样品中原有待测核素的份额提高,可能存在的核素减少,从而可以回避核素分辨或使用较简单的能谱分析仪器就可以进行测量。

总而言之,放射化学分析方法与物理测量和分析方法结合起来,将环境样品基质中大量有机物质和无机物质在分析前采用适当的预处理技术,除去这些物质,以便将放射性核素浓集,并转为适于放化分析的无机盐类,就能成百倍地提高测量能力,降低探测下限。

4.2.1.1　环境样品中放化分析方法特点

放化分析中,对核素含量的测定常常是通过测量它们按固定速率衰变而放出的带电粒子或 γ 射线来实现的。所以放化分析通常包括化学分离和放射性测量两部分内容。相对一般放化分析,环境样品的放射性分析多为低活度水平放射性分析,要求采用低本底的放射性测量装置和空白值较低的分析程序,测量时间较长,分析操作过程中的防护措施要求比较简单。

在经典的化学分析中,待测元素或化合物的量只要其存在的外界条件不发生变化就是恒定的。而放化分析中,所分析的放射性核素,即使外界条件不发生任何变化,它们也会按其固有的规律和速度发生衰变,母体不断减少子体逐渐增加,使体系的组成不恒定和复杂化。使得在放化分析工作中必须要考虑时间因素。当进行短寿命的放射性核素分析测量时必须快速进行,当待测核素为衰变链中的母体或子体时必须选择最有利的时机以适当的方式进行断链分离,使待测核素能最大限度地被探测出来。

由于体系的组成不断变化,在放化分析中一般不采用普通分析化学中所用的纯度概念和标准,而采用"放化纯度"。"放化纯度"是指在放射性物质中所需的某种放射性核素占总放射性的百分比,它是从是否存在放射性杂质,而不是从化学成分这一角度来衡量的。因此若有少量非放射性杂质引入,并不影响放射性纯度的变化。相反一种"化学纯"甚至是"分析纯"的物质,不一定达到了"放化纯度"。

在普通化学分析中,操作物质的量一般都在毫克量级以上,微克量级即是微量了。而在放化分析中,放射性核素的量要比微克量级低得多,其溶液的化学浓度极低。因而放射性溶液的浓度不能用一般化学中的摩尔浓度或浓度等单位表示,而是用放射性活度或比活度来表示。

4.2.1.2　环境样品中放化分析方法的一般程序

环境样品中各种放射性核素的放化分析一般包括以下步骤:样品预处理、放化分离、制成适当形式的放化纯样品及测量。下面分别就各分析步骤做简略叙述。

1. 样品预处理

样品预处理包括:分离待测样品中的基质,减少无用物质的量,将样品中的待测核素溶入溶液,具体见 4.1 节所述。

2. 放化分离

放化分离是使核素与干扰杂质进一步分离、纯化的方法。这种方法包括沉淀、溶剂萃取、离子交换、蒸馏、电解及萃取色层等方法,其中离子交换、萃取及萃取色层法更为常用。萃取色层法是以吸附于支撑体(如聚三氟氯乙烯、硅藻土等)上的萃取剂作固定相,在液体样品通过时待测核素被吸附,然后解吸的分离方法。其特点是反应进行迅速,分离效果好,萃取剂的用量少。

虽然分离方法也用液体样品预处理中提到的方法,但二者是相联系而又有区别的。预处理着眼于浓集,所以它要求对待测核素有较高的浓集系数,而分离着眼于纯化,要求有较高的去污系数,即尽可能完全除去杂质。为了表示分离效果,引入了"去污系数"这个参数,以 DF 表示:

$$DF = A_0/A_1 \tag{4.2.1}$$

式中　A_0——原始样品中某一沾污核素的放射性活度;

　　　A_1——经分离后该核素的放射性活度。

为了完全除去干扰杂质,得到较高的去污系数,保证测量结果的可靠性,单独一种分离方法是不完善的,往往需要多种不同方法的结合,才能达到分离目的。

3. 制样

制样是将已经纯化的待测核素按测量要求制备成适当的形式。γ 辐射体核素由于 γ 辐射具有强的穿透性,所以对制样没有严格限制,可以溶液、沉淀物或离子交换剂形式直接测量;当样品中待测核素含量足够高时,经简单处理即可直接测量,如蔬菜样品,经脱水后压缩成型即可直接测量。对于不限量的样品,如能除去大部分基质,当可降低探测下限。β核素可采用沉淀法制样,也可铺样和通过过滤方法制样。由于沉淀物具有一定厚度,要注意自吸收校正。α,β核素还可以采用蒸发法制样,即将溶液分批(或连续)转移到测量盘中,通过烘烤蒸干制备而成。此外,某些核素选用电沉积法制样,如^{60}Co。还有一些低能核素如^{3}H和^{14}C等,可将分离后所得溶液与闪烁液混合,用液体闪烁计数器测量。对于需要进行谱分析的核素,电沉积法更为常用,因为它能制得薄而均匀的源。

电沉积是环境样品铀、钍、钋及超铀元素放射化学分析中最常用的制样技术。电沉积槽见图4.2.1,利用电极间的电场分布使离子迁移沉积在阴极。电沉积前,一般要进行适当的分离纯化操作,以便去除干扰元素。这种浓集—分离纯化—电沉积—α谱测量程序在环境和生物样品α核素测定中应用相当广泛。与点样、蒸发法相比,电沉积法制样定量准确性高,均匀性、牢固性良好,所制备的薄源不需要进行自吸收校正,适用于α谱仪测量。

一个好的环境样品的电沉积程序应满足下述要求:①电沉积步骤的沉积效率应大于99%,即能达到定量回收。只有这样,才能保证方法的全程回收率和灵敏度。②电沉积体系的抗干扰性能好,即使有微量杂质存在,仍有高回收率,而对源的分辨率无明显的影响。③与分离纯化体系连接方便,最好是能采用洗脱液或反萃液直接作电解液。在蒸干转化体系连接时,待测核素应无明显的损失。④制备源均匀性、牢固性好,在使用低本底测量仪器测量时不应对仪器造成沾污。

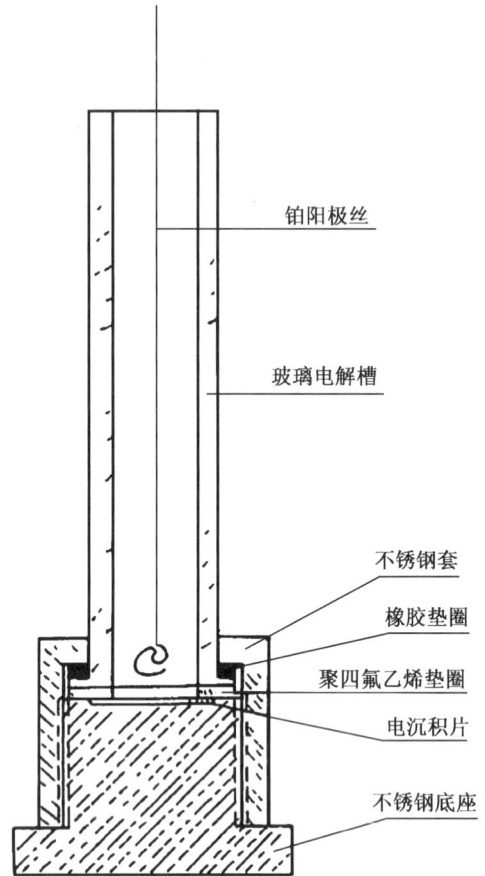

铂阳极丝

玻璃电解槽

不锈钢套
橡胶垫圈
聚四氟乙烯垫圈
电沉积片

不锈钢底座

图4.2.1 电沉积槽

影响电沉积回收率的主要因素有:体系的组分及性质,pH值,电流密度,待沉积核素的种类和特性。在选定了体系和核素后,电沉积体系的总体积应尽可能小,它与回收率呈负相关。此外,源底盘的表面处理也十分重要,油污去除不干净的底盘是无法使核素沉积的。电沉积机制的研究表明,核素首先沉积在底盘表面的"活性"部分,为保证底盘处理后的"活性",最好是将处理好的底盘立刻使用。

直接从萃取纯化后的有机相中进行电沉积。采用萃取分离与"分子电镀"技术相结合,就可以从分离后的有机相中直接电沉积待测核素。在环境样品中超铀元素分析中应用较广的电沉积体系是HCl-NH_4Cl体系、$(NH_4)_2SO_4$体系、草酸-氯化铵体系,三个体系的特点是允许存在较大量的干扰离子。

4.2.1.3 环境样品中放化分析中应该注意的问题

环境样品中放化分析由于样品中待测核素的含量低,周围空气、试剂和容器以及偶尔带入的杂质等都有可能使样品沾污,操作上不够仔细,甚至试剂的更换,也将导致分析结果的差异。此外,测量仪器和校准仪器用的标准源是否适当,以及是否定期检查分析程序(包括测定回收率、试剂空白和精密度)等,也都影响到分析结果的可靠性,因此必须加以严格控制。下面简单叙述几个需要特别注意的问题。

1. 严防污染

为了防止污染,保证结果可靠,应建立专用低活度水平放化实验室,用于分析常规样品。不得在其中进行放射性溶液的分装、示踪实验以及事故样品和一些可能污染的样品的处理,也不得在该实验室存放可能污染的样品、试剂和工具。

定期检查分析程序,包括做回收率和试剂空白的测定,特别是在使用不同厂家或不同批次生产的试剂以及更换操作者时更应如此。选用本底低的容器和试剂,例如不同材料的托盘或滤纸,其本底值相差较大,制样时要加以选择。又如镧盐中具有一定 α 放射性活度,用它作为载体载带 α 核素时要考虑这一因素的影响。

2. 载体的使用

由于样品中放射性核素含量很低,即使原来正常量情况下能生成难溶化合物的元素,在这种超微量状态下,也往往只能生成胶体,而不能形成正常的沉淀。并且核素容易被器壁所吸附而造成损失,给化学操作带来一定的困难。为了将它们分离出来,需要加入一些常量物质,对微量的放射性核素起到载带的作用。这种常量物质称之为载体,它是在化学反应过程中与被研究的放射性核素具有相同或相似行为的物质。通常有两类物质可作为载体:一是放射性核素的稳定同位素,称为同位素载体,另一种是放射性核素的化学类似物,称为非同位素载体。这样,在分离操作前只要采取必要的措施,使载体和放射性核素之间达到同位素交换平衡,在以后的化学操作中就不必100%地分离了。

在分析过程中,放射性核素不论回收或损失均与载体成一定的比例,因此通过载体的化学回收率就可以确定放射性核素在分析程序中的化学产额。载体的加入量一般是 20 mg左右,对大体积或分离程序复杂的样品,可为 10 mg 或更多,但载体量过大,测量时就要考虑由此而产生的自吸收问题。

在分离过程中,"反载体"的使用也相当广泛,这是因为待测核素和与其共在的沾污核素均呈低浓状态,尽管采用选择性好的分离手段,待测核素仍往往被污染,在使用沉淀法分离时这种现象更为显著。为了将低浓的沾污核素"稀释",以便提高去污系数,所加入的这种稳定同位素称为"反载体"。例如,在测定 ^{90}Sr 时,仅用氢氧化铁沉淀除去干扰是不够的,为了除去稀土核素的沾污,往往加入锆或钇来增大其去污系数。

3. 回收率的确定

在放化分离过程中,核素的损失是避免不了的,而且为了与大量的干扰核素分离,达到所要求的去污系数,这种损失稍大一些也是容许的。但是,在计算结果时必须对此做校正,回收率正是为进行校正而引入的参数。为了正确地计算结果,回收率必须准确测定。测定回收率有三种方法:①向样品中加入载体,用化学方法测定每个样品的载体回收率(要求介质中原来没有这种元素,否则应加以校正);②对一系列加入已知量待测放射性核素的样品测定回收率,作为待测样品的回收率,应重复若干次,以了解该方法在该种操作下回收率的变异程度;③向样品中加入待测核素的另一种放射性同位素,通过对这种同位素的测定来确定每个样品的回收率。可供选用的放射性示踪核素列在表 4.2.1 中。

表 4.2.1　测定回收率的可供选择的放射性示踪核素

待测核素	示踪核素	示踪核素测量方法
^{90}Sr	^{89}Sr	测量 γ
^{99}Tc	^{99m}Tc	测量 β
^{147}Pm	^{149}Pm	测量 β 或 γ
^{226}Ra	^{225}Ra	测量 β
^{237}Np	^{239}Np	测量 β 或 γ
^{210}Po	^{209}Po	α 谱分析
^{238,239}Pu	^{236,242,244}Pu	α 谱分析
^{241}Am	^{243}Am	α 谱分析

4.2.2　环境中天然放射性核素的放化分析方法

自然界中天然放射性核素主要包括以下三个方面：①宇宙射线产生的放射性核素，如 ^{14}N(n,T)^{12}C 反应产生的氚，^{14}N(n,P)^{14}C 反应产生的 ^{14}C。②天然系列放射性核素，这种系列有三个，即铀系，其母体是 ^{238}U；锕系，其母体是 ^{235}U；钍系，其母体是 ^{232}Th。③自然界中单独存在的核素，这类核素约有 20 种，如 ^{40}K，^{87}Rb，^{209}Bi 等。其中天然系列放射性核素由于其衰变链长、子体多，本身对环境辐射具有一定的贡献而考虑在剂量本底以内，同时在人工放射性的监测中产生干扰或本底，因此是天然放射性环境样品测量的重点。

4.2.2.1　铀

通常，环境和生物样品中铀的含量很低，需要灵敏度高的监测方法，如分光光度法、固体荧光法、激光荧光法、X 射线荧光法、缓发中子法、中子活化法和裂变径迹法等。目前采用较多的是分光光度法、固体荧光法和激光荧光法。环境样品中铀的浓集的方法有：沉淀法、离子交换法、活性炭吸附法和溶剂萃取法。分离纯化方法有萃取法、萃取色层法等。常用的萃取剂有磷酸三丁酯（TBP）、三正辛基氧化膦（TOPO）、乙酸乙酯等。

激光液体荧光法：利用该方法水样需经澄清处理；空气、生物、土壤样品经预处理转换为液态；向液态样品中加入荧光增强剂，在一定酸度下，加入的荧光增强剂与样品中铀酰离子形成稳定的络合物，能在窄脉冲光（波长 337.1 nm）的照射激发下产生荧光（波长分别为 500 nm，522 nm 和 546 nm），铀含量在一定范围内，该荧光强度与铀含量成正比，利用时间分辨荧光技术，使用液体荧光微量铀分析仪测定，计算获得铀含量。该方法全程回收率大于 90%，测定范围 0.05~20 μg/L，相对标准差<15%。该方法最低检测限：水 1×10^{-8} g/L，土壤 2.5×10^{-8} g/L，空气过滤样 1.4×10^{-8} g/L，动植物灰样 2.5×10^{-8} g/L。

分光光度法：N-235（三辛烷基叔胺）是含 8~10 个碳原子的长链叔胺，在硝酸体系中，在盐析剂硝酸铝的存在下，能从硝酸铝溶液中同时萃取铀和钍的络合物，镭和其他的杂质不被萃取而留在水相中。然后利用钍在盐酸介质中不能形成稳定络合物的特点，用 8 mol/L 的盐酸溶液反萃取钍,此时铀的硝酸络合物转变成氯离子络合物而保留在有机相中,再用 0.2 mol/L 的硝酸溶液反萃取铀。在掩蔽剂存在下,分别用偶氮胂Ⅲ分光光度法测定钍和铀。该方法的回收率>90%,测定范围 2~100 μg/L,精密度<10%,适用于地表水和核设施排放废水中铀的测定。

4.2.2.2 钍

钍仅有一种稳定的氧化态——Th^{4+},其化学性质与四价稀土离子相似,具有较大的水解和络合倾向。Th^{4+} 几乎能与所有阴离子形成络合物而被常见的萃取剂,如 TBP、TOPO、TOA 等萃取。另外钍也能形成一系列难溶性盐。以上这些性质常被用来作为钍与其他元素分离的基础。

目前,测定天然钍的方法基本上分两大类:一类是中子活化法,即待测样品经中子辐照和简单的分离后,用高纯锗谱仪测定,这种方法的最低可探测限为 1.5×10^{-9} g,但它需要一个有强中子流的中子源和较昂贵的仪器,所以其推广使用受到一定限制。另一类方法是目前广泛使用和比较成熟的方法,即分光光度法。样品中的钍经浓集、分离纯化后用分光光度计测定,方法的最低可探测下限为 10^{-7} g。

在样品溶液中加入镁载体,以氢氧化物共沉淀钍。用浓 HNO_3 溶解沉淀,TRPO(三烷基氧膦)萃淋树脂选择性吸附钍,用 0.025 mol/L 草酸-0.1 mol/L 盐酸溶液溶解解吸钍,在草酸-盐酸介质中,以偶氮胂Ⅲ作显色剂,分光光度计 660 nm 处测量其吸光度,由工作曲线可计算出钍浓度。该方法适用于地表水、地下水、饮用水中钍的测定,测定范围 0.01~0.5 μg/L,最低检测限为 0.01 μg/L。

除上述方法之外还可通过 N-263(氯化甲基三烷基铵)萃取色层柱或 743 型大孔阳离子交换树脂对样品溶液进行处理使钍被定量吸附,解吸后用分光光度法测量。

4.2.2.3 镭

在镭的同位素中,主要的是 ^{226}Ra、^{224}Ra 和 ^{223}Ra。它们分别来自铀系、钍系和锕系三个天然放射系。其中 ^{226}Ra 的半衰期较长,毒性较大,所以在测定环境和生物样品中镭的放射性时,以测定 ^{226}Ra 为主。

镭的化学性质与钡相似,镭的浓集正是利用这一性质。常用的分离方法有离子交换法和共沉淀法。共沉淀法用来初步浓集,其载体可采用钡、铅和钙。通常以硫酸钡-硫酸铅作载体从大体积溶液中共沉淀以载带镭,继而直接用 α 计数器测量或用射气法测量。离子交换法用于镭的分离与纯化,用二(2-乙基己基)磷酸-聚三氟氯乙烯分配色层法,在盐酸介质中也能使镭与铅、铋获得定量分离。也可用碱性 EDTA-2Na 溶液溶解沉淀物,加冰醋酸重沉淀硫酸钡(镭)以分离铅。溶解液封闭于扩散器中积累氡,放入闪烁室测量,计算镭含量。该方法用于地表水、铀矿冶排放废水和矿坑水中 ^{226}Ra 测定,测定范围(2×10^{-3} ~ 3×10^3) Bq/L,方法的最低检测限 2×10^{-3} Bq/L,回收率 93%~98%。

由于镭的长寿命放射性同位素较多,镭与钡形成共沉淀方法得到的是镭的总 α 活度。如果需要了解镭的单个 α 放射性同位素的相对浓度,可在用本方法测定它们的混合浓度的同时用射气闪烁法测定其中 ^{226}Ra 的浓度。并根据 ^{223}Ra 与 ^{226}Ra 在自然界中的比例关系求得 ^{223}Ra 的浓度。将它们的混合浓度减去 ^{226}Ra 和 ^{223}Ra 的浓度即为 ^{224}R 的浓度。

4.2.2.4 ^{210}Po 和 ^{210}Pb

钋溶液的特性是在某些金属(镍、铜、银等)表面极易进行自发的电化学交换,在金属片表面自沉积而形成适于计数的镀层。这一特性为钋与干扰核素的分离提供了有效的方法。因此，许多测定程序均采用这种电化学方法，只是在细节上有所不同。例如，使用的金属片不同，其中银片分离效果最佳。虽然银属于贵金属，但使用量有限（每个样品所用的银片为 $\phi24\times0.1\ mm$），而且放置使 ^{210}Po 衰变后，银片可以回收。所以这种方法使用很广泛。

^{210}Po 还具有较强的挥发性，而且很容易被吸附。因而必须注意，一方面要避免蒸发时的损失，在样品预处理时，要用湿法灰化；另一方面是溶液必须要有适当酸浓度，以避免容器壁吸附而造成的损失。还应该指出的是，这种电化学反应在稀盐酸溶液中进行，硝酸干扰反应，必须除去。

^{210}Po 与 ^{210}Pb 是一对短寿命的母子体，在上述方法的基础上可利用其衰变平衡分别测量。在电位序中 Po^{4+}/Po 标准电势 $E_0=0.77\ V$，位于碲和银之间，所以在银或比银电位低的金属镍、铜上，Po 可自发沉淀。定量沉积在 Ag 片上的最佳条件是：$0.5\ mol/L\ HCl$；$75\sim80\ ℃$；自发沉积 $1.5\sim2\ h$。水样采用氢氧化铁或钙镁氢氧化物沉淀载带 ^{210}Po，盐酸溶解沉淀后，在 $0.5\ mol/L\ HCl$ 体系中自沉淀。最后，以低本底 α 测量仪测定样品中的 ^{210}Po 的计数率，计算出 ^{210}Po 的活度浓度。放置 ^{210}Po 源，待 ^{210}Po 和 ^{210}Pb 达到平衡后，再次测量 ^{210}Po 活度，可计算出 ^{210}Pb 的活度浓度。方法适用于河水、湖水以及核工业排放废水中 ^{210}Po 的分析，全程回收率86.6%，方法最低检测限 $3.4\times10^{-4}\ Bq$，重复性6.4%。

同样利用电势电位及母子体衰变关系可单独测量 ^{210}Pb：以氢氧化铁为载体，吸附载带水中 ^{210}Pb 和 ^{210}Bi。用盐酸溶解沉淀后，加入抗坏血酸还原三价铁。用 0.1%二乙基二硫代氨基甲酸二乙胺（DDTC）三氯甲烷溶液从 $3mol/L$ 盐酸溶液中萃取 ^{210}Bi。在热的盐酸溶液中使 ^{210}Bi 自发沉积（电化学置换）到铜片上，用低本底 β 测量仪测量计数率。可通过测量 ^{210}Pb 的子体 ^{210}Bi 的 β 放射性间接测定 ^{210}Pb。与 ^{210}Bi 一起自发沉积到铜片上的还有 ^{212}Bi 和 ^{210}Po。源制备完成后放置 5 h 以上，让 ^{212}Bi 基本衰变完。测量时，样品上覆盖铝箔，吸收 ^{210}Po 的 α 射线。方法适用于河水、湖水和核工业排放废水 ^{210}Pb 的分析。测定范围 $>1\times10^{-2}Bq/L$。方法回收率57.0%~58.4%，最低检测限为 $1\times10^{-2}\ Bq/L$。

4.2.2.5　^{227}Ac

^{227}Ac 是一个极毒的天然放射性核素，是 ^{235}U 的子体，与超铀元素一起被列入"极毒组"中，因此被定为严格控制的对象。可采用硫酸铅共沉淀法从样品溶液中分离出 ^{227}Ac，然后在 DTPA（二乙基三胺五乙酸）介质中进行硫酸钡共沉淀除镭和 HDEHP［二-（2-乙基己基）磷酸］萃取纯化，再用铈载体共沉淀-微孔滤膜过滤制样，放置后用低本底 α 计数器测量样品的总 α 放射性，根据 ^{227}Ac 衰变链 α 放射性子体生长公式计算出 ^{227}Ac 的含量。该方法灵敏度高、重现性好，适用于环境和食品的分析，该方法的检出限为 $3.7\times10^{-5}Bq/g$，回收率大于90%，可能干扰测量结果的核素为 ^{241}Am，^{241}Am 的化学性质与之接近，但环境样品中 ^{241}Am 的污染很少，因此可忽略。

4.2.3　裂变产物放射性核素的放化分析方法

裂变产物约 400 多种核素，通常在冷却 150 天后除氚、^{85}Kr 和 ^{129}I 外，气体放射性裂变产物已衰变成稳定核素，^{131}I 也降低到允许水平。随着冷却期的增加，大多数裂变产物化学元素量变化不大。对于长半衰期裂片如 ^{137}Cs，^3H，^{147}Pm，^{90}Sr，^{99}Tc 要很长的冷却期，它们的放射性才会有所下降。在冷却 10 年后，氚、锆、钼、钕、锶、铯和钌的数量约占裂变产物总量的70%。这些核素迁移到环境中，成为环境监测样品分析的重点。

4.2.3.1 ^{3}H

探测氚的方法很多,由于氚在许多情况下以水分子状态存在,所以许多介质(如水、空气和生物样品等)中的 HTO 的测定都归结为氚化水的测定。其主要测定方法有:①将水转化为气态氚化合物,充入电离室或正比计数管或 G-M 计数管测量;②将水样蒸出后混入闪烁液中,用液体闪烁计数器测量。在上述两种方法中,液体闪烁计数法操作简便、快速,而且还可以测量液体样品(脱色后)中的总氚,所以已广泛应用于氚的测定中。

对于降水、污水和其他地表水中的氚,可直接用低本底液体闪烁计数器测量。对于氚含量很低的海水和地下水等还需要采用浓缩方法。浓缩方法有电解法、色层分离和热扩散法。电解法是根据 HTO 较 H_2O 难于电解的原理,通过电解使水中氚的浓度相对增加而达到浓缩的目的。水样经常压蒸馏、碱式电解浓缩、二氧化碳中和、真空冷凝蒸馏后,用低本底液体闪烁谱仪测量样品的活度。^{3}H 的电解回收率是 57.5%,最低检测限为 0.5 Bq/L。该方法适用于海水和井水等环境水中^{3}H 的测量。

氚水的具体浓集过程如下:将测量过所收集的水量总体积后转入 500 mL 蒸馏瓶,加入 20~30 g 过硫酸钾,氧化回流约 2 h,若溶液仍带色,可再加 10 g 左右过硫酸钠后回流 2 h。重复氧化回流操作直至完全褪色。将蒸馏瓶接入蒸馏装置蒸馏,所得的水密封在如图 4.2.2 所示的磨口烧瓶内。电解过程是在如图所示的电解装置内进行。记录电解前纯化过的水样体积并配成 1% 过氧化钠溶液作为电解液。每次电解样品水的同时,记录电解后体积。电解完毕后,直接蒸馏样品 3 次,把浓集了^{3}H 的水从电解液中分离出来。

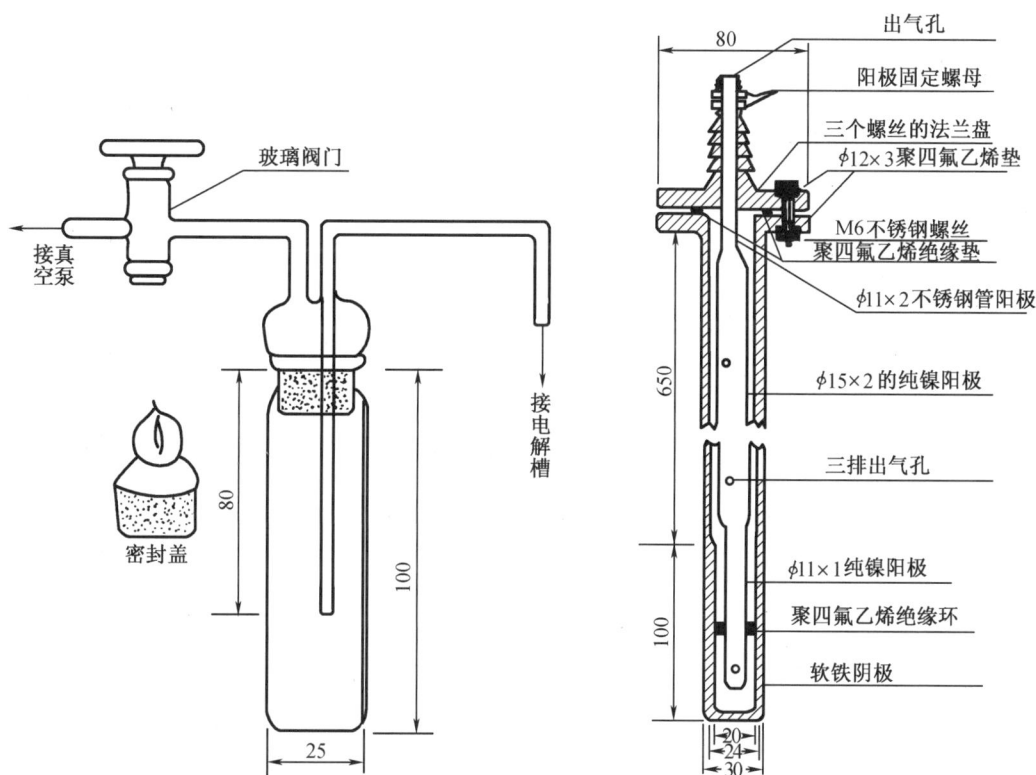

图 4.2.2 氚水真空蒸馏收集瓶与电解槽

对于生物样品如动物组织中的自由氚,一般采用蒸馏(或真空蒸馏)的方法收集,对于其他有机氚(即组织结合氚)需经燃烧-氧化处理,使结合在有机基质中的氚全部变成氚水,然后用液体闪烁计数法测量。

4.2.3.2 ^{90}Sr

^{90}Sr 属于裂变产物中产额较大的一种核素,自然界中的^{90}Sr 主要有 3 种来源:核爆炸落下灰、核事故的释放和核燃料循环后段设施运行的排放。锶和钙的化学、生化性质类同,^{90}Sr 进入机体后,超过99%的^{90}Sr 滞留于骨骼和牙齿中;由于其物理和生物半衰期长,产生的高能 β 射线对骨髓造血组织和骨骼组织产生较大辐射损伤。鉴于^{90}Sr 的高毒性及其对公众和环境的潜在危害,^{90}Sr 的检测和评价受到高度和广泛关注。近年来国际上开展了一系列围绕着低活度水平^{90}Sr 分析方法的研究工作,并取得了较大进展。由于^{90}Sr 属于纯 β 核素,进行放射性测量时需要与钙、其他裂变产物以及天然放射性元素分离。因此常通过测量与^{90}Sr 处于放射性平衡状态的^{90}Y 的放射性活度来计算^{90}Sr 的含量,^{90}Sr 与^{90}Y 达到放射性平衡的时间约为 25 天。

根据^{90}Sr-^{90}Y 衰变平衡时间划分测量时有快速法和放置法两种。以土壤样品中^{90}Sr 的分析为例:将土壤样品用盐酸浸取,以草酸盐沉淀浓集锶和钇,硫化铋沉淀除铋,经磷酸二-(2-乙基己基)酯(HDEHP)-聚丙烯(PA)色层柱(Kel-F 聚三氟氯乙烯)分离,草酸钇沉淀制样,用低本底 β 测量装置测量^{90}Y,即实现^{90}Sr 的快速法测定。放置测定法是将快速法中经过色层分离后的流出液调节 pH 至 1.0,再次通过色层柱,将流出液放置 14 d 后用色层柱法重复分离并测量^{90}Y。根据^{90}Y 计数率计算土壤中^{90}Sr 含量。

根据锶的富集分离方法分有发烟硝酸沉淀法、EDTA-硫酸盐沉淀法、离子交换法、溶剂萃取法和萃取色层法,各种方法的适用范围如表 4.2.2 所示,各种方法全程化学回收率为72% ~ 88%。

表 4.2.2　常用的^{90}Sr 分析方法

方法	基本原理与特点	应用与测量范围	干扰因素
发烟硝酸沉淀法	基于锶和钙的硝酸盐溶解度不同实现钙与锶的分离,此法测定值的准确度和精密度高,常被用来作为标准方法。但操作较烦琐,而且发烟硝酸腐蚀性强,故不适于大量样品的测定	水:10^{-1} ~ 10 Bq/kg 食品:$>1.6×10^{-2}$ Bq/g	水中的钙含量大于 0.4 g 对化学回收率测定有影响
EDTA-硫酸盐沉淀法	基于钙和锶的离子与 EDTA 形成络合物的稳定常数不同,以及它们的硫酸盐的溶解度也不同,实现锶与钙的分离。此法操作简单,结果重现性较好,但钙含量不能太大	水、动植物灰: $>5.9×10^{-2}$Bq/L(kg)	钙含量超 200 mg 影响结果

表 4.2.2(续)

方法	基本原理与特点	应用与测量范围	干扰因素
离子交换法	基于钙和 EDTA、柠檬酸的络合物与离子交换树脂的亲和力不同而实现钙与锶的分离。方法回收率高,适于含钙量高的样品,分析低活度水平样品较为有利,尤其适于同时处理大批量大体积水样,但对小批量样品分析显得操作烦琐,费时间	水或生物样品灰:$10^{-2} \sim 10$ Bq/kg 食品:$>1.6 \times 10^{-2}$ Bq/g	水样中钙的浓度超过 1.5 g/L 时,会使锶的化学回收率偏高
溶剂萃取法	常用的萃取剂有磷酸三丁酯、二-(2-乙基己基)磷酸(HDEHP),此外也可用冠醚(二环己基-18 冠-6)分离钙与锶。因操作简便、快速,适于含钙量大的样品,尤其对 ^{91}Y 含量低的环境样品,可不需放置 14 d。但此法不能直接测得锶的回收率,要用原子吸收法或其他方法测定回收率,这就需要增加设备和延长时间	水或生物样品灰:$10^{-2} \sim 10$ Bq/kg 食品:$>1.6 \times 10^{-2}$ Bq/g 土壤:$0.2 \sim 3 \times 10^{2}$ Bq/kg	Y^{91} 存在时会干扰 Sr^{90} 的快速测定
萃取色层法	基本原理与萃取方法相似,目前 HDEHP 萃取色层分离方法为我国测定水、生物样品灰、食品中 ^{90}Sr 含量的国家标准方法之一,土壤中 ^{90}Sr 分析方法的行业标准也采用该方法,适用范围广泛。国外利用冠醚对锶的高效特性吸附研制出 Sr-Spec 树脂,可用于几乎所有的环境、生物样品中放射性锶快速检测分析	水或生物样品灰:$10^{-2} \sim 10$ Bq/kg 食品:$>1.6 \times 10^{-2}$ Bq/g 土壤:$0.2 \sim 3 \times 10^{2}$ Bq/kg	Y^{91} 存在时会干扰 Sr^{90} 的快速测定;Ce^{144} 和 Pm^{147} 等核素的含量大于 Sr^{90} 含量的 100 倍时,会使快速法测定结果偏高

4.2.3.3 ^{95}Zr

锆有 19 个放射性同位素,铌有 22 个放射性同位素。裂变产物中 ^{95}Zr 和 ^{95}Nb 最为重要,^{95}Nb 是 ^{95}Zr 的子体。它们具有强的 γ 放射性,裂变产额高,所以 ^{95}Zr-^{95}Nb 的 γ 放射性占总裂变产物放射性的相当大比重,是核燃料后处理过程中重点去除的裂变产物,示踪量的锆、铌常有相似的化学行为,因而测量前的重点是二者的分离,可采用沉淀法和离子交换法得到 ^{95}Zr。

生物样品灰经硝酸-过氧化氢浸取,碘酸锆沉淀分离,苦杏仁酸锆沉淀制样,该方法适用于各类生物样品中 ^{95}Zr 的分析。也用碳酸钠熔融灰化后的样品,并用盐酸浸取熔融物的方法测定沉降物样品中的锆。留在残渣中的锆用氢氟酸和硫酸浸取溶解,浸取液合并一起。接着锆以氧化锆络合物形式选择性地吸附于阴离子交换树脂上,以与碱土、稀土、铝、钍及其他外来阳离子分离,再从树脂上选择性地解吸锆,使之与铌及铁分离。最后用低本底 β 测量装置或低本底 γ 谱仪测量 ^{95}Zr 的含量,全程回收率 82%。

4.2.3.4 ^{106}Ru

钌是裂变产物的主要核素之一,在核燃料后处理废水中常含有较多的放射性钌。^{106}Ru 的半衰期约为 1.0a,具有重要的生物意义且与其他裂变产物相比,钌在地下水中迁移较快,因此,监测环境水中 ^{106}Ru 的浓度是十分必要的。钌的价态复杂,络合物很多,分离前多进行价态以及离子转换。

样品经前处理后,将溶液中的 ^{106}Ru 与 CoS 共沉淀,沉淀溶解后在碱性介质中把钌氧化到高价态,在 pH4~6 条件下用四氯化碳萃取,盐酸-亚硫酸钠还原反萃取,以镁粉还原金属钌后制样并测量。该方法对水、生物灰和底泥全程化学回收率分别为 83%,91% 和 83%。

4.2.3.5 ^{131}I 和 ^{125}I

环境中高浓度的 ^{131}I(例如事故时释放)样品可直接用 γ 谱仪测定,一般常规样品由于其中 ^{131}I 浓度低,有其他核素干扰以及 γ 能谱法计数效率低等原因,需要用放化分离,然后测量。

碘是相当活泼的化学元素,它有 -1,0,+1,+5 和 +7 价的化合物。单质碘易挥发,又易溶于 CCl_4 等有机溶剂。根据这些特性,所拟定的预处理方法必须防止碘的挥发损失,而碘的分离一般是经浓集、纯化和氧化还原处理使之生成 I_2,最后将 I_2 转化为 AgI 进行测量。现行的测定方法有沉淀法、溶剂萃取法和离子交换法等。国内已建立了植物和水中 ^{131}I 的监测方法,这些方法操作简便、快速,不需要特殊的设备和试剂,成本低,因而适合常规监测的需要。

至于测量,经放化分离制成的源可以用低本底 β 测量装置或低本底 γ 谱仪测量 ^{131}I 的计数率,用 γ 谱仪测量时还可以做样品同位素分析。^{125}I 则用 NaI(Tl) X 射线谱仪测量。水样、植物样和动物甲状腺全程化学回收率为 70%~80%,牛奶为 64%。该方法适用于植物、动物甲状腺、牛奶以及核工业、同位素生产和应用单位在正常和事故情况下样品中碘的分析。

还应该指出的是,一些样品(如海产品和奶样)中含有稳定碘,在测定化学回收率时应该注意校正。

4.2.3.6 ^{137}Cs

铯属于碱金属,化学性质与钾相似,在环境和生物样品分析中,除了将 ^{137}Cs 与其他裂变产物分离外,还要与天然 ^{40}K 和 ^{87}Rb 等分离。铯的分离浓集方法有离子交换法、沉淀法和溶剂萃取法等。

离子交换法在 ^{137}Cs 的常规监测中起到了重要作用,其中无机离子交换剂使用更广泛。常用的无机离子交换剂有磷钼酸铵、亚铁氰化钴钾、亚铁氰化铜和亚铁氰化钴等,也可以将亚铁氰化物吸附在阴离子交换剂上制备成亚铁氰化物交换树脂。

磷钼酸铵(简称 AMP)是一种杂多酸盐,能溶于碱,可在磁性介质中选择性地吸附一价金属离子,吸附次序为 $Cs^+ > Rb^+ > K^+ > Na^+$。可见磷钼酸铵对铯离子的选择性最好。在 0.1 mol/L NH_4NO_3 溶液中,铯在 AMP 上的分配系数为 6 000,在 pH 约为 1.0 的海水中分配系数为 1 500。

亚铁氰化钴钾(简称 KCFC)法对铯也有很高的选择性。在 0.1 mol/L HCl 的海水中分配系数为 $1.8×10^4$,对 ^{40}K 和 ^{87}Rb 的去污系数为 10^4,同时这种物质易于装柱,操作简便。吸附 ^{137}Cs 的交换树脂可直接进行 γ 放射性测定。测量 β 放射性还需要进一步放化分离。

沉淀法基于铯与四苯硼化物、碘铋酸盐、硅钨酸盐和氯铂酸盐等生成沉淀达到分离的目的。这些铯的沉淀物可以用于称量和计数。样品中若同时含有^{134}Cs 和^{137}Cs 两种放射性同位素，需要用 γ 谱仪进行测定。

为提高探测下限，需对样品进行多种方法的富集与处理，如在水样中定量加入稳定铯载体，再在硝酸介质中用磷钼酸铵吸附分离铯，氢氧化铝溶液溶解磷铝钼酸铵，在柠檬酸和乙酸介质中以碘铋酸铯沉淀形式分离纯化铯，以低本底 γ 或 β 射线测量仪进行计数。该方法适用于饮用水、地表水、核设施排放废水，动植物灰、土壤和底泥中^{137}Cs 的分析。测定范围：水样 $10^{-2} \sim 10^2$ Bq/L，其他样品 $10^{-1} \sim 10^1$ Bq/kg。

4.2.3.7 ^{147}Pm

钷属于稀土元素，与镧系元素性质相似。利用这一性质，可以进行^{147}Pm 的浓集和初步分离；另一方面，与稀土元素（如铈、钇、铕和镧等）分离又成为测定^{147}Pm 的关键问题。建立^{147}Pm 的测定方法，必须排除这些元素的干扰。目前已经建立了一些环境和生物样品中^{147}Pm 的测定方法，如二-（2-乙基己基）磷酸萃取法，或首先用玻璃纤维吸附，然后与正磷酸铁共沉淀，并将沉淀用胶体悬浮于液体闪烁液中，用液体闪烁法测量。这些方法由于没有分离稀土元素，只能用于没有这些干扰的情况。能够排除稀土元素干扰的方法是在纸上色层分离后进行计数。

样品经前处理后，用草酸盐沉淀把钷和其他稀土元素与^{95}Zr，^{106}Ru 和^{137}Cs 等裂变产物分离，再用 HDEHP 萃取色层柱分离出钷和稀土元素，并涂于色层纸上将钷与其他稀土元素分离。显层后^{147}Pm 位于钕与钐之间，将其剪下制成样品源，于低本底 β 计数仪上测量^{147}Pm 的含量。方法适用于水和生物样品中^{147}Pm 含量的测定，全程放化回收率对水和生物样品分别为 83.3% 和 81%，最低检测限对水和生物样品分别为 0.1 Bq/L 和 6×10^{-3} Bq/g。

4.2.3.8 ^{141}Ce 和^{144}Ce

样品经前处理后制成样品溶液，用草酸盐沉淀分离铈（稀土元素亦沉淀）与^{95}Zr-^{95}Nb，^{106}Ru 和^{137}Cs 等裂片元素。用硝酸和溴酸钠将铈氧化成四价并吸附于 HDEHP-Kel-F 萃取色层柱上，用盐酸-抗坏血酸溶液还原解吸。以草酸铈沉淀制样，并测量放射性铈的含量。该方法适用于沉降物、雨水、气溶胶和生物样品中^{141}Ce 和^{144}Ce 的测定，全程化学回收率大于 80%。

4.2.4 活化产物放射性核素的放化分析方法

由核装置控制排放或者意外排放产生的放射 γ 射线的活化产物主要包括^{59}Fe，^{60}Co，^{54}Mn 和^{65}Zn。通过河水、地下水以及其他途径的迁移甚至可以进入人的食物链。研究这些放射性核素在食物链的土壤与植物之间的转移和分布是很重要的，因为它们的稳定性同位素恰巧都是植物所需的微量营养元素。因此环境监测中此类活化产物的监测十分重要。

4.2.4.1 ^{54}Mn

在水样中加入锰载体、铁载体，以氢氧化物形式共沉淀浓集^{54}Mn，经 MnO$_2$ 沉淀纯化，使锰与钙、镁等常量离子分离；再在盐酸-丙酮体系中用阳离子交换色层分离，使锰与放射性锶、铯、钌等裂变产物以及放射性钴、铁、锌、镍等中子活化产物进一步分离；最后以磷酸铵锰沉淀形式制样，用高纯锗低本底 γ 谱仪测量^{54}Mn 的 γ 放射性活度。该方法适用于地表水、地下水及核设施排放废水中^{54}Mn 的测定，全程化学回收率 70% 左右，测定范围为 0.2~50 Bq/L。

4.2.4.2 ^{60}Co

除了 γ 谱直接测量外,^{60}Co 的放化分析方法很多,大体积水样的预浓集方法有氢氧化物、硫化物和二氧化锰共沉淀法、离子交换法等,其中使用最广泛最有效的试剂是阴离子交换树脂、液体阴离子交换剂(如 TOA)。

水样中加入钴载体,并以氢氧化物形式共沉淀浓集 ^{60}Co。用氨水络合钴,使钴与铁、锰、钌、锆等放射性元素分离。通过阴离子交换树脂柱使钴进一步纯化。将解吸液蒸干,用电解液溶解,进行电沉积制样,在低本底 β 测量装置上进行测量。该方法适用于地下水、地表水、海水以及核设施排放废水的 ^{60}Co 的测定,对水样全程化学回收率大于 80%,最低检测下限为 $2.6×10^{-3}$Bq/L。

4.2.4.3 ^{59}Fe

用于 ^{59}Fe 的放化分析方法很多,基本上与 ^{60}Co 的相同。主要差别在于:一是在氢氧化铵溶液中,Co^{2+} 能生成 $[Co(NH_3)_6]^{2+}$ 络合物,而铁生成 $Fe(OH)_3$ 沉淀;二是在盐酸介质中,Fe^{3+} 与 Cl^- 的络合能力比 Co^{2+} 强,在低酸下就能被液体阴离子交换剂(如三正辛胺)萃取。上述性质常用于钴铁分离。

环境样品中 ^{59}Fe 采用氢氧化物沉淀浓集,阴离子树脂交换分离纯化铁,在磷酸二氢铵-碳酸铵体系中电沉积铁,最后在低本底 β 测量仪上测定 ^{59}Fe 的 β 放射性活度。该方法适用于地下水、地表水、核设施排放废水中 ^{59}Fe 的测定,对水样全程化学回收率大于 90%,最低检测下限为 $3.8×10^{-3}$Bq/L。

4.2.4.4 ^{63}Ni

1. 水中 ^{63}Ni 的测量

水样中加入镍载体并以氢氧化物形式沉淀浓集 ^{63}Ni,用三正辛胺萃取和丁二酮肟络合,使 ^{63}Ni 与 ^{60}Co、^{65}Zn、^{55}Fe 等活化产物及钙、镁等常量离子分离,最后用盐酸溶解,用液体闪烁计数法测量。该方法适用于地表水、地下水及核设施排放废水中 ^{63}Ni 的测定,对水样全程化学回收率大于 88%,最低检测下限为 $1.1×10^{-2}$Bq/L。

2. 不锈钢材料中 ^{63}Ni 的分析方法

先将样品用 $HCl-H_2O_2$ 溶液溶解,再经阴离子交换、氢氧化物沉淀分离后在碱性溶液中用丁二酮肟配合镍、甲苯萃取、稀 HCl 反萃后再用液体闪烁计数器测定反萃液中 ^{63}Ni 放射性活度、原子吸收分光光度计测定金属中稳定镍。全程化学回收率为 79.3 %±3.2 %,放化回收率为 77.9 %±3.6 %,对裂变核素(^{90}Sr、^{137}Cs 等)和活化产物(^{59}Fe、^{65}Zn、^{60}Co、^{54}Mn 等)的去污因子均大于 10^3,方法探测限为 20 Bq/g。

4.2.4.5 ^{65}Zn

锌的化学性质与钴和铁相似,因此预浓集钴的方法也适用于锌。常用萃取法和离子交换法分离纯化锌。许多方法常采用氢氧化物形式共沉淀浓集 ^{65}Zn,再利用锌在盐酸介质中能生成氯络合物阴离子的特性,与萃取剂(或通过阴离子交换柱)的结合能力的差,选择适当盐酸浓度进行锌的分离纯化,达到与大量的阳离子干扰核素分离的目的。最后,以电沉积的方式制样,用低本底 γ 谱仪测定 ^{65}Zn 的放射性活度。该方法适用于地下水、地表水及核设施排放废水中 ^{65}Zn 的测定。

4.2.5 超铀元素的放化分析方法

20 世纪 70 年代以来,核能在全世界范围内获得大规模的应用,人们从放射性废物的长期处置中注意到,在放射性废物被储存的数百年之后,超铀元素将成为对于环境产生危险的主要来源。在评价放射性废物对环境的影响和制定放射性废物处置方案时,超铀元素占有特殊的地位。

超铀元素是放出 α 或软 β 辐射的核素,很难用仪器从环境样品中直接测量。尤其在低活度水平的情况下,要准确测定它们的含量,放射化学方法是必不可少的。测定环境中超铀元素的主要困难,不仅由于其含量很低,核素在制样过程中容易被丢失,或者被其他 α 核素所交叉污染,而且还由于在复杂的生态条件下,它们具有复杂多变的化学形态。近年来,俄罗斯和美国几个最有经验的实验室之间曾进行了环境样品中低活度水平钚分析的比对,发现分析的总精度比预料的要差。可见要准确分析环境中超铀元素的含量并非易事。

4.2.5.1 ^{239}Pu 和 ^{240}Pu

钚在水溶液中以 Ⅲ,Ⅳ,Ⅴ,Ⅵ价态存在,其中以Ⅳ价为最稳定。利用此性质可使它与其他锕系元素分离。常用的分离方法有共沉淀、溶剂萃取、离子交换和萃取色层法。

阴离子交换法和胺类萃取法应用比较广泛,其机理是 Pu^{4+} 在 HNO_3 或 HCl 介质中形成 $[Pu(NO_3)_6]^{2-}$ 或 $[PuCl_6]^{2-}$ 阴离子络合物而被交换或者萃取,然后用还原或络合的方法解吸或反萃。常用的还原剂有盐酸羟铵、氢碘酸、碘化铵等。络合剂有 HF、草酸或稀硫酸。络合法对镎的去污效果差,采用还原法,可以提高对镎的去污效果。除了胺类萃取剂外,也可以用 HDEHP、TOPO、PMBP 等萃取剂。除上述分离方法外还有玻璃纤维滤纸吸附法和葡聚糖凝胶吸附法,但目前使用较少。

萃取色层法:水样品中的钚,在 pH 9~10 条件下用生成的钙、镁的氢氧化物共沉淀浓集。沉淀物用 6~8 mol/L 的硝酸溶解。经过还原、氧化后,钚以 $[Pu(NO_3)_5]^-$ 或 $[Pu(NO_3)_6]^{2-}$ 阴离子形式存在于溶液中。当此溶液通过三正辛胺-聚三氟氯乙烯粉或三正辛胺-硅烷化 102 白色担体萃取色层柱时,又以 $(R_3NH)Pu(NO_3)_5$ 或 $(R_3NH)HPu(NO_3)_6$ 络合物形式被吸附。经用盐酸和硝酸淋洗,而达到进一步纯化钚之目的。用低浓度的草酸-硝酸混合溶液将钚从色层柱上洗脱。在低酸度(pH 1.5~2)下,钚以氢氧化物形式被电沉积在不锈钢片上。最后用低本底 α 计数器或低本底 α 谱仪测量钚的活度。该方法适用于环境水中和土壤中钚的测定,探测下限为 10^{-5}Bq/L。

离子交换法:在 7~8 mol/L 硝酸中,Pu 以 $[Pu(NO_3)_6]^{2-}$ 形式为阴离子交换树脂所吸附,Pu(Ⅳ)要比 Pu(Ⅴ)吸附得更牢靠。由于 Pu(Ⅲ)在任何浓度的 HNO_3 中均不被吸附,因此,可用还原淋洗剂实现钚的淋洗,这是环境和生物样品中用离子交换法分离钚的基础。土壤以及生物灰试样用硝酸加热浸取,然后用强碱性阴离子交换树脂分离纯化钚,并用 8.0 mol/L 的盐酸和 8.0 mol/L 的硝酸分别洗涤交换柱,以洗脱钍、铀等干扰离子。最后用盐酸-氢氟酸溶液解吸钚,在硝酸-硝酸铵溶液中电沉积制源。用低本底 α 计数器或低本底 α 谱仪测量。

4.2.5.2 ^{237}Np

镎属于锕系,与铀、钚相似,具有比较复杂的性质,是亲骨性高毒核素,在核工业后处理厂及核爆后均有可能排放至环境中,污染周围环境。镎在水溶液中可以呈+3,+4,+5,+6,+7 价状态,其中+5 价状态较为稳定。溶液中镎的价态既受溶液性质(存在的氧化还原剂的种类)的强烈影响,也受溶液酸度的强烈影响。例如,在稀酸溶液中且有较强还原剂(如 Fe^{2+})存在的情况下,镎基本上定量地保持+4 价状态,另外,Np^{4+} 和 NpO_2^{3+} 可与许多阴离子形成稳定络合物,它们易被有机溶剂萃取和被离子交换剂吸收。NpO_2^+ 则既不被吸附又不被萃取。

根据这些性质，通过调节酸浓度、选择适当的氧化剂或还原剂，分别利用沉淀、溶剂萃取、离子交换或萃取色层等方法，可以有效地将镎与其他干扰离子分离。

^{237}Np 是发射 α 辐射的核素，一般分离纯化后再用电沉积法制样，用 α 测量仪进行测定。无论采取什么分离方法，其共同的步骤是样品预处理之后以沉淀法浓集样品中的镎，并与部分杂质分离，然后进一步分离纯化。浓集方法中氢氧化物沉淀由于操作条件容易掌握，沉淀经简单处理就能进行下一步操作，以及可以方便地用于处理大体积样品，而得到了广泛应用。其次是磷酸铋沉淀，这种方法的优点是带下杂质少，但需要加热，处理大体积样品就受到了限制。浓集后的镎在分离纯化方法中萃取色层法更为常用。

4.2.5.3 ^{241}Am 和 ^{242}Cm

选择什么方法使 Am,Cm 与其他元素分离，取决于样品组成和分析目的。沉淀法用于 Am,Cm 的预浓集和与大量其他元素预分离。离子交换法广泛用于 Am,Cm 的分离分析，也用于尿、血液、粪便和组织中 Am 的测定。萃取法具有分离快速和设备简单等优点，还可以通过选择试剂、加入络合剂和调节水相酸度等办法来提高萃取的选择性，因而成为放射性物质的重要分离方法。分离 Am,Cm 时可用有机磷化合物、胺类萃取剂、螯合剂以及由它们的混合物进行协同萃取。曾用 HDEHP 和 TTA 作萃取剂来测定尿中 Am,Cm,用双官能团萃取剂测定生物样品中的 Am。

萃取色层法综合了萃取法的高选择性和色层法的高效性的优点，成为元素间分离的有效方法，多年来也常用于 Am,Cm 与其他元素分离以及 Am,Cm 相互间分离。还应该指出的是 Am,Cm 在化学上的相似性，使这对元素可以在分离过程中一起获得预浓集。另一方面，由于 Am,Cm 化学性质极为相似，致使它们之间的相互分离十分困难。通常利用它们处于不同价态时的行为，使 Am,Cm 获得预浓集和分离。

如食品样品中 ^{241}Am 的分离测定：样品经炭化、高温炉中 450 ℃ 灰化后，用硝酸和高氯酸破坏有机物，氢氟酸脱硅，以全溶法处理成 6 mol/L 硝酸的样品溶液。用 1-苯基-3-甲基-4-苯甲酰基吡唑啉酮-5(PMBP)-苯萃取分离 Fe^{3+} 及其他三价杂质，用二-(2-乙基己基)磷酸酯(HDEHP)-五氧化二磷(P_2O_5)-苯(C_6H_{12}) 萃取保留在水相中的镅，有机相用苯稀释一倍后，用碳酸铵溶液反萃取镅，以进一步与杂质分离。反萃液蒸干后，以 1mol/L HNO_3-93% CH_3OH 体系溶解，用阴离子交换柱吸附镅，经分级淋洗纯化后，用 1.5 mol/L HCl-86% CH_3OH 解吸镅。在 $(NH_4)_2 C_2O_4$-H_2SO_4-HCl 体系中定量电沉积制样，以 α 谱仪测量 ^{241}Am 的 α 放射性活度。

Am 与 Cm 的分离测定：在水溶液中 Cm 以稳定的 Ⅲ 价存在，而 Am 可被强氧化剂(如 Ag^+ 催化下的过硫酸铵)氧化到 Am(Ⅴ),在弱酸性溶液中用 PMBP-TOPO-环己烷协同萃取时，Cm(Ⅲ) 被萃取而 Am(Ⅴ) 不被萃取。根据上述性质可使 Am 与 Cm 分离并得到进一步纯化并在 HNO_3-$H_2C_2O_4$ 介质中电沉积制样，用低本底 α 计数器或低本底 α 谱仪测量。该方法适用于环境空气滤材及土壤中 ^{241}Am 和 ^{242}Cm 的测定，全程化学回收率约 80%,最低检测限对空气：$9.2×10^{-8}$ Bq/L,对土壤 $3.3×10^{-4}$ Bq/g。

4.2.6 放射性气体与气溶胶样品分析方法

本节所指的放射性气体包括下述两个部分：①常温常压下是气态的放射性物质；②常

温下虽不是气态,但因其常温下的饱和蒸气压较高而蒸发或挥发到空气中的放射性物质。空气中载带的放射性物质除了放射性气体之外,还包括放射性气溶胶。气溶胶是悬浮于空气中的固体或液体小颗粒,由于受重力影响较大,其运动规律和空气不完全一样,因此气溶胶通常容易从空气中分离出来。

环境气体中引人关注的放射性物质主要有:气态 HT 与水蒸气 HTO,放射性惰性气体 ^{222}Rn、^{85}Kr、^{41}Ar 和 ^{133}Xe,气态放射性碘,$^{14}C(CO_2,CO)$。由于环境中放射性气体浓度一般很低,要求测量仪器有较低的本底和高的灵敏度,同时要进行大体积空气样品的取样。

4.2.6.1 空气中 ^3H 的测量

地球上的氚在人工核试验以前主要由宇宙射线中的中子和质子轰击大气层中的 ^{16}O 和 ^{14}N 形成的,其含量一般低于 10 个氚单位(1 TU = 10^{-18} 氚原子/氢原子);近 40 年来由于人工核试验和核事故的不断发生,热核反应成为氚的主要来源,在 20 世纪 60 年代中期期天然水样中氚含量增高百倍。空气中存在的氚有三种形态:氚水-水蒸气、游离的氚和有机氚化合物。自然界中的氚不管其排放时形态如何,通过氧化作用和同位素交换反应形成含氚水(HTO),降落到生物圈,存在于一切水体和生物中,和普通水一起参与全球自然界的水循环,从而使人类受到照射。大气中以 HT、T_2 等气体形式存在的氚是微量的。因而在环境保护工作中,监测水和空气中氚的含量,在国际上普遍受到了重视。监测空气中氚的水平主要是测定空气中水蒸气中氚的含量。氚的计量单位可用氚单位和 Bq/L 水表示。

氚的测量方法大致分两类。一类是直接方法(用电离室测量);另一类是间接方法,即将空气中的氚水-水蒸气从空气中分离出来,然后制样、测量。前者的优点是连续直接测量,得到结果快,但灵敏度低,一般在几十至几百 Bq/L 之间。由于灵敏度远远不能满足环境空气中氚的监测要求,因此此法只能用于放射性工作场所中氚的测量。后者灵敏度优于 10^{-3} Bq/L,简单、可处理大量样品。根据环境监测特点,浓度低,布点多并且分散,对比上述两种方始,间接方法较适合于环境空气中氚的监测。

用间接测量方法测量环境空气中的氚,首先是将空气中的氚水-水蒸气从空气中分离出来。空气中氚化水蒸气(HTO)的取样方法主要有冷冻法、干燥法和鼓泡法。取样所得的水溶液加入液体闪烁液中利用低本底液体闪烁计数器测量。冷冻法由于每一个取样点都需要有一套设备,对于环境取样带来一定困难,设备不易维护,故不能适应环境监测比较分散,取样点分布面广、点多、流动性大的特点,因而此方法还不能普遍适用。干燥法因为各项参数容易控制,所需装置简单,样品水从干燥剂中蒸馏后有益于采用低本底液体闪烁谱仪进行测量,且比鼓泡法等具有较低的探测下限,是测量空气中氚的常用取样方法。

干燥法中吸水剂吸附的方法很多,如分子筛、无水氯化钙、硅胶等。利用硅胶吸收空气中的 HTO 样品,可以采用两种形式:一是做一个硅胶柱用真空泵抽滤;二是将已称重好的硅胶装在纱布袋里直接放到空气中,使硅胶吸附空气中的氚水-水蒸气,一般采用类似图 4.2.3 的装置。

采用加热蒸馏法从干燥器中解吸出氚水时,一般一次蒸馏不能将干燥器上吸附的水全部解吸,残留在干燥剂中的吸附水与解吸水间会发生同位素分馏,造成轻水先解吸而重水相对富集在残留水中。因此需进行条件实验确定分馏系数,然后进行修正,防止产生较大的误差。

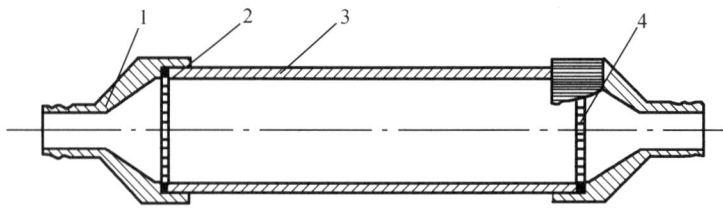

1—连接头；2—垫圈；3—筒体；4—封闭垫。

图 4.2.3　空气中氚累积采样器

4.2.6.2　空气中 ^{85}Kr 的测量

^{85}Kr 是裂变产物，其主要 β 射线的最大能量 $E_{max} = 687.4$ keV，半衰期 10.78 a。由于在一般情况下环境空气中 ^{85}Kr 的浓度很低，国内已报告的监测值为 $0.6 \sim 0.7$ Bq/m^3，需要对样品浓集处理后进行测量。

对 ^{85}Kr 进行富集的方法有活性炭吸附法、液体 CO_2 吸收法、渗透膜扩散法和低温分馏法等，此类方法也可用于其他惰性气体。

（1）活性炭吸附法：含 ^{85}Kr 的气流流经装有活性炭的处于低温环境下的取样管时，^{85}Kr 分子会被活性炭表面吸附，使之暂时离开气流。因为吸附不是牢固结合，它可能脱离活性炭而重新进入气流，但后面的活性炭又会将它吸附下来。于是，用足够厚的活性炭，就可以使气流中的 ^{85}Kr 全部吸附下来，达到取样富集的目的。活性炭吸附 ^{85}Kr 和吸附非放射性氪的原理是相同的，活性炭吸附氪有一定的饱和性，由于空气中存在着非放射性氪，而且其浓度常常远大于 ^{85}Kr 的浓度，因此当用活性炭长时间取样 ^{85}Kr 时，要注意非放射性氪会使活性炭达到其吸附氪的饱和吸附容量。

（2）液体 CO_2 吸收法：活性炭吸附法在 ^{85}Kr 取样中是用得最广泛的方法。但有时也存在一定的局限性。如燃料元件中含有大量石墨时，元件后处理尾气中主要成分是 CO_2（约 90%）。由于活性炭对 CO_2 也有很强的吸附能力，故在 CO_2 载气中，选择性地吸附出 ^{85}Kr 是十分困难的。此时可以采用液体 CO_2 吸收法采集 ^{85}Kr。先将这种气流冷却和加压，使 CO_2 液化。^{85}Kr 可溶于液化的 CO_2 中。气流中 N_2，O_2 在液态 CO_2 中的溶解度均较 ^{85}Kr 低，大部分随气流跑掉。气流中的 Xe 会与 ^{85}Kr 一同溶于液体 CO_2 之中，但在升温解吸时，^{85}Kr 比 Xe 先从 CO_2 液体中跑出来，这样就可以把 ^{85}Kr 和 Xe 区分开来，达到对 ^{85}Kr 单独取样的目的。

（3）渗透膜扩散法：一些膜具有这样的性质，它可以使一些气体容易渗透过去，而对于另一些气体，则很难渗透过去。例如二甲基硅橡胶膜，对于 Xe，Kr，O_2 和 N_2 的渗透因子（渗透因子是某种气体在膜中的溶解度常数与这种气体在该膜中扩散常数的乘积，它表示某种气体穿过膜的难易程度，渗透因子大，表示气体容易穿过）分别为 203，98，60 和 28。这表明惰性气体比空气更容易穿透这种膜。若将含有 ^{85}Kr 的气流通过这种有选择性的渗透膜时，在膜的背面空间就可以得到分压相同的 ^{85}Kr，实现从气流中采集 ^{85}Kr 的目的。

（4）低温分馏法：利用 ^{85}Kr 的沸点和其他气体的不同，先用低温使取样气流液化，而后加热分馏就可以选择性分离出 ^{85}Kr。在液氮温度和常压下，Ar，Kr，Xe，N_2 和 O_2 都是液体，当加温或减压时，N_2，Ar 和 O_2 将依次先沸腾跑掉，而后则是 Kr 和 Xe。因此适当地控制分馏条件，就可以选择性地对 ^{85}Kr 和 Xe 进行取样。

^{85}Kr 测量可用内充气正比计数器(PC 计数器)、塑料闪烁体或液体闪烁计数器。

4.2.6.3 空气中^{131}I 的放化测量

空气中的^{131}I 主要来源于^{131}I 生产设施、核电站和其他反应堆、核燃料后处理厂、核武器试验以及医学应用等。目前广泛采用的测量^{131}I 的方法是 γ 能谱测定法,因此测量空气中^{131}I 的关键是其采样收集。

空气中的^{131}I 往往以多种形态存在,主要形态有元素碘(I_2)、有机碘(如 CH_3I)、次碘酸(HIO 或 HOI)、碘酸(HIO_3)以及少量微粒碘等。关于元素碘的取样方法已经很成熟,用活性炭滤纸或活性炭盒或各种浸渍活性炭都能有效地从气流中把元素碘收集下来。取样原理与用活性炭对^{85}Kr 取样类似,因此,只要不超过活性炭对碘的吸附容量,元素碘几乎百分之百地被吸附在活性炭之中。用普通过滤元素碘的材料来对有机碘取样,取样效率通常很低,但有机碘的存在量并不少。目前的发展是,一方面继续寻找新的取样材料,另一方面改善已有取样材料的性能。在改善取样材料性能方面目前有两种趋向:一种是向活性炭等取样材料中添加一些化学物质,使气流中的有机碘与之反应生成不易挥发的新物质,以便牢牢地被取样材料吸附住,这种办法称为化学反应法。另一种是加热待取样的气流,使气流中的相对温度提高,以提高取样效率,这种方法可称为加热气流法。

除了活性炭之外,用于碘取样的材料还有沸石、硅胶、氧化铝、镀银铜网等。沸石是一种有前途的碘取样及净化材料。它的优点是对水汽、裂变气体(Kr,Xe)吸附能力小。这个特点很有用,使它可以用在反应堆或其他事故情况下的监测。美国三哩岛事故时,活性炭碘取样器都失效了,原因就在于这些活性炭取样器同时吸附了大量的^{85}Kr 以及其他裂变气体,致使其无法准确分析出碘的数量;但浸渗银沸石碘取样器却克服了这一困难。沸石的缺点是价格昂贵。另外,2011 年国际上还报道了一种新型放射性碘的过滤材料,即由林业副产品和甲壳类动物外壳组成的一种半纤维素复合物,其在水中能与放射性碘结合并将其捕获,同时能清除淡水或海水中的砷等重金属物质。

环境样品分析中理想的碘取样器应能满足如下技术要求:能够同时收集所有形态的碘;能把不同形态的碘分开。《环境地表 γ 辐射剂量率测定规范》(GB/T 14583—1993)中推荐采用图 4.2.4 所示的碘取样器。

用该取样器可收集空气中无机碘和有机碘。微粒形态的碘被收集在玻璃纤维滤纸上,其材料为超细玻璃纤维,质量厚度 7.46 mg/cm^2,有效直径 5 cm,对

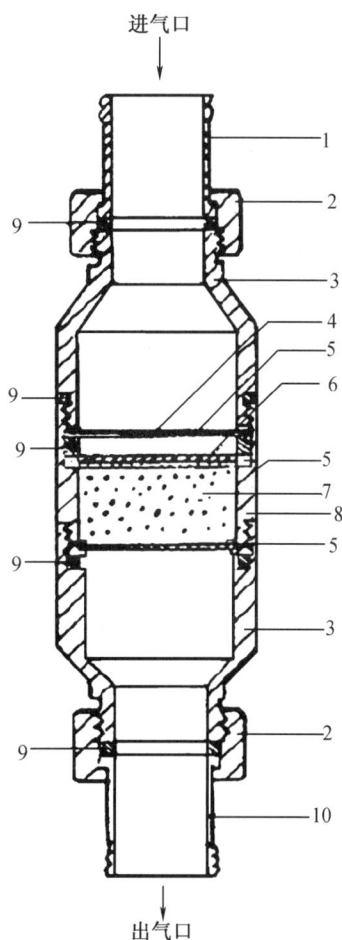

1—进气管;2—固定环;3—缓冲筒;
4—玻璃纤维滤纸;5—金属筛网;
6—活性炭滤纸;7—浸渍活性炭滤筒;
8—取样筒;9—橡皮垫圈;10—排气管。

图 4.2.4 碘取样器示意图

小于 1 μm 的气溶胶微粒的过滤效率近似 100%;元素碘及非元素无机碘主要收集在活性炭滤纸上,其衬底材料为桑皮浆,纸浆厚度为 10 mg/cm²,椰子壳活性炭,活性炭质量厚度为 13~15 mg/cm²,粒度 50 μm 以下,有效直径 5 cm;有机碘主要收集在浸渍活性炭滤筒内,浸渍活性炭的基碳为油棕炭,浸渍剂为 2.0% TEDA(三乙撑二胺)+2.0% KI(碘化钾),粒度为 12~16 目,装在内径 5 cm、深 2 cm 的不锈钢筒内。

用低本底 γ 谱仪分别测定玻璃纤维滤纸、活性炭滤纸和滤筒中 ^{131}I 能量为 0.365 MeV 的特征 γ 射线的净计数。

4.2.6.4 空气中 ^{14}C 的测量

^{14}C 是纯 β 辐射体,β 粒子最大能量为 156 keV,半衰期为 5 730 a。^{14}C 由于半衰期长加上它参与各种生物循环,因而 ^{14}C 的环境监测和防护也是应当重视的问题之一。空气中的 ^{14}C 可以以多种化学形态存在,其中重要的一种为 CO_2,由于空气中 CO_2 浓度通常十分低,因而常常是先要取样浓缩,而后再测量。取样富集的方法主要有以下几种。

(1) CsOH 鼓泡取样法:在鼓泡器中加入 100 mL 1 mol/L 的 CsOH 溶液,然后将取样空气连续流经鼓泡器,通过鼓泡期间气液两相之间发生下述的化学反应:

$$2CsOH + {}^{14}CO_2 \longrightarrow Cs_2{}^{14}CO_3 + H_2O \qquad (4.2.2)$$

气流中的 $^{14}CO_2$,以 $Cs_2{}^{14}CO_3$ 形式滞留到了取样液中。

(2) 乙醇胺吸收法:先将取样空气压缩到钢瓶中,然后使之先经过一级催化氧化单元使气流中各种形态的 ^{14}C 全部转变为 $^{14}CO_2$。此后使之流经装有 1.5 g 乙醇胺的计数瓶。$^{14}CO_2$ 和乙醇胺反应生成黏性物质,并滞留到计数瓶中。最后加入闪烁液用液体闪烁计数器测量。

(3) KOH 鼓泡取样法:将含有 $^{14}CO_2$ 的空气流经装有 10% KOH 的鼓泡取样器,$^{14}CO_2$ 和 KOH 反应生成 $K_2{}^{14}CO_3$,将 $K_2{}^{14}CO_3 + KOH$ 溶液引入含有 25% H_2SO_4 的反应器中,通过反应生成的 $^{14}CO_2$,再经干燥和猝灭剂鼓泡器,最后通入 G-M 计数管计数。在 G-M 计数管中,$^{14}CO_2$ 既作为待测气体又兼作 G-M 计数管的工作气体。用一支 30 cm³ 的 G-M 计数管加 5 cm 厚的铅屏蔽,计数 30 min,本方法可以测到 $^{14}CO_2$ 的浓度为 1.85 ×10⁻³ Bq/L。

上述三种取样方法中前两种操作比较简单,可用于环境中空气样品的取样分析中。其空气中的 $^{14}CO_2$ 最后都是被滞留于吸收液中,因此最方便的测量方法就是使用液体闪烁计数器。用液体闪烁计数器测 ^{14}C 效率很高,一般可达 80%~90%,但要注意,虽然用液体闪烁计数器测 ^{14}C 时猝灭作用没有像测量 ^3H 时那样严重,使用中仍然需要进行猝灭校正。

练习(含思考)题

1. 相比于直接的物理测量,环境样品的放射化学分析方法的优点是什么?

2. 放化分离有哪些主要方法?

3. 环境样品中放化分析方法的一般程序包括哪些?

4. 放化分析中应该注意的问题有哪些?

5. 什么是化学回收率?

6. 测定化学回收率的方法有哪些?

7. 环境样品中 ^{90}Sr 的分析方法有哪两种?

8. 环境样品中 Pu 的放化分析方法主要依据什么原理?

9. 空气中 ^{131}I 的测量需要考虑其什么形态?

10. 空气中氚的测量方法有哪些?

4.3 样品的实验室 γ 能谱测量分析

在环境样品的放射性核素分析中,大多数被分析的核素在其衰变过程中都发射特征能量的 γ 射线。γ 能谱测量与分析技术能够识别 γ 放射性核素,并能准确给出核素的活度量值,现在已在环境样品的测量与分析中得到了广泛应用。相对于总 α 或总 β 测量方法,该技术对测量样品的制样要求简单得多,受样品介质和几何条件的限制较少,样品经简单制样后便可直接进行非破坏性测量分析。特别是,相应分析软件的成功开发,更使得 γ 能谱测量与分析技术在环境辐射监测中成为最基本的并易于掌握的一种分析技术[1]。

4.3.1 低本底 γ 谱仪

4.3.1.1 本底来源及降低措施

单位质量或体积样品中的 γ 放射性核素活度(比活度)通常均较低,实验室周围环境的天然 γ 辐射和宇宙射线等产生的本底对谱仪的测量分析具有重要影响,应采取必要的措施予以降低。

γ 谱仪的本底来源主要包括:

(1)探测器材料的天然放射性。

(2)紧靠探测器的辅助设备、支撑物和屏蔽材料的天然放射性。

(3)由陆地、实验室墙壁或其他远处建筑物的放射性产生的本底。

(4)探测器四周空气中的放射性(尤其是氡及其子体的放射性)。

(5)宇宙辐射的初级成分和次级成分。

(6)来自样品的能量较高的 γ 射线的康普顿散射对其他比它能量低的被测量 γ 射线构成的干扰本底。

(7)样品中的高能 β 射线经韧致辐射产生的连续能量 X 射线本底。

(8)样品中的 γ 或 X 射线激发屏蔽室材料产生的特征 X 射线本底。

降低 γ 谱仪本底的措施主要包括:

(1)研制 γ 谱仪的探测器时,探测器材料和辅助材料选用低放射性材料,订购 γ 谱仪时考虑并且选购极低放射性水平的探测器。

(2)降低 γ 谱仪本底的主要措施是物质屏蔽。屏蔽材料一般采用铅,并且最好是年代久远的老铅(^{210}Pb 含量极低),铅室厚度在 10 cm 左右,内层还可配不同厚度的钢、镉、铜和有机玻璃等材料。原则上,为了减少反散射对本底的贡献,铅室内空间越大越好,但考虑到铅用量、占用空间以及价格等因素,常见的商用铅室内部空间都不是很大。

(3)为了降低铅室内空气中大气沉降物的放射性和铀、钍衰变链的子体产物^{222}Rn 和^{220}Rn 对本底的贡献,最好通过有效过滤供给铅室内的空气。对于液氮制冷的高纯锗(HPGe)γ 谱仪,当铅室内的空间较小时,最简单的办法是将探测器杜瓦瓶内自然蒸发的氮气充入铅室。

(4)在探测器的周围增加大体积的反符合屏蔽探测器,采用反符合技术能够大幅度降低高能贯穿的宇宙辐射和康普顿连续谱本底。如果被测量的放射性核素同时发射一个以上的有符合关系的辐射,也可通过符合技术的应用大大降低本底。

(5)在铅屏蔽室内层增加复合材料内衬,可屏蔽样品中的 γ 或 X 射线激发屏蔽室材料产生的特征 X 射线本底。内衬材料常用 1mm Cd+1mm Cu+1mm 有机玻璃,Cd 用于吸收 Pb 的(73~87)keV X 射线,Cu 吸收 Cd 的(23~27)keV X 射线,有机玻璃吸收 Cu 的(8~9)keV X 射线。

4.3.1.2　NaI(Tl)γ 谱仪

NaI(Tl) γ 谱仪是由 NaI(Tl)探测器及相应的电子学仪器组成。NaI(Tl)探测器主要由 NaI(Tl)闪烁体和相应的光电倍增管构成,并配有前置放大器和蔽光外壳。在环境监测中,NaI(Tl) γ 谱仪目前用得最广的是 $\phi75$ mm×75 mm 的 NaI(Tl)闪烁体,室内室外使用都较方便。在选用 NaI(Tl)闪烁体时,必须选用低钾晶体,含钾量要低于 $1×10^{-6}$。光电倍增管也应是低钾玻璃管。有时,为减少光电倍增管玻璃中的钾对本底的贡献,在 NaI(Tl)闪烁体和光电倍增管之间可加一个 NaI 光导。

谱仪的配套电子学设备主要包括高、低压电源,放大器和多道分析器。提供给光电倍增管的高压电源有 2 000 V 足够了,实际供给电压在 1 000 V 左右,取决于光电倍增管。由于 NaI(Tl)探测器的光电倍增管可把光电信号放大 $1×10^6$ 倍以上,所以输出信号较大,达 mV 量级,对放大器的放大倍数要求不高,但必须稳定可靠。同时,由于 NaI(Tl)探测器的分辨率较差,多道分析器的道数有 1 024 道足够,一般用 256 道或 512 道。

由于碘的原子序数较高,大部分 γ 射线可通过各种相互作用导致能量被全吸收,因此 NaI(Tl)探测器的能谱中,全吸收成分(即能谱中全能峰下的事件所占的份额)是比较高的。当 NaI(Tl)闪烁体很大时,进入闪烁体的 γ 射线可能全被吸收,康普顿散射成分很少,这时谱仪即是所谓的全吸收谱仪。

NaI(Tl)γ 谱仪的 NaI(Tl)闪烁体和光电倍增管工作时受环境温度影响较大,所以谱仪最好安置在恒温实验室工作。此外,虽然 NaI(Tl)γ 谱仪的分辨率较差,但由于价格较低,并且一般可以分析 4~5 个核素,目前在大多数的环境监测中仍然有着广泛的用途。

4.3.1.3　HPGe γ 谱仪

HPGe γ 谱仪是由 HPGe 探测器及高压电源、前置放大器、放大器、多道分析器等电子学仪器组成,探测器必须在液氮低温下才能工作。与早期的 Ge(Li)探测器不同,它不使用时可以在常温下保存,工作时才需要液氮制冷,但应注意的是加液氮后不能立即加工作高压,而要在热平衡后再加高压。当然,在测量任务较多的实验室,探测器还是一直保持在液氮温度为好。在建立低本底的 HPGe γ 谱仪测量装置时,应选用低本底材料的高纯锗探测器,同时,为了减少紧靠探测器的前级放大器对本底的贡献,可以选择把前放电路移到远离 HPGe 晶体的探测器类型。

HPGe γ 谱仪的优点是能量分辨率高,特别适宜复杂能谱的分析。好的锗探测系统的能量分辨率一般好于 0.2%,而碘化钠为 5%~10%。但是高纯锗探测器的体积目前还不能做得很大,与 $\phi75$ mm×75 mm 的 NaI(Tl)闪烁体相比,能达到这个尺寸的高纯锗就是大探测器了。随着技术的进步,目前国外厂家已经能够生产大于这个尺寸的高纯锗探测器,但价格十分昂贵。另一方面,由于锗的原子序数较低,导致光电截面只有 NaI(Tl)闪烁体的 1/10~1/20。因此在一次相互作用中产生光电吸收的概率要小得多。同时,由于有效体积小,多次相互作用(如康普顿散射之后跟随的光电吸收)的可能性也较小。由于这两种因素的影响,锗探测器的本征峰效率总是比有效体积相同的 NaI(Tl)闪烁体至少低一个量级,也使康普顿连续谱成为能谱测量中的显著部分。因为锗的康普顿散射截面与光电效应截面之比要比碘化钠的大得多,使探测事件的绝大部分位于该连续谱内,而光电峰的面积却较小。但是,因为 HPGe 的分辨率高,峰的宽度很小,仍然易于识别,这也正是 HPGe γ 谱仪的优点所在。

在 HPGe γ 谱仪中,常用相对效率、峰康比、能量分辨率(FWHM)作为衡量探测器性能的技术指标。相对效率是指在探测器端面正前方 25 cm 位置时,对于 ^{60}Co 点源的 1.33 MeV γ 射线,HPGe 探测器相对于 ϕ75 mm×75 mm 的 NaI(Tl) 探测器的全吸收峰探测效率,在该测量条件下,ϕ75 mm×75 mm 的 NaI(Tl) 探测器对 1.33 MeV γ 射线的全吸收峰绝对探测效率为 $1.2×10^{-3}$。目前国外生产厂家能够提供的 HPGe 探测器最大相对效率可达 200%。峰康比定义为光电峰最高计数道的计数与康普顿边缘正下方典型道的计数比,对于光电份额相同的各探测器,峰康比将随全能峰的 FWHM 值反比变化。对能量分辨率相同的各探测器,峰康比将近似正比于光电份额。显然,好的探测器的峰康比也大。习惯上用 ^{60}Co 的 1.33 MeV γ 射线来度量探测器的能量分辨率,如对于一台相对效率为 50% 的 P 型同轴 HPGe 探测器,能量分辨率一般可达 1.8 keV 左右。

4.3.1.4 反符合 γ 谱仪

反符合 γ 谱仪至少由两个探测器组成,一个是用于测量分析 γ 能谱的探测器,习惯上称为主探测器,可以是 NaI(Tl) 探测器,也可以是 HPGe 探测器。另一个是位于主探测器周围的大体积反符合屏蔽探测器,一般是采用 NaI(Tl) 探测器、塑料闪烁体探测器或液体闪烁体探测器,以尽可能大的立体角包围主探测器,探测器的体积越大则相应的屏蔽室也越大。

反符合 γ 谱仪的原理是,能够产生本底的射线(宇宙射线硬成分、来自样品本身及其他来源的 γ 射线等)通过贯穿或康普顿散射等作用,同时在主探测器和反符合屏蔽探测器内沉积能量并输出信号,反符合屏蔽探测器的输出经放大、甄别、延时和成形等一系列电子学线路处理后产生一矩形门控脉冲信号,该信号送至主探测器的多道分析器,制止多道分析器记录此时的输入信号,从而达到降低谱仪本底的目的。当主探测器有信号输出而反符合屏蔽探测器无信号输出时,主探测器的多道分析器记录主探测器的输出并产生经反符合后的 γ 射线能谱。

根据反符合屏蔽探测器放置位置的不同,反符合 γ 谱仪可分为反康普顿 γ 谱仪[2] 和反宇宙射线 γ 谱仪[3] 两种(图 4.3.1)。反康普顿 γ 谱仪的结构由内而外分别为主探测器、反符合屏蔽探测器、屏蔽室;反宇宙射线 γ 谱仪的结构由内而外则为主探测器、屏蔽室、反符合屏蔽探测器,有时为了降低反符合屏蔽探测器的输出计数率,还可以在其外部再增加一层一定厚度的屏蔽体。反康普顿 γ 谱仪和反宇宙射线 γ 谱仪因结构的不同导致性能也有所差异,反康普顿 γ 谱仪能很好地抑制宇宙射线硬成分和康普顿散射本底,在分析单能 γ 放射性核素(如 ^{137}Cs,^{54}Mn 等)方面具有显著优势,但不适合测量级联 γ 放射性核素(反符合导致全吸收峰计数严重损失);反宇宙射线 γ 谱仪能够很好地降低宇宙射线本底但不能抑制康普顿散射,测量时无核素限制,与反康普顿 γ 谱仪有较强的互补性。图 4.3.2 为反符合 γ 谱仪有无反符合时的本底能谱比较。表 4.3.1 对以上两种反符合 γ 谱仪的结构、技术性能以及使用中可能遇到的问题进行了比较。

对于测量极低水平的环境样品,反宇宙射线 γ 谱仪除具有更低的本底优势以外,还可以采用马林杯状样品进行测量(容器体积可达 2 L 以上)。马林杯状样品包围在探测器四周,可显著降低谱仪的比活度检测下限,大幅提高测量工作效率。此为反宇宙射线 γ 谱仪最为主要的优点之一。

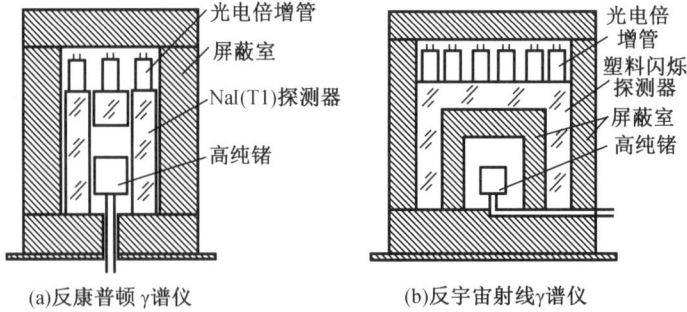

(a)反康普顿 γ 谱仪　　　　(b)反宇宙射线 γ 谱仪

图 4.3.1　反符合 γ 谱仪结构示意图

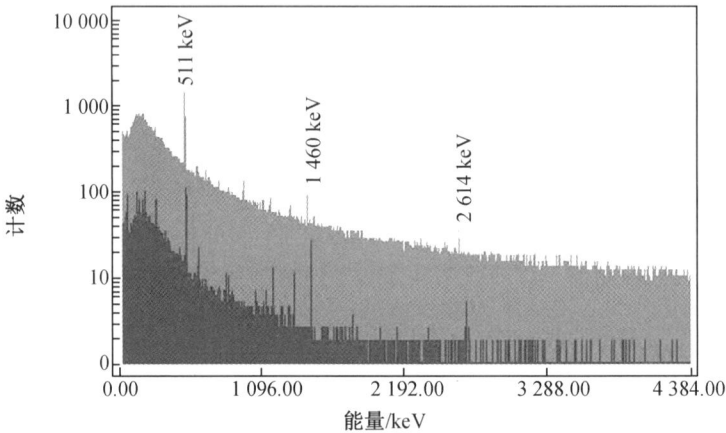

图 4.3.2　反符合 γ 谱仪有反符合(下)与无反符合(上)时本底能谱比较

表 4.3.1　两种不同反符合 γ 谱仪技术性能比较

性能	反康普顿 γ 谱仪	反宇宙射线 γ 谱仪
结构	反符合探测器位于屏蔽室和主探测器之间,紧邻主探测器	屏蔽室和 HPGe 探测器相邻,反符合探测器位于屏蔽室外部
反符合探测器	多采用 NaI(Tl)探测器	多采用塑料闪烁体探测器
宇宙射线本底抑制系数	8 倍左右	10 倍左右
^{137}Cs 康普顿本底抑制系数	5 倍左右	0
γ 射线峰本底	低	极低
偶然反符合计数损失	不固定,随样品活度增大而增大	固定值,0. 3% ~ 3%
级联 γ 射线峰计数损失	不固定,对于 HPGe 探测器表面的 ^{60}Co 和 ^{134}Cs 损失达 80% 以上	无
马林杯状样品	不可用	可用

4.3.2　实验室 γ 谱仪的校准

4.3.2.1　校准源的选择

选择用于 γ 谱仪校准的核素必须要有足够长的半衰期和可靠的衰变参数。对于 NaI(Tl) γ 谱仪,校准源的选择最好是发射单个 γ 射线的核素,但由于这样的核素并不多,

也可选择发射几条 γ 射线并且能量间隔较大的核素。对于 HPGe γ 谱仪,则适合选择多 γ 发射核素,但能量区间要能覆盖谱仪的分析能区(至少在 50 keV ~ 2 MeV 之间)。IAEA 619 号技术文件为 γ 谱仪的校准推荐了"用于探测器校准的 X-射线和 γ-射线标准",表 4.3.2 从其中选择了部分适用的并且容易获取的一些核素及相应的核参数[4]。

表 4.3.2 常用探测器校准用核素的一些核参数

核素	衰变类型	半衰期/d	射线	能量/keV	发射概率
^{22}Na	EC, β^+	950.8±0.9	γ	1 274.542(7)	0.999 35(15)
^{54}Mn	EC	312±0.4	X(K_α)	55.41	0.226(7)
			X(K_β)	5.95	0.030(1)
			X(K_χ)	5.41 ~ 5.95	0.256(8)
			γ	834.843(6)	0.999 758(24)
^{55}Fe	EC	999±8	X(K_α)	5.89	0.249(9)
			X(K_β)	6.46	0.034(1)
			X(K_χ)	5.9 ~ 6.46	0.283(10)
^{57}Co	EC	271.79±0.09	X(K_α)	6.40	0.510(7)
			X(K_β)	7.06	0.069(1)
			X(K_χ)	6.40 ~ 7.06	0.579(8)
			γ	14.412 7(4)	0.091 6(15)
			γ	122.061 4(3)	0.0856 0(80)
			γ	136.474 3(5)	0.106 8(8)
^{60}Co	β^-	1 925.5±0.5	γ	1 174.38(4)	0.998 57(22)
			γ	1 332.502(5)	0.999 83(6)
^{65}Zn	EC, β^+	244.26±0.26	X(K_α)	8.03 ~ 8.05	0.341(6)
			X(K_β)	8.91	0.046(1)
			X(K_χ)	8.03 ~ 8.91	0.387(6)
			γ	1 115.546(4)	0.506 0(24)
^{85}Sr	EC	64.849±0.004	X(K_α)	13.34 ~ 13.40	0.500(3)
			X(K_β)	14.96 ~ 15.29	0.087(2)
			X(K_χ)	13.34 ~ 15.29	0.587(4)
			γ	514.007 6(22)	0.984(4)
^{88}Y	EC, β^+	106.630±0.025	X(K_α)	14.10 ~ 14.17	0.522(6)
			X(K_β)	15.83 ~ 16.19	0.094(20)
			X(K_χ)	14.10 ~ 16.19	0.616(7)
			γ	898.042(4)	0.940(3)
			γ	1 836.063(13)	0.993 6(3)

表 4.3.2（续1）

核素	衰变类型	半衰期/d	射线	能量/keV	发射概率
^{109}Cd	EC	426.6±0.7	X(K$_\alpha$)	21.99～22.16	0.821(9)
			X(K$_\beta$)	24.93～25.62	0.173(3)
			X(K$_\chi$)	21.99～25.60	0.994(10)
			γ	88.034 1(11)	0.036 3(2)
^{137}Cs	β$^-$	(1.102±0.006)×10^4	X(K$_\alpha$)	31.82～32.19	0.056 6(16)
			X(K$_\beta$)	36.37～37.45	0.0134 4(5)
			X(K$_\chi$)	31.82～37.45	0.070 0(20)
			γ	661.660(3)	0.851(2)
^{133}Ba	EC	3 862±15	X(K$_\alpha$)	30.63～30.97	0.980(14)
			X(K$_\beta$)	34.97～36.01	0.230(5)
			X(K$_\chi$)	30.63～36.01	121.0(16)
			γ	80.998(5)	0.341 1(28)
			γ	276.398(1)	0.071 47(30)
			γ	302.853(1)	0.183 0(6)
			γ	356.017(2)	0.619 4(14)
			γ	383.851(3)	0.089 05(29)
^{152}Eu	EC,β$^-$	4 933±11	X(SmK$_\alpha$)	39.52～40.12	0.591(12)
			X(GmK$_\alpha$)	42.31～43.00	0.006 48(22)
			X(SmK$_\beta$)	45.38～46.82	0.149(3)
			X(GmK$_\beta$)	48.65～50.21	0.001 76(18)
			) X(SmK$_\chi$)	39.52～46.82	0.740(12)
			X(GdK$_\chi$)	42.31～50.21	0.008 24(28)
			X(Sm+Gd)	39.52～50.21	0.748(12)
			γ	121.782 4(4)	0.283 7(13)
			γ	244.698 9(10)	0.075 3(4)
			γ	344.281 1(19)	0.265 7(11)
			γ	411.126(3)	0.022 38(10)
			γ	443.965(4)	0.031 25(14)
			γ	778.903(6)	0.129 7(6)
			γ	867.390(6)	0.042 14(25)
			γ	964.055(4)	0.146 3(6)
			γ	1 085.842(4)	0.101 3(5)
			γ	1 089.767(14)	0.017 31(9)
			γ	1 112.087(6)	0.135 4(9)
			γ	1 212.970(3)	0.141 2(8)
			γ	1 299.152(9)	0.016 26(11)
			γ	1 1408.022(4)	0.208 5(9)

表 4.3.2（续 2）

核素	衰变类型	半衰期/d	射线	能量/keV	发射概率
^{241}Am	α	$(1.5785\pm0.0024)\times10^5$	X(L_e)	11.871	0.0085(3)
			X(L_α)	13.927	0.132(4)
			X($L_{\beta m}$)	17.611	0.194(6)
			X(L_γ)	20.997	0.049(2)
			γ	26.345(1)	0.024(1)
			γ	59.537(1)	0.360(4)

4.3.2.2　能量校准

γ 谱仪的能量校准是建立全能峰位置（道址）与 γ 射线能量的关系。如前所述,对于 NaI(Tl) γ 谱仪,用于能量校准的核素最好发射单能 γ 或几条 γ 射线但能量间隔较宽的核素;对于 HPGe γ 谱仪,单能 γ 核素和多 γ 核素都可选用。选择能量校准源的 γ 射线的能量至少应在 $50\sim2000$ keV 范围内。在对谱仪进行能量校准时,对全能峰参数的处理主要是准确计算表征 γ 射线能量的全能峰的最高峰位置或者道址,一般讲,位置-能量坐标上的零位置并不表征零能量。在探测器高压、放大器放大倍数和多道分析器的道宽确定后,在所关心的整个能量区间根据实验确定的多个校准点数据,可按 $E_i = \sum_{n=0}^{N} a_n C_i^n$ 的多项式用最小二乘法处理拟合得到所需的能量校准曲线。式中 E_i 是对应道数 C_i 的能量。多项式的幂 $N=4$ 或 5 就足够了,这取决于非线性的严重程度。当谱仪的任何工作参数变化后,必须重新进行能量校准。准确的能量校准是正确识别核素的基础,多道分析器或计算机对核素的识别有时也需根据该核素的基本特征或常识进一步判断。在进行能量校准的时候,也可同时确定全能峰的半高宽 FWHM,并建立 FWHM 与 γ 射线能量或峰位置的关系,必要时用于解析重叠峰。

4.3.2.3　有源效率校准

γ 谱仪测量分析的校准主要是指全能峰效率的校准[5-6],它是把样品中的测量计数转换为放射性核素活度的基础。在不考虑各种校正因素的情况下,全能峰探测效率是探测器对校准源特定 γ 射线能量的全能峰的净计数率 $N_0(\text{s}^{-1})$ 与校准源中该 γ 射线的发射率 $A_0\eta$ 之比,即

$$\varepsilon = N_0/(A_0\eta) \tag{4.3.1}$$

式中　A_0——校准源的活度,Bq;

　　　η——特定能量 γ 射线的分支比或发射概率。

反之,在样品测量中发射特定 γ 射线能量的核素活度为

$$A = N/\varepsilon\eta \tag{4.3.2}$$

式中　N——样品测量时特定能量 γ 射线的全能峰的净计数率,s^{-1}。

为了获得精确的全能峰效率校准数据,对于多 γ 核素的级联辐射,全能峰的计数应经过级联辐射的符合相加修正后才能获得准确的全能峰效率。在谱仪分析能量范围内,原则上应选择多个能量点全能峰效率,得到不同能量的全能峰效率后,在双对数坐标上描绘出全能峰效率 $\varepsilon_{p,\gamma}(E_\gamma)$ 与 γ 射线能量 E_γ 的关系曲线,拟合函数的形式为

$$\ln \varepsilon_{p,\gamma}(E_\gamma) = \sum_{i=0}^{k} a_i (\ln E_\gamma)^i \tag{4.3.3}$$

根据拟合函数可以得到任何能量的全能峰效率，这时得到的全能峰效率数据是间接传递的效率数据。

对于 NaI(Tl)γ 谱仪，常用相对比较法求解样品中的放射性核素的活度浓度。相对于 HPGe γ 谱仪，NaI(Tl)γ 谱仪测量环境样品时是相对测量，即样品中有什么核素，校准样品就应该选择该核素。这时，计算出校准样品和测量样品谱中各个特征峰的全能峰面积，各校准样品的校准系数 C_{ji}：

$$C_{ji} = \frac{\text{第} j \text{种核素校准样品的活度(Bq)}}{\text{第} j \text{种核素校准样品的第} i \text{个特征峰的全能峰面积(计数/s)}} \tag{4.3.4}$$

那么被测样品的第 j 种核素的活度浓度 Q_j 为

$$Q_j = \frac{C_{ji}(A_{ji} - A_{jib})}{W \cdot D_j} (\text{Bq/kg}) \tag{4.3.5}$$

式中　A_{ji}——被测样品中第 j 种核素的第 i 个特征峰的全能峰面积，计数/s；

A_{jib}——与 A_{ji} 相对应的全能峰本底计数率，计数/s；

W——被测样品的净干重，kg；

D_j——第 j 种核素校正到采样时的衰变系数。

在实际应用中，上述全能峰面积可以只取全能峰的一部分，即特征道区。

全能峰探测效率也可以通过计算获得，一般采用蒙特卡洛计算，但在大多数情况下，仍需采用实验室测定，这时应考虑以下问题：

（1）全能峰效率校准所用的放射源或参考样品的活度能够溯源到国家标准。

（2）全能峰效率校准应包括点源校准和测量样品的校准。点源校准是准确传递国家计量标准的基础，同时，点源校准时，源可以离探测器较远，从而忽略符合相加修正，容易得到准确的校准数据，为标定未知放射性活度溶液中的核素的活度和参考样品的制备创造良好条件。

（3）校准样品与测量样品的介质和几何条件应保持一致。对于 NaI(Tl) γ 谱仪的校准，全能峰转换为特征道区，校准样品中的核素应与测量样品中的核素相同，并应分别制备单核素校准样品建立校准矩阵。对 HPGe γ 谱仪，校准样品中的核素可以与测量样品中的核素相同，也可以不同，前者实际上是相对测量，其优点是可避免多 γ 核素测量的符合相加修正；后者的优点是可以根据效率拟合曲线获得任何特定能量 γ 射线的全能峰效率，但是校准样品和实际样品的测量对发射多 γ 射线的核素需要做符合相加修正。

（4）与能量校准不同，全能峰面积不随谱仪工作参数变化，即谱仪能量校准改变时，全能峰面积（即探测效率）不会随全能峰的位置改变。

（5）测量样品与校准样品介质或密度相差较大时，测量数据应考虑自吸收修正，特别在低能区，自吸收对测量结果影响非常严重。

4.3.2.4　无源效率校准

常规的有源校准方法是利用标准样品或参考样品（含有已知活度放射性核素的样品）对谱仪进行效率校准。随着国际上 HPGe γ 谱仪的广泛应用，现在已经开发出了无源校准方法。所谓无源校准实际上就是对特定测量样品的探测效率进行理论计算。随着信息时代的到来和计算机的普及，使 γ 能谱测量中对各种形态测量样品的探测效率可以用理论计算获得。无源校准方法的基础是蒙特卡洛方法,它的主要特点是探测效率表征和独立的实际样品测试验证。

探测器表征包括:

(1)每个探测器独立表征,即便规格相同。

(2)用可溯源到国家标准的多能量标准源对探测器进行效率校准。

(3)校准在多个位置上进行。

(4)根据探测器的详细结构和测量对象利用蒙特卡洛方法建立模型进行计算机和模型优化。

(5)利用验证和优化后的模型计算下列条件下的空间点源效率分布:

①源距:0~500 mm;

②方位:4π 立体角;

③能量:45~7 000 keV。

(6)探测器的独立表征是无源校准方法测量精度的基本保障和数据溯源的依据。

独立的实际样品测试验证包括:

(1)用可溯源到国家标准的标准源,对表征过的探测器根据相应软件得到的无源校准结果进行比较和一致性检验,验证方法的可靠性。

(2)点源验证:标准点源放置于探测器上方和侧面的测量结果与点源标称值的一致性检验。

使用软件模块时,应将测量对象和环境进行描述,包括材料成分、外形尺寸、几何位置等,由软件自动完成计算并给出结果。计算方法概括如下:

(1)选择能量,对所测量的放射性体源进行分割,把体源作为点源处理。

(2)对点源(小体源)相对探测器的效率进行积分计算,并考虑以下校正因素:

①体源自身的衰变;

②在射线路径上的容器和其他材料导致的衰减;

③探测器准直器的衰减。

(3)对体源进一步细分,并进行积分计算,直到结果收敛为止。

(4)对所有能量,重复以上过程。

(5)对所有体源,重复以上过程。

(6)计算结果即可得到能量-效率曲线。

无源校准的优点是表面上避开了标准样品的制备,但为了验证计算的结果仍然需要用标准样品进行测试验证,所以实际上仍离不开标准样品。同时,对于复杂的几何形态,核素非均匀分布的对象,虽然计算也许是可行的,但制备验证结果的标准样品可能更难些。

4.3.2.5　γ能谱测量中的量值传递

在环境样品的放射性测量中,仪器的校准无论是采用国家标准[7-9]或是其他标准或参考值,都是一个量值传递的过程。这样的量值传递是自上而下的,测量结果的溯源性则是自下而上的。在量值的传递中,标准点源的量值传递对 γ 能谱仪来讲是最容易的。因此,在环境样品的 γ 能谱测量中,不能忽视谱仪对点源效率的校准,因为这是量值传递的起点,其目的是要通过点源校准传递到体源的校准[10]。从点源校准传递到体源的校准首先是对放射性溶液中特定核素的比活度定值。因为对于放射性溶液,无论是标准的或是非标准的,通过重量法制备一个点源是容易的。这样,在谱仪用点源校准以后,把用放射性溶液制备的点源在谱仪上与点源校准条件相同的条件下测量,很容易定出该溶液中特定核素的比活度,即参考值。这正是γ能谱仪的优越性所在。

1. 参考点源的制备

参考点源的制备主要涉及放射性溶液的分装、转移和精密称重等操作。操作的放射性溶液活度一般在 $1.0 \times 10^4 \sim 1.0 \times 10^7$ Bq。在转移放射性溶液前,要准备一个 5 mL 左右的聚乙烯安培瓶和有机玻璃座,该源座可以仿照校准点源的源座制造。准备清洁的聚乙烯安培瓶时,把聚乙烯安培瓶的头部在酒精灯上烤一会儿,然后用镊子拉成毛细管,剪去毛细管头后,在精密天平(如十万分之一天平)上称重。然后,打开放射性溶液瓶,将聚乙烯安培瓶的毛细管伸入放射性溶液瓶内,吸入适量放射性溶液,再放入天平内称重。这时,把准备好的源座放在搪瓷盘内的塑料布上,从天平内取出聚乙烯安培瓶,挤出一滴放射性液滴在源座中心,再把聚乙烯安培瓶放入天平称重,前后两次重量之差即是源座上液滴的重量。把滴有放射性液滴的源座放在干燥瓶内晾干后密封即是一个放射性点源。该点源制备好后,在谱仪点源校准条件下测量,即可定出该放射性溶液中核素的比活度。

2. 参考样品的制备

按形态分,γ能谱测量用的参考样品包括液态样品和固态样品。参考溶液是由非标准溶液经过定值确定其核素的放射性活度量值以后的放射性溶液。固态样品包括土壤、滤纸、活性炭、植物和生物样或灰样等。按样品的来源分,常用的参考样品有两种,一种是天然基质样品,一种是掺标样品。天然基质是指含有放射性核素并经过长期自然理化作用的天然物质,例如土壤、沉积物、淡水、牛奶、茶叶和海藻等。天然基质作为参考样品的基本条件是其放射性核素的含量很低,可以忽略或者已经准确定值。定值本身就是标准方面的工作,样品中的核素比活度或浓度及其不确定度必须由权威实验室组织多个实验室测量并对各实验室结果进行统计分析后确定。

掺标样品是γ能谱测量中用得最多的参考样品。这是在一定的参考基质内加入已知量的放射性物质掺和而成。按掺和的方式分类,掺标样品的种类有 3 种:溶液掺溶液、溶液掺固体、固体掺固体。溶液掺溶液是取已知核素比活度的放射性溶液加入所选择的基质溶液中,例如牛奶中,经搅拌均匀后即为掺标牛奶。但制备这样的样品时,应在掺入放射性溶液前先在基质中加入少量与放射性核素相应的稳定元素作为载体物质,以减少样品存放过程中核素在容器壁上的吸附。溶液掺固体是取已知核素比活度的放射性溶液加入到固态粉末基质中均匀混合而成,但在实际操作中还须首先选取少量过渡基质,过渡基质必须确保加入的放射性溶液在挥发后没有硬块;在过渡基质与放射性溶液均匀混合并晾干后再与基质均匀混合。固体掺固体是指已经准确定值的粉末放射性物质与所选择的基质固体粉末材料混合而成,例如用标准铀矿粉、镭矿粉和钍矿粉等与模拟基质混合后制备的掺标样品。在制备这样的掺标样品时,如果样品量大(多少公斤级以上),可采用 V 型混样机;如果样品量少,可采用适当瓶状容器混样。为使样品混合均匀,混合样品时要加入不同数量和大小(取决于样品量)的不锈钢球。对于γ能谱测量,因为样品用量大,均匀度1%~2%容易达到,但如果样品还要用于放化分析,样品均匀度应在 1 g 量级范围内达到1%~2%。

掺标样品的基质物质的选择应满足以下要求:

(1)与样品的主要化学成分相同或相近;

(2)与样品的物理形态,如固态、液态、颗粒度、密度或比重相同或相近;

(3)与样品相比,其放射性活度即放射性本底可以忽略;

（4）与加入的标准放射性物质易于均匀混合；

（5）物理化学性质稳定。

在制备掺标样品时,可以从以下几方面考虑或减少基质中本底的贡献：

（1）定出基质中核素的含量；

（2）选择不含放射性核素或放射性核素含量低的材料作基质；

（3）先制备放射性核素含量较强的掺标样品作为校准样品,然后再制备环境水平样品,利用前者的校准系数定出掺标样品中的核素含量(掺入量加本底)；

（4）掺入核素前,必须留一部分基质作为空白样品,以便在分析测量中扣除本底。

制备的掺标样品应满足以下要求：

（1）均匀性:无论是基质物质还是掺入的放射性物质,在样品容器内的分布是均匀的,不产生显著的容器壁特异性吸附而改变其分布。

（2）模拟性:除放射性活度已知外,其他性质,如密度、形态、成分等,都和样品相同或相近。

（3）稳定性:在储存及使用期内,不产生沉淀、潮解或结晶,不生成异物或霉变。

（4）高纯度:除掺入的放射性物质以外,应不含或尽量少含其他放射性物质。

（5）准确度:在置信度为 99.7% 的前提下,放射性活度的不确定度应小于±5%。

（6）密封性:在制备校准样品时,应密封于与样品容器的材料和形状相同的容器中。

3. 参考源或参考样品的检验

一个实验室从其他实验室获得参考源或参考样品后,最好能先对其量值进行检验。即使对来自国家(或国际)实验室的标准源或标准样品,也应如此。这种检验首先是对实验室自身能力的检验,其次才是判断量值是否可信。这种判断可以不需要很高的准确度,因为实验室自身的定值能力也要在这个过程中得到提高。

由实验室自己制备的参考源或参考样品,虽然已经知道其核素的量值,但也有进一步检验的必要,并可在定值过程中进一步确定其准确度。

一个测量值的可靠性是用精密度和准确度描述的。精密度是指测量的重复性,提高精密度要通过实验室的内部质量控制来实现。准确定则是相对于真值而言,它要通过不同的途经获得：

（1）用不同的独立的方法完成测量分析工作,并尽可能由不同的分析人员操作以避免系统误差。

（2）尽可能使用与分析对象类似的参考物质做控制分析,定出的值与参考值的符合程度,就是对准确度的直接判断。

（3）参加实验室间的比对测量活动,如用于比对测量的样品其成分和放射性核素浓度与常规分析的样品相同,则报出的数据与所有参加比对的实验室的数据的平均值(剔除不合格数据)的偏差,就是对报出数据准确度的直接量度。

4.3.3 γ能谱的测量与分析

4.3.3.1 本底测量

1. 本底来源与特征

前已简述 γ 能谱测量的本底来源。一个 γ 能谱测量系统的本底主要来源于天然放射性元素,即铀-镭、钍、钾,但在测量样品时也应注意人工核素对本底的贡献。在环境样品的放射性测量中,测量本底时应说明测量条件和本底的含义,因为不同的测量目的和测量条件有不同的本底。一般讲,本底是指无测量对象时探头的计数,即测量时既无样品也无样品容器,本底主要来自探头材料、屏蔽室和前置放大器等,简称为空白本底。测量样品时,还要考虑样品容器、样品介质甚至样品的本底。更为严格地讲,γ能谱测量系统的所谓本底是指来自被分析测量以外的信息,这个信息可以是分析测量对象自身的,也可以是外来的。自身本底是样品中被分析测量核素在测量系统中的本底量值,例如,样品中有^{137}Cs要分析,如果测量系统本身也有^{137}Cs存在,即表征为自身本底。外来本底则是被分析测量核素以外的核素对分析核素量的贡献,如样品中有^{137}Cs要分析,但测量系统并无^{137}Cs存在,这时测量系统和样品中的其他核素对^{137}Cs测量的贡献则为可称为外来本底。在环境样品的γ能谱测量中,了解和区分这两种类型的本底是非常重要的,因为在大多数情况下,被分析的特征峰都是位于别的γ能谱的康普顿平台上或其他干扰峰上。测量系统的本底是自身本底和外来本底的综合贡献,其中也包括各种干扰成分的贡献。

2. 本底测量

对于低本底γ能谱测量,本底测量时间至少24 h,多者48 h至72 h或更长时间。特别是HPGe γ能谱仪,为了使本底谱中的全能峰计数尽可能多,本底测量时间要求很长。谱仪的本底可能会随季节与房间通风状况的改变而略有变化,但这种变化从能谱测量的读数是看不出的,只是在对数据处理后才会发现。同时,本底谱的变化还与谱数据的处理方法有关。由于本底主要来源于天然放射性核素,且计数率很低,即使测量时间很长,各道计数统计误差可能仍然较大,给出的全能峰面积的误差是相当大的。所以在环境样品的测量中,有时因扣除本底就给测量结果带来较大的误差,特别是对于样品中天然放射性核素的分析,这种影响非常显著。如果本底测量时间较短,谱数据处理后给出的全能峰面积是极有限的,即使观察到峰的存在,但处理时往往不被承认。当然,本底谱的测量时间很长,也常有观察到的峰面积不被承认的情况。对于不被承认的全能峰,只有通过人工处理获取数据。

严格说,测量样品时,在把样品放在探头上以后,由于样品对本底中的γ射线的吸收,本底会略有减少。用马林杯测量样品时,这种现象更为明显。因此测量样品时,最好能用与样品介质相同或相似的并且无放射性的介质作本底测量,简称为介质本底。这时,本底来源无介质贡献。然而,真正测量介质本底是很难的,因为很难能找到没有放射性的介质材料。

4.3.3.2　样品制备

环境样品按形态主要分两类,即固态样品和液态样品。样品采集时有关参数,例如采样地点、采样时间、采样面积和采样数量,对于空气样品,还包括采样时的流量和采样时间等,必须给出。因为测量时只是给出样品的活度(Bq),而要报出的数据则是采样时刻的比活度(Bq/kg)或浓度(Bq/L)。

对于空气滤材样品或落下灰样品,一般是压成常规测量几何条件,然后再测量。测量后的样品可以干灰化或湿灰化,然后用于放化分析。采集^{131}I的活性炭样品的几何条件已经固定,可以直接用于测量。

被测样品可以用鲜样进行测量。如果时间允许,并且不涉及放射性碘的损失,样品可以烘干。一般讲,草样烘干温度不超过105 ℃,时间24 h。然后过2 mm筛。样品也可做灰化处理,先进行γ谱测量,然后做放化分析。

土壤样品在采集区域所代表的面积必须知道。从采样到样品制备全过程中应注意避免交叉污染。在实验室内,采集的土壤应在适当的表面,例如托盘或塑料布上铺开,并在室温下晾晒几天。用一个低气流低温(50 ℃)干燥箱可以加速干燥过程而不损失土壤中的放射性核素。样品干燥前后的质量应准确记录。是否要把植物或有机物从土壤中去掉取决于测量或研究的目的。如果不去掉,植物应切碎以使其在样品中均匀分布。如果要去掉这些杂物,应将它们收集起来并称重。石头也应收集、称重并去掉。不论哪种情况,土壤都应粉碎、研磨、过筛。盛土壤的样品容器在装土壤前应称重,在装入土壤并压实后再称重密封。

采集的牛奶样品如果在短期内测量通常要存放在冰箱内。如果长期保存,则应加防腐剂,例如福尔马林或叠氮化钠(每升牛奶加 3 mL 50%水溶液)。测量时,样品容器可以是聚乙烯瓶、聚乙烯盒或马林杯,根据谱仪校准条件选择。

食品测量样品必须是清洁的、可食的部分。因为在制样期间内可食部分的水分损失可能很大,可食部分的量是从样品总量中扣除不可食部分而得的。对于鱼、家禽和肉类样品,在 150 ℃加热 1 h 后,骨头很容易分开,样品的质量必须扣除骨头的质量。对于直接测量,一般 1 kg 鲜样品足够了。

大多数情况下食品样品要灰化后再测量。当初始灰化温度达到上限后,再迅速升温到450 ℃,灰化 16 h。温度高于 450 ℃可能导致放射性核素例如^{137}Cs 的挥发损失。当样品中含有大量脂肪时,应适当调节温度以避免着火。对于多数测量分析,10～25 g 灰样就足够了。

饮水、泉水、湖水、河水、海水等液体样品可以直接装入样品容器测量。在多数情况下,由于环境放射性水平低,采集的水样需经过浓缩后测量。如果采集的样品要存放较长时间,每升样品加入 10 mL 浓度为 10 mol/L 的盐酸到样品瓶内。加入时间可以是在采样之前,也可以在采样后立即加入,以避免放射性核素在容器壁上的吸附。测量前需要存放的时间越长,样品酸化越重要。放射性核素在容器壁上的吸附也随核素而异,有的核素即使样品经酸化,储存时间也不太长,但其在容器壁上的吸附可能还是很严重的。所以,在直接测量水样时,或在取样制样过程中,必须注意原容器壁上是否吸附有放射性核素。例如,在含有^{110m}Ag 的水样中,水样转移后 70%的^{110m}Ag 仍被吸附在容器壁上,如只分析转移后水样品中的^{110m}Ag,结果显然是错误的。这时即使再用干净水冲洗,测量后仍不会得到准确的结果,只有用载体酸溶液才能将^{110m}Ag 载带下来,再测量才能得到较为准确的结果。

4.3.3.3 样品测量

1. 样品容器

γ 能谱测量的环境样品可能有各种几何条件,但目前用得较多的是:马林杯,体积600 mL 或 1 000 mL;圆柱形聚乙烯样品盒,例如 ϕ75 mm × 70 mm,ϕ75 mm × 50 mm,ϕ75 mm×35 mm 样品盒;面源样品,例如滤材。此外,各种瓶装样品直接测量时,可按样品容器的几何条件直接进行校准。测量几何条件的选择,首先取决于样品量的多少。马林杯体积较大,但样品量少时失去了优点,并且特别不适宜于反康普顿 γ 谱仪。目前 ϕ75 mm 样品盒用得较多,因为它适宜于样品量适中的情况,量少时也可做面源测量。严格讲,校准条件和测量条件应完全一致。实际上,由于样品的体积和形状各异,样品中核素的种类也较多,有时样品量也有限,因此,测量条件和校准条件略有差别是容许的。只要知道这种差别就可以进行校正,或者在测量误差允许范围内忽略其差别。一般讲,对同一几何条件,测量不同介质时，仅需做自吸收修正。由于环境样品中的放射性核素的含量一般较低，为提高测量效率，多数时候样品是直接放在探测器上测量，但有时为了防止可能污染探测器，样品应放在探头支架上测量。

2. 测量时间的控制

环境及生物样品一般都是弱放射性样品，测量时间较长，并且只测量一次。测量时间取决于样品中放射性核素活度的高低和样品测量任务的类型与对测量精度的要求。作为一个环境放射性测量实验室，样品测量的类型包括常规测量和比对测量，对有的实验室，可能还包括定值测量。按测量任务分，主要包括常规测量、应急测量以及有关科研课题的测量。

环境样品的 γ 能谱测量时间的选择主要是根据全能峰面积或感兴趣能量区范围内的计数统计误差做出初步的判断[11]。全能峰面积的计数统计误差是 γ 能谱测量中一项很重要的误差来源，测量结果必须给出。常规测量是环境测量实验室的主要测量任务，测量样品一般较多，对测量误差的要求可适当放宽，根据样品中被分析核素水平的高低，全能峰面积的计数统计误差可以控制在 5%～10% 以内。如果要求分析的核素在测量样品中根本没有或者测量计数很低，这时的谱数据处理只能按探测限或判断限给出数据。如果测量中判断有全能峰存在，但计算机处理并不承认，这时只能用人工方法处理感兴趣的能区，计数统计误差在 50%～100% 以上都是可以接受的。在环境放射性本底的调查中，一般不难给出样品中的放射性核素含量，而人工放射性核素含量是很难给出的。如果为了给出可能并不存在的人工放射性核素而无限期延长测量时间显然是没有意义的。在常规样品测量中，如果全能峰面积误差较大，其他误差对测量的总不确定度的影响贡献将是较小或可以忽略的。

实验室之间的样品比对测量是对一个实验室分析能力的检验和认可。比对参加者总希望报出的数据尽可能准确，测量全能峰的计数误差一般可控制在 5% 以内。为了提高测量精度需要适当延长测量时间。但是，更多的比对测量是对实验室常规测量能力的检验，即测量质量的检验，比对样品的测量也不宜无限延长时间。如果比对测量与常规测量脱节，给出的数据再准确，可能对提高常规测量水平也是没有意义的。另一方面，如果比对测量是按常规测量进行，即便给出的误差大一点，只要能与参考值较为一致也应该认为是较好的工作，而且更能表明实验室有较强的应急能力。

样品的定值测量与比对测量属于同一性质，但要求更高。因为样品定值数据以后要作为参考样品或标准样品的参考值使用。另一方面，定值测量的时间可以较长，样品也可以不止一个，峰面积的统计误差可以应控制在 3% 以内，最好控制在 1% 以内。

应急监测任务应在较短时间内给出数据，以便向应急指挥部门提供决策信息。这时测量精度是次要的，报出数据的速度是第一的。由于应急监测中样品中的放射性活度比较高，即便测量时间较短也应有较高的精度。如果测量时尚不具备测量样品的相应校准条件，可以根据已有的相近校准条件给出数据，随后再做必要的修正。

3. 本底扣除的方法

在 γ 能谱数据的处理中，有两种扣除本底的方法，即谱减谱和峰减峰。在扣除本底之前，样品谱与本底谱必须在时间上归一[11]。

谱减谱，即样品谱减本底谱，一般都在多道分析器或计算机上完成。样品谱减本底谱的条件是样品谱和本底谱各道的能量标尺必须保持一致，这就要求谱仪在长时期运行中始终保持稳定;如果样品谱的测量时间与本底谱的测量时间不同,则本底谱可以按样品谱的测量时间归一后再相减。由于计数的统计涨落,样品谱减本底谱后有的道址会出现负数,这时处理后的谱数据要辅以人工处理的方法。例如,可在出现负数的道址左右建立感兴趣区,再计算有关全能峰面积。

峰减峰系指样品谱中的全能峰面积减去本底谱中相应的全能峰面积,这是环境样品 γ 能谱测量中经常使用的方法。同样,在相减时,两个谱的测量时间应先归一,并且在获取全能峰面积时,已经扣除了峰下面的本底。峰减峰的优点是样品谱和本底谱的能量标尺可以不一样,因为特征 γ 射线的全能峰面积是不随峰位能量标尺的变化而改变的。如果本底谱中没有样品谱中分析的核素,样品谱在给定特征 γ 射线的相应全能峰面积以后,就不必再扣本底了。如果样品谱中的特征 γ 射线能量与本底谱中的 γ 射线能量相近,则样品谱中的全能峰面积应在本底谱中的峰面积进行修正以后再扣本底。

4.3.3.4 样品中核素比活度的计算

在不考虑一些校正因素的情况下,样品中核素比活度 A 的计算公式为

$$A = \frac{N_A}{\varepsilon \eta T W} \tag{4.3.6}$$

式中　N_A——特定能量 γ 射线的全能峰面积的净计数;

　　　ε——该 γ 射线的全能峰效率;

　　　η——该能量 γ 射线的发射概率或分支比;

　　　T——样品能谱的测量活时间,s;

　　　W——测量样品的质量(kg)或体积(L)。

如果核素发射多条 γ 射线,则可根据全能峰面积的计数误差,在允许的误差范围内选择有用的全能峰面积分别按上式计算比活度 A_i,然后计算加权平均比活度:

$$\overline{A} = \frac{\sum\limits_{i=1}^{n} \varpi_i A_i}{\sum\limits_{i=1}^{n} \varpi_i} \tag{4.3.7}$$

式中　ϖ_i——全能峰面积的权重,可按该能量 γ 射线的分支比计算。

4.3.3.5 自吸收修正

环境样品 γ 能谱测量中的所谓自吸收修正是相对于无介质而言的,由于一定能量的 γ 射线在进入探测器被记录之前与样品介质发生了相互作用而损失部分或全部能量,使探测器计数不在 γ 能谱的全能峰内,从而使全能峰计数(或面积)受到了损失。但是,如果样品的测量条件与校准条件完全一致或基本相同,一般并不存在自吸收修正问题。但实际情况往往是校准条件只有一个,最简单的情况是谱仪只用参考水溶液校准,而实际测量的样品类型却很多,这样相对于水溶液校准条件,其他介质样品的测量就有一个自吸收修正问题。特别是对于低能 γ 射线(200 keV 以下),自吸收修正显得更为重要。

自吸收修正因子可通过理论计算和实验得到[12]。理论计算主要是用蒙特卡洛方法模拟光子从样品发射点进入探测器的路径,但计算结果仍需用实验验证。实验是用参考源或参考样品在不同测量条件下进行测量,有各种方法,如直接测定法、半经验公式法、体源效率测定法、几何函数法等。

1. 直接测定法

按 γ 射线穿过介质衰减原理，在垂直入射到探测器的条件下，样品自吸收公式为

$$A_s = A_0 B \frac{1 - e^{-\mu_m \rho H}}{\mu_m \rho H} \tag{4.3.8}$$

式中　A_s——经自吸收修正后的特定能量 γ 射线的总输出，s^{-1}；

　　　A_0——样品活度，Bq；

　　　B——γ 射线的分支比；

　　　μ_m——样品介质的质量衰减系数，cm^2/g；

　　　ρ——样品的密度，g/cm^3；

　　　H——样品厚度，cm。

如果把源分别放在待测样品和空样品盒上，测得特定能量 γ 射线的全能峰净计数率分别为 n 和 n_0，则根据 γ 射线衰减原理有

$$n = n_0 e^{-\mu_m \rho H} \tag{4.3.9}$$

则

$$\mu_m = \frac{\ln(n_0/n)}{\rho H} \tag{4.3.10}$$

因此，按定义，自吸收因子 K 为

$$K = \frac{A_0 B}{A_s} = \frac{\mu_m \rho H}{1 - e^{-\mu_m \rho H}} = \frac{\ln(n_0/n)}{1 - \dfrac{n}{n_0}} \tag{4.3.11}$$

该公式虽然只在一定假设条件下成立，但由于容易直接从实验得到，在近似条件下仍可采用。

2. 半经验公式法

基于探测器的全能峰效率 $\varepsilon(E, H)$ 与 γ 射线能量 E 和样品厚度 H 的关系可表示为

$$\varepsilon(E, H) = f(E) \cdot \varepsilon_s(H) \tag{4.3.12}$$

式中　$f(E)$——以能量 E_b 的峰效率归一的相对峰效率，只是 γ 射线能量 E 的函数，与样品厚度和成分无关；

　　　$\varepsilon_s(H)$——校准源对应于基准能量 E_b 的全能峰效率，只是样品厚度的函数。

实验上，基准能量 E_b 的全能峰效率 $\varepsilon_s(H)$ 的倒数和源厚度近似为线性关系，故有

$$\varepsilon_s^{-1}(H) = b_1 + b_2 H \tag{4.3.13}$$

式中　b_1, b_2——拟合系数。

令 $b_1 = 1/\varepsilon_0, b_2 = 1/D\varepsilon_0$，得

$$\varepsilon_s(H) = D\varepsilon_0/(H + D) \tag{4.3.14}$$

式中　ε_0——相应于外推法得到厚度为零时的基准峰效率；

　　　D——相应于探测器灵敏中心与样品底部间的距离。

如果待测样品与标准样品的介质不同，其线衰减系数相差较大时，则需考虑自吸收对效率的影响。在 H 一般小于 5 cm 时引起的修正值 $\Delta\varepsilon(H, E)$ 为

$$\Delta\varepsilon(H, E) = \varepsilon_s(H) - \varepsilon_{sa}(H, E) \tag{4.3.15}$$

式中 $\varepsilon_s(H)$——标准样品的基准峰效率，$\varepsilon_s(H) = \dfrac{D^2 \varepsilon_0}{H} \displaystyle\int_0^H \dfrac{e^{(\mu_s - \mu)h}}{(h+D)^2} dh$；

$\varepsilon_{sa}(H, E)$——能量为 E 时的待测样品的基准峰效率

$$\varepsilon_{sa}(H, E) = \frac{D^2 \varepsilon_0}{H} \int_0^H \frac{e^{(\mu_s - \mu)h}}{(h+D)^2} dh$$

则

$$\Delta\varepsilon(H, E) = \frac{D^2 \varepsilon_0}{H} \int_0^H \frac{1 - e^{(\mu_s - \mu)h}}{(h+D)^2} dh \qquad (4.3.16)$$

式中 μ_s, μ——分别为标准样品和待测样品对能量为 E 的 γ 射线的线衰减系数，cm^{-1}，

$\mu = \mu_m \rho$，可按式(4.3.10)用实验方法获得。

对式(4.3.16)用辛普森四段法进行数值积分，可得

$$\Delta\varepsilon(H, E) = \frac{\varepsilon_0}{12} \left[4 \frac{1 - e^{a \cdot x/4}}{\left(1 + \dfrac{x}{4}\right)^2} + 2 \frac{1 - e^{a \cdot x/2}}{\left(1 + \dfrac{x}{2}\right)^2} + 4 \frac{1 - e^{3a \cdot x/4}}{\left(1 + \dfrac{3}{4}x\right)^2} + \frac{1 - e^{a \cdot x}}{(1 + x)^2} \right]$$

$$(4.3.17)$$

式中 $a = \Delta\mu_0 D$；$x = H/D$；$\Delta\mu = \mu_s - \mu$。

最后，待测样品的峰效率由下式求得：

$$\varepsilon(E, H) = f(E) \left[\varepsilon_s(H) - \Delta\varepsilon(H, E) \right] \qquad (4.3.18)$$

式中 $f(E)$——相对峰效率，可由单能点源模拟平行束校准。

3. 体源效率测定法

对有样品介质和无样品介质情况下，分别用点源模拟测量面源效率，再对不同高度面源的效率积分得到体源效率。这时，自吸收因子 R 为

$$R = \varepsilon_v / \varepsilon_{v0} \qquad (4.3.19)$$

式中 $\varepsilon_v, \varepsilon_{v0}$——有介质和无介质时的体源效率

$$\varepsilon_v (\text{或 } \varepsilon_{v0}) = \frac{1}{(H_2 - H_1)} \cdot \frac{1}{\sqrt{4ac - b^2}} \left[\arctan\left(\frac{2cH_2 + b}{\sqrt{4ac - b^2}}\right) - \arctan\left(\frac{2cH_1 + b}{\sqrt{4ac - b^2}}\right) \right]$$

$$(4.3.20)$$

式中 a, b, c——面源效率 ε_s 的拟合系数；

H_1, H_2——样品容器下底面和上顶面距探测器表面的距离。

4. 几何函数法

几何函数法是基于样品中的放射性活度与样品体积和样品成分的关系：

$$A_i = P_{pi}(F_{vi} + K_{si}) \qquad (4.3.21)$$

式中 A_i——样品能量为 i 的 γ 源的比活度；

P_{pi}——能量为 i 的全吸收峰每单位时间的计数；

F_{vi}——样品体积和 γ 能量的函数，与样品成分无关；

K_{si}——对已知样品成分和 γ 能量是一个常数，与样品的体积无关。

实验在 $30 \sim 300\ keV$ 能量范围内对单个核素的标准溶液进行一系列测量。对于比活度为 $1.32 \times 10^8\ Bq/cm^3$ 的低能 γ 射线，式(4.3.21)改写为

$$A_i/P_{pi} = (F_{vi} + K_{si})(H_2O) \qquad (4.3.22)$$

测量不同体积溶液的全能峰计数列入表4.3.3。

表4.3.3 水溶液的自吸收几何函数

体积/cm³	P_{pi}/min^{-1}	$A_i/P_{pi} = (F_{vi}+K_{si})(H_2O)$
25	1 646	2.168
50	2 620	1.367
75	3 292	1.084
100	3 752	0.951
125	4 045	0.882
150	4 217	0.846
175	4 310	0.826

再测量200 cm³的沙，用标准溶液混合达到饱和，然后加热将水慢慢蒸发。蒸发前加到沙里的放射性为5.34×10^7 Bq/cm³。假设没有蒸发损失，沙干后测量，结果列入表4.3.4。

表4.3.4 掺标沙样的自吸收几何函数

体积/cm³	P_{pi}/min^{-1}	$A_i/P_{pi} = (F_{vi}+K_{si})(沙)$	$K_{si}(沙)-K_{si}(水)$
25	498	2.900	0.732
50	689	2.096	0.729
75	805	1.794	0.710
100	875	1.650	0.669
125	893	1.617	0.735
150	919	1.571	0.725
175	942	1.532	0.704
			平均 0.719

用上述方法对水和沙进行测量，假设不知道沙的放射性，则

$$\frac{A_i}{P_{pi}}(水) = F_{vi} + K_{si}(水) \qquad (4.3.23)$$

和

$$\frac{A_i}{P_{pi}}(沙) = F_{vi} + K_{si}(沙) \qquad (4.3.24)$$

则

$$\frac{A_i}{P_{pi}}(沙) = \frac{A_i}{P_{pi}}(水) + \Delta K_{si} \qquad (4.3.25)$$

这里ΔK_{si}是一个新的常数，是沙和水（未知的和标准的）K_{si}之差。

式(4.3.25)可按$y=ma+b$用上两表数据按最小二乘法处理，得$A_c=5.27\times10^7$ Bq/cm³，这实际上比5.34×10^7 Bq/cm³更准确，因为蒸发过程中会有损失。

4.3.3.6 符合相加修正

在γ能谱测量中，两个或多个级联γ射线有可能在探测器的分辨时间（通常为几十微

秒)内被记录成一个事件,称为符合相加。同样,其他辐射,如 EC 衰变和内转换过程放出的 X 射线,β 粒子及其韧致辐射,以及 β⁺ 衰变时的漂灭辐射等,它们和相应的 γ 射线也是级联的,也可能发生符合相加[13]。符合相加效应会引起三种现象的发生:

(1)被测 γ 射线在探测器中损失全部能量,与之符合的 γ 射线损失全部或部分能量,符合相加的结果使被测量的 γ 射线的计数从全能峰内丢失,而在相加峰或连续谱区产生计数。

(2)如果衰变纲图中与被测 γ 射线相关的衰变方式是发射两个或多个级联 γ 射线,但后者的总能量等于前者的能量,当此级联 γ 射线的全部能量都被全吸收而符合相加时,则产生一个与被测 γ 射线幅度相同的脉冲,因而使被测 γ 射线的全吸收峰内增加一个计数。当被测 γ 射线强度很弱而级联 γ 相对较强时,这种效应可能是显著的。

(3)两个符合 γ 射线都只有部分能量损失在探测器内时,符合相加只对连续谱本底有影响。

对于如图 4.3.3 所示的简单衰变纲图,符合相加效应的结果导致 γ₁ 和 γ₂ 的全吸收峰计数丢失,当 γ₁ 与 γ₂ "同时"被探测器探测且能量均全沉积时则导致 γ₃ 的全吸收峰计数增加。对于复杂的衰变纲图,一条 γ 射线可能与多条射线发生符合相加。当 γ₁ 与 γ₂ 之间的能级寿命较长,即远远大于探测器的分辨时间时,γ₁ 与 γ₂ 将不会产生符合相加。

符合相加效应与核素的衰变纲图和探测器对源所张的立体角,即与探测效率有关,此外,探测器周围的屏蔽材料、样品的自吸收以及 γ 射线之间的角关联都会对符合相加产生一定的影响。加大源和探测器距离可以减少符合相加的影响,但对于环境样品的测量,样品需要尽量靠近探测器,符合相加修正有时达 30% 以上,所以必须考虑该修正。这

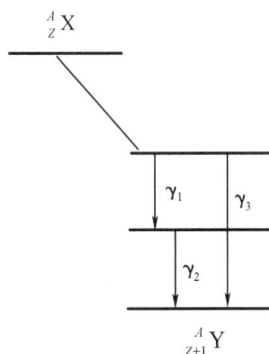

图 4.3.3　简单的级联 γ 衰变纲图

时,实验上唯一可以避免符合相加修正的方法是选择校准样品中的核素与被测样品中的核素相同,且被测样品与校准样品在几何尺寸、密度、基质成分等方面应尽量保持一致。

符合相加修正因子可以分别通过理论计算和实验测量得到。对于理论计算,无论是点源或是体源样品,取决于衰变纲图,符合相加修正因子总是同探测器对相应能量 γ 射线或其他辐射的全能峰效率和总效率有关,并且也同相应衰变的一些核参数相关。实验上确定符合相加修正因子的较用常用方法有两种,即效率曲线法和远近效率比较法。下面以 ¹⁵²Eu 为例对两种方法加以介绍:

1. 效率曲线法

即传统的实验方法。在某一测量位置对 ¹⁵²Eu 的标准点源或体源进行测量,可以得到 ¹⁵²Eu 不同能量 γ 射线不考虑符合相加修正时的探测效率,之后在相同位置使用一套活度值已知的单能 γ 标准点源或体源,如 ²⁴¹Am,¹⁰⁹Cd,⁵⁷Co,²⁰³Hg,¹¹³Sn,⁸⁵Sr,¹³⁷Cs,⁵⁴Mn 和 ⁶⁵Zn 等,测量并校准得到一条效率曲线,对 ¹⁵²Eu 的某一条能量已知的 γ 射线,用在效率曲线上查到的该射线的效率值除以用 ¹⁵²Eu 标准源在不考虑符合相加修正情况下得到的效率值,即为该能量 γ 射线在所测量位置的符合相加修正因子。效率曲线法得到的符合相加修正因子因为包含了效率曲线、¹⁵²Eu 自身活度以及 γ 射线发射概率带入的不确定度,故实验结果的不确定度一般情况下在 1.5%~2.5% 之间,不确定度较大。

2. 远近效率比较法

采用该方法需要制备一套活度值合适的单能 γ 点源或体源和相同尺寸规格的 ^{152}Eu 点源或体源，点源或体源的活度值均不必已知，分别在近距离（距 HPGe）的某一位置和远距离的某一位置（如距 HPGe 探测器 30 cm，符合相加效应可以忽略）上测量制备好的所有放射源（包括单能源和 ^{152}Eu 源），使用单能源可以做出一条 $\varepsilon($远$)/\varepsilon($近$)-E_\gamma$ 关系曲线，在不考虑时间衰减修正时某条 γ 射线的远近效率比等于全吸收峰远近净计数率之比，对 ^{152}Eu 的某一条能量已知的 γ 射线，用在不考虑符合相加修正情况下测量得到的该射线的 $\varepsilon($远$)/\varepsilon($近$)$ 值除以在 $\varepsilon($远$)/\varepsilon($近$)-E_\gamma$ 曲线上查得的该能量 γ 射线的 $\varepsilon($远$)/\varepsilon($近$)$ 值，即为该射线在所测位置上的符合相加修正因子。远近效率比较法得到的符合相加修正因子不确定度不包含源活度和 γ 射线发射概率的贡献，因而不确定度水平可以达到最小，通常情况下 <1%。此方法实验以及数据处理都比较简单且点源体源同样适用。

采用蒙特卡洛方法可以对符合相加修正因子进行模拟计算，采用该方法能够避免大量而烦琐的实验修正工作，在各种较复杂的实验条件下都有可能给出比较理想的结果。目前国内外已经有人在这方面做了大量的工作。近年来，符合相加修正因子的理论计算和实验测定方法仍然是 γ 能谱测量领域研究的重点。

4.3.3.7　谱仪的最小可探测活度

在低水平放射性测量中，样品的净计数率有时会低到本底水平以下，这时就难于区分样品中是否存在放射性。因而需要确定所测的样品净计数率比本底计数率高出多少才可以认为样品是含有放射性的。

在低水平样品测量中假定样品和本底取相同的测量时间，而本底计数是用一个无放射性的空白样品放到被测样品相同的位置上来测量。被测样品的净计数 N_0 和它的标准差 σ_0 分别为

$$N_0 = N_s - N_b$$
$$\sigma_0 = (N_s + N_b)^{1/2} \tag{4.3.26}$$

式中　N_s——样品的总计数；

　　　N_b——本底计数。

如果被测样品是不含放射性的，则有

$$N_s = N_b$$
$$N_0 = N_b - N_b = 0$$
$$\sigma_0 = (2N_b)^{1/2}$$

但实际样品测量中虽然不含放射性，而 N_0 并不总是为零。由于本底的统计涨落，在测量次数足够时，N_0 的测量只会形成一个以 $N_0 = 0$ 为对称轴的正态分布，$P(N_0)$ 为正态分布密度函数，其值为

$$P(N_0) = \frac{1}{\sqrt{2\pi}\sigma_0} e^{-\frac{N_0^2}{2\sigma_0^2}} \tag{4.3.27}$$

当样品中含有少量放射性时，所测得的净计数 L_c 会大于零。L_c 可代表两种含义：一种含义是计数 L_c 来自样品所含的放射性；另一种含义是由于本底的统计涨落也会以一定的概率出现值为 L_c 的计数。净计数 $N_0 > L_c$ 时所具有的概率 α 值按下式计算：

$$\alpha = \int_{L_c}^{\infty} P(N_0)\,\mathrm{d}N_0 = \int_{L_c}^{\infty} \frac{1}{\sqrt{2\pi}\sigma_0} \mathrm{e}^{-\frac{N_0^2}{2\sigma_0^2}\mathrm{d}N_0} \tag{4.3.28}$$

L_c 增大则 α 减小,如果是选取小的 α 值(相应的就确定某 L_c 值)后,根据小概率原理可知,对无放射性样品在一次测量中不可能测到 $N_0 > L_c$ 的计数,如果某样品实际测到 $N_0 > L_c$ 的计数,则认为这个样品是有放射性的。这个 L_c 值就可以成为样品是有放射性的判断限。

为计算出 L_c 与 α 的关系,根据式(4.3.28)将 L_c 用 σ_0 作单位来表示以利于计算:

$$L_c = K_\alpha \sigma_0 \tag{4.3.29}$$

式中 K_α——L_c 是 σ_0 的具体倍数值,代入式(4.3.29)到式(4.3.28)中就可以算出 α 与 K_α 的关系,如表4.3.5所示。

表 4.3.5 显著水平 α 与置信因子

α	0.25	0.16	0.10	0.05	0.025	0.01	0.005	0.001 35
K_α	0.675	1.000	1.282	1.645	1.960	2.330	2.580	3.000

如果探测器的探测效率为 η,测量时间为 T,本底计数率为 B,则最小可探测活度 $A_{\min}$ 为

$$A_{\min} = \frac{L_c}{(\eta \cdot T)}$$

将式(4.3.29)和(4.3.27)以及 $B = \dfrac{N_b}{T}$ 代入到 $A_{\min}$ 的公式中,则得

$$A_{\min} = \frac{\sqrt{2}K_\alpha}{\eta} \sqrt{\frac{B}{T}} \tag{4.3.30}$$

我国多数工作者取 $\alpha = 0.05$,由表4.3.5可知 $K_\alpha = 1.645$,代入 K_α 值到式(4.3.30)中可得

$$A_{\min} = \frac{2.33}{\eta} \sqrt{\frac{B}{T}} \tag{4.3.31}$$

通常称 α 为显著水平,$(1-\alpha)$ 为置信水平(或置信概率),K_α 为单侧置信因子。使用式(4.3.31)就相当于取置信水平为95%。

需要指出式(4.3.31)中 B 的大小反映了谱仪所用的屏蔽室和反符合技术联合降低本底的能力,而分母上的探测效率值 η 又起到不同谱仪间的探测效率归一的作用。这样 $A_{\min}$ 值就可以使得各种谱仪在低活度测量能力上进行比较。还需要说明的是这样推导的 $A_{\min}$ 值是有条件的,它只表明探测到的样品活度超过 $A_{\min}$ 时,可以认为样品是含有放射性的,但这种判断也有出错的可能性,只是出错的概率较小。

通常采用 ^{137}Cs 点源确定各种谱仪的最小可探测活度。测量时间为 1 000 min,取661.66 keV 峰的探测效率和峰下本底的计数率代入式(4.3.31)中可得到 $A_{\min}$ 值。多数 Na(Tl) 反康普顿 γ 谱仪得到的 $A_{\min}$ 值为 $1.5 \times 10^{-2} \sim 2.6 \times 10^{-2}$ Bq。一般 HPGe 反康普顿 γ 谱仪的 $A_{\min}$ 值为 $9 \times 10^{-3} \sim 2 \times 10^{-2}$ Bq,最好的可以达到 1.1×10^{-4} Bq。由此看出这两种 γ 谱仪的最小可探测活度在多数情况下是相近的。但近年来随着大体积 HPGe 探测器用于反康普顿 γ 谱仪,使得 HPGe 反康普顿 γ 谱仪几乎在各主要性能上都优于 Na(Tl) 反康普顿 γ 谱仪。

练习(含思考)题

1. NaI(Tl)γ谱仪与HPGe γ谱仪的主要特点分别是什么？

2. HPGe探测器的相对效率指的是什么？

3. 实验室低本底γ谱仪辐射本底主要来源有哪些？一般采取什么措施降低这些本底？

4. 屏蔽材料金属铅中的^{210}Pb是低本底γ谱仪本底的重要来源，其产生本底的过程是怎样的？

5. 反符合降低γ谱仪本底的原理是什么？不同的反符合低本底γ谱仪的特点是什么？

6. γ谱仪的校准一般有哪两类？这两类校准的作用和意义分别是什么？

7. 参考样品的种类有哪些？主要的制备方法是什么？

8. 什么是样品的自吸收？影响自吸收的因素有哪些？

9. 什么是γ射线的符合相加？影响符合相加的因素有哪些？

10. 实验确定符合相加修正因子的常用方法是什么？请对这些常用方法进行简单阐述。

11. 使用马林杯样品进行定量分析的优点是什么？

12. 蒙特卡洛方法在γ能谱分析中都有哪些应用？

参考文献

[1] 潘自强. 电离辐射环境监测与评价[M]. 北京：原子能出版社，2007.

[2] 古当长. 放射性核素或度测量的方法和技术[M]. 北京：科学出版社，1994.

[3] 刁立军. 用反符合和热中子屏蔽降低γ谱仪本底[J]. 核技术，2010,7(7)：501-505.

[4] 郝润龙. IAEA 619号技术文件："用于探测器刻度的X-射线和γ-射线标准"介绍[J]. 辐射防护，1994,14(5)：397-401.

[5] 国家市场监督管理总局. 闪烁体探测器γ谱仪校准规范：JJF 1744—2019[S]. 北京：中国标准出版社，2020.

[6] 国家市场监督管理总局. 锗γ射线谱仪校准规范：JJF 1850—2020[S]. 北京：中国标准出版社，2020.

[7] 国家质量监督检验检疫总局. 土壤中放射性核素的γ能谱分析方法：GB/T 11743—2013[S]. 北京：中国标准出版社，2014.

[8] 国家质量监督检验检疫总局. 高纯锗γ能谱分析通用方法：GB/T 11713—2015[S]. 北京：中国标准出版社，2015.

[9] 国家市场监督管理总局. 生物样品中放射性核素的γ能谱分析方法：GB/T 16145—2020[S]. 北京：中国标准出版社，2020.

[10] 黄治检. 环境样品放射性测量的溯源性实践和经验[J]. 辐射防护，1990,10(4)：259-266.

[11] 黄治检. 关于环境样品γ能谱测量中质量控制的几个问题[J]. 辐射防护，1994.14(5)：386-396.

[12] 何宗慧. 环境样品自吸收因子的计算和实验测定[J]. 辐射防护，1990.10(5)：351-362.

[13] 谭金波. 锗γ能谱测量中的符合相加修正[J]. 辐射防护，1989.9(2)：101-109.

4.4　样品总 α、总 β 放射性测量

总 α 和总 β 放射性水平是指环境介质中各种核素的 α 或 β 放射性活度等效值的总和,是环境介质中放射性总体活度水平的反映。环境样品中总 α 或总 β 的测定主要目的如下:①对大量待分析样品进行分类或筛选,初步判断有无放射性,以筛选出需进一步仔细测量的样品;②当已知样品中核素的大致组成时,总放射性测定结果同时也可以大致反映出各单个核素的活度水平;③在样品核素成分不明的情况下,以总放射性数据同样品中可能含有的限制最严的核素的排放限值比较,判断可否排放;④在较大区域中,比较总 α 和总 β 放射性数据以判明是否存在本底升高或污染的可能。

由于其检测简单快速,总 α 和总 β 的测定早已成为放射性监测的首选方法之一,应用范围极广。在核武器试验和核事故与环境监测中,总 α 和总 β 被用作放射性污染的信号和程度指标。在环境监测以及放射卫生检验中,总放射性测量也成为首先考虑的筛选项目。核设施监测的相关国家标准中,总 α 和总 β 的测定是最重要的一项。世界卫生组织(WHO)编制的饮用水水质准则及我国现行的饮用水水质标准、饮用天然矿泉水水质标准都把总 α 和总 β 放射性列为首检项目。与此同时,我国还编制了相应检测方法的国家标准。

由于环境介质中核素种类复杂,组成不固定,测量中效率校正问题具有特殊的困难,以致总 α 和总 β 放射性测量误差较大,可比性差,致使这一方法的实际应用受到限制。因此在进行精确测定时必须确定各种核素计数效率与射线能量和源质量厚度之间的关系,进行标准物质的选择,改进效率校正方法,同时研究改进样品处理方法,以建立准确可靠而又简便快速的总 α 和总 β 放射性测定方法。

4.4.1　总 α、总 β 的放射性样品的处理

对于放射性浓度很低的液态样品,一般采用蒸发法制样,为防止水样在储存和处理过程中发生物理、化学、生物变化,可采用酸化处理,如加入适量的 HNO_3 或 HCl,HNO_2,使水样 pH 值在 2 左右。样品放射性活度越低,pH 值也应越低,特别是对于累积混合取样的样品,在第一次取样后,就需在样品中加入酸,应该使其 pH 值小于制样时所需值。若在被处理水样中加入几滴柠檬酸,则能使蒸发后的残渣呈疏松状,便于制样。还可采用冷冻、加入载体和/或稳定剂进行处理。常用的载带剂是 $Fe(OH)_3$,$BaSO_4$。对于海水样品,加入 $BaCl_2$ 可形成大量 $BaSO_4$ 沉淀。$Fe(OH)_3$,$BaSO_4$ 及磷酸盐沉淀皆能载带许多 α,β 放射性核素。对于混有悬浮物或泥沙的水样,应先过滤悬浮物或泥沙,得到清液,再用化学和物理方法仔细处理悬浮物或泥沙表面的待测核素,并入清液后进行上述蒸发法制样。处理过的液样经蒸发后首先在 450 ℃ 高温下进行炭化,再在 750 ℃ 左右灰化,然后取灰样均匀铺在样品盘中,加少许无水乙醇润湿,在红外灯下低温烘干制样。

4.4.2　环境样品总 α 的放射性测量

天然放射性核素所发射的 α 粒子能量在 2~8 MeV 之间。α 粒子的射程很短,在一般的地质和生物样品中,较高能量的 α 粒子射程在 4~6 mg/cm^2 之间。

环境样品总 α 放射性测定分为直接测量法、浓集(载带或蒸发)测量法、化学分离-α 谱仪法。其中以化学分离-α 谱仪法灵敏度最高,同时该法还可以给出单个 α 核素的比活度

值。低水平放射性测量的关键在于测量装置的性能及样品制备。常用的 α 辐射测量装置有正比计数器、闪烁计数器(ZnS 和液闪体系)、固体径迹或核乳胶、半导体探测器、屏栅电离室等。正比计数器和半导体探测器具有本底低、效率高、维护简便、价格较低等优点，应用较广泛，但此类装置的探测面积小。屏栅电离室探测面积大，可做绝对测量，但制样要求高，装置价格较贵。

4.4.2.1 测量总 α 时的制样与测量

1. 样品制样方法

按样品的厚度不同，总 α 放射性测量可以分为薄样法、厚样法(饱和层厚度)和介于二者之间的中间层样品法。

(1)薄样法

当样品的厚度很薄，α 粒子在样品中的自吸收可忽略时，由探测器测量到的 α 净计数率经探测效率校准，就可方便地计算出样品中 α 放射性的活度浓度值。理论推算表明，只要样品厚度小于 30 $\mu g/cm^2$，即使对准确度要求较高的绝对测量而言，其自吸收修正也可忽略。自吸收修正方法有理论计算和实验测量两类，后者又可分为吸收法、能谱位移法、等放射性活度法和等活度浓度法。

若以 n_0，n_i 分别表示源物质无自吸收和有自吸收时的计数率，则我们定义 f 为自吸收系数，有 $f = 1 - n_i/n_0$，几种常见的 α 核素自吸收系数与质量厚度的关系参见表 4.4.1。

表 4.4.1　一些 α 核素在不同质量厚度时的自吸收系数

核素	质量厚度/($\mu g/cm^2$)					
	10	20	30	40	50	500
^{238}U	0.03	0.05	0.08	0.11	0.14	1.4
$^{239,240}Pu$	0.02	0.04	0.06	0.08	0.10	1.0
^{210}Po	0.02	0.04	0.07	0.09	0.11	1.1

从环境放射性监测的准确度要求来看，特别是在常规监测和污染源调查中，允许忽略 α 自吸收的样品厚度，可放宽到 0.5~1 mg/cm^2，此时所得结果偏低 10% 左右。

薄层样的制样技术可选用电沉积法、点滴蒸发法、浸取(或萃取)-蒸干法。蒸发制样中不仅要注意样品宏观均匀性，同时要控制技术条件，使蒸干后的固体粒径尽可能细小、均匀，常用的技术措施有加表面活性剂、缓慢蒸发，以及研磨至 100 目在乙醇中再铺样等。

当样品是水或其他液体样品时，薄样法中总 α 活度 C_α 的计算公式如(4.4.1)：

$$C_\alpha = \frac{(n_a - n_b)M_T}{\eta_\alpha M_d Y} \tag{4.4.1}$$

式中　C_α——待测样品的总 α 放射性比活度，Bq/L；

n_a，n_b——分别为样品源和本底的计数率，s^{-1}；

M_T——每升水样中残渣的质量，mg/L；

η_α——仪器对 α 粒子的探测效率；

M_d——样品源的质量，mg；

Y——制样回收率，可由实验获得。

当被测样品为生物样品灰、土壤、沉积物、矿物质、烟羽等固体样品时,研磨粉碎至 80~100 目,在乙醇中铺成薄层样,其总 α 放射性的活度浓度计算公式为

$$C_{\alpha} = \frac{(n_{a} - n_{b}) \times 10^6}{\eta_{\alpha} M_{d}} \tag{4.4.2}$$

式中 C_{α}——待测样品的总 α 放射性比活度,Bq/kg。

其余各符号的意义及单位同式(4.4.1)

(2)中样法

当铺样厚度尚未达到 α 粒子在该物质中射程、其自吸收不可忽略时,则应对 α 粒子在源物质中自吸收加以校正。该自吸收校正可用实验方法测定,通常较多采用的是"等放射性活度法",即在不同质量样品中加入等量的放射性标准,混匀后,测定计数率。再按照标准样的测量效率来计算样品的等效活度。

此方法中,对固体样品总 α 放射性的活度浓度 C_{α} 计算公式为

$$C_{\alpha} = \frac{(n_{a} - n_{b}) \times 10^6}{S\delta_{m}\left(1 - \dfrac{\delta_{m}}{2\delta_{s}}\right)\eta_{\alpha}} \tag{4.4.3}$$

式中 C_{α}——待测样品的总 α 放射性比活度,Bq/L;

S——样品源面积,cm^2;

δ_{m}——样品源质量厚度,mg/cm^2;

δ_{s}——样品物质的 α 饱和层质量厚度,mg/cm^2;

其余符号同式(4.4.1)。

当样品源是由水或其他液体样品蒸发而制备时,其总 α 放射性的活度浓度由式(4.4.4)计算:

$$C_{\alpha} = \frac{(n_{a} - n_{b}) M_{T}}{S\delta_{m}\left(1 - \dfrac{\delta_{m}}{2\delta_{s}}\right) Y \eta_{\alpha}} \tag{4.4.4}$$

式中,C_{α} 的单位为 Bq/L,其余符号同式(4.4.1)。

(3)厚样法

当铺样厚度大于某一厚度时,再继续增大源的厚度,α 计数率不再增大。此时样品源的厚度即为饱和厚度。应该注意的是,饱和厚度 δ_{s} 并不等于 α 粒子在源物质中的最大射程 R_{p}。对于一定能量的 α 粒子,R_{p} 基本上是一个常数,但 δ_{s} 不仅与 α 粒子能量有关,而且与测量仪器特性有关。饱和层厚度的物理意义是 α 粒子由源物质最底层垂直穿透样品表层,而其剩余能量刚好高于仪器甄别而被记录时临界样品层厚度。

通常,饱和厚度在 10~20 mg/cm^2,随不同的 α 粒子及样品而异。

厚样法中,对固体样品(生物样品灰、土壤等)总 α 活度 C_{α} 的计算公式为

$$C_{\alpha} = \frac{(n_{a} - n_{b}) \times 10^6}{S\delta_{s}\eta_{\alpha}Y} \tag{4.4.5}$$

式中,C_{α} 单位为 Bq/kg,其余符号同式(4.4.1)。

对水或液体样品的蒸残物制备的厚样,其总 α 放射性的活度浓度计算公式为

$$C_{\alpha} = \frac{(n_{a} - n_{b}) M_{T}}{S\delta_{s}\eta_{\alpha}Y} \tag{4.4.6}$$

式中，C_α 单位为 Bq/L，其余符号同式(4.4.1)。

2. 饱和层厚度 δ_s 的确定

饱和层的厚度可通过理论估算和实验测定两种方法确定。

（1）理论估算法

理论估算法是近似以 α 粒子在源物质中的射程 R_p 来表征 δ_s。α 粒子在源物质中的射程可由 Brage-Kleeman 方程计算，即

$$R_p = 0.32\rho^{-1}A^{1/2}R_\alpha \tag{4.4.7}$$

式中　R_p——α 粒子在样品密度为 ρ 的物质中的射程，mg·cm^{-2}；

R_α——同样能量的 α 粒子在空气中的射程，cm；

A——依据原子份额计算的源物质平均原子量。

按原子份额计算化合物或混合物的平均原子量可用式(4.4.8)和式(4.4.9)求得

$$A^{1/2} = \sum P_i\sqrt{A_i} \tag{4.4.8}$$

式中　P_i——原子量为 A_i 的第 i 种原子在混合物或化合物中所占的质量百分比。

$$A^{1/2} = \frac{\sum f_i A_i}{\sum f_i\sqrt{A_i}} \tag{4.4.9}$$

式中　f_i——原子量为 A_i 的第 i 种原子在混合物或化合物中所占的质量百分比。

该方法的准确度约在10%内，α 粒子能量低时误差大。

（2）实验测定法

实验测定法是制备一系列厚度不同而放射性活度相同的样品源，测量其计数率，做出计数率-质量厚度关系曲线。从曲线拐点处查出相对应的质量厚度，即为 δ_s。该方法比较简便，但薄而均匀的样品源制备不易，有时拐点不明显，较难确定。

一般采用替代的方法，即先由实验测出 α 粒子在铝吸收体（不同厚度的均匀铝膜吸收体易制备）中的饱和厚度 δ_{Al}，然后由式(4.4.10)计算 δ_s：

$$\delta_s = \delta_{Al}\left(\frac{A}{A_{Al}}\right)^{\frac{1}{2}} \tag{4.4.10}$$

其中，A_{Al} 为铝的原子量，而 A 则为依据原子份额计算的源物质平均原子量。δ_{Al} 则利用平面 α 标准源（与待测核素 α 粒子能量相同）及已知厚度的铝吸收片进行计算，如式(4.4.11)：

$$\delta_{Al} = D_{Al}\frac{n_1}{n_1 - n_{Al}} \tag{4.4.11}$$

式中　δ_{Al}——铝箔饱和吸收厚度，mg·cm^{-2}；

D_{Al}——铝吸收体质量厚度，mg·cm^{-2}；

n_1——不加吸收体时标准源计数率，s^{-1}；

n_{Al}——加箔后标准源计数率，s^{-1}。

4.4.2.2　α 标准源选择及效率校准

总 α 放射性测量中 α 标准源的选择应与待测样品中 α 放射性粒子能量一致，但这很难实现。因为不同核素 α 粒子的能量不同，饱和层厚度与探测效率均与 α 粒子能量有关，在待测样品含多种 α 核素或核素未知时难以选择相同的源。一般，天然存在的主要 α 粒子能量在 3.9~5 MeV 之间，选择天然铀作仪器效率校准；而对人工沾污为主的待测样品，通常选用 $^{239+240}$Pu 标准源来校准。

4.4.3 环境样品总β的放射性测量

β粒子贯穿物质的本领要比α粒子大得多,不同核素所发射的β粒子的最大能量相差很大。因此很难采用"饱和厚度"或"薄层样"来测量样品的总β放射性。总β放射性测量的样品需要制备均匀,一般厚度在$10 \sim 50$ mg/cm^{2}之间。若样品厚度太大,则低能β损失过大,会增大测量误差。

4.4.3.1 测量总β时的制样方法

对于环境样品而言,^{40}K的贡献是主要的。对有可能受到人工β核素沾污的样品,常常采用"去钾总β测量"。通常采用两类方法进行测量:一类是测量样品中的总β放射性和钾含量(用原子吸收法或火焰光度法来分析钾含量),根据样品中钾含量计算^{40}K的β放射性活度,再从总β放射性中减去钾的放射性;另一类是用化学分离的方法去除钾,直接测定去钾后样品的总β放射性。

4.4.3.2 β标准源的选择及效率校准

在环境样品总β测量中,一般选用KCl作为标准源来校准仪器的探测效率,其中^{40}K的平均β能量为0.4 MeV,与放置两年的混合裂变核素的平均β能量(0.48 MeV)接近。

可选择用优级纯KCl,在玛瑙研钵中研细,100目过筛,放置烘箱中(110 ℃)$4 \sim 6$ h,恒重后粉末保存在干燥器中。准确称取质量分别为$5A$ mg,$10A$ mg,$15A$ mg,$20A$ mg,$25A$ mg,$30A$ mg,$40A$ mg和$50A$ mg(A为样品盘面积,cm^2)的KCl标准物质粉末,置于样品盘中,加入铺样剂制备成一系列标准源,并依据各标准源的质量计算其所含^{40}K的放射性活度。

将制备好的一系列标准源置于β测量系统中进行β计数。

对固体样品,总β放射性计算公式为

$$A_\beta = \frac{(n_a - n_b) \times 10^6}{m\eta_\beta} \qquad (4.4.12)$$

式中 A_β——待测样品总β放射性活度浓度,Bq·kg^{-1};

n_a——样品计数率(包括本底),s^{-1};

n_b——本底计数率(空白+仪器本底),s^{-1};

m——样品盘内待测样品质量,mg;

η_β——样品源活度的探测效率(包括自吸收)。

对水样或其他液体蒸残物所制备的样品,总β放射性的计算公式为

$$A_\beta = \frac{(n_a - n_b)w}{mY\eta_\beta} \qquad (4.4.13)$$

式中 A_β——待测液体样品总β放射性活度浓度,Bq·L^{-1}。

w——每升水(或其他液体)所含残渣质量,mg·L^{-1};

Y——制样回收率(由实验确定,$Y \leq 1$),其余符号同式(4.4.12)。

当被测物为动植物或其他生物样品灰时,总β放射性计算公式为

$$A_\beta = \frac{(n_a - n_b) \times 10^6}{KYm\eta_\beta} \qquad (4.4.14)$$

式中 A_β——待测样品总β放射性活度浓度,Bq·kg^{-1};

K——样品的鲜干比,其余符号同式(4.4.12)。

由测量系统的标准源的计数效率 ε_β（纵坐标）对标准源的质量厚度 D（横坐标）作图，绘制出测量系统的 β 计数效率曲线。测定计数效率曲线时，应测定检验源的计数率，以确保测量系统的稳定性。该曲线称之为厚度效率曲线，一般曲线如下图 4.4.1 所示。

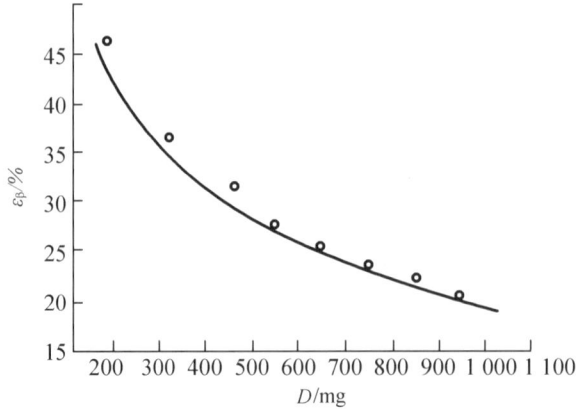

图 4.4.1　厚度效率曲线

4.4.3.3　β 样品的测量

将被测样品按照同样的铺样方法制备成一定厚度的样品源，注意铺样的质量厚度最好处于自吸收曲线的前端，不能超过饱和层厚度以减少测量误差。测量所得的计数率根据厚度效率曲线计算其活度。

环境样品中钾的含量较高，若要测量去钾总 β 计数可采用下述方法：先将样品用酸浸取后，样品液中的钾离子与四苯硼钠在 pH＝1～2 的溶液中能生成四苯硼钾白色沉淀。在微酸条件下，用丙酮溶解沉淀，用硝酸银滴定法定量，计算出 ^{40}K。从样品总 β 中扣除 ^{40}K 即为总 β（减去 ^{40}K）放射性活度。

4.4.4　典型的总 α、总 β 测量装置举例

目前国内外的低本底 α，β 测量仪，根据探测器的种类可分为流气式、半导体和闪烁体。流气式仪器测量本底较低，但系统庞大，价格昂贵，测量成本较高；半导体型仪器适于测量 α，α 道和 β 道的相互干扰较小，但同等成本下探头面积较小，而且线路较复杂，长时间测量的稳定性也受到限制；闪烁体仪器探头不怕污染，表面可以擦洗，且闪烁体价格便宜、耐用、面积大、灵敏度高，但本底相对较高，有混道现象。

4.4.4.1　流气式低本底 α，β 测量仪

流气式低本底 α，β 测量仪采用流气式正比计数器，样品管为有效直径 $\phi100$ mm 的薄窗符合计数管，屏蔽管的有效直径为 $\phi300$ mm。屏蔽管可屏蔽宇宙射线中的硬成分，铅物质可屏蔽宇宙射线中的软成分及探测装置周围的本底辐射。

典型的流气式 α，β 测量仪框图如图 4.4.2 所示。通过改变工作方式达到不同测量目的，即当单测 α 射线活度时，工作方式置"α"，高压选择 1 800 V 左右，此时，样品管 Ⅰ 的负脉冲信号经放大、甄别、成形、延时后，顺利通过门敞开的反符合单元，在 α 定标器上计数；当单测 β 射线活度时，工作方式置"β"，高压选择在 2 800 V 左右，此时，样品管 Ⅰ，Ⅱ 输出信号在符合、反符合单元进行符合计数，这时，该单元没有接收到屏蔽管 Ⅲ 的脉冲。同时测量 α，β 射线活度时，通过主控单元给 Ⅰ 管加 1 800 V 左右高压，给 Ⅱ，Ⅲ 管加 2 800 V 左右

高压,工作方式置"α,β",此时,样品管Ⅰ只测α射线,样品管Ⅱ只测β射线,屏蔽管Ⅲ输出信号同时控制与α定标相连的反符合单元和与β定标相连的符合反符合单元。

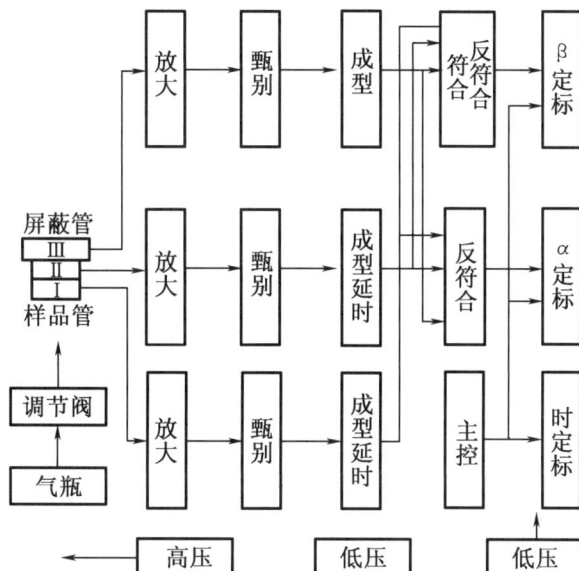

图 4.4.2　典型流气式低本底 α, β 测量仪框图

4.4.4.2　金硅面垒低本底 α,β 测量仪

大面积金硅面垒探测器对带电粒子灵敏度高,且能量线性和能量分辨率优越,将其作为金硅面垒低本底 α、β 测量仪的探测元件置于屏蔽室内,并且配备反符合电子学线路,可在提高测量仪灵敏度的同时降低本底。

例如 BH1217 半导体型低本底测量仪用 $\phi40$ mm 的金硅面垒探测器作主探测器,用 $\phi50$ mm 的金硅面垒探测器作反符合探测器。为了达到良好的屏蔽效果,主探测器以螺扣形式旋在铜室上,同时也减少了探测器与样品间的距离,提高了探测灵敏度,结构如图 4.4.3 所示。

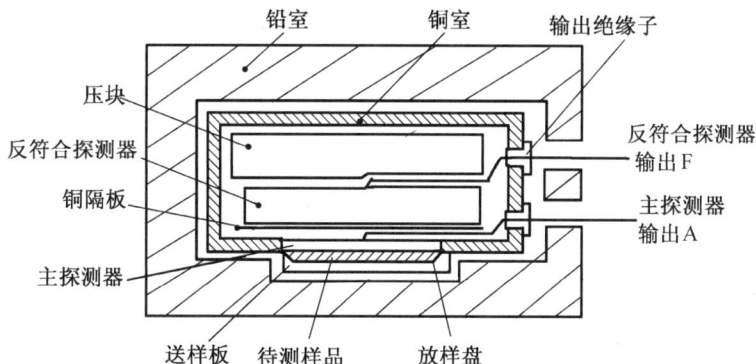

图 4.4.3　探测器及其屏蔽室结构示意图

金硅面垒探测器对带电粒子的探测效率为 100 %，又具有良好的能量线性，可依据能量区分 α、β 粒子。由于它具有优良的能量分辨率，其混道很小。与其他类型探测元件制作的同类仪器相比较时，混道这项指标是绝对优越的，使得 α，β 同时测量时的精确度大大提高了。

金硅面垒探测器的耗尽层一般很薄，几百 μm。γ 射线在耗尽层中损失的能量不能产生有效的本底脉冲，故测量带电粒子时可忽略 γ 本底贡献。

探测器内屏蔽层及其压块均选用低放射性的黄铜，内屏蔽层厚度为 1 cm。铅原子序数高、密度大、屏蔽效果好，且易成形。探测器外屏蔽层选用老铅（至少要经过 ^{210}Pb 一个半衰期 20.4 a），总厚度为 8 cm。铅原子序数高、密度大、屏蔽效果好，且易成形。为了拆卸方便，铅屏蔽层分为四层，为防止铅软变形，每层铅屏外均镶有铜套。探测器的管壳选用含放射性杂质少且电接触良好的黄铜，为防止氧化对黄铜表面要钝化。

4.4.4.3 闪烁体低本底 α, β 测量仪

BH1216 型二路低本底 α, β 测量仪是国内一款典型的闪烁体低本底测量仪，其主探测器所使用的闪烁体是将 α 闪烁材料和 β 闪烁材料结合在一起制成的一种双闪烁体，可同时测量样品中的总 α、总 β 活度浓度，并且易于擦洗，不怕污染。其测量过程及数据的获取和处理均由计算机完成，使用方便，大大提高了工作效率和精确度。

该仪器的性能指标如下：对 ^{90}Sr $-^{90}$Y β 源的 2π 效率比大于 60% 时，本底小于 0.07 cm^{-2}·min^{-1}；对 ^{239}Pu α 源的 2π 效率比大于 80% 时，本底小于 0.001 7 cm^{-2}·min^{-1}。α 进入 β 道的计数< 2%，β 进入 α 道的计数< 0.1%。

图 4.4.4 是 BH1216 型二路低本底 α, β 测量仪的方框图。该仪器包括两个主探测器和一个反符合探测器，三个探头的信号输入测量单元，测量单元将所测得的数据送入计算机进行处理。仪器各路的阈值可通过计算机调节。

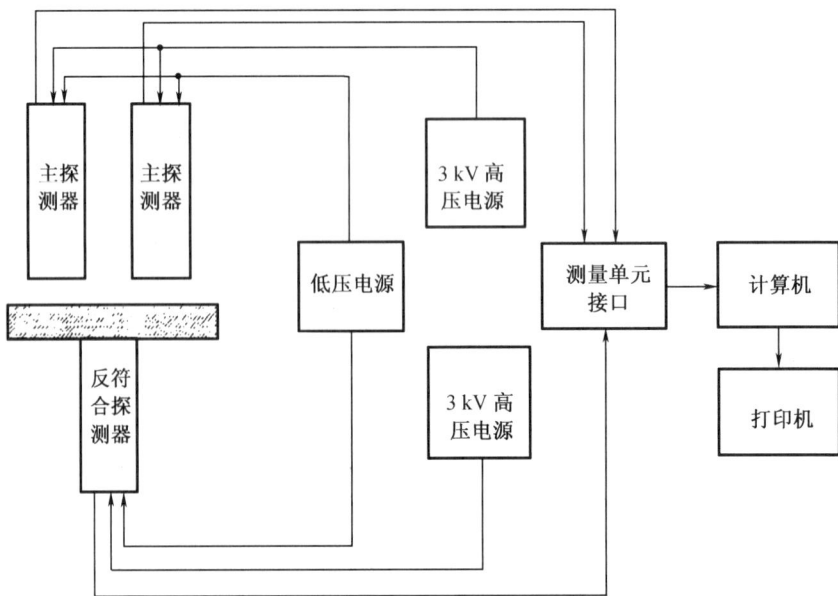

图 4.4.4　BH1216 型二路低本底 α, β 测量仪的方框图

仪器的主探测器由 CR120 型低噪声光电倍增管和 ST 21221 型低本底 α,β 闪烁体组成。闪烁体是由对联三苯和 ZnS（Ag）闪烁材料喷涂在 5~6 mm 的有机玻璃板上经热压而成,可同时测量 α,β,其表面可以擦洗,不怕污染,价格便宜,经久耐用。这种闪烁体对 α 粒子产生的脉冲幅度是 β 粒子的脉冲幅度的 30~50 倍,因而很容易用幅度甄别的方法将二者分开。

BH1216 低本底测量仪的反符合探测器由一块直径 200 mm、厚 30 mm 的平板型塑料闪烁体和一只 CR119 型光电倍增管组成。塑料闪烁体除与 CR119 型光电倍增管的接触部分外,均涂有约 0.3~0.5 mm 厚的二氧化钛作为反射层。反符合探测器的使用可以减少宇宙射线的影响,起到降低本底的作用。反符合探测器的输出信号送到测量单元的输入端参加反符合。

除采用反符合外,为降低本底,将测量仪外壳设计为一个铅室,由 7.5 cm 的铅加1.5 cm 的钢壳加工而成。铅室分为上铅室和下铅室,顶部和底部铅的厚度约 10 cm。上铅室可拆卸,维修比较方便。根据实验结果,铅室屏蔽使仪器的本底降低 40% 以上,反符合屏蔽使本底降低 94% 以上,采用两种屏蔽结合的方法可以有效地降低仪器的本底,使测量结果更加准确。

练习(含思考)题

1. 环境样品中测量总 α 或总 β 的主要目的是什么？
2. 环境样品中测量总 α 或总 β 存在的问题是什么？如何解决？
3. 总 α 测量中采用厚样法的原理是什么？
4. 测量总 β 时制样要注意哪种核素？如何去除其对测量结果的干扰？
5. 举例说明低本底总 α,总 β 测量装置有哪几种类型？降低本底的方法主要有哪几种？

参考文献

[1] 刘书田, 夏益华. 环境污染监测实用手册[M]. 北京：原子能出版社, 1997.
[2] 李德平, 潘自强. 辐射防护手册(Ⅱ) 辐射防护监测技术[M]. 北京：原子能出版社, 1988.
[3] 凌球, 郭兰英, 李冬徐, 等. 核电站辐射测量技术[M]. 北京：原子能出版社, 2001.
[4] 党磊,吉艳琴.低水平^{90}Sr 的分析方法研究进展[J].核化学与放射化学,1978,32(3):129-144.
[5] GRAHEK Ž, ZEČEVIĆ N, LULIČ S. Possibility of rapid determination of low level ^{90}Sr activity by combination of extraction chromatography separation and cherenkov counting [J]. Analytica Chimica Acta , 1999, 399(3): 237-247.
[6] 沙连茂. 环境中低水平放射性核素测量技术的进展[J]. 辐射防护通讯, 2011, 31(1): 1-9.
[7] 李树棠, 杨大亭, 刘玉莲,等. 大面积低水平放射性能谱源的制备和样品的测定方法[J]. 核化学与放射化学, 1989, 11(3): 149-155.

［8］ ISO. Measurement of radioactivity in the environment：Soil Part 1：General guidelines and definitions：ISO 18589-1—2019 ［S］. London：ISO，2009.

［9］ 欧阳琛，潘仲韬. BH1216Ⅲ型二路低本底 αβ 测量仪［J］. 核电子学与探测技术，2002，23(4)：337-342.

［10］ 潘仲韬，代主得，吴红文，等. BH1227 型四路低本底 α，β 测量装置［J］. 核电子学与探测技术，1992，12 (5)：257-262.

［11］ 吴炳麟，代主得，傅凤茹，等. BH1217B 型双路大面积半导体探测器弱 α，β 测量仪［J］. 核电子学与探测技术，1995，15 (3)：136-149.

［12］ 美研究发现新材料可滤掉水中放射性碘［J］.广西科学，2012，19(3)：208.

4.5 α核素测量方法及其在环境放射性监测中的应用

4.5.1 概述

α 粒子为带正电荷的 ^{4}He 粒子，早期使用的探测器主要有磁谱仪和核乳胶等，对于磁谱仪而言，能量不同的 α 粒子以相同的入射方向垂直入射于同一强度的磁场，会产生不同的偏转半径，磁谱仪就是利用这一原理通过磁场对 α 粒子的偏转来对其进行测量的；对于核乳胶探测器，主要是利用不同能量的 α 粒子进入核乳胶探测器中会产生不同的径迹，然后通过化学蚀刻自显影技术测量其径迹来探测 α 粒子的。随着技术的进步，上述两种 α 探测器已经逐步被半导体探测器、电离室、正比计数器和液体闪烁计数器等各种类型的探测器所取代。然而上述这几种探测器，它们又有着各自的优缺点，比如半导体探测器具有能量分辨率高的优点，但不能制作成大面积的探测器，因而又限制了其应用范围；液体闪烁体探测器虽然能量分辨率不高，但具有制源快速、操作简单的优点。这些都将在后面的章节中有所阐述。

4.5.2 半导体 α 谱仪

用于探测 α 粒子的半导体探测器主要有两种类型：一种类型是金-硅（Au-Si）面垒型半导体探测器；另一种类型的则是离子注入型的硅半导体探测器，简称 PIPS 半导体探测器，它相对于前者的优点是其表面可以清洗或去污，对同一种能量的 α 核素的分辨率略高。

4.5.2.1 工作原理

当 α 粒子进入到半导体探测器后，在其耗尽层内会产生电离而形成正负离子对，所产生的正负离子对在外加电场作用下分别向阳极和阴极漂移，从而形成电流脉冲信号，经过前置放大器、主放大器放大后，成为具有一定幅度和宽度的电压脉冲信号，将该信号送入计算机多道数据采集系统即可获得待测 α 粒子的能谱。其典型的电子学线路通常由探测器、前置放大器、主放大器和多道组成，如图 4.5.1 所示。

硅半导体探测器被广泛地应用于 α 能谱测量和分析。因为在硅中电离产生一个自由电子的能量要比在气体中产生一个自由电子的能量要小 10 倍左右，所以同样能量的 α 粒子在硅半导体探测器中电离产生的电荷比在正比计数器中电离所产生的电荷具有更好的统计性能,因此半导体探测器比正比计数器具有更好的能量分辨率。图 4.5.2 是硅半导体 α 谱仪剖面图和实物图。

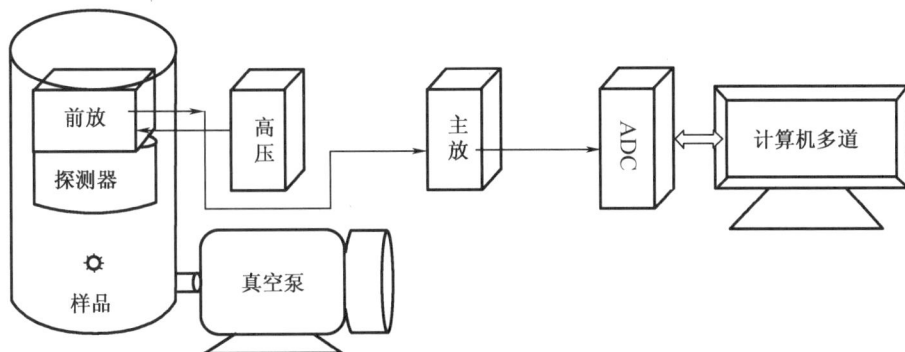

图 4.5.1　α 谱仪电子学组成框图

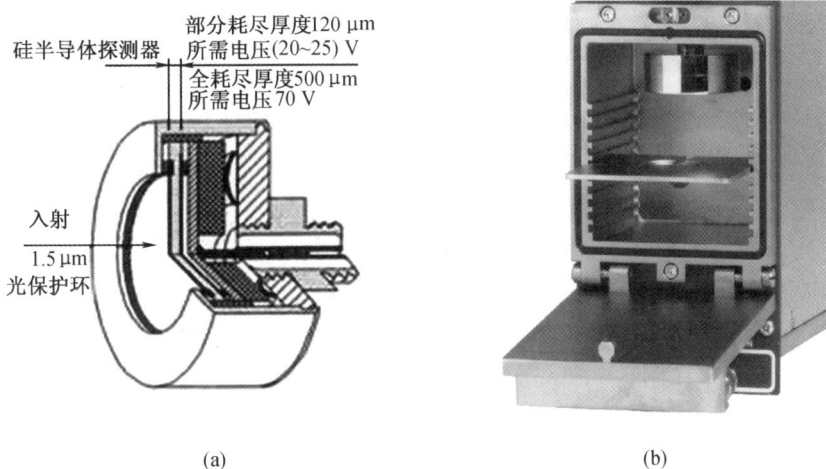

(a) (b)

图 4.5.2　硅半导体 α 探头剖面图和半导体 α 谱仪实物图

对于直径 $\phi 12$ mm 的 PIPS 半导体探测器,在常温下测量 ^{241}Am 的 α 能谱,对 5.486 MeV 的 α 粒子比较典型的分辨率可以达到 12 keV。图 4.5.3 和图 4.5.4 分别给出 PIPS 探测器和直径 $\phi 26$ mm 的 Au-Si 面垒型探测器对同一 α 放射源测得的能谱。

图 4.5.4 直径 $\phi 26$ mm 的 Au-Si 面垒探测器对 ^{239}Pu, ^{241}Am, ^{244}Cm 测得的能谱。由图 4.5.3 可以看出,PIPS 探测器所测得的能谱中,可以分辨出 ^{241}Am 的 5 条主要的 α 射线对应的能峰。相比较而言,直径 $\phi 26$ mm 的 Au-Si 面垒探测器的能量分辨率要差很多,前者对 ^{241}Am 5.486 MeV 的 α 所获得的能谱的 FHWM(全能峰高一半的全宽度,简称能量分辨率)为 12.0 keV(0.2‰),而后者却为 17.8 keV(0.3‰)。能达到 12 keV 的能量分辨率,是目前在常温下,可以达到的很好的水平。

半导体探测器相对于其他类型的探测器而言,最突出的优点是具有能量分辨率高的特点,但是由于其自身的特点,不能制备出较大面积的探测器,目前能制备出最大面积的 PIPS 探测器的直径小于 30 mm,因而限制了其在低放射性水平测量中的应用。

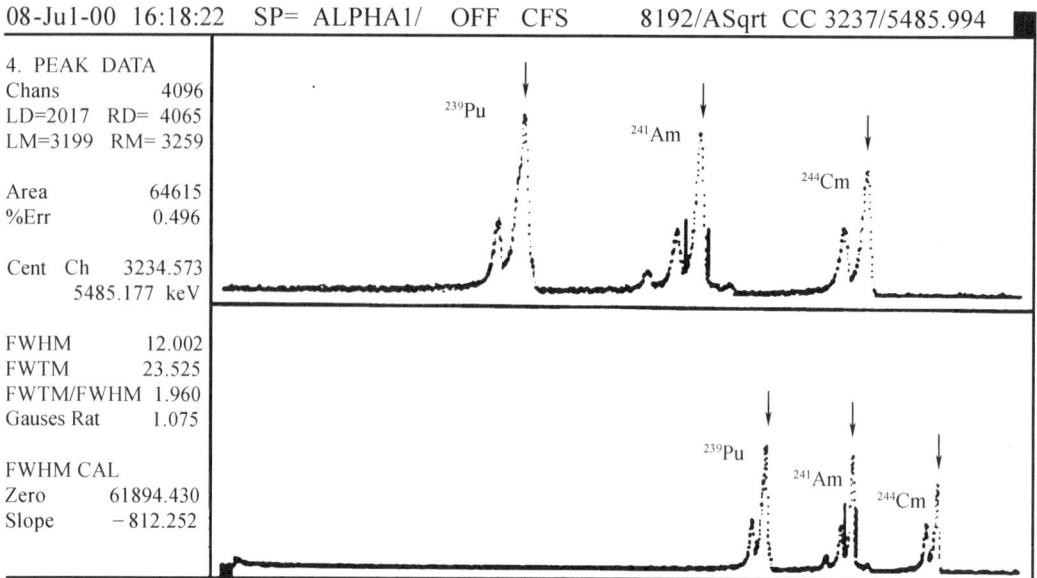

图 4.5.3 ϕ12 mm 的 PIPS 半导体探测器对 ^{239}Pu, ^{241}Am, ^{244}Cm 测得的能谱

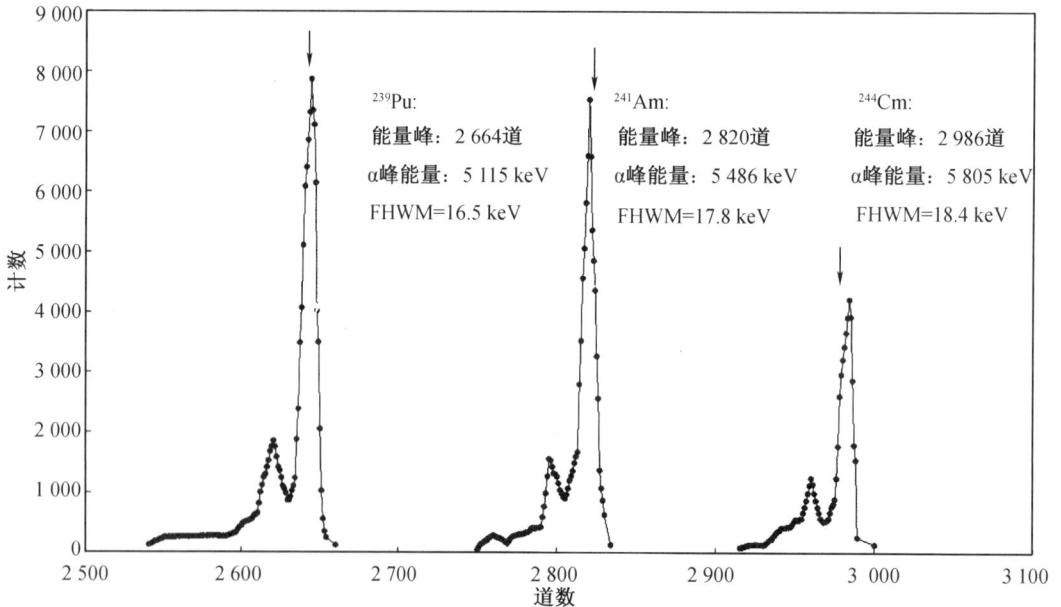

图 4.5.4 ϕ26 mm 的 Au—Si 面垒探测器对 ^{239}Pu, ^{241}Am, ^{244}Cm 测得的能谱

4.5.2.2   半导体 α 谱仪的校准方法

1. α 标准源的制备

α 标准源是 α 谱仪校准的必备材料之一,用 α 放射性核素制备。多数 α 放射性核素发射的 α 粒子的能量在 4～6 MeV 之间,因此对活度标准源来说,α 粒子能量的影响已不重要。一般不需要每个核素都准备一个本核素的标准源,只要选择半衰期较长的核素就可以了。

α 活度标准源的活度值可以通过小立体角法给出,制源时应尽量将源制作成很薄的源,以减少源的自吸收。

用于校准α谱仪的能量线性的标准源，一般采用电沉积法制源，底衬为外径 15~30 mm、厚度 0.5 mm 的金属片，源斑直径控制在 15 mm 以下。常用的核素有 ^{241}Am，^{244}Cm，^{239}Pu 等。

α系列源是指由不同能量的几种α衰变核素制备成的一套标准源，将它们放在同一个源盒中，使用起来非常方便。为便于操作，有时也将源插入源支架上，需要使用时将源从支架上卸下来。图 4.5.5 为α标准源的结构。

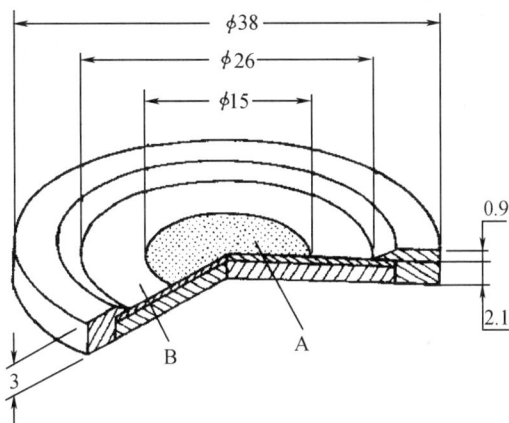

A—α放射源；B—源支架。

图 4.5.5　α标准源的结构

2. α标准源活度的绝对测量

对于半导体α谱仪而言，一般是采用电镀在金属薄片上的α标准源进行校准，包括能量校准和效率校准。所使用的标准源的活度可以采用小立体角α测量装置进行绝对测量获得。小立体角测量方法是很早就发展起来的一种活度测量方法，原理比较简单。假设待测源各向同性地发射出α粒子，测量仪器的探测效率已知，通过记录确定立体角内的α粒子的计数率便能计算得到待测源的活度。设源的活度为 A，每次衰变放出一个α粒子，测得的α计数率为 n，本底计数率为 n_b，则净计数率 n_0 为

$$n_0 = (n - n_b) = \frac{\Omega}{4\pi} \cdot A \tag{4.5.1}$$

设 $f_s = \Omega/4\pi$，为准直光阑对源所张的相对立体角，则

$$A = \frac{n - n_b}{\Omega/4\pi} = \frac{n - n_b}{f_s} \tag{4.5.2}$$

装置的构成与图 4.5.1 所示的α谱仪基本相似，只不过在待测样品和探测器之间增加了用于控制源对探测器所张立体角的准直柱和准直光阑，较早采用的探测器有 ZnS，CsI 闪烁体和正比计数器等[1]，但这些探测器的能量分辨率不高，现在大多采用能量分辨率较好的半导体探测器，可以很好地区分样品中各种α核素的能谱，此外它对α粒子有接近 100% 的本征探测效率。

设 h 为源距准直光阑的距离，R 为准直光阑的半径，r 为源活性区的半径。则活性区半径为 r 的源对半径为 R 的准直光阑所张的有效立体角[2]为

$$\Omega = 2\pi \left\{ 1 - \frac{1}{(1+\beta)^{\frac{1}{2}}} - \frac{3}{8} \frac{\beta\gamma}{(1+\beta)^{\frac{5}{2}}} - \gamma^2 \left[-\frac{5}{16} \frac{\beta}{(1+\beta)^{\frac{7}{2}}} + \frac{35}{64} \frac{\beta^2}{(1+\beta)^{\frac{9}{2}}} \right] - \right.$$

$$\left. \gamma^3 \left[\frac{35}{128} \frac{\beta}{(1+\beta)^{\frac{9}{2}}} - \frac{315}{256} \frac{\beta^2}{(1+\beta)^{\frac{11}{2}}} + \frac{1\,155}{1\,024} \frac{\beta^3}{(1+\beta)^{\frac{13}{2}}} \right] \right\} \tag{4.5.3}$$

式中，$\beta = R^2/h^2$；$\gamma = r^2/h^2$。对于公式（4.5.3），当源可视为点源时，即源的活性区半径 $r \to 0$ 时，有

$$\Omega = 2\pi(1 - h/\sqrt{h^2 + R^2}) \tag{4.5.4}$$

对于公式（4.5.4），当需要分析立体角的不确定度分量时，根据误差传递的理论可得，

$$\frac{\mathrm{d}\Omega}{\Omega} = \frac{hR^2}{(h^2 + R^2)^{\frac{3}{2}} - h(h^2 + R^2)} \sqrt{\left(\frac{\mathrm{d}h}{h}\right)^2 + \left(\frac{\mathrm{d}R}{R}\right)^2} \qquad (4.5.5)$$

式中　$\mathrm{d}\Omega/\Omega$——立体角的相对不确定度；

　　　$\mathrm{d}R/R$——准直光阑半径的相对不确定度；

　　　$\mathrm{d}h/h$——源距光阑距离的相对不确定度。

由式(4.5.5)可知，尽量减小 $\mathrm{d}R/R$ 和 $\mathrm{d}h/h$，可提高立体角的准确度，但由于 $\mathrm{d}R$ 和 $\mathrm{d}h$ 受加工工艺限制，因此在允许条件下，尽量增大源距准直光阑的距离和准直光阑的半径，可减小立体角的相对不确定度。表 4.5.1 给出了几种不同几何条件下，准直光阑对源所张的相对立体角及相对不确定度[3]。

表 4.5.1　不同几何条件下的相对立体角（$\times 10^{-4}$ 球面度）及相对不确定度

准直光阑直径（$2R$）/mm		10 ± 0.01	15 ± 0.01	20 ± 0.01
源距准直光阑的距离 h/mm	150 ± 0.01	2.775 (0.21%)	6.238 (0.15%)	11.074 (0.12%)
	200 ± 0.01	1.562 (0.19%)	3.512 (0.14%)	6.238 (0.11%)
	250 ± 0.01	0.999 8 (0.17%)	2.248 (0.14%)	3.995 (0.11%)

一般通过精心设计，立体角的不确定度分量可以控制在 2‰的水平。另外，采用小立体角测量 α 源的活度时，还应注意壁散射和准直光阑的边缘散射的影响。总之，通过小立体角测得的标准源的活度的扩展不确定度可以达到 1%（$k = 3$）的水平。

由上述方法得到的标准源可以是单核素的标准源，如 ^{241}Am 标准源，也可以是多核素的混合标准源，如 ^{239}Pu，^{241}Am，^{244}Cm 等，活度可以控制在 $10^2 \sim 10^4$ Bq，利用这些标准源就可以实现对 α 谱仪的能量和探测效率校准。

4.5.2.3　半导体 α 谱仪在环境监测中的应用范围

通常的半导体 α 谱仪所测量的样品都是电镀在金属薄片上的 α 源，而且要求其计数率不能太低，至少每分钟 10 个计数以上，待测样品的活性区面积又不能制备得太大，因而限制了其在低放射性水平测量方面的应用，仅可以用于满足 $0.1 \sim 1 \times 10^4$ Bq 范围的 α 放射源的活度测量的需求，因此通常的 α 谱仪主要应用于中等活度水平的 α 放射源活度测量和分析等方面。

如果需要采用半导体 α 谱仪分析测量环境水平的 α 样品，通常需要采用化学方法如萃取、反萃等手段将待测样品浓集后，采用电沉积或电镀的方法制成适合半导体 α 谱仪测量的样品，相关知识在"化学制源"的章节会专门进行介绍。

4.5.3　屏栅电离室 α 谱仪

对于 α 能谱分析，如前所述，主要包括磁谱仪、气体探测器、闪烁谱仪、核乳胶探测器、云室和半导体探测器等方法。就其能量分辨率而言，半导体 α 谱仪的能量分辨率较高。但对于低放射性水平 α 测量而言，很多时候需要制成大面积的样品，如果采用大面积的半导体探测器，其能量分辨率随之变差，与大面积屏栅电离室的分辨率水平大体相当，其价格也高于屏栅电离室,因此对于如环境样品、地质样品等低放射性水平 α 测量而言,屏栅电离室则有突出的优点,这就是屏栅电离室被广泛采用的原因之一。

4.5.3.1 屏栅电离室的结构和工作原理

理论分析和实验结果表明,对于平行板电离室,难以获得较高的能量分辨率。假定 α 粒子从一点 P 以 θ 角出射,在 θ 方向发生电离而产生正负离子对,收集这些离子对产生的电荷,则在收集极上产生的电压信号为

$$V = \frac{Q}{C}\left(1 - \frac{R}{d}\cos\theta\right) \tag{4.5.6}$$

式中　Q——电离产生的电荷量;

　　　C——极间电容;

　　　d——收集极到阴极的距离;

　　　R——α 粒子在 θ 方向的射程。

由公式(4.5.6)可见,当相同能量的 α 粒子以不同的角度 θ 发射时,在收集极上产生的电压信号的大小随 θ 的改变而变化,因此这种装置不能用于 α 能谱分析。式中第二项主要是由于电离所产生的正离子在电场中的漂移速度比电子的漂移速度慢很多的缘故。因此要减小上述效应带来的谱展宽,方法之一是将 α 粒子准直,这样却很大程度地减小了 α 的探测效率。更好的方法是采用屏栅脉冲电离室,就是在样品与收集极之间增加一个栅极,由于栅极的静电屏蔽作用,可以阻止电离产生的正离子漂移通过栅极,这样,在高压电极和栅极之间运动的正离子不会引起收集极上的电位变化,只有当电子漂移通过栅极后继续运动,才会在收集极上感应产生电压信号。但是,由于栅极的增加,有些电子漂移时不能通过栅极却被栅极吸收。为此,定义一个物理量 σ,称为"非效率"[4],$\sigma = dE_C/dE_A$,近似由公式(4.5.7)给出

$$\sigma = \frac{d}{2\pi c}\bigg/\left(\frac{d}{2\pi r}\right) \tag{4.5.7}$$

式中　d——栅丝之间的距离;

　　　c——收集极到栅极的距离;

　　　r——栅丝的半径。

要使 σ 很小,d/c 应该很小;另一方面,如果 r 与 d 相当,则栅极对电子的吸收就会变大。另外,该效应还与极间的电场强度有关,如果

$$\frac{E_C}{E_A} \geqslant \frac{1 + \dfrac{2\pi r}{d}}{1 - \dfrac{2\pi r}{d}} \qquad 即 \qquad \frac{V_C - V_G}{V_G - V_A} \geqslant \frac{c\left(1 + \dfrac{2\pi r}{d}\right)}{a\left(1 - \dfrac{2\pi r}{d}\right)} \tag{4.5.8}$$

则电子被俘获的效应就很小,或者近似为 0。上式中,E_C 为收集极到栅极之间的电场强度,E_A 为栅极到高压电极之间的电场强度,V_C、V_G、V_A 分别为收集极、栅极和高压电极上的电位,c 为收集极到栅极的距离,a 为栅极到高压电极之间的距离,r 为栅丝的半径,d 为栅丝之间的距离。总之,在设计栅网电离室时,这些因素应该综合考虑。

以下给出国防科技工业电离辐射计量一级站所设计的屏栅电离室的主要参数。其主体为不锈钢材料,由样品托、栅极、收集极和保护环组成。其中,样品托作为高压电极,考虑到低本底的要求,用直径为 200 mm 的不锈钢材料制成,用聚四氟乙烯作绝缘材料;栅极用

直径 100 μm 的钼丝以间距 2 mm 均匀地排列在栅极环上;收集极用铜质材料,外表镀铬加工而成。收集极、栅极和保护环用三根聚四氟乙烯固定在上盖内侧,栅极与阴极和收集极之间的距离可调。为了减小收集极到前置放大器引线的分布电容和环境温度的影响,将前置放大器安装在真空室内。待测样品从下方密封盖开口处放入,其面积可以做到 300 cm²。对于低水平的样品,可以制成大面积的样品,因此源可以做得很薄,从而减少源自吸收的影响。屏栅电离室的结构如图 4.5.6 所示。

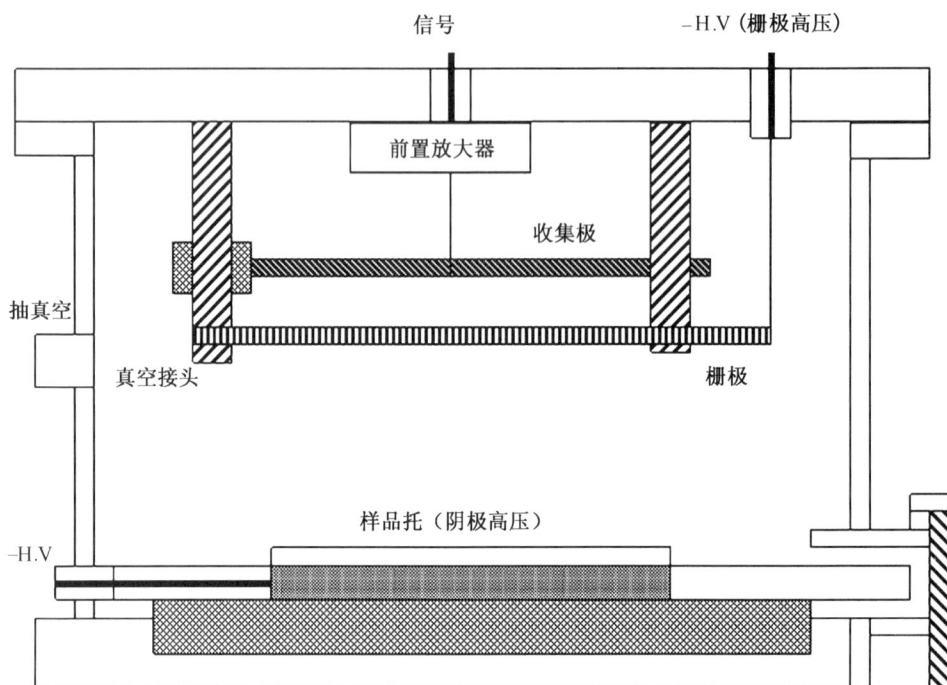

图 4.5.6 屏栅电离室结构示意图

以上所介绍的屏栅电离室为平行板结构式的电离室,也有人将其制作成圆柱形的屏栅电离室[5],这样所测量的样品的面积则可以制作得更大,可达 1 500 cm²,但换样相对而言比较烦琐。

4.5.3.2 电子学线路和装置的主要技术性能

屏栅电离室 α 谱仪的电子学线路与半导体 α 谱仪基本一致。如前所述,电离室收集极所收集的电信号经前置放大器放大后,再经主放大器、模数变换器(ADC)和微机多道分析器构成。另外,需要配合充放工作气体的工作,还应配置一套真空系统。

1. 工作条件的选择

电离室加工完成后,与电子学线路配套建成一套完整的测量装置,之后还应对其进行安装调试,以选择相对较好的技术指标下的工作条件。将²³⁹Pu,²⁴¹Am,²⁴⁴Cm 电镀混合源放入真空室后,用 4 L/s 的机械泵抽气大约 10 min,使真空室的真空度达到 1 Pa 左右,充入 P10(90% 的高纯氩气(Ar)+10% 甲烷气(CH₄))工作气体,图 4.5.7 给出阴极电压为 -1 800 V 下,在不同的压力、阴极电压和栅极电压的情况下测量谱仪的能量分辨率和峰位。

屏栅电离室的工作气体一般采用氩甲烷混合气体,可以工作在 0.04~0.2 MPa 的气压条件下,当工作气压偏低时,α 能谱的低能尾较长,主要是因为电荷收集不完全所致,工作气压偏高时,谱线展宽,能量分辨率变坏。同时,阴极电压一般选取为-1 800 V,栅极电压可以工作在-300～-450 V 的电压范围,由图 4.5.7 所示的实验结果可以看出,谱仪工作在 0.1～0.12 MPa 的条件下,阴极电压选取为-1 800 V,栅极电压选取为-380 V 左右,可以得到较好的能量分辨率指标。

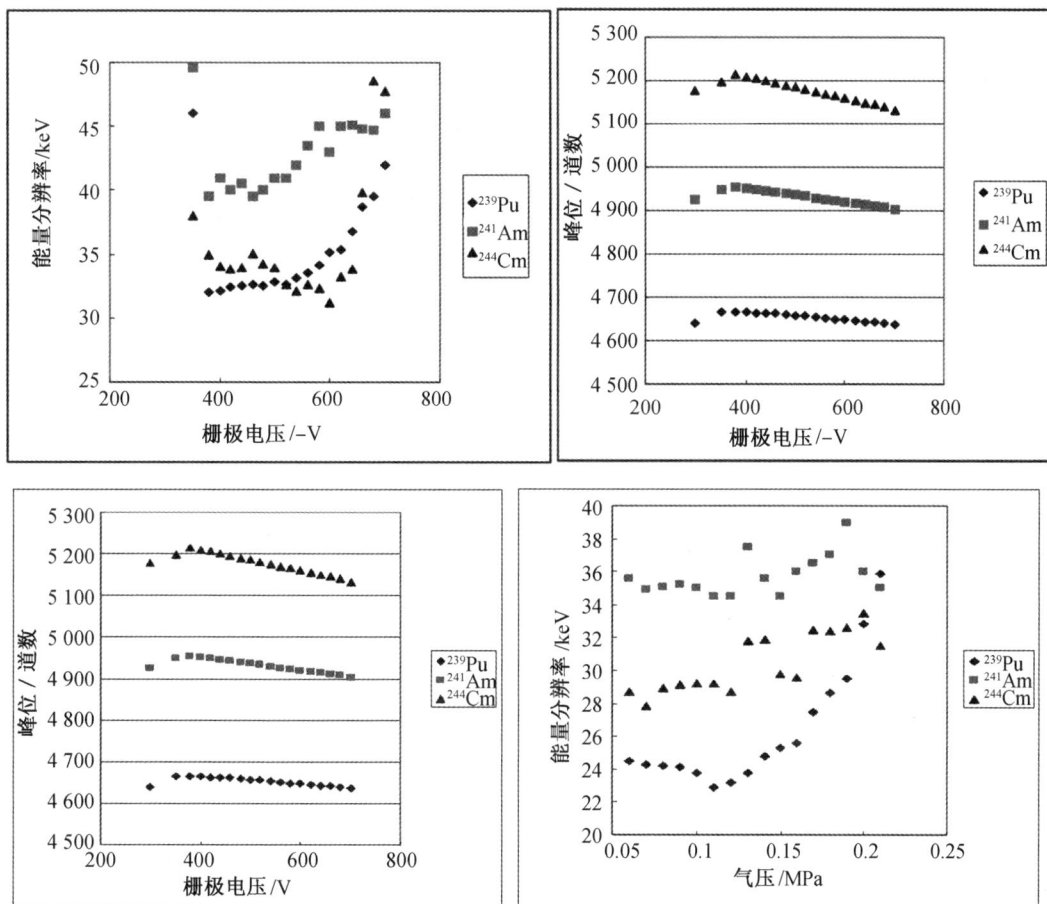

图 4.5.7 充气压力和栅极电压分别与能量分辨率和峰位的关系(阴极电压为-1 800 V)

2. 屏栅电离室 α 谱仪的能量分辨率

在上述工作条件下,测量了 ^{239}Pu,^{241}Am,^{244}Cm 混合源的 α 能谱,如图 4.5.8 所示。对于 ^{239}Pu 5.155 MeV 的 α 粒子,最佳能量分辨率可以达到 23 keV。这一结果可以和直径为 24～28 mm 的半导体探测器的能量分辨率相媲美,探测效率却要比后者高数倍至一个数量级。但对于 ^{241}Am 的 5.486 MeV 的 α 粒子,其能量分辨率仅为 34 keV 左右,分析认为主要是因为 α 衰变后级联 γ 射线对屏栅电离室有一定的响应,其主要 γ 射线能量为 59.5 keV,从能谱上表现为在 ^{241}Am 的 5.486 MeV 的 α 能峰的后端叠加了一个峰,而不同于其他 α 能峰,近似于高斯分布,是致使 ^{241}Am 的 5.486 MeV 的 α 粒子的能量分辨率较另外两个核素的能量分辨率差的主要原因。

3. 装置的本底

在选定的工作条件下,对装置的本底连续测量约 34 h。在整个能区的积分计数为 978(28.8 计数/h),分别对应在 2～3 MeV 范围,积分计数为 331(9.7 计数/h);在 3～4 MeV 范围,积分计数为286(8.4计数/h)；在4~6 MeV范围，积分计数为347(10.2计数/h)；在6~9 MeV范围，积分计数为14(0.4计数/h)。

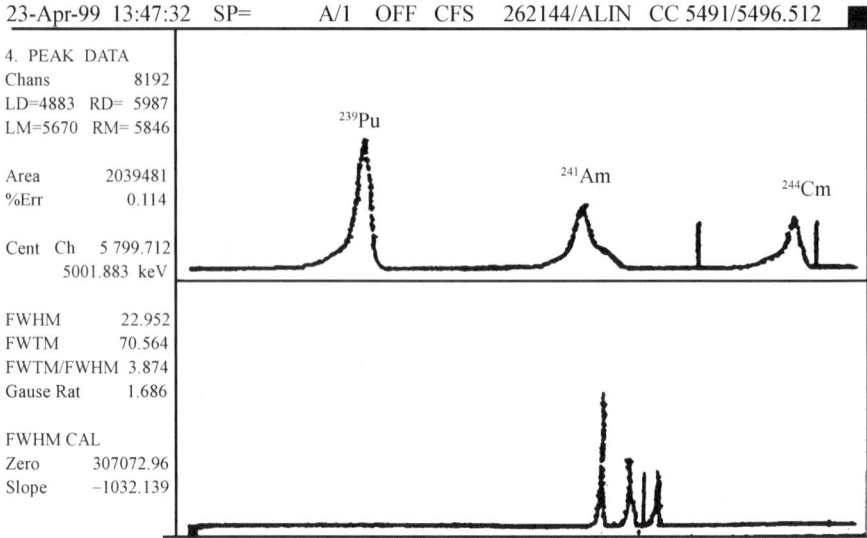

图4.5.8 ^{239}Pu，^{241}Am，^{244}Cm混合电镀源的α能谱

4.5.3.3 屏栅电离室的α探测效率

理论上，屏栅电离室的α探测效率应该接近50%。有实验室为了对其进行验证[6]，采用^{241}Am制作了一批VYNS（一种聚酯膜）薄膜源，用$4\pi\alpha$(PC)-γ符合测量标准装置对其活度进行了绝对测量，再用屏栅电离室测定这批源的总α计数率，用总计数率除以已知活度得到其探测效率。所制作的这批VYNS薄膜源的活性区直径小于8 mm，这种规格的源，其自吸收可以忽略。电离室的工作条件选取为，阴极电压-1 800 V，栅极电压-400 V，主放成形时间为10 μs，主放增益为100×0.5，获取时间采用预定活时间10 min。表4.5.2列出了一台屏栅电离室α效率的测量结果。

表4.5.2 用符合测量方法测定的^{241}Am薄膜源测量电离室的α效率

源号	质量 /mg	绝对测量 比活度 /(Bq·mg^{-1})	活度 /Bq	α谱峰 面积计数	测量时间 /s	α计数率 /s^{-1}	电离室 α效率 /%
1	40.66	49.874	2 027.9	607 511	600	1 012.5	49.930
2	35.81	50.195	1 797.5	538 307	600	897.18	49.913
3	32.56	49.985	1 627.5	487 549	600	812.58	49.928
4	27.58	50.152	1 383.2	414 427	600	690.71	49.936
5	20.34	50.186	1 020.8	306 202	600	510.34	49.994
6	31.59	50.231	1 586.8	475 292	600	792.15	49.921
屏栅电离室平均α探测效率/%							49.937

4.5.3.4 测量不确定度

屏栅电离室主要用于低放射性水平的环境 α 样品或地质样品的测量,其不确定度主要来源于峰面积计数的统计涨落,通过控制测量时间可以控制在 0.1% 左右的水平;另外一项主要来源是屏栅电离室的探测效率引起的不确定度,一般在 0.5% 以内,此外,α 射线在电离室内的反散射的影响对不确定度的贡献估计为 0.1% 的水平。对于这种低放射性水平样品而言,死时间的影响对不确定度的贡献可以忽略不计。因此屏栅电离室给出的测量结果的合成标准不确定度小于 0.6%。

4.5.3.5 屏栅电离室 α 谱仪在环境监测中的应用

如前所述,屏栅电离室突出的优点是可以将待测样品制成较大面积的源,因此它适合测量低放射性水平的 α 样品,在废物处理、环境监测等方面都有着广泛的应用,有实验室曾经将不同地方(包括天然湖泊、铀矿开采区、武器洞库等)的水和自来水经过浓集制作成大面积源,送国防科技工业放射性计量一级站研制建立的屏栅电离室,用 α 谱仪对其制作的 20 多个样品进行了仔细测量和分析,发现其中有的样品就是天然本底,有的样品含有天然铀,有的样品含有 ^{239}Pu 等,并分析处理得到每个样品的活度,还与采集地点一一相对应,得到送检单位的认可。

因此屏栅电离室在环境监测、核废物处置处理、放射性去污等领域都有较好的应用,许多实验室都建立了这种测量装置,但应同时配备相应的制源设备。

4.5.4 正比计数器 α 测量仪

用于测量 α 放射性样品正比计数器主要有三种类型,第一种类型是用玻璃外罩封装的单根阳极丝正比计数器,它类似于 G-M 计数管,如果用这种探测器测量 α 样品,则需要在其前面板开一很薄的窗,否则 α 粒子被阻止无法进入探测器,而且这类探测器的灵敏区有限,探测效率非常低,已很少使用;第二种类型的正比计数器就是 2π 多丝正比计数器,这种探测器是将待测样品置入探测器内,具有探测效率高、空间分辨和时间分辨好等很多优点;第三种类型的正比计数器是内充气正比计数器,它主要应用于测量放射性气体的活度。以下主要介绍 2π 多丝正比计数器和内充气正比计数器的工作原理及其在环境监测中的应用。

4.5.4.1 2π 多丝正比计数器

2π 多丝正比计数器除了可以测量大面积 α 平面源的表面发射率,也可用于测量大面积 β 平面源的表面发射率,是因为 α 平面源和 β 平面源在正比计数器中都会产生电离,在不同的高压电场中的产生的电信号都能被放大,经定标器而记录相应的计数。

1. 工作原理

多丝正比计数器是 20 世纪 60 年代后期发展起来的一种新型探测器。采用这种探测器探测带电粒子具有探测效率高、空间分辨和时间分辨好等优点,它在高能和低能物理实验中得到了广泛的应用。2π 多丝正比计数器主要用来测量大面积 α 或 β 平面源发射的表面粒子数,给出的物理量是表面发射率而不是活度。

多丝正比计数器是在单根阳极丝正比计数器的基础上发展起来的。由于单根阳极丝加上电压后,周围电场分布随着与阳极丝轴心距离的增加而减弱,所以单根阳极丝正比计数器的电场灵敏区域是有限的。例如,距离阴极为 1 cm、直径为 $25 \sim 50~\mu m$ 单阳极丝的正比计数器,其灵敏区域约 1 cm,在这个区域内计数器对 β 射线有 100% 的探测效率;而超出这个区域,电场不足以完全收集 β 射线所产生的离子,因而计数效率降低。

通常有大面积的 α 或 β 源,其尺寸可达 100 mm×150 mm。近年来,一些特殊要求,需要

更大面积 α 或 β 放射源 1 000 mm×1 500 mm，为建立如此大面积的灵敏区域，单根阳极丝的正比计数器显然是不行的，用平行的多根阳极丝来代替单根阳极丝是一种简便易行的办法。多根阳极丝之间的距离只要保证每一根丝的灵敏区域能衔接起来，而不出现低场区就可以了，通常丝间距取 1~1.5 cm 比较合适。采用更小的距离会增加阳极丝的数目，给制作带来不便。2π 多丝正比计数器的电场分布如图 4.5.9 所示。由图 4.5.9 可以看出，在平行阳极丝的平面（与纸面垂直），电场分布基本上是均匀的。处在这个位置上的放射源发射出来的射线，在气体中引起电离，产生正离子和电子，电子在电场中被加速产生次级电子，最后形成雪崩放电，经放大器放大后被记录。该计数器输出的信号，随工作电压增加而加大，因而随着工作电压的增加，能量较低的射线所产生的信号也越来越多地被记录下来。当放射源所发射的 α 或 β 射线所产生的信号全部被记录后，输出的信号不再随工作电压的增加而增多，这就是通常所说的计数器工作电压的坪区。在坪区，计数率与工作电压的关系是一条近似的水平线。在这样的条件下，该计数器对放射源有接近 100% 的探测效率。

图 4.5.9　2π 多丝正比计数器的电场分布

2. 主要的修正

2π 多丝正比计数器一般是流气式正比计数器，将待测样品置入探测器内，充入工作气体——甲烷或氩甲烷。流气 5~6 min 后，根据待测样品的种类，选取合适的工作条件，开始测量。一般情况下，对于 α 源，起始工作电压在 2 500 V 左右，其坪特性表现为当电压达到约 2 600 V 时，相应的计数变化比较缓慢，当电压达到约 1 900 V 以上时，由于雪崩效应会引起计数上升较快；对于 β 放射源，起始电压一般在 3 000 V 左右，当工作电压达到约 3 100 V 时，相应的计数变化趋缓，同样当电压达到约 3 400 V 以后，雪崩效应会引起计数上升较快。相应的坪长一般为 300 V 左右，坪斜在 1%/100 V 以下。对于所获取的计数都需要进行死时间、小能量损失和本底等三种修正。

（1）死时间修正

该计数器信号的上升时间不大于 0.5 μs，它经过放大器成形放大、单道脉冲分析器后，一般具有 2~3 μs 的死时间。在死时间 τ_d 范围内的 α 或 β 射线所产生的信号，由于仪器无响应，这一部分的计数率损失称为死时间修正。其修正公式为

$$N_0 = N/(1 - N\tau_d) \tag{4.5.9}$$

式中　N_0——经死时间修正后的计数率；

　　　N——测得的计数率；

　　　τ_d——系统的死时间。

（2）小能量损失修正

由于电子学仪器本身的噪声和外界的电磁干扰，仪器的电子学系统必须设置一定的甄别阈以消除这类噪声，但这样使得脉冲幅度低于甄别阈值的有用信号也被剔除了。对这部分小能量信号的损失，一般需要做甄别曲线进行修正。甄别曲线是计数率与甄别电压的关

系曲线。在选定的工作条件下(如放大倍数、工作电压等),从较低的甄别阈值开始测量计数率,随着甄别阈值的升高,计数率逐渐降低。将这一甄别曲线外推到甄别电压为零处,就得到无小能量损失的计数率。

修正公式为

$$N_0 = N/(1 - \eta) \tag{4.5.10}$$

或

$$\eta = (N_0 - N)/N_0 \tag{4.5.11}$$

式中 N_0——外推到甄别电压为零处的计数率;

　　N——工作于一定甄别电压处测得的计数率;

　　η——为小能量损失修正系数。

(3)本底修正

当计数器内没有样品或放置有空白样品时,在正常工作条件下测得的计数率,称为本底计数率。产生本底计数的原因,主要是宇宙射线和周围环境放射性物质的射线进入计数器的灵敏体积引起的电离所造成的。采用铅室对计数器加以屏蔽,可以减小本底计数;对于计数器阴极材料本身所含有的微量放射性,如果选用纯度很高的、放射性杂质含量少的材料,这一部分本底计数也可以降低。此外,由于空间电磁场的干扰,电网电压的波动也会产生一些假计数。

设本底计数率为 N_b,直接从测得的计数率 N 中减去 N_b,可得到经本底修正后的计数率。根据以上三部分校正,测量结果可按下式计算:

$$N_0 = \frac{N - N_b}{(1 - N\tau_d)(1 - \eta)} \tag{4.5.12}$$

式中 N_0——待测放射源的 2π 发射率;

　　N——包括本底的计数率;

　　N_b——本底的平均计数率;

　　τ_d——测量装置的死时间;

　　η——小能量损失校修正系数。

3. 2π 多丝正比计数器在环境监测中的应用

2π 多丝正比计数器测量装置经计量技术机构检定合格后,最重要的用途是用于开展对大面积 α、β 平面源检定或校准。要开展对大面积 α,β 平面源的表面发射率的检定工作,所使用的检定规程为《用 2π 多丝正比计数器测定 α、β 平面源的发射率》(JJG(核工)011—91),它对被检源的衬底、活性层、保护层、活性区尺寸以及源的表面发射率范围均有详细规定。同时还规定了检定用的标准装置的主要技术指标,如坪长应大于 250 V,坪斜应小于 0.5%/100 V,装置的稳定性应好于 0.1%,定时准确度优于 10^{-3} s 等。

待测样品如果是环境样品,必须经过萃取、反萃取等化学处理方法,将样品浓集,然后采用电镀或刷镀等方法将其制成适合 2π 多丝正比计数器测量的大面积源进行测量,分析处理。有关制源的方法会在专门的章节予以介绍。

4.5.4.2 表面污染仪检定

由于 α,β 表面污染仪在放射性去污、废物处理以及环境监测等工作中广泛使用,这种仪器必须经检定合格后方可使用。所依据的检定规程为《α、β 表面污染仪》(JJG 478—2016)。经 2π 多丝正比计数器标准装置检定合格的大面积 α,β 平面源可以用于检定现场

使用的 α,β 表面污染仪,相应的检定规程规定了用于检定污染仪表面活度响应的 α 标准源应为^{241}Am,β 标准源应为^{204}Tl,检定 β 能量响应的核素可采用^{14}C,^{147}Pm,^{204}Tl,^{90}Sr–^{90}Y,^{106}Ru–^{106}Rh 等系列核素标准源。开展表面污染仪的检定除标准源外,还应配备检定架和计时器等,检定项目主要包括表面活度响应、基本误差、重复性和能量响应等。

4.5.5　一种新型超低本底大面积 α 测量装置简介

在某些特殊的应用领域,如半导体工业,需要特别关注超低水平 α 放射性的测量问题。众所周知,随着技术的进步,现代化的测量设备、通信设备的集成化程度越来越高,它们大多采用计算机或单片机控制或操作,计算机本质上是采用二进制编码构成计算机程序而实现各种各样的功能,表现在存储单元上就是 0 和 1 的变化而已,而在硬件上则表现为对应的集成电路中二极管、三极管各个管极的电位的变化。正常情况下,计算机运行是按指定程序预先设定的运行方案对应二进制编码有序运行的。一旦遇到异常情况,将很可能导致程序运行异常,甚至系统运行崩溃。假如在太空飞行系统中配置的控制系统中某一模块或器件被高能宇宙射线击穿,将很可能会导致硬件系统中对应器件电位的异常翻转,系统将不会按预定的程序继续执行,严重时会导致系统崩溃。在制作集成电路时,如果没有严格控制其主要材料硅中的放射性尤其是 α 放射性物质,同样也可能带来相同的后果,因为 α 粒子能量高,其阻止本领比也高,其能量全部沉积在集成块中,同样也可以导致系统中相应器件电位的异常翻转。正是因为 α 粒子的阻止本领比高,很难穿透样品,所以非常难以探测,特别是超低 α 放射性水平的样品更难以测量。这一问题在国外二十多年前就受到关注,国内现在也正在研究这一课题。

4.5.5.1　结构原理

在介绍屏栅电离室的时候,曾经谈到过平板电离室,它可以探测 α 粒子,但损失了 α 粒子的能量信息。但是,在测量超低 α 水平样品时,首先关注的是总 α 粒子计数或计数率,在这样的前提下,国外的科研工作者基于平板电离室的结构着手研制大面积的超低本底 α 探测器,文献[7]报道称其面积可以制成 1 000 mm×1 500 mm,α 本底计数率小于 0.005 h^{-1}·cm^{-2}。

探测器的结构本质上就是一个平板电离室,外加了一个保护环。其材料应优选低本底的材料来制作,在谈到平板电离室的时候,只是从待测样品的角度考虑了从待测样品这一平面某一点以 θ 角出射一 α 粒子,在收集极上感应的电位为

$$V = \frac{Q}{C}\left(1 - \frac{R}{d}\cos\theta\right) \tag{4.5.13}$$

式中　Q——电离产生的电荷量;

　　　C——极间电容;

　　　d——收集极到阴极的距离;

　　　R——α 粒子在 θ 方向的射程。

那么同样,如果从电离室侧壁或其密封盖的某一处出射一 α 粒子,也会引起收集极电位的变化,但时序上却不同。

如图 4.5.10 所示,从同一坐标系来看,从不同地方入射的 α 粒子,也有不同的入射角,但依然存在一定的规律,以上密封盖为例,建立水平方向为 X 轴,垂直向上方向为 Y 轴的坐标系,只有180°$<\theta<$360°才有可能在收集极上感应信号,而且是来源于上密封盖的本底信号。

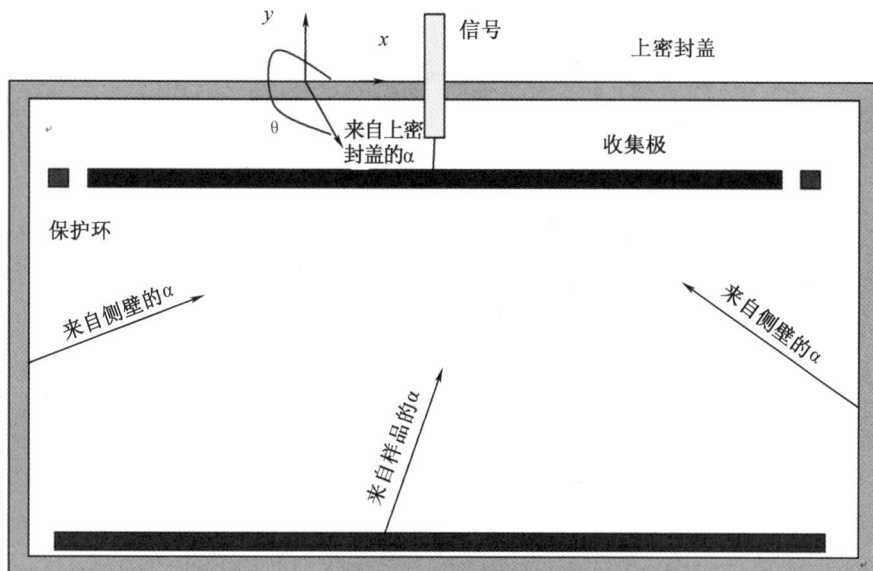

图 4.5.10 大面积超低本底 α 探测器结构示意图

图 4.5.11 中分别给出了来自侧壁、阳极和样品的 α 粒子产生的信号同时在收集极和保护极产生的脉冲形状。从图 4.5.11 中可以看出,来自侧壁、阳极、样品本底都会产生信号,但是所产生信号的上升时间和幅度都较小,而来自样品的信号幅度较大,而且上升时间较长。波形甄别分析中最关键的就是采用合适的数据处理方法,准确地给出收集极信号和保护极信号的上升时间、幅度等脉冲形状信息。将收集极和保护极产生的信号经过前置放大器、主放大器滤波成形,再经过时序、幅度甄别,判断其是属于样品的真计数,还是来自侧壁或上盖的本底计数,如果是本底计数就加以剔出。

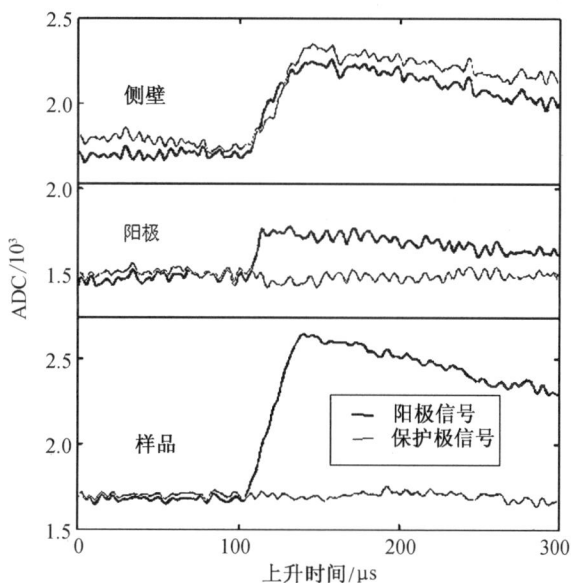

图 4.5.11 侧壁、阳极和样品的脉冲信号形状示意图

图 4.5.12 给出数据采集和分析处理的结构示意图。从电离室阳极和保护极输出的脉冲信号,需要对其脉冲幅度、脉冲形状和两路信号的时间关系进行分析。如果采用传统的模拟信号的分析方法,需要大量的电子学插件,不仅花费巨大而且还很不方便。因而通常采用数字化脉冲波形采集系统。数字化脉冲波形采集系统需要两个通道,分别采集来自阳极和保护极的信号。由于需要确定阳极和保护极之间的时间关系,两个通道应共用时钟。

数字化脉冲波形采集系统中采样 AD 的关键技术指标是采样率和 AD 位数,采样率决定了时间分辨,AD 位数决定了能量分辨。一般情况下,对于电离室的脉冲形状,$10^7/s$ 的采样率和 10 位分辨率完全可以满足要求。数字化脉冲波形采集系统与计算机的接口可以根据实际情况考虑采用 PCI 接口或 USB 接口。最终,对于从阳极和保护极输出的信号由数字采集卡完成数据采集系统,并编写波形甄别分析软件对信号的形状进行分析,图 4.5.13 为装置构成框图。

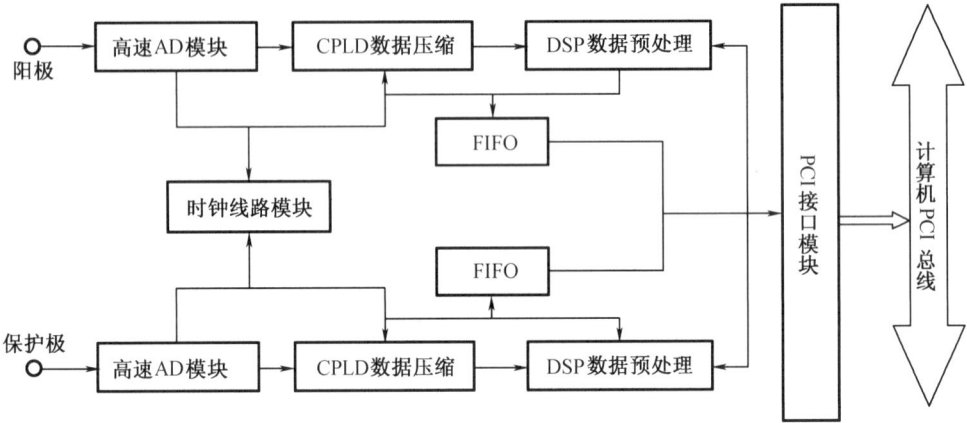

图 4.5.12　数字化脉冲波形采集系统

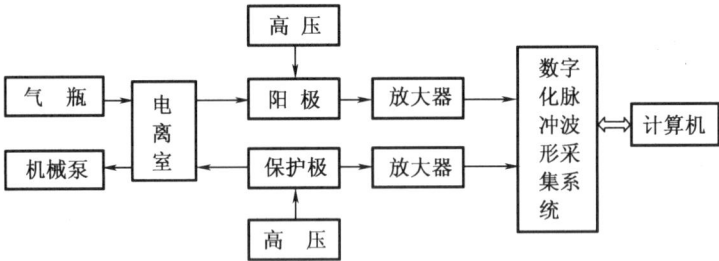

图 4.5.13　大面积超低本底电离室 α 测量装置框图

4.5.5.2　主要应用范围

这种新型超低本底大面积 α 测量装置,其突出优点就是本底水平低(可达到 $0.005\ h^{-1}\cdot cm^{-2}$),可测量的样品面积大(达 $1\ 500\ cm^2$),可准确给出待测样品的总 α 计数或计数率,但是不能给出能谱信息,也就是核素信息。主要应用于硅材料选择等需要严格控制 α 放射性水平的应用领域。当然,如果在环境监测中需要监测总 α 计数时,使用这种装置,采用化学方法如萃取、反萃等手段将待测样品浓集制成大面积源,可以非常准确地给出待测量值。目前,国内已经开展这类装置的研究工作,基本可以得到应用了。

练习(含思考)题

1.半导体探测器、屏栅电离室这两种探测器在测量 α 放射源的活度时各自有哪些有优缺点?

2.对于一套小立体角测量装置,准直柱 150 mm,准直孔的直径为 20 mm,对于一个活性区直径为 8 mm 的待测样品,是否可以视为点源?

3. 采用屏栅电离室测量大面积 α 样品时,为什么要在阴极和收集极之间加上一个栅极,主要起何作用?

4. 硅半导体探测器中金硅面垒探测器与 PIPS 探测器中,哪一种类型的探测器的优点更突出?

5. 2π 多丝正比计数器测量大面积 α 源时给出的量值为表面发射率而不是放射性活度,为什么其应用却比较广泛?

6. 研制屏栅电离室的过程中应采取哪些措施降低测量的本底,如何选择比较理想的测量条件?

7. 如果你新购了一套半导体 α 探测器,还应该配置哪些设备才能构成一套完整的 α 谱仪?

8. 2π 多丝正比计数器除了可以测量大面积 α 源外,为什么还可以测量大面积 β 放射源。

9. 简述 2π 多丝正比计数器的坪特性?

参考文献

[1] GLOVER K M. Preparation and calibration of Alpha active sources of the actinide elements [J]. Nuclear instruments and Methods. 1966,39:461-471.

[2] BAMBYNEK W B. Precise solid angle counting [J]. Nuclear instruments and methods. 1967, 39:373-383.

[3] WANG J Q, LI X D, CHEN X L, et al. Radioactivity measurement of -nuclides by small solid angle method: CNIC-01250 [R]. China Nuclear Science and Technology Report, 1998.

[4] HÖTZL H, WINKLER R. Large gridded ionisation chamber and electrostatic precipitator application to low-level alpha spectrometry of environmental air sample [J]. Nuclear instruments and methods, 1978, 150(2):177-181.

[5] 金容华. 电离谱仪及其应用 [C]//射线物理量会议专业资料汇编,1975:67.

[6] 汪建清,佟伯廷,陈细林,等. 大面积屏栅电离室的研制及 ^{237}Np 活度测量比对 [C]//国防军工计量学术交流会论文集,2001:791-795.

[7] WARBURTON W K, DWYER-MCNALLY B, MOMAYEZI M, et al. Ultra-low background alpha particle counter using pulse shape analysis, Rome, Italy, October 16-22, 2004 [C]. IEEE, 2004.

4.6 β 液闪谱仪在环境监测中的应用

4.6.1 概述

在环境监测中使用的 β 核素活度测量装置通常采用的是液体闪烁谱仪(以下简称液闪谱仪),采用液闪谱仪测量 β 核素活度的方法是将放射性核素与有机闪烁体组成的探测介质互相溶解,避免了样品的自吸收或在采用 4πβ(PC)-γ 符合测量方法中制备的源薄膜的衬托膜的自吸收所引起射线能量损失。因此，采用液闪谱仪，对于环境样品中低能 β 核素（如³H，¹⁴C）以及电子俘获核素⁵⁵Fe 等的定量测量分析具有较为突出的意义。但是，采用液闪谱仪测量时，需要制备出化学上稳定、高效率的液体闪烁样品，并使放射性核素不会在容器壁上吸附、沉淀，减少溶液样品对液闪荧光的猝灭。荧光猝灭主要有电离猝灭、化学猝灭、颜色猝灭和稀释猝灭等，为了减少这些猝灭的影响，应尽可能减少放射性水溶液的取样量。

关于电离猝灭会设置单独一节予以介绍，所谓化学猝灭也称杂质猝灭，就是在闪烁液荧光产生过程中，有许多化学物质，假若有他们的微量杂质存在，则会分散溶剂的激发能，或同闪烁体分子竞争激发能并与闪烁体形成复体，减少了闪烁体的浓度，这些作用最终会减少荧光的产生效率。比如氧气就是最常遇见的一种，可通过惰性气体 Ar 等在闪烁液中鼓泡的方式去除。颜色猝灭是指闪烁液中产生的荧光在透过样品时被有色物质吸收，使到达光电倍增管光阴极的概率减少的现象；稀释猝灭则是指在闪烁液中闪烁体有一个最佳浓度，当浓度低于或高于最佳浓度时，计数效率就会下降[1]。总之，无论是哪种猝灭，要么是使闪烁液中产生荧光光子受到抑制，或者是使所产生的光子在传输的过程被吸收而减弱，最终结果导致光电倍增管光阴极上收集到的光电子数小于原始激发所发射的光子数，从而使探测效率降低。

液闪谱仪对 β 射线的能量探测阈在 1 keV 左右，对非猝灭的³H 样品的探测效率可以达到 60%~90%。采用液闪谱仪做相对测量时，可以很方便地确定被测样品的活度。通常的商用液闪谱仪应采用计量技术机构提供的放射性标准溶液和液闪标准源进行校准，采用标准溶液配制的液闪源时，需要保证待测样品与标准溶液配制的液闪参考源或液闪标准源在化学、物理方面有一致的闪烁性能。目前，液闪谱仪的应用比较广泛，其数据获取与处理系统都可以实现自动化处理。

4.6.2　液体闪烁谱仪

β 液体闪烁谱仪在活度测量中有着广泛的用途，它既可以作为绝对测量方法，也可以用于相对测量，特别是在进行相对测量时，制源简便，一般测量都可以实现自动化处理，具有比较独特的优势，因此是目前环境样品测量分析的主要方法之一。

4.6.2.1　液体闪烁 β 谱仪的基本组成和工作原理

液闪谱仪一般包括样品换样控制系统、样品发射光子的光反射收集器、光电脉冲信号谱放大成形等电子学线路以及数据获取与处理系统。液体闪烁测量装置可以采用单光电倍增管，也可以采用双光电倍增管做符合测量，近年也有不少实验室采用三管两管符合计数比（TDCR）的测量装置（所谓 TDCR 方法[2]，即测量三管与两管符合计数之比的方法）。我们首先介绍前者，关于 TDCR 方法，会用单独的章节予以介绍。目前，采用单管的液闪谱仪比较少见了，下面主要介绍双管符合测量装置的构成及测量原理。对于液闪测量系统，其电子学系统所使用的放大器等插件应有较好的抗过载特性，以保证测量谱有较好的线性响应（特别对小幅度谱区不产生畸变），线路还应配有死时间控制电路。图 4.6.1 为较常用的双管符合相加液闪测量系统的电子学线路框图。

1. 液闪谱仪的本底

液闪谱仪的本底有多种来源，采用单管计数时光电倍增管阴极热发射引起的本底是主要的，双管符合方式工作时光阴极热发射引起的本底很小，一般每分钟一次计数或更少。光电管管体内电子倍增过程伴生的部分次级光子互相被对面光电管探测到，产生所谓"串光"符合本底计数,这在总符合本底中占有一定比例。

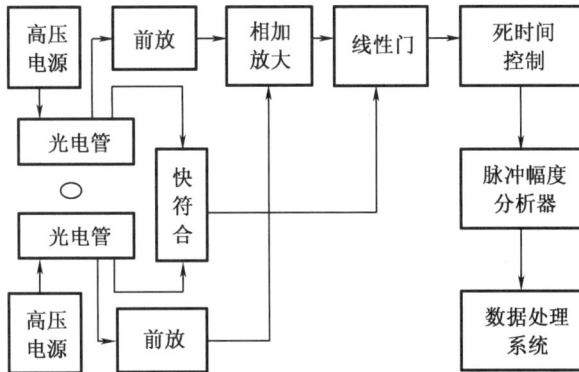

图 4.6.1 双管符合相加液闪测量系统电子学线路框图

在屏蔽条件下,周围环境放射性物质对符合计数器本底的贡献一般不超过每分钟几个计数。玻璃容器、塑料盖子和闪烁液受到阳光或荧光激发时可引起延迟荧光辐射,此类荧光、磷光可延续几个小时,常可观察到较高而又不太重复的本底计数。在样品中存在的某些化合物也可以产生化学发光,特别是碱性化合物,由于化学发光辐射与温度有关,加热可以退激,降低温度可以延长辐射衰变的半衰期。样品容器表面附着的静电也会放电产生单光子发射。

磷光和化学发光等单光子现象,在符合计数条件下可以在较大程度上得到抑制,但当在强光下或长期照射后,或存在化学发光物质时,单光子发射率很高,也会引起偶然符合本底计数。

2. 电离猝灭

与其他闪烁体探测器不同,在液体闪烁计数中,样品的加入破坏了探测介质的固有状态。这种由于杂质的介入使闪烁液中光受到抑制或生成的光讯号在闪烁液的传输过程中被减弱的现象叫猝灭。实际应用中,常会遇到电离猝灭、稀释电离猝灭、化学猝灭和颜色猝灭等。最主要的还是电离猝灭,它是指电离辐射粒子在闪烁液中将能量传递给溶剂分子和闪烁体而产生电离激发和荧光激发,最终转换成有效荧光能量的效率与入射粒子的电荷和能量有关,如果在介质中入射粒子阻止本领越高,电离密度越大时,则入射粒子的能量转换的形式也会增多,因此会使得产生有效闪烁荧光激发的相对概率下降,这种随电离比度增加而产生的荧光猝灭称为电离猝灭。

对于 β 射线,当能量从 100 keV 下降到 5 keV 时,荧光转换的电离猝灭因子 $Q(E)$ 可降至 50%,而对于能量为 5 MeV 的 α 粒子,$Q(E)$ 只是高能电子的 1/10,因为 α 粒子的电离比度比高能电子要高得多。

目前用得最多的电离猝灭校正公式是 Voltz[3] 和 Birks[4] 提出的,Voltz 公式由式(4.6.1)来表述:

$$L(E) = EQ(E) = \int_0^E e^{-KBdE'/dx} dE' \tag{4.6.1}$$

而 Birks 公式实际相当于将 Voltz 公式略去了高次项,即

$$L(E) = \int_0^E \frac{dE'}{1 + KBdE'/dx} \tag{4.6.2}$$

式中　$L(E)$——有效荧光能量，keV；

　　　dE'/dx——射线在闪烁液中的阻止本领，MeV·cm²·mg⁻¹；

　　　KB——电离猝灭常数，文献[18]给出该值一般为 9~16 mg·cm⁻²·MeV⁻¹。

3. β 液体闪烁谱和探测效率

设能量为 E 的 β 射线在光电管阴极产生的平均光电子数为 $\bar{n}(E)$，实际光电子数 n 服从 $\bar{n}(E)$ 泊松分布展开。对整个 β 能谱 $0~E_{\max}$ 积分，单光电管装置的闪烁响应谱，即脉冲幅度分布谱 $P(x)$ 为

$$P(x) = \sum_n P_n(x) \int F(Z,E) e^{-\bar{n}(E)} \frac{\bar{n}(E)^n}{n!} d\bar{n}(E) \qquad (4.6.3)$$

式中　$P_n(x)$——产生 n 个光阴极电子时的幅度 x 分布谱；

　　　$F(Z,E)$——β 衰变 Fermi 能量分布谱；

　　　Z——衰变核素的原子序数。

$P_n(x)$ 可由单电子谱 n 次褶积得到：

$$P_n(x) = \int_0^x P_1(Z) \cdot P_{n-1}(x-Z) dZ \qquad (4.6.4)$$

式中　$P_1(x)$——单电子响应谱，用单光子可见光源来测定。单光子源可用很窄的适当电压脉冲加载在发光二极管上产生。测量单电子谱时要选取同步的开门时间，以避免其他本底噪声和余后脉冲信号的干扰。单电子谱实际上可用两组 Γ 函数之和来很好地描述[11]，也有人采用 Polya 分布函数描述[5]。

由式(4.6.1)推导得出

$$\bar{n}(E) = E \cdot Q(E) W(E) / \eta_0 \qquad (4.6.5)$$

式中　$W(E)$——射线在闪烁液边界外能量损失因子，对于 $E_\beta < 20$ keV 时，边界损失可忽略
　　　　　　而等于 1；

　　　η_0——对应于经过电离猝灭校正后，平均每产生一个光阴极电子所需的有效能量，
　　　　　　被定义为测量系统的品质因子。

上述单管装置液闪谱的探测效率 ε，可由式(4.6.3)光电子数 $n>0$ 导出，或先求出 $n=0$ 的泊松分布概率 $S(0)$（零探测概率）

$$\varepsilon = 1 - S(0) = 1 - \int_0^{E_m} F(Z,E) e^{-\bar{n}(E)} dE \qquad (4.6.6)$$

对于双管符合相加测量装置，如果两个光电管完全对称一致时，液闪谱 $P(x)$ 比单管谱就多一个衰减系数 $1-2^{1-n}$，n 为双管相加脉冲电子数，则

$$P(x) = \sum_{n>1} (1-2^{1-n}) P_n(x) \int_0^{E_m} F(Z,E) e^{-\bar{n}(E)} \frac{\bar{n}(E)^n}{n!} d\bar{n}(E) \qquad (4.6.7)$$

式中　$F(Z,E)$——β 衰变 Fermi 能量分布谱；

　　　Z——衰变核素的原子序数，其他物理量均同式(4.6.3)式(4.6.7)所述。

符合相加探测效率 ε_c：

$$\varepsilon_c = \sum_{n>1} (1-2^{1-n}) \int_0^{E_m} F(Z,E) e^{-\bar{n}(E)} \frac{\bar{n}(E)^n}{n!} d\bar{n}(E) \qquad (4.6.8)$$

光电管 A，B 不对称时，ε_c 用下式计算：

$$\varepsilon_c = \int_0^{E_m} (1 - e^{-E \cdot Q(E) \cdot W(E)/\eta_{0A}})(1 - e^{-EQ(E)W(E)/\eta_{0B}}) F(Z,E) dE \qquad (4.6.9)$$

式中 η_{0A}——A 管的品质因子;

$\quad\quad\eta_{0B}$——B 管的品质因子。

4. 余后脉冲问题

(1)光电倍增管中的余后脉冲

在光电倍增管的信号电子倍增过程中,以光子和离子为主的反馈机制,限制了光电倍增管有效增益的上限,这是由于这种反馈过程产生余后脉冲。降低工作电压可以减少余后脉冲但不能消除。在现代的光电管中,1 μs 以内的大多数余后脉冲是由于在阴极与打拿极之间残余气体分子电离造成的,这里产生的正离子击向阴极,打出次级电子,而更远一些打拿极的离子也可以产生余后脉冲而时间相对延后。产生余后脉冲的概率主要取决于主脉冲的高度(一般主脉冲为一个光电子时,余后脉冲概率为千分之几到万分之几),大部分余后脉冲的大小相当于一个光电子,但也有一些相当于几个光电子的余后脉冲。

(2)γ 射线对光电倍增管的影响

γ 射线可直接在光电倍增管玻璃上激发光信号,伴随主信号可以有一个以上的余后脉冲。余后脉冲的寿命也比较长,可达 2 ms。有人还观察到 ^{60}Co γ 射线产生的脉冲幅度相当于 10 个光电子的余后脉冲,主脉冲后面累计余后脉冲可达 10 个,当然这与光电倍增管的型号有关。

(3)液体闪烁体的激发和衰变

不少人对液体闪烁体的荧光衰变进行了研究,除了 ns 级的快成分以外,有时还有一个时间常数为 0.1~0.5 μs 的慢成分,快慢成分的相对强度与入射粒子的类型有关。该特性也可以用于按脉冲形状甄别各种粒子的类型,如 α,β,γ 或中子等。慢衰减成分的形状是比较复杂的,不能用一个简单的衰减规律来描述。另外,还发现溶解在溶剂中氧的存在可极大地减弱这个慢成分的强度,或许缩短了它的寿命。在通常的闪烁计数情况下,慢荧光成分强度为快成分的 1/10 以下,实际结果与制源条件、电子学线路的时间常数等有关,如果进行符合测量时,还与符合分辨时间有关。

(4)液体闪烁体探测器余后脉冲的测量

不同作者所发表的液体闪烁体探测器的余后脉冲分布参数差别较大,当订购到一套新的液闪谱仪后通常都需要对这个参数进行实测。下面提供了一个 ^{241}Am α 衰变核素液闪样品的余后脉冲时间分布图(图 4.6.2)。光电管用 GBD52LD 型(北京核仪器厂生产),液体闪烁体由溶剂二甲苯加 PBD 闪烁体组成(未去氧),样品活度为 110 Bq。余后脉冲随时间相对分布概率 $A(t)$ 作纵坐标,它是用示波器记录 α 计数后 120 μs 扫描时间中每 2 μs 间隔内的计数概率(由总触发计数归一算出)。由图 4.6.2 看出,在 α 计数后的几十微秒内,都可看到与时间相关的余后脉冲计数。到 90 μs 附近才看到较少的与 α 主信号触发时间不相关的随机计数(即 α 与本底的真计数)。

4.6.2.2 相对测量方法介绍

用液闪方法测量环境样品放射性核素活度时,在大多数情况下可以利用标准实验室提供的各种标准物质,在相同的条件下做相对测量。这种方法比较简便、实用。

1. 效率示踪法

下面以 ^{3}H 效率示踪 ^{14}C 为例,说明这种方法的原理。对于单管系统,能量为 E 的电子,其探测效率为

$$\varepsilon = 1 - e^{-E \cdot Q(E) \cdot W(E)/\eta_0} \tag{4.6.10}$$

式中 $Q(E)$ 和 $W(E)$——电离猝灭和壁效应能量损失因子；

η_0——品质因子，表示光电管阴极产生一个电子所消耗的能量。

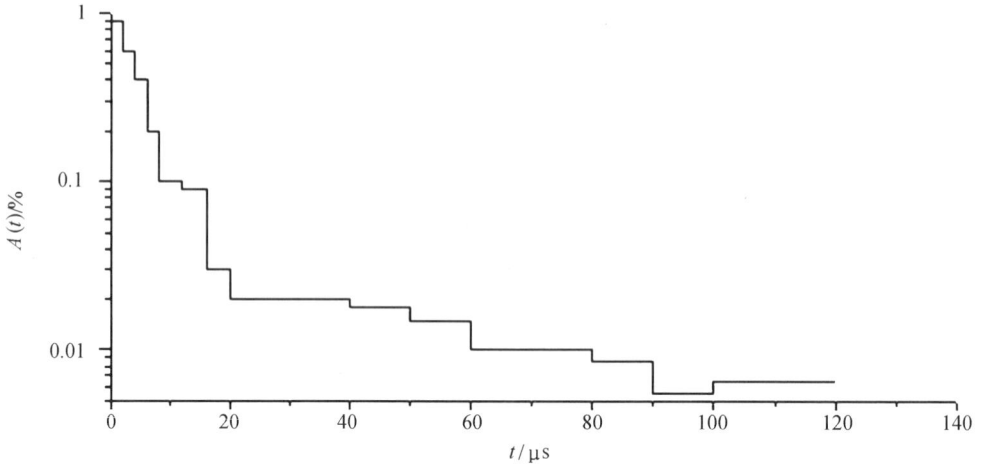

图 4.6.2 α 计数的余后脉冲时间分布

对于符合计数系统，假设两个光电管匹配很好，具有相同的探测效率，则符合系统的探测效率为

$$\varepsilon_c = \left[1 - e^{-E \cdot Q(E) \cdot W(E)/\eta_0} \right]^2 \tag{4.6.11}$$

由此，根据 Fermi 概率分布函数，就知道对任一 β 核素的符合探测效率为

$$\varepsilon_c = \int_0^{E_{\max}} \left[1 - e^{-E \cdot Q(E) \cdot W(E)/\eta_0} \right]^2 F(Z, E) \mathrm{d}E \tag{4.6.12}$$

用一个 ³H 标准样品来确定式中的 η_0 值，知道了 η_0 值之后，就可以根据式(4.6.11)和 ¹⁴C 的 Fermi 概率分布谱来确定 ¹⁴C 的效率。$F(Z, E)$ 为 β 衰变 Fermi 能量分布谱。

在式(4.6.10)和(4.6.11)中，³H 和 ¹⁴C 的效率计算使用了相同的 η_0 值，因此要求在实验上尽可能使示踪核素与被示踪核素具有相同的容器(闪烁瓶)和闪烁液，而且闪烁液也应具有相同的化学猝灭和颜色猝灭，猝灭程度的控制可以通过改变样品的水量来调节，并通过外标准方法来校准。

虽然 $Q(E)$ 的计算值会根据使用的计算公式的不同而略有差异，但在通常的实验中，对于 ¹⁴C 的能量范围 0~156 keV，可以将 $Q(E)$ 取值为 1，它对 ¹⁴C 的影响也只有 0.1%。当然对低能核素如 ²⁴¹Pu 和 ⁶³Ni，$Q(E)$ 的影响还是较大的。

$W(E)$ 对探测效率的影响可以忽略，由相关文献[6]可知，在 0~20 keV 的范围内，$W(E)$ 为 1；在 20~2 000 keV 的范围内，$W(E)$ 从 1 下降到 0.55。在式(5.6.11)中，这一下降完全被指数项中的 E 的增加所抵消，所以它不会影响探测效率。

对于不同的 η_0 值，计算相应的 $\varepsilon_c(^3\text{H})$ 和 $\varepsilon_c(^{14}\text{C})$，可以用式(4.6.12)表示两者之间的关系

$$\varepsilon_c(^{14}\text{C})/\varepsilon_c(^3\text{H}) = a_0 + a_1 \varepsilon_c(^3\text{H})^{-1} + a_2 \varepsilon_c(^3\text{H})^{-2} + a_3 \varepsilon_c(^3\text{H})^{-3} + a_4 \varepsilon_c(^3\text{H})^{-4}$$

$$\tag{4.6.13}$$

利用式(4.6.13)来确定^{14}C的效率,在12%~86%的范围内与实验得到的^{14}C的效率值相比,$\varepsilon_c(^{14}C)$的值在0.2%的范围内与实验结果一致。图4.6.3给出了$\varepsilon_c(^{14}C)/\varepsilon_c(^3H)$和$\varepsilon_c(^{14}C)$随$\varepsilon_c(^3H)$和$\eta_0$变化的关系曲线。

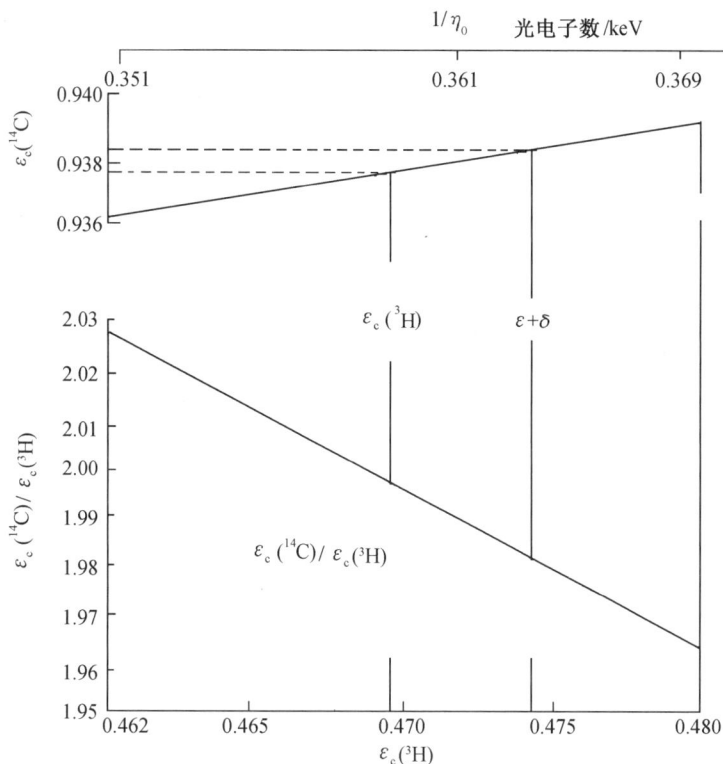

图4.6.3 $\varepsilon_c(^{14}C)/\varepsilon_c(^3H)$和$\varepsilon_c(^{14}C)$随$\varepsilon_c(^3H)$和$\eta_0$变化的关系曲线

2. 内标准法

在液闪测量中,内标准法是一种早期用来确定待测溶液样品活度的比较准确的方法。假定加入已知活度n_{0s}的标样于待测样品前后的计数率分别为n和$n+n_s$,则通过式(4.6.13)可确定待测样品的效率:

$$\varepsilon = \frac{(n+n_s)-n}{n_{0s}} = \frac{n_s}{n_{0s}} \qquad (4.6.14)$$

从而得到未知样品的活度为

$$A = \frac{n}{\varepsilon} = \frac{n}{n_s/n_{0s}} \qquad (4.6.15)$$

为了保证实验结果的准确,采用内标法应注意以下两点:

(1)加入的内标准的计数率n_s应大于或等于未知样品的计数率n,以确保计算出来的效率有足够的准确度;

(2)加入的内标准不应引起比原样品更大的猝灭,以防止对未知样品校准的效率改变。

关于这点,更严格的方法是,每次制备两个相同的样品,其中一个样品以适量的稳定同位素代替作为内标准的放射性核素,使得两样品具有相同的化学组分,以克服利用单个样品进行效率校准时,由于加入内标准而引起的额外猝灭效应影响了效率的变化。但这样做是比较费时的,特别是在处理较多样品的情况下,这与下述的猝灭校正方法相比,显得比较烦琐,也不利于实现自动换样测量。

3. 猝灭校正法

对于大量样品的测量,目前广泛采用猝灭校正的方法,即通过一套已知活度而猝灭程度不同的液闪标准源做效率–猝灭参数关系曲线,根据未知样品的猝灭参数来确定它的效率,如图4.6.4所示。

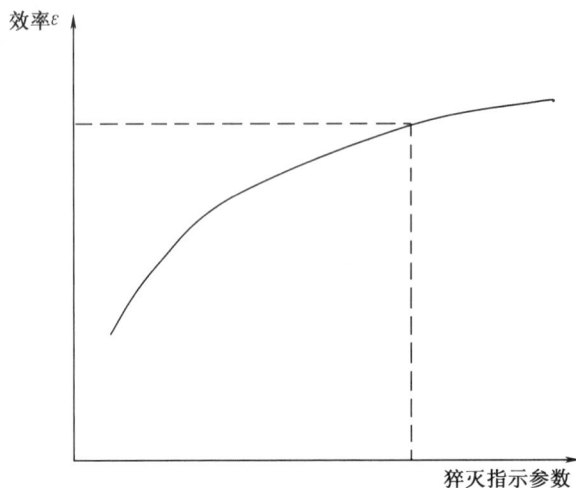

图 4.6.4　猝灭校正曲线示意图

不少市场上提供的仪器配有微机,使样品的测量自动化,并配备有系列猝灭标准源,可以随时制作、存贮猝灭校正曲线;有的仪器在出厂前就直接校准好猝灭校正曲线,存贮在微机内备用。下面介绍几种猝灭校正方法。

(1)道比法

当样品的猝灭程度逐渐增大时,仪器测得的 β 闪烁谱逐渐向低能道方向移动,把所测得的谱分成低能道和高能道两部分,测量这两道区的计数率分别为 n_L 和 n_H,则 n_L 和 n_H 之比就构成了反映样品的猝灭程度的猝灭参数。用一套猝灭程度不同的标准源,分别测得它们的道比和效率,就可得到一条类似图4.6.3的猝灭校正曲线。当测量未知样品时,根据其高、低能道区计数率的比值,就可内插查出它的效率。这种方法的优点是:实验的重复性好,受体积效应的影响小。但它也有一定的缺陷,当样品的计数率低时,其统计误差大,为了提高道比值的精确度,必须以增加测量时间为代价。为了补偿样品计数率低的问题,道比法又扩充了外标准计数法和外标准道比法。外标准计数法是基于测量外 γ 源照射样品产生的康普顿电子谱。测量一套已知活度的标准源在外 γ 源照射下的康普顿电子计数率,绘制一条探测效率–康普顿电子计数率曲线,可得到类似于图4.6.4的猝灭校正曲线,这样只要测得未知样品的康普顿电子计数率,就可知道样品的探测效率了。外标准计数法的优点在于它可有较高的计数率,统计误差小,节约测量时间,但这种方法的重复性受样品体积和样品的有效原子序数(电子密度)的影响,因而该方法已很少有人使用。为了克服道比法和外标准计数法的缺点,结合以上两种方法的优点,常采用外标准道比法。外标准道比法很方便、实用,它采用三个能量道区,一个道区测量样品的计数率,而另外两个用以测量外 γ 源的康普顿电子两道区计数率之比(通常选用较高能量的 γ 源,使康普顿电子谱落在样品谱道区之上），这样可以得到类似于道比法的猝灭校正曲线，此法已为许多商用的 β 液闪谱仪所采用。外标准道比法的优点是实验重复性好，外标准计数率高，统计误差小，体积效应小，是一种较理想的猝灭校正方法。

（2）$H^{\#}$ 数法

$H^{\#}$ 数法也是一种较理想的可实现自动化校正猝灭的方法，其原理是用外 γ 源照射样品，测量样品康普顿谱边缘拐点处的脉冲高度，根据定义给予一定值，称 $H^{\#}$ 数，如图 4.6.5，定义 $H^{\#}=a_0-a_q$。这里 a_0，a_q 分别代表无猝灭和猝灭时康普顿谱边缘拐点处的脉冲高度值。随着样品猝灭程度的不同，样品的康普顿谱边缘拐点脉冲高度值也随之改变，而 $H^{\#}$ 数也随之变化。这样 $H^{\#}$ 就成为一个反映样品猝灭水平的参数。利用一套猝灭程度不同的标准源，分别测定它们的 $H^{\#}$ 数和效率，同样也可以得到一条类似图 4.6.4 的猝灭校正曲线，用以校准待测样品的效率，其准确度可达到 3% 左右。目前 Beckman 公司的 LS-5801, 9000, 9800 等型号液闪谱仪都采用这一猝灭校正技术。对 $H^{\#}$ 数和其猝灭校正曲线的重复性测量表明，两者均在 1% 的误差范围内相符。$H^{\#}$ 数法的优点首先在于：对于同一样品，在不同仪器、地点、时间都可以测得同一 $H^{\#}$ 数值，这使得样品的猝灭程度有了可比性；其次 $H^{\#}$ 数法能够容许较宽的猝灭范围，因为 $H^{\#}$ 数只取决于康普顿谱边缘拐点的测量；这种方法不受因使用塑料瓶而引起的低能谱畸变的影响。$H^{\#}$ 数的缺点在于其统计误差较大，因为计算 $H^{\#}$ 数时需要求得相邻两道计数之差，而相邻两道本身计数率较低，误差较大，所以计算得到的 $H^{\#}$ 数值误差也较大；另外实验表明 $H^{\#}$ 数测量的重复性较差，不如外标准道比法重复性好。

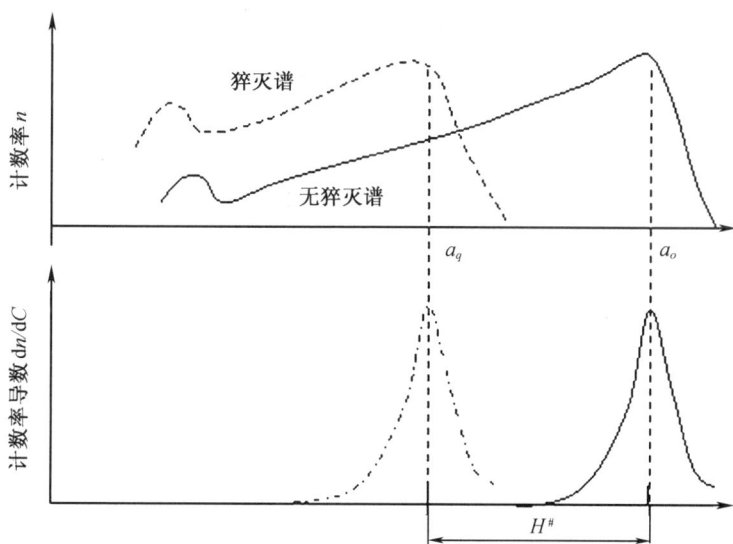

图 4.6.5　$H^{\#}$ 数示意图

（3）谱指数法

谱指数法也是一种较成熟的适合于猝灭校正自动化的方法，目前 Packard 公司的各种型号的液闪谱仪都采用这种猝灭校正方法。谱指数方法又分为样品谱指数法和外标准转换谱指数法。由这两种指数反映样品的猝灭水平，其定义如下：

样品谱指数 SIS：

$$\text{SIS} = K \cdot E_{\text{mean}} \tag{4.6.16}$$

式中　K——一定值,对于大多数 β 核素,其值略大于 3;

　　　　E_{mean}——实验所测得谱的平均道位,即

$$E_{mean} = \sum_i E_i N_i \Big/ \sum_i N_i \qquad (4.6.17)$$

式中　N_i——第 i 道的计数;

　　　　E_i——第 i 道的道位。

外标准转换谱指数 tSIE:

对于所测量的外 γ 源的闪烁康普顿边缘谱如图 4.6.5,对计数率 $C(E)$ 做反向积分:

$$N(E) = \int_{E_{max}}^{E} C(E)\,\mathrm{d}E \qquad (4.6.18)$$

得到反向积分谱 $N(E)$ 如图 4.6.6,把 $N(E)$ 谱的拐点处的切线与 E 轴的交点定义为 tSIE,对无猝灭样品 tSIE 值规定为 1 000。

SIS 值和 tSIE 都是随着样品猝灭程度的增加而降低的,用一套猝灭程度不同的标准源分别测得它们的效率、SIS 值;效率、tSIE 值,就可得到类似图 4.6.7 的 ε-SIS 的 ε-tSIE 猝灭校正曲线。这两种猝灭共同的优点是比较稳定。为了克服高猝灭时计数率低的缺点,常采用 tSIE 法,以减少统计误差。这两种方法的缺点是,在计算 SIS 值和 tSIE 值时,由于都涉及谱的运算而比较烦琐,但在应用了微机时这个问题就显得无足轻重。

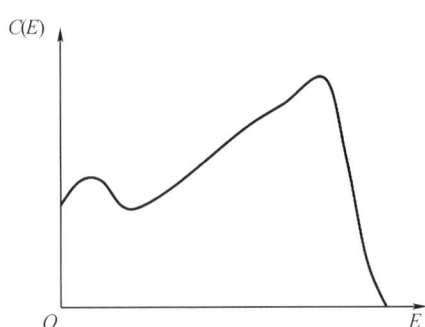

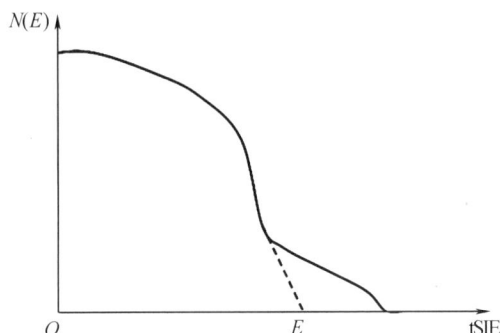

图 4.6.6　外 γ 源康普顿闪烁谱示意图　　　　图 4.6.7　反向积分谱示意图

以上对一些常见的猝灭校正方法进行了简要的介绍,关于各种猝灭校正方法,可参看《液体闪烁测量技术的进展与应用》一书中相应的部分。

4.6.3　液闪谱仪在环境监测中的应用

对于 α 和高能 β 核素,采用常规的液闪谱仪对其进行活度测量,用积分谱计数曲线外推到零幅度即可得出活度,可达到 1% 的准确度。但是,在环境监测中遇到的 β 核素主要是低能 β 核素,如 ³H、¹⁴C 等（如果是气态的样品,可采用上节介绍的内充气正比计数器的方法进行测量）。对于低于 ¹⁴C 核素能量以下的 β 核素,由于探测零概率变大,脉冲幅度外推计数的方法就不再适用,需要计算测量谱获得有关参数来推算探测效率才能得到待测样品的活度。

4.6.3.1　环境监测中 β 核素的测量

Gale 等[6] 用计算单管液闪谱的方法求得探测效率和活度。Zhu[7] 用两个不同效率的光电管对着中间的圆柱样杯,分别独立测量单管谱,联合求解 ³H 样品的活度。计算中考虑了

系统品质因子 η_0 随样品内几何位置不同而有所变化,另外还考虑了伴随 β 衰变同时释放的原子激发能 E_A 的贡献,^{3}H 液闪样品 E_A 可有 0.1 光电子量级的响应,对 ^{3}H 活度测量的标准不确定度为 1.2%。

用单管装置测谱要排除后脉冲对低能谱区的干扰。测量装置若采用固定宽度的死时间 τ 的控制线路时,由于死时间内(特别是 τ 内后部)这些被猝灭掉的脉冲的后脉冲却有可能延续到死时间 τ 区间外被计数(因有效 τ 的缩短)。解决这个问题的措施是使用可扩展型死时间控制电路,对在死时间内产生的每个信号再附加延长一个死时间 τ。由于计数中有非随机性信号,死时间校正应采用活时间测定,这可使用快时钟脉冲系列计数来实际测定装置的有效测量时间。

因为一般测量信号中,后脉冲都比主脉冲信号要小得多,所以简单消除后脉冲的方法是选用适当甄别阈来清除。有时使用剥电子谱的办法,如剥去全部 4 个光阴极电子以下的谱,也可以消除纯软 β 液闪样品后脉冲而不致牺牲太多的探测效率。

较多实验室采用双管符合方法来抑制余后脉冲,由于后脉冲是在主脉冲后有一定时间分布形式下随机产生的,使用符合分辨时间越小,抑制余后脉冲也会越彻底。但由于分辨时间较小时,荧光快慢成分组合的情况变得复杂,而不利于谱参数的恰当描述,按 Rundt[8] 的做法,分辨时间选在 0.2~0.4 μs 之间,以利于小信号的记录。Kolarov 等[9] 用测量双管符合及两个单管各自的计数构成三组计数方程求解 ^{3}H 样品的活度,估计不确定度为 1%~3%。

Grau 等[10-13] 提出一种方案,用已知活度的氚标准来校准装置的 $\eta_0(q)$ 值,这里 η_0 是品质因子,q 是外标准猝灭指数,如果这个函数与测量核素无关,只要该核素的效率能够用 KB 的函数来表示,即可用外标准方法来确定效率,这个方法已对不少核素进行了测试。

通常环境监测样品的活度浓度或比活度都比较低,需要尽可能采取化学手段将待测样品浓集后制成液闪测量样品进行测量和分析。

4.6.3.2　环境监测中 α 核素活度测量

α 核素的能量大多都在 4~6 MeV 范围内,常规的液体谱仪对 α 粒子的能量分辨率为 20%~30%,主要是由于源内各区间光收集效率不同而造成的,而在光电倍增管中产生的光电子数量本身的统计涨落则是次要因素。所测得的能谱中从主峰到零能区之间存在一个计数峰尾,这主要是容器器壁边缘效应造成的,正常情况下峰尾占峰总面积不到 1%,用积分谱计数曲线合理地外推到零幅度即可得出活度,可使不确定度达到约 0.1% 的水平。

同样,如果是环境监测的待测样品,很可能其活度浓度较低,可以从分析待测样品的化学组分入手,采用对应的化学方法将其提纯、浓集,制源等,然后再进行测量处理以得到更准确的结果。

4.6.4　符合型低本底闪烁谱仪及应用

如前所述,单管液体闪烁计数器、双管符合液闪测量方法都是将放射性核素溶液与液体闪烁体均匀混合,从而克服了源的自吸收引起的困难。但是,零探测概率、余后脉冲、猝灭效应等问题限制了其测量的准确度。于是人们开始探索各种改进液闪计数法测量准确度的方法——TDCR 法就是其中改进方法之一。通常称 TDCR 液闪谱仪为符合型低本底闪烁谱仪,简称 TDCR 谱仪。它在核燃料后处理、环境监测以及低能 β 核素活度测量方面具有重要意义。

采用 TDCR 方法的计量实验室有明显增加的趋势,无疑它也增加了设备和拟合计算的复杂性,这是一个很有意义的发展方向。

4.6.4.1 TDCR 方法的工作原理

TDCR 方法原理是使用三个匹配的光电倍增管(PMT)组成的液闪计数系统。三个 PMT 对称地安装在液闪装置的样品瓶中心周围,在同一平面上互成 120°。对一个活度为 N_0 的待测 β 源,通过一定的线路设计,可以从这种三管配置系统输出的三路信号(A,B,C)进行两重符合计数 AB,BC,CA,三重符合计数 T 和两重符合逻辑相加计数 D,并采用活时间技术记录活时间 F 共五个测量值。装置框图如图 4.6.8 所示。实验装置采用了扩展死时间模式,解决了光电倍增管的余后脉冲的影响,所使用的实验数据均为符合计数,有效地降低了光电倍增管的热噪声影响,从而较大幅度地降低了装置的本底。

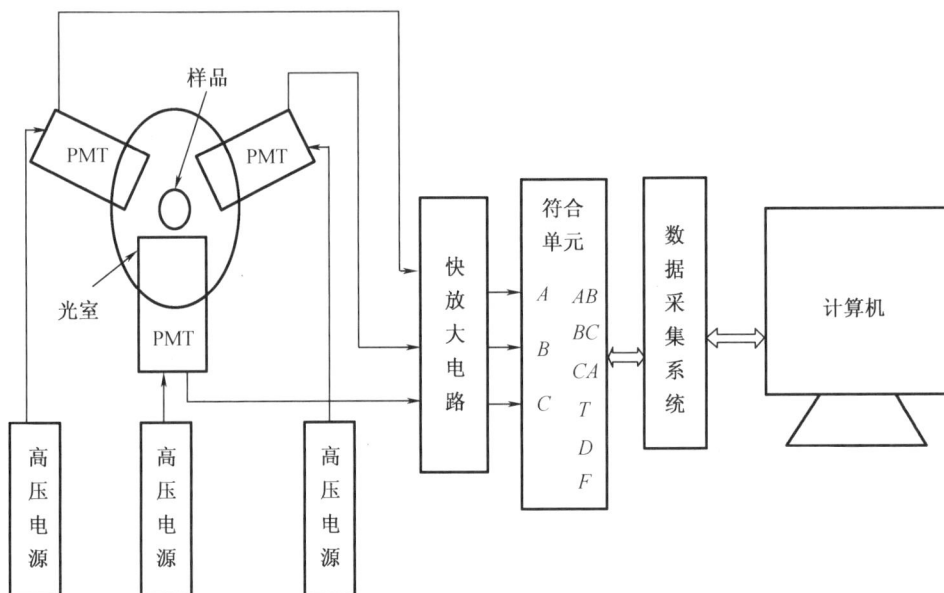

图 4.6.8 TDCR 液闪谱仪结构框图

TDCR 方法是根据液闪计数器的物理过程和统计模型,并根据实验数据来计算探测效率的。每单个光电倍增管的已如前所述,其探测效率由公式(4.6.19)计算得到

$$\varepsilon = \int_0^{E_{\max}} S(E)(1 - e^{-EQ(E)/3\lambda})dE \qquad (4.6.19)$$

式中　$E_{\max}$——β 粒子的最大能量;

　　　$S(E)$——归一后的 β 能谱,可以由 Fermi 理论计算得出;

　　　$Q(E)$——Birks 电离猝灭函数;

　　　λ——自由参数,它表示光阴极每产生 1 个光电子所需的有效能量。

TDCR 方法利用 3 个光电倍增管的符合信息可以得到自由参数,因为装置的 3 个光电倍增管的参数并不完全相同,故其探测效率也不相同,那么其自由参数也不相同,分别用 $\lambda_A,\lambda_B,\lambda_C$ 来表示,则两重符合探测效率为

$$\varepsilon_{XY} = \int_0^{E_{\max}} S(E)(1 - e^{-EQ(E)/3\lambda_X})(1 - e^{-EQ(E)/3\lambda_Y})dE \quad (XY = AB,BC,CA)$$

$$(4.6.20)$$

三重符合探测效率为

$$\varepsilon_{\text{T}} = \int S(E)(1 - e^{-EQ(E)/3\lambda_A})(1 - e^{-EQ(E)/3\lambda_B})(1 - e^{-EQ(E)/3\lambda_C})\,dE \qquad (4.6.21)$$

利用最优化算法求出公式(4.6.22)的最小值,即可得到 3 个光电倍增管的自由参数,从而计算得到探测效率:

$$\Delta = \left(\frac{\varepsilon_{\text{T}}}{\varepsilon_{AB}} - \frac{N_{\text{T}}}{N_{AB}}\right)^2 + \left(\frac{\varepsilon_{\text{T}}}{\varepsilon_{BC}} - \frac{N_{\text{T}}}{N_{BC}}\right)^2 + \left(\frac{\varepsilon_{\text{T}}}{\varepsilon_{CA}} - \frac{N_{\text{T}}}{N_{CA}}\right)^2 \qquad (4.6.22)$$

式中　ε_{T}——三重符合探测效率;

　　　N_{T}——三重符合计数率;

　　　$\varepsilon_{XY}(XY=AB,BC,CA)$——两重符合探测效率;

　　　$N_{XY}(XY=AB,BC,CA)$——两重符合计数率。

实际测量时,可以通过图 4.6.8 中的三管液闪仪方框图组成的符合和符合相加线路,直接获得 N_{T} 和 N_{XY} 值。TDCR 法关心的测量量值主要包括 N_{T},N_{XY} 以及它们的比值 $R(R = N_{\text{T}}/N_{XY})$,实际上 N_{T} 和 N_{XY} 值已通过计算机程序自动进行了死时间、符合分辨时间、本底和半衰期修正。显然 N_{T},N_{XY},R 值很少受 PMT 噪声和余后脉冲影响。

采用上述方法得到探测效率后,则待测样品的活度即可由下述公式计算得到:

$$A = N_{\text{T}}/\varepsilon_{\text{T}} \qquad (4.6.23)$$

4.6.4.2　符合型低本底闪烁谱仪在环境监测中的应用

符合型低本底液闪谱仪在环境监测、核燃料后处理、核医学等方面都有着广泛的用途,这种类型的仪器使用的 TDCR 方法是一种具有高准确度的绝对测量方法,可直接测量待测样品的活度而不依赖于任何标准源对其进行校准。

它还有一个突出优点就是可以测量低能 β 核素,如 ^{99}Tc[14],^{3}H[15]等。^{14}C 主要来自生物样品或化石燃料,其特点是半衰期长、β 射线的能量低;^{3}H 是一种低能纯 β 核素,其 β 粒子的最大能量为 18.6 keV,而氚水可参加生物的新陈代谢,是辐射防护和环境监测的重点核素,由于 ^{3}H 衰变放出的 β 粒子能量很低,采用其他方法准确测量其活度存在一定困难。液闪计数法具有 4π 立体角、无自吸收、探测效率高、制源简单等优点,适合于测量氚水的活度。在其他方面,比如核医学应用等领域,目前使用的 β 核素主要有 ^{32}P,^{85}Sr 等,这些核素都可以采用 TDCR 方法进行测量。总之,在 20 世纪八九十年代,该方法还处于研究阶段,现在这种方法已经发展得比较成熟,国内外很多实验室在放射性核素活度测量,尤其是低能 β 核素活度测量等许多应用领域都已广泛使用该方法。

4.6.5　长度补偿内充气正比计数器测量方法及在环境监测中的应用

在放射性气体活度测量方面,比如 ^{14}C、^{3}H 以及惰性放射性气体 ^{85}Kr 等的活度测量,通常采用内充气正比计数器作为探测器,人们在测量方法和计数管的结构方面做了很多研究工作。R. C. Hawking 等[16]于 1948 年提出的用长度不同而其他结构完全一样的两根计数管进行长度补偿测量的原理,一直被广泛地沿用到现在,这是目前国际上最好的而且准确度最高的一种方法,被称为长度补偿法。利用长度补偿法测量放射性气体的活度可以消除计数管的端效应。

对于采用长度补偿法的实验装置,可以采用 G-M 计数器和 PC 计数器两种类型的探测器,后者在测量准确度上比前者要高,因为 PC 计数器输出的信号上升时间快,死时间较小,且本底远比 G—M 计数器的本底要低。1960 年以前,主要采用 G—M 计数器,此后以主要采用 PC 计数器。在用内充气 PC 计数器长度补偿法的许多工作中,计数管的结构也各有不同,比如 F. Bella 等[17]采用可变长度 PC 计数管、W. B. Mann 等[18]采用平板式端结构 PC 计数管以及 M. Hadzisekovic 等[19]采用场管式端结构 PC 计数器,但是这些计数器的工作原理是相同的。

4.6.5.1　测量系统

测量装置如图 4.6.9 所示,主要由一组长度不同而端结构一致的内充气 PC 计数器、一套玻璃真空系统以及相应的电子学仪器组成。电子学仪器可以用一个五道甄别器,分五路同时计数,也可以用十道甄别器,分十路同时计数。整个真空系统(包括计数器)的真空度能达到 0.4 Pa 即可,这是一般机械泵能够达到的。PC 计数管组是由三根长度不同而其他结构完全一样的计数管组成的,阳极丝为直径 50 μm 的镀金钨丝。计数管采用平板式的端结构,比较容易做到各个计数管端结构的几何条件完全相同,而且易于测定它们的灵敏体积,并采用水称重法准确测定的每个计数管的灵敏体积。当测量样品时,可将待测放射性气体样品按在图 4.6.9 的 A 口处,然后将整个真空系统抽至 0.4 Pa,再将样品和工作气体(99.99%甲烷)依次充入混合瓶进行均匀混合,大约半小时后,将混合气体充入计数管内进行测量。

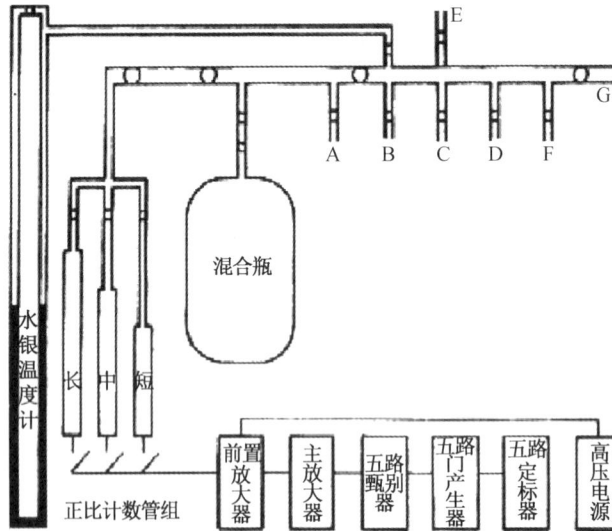

图 4.6.9　长度补偿法的内充气正比计数器测量装置

4.6.5.2　工作原理

采用内充气 PC 计数器测量 β 放射性气体活度时,只要知道计数管的灵敏体积以及它含有放射性气体的活度,根据相关管道、容器等的容积,就可以算出待测样品的活度。但是通常直接由定标器记录的计数率,并不是绝对衰变率,即活度。要得到绝对衰变率,必须对死时间、本底、甄别阈、端效应、壁效应和吸收效应等进行修正,此外,在测量过程中,还要充分地注意端绝缘体表面上积电效应的影响。

1. 死时间修正

任何测量电离脉冲数目的测量装置都存在死时间而损失计数,而且与计数管输出的脉冲信号的大小有关,这使计数率的修正较为复杂。为了避免这种情况,一般在甄别器和定标器之间加入一个外触发门产生器,用一个固定宽度的门脉冲来控制整个测量系统的死时间,由此使得计数率的修正问题得以简化,因为门脉冲是非延伸的,所以可以用式(4.6.24)对直接读出的计数率 N 进行修正:

$$N_0 = N/(1 - N\tau_d) \tag{4.6.24}$$

式中　N_0——净计数率;

　　　N——计数率;

　　　τ_d——系统的死时间。

系统的死时间可以通过如双源法、双振荡器法准确地测定,采用双振荡器测定系统的死时间相对为简单。

2. 本底修正

本底修正的具体做法是将不含放射性气体的工作气体(甲烷)充入探测器,测得本底计数率。但是要注意计数器内壁对放射性气体的吸收效应对本底有影响,而且不稳定,解决办法就是充入清洁的计数气体,用扩散法进行清洗,直到本底稳定为止。

3. 甄别阈修正

为了避免噪声的影响,第一甄别阈即最低甄别阈必须置于噪声之上,这样会使小于阈值的小脉冲漏计,为此,以甄别阈为横坐标,对应点的计数率为纵坐标,取6个点以上的甄别阈的点进行实验测量,对每个甄别阈对应的计数率作图,然后外推到甄别阈为零时的值,就可以认为没有甄别阈的影响了,甄别阈的影响就得以修正了。图 4.6.10 为 ^{85}Kr 的甄别阈外推曲线[20]。

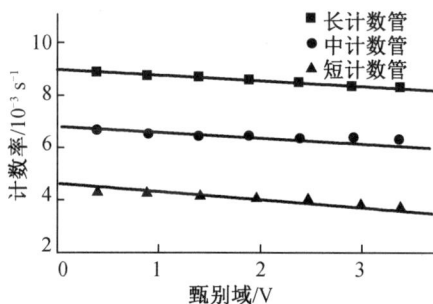

图 4.6.10　^{85}Kr 的甄别阈外推曲线

4. 端效应修正

在一般长圆柱型内充气正比计数管的中心区域,沿阳极丝的电场分布比较均匀,而且有最高的探测效率,在两端区域,电场发生畸变,场强较弱,探测效率较低,这就是正比计数器的端效应。

消除端效应的最好方法就是长度补偿法,即采用长度不同而其他结构完全一样的两根计数管,而且较短的计数管的长度(约大于内径的 5 倍)要长到足以使它有一个均匀电场的中心区域,这种结构的两根计数管有完全相同的端效应,也就是说它们的计数率之差 ΔN 是没有端效应影响的,因为在相减过程中,两根计数管的端效应影响相互抵消了。

设 N_L、N_S 分别表示长、短两个计数器的经本底及死时间修正后的计数率,以 N_{LS} 表示

长、短两个计数管的计数率之差，即

$$N_{LS} = N_L - N_S \qquad (4.6.25)$$

根据上述讨论不难看出，N_{LS} 正好是两根计数管体积之差 ΔV 内的计数率，而 ΔV 也正好是较长计数管的中心区域。则每根计数管单位体积内的计数率为 $N_{LS}/\Delta V$，如果设 V 为其中任意一根计数管的灵敏体积，则 $N = N_{LS} \times V/\Delta V$ 就是该计数管灵敏体积内无端效应影响的实际计数率，这就是长度补偿法。

显然，用两根计数管作长度补偿时，不能判断补偿结果的好坏，为了观察端效应的补偿效果，最少要用三根不同长度的正比计数管，它们的内径及端结构要完全一样。为此定义补偿差为

$$\Delta = \frac{N_{LM} \times \Delta V_2/\Delta V_1 - N_{MS}}{N_{LM} + N_{MS}} \qquad (4.6.26)$$

式中　　$\Delta V_1 = V_L - V_M$，$\Delta V_2 = V_M - V_S$；

　　　　V_L、V_M、V_S——长、中、短三根计数管的灵敏体积。

当 $\Delta = 0$ 时，说明计数管得到了完全的补偿，$\Delta \neq 0$ 时，则补偿不彻底。

5. 壁效应修正

位于计数管内壁附近的放射性气体向壁内发射 β 粒子时，电离概率很小，以至于不能形成足以引起计数脉冲，这种情况称为壁效应。壁效应随工作气体压力的增加而减小。因此可以用同一种活度浓度（单位体积内含有放射性气体的活度）的几个样品分别在不同压力 p 下测量它们的活度浓度，根据实验结果做出各个样品的活度浓度随 $1/p$ 变化的关系图，并外推到 $1/p = 0$（即压力等于无穷大）处的活度浓度，由此消除壁效应。

6. 吸收效应修正

计数管内壁对放射性气体的吸收指的是用工作气体冲洗两次也洗不下来的那一部分放射性气体，特别是 ³H 更明显。吸收效应是通过测量样品前后本底变化的增量确定的，这种增量对测量结果的影响需要修正。但是又不能直接用它来修正测量结果，因为被吸收在计数管内壁上的放射性气体发射的 β 粒子，一部分直接向灵敏区内发射，一部分向壁内发射又被反射到灵敏区内，还有一部分向壁内的发射的 β 粒子所产生的次级电子或射线有可能进入灵敏区内等，它们在计数管内可能产生引起计数的脉冲，因此必须由实验来测定吸收效应对测量结果的影响。实验表明，一般情况下计数器内壁对 ⁸⁵Kr 无明显的吸收效应，对 ³H 的吸收效应较为明显。

7. 积电效应

电子在计数器两端绝缘体表面上的吸附现象称为积电效应。它使计数器两端电场进一步畸变，从而使计数率进一步减小。但是此项效应可以消除，因为只要在各计数器的积电程度相同的条件下进行测量，就可以把它看作端效应一并消除。相反，如果在实验中不注意这个问题，那么对测量结果有可能引起1%的误差。

综合上述各修正项，则待测样品的活度浓度 A 可以通过公式(4.6.27)来计算得到：

$$A = \frac{1}{V} \frac{N_{LS}}{V_{LS}} \eta_1 \eta_2 B \qquad (4.6.27)$$

式中　　V——样品瓶的容积，m^3；

　　　　V_{LS}——长、短计数管的体积差，$V_{LS} = V_L - V_S$，m^3；

N_{LS}——长、短计数器在零甄别阈计数率差，s^{-1}；

η_1——壁效应修正系数；

η_2——吸收效应修正系数；

B——测量时混合气体所到之处的（包括探测器）总容积，m^3。

4.6.5.3 不确定度评定

对放射性气体活度绝对测量的不确定度而言，主要取决于所测样品的实验标准差（A 类不确定度）及装置的 B 类不确定度。所测样品平均值的相对标准差 S 由公式(4.6.28) 计算：

$$S = \frac{1}{\overline{X}} \sqrt{\frac{\sum_{i=1}^{n} (X_i - \overline{X})^2}{n(n-1)}} \tag{4.6.28}$$

式中　n——总样品数；

X_i——第 i 个样品的测量值；

$\overline{X}$——n 个样品测量值的算术平均值。

在不同日期测量的样品，则应用所测气体放射性核素的半衰期进行归一。测量装置的 B 类不确定度分量(δ_i) 主要有壁效应修正的不确定度、端效应补偿差的不确定度、死时间测量的不确定度、计数管体积差(V_{LS})的不确定度、壁吸收修正的不确定度、混合瓶体积的不确定度和各种管道体积的不确定度。

其中死时间测量的不确定度是指死时间标准差在样品测量中引起的相对不确定度，计数管体积差的不确定度是由 V_L 及 V_S 标准差的方和根除以($V_L - V_S$)确定的，壁吸收修正的不确定度是根据有关管道及容器（包括探测器）对壁吸收效应的相对误差的方和根确定的。混合瓶体积的不确定度是测量混合瓶体积的相对标准差。

装置的测量结果的合成不确定度 u_c 可由公式(4.6.29) 计算：

$$u_c = \sqrt{\sum_{i=1}^{n} \delta_i^2 + S^2} \tag{4.6.29}$$

4.6.5.4 内充气正比计数器测量方法在环境监测中的应用

内充气正比计数器测量装置是目前国际上公认的准确度最高的气体放射性活度绝对测量装置，已经广泛应用于^3H、^{14}C、^{85}Kr 等核素活度浓度的绝对测量[21]。

环境监测中涉及的放射性气体主要有^3H、^{14}C，此外还有一些惰性气体如^{37}Ar、^{85}Kr、^{133}Xe、^{135}Xe 等。对于放射性气体^3H、^{14}C、^{85}Kr，主要还是利用长度补偿法对其进行测量；对于^{133}Xe、^{135}Xe 等惰性气体已经有多家实验室[22]采用符合法对其活度测量方法进行了研究。

对于环境监测所收集的样品，一般情况下，其活度浓度比较低，需要采用一些化学手段将其浓集后再采用上述方法进行定值。如果待测环境样品的活度浓度在测量装置的下限，但期望能给出的准确度更高的测量结果，这时就可以采取类似于将在液闪中介绍的内标法来进行定值。即首先对待测样品进行测量，给出其活度浓度。然后加入活度浓度已知的标样并确保混合均匀，再次对混合样进行测量，给出混合样的活度浓度。用混合样的活度减去待测样的活度是否等于加入标样的活度来验证测量结果的可靠性。

如果发生核事故，除了对以上所讲的这些放射性气体的活度测量外，还应考虑到核反应堆所排除的与碘相关的放射核素如^{131}I 等放射性气体的活度测量的监测。

练习(含思考)题

1. 既然液体闪烁体探测器在制源方面具有比较突出的优点,而且近年来还发展了 TDCR 方法,那么请问采用液闪测量方法能完全代替其他的测量方法而成为活度绝对测量最高标准吗?

2. 液闪测量方法中的荧光猝灭主要有哪些,如何减少这些猝灭的影响?

3. 什么是电离猝灭?它是否是各种猝灭中最主要的修正项?

4. 简述液闪测量采用相对测量的内标准法测量方法。有什么注意事项?

5. 液闪测量中的 TDCR 测量方法实际上是什么测量方法?它比两管符合测量方法具有哪些优点?

6. 长度补偿正比计数器测量低能 β 放射性气体活度的方法是一种绝对测量方法吗?

7. 长度补偿正比计数器在测量低能 β 放射性气体活度时,其端效应是如何消除的?

8. 对于 ^{133}Xe、^{135}Xe 惰性气体除了可以采用长度补偿的内充气正比计数器测量外,采用符合法对其活度进行测量可以吗?因为二者的半衰期不同,所测得的活度值是两者的总活度,试问采用什么方法可分别得到二者各自的活度?

9. 如果发生核事故时,还有哪些放射性气体包括在内?

10. 简述在放射性气体活度测量工作中通常采用的长度补偿测量方法的原理。

11. 将一套内充气 PC 计数器测量系统的死时间设置为 4.2 μs,且已知系统的本底水平:测量时间 500 s,累积计数 708。利用该系统测量 ^{14}C 气体样品 3 000 s,其计数为 3 757 845,求其净计数率。

12. 一套使用 2 个长度不同的内充气 PC 计数器的测量系统,计数器除了长度不同外,其他结构相同,其体积差是 140 cm^3。测量时长计数器的零甄别阈计数率为 100 s^{-1},短计数器的计数率为 80.0 s^{-1},混合气体总容积是 2 000 cm^3。不考虑壁效应和积电效应修正,求测量气体的活度。

参考文献

[1] 陈竹舟,李学群,沙连茂. 环境放射性监测与评价[C]. 1991:77-78.

[2] BRODA R, POCHWALSKI K. The enhanced triple to double coincidence ratio (ETDCR) method for standardization of radionuclides by liquid scintillation counting [J]. Nuclear Instruments and Methods in Physics Research Section A:Accelerators, Spectrometers, Detectors and Associated Equipment, 1992, 312(1/2):85-89.

[3] VOLTZ R, J LOPES DE SILVA. The specific fluorescence and relative responsse of some beta radionuclides [J]. Chemical physics, 1966, 45:424-439.

[4] BIRKS J B. Scintillations from organic crystals:Specific fluorescence and relative response to different radiations[J]. Proceedings of the Physical Society Section A, 1951, 64(10):874-877.

[5] PRESCOTT J R. A statistical model for photomultiplier single-electron statistics[J]. Nuclear Instruments and Methods, 1966, 39(1):173-179.

[6] COURSEY B M, MANN W B, GRAU MALONDA A, et al. Standardization of Carbon-14 by 4πβliquid scintillation efficiency tracing with Hydrong-3[J]. International Journal of Radiation Applications and Instrumentation. Part A. Applied Radiation and Isotopes, 1986, 37:403-408.

［7］ ZHU Y Z. Standardization of tritium by LSC［J］. Nuclear instruments and methods, 1992, A312:81.

［8］ RUNDAT K,GIBSON J A. Advances in scintillation counting［R］. A McQuarric, Alberta, Canada, 1983.

［9］ KOLAROV V,LEOALLIC Y. Absolute direct measurement of the activity of pure beta emmitters by Liquid Scintillation ［J］. Applied radiation and isotopes,1970, 21:443-452.

［10］ MALONDA A. Some application of theoretical efficiency curves in liquid scintillators ［J］. The International Journal of Applied Radiation and Isotopes,1983(34), 33: 763-764.

［11］ MALONDA A G, GARCÍA-TORAÑO E. Evaluation of counting efficiency in liquid scintillation counting of pure β-ray emitters［J］. The International Journal of Applied Radiation and Isotopes, 1982 ,33(4):249-253.

［12］ GRAU MALONDA A, GARCÍA-TORAÑO E, LOS ARCOS J M. Liquid-scintillation counting efficiency as a function of the figure of merit for pure beta-particle emitters ［J］. The International Journal of Applied Radiation and Isotopes, 1985, 36 (2): 157-158.

［13］ MO L, BIGNELL L J, STEELE T, et al. Activity measurements of ^{3}H using the TDCR method and observation of source stability ［J］. Applied radiation and isotopes,2010, 68: 1540-1542.

［14］ ZIMMERMAN B E, ALTZITZOGLOU T, RODRIGUES D, et al. Comparison of triple-to-double coincidence ratio (TDCR) efficiency calculations and uncertainty assessments for ^{99}Tc［J］. Applied Radiation and Isotopes, 2010, 68(7/8): 1477-1481.

［15］ HAWKING R C,HUNTER R F, MANN W B, et al. The half-life of ^{14}C ［J］. Physical Review, 1948,74:696.

［16］ BELLA F. A determination of the half of ^{14}C［J］. Nuovo Cimento, 1968, 58B:232.

［17］ MANN W B, SELIGER H H, MARLOW W F, et al. Recalibration of the NBS carbon-14 standard by geiger-müller and proportional gas counting［J］. Review of Scientific Instruments, 1960, 31(7): 690-696.

［18］ HADŽIŠEHOVIĆ M,MOČILNIK I, BEK-UZAROV D, et al. Internal gas counting method for absolute measurements of the specific radioactivity of tritiated water［J］. Nuclear Instruments and Methods, 1973, 112(1/2): 69-71.

［19］ 周友朴,王斌,阙毅,等. 放射性气体活度绝对测量［J］. 原子能科学技术,1994, 28(3): 194-199.

［20］ SAEY P. Technical report on Noble Gas data processing in support of CTBT Verification［C］. Vienna: CTBTO Preparatory Commission, 2003: 5-7.

［21］ MAKEPEACE J L, CLARK F E, PICOLO J L, et al. Intercomparison of internal proportional gas counting of ^{85}Kr and ^{3}H［J］. Nuclear Instruments and Methods in Physics Research Section A: Accelerators, Spectrometers, Detectors and Associated Equipment, 1994, 339(1/2): 343-348.

[22] 李奇，王世联，樊元庆，等. ^{133}Xe 活度浓度的绝对测量[J]. 原子能科学技术，2011，45(4)：385-388.

4.7 环境样品的加速器质谱分析技术

加速器质谱(accelerator mass spectrometry, AMS)是基于加速器和离子探测器的一种同位素质谱仪，主要用于自然界里长寿命超痕量的宇宙射线成因核素、奇异粒子以及人造核素的测量。AMS 因具有极其高的测量灵敏度而广泛应用于环境、地质、考古和生物医学等几乎所有的学科。与放射性测量和传统质谱测量方法相比较，AMS 在环境监测领域的应用有三个方面的优势：一是测量灵敏度高，同位素丰度灵敏度可以达到 $10^{-15} \sim 10^{-7}$；二是测量速度快，可以实现在线和准在线测量；三是提供的信息量大，最新的超强电离 AMS 技术能够测量同位素丰度和指纹，提供更多的信息。当然，AMS 也存在仪器比较庞大和操作困难等问题。

4.7.1 AMS 概况

因地质和考古等学科发展的需求，随着加速器技术和离子探测技术的发展，于 20 世纪 70 年代末诞生了一种新的核分析技术——AMS 技术[1-2]。AMS 是基于加速器和离子探测器的一种高能谱仪，属于同位素质谱(MS)，它克服了传统 MS 存在的分子本底和同量异位素本底干扰的限制，因此具有极其高的同位素丰度灵敏度。目前传统 MS 的丰度灵敏度最高为 10^{-8}，AMS 则达到了 10^{-16}。AMS 不仅具有如此高的分析灵敏度，还有样品用量少(ng量级)和测量时间短等优点。因此 AMS 为地质、考古、海洋、环境等许多学科研究的深入发展提供了一种强有力的测试手段。

AMS 的发展可以追溯到 1939 年，Alvarez 和 Cornog 利用回旋加速器测定了自然界中 ^{3}He 的存在[3]。在之后的近 40 年中，由于重粒子探测技术和加速器束流品质等条件的限制，一直没有开展任何关于 AMS 的工作。随着地质学、考古学等对 ^{14}C，^{10}Be 等长寿命宇宙成因核素测量需求的不断增强，为了解决衰变计数方法和普通质谱测量方法测量灵敏度不够高的问题，1977 年，Muller 提出用回旋加速器探测 ^{14}C，^{10}Be 等长寿命放射性核素的建议。几乎同时，美国 Rochester 大学的研究小组提出了用串列加速器测量 ^{14}C 的计划[1]。加拿大 McMaster 大学和美国 Rochester 大学几乎同时发表了用串列加速器测量自然界 ^{14}C 的结果。从此，AMS 作为一种核分析技术，以其多方面的优势迅速发展起来。至 2021 年，专门的 AMS 国际会议已经召开了 15 次(表4.7.1)，有近 100 个 AMS 实验室，130 多台 AMS 装置参与开展了相关工作，其中我国有中国原子能科学研究院、北京大学、中国科学院上海应用物理研究所(原中国科学院上海原子核研究所)和中国科学院西安地球环境研究所 20 个 AMS 实验室。应用研究工作几乎涉及所有研究领域，并且在许多研究领域取得了重要研究成果，发挥着越来越不可替代的作用。

AMS 目前主要用于分析自然界长寿命、微含量的宇宙射线成因核素，如 ^{10}Be(1.5×10^6 a)，^{14}C(5 730 a)，^{26}Al(7.5×10^5 a)，^{32}Si(172 a)，^{36}Cl(3.0×10^5 a)，^{41}Ca(1.0×10^5 a)，^{129}I(1.6×10^7 a)等。它们的半衰期在 $10^2 \sim 10^8$ a，许多我们感兴趣的天体和宇宙间过程正是在这个时间范围内。作为年代计和示踪剂，它们可提供自然界许多运动、变化以及相互作用等相关信息。

表 4.7.1 举办的专门的 AMS 国际会议

AMS 国际会议	举办时间	国家	城市
第一届	1978 年	美国	罗切斯特
第二届	1981 年	美国	阿尔贡
第三届	1984 年	瑞士	苏黎世
第四届	1987 年	加拿大	尼亚加拉
第五届	1990 年	法国	巴黎
第六届	1993 年	澳大利亚	堪培拉—悉尼
第七届	1996 年	美国	图森
第八届	1999 年	奥地利	维也纳
第九届	2002 年	日本	名古屋
第十届	2005 年	美国	伯克利
第十一届	2008 年	意大利	罗马
第十二届	2011 年	新西兰	惠灵顿
第十三届	2014 年	法国	艾科恩省
第十四届	2017 年	加拿大	渥太华
第十五届	2021 年	澳大利亚	悉尼

4.7.2 AMS 分析基本原理

4.7.2.1 AMS 原理

前面提到,AMS 是基于加速器和离子探测器的一种高能质谱,属于一种具有排除分子本底和同量异位素本底能力的同位素质谱分析技术。

图 4.7.1(a)为 MS 原理图,从离子源引出的离子被加速到 keV 能量范围,再经过磁铁、静电分析器后,按质量大小不同,经不同的轨迹进入接收器。在 MS 的接收器中,存在三种离子:一是待测定的核素离子,二是分子离子,三是同量异位素离子。例如:测定 ^{36}Cl 时,在 $M=36$ 的位置上,除了 ^{36}Cl 外,还有 ^{35}ClH、$^{18}O_2$ 等分子离子和 ^{36}S 同量异位素离子的干扰。

图 4.7.1(b)为 AMS 原理图。AMS 与普通 MS 相似,由离子源、离子加速器、分析器和探测器组成。两者的区别在于:第一,AMS 用加速器把离子加速到 MeV 的能量,而普通 MS 的离子能量仅为 keV 数量级;第二,AMS 的探测

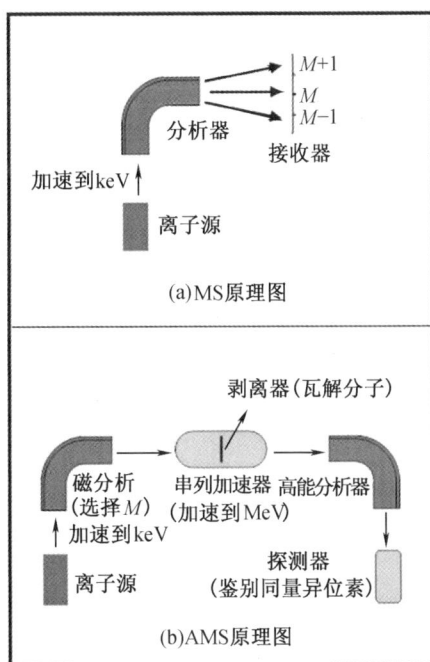

图 4.7.1 普通质谱与加速器质谱原理图

器是针对高能带电粒子具有电荷分辨本领的粒子计数器。在高能情况下，AMS 具备以下特点：

（1）能够排除分子本底的干扰。对分子的排除是由于在加速器的中部具有一个剥离器（薄膜或气体），当分子离子穿过剥离器时由于库仑力的作用而使得分子离子被瓦解剥离。

（2）通过粒子鉴别消除同量异位素的干扰。对于同量异位素的排除主要是采用重离子探测器。重离子探测器是根据高能(MeV)带电粒子在介质中穿行时，具有不同核电荷离子的能量损失速率不同来进行同量异位素鉴别。根据离子能量的高低、质量数的大小，有多种不同类型的重离子探测器用于 AMS 测量，除了使用重离子探测器外，通过在离子源引出分子离子、通过高能量的串列加速器对离子全部剥离、充气磁铁、激发入射粒子 X 射线等技术来排除同量异位素。

（3）减少散射的干扰。离子经过加速器的加速后，由于能量提高而使得散射截面下降，从而改善了束流的传输特性。由于具有这些优点，AMS 极大地提高了测量灵敏度；同时，AMS 还具有样品用量少、测量时间短等优点。例如，用 AMS 测量地下水中的 ^{36}Cl，只需 1 L 左右的地下水样品，若 ^{36}Cl/Cl 原子比为 10^{-14}，只需要几十分钟的测量时间。如采用衰变计数法，则需处理数吨的地下水样品，如果要达到与 AMS 相同的测量精度时，则需要几十甚至上百小时的测量时间。

4.7.2.2 AMS 分析方法

1. 测量过程

AMS 的测量样品为固体粉末(从 μg 到 mg 量级)，首先把待测样品装入离子源的样品靶锥中，然后从离子源引出负离子束流，负离子束流经过质量分析选择后将选定质量的离子注入加速器进行第一级加速，待负离子进入头部端电压处由剥离器(碳膜)剥去外层电子而变为正离子(此时分子被瓦解)，随即进行第二级加速而得到数兆电子伏(MeV)的粒子能量，再经过高能磁分析、静电分析进行动量 ME/q^2 和能量 E/q 的选择，以确定所要测定的离子，排除不需要的离子。最后进入探测器系统进行粒子鉴别，排除同位素和同量异位素，记录所测量核素。

2. 定量分析方法

AMS 测定样品中待测放射性核素的数量是通过测量待测放射性核素与其稳定同位素原子数比值来实现的(如 ^{36}Cl/^{35}Cl)。稳定同位素是通过法拉第筒来测量的，待测放射性核素是通过粒子探测器来测量的，两种测量是交替进行的。样品中稳定同位素的数量是已知的，再通过测得同位素比值，就可以得到待测放射性核素的数量。

由于 AMS 测量在离子引出和加速过程中待测放射性核素与其稳定同位素的质量不同，因此二者的引出效率和传出效率也有差异，这样测得的同位素比值与实际的同位素比值也存在差异。为了消除上述测量上的差异，AMS 采用与已知放射性标准样品的测量进行比较的相对测量方法。

4.7.3 AMS 分析装置

AMS 装置分为大、中、小三类，典型的装置都是由离子源、加速器、磁(电)分析器、探测器和数据获取等几部分组成。图 4.7.2 是中国原子能科学研究院的 AMS 系统[3]。

(a) CIAE-AMS系统结构简图

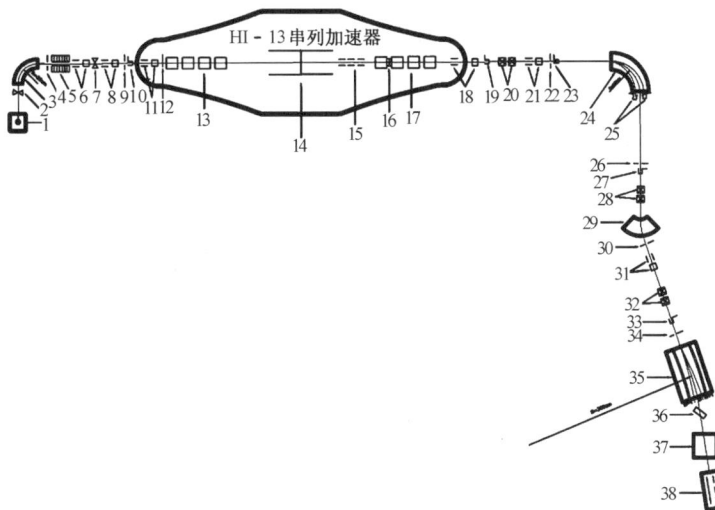

(b) 系统核心部件HI-13串列加速器照片

1—MC-SNICS 离子源;2—微调透镜;3—偏转磁铁;4,9,30,34—狭缝;5—预加速器;6—X-Y 导向管;7—匹配透镜;
8—1X-1Y 导向器;10—低能端法拉第筒;11—2X-2Y 导向器;12—栅网透镜;13—加速管;14—气体/膜剥离器;
15—头部三单元电四极透镜;16—二次剥离器;17—高能加速管;18—高能端1X-1Y 导向器;19—高能端法拉第筒;
20—磁四极透镜;21—高能端 2X-2Y 导向器;22—物点狭缝;23—物点法拉第筒;24—分析磁铁;
25—偏转法拉第筒;26—像点狭缝;27—像点法拉第筒;28—磁四极透镜;29—开关磁铁;31—X-Y 磁导向器;
32—四极透镜;33—靶前法拉第筒;34—狭缝;35—静电分析器;36—微通道板;37—AMS 靶室;38—探测器。

图 4.7.2 中国原子能科学研究院的 AMS 系统[5]

4.7.3.1 离子源与注入器

AMS 一般采用 Cs^+ 溅射负离子源,即由铯锅产生的铯离子 Cs^+ 经过加速并聚焦后溅射到样品的表面,样品被溅射后产生负离子流,在电场的作用下负离子流从离子源被引出,根据样品的不同一般在 $0.1 \sim 100~\mu A$。离子源不仅引出原子负离子,为了达到束流强度高和排除同量异位素的目的,也经常引出分子负离子。AMS 测量对离子源的要求是束流稳定性好、发射度小、束流强度高等。此外,还要求多靶位、更换样品速度快。目前,一个多靶位强流离子源最多可达 130 个靶位。中国原子能科学研究院 AMS 装置的离子源采用 MC-SNICS 型铯溅射负离子强流多靶源,如图 4.7.3 所示。

AMS 注入器一般为磁分析器，是对从离子源引出的负离子进行质量选择，然后通过预加速将选定质量的离子加速到 100~400 keV 范围，然后注入加速器中继续加速。AMS 注入器一般采用大半径（$R>50$ cm）90°双聚焦磁铁，应具有很强的抑制相邻强峰拖尾能力，也就是说要具有非常高的质量分辨本领，即在保证传输效率的前提下 $M/\Delta M$ 越大越好。另外，在磁分析器前加上一个静电分析器，也是抑制相邻强峰拖尾的有效方法。图 4.7.4 是中国原子能科学研究院串列加速器（CIAE-AMS）的注入系统。

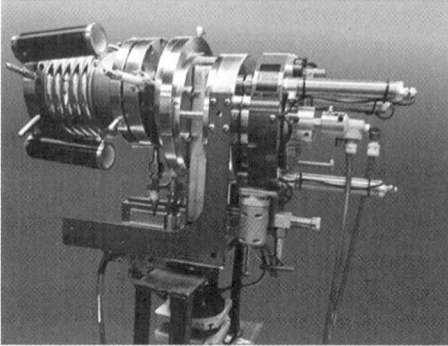

图 4.7.3　MC-SNICS 型铯溅射
负离子强流多靶源

图 4.7.4　CIAE-AMS 注入系统

4.7.3.2　加速器

目前，大多数 AMS 所用的加速器为串列加速器，加速电压在 0.2~6.0 MV 范围内。被注入加速器中的负离子，在加速电场中首先进行第一级加速，当负离子加速运行到头部端电压处，由膜（或气体）剥离器剥去外层电子而变为正离子（此时分子离子被瓦解），随即进行第二级加速而得到较高能量的正离子。目前，在 AMS 测量中所用的加速器主要由美国 NEC 公司和欧洲高压工程公司（HVEE）制造（表 4.7.2）。加速器的端电压有 0.5 MV，1 MV，2.5 MV，3 MV，5 MV，6 MV，10 MV 等，中国原子能科学研究院的串列加速器是一台原美国高压工程公司生产的 HI-13（端电压可以达到 13 MV）的串列加速器。

4.7.3.3　高能分析器

经加速器加速后的正离子，包括多种元素、多种电荷态 q（多种能量 E）的离子。为了选定待测离子，就必须对高能离子进行选择性分析。AMS 高能分析器主要有以下三种类型。

（1）磁分析器，与注入器的磁分析器相同，它利用磁场对带电粒子偏转作用下的高能带电粒子的动量进行分析，从而选定 EM/q^2 值。

（2）静电分析器，其是利用带电粒子在静电场中受力的原理，实现对离子的能量分析，从而选定 E/q 值。

（3）速度选择器，是利用一组相互正交的静磁场与静电场对带电粒子同时作用，实现对离子的速度进行分析，从而选定 E/M 值。

上述分析器中任意两种的组合都可以唯一选定离子质量 M 与电荷 q 的比值 M/q。例如，在对 ^{36}Cl 的测量中经过加速器加速后，束流中的离子包括 $^{36}Cl^{+i}$，$^{36}S^{+i}$，$^{35}Cl^{+i}$，$^{37}Cl^{+i}$，$^{18}O^{+i}$ 和 $^{12}C^{+i}$（i 为电荷，$i=1,2,3,\cdots$）等，经过上述的任意两种分析器后，只保留具有相同电荷态的 ^{36}Cl 和 ^{36}S，其他离子全都被排除。目前各实验室的 AMS 装置大都采用第一种与第二或三种的组合。中国原子能科学研究院的 AMS 高能分析系统采用的是第一与第二种的组合，其外形结构见图 4.7.5。

表 4.7.2 美国 NEC 公司与欧洲高压工程公司(HVEE)制造的加速器[13]

制造商	型号	代表实验室	测量的主要核素
NEC	250KV SSAMS	瑞典 Lund 大学	^{14}C
	0.5MV Pelletron	美国 Livermore 国家实验室	^{14}C
	0.6MV Compact	北京大学	^{14}C
	1MV Pelletron	美国 Livermore 国家实验室	$^{3}H, ^{14}C$
	2.5MV Tandetron	加拿大 Toronto 大学	$^{14}C, ^{10}Be, ^{26}Al, ^{129}I, ^{236}U$
	3MV Pelletron	奥地利 Vienna 大学	$^{14}C, ^{10}Be, ^{26}Al, ^{129}I, ^{210}Pb, ^{236}U,$ $^{239}Pu, ^{182}Hf, ^{240}Pu, ^{242}Pu, ^{244}Pu$
	5MV Pelletron	苏格兰 Glasgow 大学	$^{10}Be, ^{14}C, ^{26}Al, ^{36}Cl, ^{41}Ca, ^{129}I$
	6MV EN Tandem	瑞典 Zürich 粒子物理研究所	$^{10}Be, ^{26}Al, ^{14}C, ^{36}Cl,$ $^{41}Ca, ^{59}Ni, ^{60}Fe, ^{126}Sn, ^{129}I$
	8MV FN Tandem	罗马尼亚 Bucharest 核物理与工程研究所	$^{26}Al, ^{36}Cl, ^{129}I$
	9MV FN Tandem	美国 West Lafayette PRIME 实验室	$^{14}C, ^{10}Be, ^{26}Al, ^{36}Cl, ^{41}Ca, ^{129}I$
	9.5MV FN tandem	美国 Livermore 国家实验室	$^{14}C, ^{10}Be, ^{26}Al, ^{36}Cl, ^{41}Ca, ^{129}I,$ $^{236}U, ^{237}Np, ^{239}Pu, ^{242}Pu, ^{182}Hf$
	10MV Tandem	日本 Kyushu 大学	$^{14}C, ^{36}Cl$
	12UD Pelletron	日本 Tsukuba 大学	$^{14}C, ^{26}Al, ^{36}Cl, ^{129}I$
	14MV MP Tandem	中国原子能科学研究院	$^{10}Be, ^{36}Cl, ^{26}Al, ^{41}Ca, ^{32}Si,$ $^{129}I, ^{79}Se, ^{182}Hf, ^{236}U, ^{92}Nb$
	20MV Pelletron	阿根廷 GIEA 研究所	^{36}Cl
	25MV Pelletron	美国 Oak Ridge 国家实验室	^{146}Tm
HVEE	1MV Tandem	西班牙 Seville 大学	$^{14}C, ^{36}Cl, ^{129}I, ^{244}Pu$
	2MV Tandetron	澳大利亚 ANSTO 研究所	$^{14}C, ^{10}Be, ^{26}Al$
	3MV Tandetron	中国科学院地球环境研究所	$^{129}I, ^{10}Be, ^{14}C, ^{26}Al$
	8MV FN Tandem	澳大利亚 ANSTO 研究所	$^{14}C, ^{10}Be, ^{26}Al, ^{129}I,$ ^{236}U

4.7.3.4 离子探测器

离子束流经过高能分析后,选定 M/q 值,但有两种离子仍不能被排除:第一种是与待测定离子具有相同电荷态的同量异位素(例如,测量 ^{36}Cl 时不能排除具有相同电荷态的 ^{36}S)。图 4.7.6 是中国原子能科学研究院 AMS 系统上的气体探测器,用于鉴别和排除同量异位素;第二种是在测量重离子时,不能完全排除与待测定离子具有相同电荷态的相邻同位素。同量异位素、重离子相邻同位素与所要测量的离子一同进入探测器系统。因此离子探测器在原子计数的同时要鉴别同量异位素和重离子相邻同位素。离子探测器主要分为同位素鉴别与同量异位素鉴别两类。

(a)磁分析器

(b)静电分析器

图 4.7.5　高能分析系统

4.7.3.5　基于其他加速器的 AMS 装置

1. 基于直线加速器的 AMS 装置

基于直线加速器的 AMS 装置有两个优点：一是离子的能量比较高,有利于同量异位素位素的鉴别;二是直接加速从离子源引出的正离子,这就能够实现对重核素,如^{59}Ni,^{60}Fe,^{126}Sn 等核素的测量,以及惰性气体核素,如^{39}Ar,^{81}Kr,^{85}Kr 等核素的测量。这种AMS 装置共有两台,分别在美国的 Argonne 国家实验室和德国的 GSI 国家实验室。

2. 基于回旋加速器的 AMS 装置

在 AMS 发展早期,回旋加速器曾被用于测量^{14}C与^{10}Be。但回旋加速器用于 AMS 测量的缺点是传输

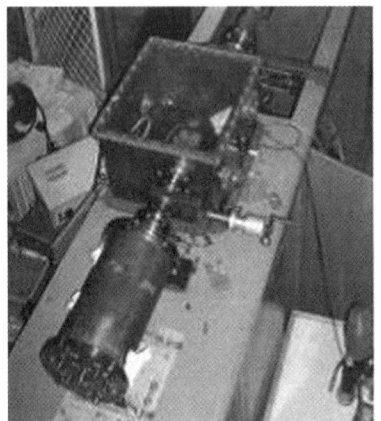

图 4.7.6　气体探测器

效率低、交替注入困难等,故目前 AMS 采用串列加速器占据优势。但是自从 20 世纪 80 年代美国劳伦斯伯克利国家实验室和我国上海原子核研究所相继研制了小型回旋加速器的AMS 装置。针对劳伦斯伯克利国家实验室在注入器与离子引出问题上困难,上海原子核研

究所采用三角波加速电压和高次谐波运行模式等多方面新技术,并取得了可喜的进展,有希望发展为常规的 AMS 分析仪器。

3. 基于 RFQ 加速器的 AMS 装置

基于射频四极(radio frequency quadrupole,RFQ)加速器的 AMS 装置是一种新型 AMS 系统。它具有束流强度大、传输效率高、造价低等优点。缺点是能量离散大,不易排除干扰本底。它在测量较轻的核素,如 ^3H 等具有优势。美国的 Livermore 国家实验室正在发展该测量技术。

表 4.7.3 是国际上对一些感兴趣的核素 AMS 测量的典型数值[19]。

表 4.7.3 AMS 测量的主要核素

核素	样品形式	引出束流		本底水平	探测器	代表实验室
		引出形式	束流大小 /nA			
^2H	气体	H^+	70	1×10^{-14}	半导体	CIAE
^3H	气体	H^+	50	4×10^{-14}	半导体	CNL
^3He	气体	He^-	20	9×10^{-11}	半导体	CIAE
^{10}Be	BeO	BeO^-	1 000	3×10^{-15}	半导体	CSNSM
^{14}C	C	C^-	40 000	5×10^{-15}	电离室	UZH
^{26}Al	Al_2O_3	Al^-	3 000	3×10^{-15}	电离室	PSU
^{32}Si	SiO_2	Si^-	100	6×10^{-14}	电离室	NSRL
^{36}Cl	AgCl	Cl^-	15 000	1×10^{-15}	电离室	ANU
^{41}Ca	CaH_2	CaH_3^-	5 000	6×10^{-16}	电离室	PSU
^{53}Mn	MnF_2	MnF^-	1 000	7×10^{-15}	充气磁铁+ΔE	TUM
^{59}Ni	Ni	Ni^-	500	5×10^{-13}	磁铁+ΔE	ANU
^{60}Fe	Fe	Fe^-	700	2×10^{-16}	充气磁铁+ΔE	TUM
^{79}Se	Ag_2SeO_3	SeO_2^-	300	约 10^{-12}	电离室	CIAE
^{126}Sn	SnF_2	SnF_3^-	400	1.9×10^{-10}	电离室	CIAE
^{129}I	AgI	I^-	5 000	3×10^{-14}	TOF+半导体	HU
^{182}Hf	HfF_4	HfF_5^-	80	2×10^{-12}	TOF+ΔE	VERA
^{236}U	U_3O_8	UO^-	80	6×10^{-12}	TOF	VERA

4.7.3.6 AMS 仪器技术的新进展

从 2010 年以来,有几个 AMS 新技术开始出现,即新型化和超小型化阶段。2018 年以来,超强电离质谱学的出现,是我国科学家对国际质谱学的一个重大贡献。

1. AMS 仪器的新技术与发展方向

新型 AMS 有较大创新,摆脱了传统 AMS 所用的负离子源、剥离器系统和串列加速器等核心部件,采用正离子源、低能加速段(30~300 kV)乃至取消加速器等仪器技术。通过改进核心部件和重新设计系统,使 AMS 朝更加小型化和更高灵敏度的方向发展。这一阶段代表性的仪器有如下三种：

一是基于正离子源的质谱系统（positive ion mass spectrometry，PIMS）；二是基于多电荷态的电子回旋共振（electron cyclotron resonance，ECR）电离器的 AMS 系统，即 ECR-AMS；三是基于多电荷态 ECR 电离器的质谱 MS 系统，即 ECR-MS。本小节着重介绍 PIMS 系统，ECR-AMS 和 ECR-MS 两种系统是由中国科学家发明，属于超强电离质谱学，我们在下一节里专门介绍。

PIMS 是由英国格拉斯哥大学的 Freaman 联合美国 NEC 公司和法国 Pantenik 研究所于 2015 年提出的 ^{14}C 专用测量系统[4]，系统结构示于图 4.7.7。该系统采用 CO_2 进样，利用单电荷态 ECR 源将 CO_2 电离成 C^+ 离子，然后将离子加速到 30 或 60 keV 后，离子随即穿过异丁烷气体将 C^+ 离子转换为 C^- 离子（以此来排除同量异位素 N^+ 离子），同时将分子离子瓦解。再利用磁分析器和静电分析器排除各种干扰后，用面垒型半导体探测器对 ^{14}C 进行测定。PIMS 不需要加速器，这使设备更加小型化。其主要优点是气体进样，不需制备石墨化样品。不足之处是存在两个新问题：30 kV 的 $^{14}C^+$ 离子难以很好地排除分子离子的干扰；离子电荷转换（正离子转化为负离子）穿过气体时，负离子的转换效率较低。这两个问题导致 PIMS 的丰度灵敏度限制在 10^{-15}。

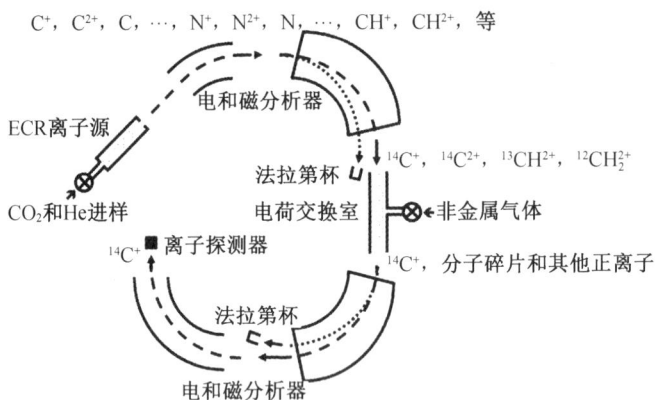

图 4.7.7　PIMS 方法测量放射性碳的系统示意图

从目前的需求分析看：目前和将来若干年，国际 AMS 仪器技术将按照如下几个方向发展：

（1）继续小型化发展，使得 AMS 仪器的尺寸趋于和 MS 尺寸相当，达到小于 3 m×2 m 的范围；

（2）向更高的测量灵敏度发展，需要从目前 10^{-15}，提高到 $10^{-17} \sim 10^{-16}$，探测限达到 100~1 000 个原子；

（3）提高测量精度，测量的灵敏度不需要很高，但是测量的精度要提高，对于同位素丰度在 $10^{-8} \sim 10^{-2}$ 时，需要测量精度达到 0.001%~0.1%；

（4）提高测量速度，实现快速和在线测量，从取样、进样、测量到给出测量结果的总时间在 1~30 min。这些技术的发展，必将极大地推动科学和技术大幅度的向前发展，也使得仪器的市场需求大幅度增长。

2. AMS 小型化技术

自从大型 HI-13 串列加速器 AMS 建成以后，原子能院的 AMS 研究团队一直没有停止对仪器和核心部件的研发,包括离子源、注入器、加速管、静电分析器、磁分析器、飞行时间探测器和气体探测器等。进入 21 世纪以来,开始了对 AMS 系统小型化的研究。

继 2006 年提出 6 MV 的 AMS 作为一个标准型号之后,2012 年姜山提出了最小型专用于重核素测量的 350 kV 的 AMS 系统[5],该系统由原子能院和启先核科技有限公司合作,2018 年底这台国际上最小的重核素 350 kV AMS 装置在原子能院建成。该装置测量环境 ^{236}U、$^{240,239}Pu$ 和 ^{237}Np 等重核素的最低探测限能够达到 $10^5 \sim 10^6$ 个原子,是目前国际上唯一一台测量重核素 AMS 专用装置,见图 4.7.8。

2015—2017 年,在北京市科委的支持下,在国家"千人计划专家"崔大庆和姜山共同主持下,在原子能院建成了国际上最小的 150 kV ^{14}C 专用 AMS 装置,见图 4.7.9。该装置测量 ^{14}C 的丰度灵敏度为 5×10^{-15},适合于环境和考古等方面的应用。

图 4.7.8　原子能院和启先核科技有限公司小型重核素 2 × 0.35 AMS 系统照片

图 4.7.9　原子能院和启先核科技有限公司 150 kV ^{14}C AMS 专用系统照片

3. 基于多电荷态离子源的 AMS

国际上第一个采用多电荷态 ECR 离子源开展 AMS 实验研究的是 2000 年,美国 Argonne 国家实验室的,P. Collon[6] 等利用高电荷态的 ECR 离子源在大型回旋加速器(k1200)上开展了 AMS 测量惰性气体 ^{81}Kr 和 ^{39}Ar 的方法学研究,首次实现了 AMS 对惰性气体的测量,表明 ECR 与 AMS 相连是可行的。

2018 年,基于核科学、半导体材料、考古和生物医药等领域对 AMS 仪器的需求;基于目前对 AMS 仪器上存在与不足的充分认识;基于国内外离子源的发展,尤其是多电荷态离子源的不断完善,姜山等首次提出基于多电荷态 ECR 离子源的 AMS[7] 和 MS 仪器系统,即 ECR-AMS 和 ECR-MS。由此,一个新的质谱学,即超强电离质谱学开始出现了[9]。

我国的启先核科技有限公司与中科院近代物理研究所和原子能院等单位正在专注于 ECR-AMS 和 ECR-MS 的研发与生产与销售。目前,国际上 AMS 仪器研发与制作公司一共有五家,表 4.7.4 是五家公司及其所具有的不同型号 AMS 产品。五家公司分别是:美国的国家静电公司 (NEC)、荷兰的高压工程欧洲分公司(HVEE)、瑞士的工程科学仪器公司(Ionplus)、中国的原子能院和启先核科技有限公司。启先核科技有限公司是于 2017 年最新成立的一家 AMS 公司,目前正在致力于超强电离质谱学仪的创新、仪器研发、生产与销售。

表 4.7.4 国际上四家公司的 AMS 产品核技术特点

公司名称	AMS 加速电压/MV	特点
美国,NEC	6,5,3,0.5,0.25	串列加速器,有输电运动部件
荷兰,HVEE	6,5,3,1	高压倍加器,无输电运动部件
瑞士,Ionplus	0.2,0.3	串列加速器,无加速管
中国,原子能院	0.2, 0.3,0.35	串列和单级静电
中国,启先核科技有限公司	$0.2^*,0.4^*,0.6^*,1.5^*$	ECR 电离器,单级静电加速器

注:*是指采用超强电离技术的 ECR-AMS,也称 AMS 领域的 5G 具体的特点请见下面一节。

4. 超强电离质谱学原理与仪器技术

基于 ECR 离子源的超强电离质谱仪,为了提高 AMS 的丰度灵敏度,解决 MS 不能够实现真正质量谱(而是质荷比 M/q 谱)测量的问题而提出的。超强电离质谱学则是超强电离质谱仪的理论基础,也是对目前国际上"硬电离"质谱学和"软电离"质谱学的一个跨越发展。超强电离质谱仪必将为人类百万年以来的考古定年(^{41}Ca 等核素定年);为了在自然界里寻找超重核素;为了实现重要的极其微小截面的核反应数据,包括核天体、核测试等;为了医学诊断与病理学研究;为了实现同位素材料、半导体材料和超纯金属材料(纯度在 12～15 个 9,测量杂质含量和掺杂数量)等重要的科学与技术问题带来更先进的测量方法。尤其为环境人造放射性核素的超高灵敏、快速和准确测量提供了先进手段,使得环境 ^{39}Ar、^{85}Kr 和 ^{133}Xe 等惰性气体的测量成为现实。

(1)超强电离质谱学原理

我们把离子源中具有极强电离作用的过程称为超强电离,这种作用的能量在 10^3～10^6 eV。作用后能够产生多个电荷态的离子,$q \geqslant +2$,包括 +2,+3,+4,…乃至全剥离电荷态。把基于超强电离作用的离子源称为超强电离离子源,其特点是离子源能够产生束流很强的多电荷态离子。上一节的 ECR-AMS 和 ECR-MS 都属于超强电离质谱仪的一类。任何能够产生多电荷态的离子源都属于超强电离技术。

到目前为止,从电离的作用能角度划分,质谱仪(包括 MS 核和 AMS)有强电离(或称硬电离)、软电离和超强电离三种电离机制。强电离用于同位素质谱和无机质谱测量,成为元素测量的电离手段;软电离使得分子(包括小分子和大分子)测量成为现实;超强电离将成为核素质谱测量的必要手段。表 4.7.5,是三种电离作用质谱仪的特性比较。

表 4.7.5　三种电离作用质谱仪的特性比较

电离分类	作用能量/eV	引出离子电荷态	质谱仪类型	测量灵敏度
软电离	10^0	+1 小分子,大分子	有机	$10^{-12} \sim 10^{-9}$
强电离	$10^1 \sim 10^2$	+1,−1 原子,分子	同位素,无机	$10^{-12} \sim 10^{-9}$
超强电离	$10^3 \sim 10^6$	≥+3,单原子(无分子离子)	核素	$10^{-18} \sim 10^{-12}$

超强电离质谱仪分为 ECR-AMS 和 ECR-MS 两大类,详见国际发明专利[8]。质谱学专家表示:超强电离质谱仪将开启质谱学一个由中国人引领新时代。

（2）ECR-AMS 结构与特点

超强电离的电离器有多种,我们首先采用多电荷态 ECR 离子源作为 AMS 离子源,即 ECR-AMS。

图 4.7.10 是 AMS 和 ECR-AMS 装置结构对比图。

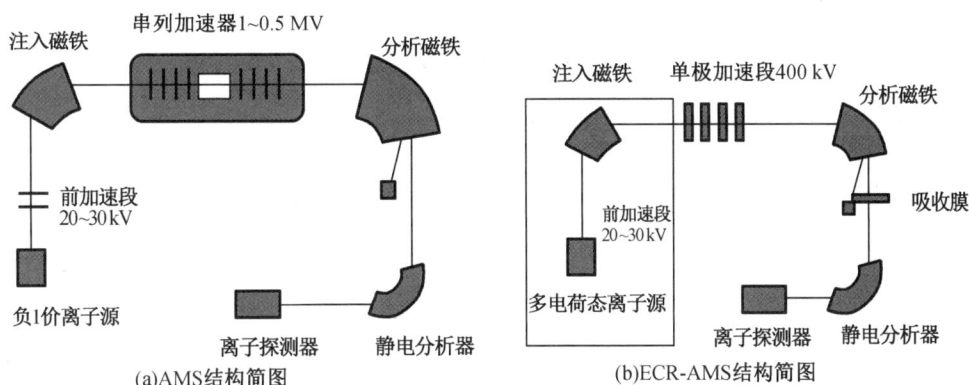

图 4.7.10　AMS 和 ECR-AMS 装置结构对比图

在结构上两个装置有如下 4 点不同:

①离子源不同。AMS 采用负离子溅射离子源,ECR-AMS 采用多电荷态的正离子源,即多电荷态的 ECR 离子源。

②加速器不同。AMS 采用串列静电加速器,具有电子剥离系统,导致束流传输效率降低。ECR-AMS 采用单极静电加速器,没有电子剥离系统,传输效率明显提高。

③系统复杂程度不同。ECR-AMS 有三点比 AMS 简单:第一点是加速器简单,用单极静电加速器代替了串列静电加速器;第二点是取消了 AMS 上用的电子剥离器系统;第三点是取消了快交替注入和交替测量系统。

④仪器大小不同。一方面,由于 ECR-AMS 取消了剥离器,以及用单极静电加速器代替串列加速器。另一方面,对于离子的分析都是针对多电荷态离子,因此所用的磁分析器和静电分析器等的结构尺寸都明显缩小(磁铁和静电分析器的偏转半径与质荷比 M/q 成正比),与相同加速电压的 AMS 相比,ECR-AMS 的占地面积能够缩小 2~3 倍。

ECR-AMS 装置的总体结构包括以下几个主要系统。

①离子源与注入系统。该系统包括多电荷态 ECR 离子源,一段预加速段和一个磁分析器。

②单极静电加速器系统。单极静电加速器系统是 AMS 的一个核心,用于保证待测量核素有足够高的能量,以有效开展同量异位素的粒子鉴别。

③高能分析系统。该系统包括高能量分辨的静电分析器、ΔE 能量吸收膜、高动量分辨的磁分析器和第二个高能量分辨的静电分析器。

④离子探测与数据获取系统。系统包括气体电离室、飞行时间(TOF)探测器,电子学部件和计算机数据获取与数据分析部件。

⑤自动控制系统。系统通过传感器和控制软件实现对上述各个系统的工作进行自动控制。

（3）主要性能与指标

ECR-AMS 的特点主要体现在 ECR 电离器上,其具有束流强和引出多电荷态时无分子本底干扰等优点。另外,多电荷态离子得到的能量高,一方面有利于排除同量异位素的干扰,另一方面质荷比小(M/q),使得 ECR-AMS 系统小型化。具体特点如下:

①多电荷态(电荷态大于 3+)的 ECR 电离器无分子本底干扰,也无分子碎片本底的干扰。另外还具有压低同量异位素本底的能力,一般可以压低几倍到百倍。

②多电荷态的 ECR 电离器束流强。ECR 离子源电离效率高、束流强,束流强度比溅射负离子高出 10~100 倍。此外,还有能量离散小等特点。

③采用单极静电加速器,去掉了电子剥离系统,传输效率明显提高。ECR-AMS 束流传输效率比 AMS 高出 2~10 倍。

④能够降低仪器固有本底。多电荷态离子经过加速后,能够得到较高的离子能量,就有利于压低同量异位素本底。另外,采用单级静电加速器,能够避免串列加速器上存在的电荷交换本底等。

⑤能够降低制样本底。ECR 离子源气体进样最大限度减少了制样本底、减少溅射负离子源本底等。

⑥能够大幅度降低电离器的污染和同位素分馏效应。这就使得绝对测量同位素分度和杂质含量成为可能。还可以同时测量同位素样品中同位素丰度和杂质含量。

⑦实现同位素同时测量,用同位素同时测量取代了 AMS 的同位素交替测量,使得测量结果更加准确。

与 AMS 相比,ECR-AMS 在束流强度和束流传输效率方面,共计能够提高 10 倍以上。如果在仪器本底水平和制样本底水平上都能够降低 10 倍以上,其丰度灵敏度就能够提高 10~100 倍以上,进入 10^{-17} ~ 10^{-16} 范围,最低探测限在 100~1 000 个原子,测量精度提高 3~10 倍。由启先核科技有限公司、原子能院和中科院近代物理研究所三家合作,开展了 ECR-AMS 的原理验证,详见文献[9]。

5. 小型车载 AMS

针对核反应堆、核燃料后处理等核设施事故的应急检测,需要高灵敏、快速和准确测量手段。原子能院和启先核科技有限公司合作,正在研发小型车载式的 AMS。

瞄准核设施气态或液态流出物中的几个特征核素,如 ^{129}I、^{131}I、^{14}C、和 ^{3}H 等。在国际上,首次设计了小型车载式的移动 AMS 系统。AMS 采用传统的负离子源,单级静电加速器和同位素同时测量方法[10]。加速器的端电压为 160 kV,探测器采用薄窗半导体探测器或者是微通道板探测器。整个系统的长宽高为 3.0 m、2.5 m、2.5 m。这样一个 AMS 系统的同位素丰度灵敏度在 10^{-15} ~ 10^{-14};测量一个样品的速度达到小于 30 min（包括大气取样

10 min 左右,样品前处理 15 min 左右和测量 5 min 左右)。如果必要,可采用多个取样器,多个前处理器,这样每天可以实现 200~300 个样品的测量。

4.7.4 AMS 在环境监测中的应用

AMS 在环境监测中主要用于长寿命的放射性核素测量,具有灵敏度高、测量速度快和样品用量少等特点。最新发展的超强电离质谱仪 AMS 和 MS,解决了 AMS 和 MS 存在一些问题,例如灵敏度更高,测量速度更快,测量的核素更多,能够提供同位素指纹和元素指纹的信息。因此,极大地扩展了环境应用空间和科学研究的深度。

4.7.4.1 ^{36}Cl 的测量[11-12]

$^{36}Cl(T_{1/2}=3.01\times10^5a)$ 在大气中主要是由高能宇宙射线引起 Ar 的散裂反应而生成,理论计算的产生率在 $(1.7\sim2.6)\times10^{-3}$ atom/(cm² · s)[13]。在岩石中 ^{36}Cl 有两个来源:一是 ^{35}Cl 与岩石中 U,Th 等核素裂变产生的中子俘获反应 $^{35}Cl(n,\gamma)$,^{36}Cl;二是宇宙射线(如 μ 介子)引起岩石中 K,Ca 散裂反应。

^{36}Cl 主要用于地下水年龄、地下水的不同来源、地下水流向等水文问题的研究,还可以用来研究岩石的暴露年龄与侵蚀速率。另外,^{36}Cl 作为指示性核素在核设施运行、核材料处理以及裂变中子通量测量等问题的研究中有重要的应用。

1. 样品制备

在取 10 mL 水样品中加入过量(约 10%)的 $AgNO_3$ 溶液,使水样品中的 Cl^- 全部沉淀为 AgCl。为除去硫等杂质,用氨水溶解 AgCl 并弃去氨水中不溶物。在溶液中加入过量 $Ba(NO_3)_2$ 溶液,离心弃去 $BaSO_4$ 等杂质沉淀,然后加入过量的 HNO_3 使 Cl^- 再次沉淀为 AgCl。反复进行上述操作,直到得到光谱纯的 AgCl 为止。最后将 AgCl 烘干,称重样品的质量一般不少于 40 mg,将其放入避光容器中保存。

2. 样品测量

(1)用 ^{37}Cl 优化系统传输效率

使用空白样品的 ^{37}Cl 优化系统传输效率,调节注入磁铁注入 ^{37}Cl,加速器电压设为 8.050 MV,调节分析磁铁和开关磁铁参数,将 $^{37}Cl^{8+}$ 传输到高能分析磁铁的像点,并达到最大束流,设置静电偏转电压为 169.5 kV,将 $^{37}Cl^{8+}$ 传输到靶前,利用荧光屏的光斑调整 AMS 系统,使束流传输达到最佳。

(2)用 ^{37}Cl 模拟传输 ^{36}Cl

从离子源引出 $^{37}Cl^-$ 离子,调节注入磁铁注入 ^{37}Cl,加速器端电压设为 7.830 MV,调节分析磁铁和开关磁铁参数,将 $^{37}Cl^{8+}$ 传输到高能分析磁铁的像点,并达到最大束流,设置静电偏转电压为 164.0 kV,将 $^{37}Cl^{8+}$ 传输到靶前,利用荧光屏的光斑调整 AMS 系统,使束流传输达到最佳,记录低能端,像点,AMS 法拉第筒束流强度,得到传输效率。

(3)^{36}Cl 测量

当 ^{37}Cl 模拟传输的传输效率达到最佳状态后,换靶,保持分析磁铁和开关磁铁的参数不变,加速器端电压调至 8.050 MeV,静电分析器调至 169.4 kV,将 ^{36}Cl 传入。

(4)^{37}Cl 测量

将测量参数调回到 ^{37}Cl 的状态,用像点法拉第筒测量 ^{37}Cl 稳定同位素离子流强度。

3. 应用举例[18]

研究表明,暴露岩石表层中宇宙成因核素^{36}Cl 的浓度是产生速率、衰变常量及侵蚀速率的函数,因此可以通过 AMS 测定岩石中^{36}Cl 的含量来计算岩石的侵蚀速率。用原地生成的宇宙成因核素^{36}Cl 研究岩石的侵蚀速率对全球变化研究中的碳循环和碳中和研究具有重大的理论和实践意义,对研究岩溶石山区的生态环境变化和生态重建等有重大的指导作用。研究人员通过^{36}Cl 的 AMS 测量给出了北京石花洞地区灰岩表面侵蚀速率的数值。

样品采集时,用专门设计的水平钻取样,在同一水平面上可钻 2~3 个孔。如果采样点不在同一个水平面上,则可在 1.5 m×2.5 m 的范围内移动采样,采样量为 1~2 kg。采样点的位置和高程要准确测量,采样场剖面若不垂直要测量其倾角、倾向,但地形坡度要求小于 20°。采样间隔在近地表要小一些,且随着深度的增加而增大。取样深度一般在近地表附近 2 m 范围内,最大不超过 5 m。

串列加速器质谱计测定^{36}Cl,样品通常采用 AgCl 固体形式。其具体制备流程上文已有叙述。本工作由中国原子能科学研究院、中国地质大学(武汉)和日本筑波大学合作,在日本筑波大学的串列加速器上对北京石花洞地区近地表岩样中^{36}Cl 的浓度进行了测量。经换算,北京石花洞地区灰岩的侵蚀速率为$(1.33\pm0.28)\times10^{-5} m\cdot a^{-1}$。

4.7.4.2 ^{129}I 的测量[15]

^{129}I($T_{1/2}=15.7\times10^{6} a$)在大气中有如下几个方面的来源:①宇宙射线引起 Xe 的散裂反应。②^{238}U 的自发嬗变。③中子与^{128}Te 和^{130}Te 的核反应[16]。它们产生的^{129}I 在大气和海洋中达到一个平衡值,^{129}I/^{127}I≈1×10^{-12}[17]。

^{129}I 与^{36}Cl 类似,可以用来研究深层地下水的运动与变化规律。用^{129}I 作示踪剂可以用于人体内 I 的生物效应的研究。另外,^{129}I 作为指示核素用来监测核材料生产、核反应堆运行以及核废物处理等核设施的安全运行。

1. 样品的化学制备

环境中^{129}I 的含量比较低,样品(水样)的需要量比较大(最少需要几十升),一般需要在现场进行预处理。其方法是首先过滤去除样品中杂质或其他不溶物质,然后加入 H_2SO_4 酸化至 pH 1.5~3,再加入 NaI 载体,控制 NaClO 加入量使 I$^-$部分氧化成 I_2。经过上述处理的水再通过直径 3 cm、长 80 cm 的碱性阴离子交换树脂,这样,吸附了 I$^-$的树脂形成碘化物型 $R≡NI$,碘化物型树脂再吸附 I_2 成为碘化物型树脂的聚合体$[R≡NI(I_2)_n, n=1,2,3]$。为了使 I$^-$、I_2 交换吸附完全,在控制流速的基础上采用 3 根柱串联。将已吸收了碘的树脂带回实验室,提取、纯化并制备 AgI,将其放入避光容器待 AMS 分析之用。

2. 样品测量

(1)用^{16}O$^-$离子校准磁场,调整 I$^-$离子磁场。

氧离子的磁场值在 2.13 kG 附近,优化磁场后,调至^{127}I$^-$磁场值,优化磁场。

(2)调^{127}I$^-$的束流,调节离子源相关参数,优化束流。

(3)偏置束流与低能端束流比例确定。

切换到^{129}I$^-$的磁场,记录偏置法拉第筒的束流,确认平顶,确定偏置束流与低能端束流的比例。

(4)优化传输效率,模拟传输。

(5)在^{129}I 光路下,偏置束流记录^{127}I 的束流,准备测量。

（6）依次对样品进行交替和循环测量。

①获得标样的测量数据。

②获得被测样品的测量数据。

③单个样品单次测量时间根据计数率即时调整。

3. 应用举例[18]

由于 ^{129}I 长的半衰期、高的辐射生物毒性及它在人和动物甲状腺中的高富集度，从而威胁人类的健康。研究人员首次研究了我国非核设施影响环境中松针、干草、海藻及海水等多种典型生物环境样品中的 ^{129}I 水平，为我国低水平 ^{129}I 的生物、环境样品分析提供了一种灵敏、可靠的方法，为我国当今研究环境中的 ^{129}I 水平及开展 ^{129}I 示踪技术的应用提供了有意义的数据和信息。

松针和干草样品系 2000 年 2 月采自北京石景山区。松针、干草除去杂质，去离子水洗净，自然晾干，干草在 60 ℃烘干至脆。海藻种类繁多，研究人员选取孔石莼为研究对象，于 1999 年 5 月采自青岛胶州湾太平角。用原位海水洗去海藻中泥沙，再用去离子水洗净，剪成小段，60 ℃烘干。上述样品均用植物粉碎机粉碎成末，密封干燥保存，待用。海水样品系 1999 年 5 月采自青岛胶州湾，经过滤后室温保存。

采用碱式灰化法、萃取2反萃及 AgI 沉淀等分离、纯化过程对松针、干草、海藻及海水等样品中的碘进行预浓集，同时运用 ^{131}I 放射性示踪法优化样品的制备过程和条件。具体方法可参见测量过程中的详细论述。样品经中国原子能科学研究院 AMS 小组测定，两次测量值误差在 10%的范围内。该结果表明我国这些非核设施影响地区的 ^{129}I 处于当今全球环境的本底放射性沉降水平。

一个非常有意义的应用研究结果是：日本福岛核事故后，测量了大气中的 ^{129}I。中国原子能科学研究院的 AMS 小组与西北核技术研究所北京分析中心合作，测量了北京地区 2011 年 3 月 20 日至 4 月 15 日之间 4 个大气样品中的 ^{129}I 含量，并且与 ^{131}I 的测量结果进行了比较。图 4.7.11 是福岛核事故后北京地区大气样品 ^{131}I 和 ^{129}I 测量结果的比较。结果表明：用 AMS 方法测量大气中 ^{129}I 具有两方面优势：一方面是测量灵敏度高，图 4.7.11 虚框中是 3 月 25 日到 28 日的测量数据，在 ^{131}I 的测量中没有测量到 ^{131}I 的有效计数，但是用 AMS 方法测量 ^{129}I，26 日就测量到其明显高出大气本底水平 3 倍以上。另一方面是测量速度快，针对 ^{129}I AMS 测量一个样品（例如 4 月 5 日的样品）达到与 ^{131}I 相同的测量精度需要大约 12 h（其中取样 3 h，样品制备 7 h，AMS 测量 2 h）。而得到一个 ^{131}I 数据则需要 40 h 以上（其中取样 20 h，γ 谱的测量需 20 h 以上）的时间。由此可见，用 AMS 测量 ^{129}I 的方法将成为核反应堆等核设施运行监测、核泄漏早期诊断以及核应急检测的重要手段。

4.7.4.3　环境应用新进展

AMS 在环境辐射监测中的应用，主要包括环境污染物 PM2.5 源解析；^{14}C 示踪温室气体对环境的影响；核设施流出物 ^{14}C、^{3}H、^{129}I 和 ^{85}Kr 等的监测；核应急快速检测等。

1. 城市污染监测

PM2.5 污染物来源于化石燃烧或生物质燃烧，一些常规测量手段不能直接区分这两类燃烧。通过 AMS 测量 ^{14}C，能够准确区分 PM2.5 污染物的来源，建立化石源 CO_2 排放的定量监测手段，在科学和服务国家需求层面都具有重要意义。Zhou 等[20]选取西安市作为研究案例，开展了城市大气 CO_2 排放的 ^{14}C 连续监测研究，将大气气体和一年生植物样品结合,进行化石燃料 CO_2 时空分布的示踪研究,并对大气 ^{14}C 进行长期研究。首次获得西安市不同区域化石源 CO_2 浓度的时空分布特征,揭示了人类活动对西安大气 CO_2 的贡献。

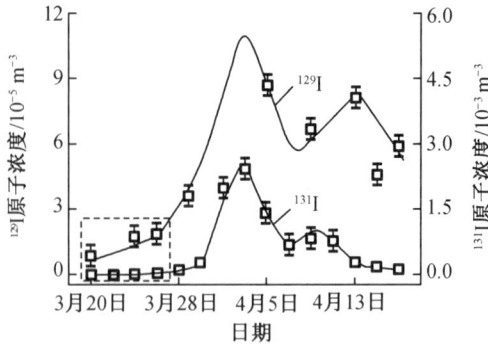

图 4.7.11 福岛核事故后北京地区大气样品 ^{131}I 和 ^{129}I 测量结果比较

青藏高原周边广泛存在大气严重污染区域,这些污染物可通过大气环流进入高原,将对气候和环境产生深远影响。丛志远等[21]对该传输机制进行了深入研究,表明珠峰地区大气气溶胶中二元羧酸与有机碳、元素碳的浓度变化显著相关。不同有机酸之间的比值,如丙二酸/丁二酸、马来酸/富马酸均指示珠峰地区的有机气溶胶变化,而其他因素如二次生成、光化学氧化等的贡献并不显著。

2. 全球气候变化

温室效应是全球气候变化研究的重要课题之一,其导致的直接影响就是全球气候变暖、冰川消融,给人类带来灾难性的后果。大气中甲烷浓度的明显增加是导致这一效应的主要因素之一。大气中甲烷可能的来源有天然气管道泄漏(不含 ^{14}C 的死碳)、家畜或废物掩埋、生物体燃烧或其他天然系(如矿石)的释放。由于大气中甲烷含量相对较低,传统方法难以检测其含量,利用 AMS 能够满足测量灵敏度的需求。Lowe 等[22]对大气中 $^{14}CH_4$ 的 AMS 测量结果表明新西兰南方有大约 25% 的大气甲烷来源于矿石;Eisma 等[23]对欧洲西北部大气甲烷的排放量进行研究,结果表明,除了压水堆和热水堆外,其他核装置也会产生 $^{14}CH_4$。Guo 等[24]开展了大气气溶胶污染物的来源研究,对含有大量环境信息的地质层位样品进行了 ^{14}C-AMS 测量,并给出精细的年代序列,有助于了解过去数万年来环境变化及其发展趋势。

3. 生态环境变化

澳大利亚国立大学与挪威农业大学合作[25],利用 AMS 方法对取自 Ob 和 Yenisey 河口的水和沉积物样品中 Pu 的浓度和同位素比值进行了测量,结果表明,Ob 河口的 Pu 元素仅来自 Novaya Zemlya 的大气核测试产生的原子尘,而 Yenisey 河口的 Pu 则具有明显的武器原料特征,由此推测其来自两河交界处的苏联核武器生产和处理厂。

我国的 AMS 实验室在此方面开展了大量工作,如蒋崧生等[26]测量了我国连山关铀矿矿床附近地下水中的 $^{36}Cl/Cl$,并对高放射性环境周边地区的地表水和地面水中的 ^{129}I 进行测量,实验结果表明,高放射性周边环境水中 ^{129}I 的含量为 $10^8 \sim 10^9$ atom/L,这为核污染检测提供了丰富数据。

4.超强电离质谱仪的新应用

超强电离质谱仪在环境中不仅仅能够开展更加深入的应用,还可以开展新的应用,解决以前解决不了或解决不好的科学与技术问题。这些应用主要在科学研究和检测/监测两个方面。

在科学研究方面能够开展:环境变化研究,利用^{14}C等示踪;环境毒理研究,重金属生物示踪测量,研究重金属的毒性作用;污染物源解析,通过同位素指纹测量,研究污染物的来源和传输;放射性生态环境,通过人造长寿命核素^{14}C、^3H、^{79}Se和^{129}I示踪与测量,研究生态环境的变规律。

在环境监测方面能够开展:①海洋监测,如海洋放射性污染,通过测量^3H、^{14}C和^{129}I等;②核应急检测,通过快速^{131}I、^{129}I和^{85}Kr等,判断核事故、核事件的发生与发展;③核设施流出监测,核电等核设施会有放射性核素流入到环境中,流出物包括,气态、液态和固态三种。需要快速测量流出物中超寿命的^3H、^{14}C和裂变产物与中子活化核素等;④环境中温室气体变化量的精确测量,尤其是通过测量^{14}C确定CO_2等;⑤大气污染物监测。通过对同位素指纹测定,如C、N、S、Si等同位素指纹测定,判定污染物来源;⑥环境中难以测量的元素测量。因灵敏度高,能够实现水、空气和土壤中难测量的元素以及同位素,如重金属、U、Pu同位素以及锕系元素等。

练习(含思考)题

1.什么是AMS?AMS与MS的主要区别是什么?

2.什么是AMS丰度灵敏度?其丰度灵敏度主要由哪些因素决定?

3.什么是超强电离质谱仪?

4.超强电离质谱仪的主要优点和缺点是什么?

5.超强电离质谱仪能够应用到哪些学科?请列举在环境领域中的应用。

参考文献

[1] BENNETT C L, BEUKEN R P, CLOVER M R, et al. Radiocarbon dating using electrostatic accelerators: Negative ions provide the key [J]. Science, 1977, 198: 508-510.

[2] NELSON D E, KORTELING R G, STOTT W R. Carbon-14: Direct detection at natural concentrations[J]. Science, 1977, 198: 507-508.

[3] 姜山,何明. 加速器质谱技术及其应用[M]. 上海:上海交通大学出版社,2020.

[4] FREEMAN S P H T, SHANKS R P, DONZE X, et al. Radiocarbon positive-ion mass spectrometry [J]. Nuclear Instruments and Methods in Physics Research B, 2015, 361: 229-232.

[5] JIANG S. AMS at the China Institute of Atomic Energy 2013, Heav. Ion. Aceel[R]. Appli. ANU, Canberr, Australia.

[6] COLLON P, BICHLER M, CAGGIANO J, et al. Development of an AMS method to study oceanic circulation characteristics using cosmogenic^{39}Ar [J]. Nuclear Instruments and Methods in Physics Research Section B: Beam Interactions with Materials and Atoms, 2004: 428-434.

［7］　姜山.基于多电荷态 ECR 离子源的加速器质谱:US17017794［P］.2022-04-07.

［8］　姜山.一种超强电离质谱仪:US17581952［P］.2022-04-04.

［9］　姜山.我国加速器质谱仪器技术在国际上的地位［J］.质谱学报,2021,42:672-680.

［10］　姜山,包轶文,何明,等.同位素同时测量的 AMS 系统:JP6546690,US10395910［P］.2019-04-04.

［11］　姜山,蒋崧生,郭宏,等.北京 HI-13 串列加速器质谱计测定^{36}Cl 的研究［J］.核技术,1993,16:720-725.

［12］　管永精,王慧娟,阮向东,等.^{36}Cl 的加速器质谱测量及其应用［J］.原子核物理评论,2010,27:71-76.

［13］　OESCHGER H, HOUTERMANS J, LOOSLI H, et al. Radiocarbon variations and absolute chronology［J］. 12th Nobel symposium, 1969:471-496.

［14］　汪越,NAGASHIMA Y, SEKI R,等.通过^{36}Cl 的 AMS 测定研究灰岩的侵蚀速率［J］.物理实验,2005,25:11-14.

［15］　蒋崧生,何明,谢运棉,等.环境中^{129}I 的 AMS 方法测定［J］.核技术,2000,23:43-47.

［16］　ANONYMOUS. ^{129}I: Evalution of Releases from nuclear power generation:NCRP-75［R］. NCRP Report 1983.

［17］　FABRYKA-MARTIN J, BENTLEY H, ELMORE D, et al. Natural Iodine-129 as an environmental tracer［J］. Geochim Cosmochim Acta, 1985, 49:337-347.

［18］　李柏,章佩群,陈春英,等.加速器质谱法测定环境和生物样品中的^{129}I［J］.分析化学,2005,33:904-908.

［19］　姜山,董克军,何明.超灵敏加速器质谱技术进展及应用［J］.岩矿测试,2012,31(1):7-23.

［20］　ZHOU W J, WU S G, HUO W W. Tracing fossil fuel CO_2 using $\Delta^{14}C$ in Xi'an City, China［J］. Atmospheric Environment, 2014, 94:538-545.

［21］　CONG Z, KAWAMURA K, KANG S C, et al. Penetration of biomass-burning emissions from South Asia through the Himalayas: new insights from atmospheric organic acids［J］. Scientific Reports, 2015, 5.

［22］　LOWE D C, BRENNINKMEIJER C A M, MANNING M R, et al. Radiocarbon determination of atmospheric methane at Baring Head［J］. Nature, 1988, 332:522-525.

［23］　EISMA R, VANDER B K, DEJONG E A F M, et al. Measurements of the ^{14}C content of atmospheric methane in the Netherlands to determine the regional emissions of $^{14}CH_4$［J］. Nuclear Instruments and Methods in Physics Research Section B, 1994, 92:410-412.

［24］　GUO Z Y, LIU K X, LU X Y, et al. The use of AMS radiocarbon dating for Xia-Shang-Zhou chronology［J］. Nuclear Instruments and Methods in Physics Research Section B, 2000, 172:724-731.

［25］　SKIPPERUD L, BROWN J, FIFIELD L K. Environmental radioactivity in the Arctic and Antarctic［R］. NRPA:Oslo, 2002.

［26］　蒋崧生,何明,谢运棉,等.环境中人造^{129}I 的 AMS 方法测定［J］.质谱学报,1999,20(3-4):127-128.

第5章　放射性测量数据的处理

放射性测量的对象是放射性物质,它由许多不稳定的原子所组成。放射性物质的衰变是一种随机过程,每个原子的衰变是完全独立的,与其他原子无关,是无法预期的。因此,严格地说,对于放射性物质,并不存在"真正的"或"准确的"衰变率,我们只能应用统计学的方法去估计在一定的时间里最可能发生衰变的放射性原子数目是多少。而且环境放射性水平一般很低,常常受到本底放射性的干扰,使得测量数据处理的问题更加复杂。在这一章里,我们首先介绍数理统计基础知识,然后分别讨论实验误差、数据的整理、探测下限和监测结果的正确表达等问题。

5.1　数理统计基础知识

数理统计方法是处理具有随机性测量数据的一种科学,以概率论为基础,对大量的偶然现象的统计资料进行分析、研究,得出这种现象概率的规律性,给以科学的解释。

在环境监测中,一般只能对监测对象的一部分个体进行观察和测量,然而测量的结果却总是要推广到该研究对象的全体去。数理统计方法就是以样本为根据,运用数学模型来推断总体的一门科学。如何制定监测方案,以求用最少的费用、最短的时间获得最多的信息,如何科学地处理环境监测中得到的大量数据,如何对测量误差进行计算,估计数据的可靠程度,准确地表达分析结果,并给以合理的解释,等等,都需要应用数据统计方法。

必须指出,数理统计方法仅仅是解决问题的有力工具,它不能代替严格的试验工作,只有在可靠的分析测试的基础上才能发挥其应有的作用。

5.1.1　总体和样本

在数理统计中,通常把研究对象的特性表征量的全体叫作总体或母体。对分析测试来说,总体是指从研究对象得到的所有可能的观测结果。样本(或称子样)是指从总体抽取出来的一部分样品 $X_1, X_2, \cdots, X_n$ 的测定值。样本中样品的个数叫作样本容量,即样本的大小。当 $n>30$ 时,称为大样本[1]。

英文名词 sample 在分析测试的文献中是"样品"的含意,系指被分析的实物,例如水样、气样、土壤试样;而在讨论分析数据的处理时,是用一组数据表征自总体中随机抽出的一组样本。

分析学中,用样品分析结果说明被研究对象整体;数理统计学中,用样本说明总体(母体)。

5.1.2　数据的特性及其分布

图 5.1.1 为 11 个实验室废水中 ^{90}Sr 分析结果分布图。数据整理方法如下:将 11 个实验室报告的 66 个数据按大小顺序分组和排列,计算出每组出现的频率(即相对频数)。不难发现,次数足够多的任何一组重复测量数据,都有如下突出特性:

(1)它们不可能是完全相同的,即有一定的分散性;

（2）数据虽有波动,但总是有向某一中心值集中的趋势,即集中性。

图 5.1.1 这种图在统计上叫直方图。可以设想,如果我们做更多的重复测量,取得更多的数据,把组分得更细,直方图的形状将逐渐趋于一条圆滑曲线。这条曲线反映了数据分布的规律。在环境放射性监测中较常遇到的有泊松分布,正态分布和对数正态分布三种分布。

5.1.2.1 泊松分布[1]

泊松分布是一种离散型变量的分布。它可以用以描写放射性物质的衰变规律。例如放射性计数就服从泊松分布。它可用下式表示:

$$P(x) = \frac{(\mu)^x}{x!}e^{-\mu} \qquad (5.1.1)$$

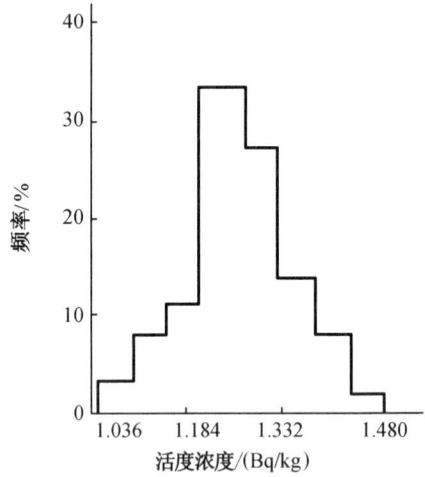

图 5.1.1 废水中 ^{90}Sr 对比分析结果的分布直方图

式中　$P(x)$——计数为 x 的出现概率;

　　　μ——泊松分布的均值。

图 5.1.2 为泊松分布曲线。当 μ 较小时,曲线是不对称的,当 μ 增加时,曲线逐渐趋于对称。

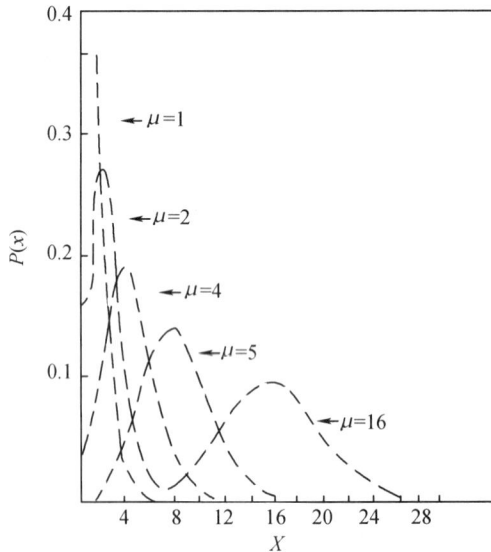

图 5.1.2　泊松分布曲线

可以证明,分布的方差和标准差分别为

$$\sigma^2 = \mu$$

$$\sigma = \sqrt{\mu} \qquad (5.1.2)$$

当计数较大(通常 $\mu > 16$)时泊松分布趋于正态分布。

5.1.2.2 正态分布[1]

正态分布又称为高斯分布,是概率分布的一种重要形式。例如实验的随机误差通常服从正态分布。用横坐标表示测定值的随机误差,纵坐标表示误差出现的频率大小,在系统误差已经消除的情况下便可得到如图5.1.3那样的随机误差的正态分布曲线。图中横坐标误差值单位取:

$$u = \frac{x - \mu}{\sigma} \quad (5.1.3)$$

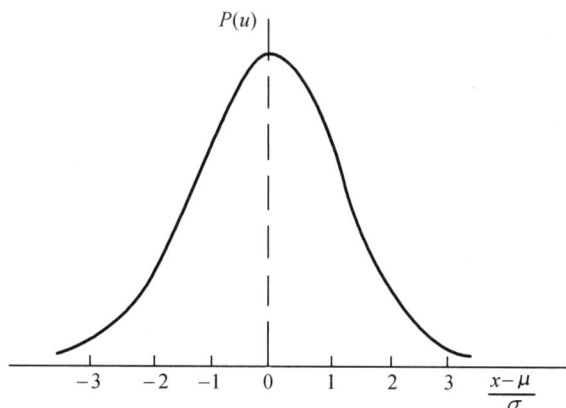

图 5.1.3 随机误差的正态分布曲线

式中 x——测定值;

μ——真实值或总体平均值;

σ——很多次测定的总体标准差。

5.1.2.3 对数正态分布[1]

若随机变量 X 取对数值以后服从正态分布,则称该变量遵从对数正态分布。这一分布在环境监测中获得日益广泛的应用。

实验数据是否服从正态分布或对数正态分布,最常用的检验方法是在正态概率纸或对数正态概率纸上作图,看能否得出一条直线。其具体方法可参见有关文献。

完全地描述正态分布和对数正态分布,需分别采用如下正态概率密度函数和对数正态概率密度函数:

$$P(x) = \frac{1}{\sqrt{2\pi}\sigma} e^{-\frac{1}{2}\left(\frac{x-\mu}{\sigma}\right)^2} \quad (-\infty < x < +\infty) \quad (5.1.4)$$

$$P(\lg x) = \frac{1}{\sqrt{2\pi}\sigma_{\lg x}} e^{-\frac{1}{2}(\lg x - \mu_{\lg x})^2} \quad (0 < x < \infty) \quad (5.1.5)$$

着重讨论式(5.1.4)。式中 μ 和 σ 是正态分布的两个基本参数。μ 为曲线最高点对应的横坐标值,它表示测定值的集中趋势;σ 为表示测定值的离散特性。只要给出函数式(5.1.4)中的这两个特征量 μ 和 σ,正态分布曲线的形状就完全确定了。曲线最高点 $\frac{x-\mu}{\sigma}=0$,即 $x=\mu$ 处,$P(x)=\frac{1}{\sqrt{2\pi}\sigma}$,$\sigma$ 大表明测定精密度差,数据分散,$P(x)$ 的数值小,即误差出现的概率小,分布曲线平坦;反之,测定精密度高,曲线陡窄。通常用符号 $N(\mu,\sigma^2)$ 表示均值为 μ、方差为 σ^2 的正态分布。

亦可进行坐标变换,用变量 u 表示正态分布中以 σ 为单位的离均差 $(x-\mu)$ 变量,即如式(5.1.3)所示,u 叫作标准正态变量。则有

$$P(x) = \frac{1}{\sqrt{2\pi}} e^{-\frac{u^2}{2}} \quad (-\infty < x < +\infty) \quad (5.1.6)$$

它描述一个标准正态分布,用符号 $N(0,1)$ 表示。

μ 和 σ 称为正态分布特征量,同理也可称 $\mu_{\lg x}$ 和 $\sigma_{\lg x}$ 为对数正态分布特征量。

这些分布特征量都是分布函数的参数。

必须指出，样本特征量和总体特征量是有区别的。由于抽样的随机性，样本特征量致随机抽取样本不同，本身也是随机变量（称为统计量），而总体特征量（称为分布参数）则是常量。

正态特征量的名称、符号及描述的分布特征如表 5.1.1 所示。

表 5.1.1　正态特征量

正态特征量名称	符号	描述的分布特征
总体平均值（期望值）	μ	正态变量 x 的集中性
总体标准差	σ	正态变量 x 的离散程度
样本平均值	$\bar{x}$	μ 的估计值
样本标准差	S	σ 的估计值

正态特征量的表达式如下[2-3]：

$$\mu = \frac{1}{n}\sum_{i=1}^{n} x_i \quad (n \to \infty) \tag{5.1.7}$$

$$\sigma = \frac{\sqrt{\sum_{i=1}^{n}(x_i - \mu)^2}}{n} \quad (n \to \infty) \tag{5.1.8}$$

$$\bar{x} = \frac{1}{n}\sum_{i=1}^{n} x_i \tag{5.1.9}$$

$$S = \sqrt{\frac{\sum_{i=1}^{n}(x_i - \bar{x})^2}{n-1}} \tag{5.1.10}$$

此外，也要区别总体方差 σ^2 和样本方差 S^2。

5.1.3　统计量及其分布[4]

由样本数据构造出来的随机变量叫作统计量。上面提到的样本特征量都是统计量，由样本特征量构成的新的量也是统计量。

样本特征量（如 $\bar{x}$ 和 S）对于人们从样本认识总体具有重要的意义。例如我们依据正态特征量 $\bar{x}$ 和 S 可以认识总体的集中趋势和离散程度。但是为了实现对总体的估计，只知道数据的分布及其特征量是不够的，还要建立相应统计量，并研究统计量本身的分布，根据这些分布确定统计量超出某个限值或临界值的概率，才能提出各种统计假设的检验方法。在由样本估计总体的认识过程中，统计假设起着十分重要的作用，而统计量及其分布则是检验统计假设的工具，通过对统计假设的检验，实现对总体的定量估计。

对于正态分布来说，常用的统计量有 $\bar{x},S,u,t,\bar{x}^2,F$ 等。其中 $\bar{x}$ 和 S 是样本特征量，其余都是为了完成从样本估计总体的任务新构造出来的统计量。每种统计量也服从某种形式的分布规律。

5.1.3.1　$\bar{x}$ 的概率分布

从一个已知均值为 μ，标准差为 σ 的总体中随机抽取包含 n 个个体的一个样本，可求得

样本的均值 $\bar{x}$。重复抽取多个含 n 个个体的样本,可得到多个数值参差不齐的样本均值,有的比 μ 大,有的比 μ 小,围绕 μ 散布着。事实证明,样本均值具有变异性。若抽取了所有可能的样本,则所有可能的样本形成一个新的分布,即样本均值的分布。

统计理论告诉我们,若 x 服从 $N(\mu, \sigma^2)$ 的正态分布,则 $\bar{x}$ 也近似服从 $N(\mu, \sigma^2/n)$ 的正态分布。在环境监测数据中,尽管不是所有的测定值都严格服从正态分布,但对于 $n > 30$ 的大样本,不管总体遵从什么分布,n 愈大时,变量(测定值)的均值 $\bar{x}$ 都渐近地遵从正态分布,即它们的平均值可近似地按照正态分布处理。新的样本均值分布与原总体分布有如下关系:

(1)样本均值分布的均值等于原总体的均值 μ;

(2)样本均值分布的标准差等于原总体的标准差 σ 被 $\sqrt{n}$ 除所得之商:

$$\sigma_{\bar{x}} = \frac{\sigma}{\sqrt{n}} \tag{5.1.11}$$

多次测量的平均值比一次测得值更精确,这就是通常采用样本均值估计被测真值的理由。

5.1.3.2 S 的概率分布

由式(5.1.10)可知,标准差 S 是由一系列随机变量计算而得的统计量,它本身也是变量,同样也存在估计的精密度问题。通常用样本方差 S^2 估计总体方差 σ^2,即 $S^2 = \hat{\sigma}^2$;用样本标准差 S 作为总体标准差 σ 的估计量,即 $S = \hat{\sigma}$;同样也可以用 $\hat{\sigma}$ 的标准差 $\sigma_{\hat{\sigma}}$ 来表征 σ 的精密度。统计学上可以证明,标准差的标准差为

$$\sigma_{\hat{\sigma}} = \frac{\sigma}{\sqrt{2n}} \tag{5.1.12}$$

若 $\bar{x}$ 服从 $N(\mu, \sigma^2)$ 的正态分布,则 S 近似地服从 $N(\mu, \sigma^2/2n)$ 的正态分布。当 n 值较大时,可以把 S 作为 σ 的估计值。

5.1.3.3 统计量 u 及其分布

若总体服从正态分布 $N(\mu, \sigma^2)$,那么如前所述,不管样本容量 n 的大小如何,样本平均值 $\bar{x}$ 都服从 $N(\mu, \sigma/\sqrt{n})$ 分布。做出统计量:

$$u = \frac{|x - \mu_0|}{\sigma/\sqrt{n}} \tag{5.1.13}$$

这个统计量 u 是一个标准正态变量,就是说,它服从 $N(0,1)$ 的标准正态分布。u 的概率密度曲线就是正态曲线,如图5.1.4所示。对于大样本,统计量 u 通常用来检验 $u = u_0$ 的假设,这叫作单总体 u 检验。它的临界值记为 u_α,$1 - \alpha$ 被称为置信水平。在正态分布的函数表上可以查出对应于 α 的 u_α 值。

$$u = \frac{|\bar{x}_1 - \bar{x}_2|}{\sqrt{\dfrac{\sigma_1^2}{n_1} + \dfrac{\sigma_2^2}{n_2}}} \tag{5.1.14}$$

可以证明它也服从 $N(0,1)$ 的标准正态分布。对于大样本,统计量 u 通常用来检验 $\mu_1 = \mu_2$ 的假设,这叫作双总体 u 检验。其临界值也是 μ_α。

5.1.3.4 统计量 t 及其分布

在环境监测中,测定次数是有限的。有限次测定值的随机误差不完全服从正态分布而

是服从类似于正态分布的 t 分布。

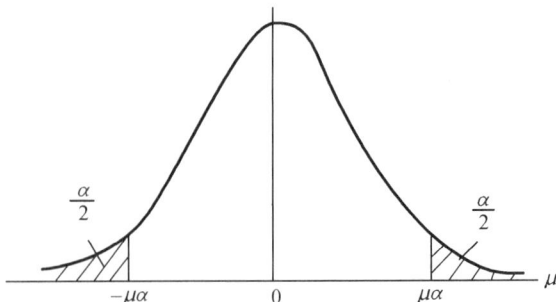

图 5.1.4　u 分布

t 分布是英国化学家 W. S. Gosset 提出的：

$$t = \frac{|\bar{x} - \mu_0|}{S_{\bar{x}}} = \frac{|\bar{x} - \mu_0|}{S/\sqrt{n}} \qquad (5.1.15)$$

t 是置信概率和自由度 df $= n-1$ 有关的统计量，其数值已由 Gosset 用 Student 的笔名发表，称为置信因子 t。t 分布曲线如图 5.1.5 所示。df $\to \infty$ 时，t 分布曲线和正态分布曲线严格一致，这时 $t = u$。

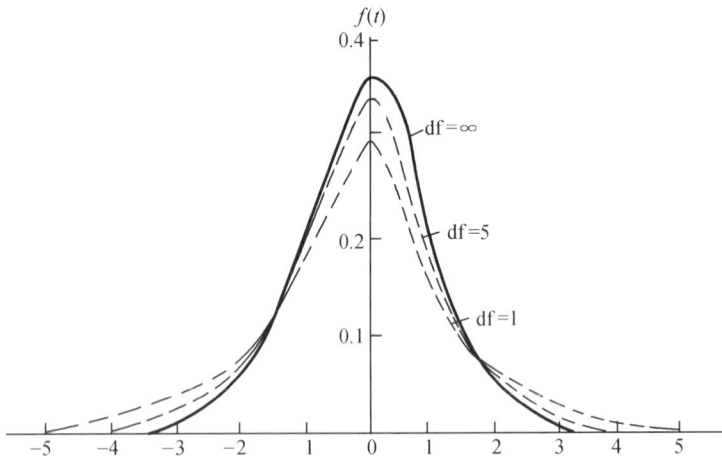

图 5.1.5　自由度为 1，5 及 ∞ 的 t 分布

t 分布在分析数据处理中有很多用途。例如，对于小样本，t 通常用来检验 $\mu = \mu_0$ 的假设，叫作单总体 t 检验。它的临界值记为 t_α 的假设，叫作双总体 t 检验 $\mu_1 = \mu_2$。t 统计量为

$$t = \frac{|x_1 - x_2|}{\sqrt{\dfrac{(n_1 - 1)S_2^2 + (n_2 - 1)S_2^2}{n_1 + n_2 - 2}\left(\dfrac{1}{n_1} + \dfrac{1}{n_2}\right)}} \qquad (5.1.16)$$

其临界值也是 t_α。应当注意，双总体 u 检验和双总体 t 检验都以 $\sigma_1 = \sigma_2$ 为前提条件。

5.1.3.5　统计量 χ^2 及其分布

$$\chi^2 = \sum_{i=1}^{n}\left(\frac{x_i - \bar{x}}{\sigma_i}\right)^2 \qquad (5.1.17)$$

可以证明,它服从自由度 $df=n-1$ 的 χ^2 分布。χ^2 分布在统计上是由正态分布导出的一个重要的抽样分布,它在统计分析中的应用甚广。如图 5.1.6 所示,χ^2 分布具有以下的重要特征:

(1)χ^2 无负值,χ^2 所取值自 0 至 $+\infty$。

(2)分布曲线 χ^2 线左右不对称,呈左偏。

(3)χ^2 分布曲线随自由度 df 而变化。随自由度逐渐增大,曲线渐趋对称。

(4)χ^2 分布的总体平均值或期望值为 $n-1$,总体标准差为 $\sqrt{2(n-1)}$。

若各 x_i 的 σ_i 相等,即 $\sigma_i=\sigma_0$,则有

$$\chi^2 = (n-1)S^2/\sigma_0^2 \tag{5.1.18}$$

因此,应用 χ^2 分布表可以检验在 σ 已知的特定实验中得到的 S 值究竟是合理的还是例外的,还可以用来检验一组 n 个观测值是否和正态分布或其他分布一致。它的临界值记为 χ_α^2。

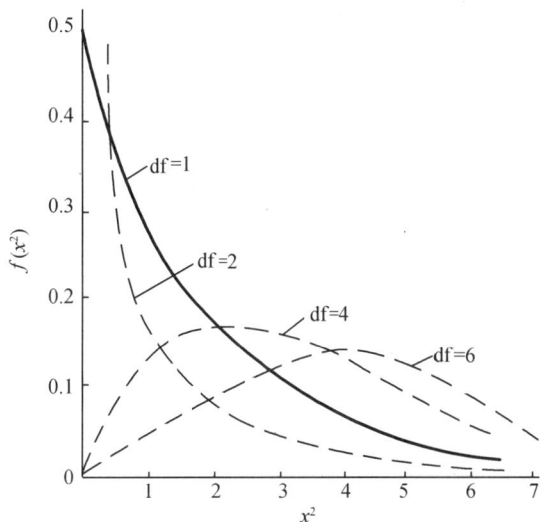

图 5.1.6 不同自由度的 χ^2 分布曲线

5.1.3.6 统计量 F 及其分布

要检验两个总体方差是否一致,是否属于同一正态总体,往往要进行 F 检验,即检验两测量方差是否遵从 F 分布律。F 检验的统计量为

$$F(df_1, df_2) = \frac{S_1^2(大)}{S_2^2(小)} \tag{5.1.19}$$

F 分布曲线如图 5.1.7 所示。F 值的大小与计算方差 S_1^2 和 S_2^2 所用自由度 df_1 和 df_2 的大小有关。S_1^2 和 S_2^2 分别来自两个正态总体,且 $S_1^2>S_2^2$,可以证明,F 值服从自由度分别为 n_1-1 和 n_2-1 的 F 分布。于是将所得 F 值同 F 表上的值比较,就可以判断两个测量的方差是否显著的差别。F 检验的临界值记为 F_α。

5.1.4 统计检验[5]

先假设某一总体具有某种参数或遵从某种分布等统计特性,然后再检验这个假设是否可信,这种方法称为统计检验(或称为统计假设检验)。如前所述,在由样本估计总体的过

程中,统计检验起着十分重要的作用。例如,某台放射性测量装置经检修后测得一系列本底,要检验检修后的本底有无改变。某人用计数器测量放射性样品,要检验得到的计数是否符合泊松分布,从而判断他所用的计数器是否工作正常,等等。这些问题都属于统计假设的检验问题。在第一例中,把检修前后的两个本底看作两个服从泊松分布的总体,其平均值分别用 m_1 和 m_2 标记。在检验时先假设 $m_1 - m_2 = 0$,然后根据样本（即测量数据）来推断这个假设应否抛弃（也可检验 $m_1 > m_2$ 或 $m_1 < m_2$ 的假设）。这是已知总体分布属于某种类型,而要检验关于总体参数的某种假设,这样的检验叫作参数检验。在第二个例子中,先假设总体（即计数）服从泊松分布,然后检验实验结果与这个假设有无矛盾。它是检验总体分布属于某种类型的假设,而不涉及参数的数值,这样的检验叫作非参数检验。

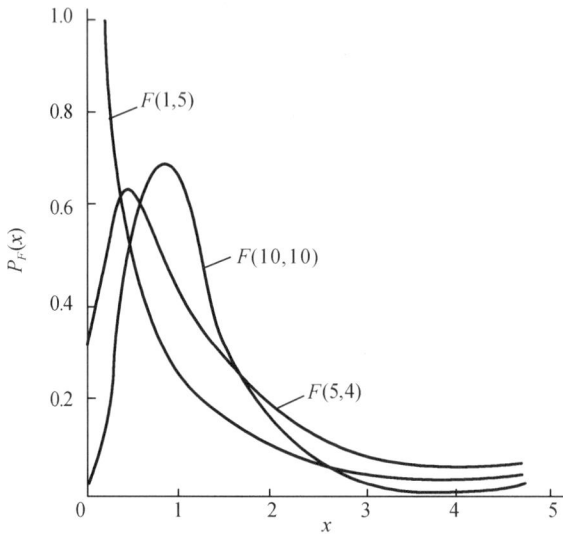

图 5.1.7　F 分布曲线

5.1.4.1　统计假设与两类错误

从上面的讨论中可以知道,进行检验时先要做出某种假设,称为原假设（用 H_0 标记）,然后根据样本给出的数据来决定是否拒绝原假设 H_0。除了提出原假设 H_0 外,还提出另一个假设,称为备择假设（用 H_1 标记）。当样本的数据使我们拒绝原假设 H_0 时,就接受备择假设 H_1。

样本数据是带有随机性的,根据一个样本而做出拒绝或接受某一假设的决定,难免有犯错误的可能。如果假设 H_0 为真,我们予以拒绝而接受备择假设 H_1,这种错误称为第一类错误（拒真）;反之,如果假设 H_0 为伪,我们予以接受而拒绝备择假设 H_1,这种错误称为第二类错误（存伪）。这里所谓"拒真"和"存伪"均对原假设而言。习惯上犯第一类错误的概率用 α 表示,犯第二类错误的概率用 β 表示。我们在制订检验计划时,希望 α 和 β 都比较小。然而这二者是互相矛盾的,要压小 α,就必然使 β 增大。下面举一例说明。

【例 5-1】　在同样长的时间内测出样品计数为 C_{S+B}（包括本底在内）,本底计数为 C_B。现在要判断 C_{S+B} 至少应当比 C_B 大多少才能判断样品含有放射性,而误判的概率不致超过预定的 α（例如,$\alpha = 0.05$）。

令 $X = C_{S+B} - C_B$,它是一个服从 $N(0,1)$ 分布的随机变量,μ 是 X 的期望值,即样本放射性的真值;σ 是标准差,其数值未知,但可以用 $\sqrt{C_{S+B} - C_B}$ 作为它的估计值,即我们提出下列假设：

原假设：$\mu = 0$（即样品不含放射性）；

备择假设：$\mu > 0$（即样品含有放射性）。

图 5.1.8 中的两条曲线是这两种情形下 X 的分布密度曲线。对于 $\alpha = 0.05$，我们可以定出一个 X_α 作为分界线。若观测值 $X \geqslant X_\alpha$，则接受 H_0，拒绝 H_1。

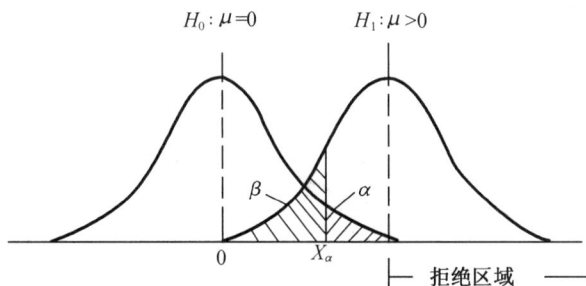

图 5.1.8 X 的分布密曲线

（在 $\mu = 0$ 和 $\mu > 0$ 的两种情形下）

由于放射性测量的随机误差，即使 $\mu = 0$，X 的观测值也会偏离 0 值而随机地涨落，但是 $X \geqslant X_\alpha$，X 的概率很小，只有 0.05。现在一次观测中竟然遇到了 $X \geqslant X_\alpha$，这是不大可能的（当然不是绝对不可能），我们有理由怀疑 $\mu = 0$ 这一假设的正确性，而予以拒绝。做出这种判断有犯错误的可能，但误断的概率不会大于 $\alpha = 0.05$，这就是第一类错误。如果样品确实含有放射性（即 $\mu > 0$），X 的观测值由于其随机性也有可能落在 X_α 以下，致使我们错误地认为 $\mu = 0$，做出这种错误判断的概率为 β，这就是第二类错误。由此可见，预定了 α 值，β 就不能任意指定。β 值的大小，取决于预定的 α 值和样品实际所含的放射性。要压小 α，相当于把 X 点向右移动，将使 β 增大。α 值的选择视具体问题而定。例如，在检验食品的放射性污染时，为了安全起见，宁可让 α 较大而压小 β，即宁可把"清洁"误认为"污染"，而不要把"污染"误认为"清洁"。

应当注意，拒绝区域有"单侧"和"双侧"之分，要看什么样的备择假设而定。例如，应用式（5.1.14）所定义的 u 统计量来检验总体期望值 μ 的假设时，有图 5.1.9 所示的三种情形。其他统计量的应用亦类同。如图 5.1.9 看出，统计检验有两类：第一类是专门检验 μ 是否显著地大于（或小于）μ_0，否定为 $\mu > \mu_0$（或 $\mu < \mu_0$）；第二类是只关心 μ 是否等于已知值 μ_0，至于二者究竟哪个大，对所研究的问题并不重要，其原假设为 $\mu = \mu_0$，否定假设为 $\mu \neq \mu_0$。前者应采用单侧检验，后者用双侧检验。

常用 α 及其对应的 u_α 值和 $u_{\alpha/2}$ 值如下：

$\alpha = 0.05$ $\quad u_{0.05} = 1.64$ $\quad u_{0.025} = 1.96$

$\alpha = 0.01$ $\quad u_{0.01} = 2.33$ $\quad u_{0.005} = 2.58$

5.1.4.2 显著性检验与显著性水平

所谓"显著性检验"是只提出一个原假设，不提备择假设，当样本给出的统计量值落在临界值以上时，拒绝原假设，落在临界值以下时，采取保留态度，而只做如下结论样本数据与原假设没有显著的差异，不足以否定原假设。上述的犯第一类错误的概率 α，在此称为"显著性水平"。

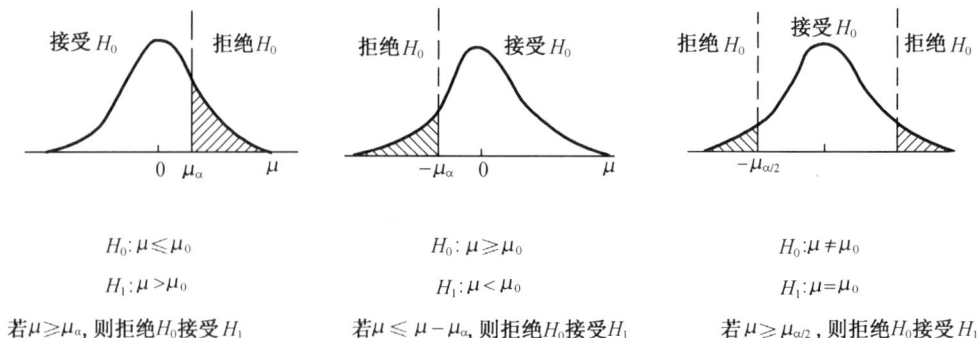

图 5.1.9　各种备择假设情况下临界区域

显著性检验可以是关于总体参数的检验，也可以是关于分布类型的检验（又叫"吻合度"检验）。在进行关于总体参数的显著性检验时，其步骤如下：在总体分布类型已知的条件下，提出关于总体参数的某一个假设，然后选择一个适当的统计量，例如 u,t,x^2 和 F 统计量等，进行检验。现以 t 统计量为例说明显著性检验的原理。

t 统计量与自由度 df 有关。对于预定的 α，可以从 t 分布函数找出一个相应的 $t_{\alpha/2,\mathrm{df}}$ 值，使随机变量 t 落在区间 $(-t_{\alpha/2,\mathrm{df}}, t_{\alpha/2,\mathrm{df}})$ 以外的概率为 α，即

$$P\left[\,|t| > t_{\alpha/2,\mathrm{df}}\right] = 1 - \int_{t_{\alpha/2,\mathrm{df}}}^{t_{\alpha/2,\mathrm{df}}} f(t)\,\mathrm{d}t = \alpha \qquad (5.1.20)$$

然后根据样本数据算出 t 值，如果 $|t|$ 大于 $t_{\alpha/2,\mathrm{df}}$ 则在"α 的显著性水平上"拒绝原假设。做出这样的决定有 5% 的机会犯错误。结论是：样本与原假设有"显著"差异。统计工作者习惯上把显著性分为三等：

$\alpha > 0.05$　　　　　　差异不显著

$0.05 \geqslant \alpha > 0.01$　　　　差异显著

$\alpha \leqslant 0.01$　　　　　　差异非常显著

与此相应，$(1-\alpha)$ 称为置信水平，它表示可以有多大的把握去否定一个假设。

5.1.4.3　测量结果的统计检验实例

1. 总体均值与一已知值相等的统计检验

这种统计检验常用来比较测量值的总体均值与一已知值之间是否存在差异。当已知值为真值时，亦可发现测量中是否存在系统误差。根据总体方差已知或未知，检验方法可分为 u 检验法和 t 检验法。

（1）u 检验法

【例 5-2】　某实验室用新建立的放射化学法测定标准土壤中的 $^{239}\mathrm{Pu}$，已知土壤中 $^{239}\mathrm{Pu}$ 含量为 4.47 Bq/g，用该法测定 5 次，得平均值为 4.364 Bq/g。若该方法在相应水平的总体标准差 $\sigma = 0.108$ Bq/g，取 $\alpha = 0.05$，该分析中是否存在系统误差？

【已知】　$\mu_0 = 4.47$ Bq/g，$\sigma = 0.108$ Bq/g，$\bar{x} = 4.364$ Bq/g，$n = 5$，$\alpha = 0.05$。

【问题】　该分析中是否存在系统误差？

【求解】　这是一个单总体 u 检验问题，而且问题是"μ 是否等于 μ_0"，故属于双侧检验。计算统计量：

$$u = \frac{|\bar{x} - \mu_0|}{\sigma/\sqrt{n}} = \frac{|4.364 - 4.47|}{0.108/\sqrt{5}} = 2.19$$

由 5.1.4.1 章节常用的 α 及其对应的 u_α 值和 $u_{\alpha/2}$ 值可知 $u_{\alpha/2} = u_{0.025} = 1.96$，$u = 2.19 > 1.96$，故否定原假设 $H_0 : \mu = \mu_0$，即 $\mu \neq 4.47$ Bq/g。

【结论】 该分析中存在系统误差(置信水平 95%)。

（2）t 检验法

在多数情况下，测量值的总体方差是未知的。因此，通常用样本方差 S^2 来估计总体方差 σ^2。这时相应的检验方法不能用 u 检验法而应采用 t 检验法。

【例 5-3】 已知某地土壤样品的铀含量(μg/g)近似正态分布，且由大量本底调查数据得知该地土壤中铀含量的平均水平为 1.23 μg/g，现欲了解目前水平是否等于或大于以往本底水平，在该地区于规定时间随机取土壤样品 20 个，用例行方法测得 $\bar{x} = 1.35$ μg/g，$S = 0.24$ μg/g，试进行显著性检验(取 $\alpha = 0.05$)。

【已知】 $\mu_0 = 1.23$ μg/g，$\bar{x} = 1.35$ μg/g，$S = 0.24$ μg/g，$n = 20$，$\alpha = 0.05$。

【问题】 试进行显著性检验。

【求解】 这是一个单总体 t 检验问题，而且问题是涉及"μ 是否大于 μ_0"的单侧检验。原假设 $H_0 : \mu \leq \mu_0$。计算统计量 t：

$$t = \left| \frac{\bar{x} - \mu_0}{S/\sqrt{n}} \right| = \left| \frac{1.35 - 1.23}{0.24/\sqrt{20}} \right| = 2.24$$

给定 $\alpha = 0.05$，自由度为 19 时，查 t 表(附录 A 表 A.3)可得 $t_{\alpha(19)} = 1.729$。本例中，因为 $t > 1.729$，故拒绝 $\mu \leq \mu_0$ 的假设。

【结论】 目前该地土壤中铀含量的水平显著地大于以往的本底水平(置信水平 95%)。

2. 两总体均值之差等于一已知值和两总体均值相等的统计检验

这种统计检验方法常用来比较不同条件下的两组测量数据之间是否存在差异，或差异是否等于已知值 d。根据总体方差已知或未知，检验方法可分为 u 检验法和 t 检验法。

（1）u 检验法

【例 5-4】 有两大瓶制备好的茶叶样品 1 号和 2 号，经 4 次分析 1 号瓶中的 ^{90}Sr 含量，得平均值 $\bar{x}_1 = 66.64$ Bq/kg，经 6 次分析 2 号瓶中的 ^{90}Sr 含量，得平均值 $\bar{x}_2 = 66.6$ Bq/kg。已知两样品的标准差与总体标准差 $\sigma = 0.061$ Bq/kg 无显著性差别。问 1 号和 2 号茶叶 ^{90}Sr 样品是同一种茶叶分装在两个瓶里，还是两种不同的茶叶样品？（令 $\alpha = 0.05$）

【已知】 $\bar{x} = 66.64$ Bq/kg，$n_1 = 4$；$\bar{x}_2 = 66.6$ Bq/kg，$n_2 = 6$；$\sigma_1 = \sigma_2 = \sigma = 0.061$ Bq/kg；$\alpha = 0.05$。

【问题】 1 号和 2 号茶叶是同一种茶叶还是两种不同的茶叶样品？

【求解】 本问题是要检验两个平均值有无显著性差别，即检验 $\mu_1 = \mu_2$。

解 本问题是要检验两个平均值有无显著性差别，即检验 $\mu_1 = \mu_2$。

由于总体标准差 σ 已知且保持不变，于是样本平均值 $\bar{x}_1$ 的方差等于 σ^2/n_1，$\bar{x}_2$ 的方差为 σ^2/n_2。两平均值之差的方差为

$$\sigma(x_1 - x_2) = \sqrt{\frac{\sigma^2}{n_1} + \frac{\sigma^2}{n_2}} = 0.039\,4$$

所以在比较两个平均值时，统计量 u 的计算公式为

$$\mu = \frac{|\bar{x}_1 - \bar{x}_2|}{\sqrt{\frac{1}{n_1} + \frac{1}{n_2}}} = \frac{|66.64 - 66.6|}{0.061\sqrt{\frac{1}{4} + \frac{1}{6}}} = 0.93$$

令 $\alpha = 0.05$，则 $u_{\alpha/2} = u_{0.025} = 1.96$。在本例中，因为 $|u| < 1.96$，所以接受原假设，即两瓶茶叶样品没有显著性差别。

【结论】 没有理由认为这两瓶所装的不是同一种茶叶。

（2）t 检验法

在大多数情况下测量值的总体方差 σ_1^2 和 σ_2^2 是未知的，只能用样本方差 S_1^2 和 S_2^2 来估计 σ_1^2 和 σ_2^2。这时相应的检验方法不能用 u 检验法而应采用 t 检验法。在总体方差齐性的情况下进行两个样本均值的比较，必须用式（5.1.15）计算 t 统计量。

【例 5-5】 例 5-3 中的 1.23 μg/g 不是由大量本底调查数据得来的，而只是一批取样测定的结果，例如再取样 22 个，$\bar{x} = 1.23$ μg/g，$S = 0.25$ μg/g。试进行显著性检验。

【已知】 $\bar{x}_1 = 1.35$ μg/g，$S_1 = 0.24$ μg/g，$n_1 = 20$；$\bar{x}_2 = 1.23$ μg/g，$S_2 = 0.25$ μg/g，$n_1 = 22$；$\alpha = 0.05$。

【问题】 进行显著性检验。

【求解】 这时该问题变为双总体 t 检验问题。由于总体方差齐性，按式（5.1.15）计算 t 统计量：

$$t = \frac{1.35 - 1.23}{\sqrt{\frac{(22-1) \times 0.25^2 + (20-1) \times 0.24^2}{22 + 20 - 2}\left(\frac{1}{20} + \frac{1}{22}\right)}} = 1.58$$

由附录 A 表 A.3 查得 $t_{\alpha/2, 40} = t_{0.025, 40} = 2.021$。本例中，因为 $t < t_{0.025}$，所以 $\mu_1 = \mu_2$。

【结论】 尚不能认为目前土壤中铀含量水平不同于原有水平。

【例 5-6】 某年某单位在 A 和 B 两个采样点上随机收集大气自然沉降物样品 25 个（自然沉降天数为 7 天）。测量样品的 α 放射性活度（Bq/m² · d）。两批数据经检验均遵从正态分布，其算术平均值和标准差分别为：

采样点 A　$\bar{n}_1 = 25$，$\bar{x}_1 = 0.8880$ Bq/m² · d，$S_1 = 0.4810$ Bq/m² · d；

采样点 B　$\bar{n}_2 = 25$，$\bar{x}_2 = 0.6179$ Bq/m² · d，$S_2 = 0.2849$ Bq/m² · d。

试比较 A 和 B 上大气自然沉降物的 α 放射性活度的平均水平有无显著性差别（双侧检验，取 $\alpha = 0.05$）。

【已知】 $n_1 = 25$，$\bar{x}_1 = 0.8880$ Bq/m² · d，$S_1 = 0.4810$ Bq/m² · d；$n_2 = 25$，$\bar{x}_2 = 0.6179$ Bq/m² · d，$S_2 = 0.2849$ Bq/m² · d；$\alpha = 0.05$。

【问题】 进行显著性检验。

【求解】 首先检验总体方差是否相等，即 $\sigma_1^2 = \sigma_2^2$。按式（5.1.18）得：

$$F = (0.4810)^2 / (0.2849)^2 = 2.8504$$

双侧检验：由附录 A 表 A.4 查 F 检验的临界值表中 $F_{\alpha/2}$，当自由度 $df_1 = df_2 = 24$ 时，$F_{0.025} = 2.269$。本例中，因为 $F > F_{0.025}$，所以拒绝 $\sigma_1^2 = \sigma_2^2$ 的假设，即不具备方差齐性的条件。故不能用公式（5.1.15）计算 t 值，而应改用 Aspin-Welch 检验公式：

$$t = \frac{|\bar{x}_1 - \bar{x}_2|}{\sqrt{\frac{S_1^2}{n_1} + \frac{S_2^2}{n_2}}} \tag{5.1.20}$$

t 分布的自由度为

$$df = \frac{1}{k^2/(n_1 - 1) + (1 - k)^2/(n_2 - 1)} \tag{5.1.21}$$

式中

$$k = \frac{S_1^2/n_1}{S_1^2/n_1 + S_2^2/n_2} \tag{5.1.22}$$

在本例中

$$\bar{x}_1 = 0.888\ 0, S_1^2/n_1 = (0.481\ 0)^2/25 = 9.254\ 4 \times 10^{-3}$$
$$\bar{x}_2 = 0.617\ 9, S_2^2/n_2 = (0.284\ 9)^2/25 = 3.246\ 7 \times 10^{-3}$$

分别算得

$$t = \frac{0.888\ 0 - 0.617\ 9}{\sqrt{(9.254\ 4 + 3.246\ 7) \times 10^{-3}}} = 2.416$$

$$k = \frac{9.254\ 4 \times 10^{-3}}{(9.254\ 4 + 3.246\ 7) \times 10^{-3}} = 0.74, 1 - k = 0.26$$

$$df = \frac{1}{(0.74)^2/24 + (0.26)^2/24} = 39$$

查附录 A 表 A.3,t 分布的双侧分位数表,当 df = 39 时,$t_{0.025} = 2.023$。本例中,因为 $t > t_{0.025}$,所以拒绝原假设 $\mu_1 = \mu_2$。

【结论】 两采样点上的平均水平差别显著(置信水平 95%)。

【例 5-7】 两个实验室共同分析了 9 批样品,分析是成对进行的,如表 5.1.2 所示。试比较两个实验室之间的结果有无差异。(取 α 为 0.05)

【已知】 $\bar{x}_A = 92.21$ Bq/kg,$\bar{x}_B = 92.54$ Bq/kg,$S_d = 0.432$ Bq/kg,$n = 9$;$\alpha = 0.05$。

【问题】 两个实验室之间的结果有无差异?

【求解】 在成对比较的情况下,不采用通常的双总体 t 检验公式,而采用下述专用公式:

$$t = \frac{|\bar{x}_1 - \bar{x}_2|}{S_d/\sqrt{n}} \tag{5.1.23}$$

式中 S_d——成对数据之差值的标准差。

采用公式(5.1.23)计算得:

$$t = \frac{92.54 - 92.21}{0.432/\sqrt{9}} = 2.29$$

当 df = 8 时,查附录 A 表 A.3,$t_{0.05} = 2.31$。本例中,因为 $t < t_{0.05}$,故以 95% 置信水平接受 $\mu_A = \mu_B$ 的假设。

【结论】 两个实验室之间的结果存在显著性差异。

表 5.1.2　实验结果的成对比较　　　　　　　　　　　　　　单位：Bq/kg

批数	实验室 A	实验室 B	$A-B$
1	93.08	92.97	0.11
2	92.59	92.85	−0.26
3	91.36	91.86	−0.50
4	91.60	92.17	−0.57
5	91.91	92.33	−0.42
6	93.49	93.28	0.21
7	92.03	93.20	−1.17
8	92.80	92.70	0.10
9	91.03	91.50	−0.47

3. 总体方差的统计检验

（1）两总体方差相等的统计检验——F 检验法

这种统计检验方法常用来比较不同条件下测量的两组数据是否具有相同的精确度。在两总体均值相等（或其差等于一已知值）的检验中，如总体方差未知时，先检验两总体方差是否相等，然后才能决定采用(5.1.20)式还是用 Aspin-Welch 检验法比较两总体均值的差异 F 检验法的实例可参见例 5-5，本处从略。

（2）总体方差与一已知值相等的统计检验——χ^2 检验法

当已知值为某一确定的精确度指标时，利用这一检验可以判断测量能否达到预定的精确度。在放射性测量工作中，也可利用这一检验来判断样本数据所呈现的分布类型与原假设的泊松分布类型是否吻合，从而检查测量仪器工作是否正常。

【例 5-8】　已知某反应堆一回路水中 ^{60}Co 的浓度在正常情况下服从正态分布 $N(\mu, \sigma)$，其中 $N=14.05$ Bq/L，$\sigma=0.48$ Bq/L，某班化验员测得浓度（Bq/L）为：13.2,15.5,13.6,14.0,14.4,试问该班分析情况是否正常？（若取 $\alpha=0.05$）

【已知】　$\alpha=0.05$，按题中测量数据统计得：$\bar{x}=14.14$ Bq/L，$S=0.882$ Bq/L。

【问题】　该班分析情况是否正常？

【求解】　按式(5.1.17)计算计量 χ^2：

$$\chi^2 = \frac{(n-1)S^2}{\sigma_0^2} = \frac{(5-1)(0.882)^2}{(0.48)^2} = 13.44$$

若取 $\alpha=0.05$，自由度 df$=n-1=4$ 时，查附录 A 表 A.2，χ^2 分布的临界值为

$$\chi^2_{1-\alpha/2}(\mathrm{df}) = \chi^2_{0.975}(4) = 0.484$$

$$\chi^2_{\alpha/2}(\mathrm{df}) = \chi^2_{0.025}(4) = 11.14$$

【结论】　在本例中，因为 $\chi^2 > \chi^2_{\alpha/2}$，所以否定 $\hat{\sigma}=\sigma$，即样本标准差已显著地变大了（置信度 95%）。表明该班分析结果不正常。

【例 5-9】　按 G-M 计数器测量长寿命放射性样品，测量 6 次 5 min 的计数，结果如表 5.1.3 所示。试检验测量数据是否符合泊松分布（实际目的是要检验计数器的工作是否正常）。

表 5.1.3　G-M 计数器测量结果

试验序号	x_i(计数/5 min)	$x_i - \bar{x}$	$(x_i - \bar{x})^2$
1	242	−2	4
2	241	−3	9
3	249	5	25
4	246	2	4
5	236	−8	64
6	250	6	36

$$\sum x_i = 1\,464 \qquad \sum (x_i - \bar{x}) = 0 \qquad \sum (x_i - \bar{x})^2 = 142$$

【已知】　$n=6$。

【问题】　测量数据是否符合泊松分布？

【求解】　依据表 5.1.3，可以计算出：

$$\bar{x} = \frac{1\,464}{6} = 244$$

根据式(5.1.16)

$$\chi^2 = \sum_{i=1}^{n} \left(\frac{x_i - \bar{x}}{\sigma_i} \right)^2$$

如果计数服从泊松分布，则 $\sigma_i = \sigma$，可以用 $\sqrt{\bar{x}}$ 代替，因此，可以做出统计量并提出下列假设：

$$\chi^2 = \sum_{i=1}^{n} \left(\frac{x_i - \bar{x}}{\sqrt{\bar{x}}} \right)^2$$

原假设 $H_0 : \sigma = \sqrt{\bar{x}}$（相当于说，计数服从泊松分布）；

备择假设 $H_1 : \sigma > \sqrt{\bar{x}}$，或 $\chi^2 \geqslant \chi^2_{\alpha/2,\mathrm{df}}$，拒绝 H_0；

$\quad H_2 : \sigma < \sqrt{\bar{x}}$，若 $\chi^2 \leqslant \chi^2_{1-\alpha/2,\mathrm{df}}$，拒绝 H_0。

从样本数据算出：

$$\chi^2 = \sum_{i=1}^{6} \left(\frac{x_i - \bar{x}}{\sqrt{\bar{x}}} \right)^2 = \frac{142}{244} = 0.58$$

取 $\alpha = 0.05$，自由度 $\mathrm{df} = n-1 = 5$ 时，从附录 A 表 A.2 查出：

$$\chi^2_{1-\alpha/2}(\mathrm{df}) = \chi^2_{0.975}(5) = 0.831$$

$$\chi^2_{\alpha/2}(\mathrm{df}) = \chi^2_{0.025} = 12.83$$

【结论】　本例中，因为 $\chi^2 < \chi^2_{1-\alpha/2}$，所以否定原假设 H_0，接受备择假设 H_1，即计数管工作不正常。这是因为，在正常情况下，各次试验所得的计数 x_i 应该围绕平均值 $\bar{x}$ 而有相当幅度的波动，因而 χ^2 值也有相当的波动（$0.831 \sim 12.83$）。但是现在 $\chi^2 = 0.58$，大约只有 0.01 的概率，我们有理由怀疑原假设而予以拒绝。乍看起来该计数管的"重复性"很好，每次试验得出的计数没有较大的波动，实际上这反而是不正常的。它说明各结果已经过"挑选"，或者发生了影响读数随机性的过程。

（3）多个总体方差相等的统计检验

当有两个以上的方差需要比较时，可以用 F 检验法检验这些方差中最大方差与最小方差，如果没有显著性差异，介于两者之间的那些方差自然也不会有显著性差异，因而整组的方差可以认为属于一个总体。当各样本的自由度相等时也可用 Cochran 最大方差检验法。

设有 L 组测定值，每组 n 次测定的标准差分别为 $S_1, S_2, \cdots, S_i, \cdots, S_L$，其中最大者记为 $S_{\max}$。为检验统计假设 $H_0: \sigma_1^2 = \sigma_2^2 = \cdots = \sigma_L^2 = \sigma^2$。

计算统计量 C：

$$C = S_{\max}^2 / \sum_{i=1}^{L} S_i^2 \tag{5.1.25}$$

根据给定的 α, L 和 n（或自由度 df $= n-1$），由 Cochran 最大方差检验临界值表查出临界值 C_α。若 $C > C_\alpha$，则否定 H_0，即认为 $S_{\max}^2$ 所估计的方差明显大于其他方差。若 $C \leqslant C_\alpha$，则不否定 H_0，即各样本方差之间无显著差异。

【例 5-10】 6 个实验室分析同一样品，各实验室进行 5 次测定的标准差（Bq/kg）分别为 0.84, 1.30, 1.48, 1.67, 1.97, 2.17。检验各实验室的测定值是否等精确度（给定 $\alpha = 0.05$）。

【已知】 $S_{\max} = 2.17$ Bq/kg，$\alpha = 0.05, L = 6, n = 5$。

【问题】 各实验室的测定值是否等精确度？

【求解】

$$C = \frac{2.17^2}{0.84^2 + 1.30^2 + \cdots + 2.17^2} = \frac{4.708\ 9}{15.287\ 9} = 0.308$$

根据已知条件，查表得 $C_0 = 0.480$。

【结论】 在本例中，因为 $C < C_{0.05}$，所以 6 个实验室的测定值为等精确度。

5.2 实 验 误 差

5.2.1 一些基本概念

在开始讨论实验误差之前，需要对误差、不确定度和偏差等名词术语进行严格而清晰的定义。对于误差这个词，在平常的文献上其含义不尽一致。一类意见是把误差看作实验结果与真值之间的差，而另一类意见则把结果的误差看作为结果的不确定度，即放到±号后面的数字。此外，还有人把误差理解为偏差或测量和计算的错误等。为了避免混乱，下面分别讨论它们的含义。

（1）某量值的误差定义为该量值的测量值与其客观存在的真值之差，即

误差＝测量值－真值

真值是客观的和唯一的，但一般是未知的。在实用上，真值通常包括：

①理论真值，例如三角形内角之和等于 180°。

②约定真值，由国际计量大会定义的国际单位制，由基本单位、辅助单位和导出单位组成。

③标准器或标准物质的相对值，当高一级标准器和低一级标准器或普通仪器相比，其误差比为 1/5（或 1/3～1/20）时则前者可视为后者的相对真值。

（2）偏差定义为测量值与算术平均值之差。它反映数据之间的离散程度。通常人们以平均值代替真实值计算误差，严格说来应称作偏差。实际测量工作中，也常常将两组相互

对比数据平均值之差称为偏差,以反映两组数据之间的偏离程度。

对一个样品重复测定 n 次,测得 $X_1, X_2, X_3, \cdots, X_n$,若 n 为无限大,则单次测定的标准误差 σ 用下式计算:

$$\sigma = \sqrt{\frac{\sum\limits_{i=1}^{n} (X_i - \mu)^2}{n}} \tag{5.2.1}$$

式中　μ——无限次测量的平均值,是 $\overline{X}$ 的数学期望值。

当 n 为有限数时,可用下式计算 σ 的估计值 S:

$$S = \sqrt{\frac{\sum\limits_{i=1}^{n} (X_i - \overline{X})^2}{n-1}} \quad 或 \quad S = \left[\frac{n\sum\limits_{i=1}^{n} X_i^2 - (\sum\limits_{i=1}^{n} X_i)^2}{n(n-1)} \right]^{\frac{1}{2}} \tag{5.2.2}$$

式(5.2.2)的后面一个式子适合于计算机计算。实际上 S 是上一节所述的样本的标准差。从总体中随机抽取的样本越大,S 与它的期望值越接近。

误差通常又分为绝对误差和相对误差。绝对误差是指测量值与比较值之差。而相对误差是指绝对误差与比较值之比值,即

$$绝对误差=测量值-比较值$$
$$相对误差=绝对误差/比较值≈绝对误差/测量值$$

上述的比较值可以是真值或算术平均值。标准误差和标准差都属于绝对误差。相对标准差属于相对误差。相对标准差又叫作变异系数。

正如上面所说,准确的真值是不可知的,所以误差也是不能准确地获知的。然而,常常可以依据某些信息对误差的绝对值估计出一个上界值 U,即

$$U = S_{up} |\Delta x| \tag{5.2.3}$$

或

$$|\Delta x| = |X - \mu| < U \tag{5.2.4}$$

这个上界值 U 通常称为不确定度,即估计出来的一个总误差限。不确定度反映和表达测量结果的可靠性,它总是和置信限相联系。有关测量结果的不确定度与置信限的估计问题将在下文进行讨论。

5.2.2　误差的分类

按性质分,误差大致有三类:随机误差、系统误差和粗大误差。

在相同条件下多次测量同一量时,所得误差的绝对值和正负符号均以不可预定的方式变化着,但从总体上却具有统计规律性,这种误差叫作随机误差。过去常称为"偶然误差"或不确定误差。随机误差通常服从正态分布,有时服从均匀分布。在服从正态分布时,随机误差常以标准误差 σ(均方根误差)表示,早期文献中也用或然误差表示的。

当被测真值 $\mu = X \pm \sigma$ 和 $\mu = X \pm 2\sigma$ 时,意味着区间 $[X-\sigma, X+\sigma]$ 和 $[X-2\sigma, X+2\sigma]$ 内包含被测真值的概率分别为 68.3% 和 95.5%,如图 5.2.1 所示。

在放射性测量中,计数服从泊松分布。但是实际上均值 $m \geq 20$ 的泊松分布已经很接近于期望值 μ 和方差 σ^2 都是 m 的正态分布。

当单次测量计数为 N 时,可用 N 作为 μ 的估计值和用 $\sqrt{N}$ 作为 σ 的估计值;故单次测量

数据可表示为 $N\pm\sqrt{N}$，这意味着在区间 $[N-\sqrt{N},N+\sqrt{N}]$ 内包含被测真值的概率为 68.3%。

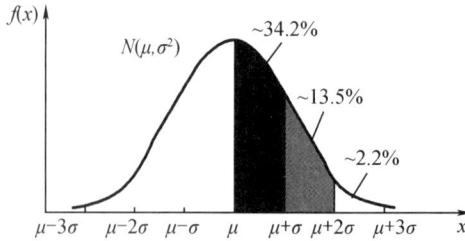

图 5.2.1　正态分布曲线

在相同条件下多次测量同一量时，误差的绝对值和符号保持恒定，或者在条件改变时按一定规律变化的误差，称为系统误差。系统误差明显地具有方向性。例如，在放射化学分析时样品在预处理过程中被沾污或者损失。加入的载体和待测核素之间同位素交换不完全，使用校准不准的计数器等均可引起系统误差。系统误差可通过实验用适当的修正值予以减少或者消除。

明显地歪曲测量结果的误差称为粗大误差，又叫作过失误差或者粗差。例如分析中不按照标准程序操作擅自改变测量条件、读错、记错等，均可引起粗大误差。粗大误差获得的异常值通常可经统计方法（如格拉布斯和狄克逊法）检验后加以剔除。

上述三类误差在实际测量中常常同时并存，很难区分。人们有时会把某些掌握不好的具有复杂规律的系统误差看作随机误差，随着人们对误差认识的加深又可以将其澄清而加以适当的处理。因此随机误差和系统误差之间并不存在着不可逾越的界限，在一定条件下它们可以向着其相反的方面转化。

5.2.3　误差的传递

放射性测量一般不是一个简单的直接测定，而是测定几个独立量，再通过一定的关系式计算出测定的结果。例如用放射性化学方法测定水中某核素的浓度时，需要用计数器分别测量（样品+本底）和本底的计数率 $N_{s+h}/t_{s+h}(\min^{-1})$ 和 $N_b/t_b(\min^{-1})$；测量水样的体积 V（L），计数器对该核素的探测效率 E 以及化学回收率 R。如果在分析过程中核素具有放射性衰减，还要进行衰变因子 $e^{-\lambda t}$ 的校正，最后用以下公式（5.2.5）计算出以 Bq/L 为单位的放射性浓度 A_V：

$$A_V = \frac{N_{s+h}/t_{s+h} - N_b/t_b}{60VERe^{-\lambda t}} \qquad (5.2.5)$$

式中　60——时间转换系数，即 1 min＝60 s。

显然，N_{s+h}，N_b，t_{s+h}，t_b，V，E，R 的误差会影响 A_V 的误差。随机误差和系统误差在分析过程中传递方式是不同的。

5.2.3.1　随机误差传递的一般公式[5-6]

随机误差的传递公式是以下面三个基本假设为前提的：

(1)各直接观测量彼此互不相关；

(2)各直接观测量的标准差都是最小的，且服从正态分布；

(3)间接观测量的误差是各直接观测量 X_i 的误差的线性函数，且各偏微分 $\frac{\partial f}{\partial x_i}$ 都是连续的。

若用 σ_y^2 代表间接测量值 y 的方差，用 $\sigma_1^2,\sigma_2^2,\cdots,\sigma_n^2$ 分别代表各直接观测量 $X_1,X_2,\cdots,$

X_n 的方差,在一般情况下:

$$y = f(X_1, X_2, \cdots, X_n) \tag{5.2.6}$$

则

$$\sigma_y^2 = \left(\frac{\partial f}{\partial x_1}\right)^2 \sigma_{x_1}^2 + \left(\frac{\partial f}{\partial x_2}\right)^2 \sigma_{x_2}^2 + \cdots + \left(\frac{\partial f}{\partial x_n}\right)^2 \sigma_{x_n}^2 \tag{5.2.7}$$

例如:平均值 $\overline{X} = 1/n \sum\limits_{i=1}^{n} X_i$,$X_i$ 为直接观测量,它们的标准差为 S,则可从式(5.2.7)导出平均值的标准差(又称标准误)的计算公式:

$$S_X = S/\sqrt{n} \tag{5.2.8}$$

又如式(5.2.5)中的分子,实际上为样品的净计数率 n_s。N_{s+b} 和 N_b 为直接测量值,其标准差分别为 $\sqrt{N_{s+b}}$ 和 $\sqrt{N_b}$,可从式(5.2.7)导出净计数率的标准差的计算公式:

$$S_s = \sqrt{\frac{N_{s+b}}{t_{s+b}^2} + \frac{N_b}{t_b^2}} = \sqrt{\frac{n_s}{t_c} + \frac{n_b}{t_b}} \tag{5.2.9}$$

5.2.3.2 确定性误差传递的一般公式

对于能掌握其数值(包括符号)的确定性误差,例如恒定性系统误差,其传递的一般公式和上述式(5.2.7)是不同的,间接测量值的总误差是诸项直接测量值误差的代数和:

$$S_y = \frac{\partial f}{\partial x_1}\delta X_1 + \frac{\partial f}{\partial x_2}\delta X_2 + \cdots + \frac{\partial f}{\partial x_n}\delta X_n \tag{5.2.10}$$

将误差传递公式总结在表5.2.1中。

表 5.2.1 误差传递公式

间接测量值的计算式	随机误差	确定性误差
$y = x_1 + x_2$	$\sigma_y^2 = \sigma_{x_1}^2 + \sigma_{x_2}^2$	$\delta y = \delta x_1 + \delta x_2$
$y = x_1 - x_2$	$\sigma_y = \sigma_{x_1}^2 + \sigma_{x_2}^2$	$\delta y = \delta x_1 + \delta x_2$
$y = x_1 \cdot x_2$	$\left(\dfrac{\sigma_y}{y}\right)^2 = \left(\dfrac{\sigma_{x_1}}{x_1}\right)^2 + \left(\dfrac{\sigma_{x_2}}{x_2}\right)^2$	$\dfrac{\delta y}{y} = \dfrac{\delta x_1}{x_1} + \dfrac{\delta x_2}{x_2}$
$y = \dfrac{x_1}{x_2}$	$\left(\dfrac{\sigma_y}{y}\right)^2 = \left(\dfrac{\sigma_{x_1}}{x_1}\right)^2 + \left(\dfrac{\sigma_{x_2}}{x_2}\right)^2$	$\dfrac{\delta y}{y} = \dfrac{\delta x_1}{x_1} + \dfrac{\delta x_2}{x_2}$
通式 $y = f(x_1, x_2, \cdots, x_n)$	$\left(\dfrac{\sigma_y}{y}\right)^2 = \sum\limits_{n=1}^{N} \left(\dfrac{\partial f}{\partial x_n}\right)^2 \sigma_{x_n}^2$	$\delta y = \sum\limits_{n=-1}^{N} \dfrac{\partial f}{\partial x_n}\delta x_n$

5.2.3.3 测量结果总不确定度的估计

当只存在确定性误差(系统误差)时,误差的大小即可判断测量结果的可靠性。在另一极端情况下,当只存在随机误差时,从标准差的大小,也不难对测量结果的可靠性做出评定。但是当系统误差与随机误差同时并存时,评定一个测量结果的可靠性是一件相当复杂的事。统计学家与测量学家一直在寻找合适的术语来正确表达测量结果的可靠性。近十多年来,人们感到"误差"一词的词意较为含糊,因而用随机不确定度和系统不确定度分别取代了随机误差和系统误差。

在 5.2.1 中已经指出,测量结果的不确定度就是误差 $|\Delta|$ 的上界 U。在这个意义上,不确定度与误差极限是同义语。但是,通常我们不能得出 U 的准确值。只能做出一个估计:$|\Delta| \le U$ 的概率 P_U 是多少。在这个意义上,不确定度 U 与概率为 P_U 的置信限是同义语。

总不确定度是系统不确定度与随机不确定度的综合。一般是将系统不确定度的极限值和随机不确定度的99%置信限按平方和根法合并,即

$$U = \sqrt{\delta^2 + \left(t \frac{s}{\sqrt{n}}\right)^2} \qquad (5.2.11)$$

国际计量局下设的关于表达不确定度的工作组于 1980 年起草了关于表达不确定度的建议草案,并在 1981 年的国际会议上得到了大多数国家的赞同。建议草案放弃了随机不确定度和系统不确定度的传统区别,将测量结果的不确定度按其估计方法归并为 A 类不确定度和 B 类不确定度。把用统计方法计算的那些分量归为 A 类,可用方差 S_i^2(或标准差 S_i)和自由度 df 来表达;而用其他方法计算的那些分量归为 B 类,因为 B 类中也有随机性,故用 U_i^2 表达,它是假设存在的相应方差的近似估计,可像处理方差那样处理 U_i^2。因而可用方差合成的方法估计总的不确定度。必要时还可以对总的不确定度乘以类似学生(Student)分布置信系数 K,即

$$U = \sqrt{S_i^2 + U_i^2} \qquad (5.2.12)$$

或

$$U = K\sqrt{S_i^2 + U_i^2} \qquad (5.2.13)$$

这样,A 类和 B 类不确定度的含义并不完全对应于随机不确定度和系统不确定度。

5.3　数　据　处　理

5.3.1　有效数字

测量结果的记录、运算和报告必须注意有效数字。有效数字是指测量中实际能测得的数字,即表示数字的有效意义。不能随意多写位数,这样会夸大测量方法所固有的准确程度;同样,也不能把位数取得太少,这样也会影响测量结果的精确度。应当依据测量仪器和方法所具有的精确度合理地确定有效数字。一个测量结果的数值,除了起到定位作用的零以外,这个数所包含的数字都必须是有效数字。也就是说,组成这个数的数字中,除了最后一位是不确定以外,其余的数字都是可靠的。只有末位数字是可疑的。

在数的运算过程中,要遵守如下原则[3]:

(1)加减运算时,得数经修约后,小数点后面有效数字的位数应和参加运算的数中小数点后面有效数字位数最少者相同。例如 1.45+0.614 2 = 2.06。其结果与 1.45 小数点后面的有效数字位数相同。

(2)乘除运算时,得数经修约后,其有效数字的位数应和参加运算的数中有效数字位数最少者相同。例如:

$$\frac{0.44 \times 100}{10.00 \times 200} = 0.022$$

结果的有效位数和 0.44 相同。

（3）进行对数计算时，所取对数的小数点后的位数（不包含首位数）应和真数相同。例如，$-\lg(7.98\times10^{-2})\approx1.098$。

（4）进行平方、立方或开方运算时，结果有效数字的位数和原数相同，例如，$\sqrt{7.39}=2.72$。

（5）计算样本平均值时，若样本容量大于或等于4，则平均值的有效数字可比原数增加1倍。

（6）表示误差（如标准差）的数据一般只取1位数字，最多只能取2位。

（7）分析结果有效数字所能达到的位数不能超过方法的最低检测限的有效数字所能达到的位数。例如，某方法的最低检测限为 0.04 Bq/L，若报告分析结果为 0.073 Bq/L 就不合理，应该报 0.07 Bq/L。

5.3.2 数字修约

按国家标准《数值修约规则与极限数值的表示和判断》（GB/T 8170—2008）的规定进行数字修约：

（1）在拟舍弃的数字中，若左边第一个数字小于5（不包括5）时，则舍去，即所拟保留的末位数字不变。

（2）在所拟舍弃的数字中，若左边第一个数字大于5（不包括5）时，则进1，即所拟保留的末位数字加1。

（3）在拟舍弃的数字中，若左边第一个数字等于5，其右边数字并非全部为零时，则进1，即所拟保留的末位数字加1。

（4）在拟舍弃的数字中，若左边第一个数字等于5，其右边数字皆为零时，所拟保留的末位数字若为奇数则进1，若为偶数（包括"0"）则不进。

例如，将下列数字修约到只保留1位小数：

修约前	修约后	修约前	修约后
14.243 2	14.2	1.350 0	1.4
26.484 3	26.5	0.450 0	0.4
1.050 1	1.1	1.050 0	1.0

（5）拟所舍弃的数字，若为2位以上数字，不得连续进行多次修约，应根据所拟舍弃数字中左边第一个数字的大小，按上述规定一次修约去结果。

例如：15.454 6 修约成整数正确的做法是：

修约前	修约后
15.454 6	15

不正确的做法是：

修约前	一次修约	二次修约	三次修约	四次修约
15.454 6	15.455	15.46	15.5	16

5.3.3 可疑数据的取舍

可疑数据的取舍，对那些具有明显的系统误差和过失误差的数据，一旦发现应当随时剔除。但是，剔除的数据应当是少量的。如果发现剔除的数据太多，应当从测量方法上查找原因。对可疑数据的剔除,应当采用统计方法。根据不同的检验目的选择不同的方法。

(1)方差一致性检验:用 Cochran 最大误差检验法[1]。

设有 L 个实验室(L 个方差),每个实验室分析数据个数为 n,其中方差最大者为 S_{max}^2,方差和为

$$\sum_{i=1}^{L} S_i^2 = S_1^2 + S_2^2 + \cdots + S_L^2$$

统计量为

$$C_{L,n} = S_{max}^2 \bigg/ \sum_{i=1}^{L} S_i^2$$

若 $C_{(L,n)计算值} < C_{(L,n)临界值}$,则认为各实验室方差无显著性差异;反之说明这组数据精密度太低,与其他组数据存在显著性差异,应考虑舍弃或重新补作实验问题。

表 5.3.1 给出了置信概率($1-\alpha$)为 95% 的 Gochrane 检验临界值表。

表 5.3.1　Gochrane 检验临界值表

L	置信概率95%								
	n								
	2	3	4	5	6	7	8	9	10
2	0.9985	0.9750	0.9392	0.9057	0.8772	0.8534	0.8332	0.8159	0.8010
3	0.9669	0.8709	0.7977	0.7457	0.7070	0.6770	0.6531	0.6333	0.6167
4	0.9065	0.7679	0.6889	0.6287	0.5894	0.5598	0.5365	0.5175	0.5018
5	0.8413	0.6838	0.5981	0.5440	0.5063	0.4783	0.4564	0.4387	0.4241
6	0.7807	0.6161	0.5321	0.4803	0.4447	0.4184	0.3900	0.3817	0.3682
7	0.7270	0.5612	0.4800	0.4307	0.3972	0.3725	0.3535	0.3383	0.3289
8	0.6798	0.5157	0.4377	0.3910	0.3594	0.3362	0.3185	0.3043	0.2927
9	0.6385	0.4775	0.4027	0.3584	0.3285	0.3067	0.2901	0.2768	0.2659
10	0.6020	0.4450	0.3733	0.3311	0.3028	0.2822	0.2665	0.2540	0.2438
11	0.5697	0.4169	0.3482	0.3079	0.2818	0.2616	0.2467	0.2349	0.2253
12	0.5410	0.3924	0.3264	0.2880	0.2624	0.2439	0.2298	0.2187	0.2095
13	0.5152	0.3708	0.3074	0.2706	0.2462	0.2286	0.2152	0.2046	0.1959
14	0.4919	0.3517	0.2906	0.2554	0.2320	0.2152	0.2024	0.1923	0.1841
15	0.4700	0.3346	0.2757	0.2418	0.2104	0.2033	0.1911	0.1815	0.1736

(2)多个实验室内平均值一致性检验:用 Grubbs 检验法。

设 L 个实验室分析用一试样,每个实验室测定 n 次,平均值分别为 $\overline{X}_1, \overline{X}_2, \cdots, \overline{X}_i, \cdots \overline{X}_L$。若最大值和最小值分别记为 $\overline{X}_{max}, \overline{X}_{min}$,可按以下公式计算统计量 T_1 和 T_2:

$$T_1 = \frac{\overline{X}_{max} - \overline{\overline{X}}}{S_{\overline{X}}} \quad 或 \quad T_2 = \frac{\overline{\overline{X}} - \overline{X}_{min}}{S_{\overline{X}}}$$

式中　$S_{\bar{X}} = \dfrac{\sqrt{\displaystyle\sum_{i=1}^{L}(\bar{X}_i - \bar{\bar{X}})^2}}{L-1}$;

$\bar{\bar{X}} = \dfrac{\displaystyle\sum_{i=1}^{L}\bar{X}_i}{L}$。

　　将 T_1 和 T_2 的计算值和根据 L 与显著性水平从表5.3.2中查得的临界值进行比较。如果 T_1 和 T_2 的计算值 $\leqslant 5\%$ 临界值,则被检数据不属于异常值。如果计算值 $>1\%$ 临界值,则被检数据作为异常值处理。如果计算值 $>5\%$ 临界值,而同时又 $\leqslant 1\%$,则对这种数据的处理要慎重,只有找到原因后才能把它们作为异常值处理。对剔除异常值后的剩余数据继续检验。本法也适用于实验室内单个值的一致性检验。

表 5.3.2　Grubbs 检验临界值表

L	3	4	5	6	7	8	9	10	11
$T_1(0.05)$	1.153	1.463	1.672	1.822	1.938	2.032	2.110	2.176	2.234
$T_1(0.01)$	1.155	1.492	1.749	1.944	2.097	2.221	2.323	2.410	2.485
L	12	13	14	15	16	17	18	19	20
$T_1(0.05)$	2.285	2.331	2.371	2.409	2.443	2.475	2.504	2.532	2.557
$T_1(0.01)$	2.550	2.607	2.659	2.705	2.747	2.785	2.821	2.854	2.884

　　(3)实验室内单个值一致性检验:可用 Dixon 检验法或 Grubbs 检验法。Grubbs 检验法如上所述,现将 Dixon 检验法介绍如下:

　　在规定条件下对同一试样做 n 次测定,将它们从小到大排列起来,为 $X_1, X_2, \cdots, X_i, \cdots, X_{n-1}, X_n$。根据 n 的数值范围,按表5.3.3相应的公式计算统计量。

表 5.3.3　Dixon 检验法统计量计算表

n 值范围	检验统计量计算公式	
3~7	$Q_{10} = \dfrac{x_2 - x_1}{x_n - x_1}$ （或）	$Q_{10} = \dfrac{x_n - x_{n-1}}{x_n - x_1}$
8~12	$Q_{11} = \dfrac{x_2 - x_1}{x_{n-1} - x_1}$ （或）	$Q_{11} = \dfrac{x_n - x_{n-1}}{x_n - x_2}$
>13	$Q_{22} = \dfrac{x_3 - x_1}{x_{n-2} - x_1}$ （或） （检验 X_1）	$Q_{22} = \dfrac{x_n - x_{n-2}}{x_n - x_3}$ （检验 X_n）

　　将统计量的计算值和根据 n 与显著性水平从表5.3.4中查得的临界值比较,然后按照上述的 Grubbs 的判断准则决定可疑值的取舍。若发现异常值,则要对剔除异常值后剩余的数据继续检验。

表 5.3.4　Dixon 检验临界值表

显著性水平	n								
	3	4	5	6	7	8	9	10	11
0.05	0.941	0.765	0.642	0.560	0.507	0.554	0.512	0.477	0.576
0.01	0.988	0.889	0.780	0.698	0.637	0.683	0.635	0.597	0.679

显著性水平	n								
	12	13	14	15	16	17	18	19	20
0.05	0.546	0.521	0.546	1.525	0.507	0.490	0.475	0.462	0.450
0.01	0.642	0.615	0.641	0.616	0.595	0.577	0.561	0.547	0.535

5.4　检　测　下　限

5.4.1　灵敏度与检测下限的概念

在环境监测计划的制订和数据处理的过程中,监测方法的检测限是一个重要指标。然而,多年来这个术语常常与灵敏度一词混淆,给监测方法的评价和技术交流带来许多不便。

辐射监测仪器的灵敏度一般是指仪器的响应大小与被测量大小的比值。如果用不同活度(Bq)的一系列标准源用计数器测定,得到不同的计数率($\min^{-1}$)值,就可以建立一条反映 Bq-$\min^{-1}$ 函数关系的工作曲线。这条工作曲线的斜率就是该计数器的灵敏度。

用于仪器分析检测下限又称探测下限或者探测限,它指的是能可靠地与空白试样区别开来的所需要的待测组分的量或浓度[7]。

可见,灵敏度和检测下限是两个不同的概念,具有不同的定义,不同的量纲。在环境监测中总是希望灵敏度的数值越大越好,而检测下限的数值越小越好[7-8]。

5.4.2　环境电离辐射监测中常用的检测极限[9]

判断极限 L_C、探测下限 L_D 和定量测定极限 L_Q 常用于环境放射性测定中。这三个物理量具有统计性,故它们适合反映具有统计分布的测量值之特征。

5.4.2.1　判断极限 L_C

在环境监测中测得一次样品的计数后,必然要求判断:此计数是本底计数的统计涨落,还是样品真正含有的放射性? 为此引入最低判断极限 L_C 的概念。有的文献也称其为有意义的最小计数差或探测阈。其物理意义为:观察到的样品计数等于或大于 L_C 时,就判定样品中存在放射性,L_C 的数学表示式为

$$L_C = K_\alpha \sigma_0 \tag{5.4.1}$$

式中　σ_0——样品中被测放射性等于零($\mu_S = 0$)时,测得样品计数的标准差;

　　　K_α——相应于显著水平 α 时的常数,对于给定的 α 值,相应的 K_α 值可从正态分布函数表中查出。

设 C_{S+B} 为样品加本底的计数值。C_B 为本底计数值,测量值 $C_S = C_{S+B} - C_B$ 的方差 $\sigma^2(S)$ 为

$$\sigma^2(S) = \sigma^2(S+B) + \sigma^2(B) = C_S + 2C_B$$

若 $C_S = 0$，则 $\sigma_0 = \sqrt{2C_B}$。代入式(5.4.1)得

$$L_C = K_\alpha \sqrt{2C_B} \tag{5.4.2}$$

若取置信度 95%，则 $K_\alpha = 1.645$，有

$$L_C = 2.33\sqrt{C_B}$$

上式适用于本底测量值未知的测量判断，对于本底数学期望值已知的情况，可再进行一次本底测量求得读数的数学期望值为 C_B，故 $\sigma_0 = \sqrt{C_B}$，则式(5.4.2)变为

$$L_C = K_\alpha \sqrt{C_B} \tag{5.4.3}$$

5.4.2.2 探测下限 L_D

L_C 是用来根据样品的净计数 $C_S > L_C$ 而得出结论：样品中有放射性存在。但如果事先知道样品中有 L_C 计数的放射性，由于计数的统计涨落，实际测量到的结果大约有一半会大于 L_C，而有一半小于 L_C。也就是说，仍有 50% 的概率被判断为无放射性。那么为了保证以预定的置信度推断放射性确实存在，要求样品中必须含有的最小放射性活度所相应的计数是多少呢？为此，引入了探测下限 L_D 的概念。

如图 5.4.1 所示，如果样品中确有放射性，重复多次测量时，也可能会有几次测量得到的观测值落在 L_D 的左边，则误判样品不含放射性。这就是第二类错误，其概率用 β 标记。例如，若指定 $\beta = 0.05$，则平均 100 次测量中大约将将 5 次的观测值 C_S 落在 L_C 的左侧，以致误判 $\mu_S = 0$，但有 95 次 $C_S \geqslant L_C$，使我们判定样品含有放射性。这个最小值又称为最低可探测限，用 L_D 标记。L_D 是 α 和 β 的函数，它是指样品必须含有的最小放射性，使第二类错误的概率不至于超过预定的 β。由图 5.4.1 不难看出：

$$L_D = L_C + K_\beta \sigma_D \approx K_\alpha \sigma_0 + K_\beta \sigma_0 = (K_\alpha + K_\beta)\sigma_0 \tag{5.4.4}$$

式中 K_β——相应显著水平 β 的常数，可从正态分布函数表中查出。

有关常数 K_α，K_β 值见表 5.4.1，σ_D 为样品中 $\mu = L_D$ 时测得的样品计数的标准差。对低水平计数测量时，可以近似认为 $\sigma_D \approx \sigma_0$。

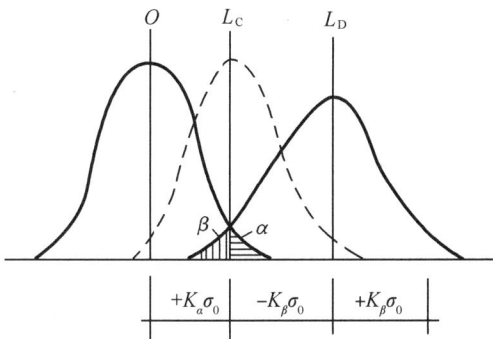

图 5.4.1 探测下限

表 5.4.1 常用 α，β 与 K_α，K_β 值关系表

α，β	K_α，K_β
0.005	2.567
0.010	2.326
0.025	1.960
0.050	1.645
0.100	1.282

当本底的数学期望值未知时，$\sigma_D = \sqrt{C_{S+B} + C_B}$ 代入式(5.4.4)得

$$L_D = (K_\alpha + K_\beta)\sqrt{C_{S+B} + C_B} \tag{5.4.5}$$

当 $C_{S+B} \approx C_B$ 时

$$L_D \approx (K_\alpha + K_\beta)\sqrt{2C_B} \qquad (5.4.6)$$

5.4.2.3 定量测定极限 L_Q

上述探测下限 L_D 和判断极限 L_C 使我们能够以一定的置信度分别定性地推断样品中的放射性究竟测到了没有，能否测到，但是不能定量地说明样品中放射性存在的限度。因此我们还希望确定一个定量测量极限，用 L_Q 标记，其定义为：当样品实际所含有的放射性所相应的计数 $C_S \geqslant L_Q$，测定值的相对标准误差不大于预定的 $1/K_Q$（例如 $1/K_Q = 10\%$）。用公式（5.4.7）表示为

$$\sigma_Q / L_Q = 1/K_Q \qquad (5.4.7)$$

或者 $L_Q = K_Q \sigma_Q$，式中 K_Q 由预定的相对标准误差决定。σ_Q 为样品的计数等于 L_Q 时的标准差。由式（5.4.7）可见，L_Q 由 K_Q，σ_Q 决定而与 α,β 无关。

当本底的准确值未知时，$\sigma_Q = \sqrt{L_Q + 2C_B}$，代入式（5.4.7），解一元二次方程得

$$L_Q = \frac{K_Q^2}{2}\left(1 + \sqrt{1 + \frac{8C_B}{K_Q^2}}\right) \qquad (5.4.8)$$

当本底的准确值已知时，$\sigma_Q = \sqrt{L_Q + C_B}$，代入式（5.4.7），解一元二次方程得

$$L_Q = \frac{K_Q^2}{2}\left(1 + \sqrt{1 + \frac{4C_B}{K_Q^2}}\right) \qquad (5.4.9)$$

以上讨论了 L_C，L_D 和 L_Q 的概念和数学表达式。应当指出，其中 L_C 是用来根据计数值 C_S 的大小来判断是否检测到了放射性；而 L_D 和 L_Q 是用来估计：为了达到一定置信度或者测量的相对标准差，样品中必须含有的最少放射性或者与其相应的计数是多少。显然，L_C 在计数测量的数据处理方面是重要的，它的用法在下一节中将进一步介绍。为了估计监测方法的检出限，需要根据不同的目的采用 L_D 或 L_Q。其中 L_D（又称 LLD）使用较为普遍。

例如，设有一台总 β 计数器，本底计数率为 0.2 min^{-1}，测量样品和本底 400 min。若规定 $\alpha = \beta = 0.05$，估计 L_D。

由于是样品和本底成对测量，故可以按照式（5.4.6）得

$$L_D \approx (1.645 + 1.645) \times \sqrt{2 \times 0.2 \times 400} = 42 \text{ 计数}$$

规定 $\alpha = \beta = 0.05$ 的意义是：对于不含有放射性的样品，会有 5% 的概率误测，判为有放射性；当样品确实存在放射性时，会有 95% 的概率探测到，而有 5% 的概率被误测为无放射性。

L_D 也可以用活度单位表示。例如，用液体闪烁计数器测定水中 ^{3}H，计数器的效率 η 为 75%，计数器本底 C_B 为 8 min^{-1}，化学产额 $Y = 100\%$，取样体积 $V = 100$ mL $= 0.1$ L，样品和本底的计数时间均为 40 min，当选取 $1 - \alpha = 95\%$ 置信时，用活度浓度（Bq/L）表示有

$$L_D = \frac{4.66 \times \sqrt{\dfrac{8}{40}}}{60 \times 0.75 \times 1.00 \times 0.1} = 0.5 \text{ Bq/L}$$

式中　60——分与秒的转换系数，即 1 min = 60 s；

　　4.66——与 $\alpha = \beta = 0.05$ 所对应 $K_\alpha = K_\beta = 1.645$，由（1.645 + 1.645）× 1.424 计算所得。

5.5　检测结果的正确表达

正如我们一再强调的那样,实际上环境监测是得不到真值的,只能对真值做出比较好的估计。想通过随机样本来反映该样本所代表的总体,测量结果的表达应当包括被测项目的最佳估计值 $\bar{X}$ 和一定概率下的不确定度 U。环境放射性检测属于低水平的放射性测量,可能会遇到如下三种情况:

(1)样品的净计数值大于判断极限 L_C。

(2)样品的净数值小于或等于判断极限 L_C,但是样品加本底的总计数并非为零。

(3)零水平。

下面分别对上述三种情况进行讨论。

5.5.1　样品的净计数值大于判断极限 L_C

对于单次测量值为正值,分析结果由 $\bar{X} \pm U$ 表达。

平均值 $\bar{X}$ 一般是算数平均值,也可以是几何平均值(适用于对数正态分布)或加权平均值。进行加权平均的各组数据应当是来自同一总体,它们之间不应当存在明显的系统误差。这时各组数据的测定次数 n,或方差的倒数 $1/S_i^2$,可作为权,按下式计算加权平均值 $\bar{X}_W$:

$$\bar{X}_W = \sum W_i X_i / \sum W_i \tag{5.5.1}$$

式中　　W_i——各组测量值的加权因子,$W_i = \dfrac{1}{n_i}$ 或 $\dfrac{1}{S_i^2}$。

加权平均值的标准差为

$$S_N = \sqrt{\frac{1}{\sum W_i}} \tag{5.5.2}$$

如果肯定有系统误差存在就不采用加权平均,因为这时精确度越高权重因子越大就不能成立。权重因子有时也可根据对不同分析方法或各实验室分析结果可靠性的长期考察,由专家打分等方式确定。

测量结果总不确定度 U 的常用表达形式如下:

(1)当与随机不确定度比较,系统不确定度可以忽略不计时,U 用随机不确定度表达。这时可以用如下几种表达形式:

①单次测定值的标准差 S(包括测量次数和置信概率)。

②平均值的置信限 $t\dfrac{S}{\sqrt{n}}$(包括置信水平与自由度)。

③单次测定值的统计容许限 KS(包括置信水平和测定次数)。

由于计数值大于 L_C,因此置信限和统计容许限一般都是双侧的。只要计数过程确实符合统计规律,用正态分布理论或泊松分布理论计算出的标准差应当是相符的,两者之间不含有显著差别。

(2)当系统不确定度不能忽略不计时,U 用总不确定度表示。详见公式(5.2.11)

(5.2.12)和(5.2.13)。应当注意,系统不确定度的上限值是个很难估计的量,它很大程度上取决于实验者的经验和判断能力。

总之,在报出分析结果时,样品平均值 $\bar{X}$、样品标准差 S、样品容量 n 这三个数字是最基本的。同时应说明如下情况:剔除的异常值的个数;总不确定度的含义与置信水平检出限及其计算方法。如果采用加权平均值,还应说明权的给定原则。这样可以使人们能更好地了解结果的可靠性,并且增加了测量结果的可比性。

显然,下列几种表达分析结果的方式是不确切的:

(1)样本平均值±平均偏差($\bar{X} \pm \delta$)。

(2)样本平均值±标准差($\bar{X} \pm S$)。

(3)平均值等于某数,相对标准差等于某数。

因为,首先,其中的 δ 或 S 到底是指个别测量值的平均偏差或标准差,还是指平均值 $\bar{X}$ 的平均偏差或标准差是不明确的。其次,这三种表达方式均未说明样品容量 n 是多少,因而无法对该测量值做区间估计。

5.5.2 样品的净计数(率)值小于或等于判断极限 L_C[10-11]

当样品的净计数(率)值小于或等于 L_C 但并非零计数时,如果数据需要存入数据库进一步做求平均值等运算处理,则不管其测得值是正、负或零,都应当报告测得的本值,并且附上其标准差。若用"$<L_C$""低于检测限"或"未测出"等方式报告结果,就不能够进一步利用这些数据进行统计检验和做出正确的评价。这时也不能判定放射性为零,因为 L_C 只能作为判断有放射性的界限值,不能作为判"无"的界限值。因为当放射性大于零时,也还存在着净计数率小于 L_C 的概率。

如果测量数据直接用作评价性报告,这时可以用小于水平 L_t(less-than level)来表达测量结果。这是近年来在低水平分析中提出的新概念。有人称 L_t 为计数(率)值的上限。L_t 被定义为根据已经测得的小于或等于 L_C 的计数(率)值,样品中可能存在的最大计数(率)值。其数学表达式为

$$L_t = R_S + K\sigma_S \qquad (5.5.3)$$

式中 R_S——样品的净计数(率);

  K——单侧置信因子,当置信度95%时,$K = 1.645$;

  σ_S——样品净计数(率)的标准差。

例如,有一台计数器的本底为 3.48 min^{-1},当对样本和本底均测量 200 min 时,判断极限为 0.31 min^{-1}。如果有一样品源,测得样品加本底的总计数为 702,则 $R_S = (702/200) - 3.48 = 0.03$ min^{-1},由于 $R_S < L_C$,故

$$L_t = 0.03 + 1.645\sqrt{\frac{3.51}{200} + \frac{3.48}{200}} = 0.34 \text{ min}^{-1}$$

测量的标准差为 0.2 min^{-1},故 L_t 应取 1 位有效数字,即 $L_t = 0.3$ min^{-1}。其意义是:在 95%的置信度下该样品计数率的上限为 0.3 min^{-1}。若化学回收率为 80%,计数效率为 0.20,则其活度的上限值为 0.03 Bq。

从式(5.5.3)可见,当净计数(率)值小于 $-K\sigma_S$ 时,L_t 也会出现负值。

5.5.3　零水平

所谓"零水平"(zero level),指的是下述两种情况:

(1)净计数值为零,甚至为负值。上述的 $R_S \leqslant L_C$,实际上也包括了这类零水平的情况,所以亦可按式(5.5.3)用 L_t 表示其上限值。

(2)在长时间的计数期间样品和本底的计数值均等于零。随着低水平探测技术的发展,探测器的本底计数越来越低,尤其是在使用低本底 α 谱仪进行 α 核素测定时,往往会遇到这种情况。

根据二项式分布原理,总数为 N_0 的原子有 X 个原子衰变的概率为

$$P_r(x) = \frac{N_0!}{(N_0 - X)! \; X!} p^x \cdot q^{(N_0-x)} \qquad (5.5.4)$$

式中　$P_r(x)$——在 t 时间内总数为 N_0 的原子有 X 个原子发生衰变的概率;

N_0——1 个原子在 t 时间内衰变的概率;

p——1 个原子在 t 时间内不发生衰变的概率,$p = 1 - e^{-\lambda t}$;

q——1 个原子在 t 时间内不发生衰变的概率,$q = e^{-\lambda t}$,即

$$P_r(x) = \frac{N_0!}{(N_0-X)! \; X!} (1 - e^{-\lambda t})^x \cdot (e^{-\lambda t})^{(N_0-x)}$$

产生零计数有两种原因:第一种是在 t 时间内不存在衰变;第二种是有衰变,但是没有测出来。在 t 时间内不衰变的概率为

$$P_r(0) = \frac{N_0!}{(N_0)! \; 0!} (1 - e^{-\lambda t})^0 \cdot (e^{-\lambda t})^{N_0} = e^{-\lambda N_0 t} \qquad (5.5.5)$$

由于探测器的效率小于100%,因此也存在着即使有一个或更多个原子衰变而测不出来的概率。如果探测效率为 E,则发生 1 次衰变而不计数的概率为 $(1-E)$;2 次衰变而 0 计数的概率为 $(1-E)^2$;X 次衰变而 0 计数的概率为 $(1-E)^x$。在 t 时间内 N_0 个原子中发生 1 次或更多次衰变但没有测出来的概率 P' 为

$$P' = P_r(1) \cdot (1 - E) + P_r(2) \cdot (1 - E)^2 + \cdots \qquad (5.5.6)$$

0 计数的概率是不发生衰变与有 1 个或更多个原子衰变,但测不出来的概率值之和:

$$P = P_r(0) + P_r(1) \cdot (1 - E) + P_r(2) \cdot (1 - E)^2 + \cdots \qquad (5.5.7)$$

式中,$P_r(1)$,$P_r(2)$,$P_r(3)$,…可从式(5.5.4)推出。对于长半衰期的核素,可以假定 λ_t 很小,$N_0 \gg 1$,得

$$P(1) \approx N_0(\lambda t)^1 e^{-\lambda N_0 t}$$

$$P(2) \approx \frac{N_0^2}{2!}(\lambda t)^2 \cdot e^{-\lambda N_0 t}$$

$$P(3) \approx \frac{N_0^2}{3!}(\lambda t)^3 \cdot e^{-\lambda N_0 t}$$

代入式(5.5.7)得

$$P \approx e^{-\lambda N_0 t} + \lambda N_0 t e^{-\lambda N_0 t}(1-E) + \frac{[\lambda N_0 t(1-E)]^2}{2!} e^{-\lambda N_0 t} + \frac{[\lambda N_0 t(1-E)]^2}{3!} e^{-\lambda N_0 t}$$

$$\approx e^{-\lambda N_0 t}\left[1 + \frac{\lambda N_0 t(1-E)}{1!} + \frac{[\lambda N_0 t(1-E)]^2}{2!} + \frac{[\lambda N_0 t(1-E)]^3}{3!} + \cdots\right]$$

$$\approx e^{-\lambda N_0 t} \cdot e^{\lambda N_0 t(1-E)}$$

$$\approx e^{-\lambda N_0 tE}$$

如果确实有 N_0 个原子存在，计数时间为 t，把 0 计数的概率定为 0.05（即有 5% 次的机会测得 0 计数）则式(5.5.7)变为

$$e^{-\lambda N_0 tE} = 0.05$$

$$(\lambda N_0) = A_0 = -\frac{1}{tE}\ln 0.05$$

$$A_0 = \frac{3}{tE} \tag{5.5.8}$$

式中　$\lambda N_0 = A_0$——当 t 以分为单位，E 以分数表示时在 95% 置信水平下样品的放射性（以 dpm 表示）的上限值。

利用式(5.5.8)可以根据零计数的时间 t 和探测效率 E 估计样品中可能存在的放射性的上限值。例如，当使用 α 谱仪测量 ^{232}Th 时，若探测效率为 0.30，在 5 000 min 获得计数，则

$$A_0 = \frac{3}{5\,000 \times 0.30} = 0.02 \text{ dpm}$$

因此，在 95% 置信水平下该样品中 ^{232}Th 的放射性上限值为 0.002 dpm。

按式(5.5.8)同样可以计算本底放射性的上限值，不同的是对本底来说没有给出探测效率 E，本底放射性可以以 min^{-1} 为单位表示，式(5.5.8)变为

$$A_0 E = \frac{3}{t}$$

当 $t = 5\,000$ min 时

$$A_0 E = \frac{3}{5\,000} = 0.000\,6 \text{ min}^{-1}$$

样品净计数的标准差估计为

$$S = \sqrt{\frac{0.000\,6}{5\,000} + \frac{0.000\,6}{5\,000}} = 0.000\,5 \text{ min}^{-1}$$

5.5.4　包含部分低于探测限数据的处理

由于环境监测技术常应用于近于零的极低水平放射性样品的分析，经常会出现小于探测限的数值（简称 L_D 值），有时还会得到零或负值的情况。这类数据被称为"截断数据"（censored data）。处理这些结果时，如何把这些零值、负值和 L_D 值都包括在内，对整个数据群的中心趋向和分散程度进行估计，是需要特殊考虑的问题。若人为规定它为零，会使平均值偏低；若把 L_D 值按探测限相应的数据参加平均，会使平均值偏高；有人使用探测限相应数据的二分之一代替 L_D 值，试图折中处理，实际上也不太准确；也有人将包括负值在内的所有值进行平均，在逻辑上也存在问题。

近年来国内外有人用普通的概率图法处理含 L_D 值的数据，取得较好的结果。此法是将数据按大小排列，确定百分位数的值，在概率坐标纸上画图。L_D 值虽然无法在图上描点，但是它们所跨百分位数值的范围与它们在数据群中所占百分数相一致。此法的优点是，它可以在概率图纸上直观反映数据群的分布。当测量数据遵从正态或对数正态分布，只要有一

部分数据大于探测限,即使半数以上数据属于 L_D 值,也能获得满意的结果。例如在分析食品中 ^{147}Pm 含量时,其仪器探测限为 2×10^{-2} Bq/kg,在 63 个样品中仅有 18 个样品的统计值高于探测限,获得正值。在做图时,只用大于探测限的 18 个测量值及其相应的累积频率。在计算累积频率时,低于探测限的数据也包括在内。将所有高于探测限的正值在概率纸上描出,并拟合成一条直线,如图 5.5.1 所示。将直线外推,可估计样品活度浓度均值约为 6×10^{-3} Bq/kg。根据对应于累积频率为 84.13% 的数值 $X_{0.8413}$ 和累积频率为 50% 的数值 $X_{0.50}$ 之差,便可估计样本的标准差。用于拟合的正值数据点,最好能有 10 个以上,否则置信水平较低。

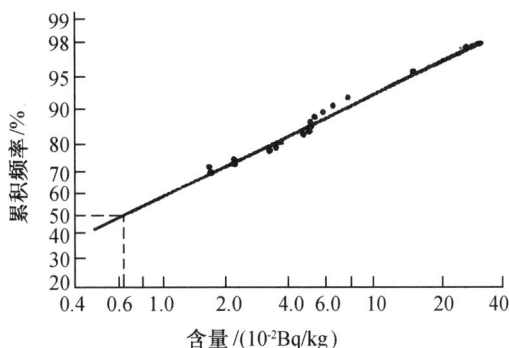

图 5.5.1　食品中 ^{147}Pm 含量累积
频率分布图

如果大部分数据低于探测限,而全部正值数据又大于探测限很多时,应当考虑是否存在两种数据的分布,比如某些或全部 L_D 值属于本底分布,而高值表示来自间断失控源等其他因素的影响。如果有大量的 L_D 值而仅仅包括几个正值数据,这时只好按 L_D 值来报告结果。

练习(含思考)题

1. 放射性物质"量"的测量与我们生活中的许多常用量(例如长度、质量等)的测量不同,它的每个单次测量结果都是不确定的和变化的,为什么? 由大量的测量结果会发现什么明显的特性?

2. 在数理统计中,术语总体(或母体)和样本(或称子样)的定义分别是什么? 什么是样本容量? 一般多大的样本容量可称为大样本?

3. 在环境放射性监测中较常遇到的有哪几种分布? 给出各种分布的概率分布函数。

4. 正态分布的两个特征参数分别是什么? 请分别给出总体和样本的两个特征参数的计算式子,并解释说明总体和样本的两个特征参数计算式的异同。

5. 对于正态分布来说,请列举出常用的统计量。

6. 在环境监测数据中,尽管不是所有的测定值都严格服从正态分布,但对于 $n > 30$ 的大样本,不管总体遵从什么分布,n 愈大时,变量(测定值)的均值 $\bar{x}$ 渐近地遵从什么分布? 新的样本均值分布与原总体分布有什么关系?

7. t 分布在分析数据处理中有很多用途。例如,对于小样本,t 常用来检验 $\mu_1 = \mu_2$ 的假设,叫作双总体 t 检验。t 统计量为:$t = \dfrac{|x_1 - x_2|}{\sqrt{\dfrac{(n_1-1)S_1^2 + (n_2-1)S_2^2}{n_1+n_2-2}\left(\dfrac{1}{n_1} + \dfrac{1}{n_2}\right)}}$。但双总体 t 检验都以 $\sigma_1 = \sigma_2$ 为前提条件。如果在不知道小样本测量数据是否满足 $\sigma_1 = \sigma_2$ 的情况下,首先要进行什么统计检验? 如果经统计检验得出 σ_1 与 σ_2 非齐性(即 $\sigma_1 \neq \sigma_2$)的结论时,应采用什么 t 统计量进行双总体 t 试验?

8. 在统计检验中,常常会犯哪两类错误?其犯错概率用什么符号表示?

9. 两个实验室共同分析了9批样品,分析是成对进行的,如下表所示。试采用成对比较检验专用公式法和双总体 *t* 统计检验法,比较两个实验室之间的结果有无差异。(取 α 为 0.05)。

批数	实验室 A	实验室 B	A−B
1	101.72	95.83	5.89
2	99.20	101.43	−2.23
3	94.29	94.51	−0.22
4	98.93	94.21	4.72
5	93.21	101.14	−7.93
6	97.77	100.32	−2.55
7	95.16	96.71	−1.55
8	98.18	99.88	−1.70
9	99.82	97.89	1.93
n=9	97.59±2.80	97.99±2.82	−0.40±4.17

实验结果 单位:Bq/kg

10. 环境辐射测量数据的处理中,误差与偏差是否为同一概念?其区别是什么?

11. 误差通常分为哪几类?各类误差的定义如何?

12. 当报道被测真值 $\mu=X\pm\sigma$ 和 $\mu=X\pm2\sigma$ 时,其含义是什么?

13. 请给出随机误差的传递的一般公式,并给出随机误差的传递公式的三个基本假设前提。

14. 请给出下列算式的结果:$(1.45+0.614\ 2)\div0.022\times\lg2.5$。

15. 8 个实验室通过分析同一盲样品进行能力比对,每个实验室允许测量 5 次,各实验室给出的测定平均值(Bq/kg)分别为 11.93,12.96,10.49,12.07,15.51,11.52,10.37,10.89。请用 Grubbs 检验法对各实验室的测定平均值进行取舍。(给定 α=0.05)

16. 环境辐射监测仪器的灵敏度和检测下限是否为同一概念?它们主要差异是什么?

17. 请根据环境辐射监测仪器判断极限的定义 $L_c=K_\alpha\cdot\sigma_0$ 和对样品进行测量的公式 $C_S=C_{S+B}-C_B$,推导本底未知情况下判断极限 L_c 的计算公式。(σ_0——样品中放射性活度为 0 的监测仪器测量计数标准差;C_S——样品中由放射性活度为 S 的监测仪器测量净计数;C_{S+B}——样品中由放射性活度为 S 的监测仪器测量计数(含本底);C_B——样品中由放射性活度为 0 的监测仪器测量计数(本底计数))。

18. 用低本底 HPGe γ 谱仪测量土壤样品中的 ^{137}Cs,已知谱仪对 ^{137}Cs(662 keV)的相对探测效率 $\varepsilon=40\%$,^{137}Cs 662 keV γ 光子发射率 $\eta=85.1\%$,$C_B=8$ 计数,$y=100\%$,$M=0.5$ kg,$T_{S+B}=T_B=10$ min,$1-\alpha=95\%$。求其最小可探测活度浓度(MDA)是多少?

19. 环境辐射监测中,对低于监测仪器探测下限 L_D 的监测数据进行统计时,现有哪些常见的数据处理措施?这些数据处理措施会给统计结果带来什么样的影响?科学处理措施是什么?

参考文献

［1］ 四川环境科学学会. 环境监测常用数理统计方法［M］. 成都:四川科学技术出版社,1983.

［2］ 张世箕. 测量误差及数据处理［M］. 北京:科学出版社,1979.

［3］ 肖明耀. 实验误差估计与数据处理［M］. 北京:科学出版社,1980.

［4］ 郑用熙. 分析化学中的数理统计方法［M］.分析化学丛书第一卷第七册.北京:科学出版社,1986.

［5］ 王亦兵. 统计学初步知识及其在放射性测量中的应用［J］. 核防护,1977,3-4:1-61.

［6］ 高玉堂.环境监测常用统计方法［M］.北京:原子能出版社,1981.

［7］ 沙连茂. 关于分析方法的灵敏度和检测限的进一步讨论［J］. 辐射防护通讯,1984,3:27-32.

［8］ 潘秀荣. 分析化学准确度的保证和评价［M］. 北京:计量出版社,1985.

［9］ 辉群. 放射性气溶胶监测方法［J］. 核防护,1977,1-2:93-100.

［10］ HARLEY J H. EML procedures Manual［R］. HASL-300,1981.

［11］ 郑仁圻. 最小可测限概念及其在辐射防护中应用之探讨［J］. 辐射防护,1985,5(3):232-239.

第6章 环境辐射监测的质量保证

6.1 环境辐射监测的质量保证原则及要求

环境辐射监测的基本任务是提供环境辐射水平与环境放射性污染状况的定性和定量数据资料。质量保证是通过确定和减少误差来保证测量和监测结果的准确度所必须采取的有计划和系统的措施。环境测量的质量在于测量结果能为当前和以后的评价工作提供客观可比较和可追溯的依据。质量控制是质量保证工作的重要部分。

6.1.1 质量控制范围

(1)分析总体测量工作中可能出现的质量问题。
(2)掌握和了解测量人员素质、测量装置、仪器和取样技术等相关信息。
(3)分析测量方法的精确度。
(4)对产生测量误差的控制。
(5)掌握短期和长期的质量控制结果。

6.1.2 质量保证机构的工作内容

(1)参与调查、测量总体计划的制订。
(2)参与从业人员的技术培训。
(3)对所采用的仪器设备和方法进行评价。
(4)保证量值溯源到国家标准并可维持其有效性。
(5)测量进行中组织比对活动,结尾时进行抽样核查和验收。
(6)提供质量保证工作总结。

6.1.3 质量保证工作总结内容

(1)质量保证工作的目的和具体内容。
(2)人员培训和测量仪器与方法的情况。
(3)质量控制的实施情况和结果。
(4)对调查测量工作质量的评估。

6.2 环境辐射监测质量保证工作举例

6.2.1 质量保证计划

在国家环境保护局(以下简称国家环保局,后更名为环境保护部,现为生态环境部)组织的"全国环境天然放射性水平调查研究(1983—1990)"项目中,中国原子能科学研究院承担"环境陆地和建筑物室内 γ 辐射剂量率调查质量保证"任务。

6.2.1.1　职责

根据国家环保局组织的"全国环境天然放射性水平调查"任务要求,中国原子能科学研究院组建了"环境陆地和建筑物室内 γ 辐射剂量率调查质量保证小组",在全国环境天然放射性水平调查领导小组领导下,负责环境陆地和建筑物室内 γ 辐射剂量率调查(以下简称"γ 剂量率调查")的外部质量保证工作。

"γ 剂量率调查"的质量保证旨在对"γ 剂量率调查"结果符合预定要求而必须采取的有计划、有系统的行动。

"γ 剂量率调查"质量保证工作由两部分组成:内部质量保证和外部质量保证。

(1)内部质量保证。由承担调查任务的执行单位,根据国家环保局 1986 年 4 月制定的"环境天然放射性水平调查规定"(以下简称"规定")要求制定内部质量保证计划,纳入环境天然放射性水平调查实施方案,成为它的不可分割的一部分,并付诸实施。

(2)外部质量保证。由"γ 剂量率调查"质量保证小组负责制定外部质量保证计划并付诸实施。

需要指出:对"γ 剂量率调查"所要求达到的质量,主要由承担调查任务的各省(市)、站(所)负责。

6.2.1.2　质量保证小组的工作内容

"γ 剂量率调查"质量保证小组的主要工作内容:

(1)参加调查方案的评审及成果鉴定。

(2)对调查用仪器设备和方法的质量进行评价;对"γ 剂量率调查"结果不确定度的来源分析。

(3)对人员培训计划和培训教材进行审核与建议。

(4)实施质量保证计划。

(5)撰写全国环境陆地和建筑物室内 γ 辐射剂量率调查质量保证报告书。

6.2.1.3　质量控制

(1)仪表的校准。在协作组长单位设置辐射参考标准检测装置,提供 ^{137}Cs γ 参考标准辐射场(检测点空气吸收剂量率约定真值的不确定度<8%),各单位所用仪表应在 3~6 月内进行一次校准,仪表示值与参考标准辐射场剂量率值应在 ±15% 内相符,所有调查用仪表必须在一年之内至少要在相当于二级计量技术机构正式校准一次。校准结果及证书必须认真登记,妥善保存。

(2)仪表测量比对。通过测量比对可以发现测量设备、方法以及不同单位的系统误差,比对在以下两种范围进行:

①全国性比对:拟进行 3~5 次。比对结果由质量保证小组进行书面总结。

②协作组范围比对:在本协作组大部分单位开始进行调查之前与基本结束之后各进行一次。由协作组负责组织,比对计划和结果要报"γ 剂量率调查"质量保证小组。

所有调查用仪表必须至少参加以上两种范围内的一种比对,参加比对的仪表在 1/3 以上陆地点的 γ 剂量率测量值超过该点各仪表测量均值的 ±15% 者,需重新校准后方可使用。

(3)复查。鉴于"γ 剂量率调查"范围广泛、测量人员众多,为了确保质量,全国环境天然放射性水平调查领导小组授权"γ 剂量率调查"质量保证小组对已完成调查任务的各省市的若干有代表性的测量点进行复查,复查所用仪表为经国家计量部门每年一次正式校准的国产高气压电离室。复查工作由质量保证小组会同有关协作组组长单位共同进行,复查结果由质量保证小组负责人和被复查单位所属协作组负责人共同进行评价并书面报告领导小组。

(4)仪表工作性能的文件记载。完成调查任务的单位,在按"规定"要求上报资料的同时,须向"γ剂量率调查"质量保证小组提供剂量率调查用的每台仪表的工作性能资料,包括不同时间检验源的检验数据和对室内外稳定辐射场的测量数据以及比对,历次校对,检修和校准情况的书面记载副本及内部质量保证工作总结。

上述(3)(4)条款的内容结果作为"γ剂量率调查"质量考核的一项指标,由质量保证小组向领导小组报告,供评价参考。

6.2.1.4 质量保证小组的自身质量保证

(1)监督。"γ剂量率调查"质量保证小组的工作接受全国环境天然放射性水平调查领导小组、协作组及各调查单位的监督。

(2)比对。"γ剂量率调查"质量保证小组参加国际和国内有关比对测量活动。

(3)可追溯性。"γ剂量率调查"质量保证小组用于质量控制的仪器设备定期在开阔淡水水面(密云水库)及标准 ^{226}Ra 源辐射场进行检测。

(4)标准。"γ剂量率调查"质量保证小组用于质量控制的仪表及参考辐射源定期由国家级计量技术机构校准。

6.2.1.5 质量保证小组的组织机构

"γ剂量率调查"质量保证小组由组长一人,成员若干人组成。

文献[1-2]有关标准可供参照。

6.2.2 质量保证工作总结举例

中国原子能科学研究院受国家环保局委托,作为全国环境天然放射水平调查外照射剂量测量质量保证小组,承担了本次调查的技术咨询服务及质量保证计划的拟定和实施任务。在全国环境天然放射性水平调查领导小组的领导下,质量保证小组根据质量保证计划开展有关工作,总结如下:

6.2.2.1 参加调查人员的培训,调查方案的审查及成果鉴定

中国原子能科学研究院有关人员及质量保证小组成员曾先后参加国家环保局举办的全国环境天然放射性水平调查工作人员培训班授课及若干省、市环境监测站举办的调查人员培训班的培训工作。质量保证小组成员参加了各协作组举办的调查方案审议及各省、市、自治区(以下简称为省)的成果总结鉴定。

6.2.2.2 对调查用仪表和方法进行质量评价,对测量不确定度进行分析和估算

本次调查全部采用国产仪表。仪表的主要性能及测量不确定度估算见文献[3-4]。调查使用的主要仪表有 FT-620 和 SG-102 闪烁体探测器型 X、γ 剂量率仪[5-6],以及少量国产高气压电离室环境辐射剂量率仪[7]。仪表的主要性能指标符合国家标准《辐射防护用携带式 X、γ 辐射剂量率仪和监测仪》(GB/T 4835—1984)(现行标准为 GB/T 4835—2008《辐射防护仪器 β、X 和 γ 辐射周围或定向剂量当量(率)仪和/或监测仪》)要求。仪表测量值按照 UNSCEAR 采用的模式和参数可直接估算出有效剂量。闪烁体探测器型仪表测量环境地

表 γ 辐射剂量率总不确定度为±15%,电离室型仪表测量的总不确定度小于±10%[4]。美国辐射防护委员会对测量环境 γ 辐射空气吸收剂量率的总不确定度要求小于±20%。

6.2.2.3　质量保证措施的实施

1. 仪表的性能检验及校准

调查所用仪表的性能检验与校准分别在中国计量科学研究院、中国辐射防护研究院和中国原子能科学研究院进行。1984 年第二次测量比对之前,对各省的 34 台闪烁体探测器型仪表进行了能量响应检验和仪表示值的校准[8]。1986 年至 1989 年中国原子能科学研究院保健物理部共校准各省送校仪表 196 台次。校准用 ^{226}Ra 源由中国计量科学研究院校准,不确定度为 2%。检测点处辐射场剂量率约定真值的不确定度小于±5%。为了控制仪表的工作质量,在协作组组长单位和若干边远省份设置了由质量保证单位提供的带有 ^{137}Cs 参考源的简易刻度支架装置,可以在现场模拟 γ 辐射场,用于现场的简易刻度和检验。检测点处空气吸收剂量率约定真值的不确定度小于±8%。要求调查用仪表在 3~6 个月内检测一次以保证其工作性能的可靠。

中国辐射防护研究院与中国原子能科学研究院校准仪表用的辐射源均由中国计量科学研究院定期校准。

2. 现场比对测量

为了检验和提高各省、市在环境辐射外照射测量中数据的可比性,质量保证小组分别于 1984 年 4 月和 11 月以及 1988 年 4 月至 5 月间,主持了三次全国各省的现场比对测量。第一次有 19 台仪表参加,其中国产高气压电离室 2 台,美国 RSS-高气压电离室 1 台,其余 16 台为国产 FT-620 和 SG-101、SG-102 型照射量率仪,比对测量点 4 个。第二次有 57 台仪表参加,除 2 台国产高气压电离室外,其余 55 台为国产闪烁型照射量率仪,比对测量点 7 个。第三次有 37 台仪表参加,除质量保证小组 2 台国产高气电离室外还有 6 台 FJ-202A 型国产高气压电离室,其余 29 台为国产闪烁型照射量率仪,比对测量点 11 个。每次比对测量,选择测量点的辐射场性质与水平具有一定的代表性,要有一个水深大于 3 m、距岸边大于 1 km 的湖泊或水库的开阔水面测量点。建筑物对宇宙射线的屏蔽系数:对单层建筑物取 0.9,多层建筑物取 0.8。三次比对测量结果分别列于表 6.2.1、表 6.2.2 和表 6.2.3。

表 6.2.1　1984 年 4 月 1 日 2 至 13 日在密云水库第一次全国比对结果　单位:nGy·h^{-1}

测点名称	全部仪表			闪烁型仪表①			
	台数	均值	标准差	台数	均值	标准差	比值②
密云水库水面	19	27.7	7.7	16	25.6	6.8	0.71
黏土地面	19	55.9	6.4	16	57.9	6.9	1.05
柏油路	19	33.6	4.7	16	33.4	4.8	0.94
镭源辐射场	19	776.0	78.7	16	763.1	75.6	0.96

注:①指 FT-620 或 SG-102 型仪表;
②该比值为闪烁型仪表均值与质量保证单位高气压电离室测值之比。表 6.2.2、表 6.2.3 同。

结果表明:除水面测量点,三次不同时间和地点的比对测量,国产闪烁型仪表在各点位上的测量均值与质量保证单位 2 台国产高气压电离室在同一点的测量点均值,均在±7%内相符合。但在第一和第二次比对测量中，闪烁型仪表在同一测点（除水面点）上的测值分散性（相对标准差）平均为6%~14%。水面点测量均值较高气压电离室的低30%。对于在1,3以上点位的测值超过均值±15%的仪表重新进行了校准。第三次比对测量由于严格控制每台仪表在测点上位置的一致性以及厂家改进了闪烁型仪表受宇宙射线的响应，同一测点上测值的分散性减小，平均为±7%。在第一次比对中质量保证单位的电离室与一台美国RSS-111型电离室在4个测点上的测值在10%左右相符[3]。1981年4~5月原子能院的高气压电离室与德国的PTB-7201B型闪烁剂量率仪[9]在北京、太原17个环境点上进行比对测量，约在±5%内一致[10]。总之，比对测量起到了统一量值、提高数据可比性的重要作用。

表6.2.2　1984年11月3日至10日在密云水库第二次全国比对结果[11]　单位：nGy·h^{-1}

测点名称	全部仪表			闪烁型仪表			
	台数	均值	标准差	台数	均值	标准差	比值
密云水库水面	57	27.3	5.3	52	26.5	4.6	0.71
黄黏土地面	47	58.6	7.4	43	58.7	7.6	1.00
柏油路面	49	30.6	3.9	45	30.8	3.9	1.03
鹅卵石河床	52	41.3	4.8	48	41.4	4.9	1.01
花岗石块平台	56	72.9	7.4	52	73.5	7.2	1.04
砂石河床	55	30.0	3.8	50	29.9	3.9	1.00
含钍铀地层	54	1 401	78.0	49	1 403	66.0	1.01

表6.2.3　1984年4月28日至5月3日在安徽屯溪第三次全国比对结果[11]

单位：nGy·h^{-1}

测点名称	全部仪表			闪烁型仪表			
	台数	均值	标准差	台数	均值	标准差	比值
太平湖水面	37	30.9	4.6	29	30.4	4.8	1.01
旅馆客房	36	285.7	24.2	28	280.7	23.3	0.96
旅馆餐厅	34	182.2	12.7	27	181.6	13.6	0.96
宾馆大厅	37	66.9	5.4	29	66.8	5.8	0.97
体育场草坪	37	53.5	4.1	29	52.8	3.8	0.93
土路路面	37	60.3	4.5	29	60.7	4.6	0.97
草地	37	61.5	4.1	29	61.6	4.2	1.00
文化宫	37	59.0	5.2	29	58.8	4.9	1.00
会议室	37	69.7	3.9	29	69.4	4.0	0.98
柏油马路	37	67.3	4.8	29	66.7	5.0	0.94
水泥路面	37	44.3	3.1	29	44.2	3.3	0.95

3. 现场核查

根据质量保证计划,外照射剂量测量质量保证小组受国家环保局委托,在各省完成调查后,用高气压电离室对 29 个省、市、自治区及武汉、包头二市的测量结果进行了现场抽样核查。核查用仪表为 HD-1 型 24 号与 HD-3 型 19 号高气压电离室环境辐射剂量率仪,两台仪表均为中国原子能科学研究院研制。从 1986 年 10 月至 1990 年 1 月在中国计量科学研究院对这两台仪表的灵敏度因子(K 值)每年进行一次测试。结果见表 6.2.4。测试值相对于 4 次测试均值的最大偏差分别为-0.7%(24 号)和+1.7%(19 号)。表明核查所用仪表具有很好的长期稳定性,其标准可溯源到国家计量标准。

表 6.2.4　仪表灵敏度因子 K[③]　　　　　单位:10^{-15} A·μR^{-1}·h^{-1}

测试时间	HD-1 型 24 号[①]	HD-3 型 19 号[②]
1986.10.14	28.82±1.34	11.36±0.57[③]
1987.11.11	26.77±1.34	11.27±0.56
1988.12.27	26.60±0.80	11.40±0.34
1990.1.18	26.49±0.79	11.60±0.35

注:①原编号为 AEI-24;

②原编号为 AEI-19;

③电离室铝外壳屏蔽修正系数为 1.073,$K \approx 3.88 \times 10^{-5}$ A·C^{-1}·kg^{-1}·h^{-1}。

核查分两类:一类为对原测值核查,即对在原来测点(以下称原测点)上各省已报出的测值进行核查,原测值给出时间与核查测量时间的间隔大多为半年至 1 年,有的更长;另一类为对现测值核查,即在该测点(以下称现测点)上,对各省用调查时所用仪器即刻报出的测量结果,当即核查。核查的原测点为 673 个,现测点为 784 个,其中原野、道路、建筑物室内各约占 1/3,核查点数为全国调查网格点数的 3%左右。表 6.2.5 列出了核查结果。各省调查所用仪表多为闪烁型仪表,质量保证小组核查用仪表为高气压电离室。根据文献[4],用这两种仪表同时测量某一环境点剂量率水平其偏差应在±19%以内。各单位的调查上报值多为半年至 1 年前所测量,而环境辐射场水平年变化可达到～±20%。为此,估计各单位的调查上报值与核查测值的偏差可在±26%以内。对某个具体的原测点的核查而言,由于不同时间土壤湿度、气温及周围环境条件的可能变化,其偏差大于 26%仍可能是合理的;但平均而言,不应有过多的点的偏差超过 26%。所以表 6.2.5 对原测点和现测点,分别给出偏差[(调查单位测量值-质量保证单位测量值)/质量保证单位测量值]在±26%和±19%以内的点所占的百分数,用以度量符合程度。结果表明绝大多数单位原测值和现测值都与质量保证单位的核查测值在允许偏差范围内一致,个别省调查时与核查时使用的不是同一类型仪表,出现一定差异。核查结束,质量保证小组为 29 个省、市、自治区及武汉、包头二市颁发了合格证书。

表 6.2.5 核查结果

省、市自治区	原测点数	相对偏差[①]在±26%以内的点所占百分数/%	现测点数	相对偏差[①]在±19%以内的点所占百分数/%	省、市自治区	原测点数	相对偏差[①]在±26%以内的点所占百分数/%	现测点数	相对偏差[①]在±19%以内的点所占百分数/%
贵 州	16	94	21	90	广 西	18	100	22	100
湖 北	23	100	23	100	黑龙江	22	95	22	100
湖 南	23	100	23	100	辽 宁	14	100	18	100
吉 林	19	100	19	95	天 津	33	100	33	100
安 徽	21	100	26	100	北 京	36	94	36	97
山 东	21	100	25	100	上 海	23	96	22	91
内蒙古	21	100	21	100	江 苏	29	100	29	100
包 头	10	100	19	100	河 北	16	100	30	100
宁 夏	21	95	21	100	山 西	11	100	34	97
甘 肃	36	100	36	100	浙 江	21	95	26	100
陕 西	22	100	25	100	青 海	35	100	35	100
福 建	6	100	12	92	新 疆	31	100	33	100
广 东	15	93	24	100	西 藏	26	96	26	95
武 汉	9	100	15	87	云 南	28	96	37	95
河 南	15	100	18	100	四 川	30	100	30	100
江 西	22	100	23	100					

注：①相对偏差＝（调查单位测量结果－核查单位测量结果）/核查单位测量结果×100%。

全国环境天然放射性水平调查（1983—1990 年）数据结果，为 UNSCEAR 1993 年报告所采用。

练习（含思考）题

1. 环境辐射监测的质量保证的定义是什么？

2. 由本书中环境辐射监测质量保证工作举例章节可以看出，环境辐射监测质量保证从组织形式上可以分为哪两类？

3. 在国家环境保护局（现生态环境部）组织的"全国环境天然放射性水平调查研究（1983—1990）"项目中，"γ 剂量率调查"质量保证小组的主要工作内容是什么？

4. 在国家环境保护局（现生态环境部）组织的"全国环境天然放射性水平调查研究（1983—1990）"项目中，"γ 剂量率调查"质量保证小组在质量控制方面采取了哪几项重要措施？

5. 在国家环境保护局（现生态环境部）组织的"全国环境天然放射性水平调查研究（1983—1990）"项目中，"γ 剂量率调查"质量保证小组在自身质量保证方面采取了什么重要措施？

6. 在"γ 剂量率调查"外部质量保证措施的实施中，你认为最重要的措施是什么？该措施的要点有哪些？

参考文献

[1] 国家环境保护总局. 辐射环境监测技术规范：HJ/T 61—2021[S]. 北京：中国环境科学出版社,2021.

[2] 国家环境保护局.核设施流出物和环境放射性监测质量保证计划的一般要求：GB 11216—89[S]. 北京:中国标准出版社,1989.

[3] 环境陆地 γ 辐射水平调查技术咨询小组. 五省(市)环境陆地 γ 辐射水平调查中所用仪器的比对结果[J]. 辐射防护,1986,6(4):278-282.

[4] 岳清宇. 环境辐射场剂量率测量及其不确定度估计[J]. 环保通讯,1987,(4).

[5] 谢新祥,李藩廷,王清芳. 携带式环境 X、γ 照射率仪探头的研制[J]. 核电子学与探测技术,1984,4(2):65-71.

[6] 师德周,李若梅,曹玉瑛. 用于环境 X、γ 辐射测量的 SG-101 型可携式闪烁剂量率仪[J]. 中国原子能科学研究院. 未发表,1984.

[7] 岳清宇,金花,江有玲. 高压电离室环境辐射剂量率仪[J]. 辐射防护,1986,6(1):29-33.

[8] 丁健生,褚晨,马忠海,等. 环境比对仪器刻度报告[J]. 中国辐射防护研究院. 未发表,1985.

[9] KOLB W. The Natural Radiation Environment Ⅱ Report：CONF-720805[R]. 1972.

[10] ALLAN J, ADAMS S,WAYNE M L,et al. The Natural Radiation Environment Ⅱ：Proceedings of the Second International Symposium on the Natural Radiation Environment[R]. Houston:Rice University,University of Texas Health Science Center at Houston,School of Public Health,1972.

[11] 岳清宇,金花. 环境辐射照射量率的测量比对[J]. 原子能科学技术,1982,(2):184-186.

附 录 A

表 A.1 正态分布的 $Q(u)$ 值

$$Q(u) = 1 - F(u) = \int_u^\infty \frac{1}{\sqrt{2\pi}} e^{-u^2/2} \mathrm{d}u$$

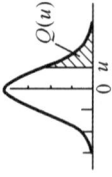

u	0	0.01	0.02	0.03	0.04	0.05	0.06	0.07	0.08	0.09
0.0	0.500 00	0.496 01	0.492 02	0.488 03	0.484 05	0.480 06	0.476 08	0.472 10	0.468 12	0.464 14
0.1	0.460 17	0.456 20	0.452 24	0.448 28	0.444 33	0.440 38	0.436 44	0.432 51	0.428 58	0.424 65
0.2	0.420 74	0.416 83	0.412 94	0.409 05	0.405 17	0.401 29	0.397 43	0.393 58	0.389 74	0.385 91
0.3	0.382 09	0.378 28	0.374 48	0.370 70	0.366 93	0.363 17	0.359 42	0.355 69	0.351 97	0.348 27
0.4	0.344 58	0.340 90	0.337 24	0.333 60	0.329 97	0.326 36	0.322 76	0.319 18	0.315 61	0.312 07
0.5	0.308 54	0.305 03	0.301 53	0.298 06	0.294 60	0.291 16	0.287 74	0.284 34	0.280 96	0.277 60
0.6	0.274 25	0.270 93	0.267 63	0.264 35	0.261 09	0.257 85	0.254 63	0.251 43	0.248 25	0.245 10
0.7	0.241 96	0.238 85	0.235 76	0.232 70	0.229 65	0.226 63	0.223 63	0.220 65	0.217 70	0.214 76
0.8	0.211 86	0.208 97	0.206 11	0.203 27	0.200 45	0.197 66	0.194 89	0.192 15	0.189 43	0.186 73
0.9	0.184 06	0.181 41	0.178 79	0.176 19	0.173 61	0.171 06	0.168 53	0.166 02	0.163 54	0.161 09
1.0	0.158 66	0.156 25	0.153 86	0.151 51	0.149 17	0.146 86	0.144 57	0.142 31	0.140 07	0.137 86
1.1	0.135 67	0.133 50	0.131 36	0.129 24	0.127 14	0.125 07	0.123 02	0.121 00	0.119 00	0.117 02
1.2	0.115 07	0.113 14	0.111 23	0.109 35	0.107 49	0.105 65	0.103 83	0.102 04	0.100 27	0.098 525
1.3	0.096 800	0.095 098	0.093 418	0.091 759	0.090 123	0.088 508	0.086 915	0.085 343	0.083 793	0.082 264
1.4	0.080 757	0.079 270	0.077 804	0.076 359	0.074 934	0.073 529	0.072 145	0.070 781	0.069 437	0.068 112
1.5	0.066 807	0.065 522	0.064 255	0.063 008	0.061 780	0.060 571	0.059 380	0.058 208	0.057 053	0.055 917
1.6	0.054 799	0.053 699	0.052 616	0.051 551	0.050 503	0.049 471	0.048 457	0.047 460	0.046 479	0.045 514
1.7	0.044 565	0.043 633	0.042 716	0.041 815	0.040 930	0.040 059	0.039 204	0.038 364	0.037 538	0.036 727
1.8	0.035 930	0.035 148	0.034 380	0.033 625	0.032 884	0.032 157	0.031 443	0.030 742	0.030 054	0.029 379
1.9	0.028 717	0.028 067	0.027 429	0.026 803	0.026 190	0.025 588	0.024 998	0.024 419	0.023 852	0.023 295
2.0	0.022 750	0.022 216	0.021 692	0.021 178	0.020 675	0.020 182	0.019 699	0.019 226	0.018 763	0.018 309
2.1	0.017 864	0.017 429	0.017 003	0.016 586	0.016 177	0.015 778	0.015 386	0.015 003	0.014 629	0.014 262

表 A.1（续）

u	0	0.01	0.02	0.03	0.04	0.05	0.06	0.07	0.08	0.09
2.2	0.013 903	0.013 553	0.013 209	0.012 874	0.012 545	0.012 224	0.011 911	0.011 604	0.011 304	0.011 011
2.3	0.010 724	0.010 444	0.010 170	$9.903\ 1\times10^{-3}$	$9.641\ 9\times10^{-3}$	$9.386\ 7\times10^{-3}$	$9.137\ 5\times10^{-3}$	$8.894\ 0\times10^{-3}$	$8.656\ 3\times10^{-3}$	$8.424\ 2\times10^{-3}$
2.4	$8.197\ 5\times10^{-3}$	$7.976\ 5\times10^{-3}$	$7.760\ 3\times10^{-3}$	$7.549\ 4\times10^{-3}$	$7.343\ 6\times10^{-3}$	$7.142\ 8\times10^{-3}$	$6.946\ 9\times10^{-3}$	$6.755\ 7\times10^{-3}$	$6.569\ 1\times10^{-3}$	$6.387\ 2\times10^{-3}$
2.5	$6.209\ 7\times10^{-3}$	$6.036\ 6\times10^{-3}$	$5.867\ 7\times10^{-3}$	$5.703\ 1\times10^{-3}$	$5.542\ 6\times10^{-3}$	$5.386\ 1\times10^{-3}$	$5.233\ 6\times10^{-3}$	$5.084\ 9\times10^{-3}$	$4.940\ 0\times10^{-3}$	$4.798\ 8\times10^{-3}$
2.6	$4.661\ 2\times10^{-3}$	$4.527\ 1\times10^{-3}$	$4.396\ 5\times10^{-3}$	$4.269\ 2\times10^{-3}$	$4.145\ 3\times10^{-3}$	$4.024\ 6\times10^{-3}$	$3.907\ 0\times10^{-3}$	$3.792\ 6\times10^{-3}$	$3.681\ 1\times10^{-3}$	$3.572\ 6\times10^{-3}$
2.7	$3.467\ 0\times10^{-3}$	$3.364\ 2\times10^{-3}$	$3.264\ 1\times10^{-3}$	$3.166\ 7\times10^{-3}$	$3.072\ 0\times10^{-3}$	$2.979\ 8\times10^{-3}$	$2.890\ 1\times10^{-3}$	$2.802\ 8\times10^{-3}$	$2.717\ 9\times10^{-3}$	$2.635\ 4\times10^{-3}$
2.8	$2.555\ 1\times10^{-3}$	$2.477\ 1\times10^{-3}$	$2.401\ 2\times10^{-3}$	$2.327\ 4\times10^{-3}$	$2.255\ 7\times10^{-3}$	$2.186\ 0\times10^{-3}$	$2.118\ 2\times10^{-3}$	$2.052\ 4\times10^{-3}$	$1.988\ 4\times10^{-3}$	$1.926\ 2\times10^{-3}$
2.9	$1.865\ 8\times10^{-3}$	$1.807\ 1\times10^{-3}$	$1.750\ 2\times10^{-3}$	$1.694\ 8\times10^{-3}$	$1.641\ 1\times10^{-3}$	$1.588\ 9\times10^{-3}$	$1.538\ 2\times10^{-3}$	$1.489\ 0\times10^{-3}$	$1.441\ 2\times10^{-3}$	$1.394\ 9\times10^{-3}$
3.0	$1.349\ 9\times10^{-3}$	$1.306\ 2\times10^{-3}$	$1.263\ 9\times10^{-3}$	$1.222\ 8\times10^{-3}$	$1.182\ 9\times10^{-3}$	$1.144\ 2\times10^{-3}$	$1.106\ 7\times10^{-3}$	$1.070\ 3\times10^{-3}$	$1.035\ 0\times10^{-3}$	$1.000\ 8\times10^{-3}$
3.1	$9.676\ 0\times10^{-4}$	$9.354\ 4\times10^{-4}$	$9.042\ 6\times10^{-4}$	$8.740\ 3\times10^{-4}$	$8.447\ 4\times10^{-4}$	$8.163\ 5\times10^{-4}$	$7.888\ 5\times10^{-4}$	$7.621\ 9\times10^{-4}$	$7.363\ 8\times10^{-4}$	$7.113\ 6\times10^{-4}$
3.2	$6.871\ 4\times10^{-4}$	$6.636\ 7\times10^{-4}$	$6.409\ 5\times10^{-4}$	$6.189\ 5\times10^{-4}$	$5.976\ 5\times10^{-4}$	$5.770\ 3\times10^{-4}$	$5.570\ 6\times10^{-4}$	$5.377\ 4\times10^{-4}$	$5.190\ 4\times10^{-4}$	$5.009\ 4\times10^{-4}$
3.3	$4.834\ 2\times10^{-4}$	$4.664\ 8\times10^{-4}$	$4.500\ 9\times10^{-4}$	$4.342\ 3\times10^{-4}$	$4.188\ 9\times10^{-4}$	$4.040\ 6\times10^{-4}$	$3.897\ 1\times10^{-4}$	$3.758\ 4\times10^{-4}$	$3.624\ 3\times10^{-4}$	$3.494\ 6\times10^{-4}$
3.4	$3.369\ 3\times10^{-4}$	$3.248\ 1\times10^{-4}$	$3.131\ 1\times10^{-4}$	$3.017\ 9\times10^{-4}$	$2.908\ 6\times10^{-4}$	$2.802\ 9\times10^{-4}$	$2.700\ 9\times10^{-4}$	$2.602\ 3\times10^{-4}$	$2.507\ 1\times10^{-4}$	$2.415\ 1\times10^{-4}$
3.5	$2.326\ 3\times10^{-4}$	$2.240\ 5\times10^{-4}$	$2.157\ 7\times10^{-4}$	$2.077\ 8\times10^{-4}$	$2.000\ 6\times10^{-4}$	$1.926\ 2\times10^{-4}$	$1.854\ 3\times10^{-4}$	$1.784\ 9\times10^{-4}$	$1.718\ 0\times10^{-4}$	$1.653\ 4\times10^{-4}$
3.6	$1.591\ 1\times10^{-4}$	$1.531\ 0\times10^{-4}$	$1.473\ 0\times10^{-4}$	$1.417\ 1\times10^{-4}$	$1.363\ 2\times10^{-4}$	$1.311\ 2\times10^{-4}$	$1.261\ 2\times10^{-4}$	$1.212\ 8\times10^{-4}$	$1.166\ 2\times10^{-4}$	$1.121\ 3\times10^{-4}$
3.7	$1.078\ 0\times10^{-4}$	$1.036\ 3\times10^{-4}$	$9.961\ 1\times10^{-5}$	$9.574\ 0\times10^{-5}$	$9.201\ 0\times10^{-5}$	$8.841\ 7\times10^{-5}$	$8.495\ 7\times10^{-5}$	$8.162\ 4\times10^{-5}$	$7.841\ 4\times10^{-5}$	$7.532\ 4\times10^{-5}$
3.8	$7.234\ 8\times10^{-5}$	$6.948\ 3\times10^{-5}$	$6.672\ 6\times10^{-5}$	$6.407\ 2\times10^{-5}$	$6.151\ 7\times10^{-5}$	$5.905\ 9\times10^{-5}$	$5.669\ 4\times10^{-5}$	$5.441\ 8\times10^{-5}$	$5.222\ 8\times10^{-5}$	$5.012\ 2\times10^{-5}$
3.9	$4.809\ 6\times10^{-5}$	$4.614\ 8\times10^{-5}$	$4.427\ 4\times10^{-5}$	$4.247\ 3\times10^{-5}$	$4.074\ 1\times10^{-5}$	$3.907\ 6\times10^{-5}$	$3.747\ 5\times10^{-5}$	$3.593\ 6\times10^{-5}$	$3.445\ 8\times10^{-5}$	$3.303\ 7\times10^{-5}$
4.0	$3.167\ 1\times10^{-5}$	$3.035\ 9\times10^{-5}$	$2.909\ 9\times10^{-5}$	$2.788\ 8\times10^{-5}$	$2.672\ 6\times10^{-5}$	$2.560\ 9\times10^{-5}$	$2.453\ 6\times10^{-5}$	$2.350\ 7\times10^{-5}$	$2.251\ 8\times10^{-5}$	$2.156\ 9\times10^{-5}$
4.1	$2.065\ 8\times10^{-5}$	$1.978\ 3\times10^{-5}$	$1.894\ 4\times10^{-5}$	$1.813\ 8\times10^{-5}$	$1.736\ 5\times10^{-5}$	$1.662\ 4\times10^{-5}$	$1.591\ 2\times10^{-5}$	$1.523\ 0\times10^{-5}$	$1.457\ 5\times10^{-5}$	$1.394\ 8\times10^{-5}$
4.2	$1.334\ 6\times10^{-5}$	$1.276\ 5\times10^{-5}$	$1.221\ 5\times10^{-5}$	$1.168\ 5\times10^{-5}$	$1.117\ 6\times10^{-5}$	$1.068\ 9\times10^{-5}$	$1.022\ 1\times10^{-5}$	$9.773\ 6\times10^{-6}$	$9.344\ 7\times10^{-6}$	$8.933\ 7\times10^{-6}$
4.3	$8.539\ 9\times10^{-6}$	$8.162\ 7\times10^{-6}$	$7.801\ 5\times10^{-6}$	$7.455\ 5\times10^{-6}$	$7.124\ 1\times10^{-6}$	$6.806\ 9\times10^{-6}$	$6.503\ 1\times10^{-6}$	$6.212\ 3\times10^{-6}$	$5.934\ 0\times10^{-6}$	$5.667\ 5\times10^{-6}$
4.4	$5.412\ 5\times10^{-6}$	$5.168\ 5\times10^{-6}$	$4.935\ 0\times10^{-6}$	$4.711\ 7\times10^{-6}$	$4.497\ 9\times10^{-6}$	$4.293\ 5\times10^{-6}$	$4.098\ 0\times10^{-6}$	$3.911\ 0\times10^{-6}$	$3.732\ 2\times10^{-6}$	$3.561\ 2\times10^{-6}$
4.5	$3.397\ 7\times10^{-6}$	$3.241\ 4\times10^{-6}$	$3.092\ 0\times10^{-6}$	$2.949\ 2\times10^{-6}$	$2.812\ 7\times10^{-6}$	$2.682\ 3\times10^{-6}$	$2.557\ 9\times10^{-6}$	$2.438\ 6\times10^{-6}$	$2.324\ 9\times10^{-6}$	$2.216\ 2\times10^{-6}$
4.6	$2.112\ 5\times10^{-6}$	$2.013\ 3\times10^{-6}$	$1.918\ 7\times10^{-6}$	$1.828\ 3\times10^{-6}$	$1.742\ 0\times10^{-6}$	$1.659\ 7\times10^{-6}$	$1.581\ 0\times10^{-6}$	$1.506\ 0\times10^{-6}$	$1.434\ 4\times10^{-6}$	$1.366\ 0\times10^{-6}$
4.7	$1.300\ 8\times10^{-6}$	$1.238\ 6\times10^{-6}$	$1.179\ 2\times10^{-6}$	$1.122\ 6\times10^{-6}$	$1.068\ 0\times10^{-6}$	$1.017\ 1\times10^{-6}$	$9.679\ 6\times10^{-7}$	$9.211\ 3\times10^{-7}$	$8.764\ 8\times10^{-7}$	$8.339\ 1\times10^{-7}$
4.8	$7.933\ 3\times10^{-7}$	$7.546\ 5\times10^{-7}$	$7.177\ 9\times10^{-7}$	$6.826\ 7\times10^{-7}$	$6.492\ 0\times10^{-7}$	$6.173\ 1\times10^{-7}$	$5.869\ 3\times10^{-7}$	$5.579\ 9\times10^{-7}$	$5.304\ 3\times10^{-7}$	$5.041\ 8\times10^{-7}$
4.9	$4.791\ 8\times10^{-7}$	$4.553\ 8\times10^{-7}$	$4.327\ 2\times10^{-7}$	$4.111\ 5\times10^{-7}$	$3.906\ 1\times10^{-7}$	$3.710\ 7\times10^{-7}$	$3.524\ 7\times10^{-7}$	$3.347\ 6\times10^{-7}$	$3.179\ 2\times10^{-7}$	$3.019\ 0\times10^{-7}$

表 A.2 χ^2 分布 χ_α^2 值

$$P(\chi^2 > \chi_\alpha^2) = \alpha$$

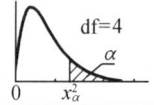

df	α					
	0.995	0.990	0.975	0.950	0.900	0.750
1	3.927×10^{-5}	1.571×10^{-4}	9.821×10^{-4}	3.932×10^{-3}	0.015 79	0.102
2	0.010	0.020	0.051	0.103	0.211	0.575
3	0.072	0.115	0.216	0.352	0.584	1.213
4	0.207	0.297	0.484	0.711	1.064	1.923
5	0.412	0.554	0.831	1.145	1.610	2.675
6	0.676	0.872	1.237	1.635	2.204	3.455
7	0.989	1.239	1.690	2.167	2.833	4.255
8	1.344	1.646	2.180	2.733	3.490	5.071
9	1.735	2.088	2.700	3.325	4.168	5.899
10	2.156	2.558	3.247	3.940	4.865	6.737
11	2.603	3.053	3.816	4.575	5.578	7.584
12	3.074	3.571	4.404	5.226	6.304	8.438
13	3.565	4.107	5.009	5.892	7.042	9.299
14	4.075	4.660	5.629	6.571	7.790	10.165
15	4.601	5.229	6.262	7.261	8.547	11.037
16	5.142	5.812	6.908	7.962	9.312	11.912
17	5.697	6.408	7.564	8.672	10.085	12.792
18	6.265	7.015	8.231	9.390	10.865	13.675
19	6.844	7.633	8.907	10.117	11.651	14.562
20	7.434	8.260	9.591	10.851	12.443	15.452
21	8.034	8.897	10.283	11.591	13.240	16.344
22	8.643	9.542	10.982	12.338	14.041	17.240
23	9.260	10.196	11.689	13.091	14.848	18.137
24	9.886	10.856	12.401	13.848	15.659	19.037
25	10.52	11.52	13.12	14.61	16.47	19.94
26	11.16	12.20	13.84	15.38	17.29	20.84
27	11.81	12.88	14.57	16.15	18.11	21.75
28	12.46	13.56	15.31	16.93	18.94	22.66
29	13.12	14.26	16.05	17.71	19.77	23.57
30	13.79	14.95	16.79	18.49	20.60	24.48
31	14.46	15.66	17.54	19.28	21.43	25.39
32	15.13	16.36	18.29	20.07	22.27	26.30
33	15.82	17.07	19.05	20.87	23.11	27.22
34	16.50	17.79	19.81	21.66	23.95	28.14
35	17.19	18.51	20.57	22.47	24.80	29.05
36	17.89	19.23	21.34	23.27	25.64	29.97
37	18.59	19.96	22.11	24.07	26.49	30.89
38	19.29	20.69	22.88	24.88	27.34	31.81
39	20.00	21.43	23.65	25.70	28.20	32.74
40	20.71	22.16	24.43	26.51	29.05	33.66
50	27.99	29.71	32.36	34.76	37.69	42.94
60	35.53	37.48	40.48	43.19	46.46	52.29
70	43.28	45.44	48.76	51.74	55.33	61.70
80	51.17	53.54	57.15	60.39	64.28	71.14
90	59.20	61.75	65.65	69.13	73.29	80.62
100	67.33	70.06	74.22	77.93	82.36	90.13
110	75.55	78.46	82.87	86.79	91.47	99.67
120	83.852	86.923	91.573	95.705	100.6	109.2
130	92.222	95.451	100.3	104.7	109.8	118.8
140	100.7	104.0	109.1	113.7	119.0	128.4
150	109.1	112.7	118.0	122.7	128.3	138.0
160	117.7	121.3	126.9	131.8	137.5	147.6
170	126.3	130.1	135.8	140.8	146.8	157.2
180	134.9	138.8	144.7	150.0	156.2	166.9
190	143.5	147.6	153.7	159.1	165.5	176.5
200	152.2	156.4	162.7	168.3	174.8	186.2

表 A. 2(续)

$$P(\chi^2 > \chi_\alpha^2) = \alpha$$

α							df
0.500	0.250	0.100	0.050	0.025	0.010	0.005	
0.4549	1.323	2.706	3.841	5.024	6.635	7.879	1
1.386	2.773	4.605	5.991	7.378	9.210	10.597	2
2.366	4.108	6.251	7.815	9.348	11.34	12.84	3
3.357	5.385	7.779	9.488	11.14	13.28	14.86	4
4.351	6.626	9.236	11.07	12.83	15.09	16.75	5
5.348	7.841	10.64	12.59	14.45	16.81	18.55	6
6.346	9.037	12.02	14.07	16.01	18.48	20.28	7
7.344	10.22	13.36	15.51	17.53	20.09	21.95	8
8.343	11.39	14.68	16.92	19.02	21.67	23.59	9
9.342	12.55	15.99	18.31	20.48	23.21	25.19	10
10.34	13.70	17.28	19.68	21.92	24.72	26.76	11
11.34	14.85	18.55	21.03	23.34	26.22	28.30	12
12.34	15.98	19.81	22.36	24.74	27.69	29.82	13
13.34	17.12	21.06	23.68	26.12	29.14	31.32	14
14.34	18.25	22.31	25.00	27.49	30.58	32.80	15
15.34	19.37	23.54	26.30	28.85	32.00	34.27	16
16.34	20.49	24.77	27.59	30.19	33.41	35.72	17
17.34	21.60	25.99	28.87	31.53	34.81	37.16	18
18.34	22.72	27.20	30.14	32.85	36.19	38.58	19
19.34	23.83	28.41	31.41	34.17	37.57	40.00	20
20.34	24.93	29.62	32.67	35.48	38.93	41.40	21
21.34	26.04	30.81	33.92	36.78	40.29	42.80	22
22.34	27.14	32.01	35.17	38.08	41.64	44.18	23
23.34	28.24	33.20	36.42	39.36	42.98	45.56	24
24.34	29.34	34.38	37.65	40.65	44.31	46.93	25
25.34	30.43	35.56	38.89	41.92	45.64	48.29	26
26.34	31.53	36.74	40.11	43.19	46.96	49.64	27
27.34	32.62	37.92	41.34	44.46	48.28	50.99	28
28.34	33.71	39.09	42.56	45.72	49.59	52.34	29
29.34	34.80	40.26	43.77	46.98	50.89	53.67	30
30.34	35.89	41.42	44.99	48.23	52.19	55.00	31
31.34	36.97	42.58	46.19	49.48	53.49	56.33	32
32.34	38.06	43.75	47.40	50.73	54.78	57.65	33
33.34	39.14	44.90	48.60	51.97	56.06	58.96	34
34.34	40.22	46.06	49.80	53.20	57.34	60.27	35
35.34	41.30	47.21	51.00	54.44	58.62	61.58	36
36.34	42.38	48.36	52.19	55.67	59.89	62.88	37
37.34	43.46	49.51	53.38	56.90	61.16	64.18	38
38.34	44.54	50.66	54.57	58.12	62.43	65.48	39
39.34	45.62	51.81	55.76	59.34	63.69	66.77	40
49.33	56.33	63.17	67.50	71.42	76.15	79.49	50
59.33	66.98	74.40	79.08	83.30	88.38	91.95	60
69.33	77.58	85.53	90.53	95.02	100.4	104.2	70
79.33	88.13	96.58	101.9	106.6	112.3	116.3	80
89.33	98.65	107.6	113.1	118.1	124.1	128.3	90
99.33	109.1	118.5	124.3	129.6	135.8	140.2	100
109.3	119.6	129.4	135.5	140.9	147.4	151.9	110
119.3	130.1	140.2	146.6	152.2	159.0	163.6	120
129.3	140.5	151.0	157.6	163.5	170.4	175.3	130
139.3	150.9	161.8	168.6	174.6	181.8	186.6	140
149.3	161.3	172.6	179.6	185.8	193.2	198.4	150
159.3	171.7	183.3	190.5	196.9	204.5	209.8	160
169.3	182.0	194.0	201.4	208.0	215.8	221.2	170
179.3	192.4	204.7	212.3	219.0	227.1	232.6	180
189.3	202.8	215.4	223.2	230.1	238.3	244.0	190
199.3	213.1	226.0	234.0	241.1	249.4	255.3	200

表 A.3　t 分布的 t_α 值

$$P(t > t_\alpha) = \alpha$$

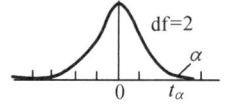

df	α								
	0.250	0.200	0.150	0.100	0.050	0.025	0.010	0.005	0.000 5
1	1.000	1.376	1.963	3.078	6.314	12.706	31.821	63.657	636.619
2	0.816	1.061	1.386	1.886	2.920	4.303	6.965	9.925	31.599
3	0.765	0.978	1.250	1.638	2.353	3.182	4.541	5.841	12.924
4	0.741	0.941	1.190	1.533	2.132	2.776	3.747	4.604	8.610
5	0.727	0.920	1.156	1.476	2.015	2.571	3.365	4.032	6.869
6	0.718	0.906	1.134	1.440	1.943	2.447	3.143	3.707	5.959
7	0.711	0.896	1.119	1.415	1.895	2.365	2.998	3.499	5.408
8	0.706	0.889	1.108	1.397	1.860	2.306	2.896	3.355	5.041
9	0.703	0.883	1.100	1.383	1.833	2.262	2.821	3.250	4.781
10	0.700	0.879	1.093	1.372	1.812	2.228	2.764	3.169	4.587
11	0.697	0.876	1.088	1.363	1.796	2.201	2.718	3.106	4.437
12	0.695	0.873	1.083	1.356	1.782	2.179	2.681	3.055	4.318
13	0.694	0.870	1.079	1.350	1.771	2.160	2.650	3.012	4.221
14	0.692	0.868	1.076	1.345	1.761	2.145	2.624	2.977	4.140
15	0.691	0.866	1.074	1.341	1.753	2.131	2.602	2.947	4.073
16	0.690	0.865	1.071	1.337	1.746	2.120	2.583	2.921	4.015
17	0.689	0.863	1.069	1.333	1.740	2.110	2.567	2.898	3.965
18	0.688	0.862	1.067	1.330	1.734	2.101	2.552	2.878	3.922
19	0.688	0.861	1.066	1.328	1.729	2.093	2.539	2.861	3.883
20	0.687	0.860	1.064	1.325	1.725	2.086	2.528	2.845	3.850
21	0.686	0.859	1.063	1.323	1.721	2.080	2.518	2.831	3.819
22	0.686	0.858	1.061	1.321	1.717	2.074	2.508	2.819	3.792
23	0.685	0.858	1.060	1.319	1.714	2.069	2.500	2.807	3.768
24	0.685	0.857	1.059	1.318	1.711	2.064	2.492	2.797	3.745
25	0.684	0.856	1.058	1.316	1.708	2.060	2.485	2.787	3.725
26	0.684	0.856	1.058	1.315	1.706	2.056	2.479	2.779	3.707
27	0.684	0.855	1.057	1.314	1.703	2.052	2.473	2.771	3.690
28	0.683	0.855	1.056	1.313	1.701	2.048	2.467	2.763	3.674
29	0.683	0.854	1.055	1.311	1.699	2.045	2.462	2.756	3.659
30	0.683	0.854	1.055	1.310	1.697	2.042	2.457	2.750	3.646
31	0.682	0.853	1.054	1.309	1.696	2.040	2.453	2.744	3.633
32	0.682	0.853	1.054	1.309	1.694	2.037	2.449	2.738	3.622
33	0.682	0.853	1.053	1.308	1.692	2.035	2.445	2.733	3.611
34	0.682	0.852	1.052	1.307	1.691	2.032	2.441	2.728	3.601
35	0.682	0.852	1.052	1.306	1.690	2.030	2.438	2.724	3.591
36	0.681	0.852	1.052	1.306	1.688	2.028	2.434	2.719	3.582
37	0.681	0.851	1.051	1.305	1.687	2.026	2.431	2.715	3.574
38	0.681	0.851	1.051	1.304	1.686	2.024	2.429	2.712	3.566
39	0.681	0.851	1.050	1.304	1.685	2.023	2.426	2.708	3.558
40	0.681	0.851	1.050	1.303	1.684	2.021	2.423	2.704	3.551
41	0.681	0.850	1.050	1.303	1.683	2.020	2.421	2.701	3.544
42	0.680	0.850	1.049	1.302	1.682	2.018	2.418	2.698	3.538
43	0.680	0.850	1.049	1.302	1.681	2.017	2.416	2.695	3.532
44	0.680	0.850	1.049	1.301	1.680	2.015	2.414	2.692	3.526
45	0.680	0.850	1.049	1.301	1.679	2.014	2.412	2.690	3.520
46	0.680	0.850	1.048	1.300	1.679	2.013	2.410	2.687	3.515
47	0.680	0.849	1.048	1.300	1.678	2.012	2.408	2.685	3.510
48	0.680	0.849	1.048	1.299	1.677	2.011	2.407	2.682	3.505
49	0.680	0.849	1.048	1.299	1.677	2.010	2.405	2.680	3.500
50	0.679	0.849	1.047	1.299	1.676	2.009	2.403	2.678	3.496
60	0.679	0.848	1.045	1.296	1.671	2.000	2.390	2.660	3.460
80	0.678	0.846	1.043	1.292	1.664	1.990	2.374	2.639	3.416
120	0.677	0.845	1.041	1.289	1.658	1.980	2.358	2.617	3.373
240	0.676	0.843	1.039	1.285	1.651	1.970	2.342	2.596	3.332
∞	0.674	0.842	1.036	1.282	1.645	1.960	2.326	2.576	3.291

表 A.4 **F** 分布的 F_α 值

$P(F > F_\alpha) = \alpha \qquad \alpha = 0.10$

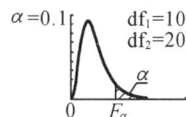

df_2	df_1								
	1	2	3	4	5	6	7	8	9
1	39.863	49.500	53.593	55.833	57.240	58.204	58.906	59.439	59.858
2	8.526	9.000	9.162	9.243	9.293	9.326	9.349	9.367	9.381
3	5.538	5.462	5.391	5.343	5.309	5.285	5.266	5.252	5.240
4	4.545	4.325	4.191	4.107	4.051	4.010	3.979	3.955	3.936
5	4.060	3.780	3.619	3.520	3.453	3.405	3.368	3.339	3.316
6	3.776	3.463	3.289	3.181	3.108	3.055	3.014	2.983	2.958
7	3.589	3.257	3.074	2.961	2.883	2.827	2.785	2.752	2.725
8	3.458	3.113	2.924	2.806	2.726	2.668	2.624	2.589	2.561
9	3.360	3.006	2.813	2.693	2.611	2.551	2.505	2.469	2.440
10	3.285	2.924	2.728	2.605	2.522	2.461	2.414	2.377	2.347
11	3.225	2.860	2.660	2.536	2.451	2.389	2.342	2.304	2.274
12	3.177	2.807	2.606	2.480	2.394	2.331	2.283	2.245	2.214
13	3.136	2.763	2.560	2.434	2.347	2.283	2.234	2.195	2.164
14	3.102	2.726	2.522	2.395	2.307	2.243	2.193	2.154	2.122
15	3.073	2.695	2.490	2.361	2.273	2.208	2.158	2.119	2.086
16	3.048	2.668	2.462	2.333	2.244	2.178	2.128	2.088	2.055
17	3.026	2.645	2.437	2.308	2.218	2.152	2.102	2.061	2.028
18	3.007	2.624	2.416	2.286	2.196	2.130	2.079	2.038	2.005
19	2.990	2.606	2.397	2.266	2.176	2.109	2.058	2.017	1.984
20	2.975	2.589	2.380	2.249	2.158	2.091	2.040	1.999	1.965
21	2.961	2.575	2.365	2.233	2.142	2.075	2.023	1.982	1.948
22	2.949	2.561	2.351	2.219	2.128	2.060	2.008	1.967	1.933
23	2.937	2.549	2.339	2.207	2.115	2.047	1.995	1.953	1.919
24	2.927	2.538	2.327	2.195	2.103	2.035	1.983	1.941	1.906
25	2.918	2.528	2.317	2.184	2.092	2.024	1.971	1.929	1.895
26	2.909	2.519	2.307	2.174	2.082	2.014	1.961	1.919	1.884
27	2.901	2.511	2.299	2.165	2.073	2.005	1.952	1.909	1.874
28	2.894	2.503	2.291	2.157	2.064	1.996	1.943	1.900	1.865
29	2.887	2.495	2.283	2.149	2.057	1.988	1.935	1.892	1.857
30	2.881	2.489	2.276	2.142	2.049	1.980	1.927	1.884	1.849
31	2.875	2.482	2.270	2.136	2.042	1.973	1.920	1.877	1.842
32	2.869	2.477	2.263	2.129	2.036	1.967	1.913	1.870	1.835
33	2.864	2.471	2.258	2.123	2.030	1.961	1.907	1.864	1.828
34	2.859	2.466	2.252	2.118	2.024	1.955	1.901	1.858	1.822
35	2.855	2.461	2.247	2.113	2.019	1.950	1.896	1.852	1.817
36	2.850	2.456	2.243	2.108	2.014	1.945	1.891	1.847	1.811
37	2.846	2.452	2.238	2.103	2.009	1.940	1.886	1.842	1.806
38	2.842	2.448	2.234	2.099	2.005	1.935	1.881	1.838	1.802
39	2.839	2.444	2.230	2.095	2.001	1.931	1.877	1.833	1.797
40	2.835	2.440	2.226	2.091	1.997	1.927	1.873	1.829	1.793
41	2.832	2.437	2.222	2.087	1.993	1.923	1.869	1.825	1.789
42	2.829	2.434	2.219	2.084	1.989	1.919	1.865	1.821	1.785
43	2.826	2.430	2.216	2.080	1.986	1.916	1.861	1.817	1.781
44	2.823	2.427	2.213	2.077	1.983	1.913	1.858	1.814	1.778
45	2.820	2.425	2.210	2.074	1.980	1.909	1.855	1.811	1.774
46	2.818	2.422	2.207	2.071	1.977	1.906	1.852	1.808	1.771
47	2.815	2.419	2.204	2.068	1.974	1.903	1.849	1.805	1.768
48	2.813	2.417	2.202	2.066	1.971	1.901	1.846	1.802	1.765
49	2.811	2.414	2.199	2.063	1.968	1.898	1.843	1.799	1.763
50	2.809	2.412	2.197	2.061	1.966	1.895	1.840	1.796	1.760
60	2.791	2.393	2.177	2.041	1.946	1.875	1.819	1.775	1.738
80	2.769	2.370	2.154	2.016	1.921	1.849	1.793	1.748	1.711
120	2.748	2.347	2.130	1.992	1.896	1.824	1.767	1.722	1.684
240	2.727	2.325	2.107	1.968	1.871	1.799	1.742	1.696	1.658
∞	2.706	2.303	2.084	1.945	1.847	1.774	1.717	1.670	1.632

表 A.4（续 1）

$$P(F>F_\alpha)=\alpha \qquad \alpha=0.10$$

10	12	15	20	24	30	40	60	120	∞	df_2
60.195	60.705	61.220	61.740	62.002	62.265	62.529	62.794	63.061	63.328	1
9.392	9.408	9.425	9.441	9.450	9.458	9.466	9.475	9.483	9.491	2
5.230	5.216	5.200	5.184	5.176	5.168	5.160	5.151	5.143	5.134	3
3.920	3.896	3.870	3.844	3.831	3.817	3.804	3.790	3.775	3.761	4
3.297	3.268	3.238	3.207	3.191	3.174	3.157	3.140	3.123	3.105	5
2.937	2.905	2.871	2.836	2.818	2.800	2.781	2.762	2.742	2.722	6
2.703	2.668	2.632	2.595	2.575	2.555	2.535	2.514	2.493	2.471	7
2.538	2.502	2.464	2.425	2.404	2.383	2.361	2.339	2.316	2.293	8
2.416	2.379	2.340	2.298	2.277	2.255	2.232	2.208	2.184	2.159	9
2.323	2.284	2.244	2.201	2.178	2.155	2.132	2.107	2.082	2.055	10
2.248	2.209	2.167	2.123	2.100	2.076	2.052	2.026	2.000	1.972	11
2.188	2.147	2.105	2.060	2.036	2.011	1.986	1.960	1.932	1.904	12
2.138	2.097	2.053	2.007	1.983	1.958	1.931	1.904	1.876	1.846	13
2.095	2.054	2.010	1.962	1.938	1.912	1.885	1.857	1.828	1.797	14
2.059	2.017	1.972	1.924	1.899	1.873	1.845	1.817	1.787	1.755	15
2.028	1.985	1.940	1.891	1.866	1.839	1.811	1.782	1.751	1.718	16
2.001	1.958	1.912	1.862	1.836	1.809	1.781	1.751	1.719	1.686	17
1.977	1.933	1.887	1.837	1.810	1.783	1.754	1.723	1.691	1.657	18
1.956	1.912	1.865	1.814	1.787	1.759	1.730	1.699	1.666	1.631	19
1.937	1.892	1.845	1.794	1.767	1.738	1.708	1.677	1.643	1.607	20
1.920	1.875	1.827	1.776	1.748	1.719	1.689	1.657	1.623	1.586	21
1.904	1.859	1.811	1.759	1.731	1.702	1.671	1.639	1.604	1.567	22
1.890	1.845	1.796	1.744	1.716	1.686	1.655	1.622	1.587	1.549	23
1.877	1.832	1.783	1.730	1.702	1.672	1.641	1.607	1.571	1.533	24
1.866	1.820	1.771	1.718	1.689	1.659	1.627	1.593	1.557	1.518	25
1.855	1.809	1.760	1.706	1.677	1.647	1.615	1.581	1.544	1.504	26
1.845	1.799	1.749	1.695	1.666	1.636	1.603	1.569	1.531	1.491	27
1.836	1.790	1.740	1.685	1.656	1.625	1.592	1.558	1.520	1.478	28
1.827	1.781	1.731	1.676	1.647	1.616	1.583	1.547	1.509	1.467	29
1.819	1.773	1.722	1.667	1.638	1.606	1.573	1.538	1.499	1.456	30
1.812	1.765	1.714	1.659	1.630	1.598	1.565	1.529	1.489	1.446	31
1.805	1.758	1.707	1.652	1.622	1.590	1.556	1.520	1.481	1.437	32
1.799	1.751	1.700	1.645	1.615	1.583	1.549	1.512	1.472	1.428	33
1.793	1.745	1.694	1.638	1.608	1.576	1.541	1.505	1.464	1.419	34
1.787	1.739	1.688	1.632	1.601	1.569	1.535	1.497	1.457	1.411	35
1.781	1.734	1.682	1.626	1.595	1.563	1.528	1.491	1.450	1.404	36
1.776	1.729	1.677	1.620	1.590	1.557	1.522	1.484	1.443	1.397	37
1.772	1.724	1.672	1.615	1.584	1.551	1.516	1.478	1.437	1.390	38
1.767	1.719	1.667	1.610	1.579	1.546	1.511	1.473	1.431	1.383	39
1.763	1.715	1.662	1.605	1.574	1.541	1.506	1.467	1.425	1.377	40
1.759	1.710	1.658	1.601	1.569	1.536	1.501	1.462	1.419	1.371	41
1.755	1.706	1.654	1.596	1.565	1.532	1.496	1.457	1.414	1.365	42
1.751	1.703	1.650	1.592	1.561	1.527	1.491	1.452	1.409	1.360	43
1.747	1.699	1.646	1.588	1.557	1.523	1.487	1.448	1.404	1.354	44
1.744	1.695	1.643	1.585	1.553	1.519	1.483	1.443	1.399	1.349	45
1.741	1.692	1.639	1.581	1.549	1.515	1.479	1.439	1.395	1.344	46
1.738	1.689	1.636	1.578	1.546	1.512	1.475	1.435	1.391	1.340	47
1.735	1.686	1.633	1.574	1.542	1.508	1.472	1.431	1.387	1.335	48
1.732	1.683	1.630	1.571	1.539	1.505	1.468	1.428	1.383	1.331	49
1.729	1.680	1.627	1.568	1.536	1.502	1.465	1.424	1.379	1.327	50
1.707	1.657	1.603	1.543	1.511	1.476	1.437	1.395	1.348	1.291	60
1.680	1.629	1.574	1.513	1.479	1.443	1.403	1.358	1.307	1.245	80
1.652	1.601	1.545	1.482	1.447	1.409	1.368	1.320	1.265	1.193	120
1.625	1.573	1.516	1.451	1.415	1.376	1.332	1.281	1.219	1.130	240
1.599	1.546	1.487	1.421	1.383	1.342	1.295	1.240	1.169	1.000	∞

表 A.4(续2)

$$P(F>F_\alpha)=\alpha \qquad \alpha=0.05$$

$\alpha=0.05 \qquad df_1=10 \quad df_2=20$

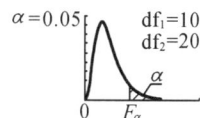

df$_2$	df$_1$								
	1	2	3	4	5	6	7	8	9
1	161.448	199.500	215.707	224.583	230.162	233.986	236.768	238.883	240.543
2	18.513	19.000	19.164	19.247	19.296	19.330	19.353	19.371	19.385
3	10.128	9.552	9.277	9.117	9.013	8.941	8.887	8.845	8.812
4	7.709	6.944	6.591	6.388	6.256	6.163	6.094	6.041	5.999
5	6.608	5.786	5.409	5.192	5.050	4.950	4.876	4.818	4.772
6	5.987	5.143	4.757	4.534	4.387	4.284	4.207	4.147	4.099
7	5.591	4.737	4.347	4.120	3.972	3.866	3.787	3.726	3.677
8	5.318	4.459	4.066	3.838	3.687	3.581	3.500	3.438	3.388
9	5.117	4.256	3.863	3.633	3.482	3.374	3.293	3.230	3.179
10	4.965	4.103	3.708	3.478	3.326	3.217	3.135	3.072	3.020
11	4.844	3.982	3.587	3.357	3.204	3.095	3.012	2.948	2.896
12	4.747	3.885	3.490	3.259	3.106	2.996	2.913	2.849	2.796
13	4.667	3.806	3.411	3.179	3.025	2.915	2.832	2.767	2.714
14	4.600	3.739	3.344	3.112	2.958	2.848	2.764	2.699	2.646
15	4.543	3.682	3.287	3.056	2.901	2.790	2.707	2.641	2.588
16	4.494	3.634	3.239	3.007	2.852	2.741	2.657	2.591	2.538
17	4.451	3.592	3.197	2.965	2.810	2.699	2.614	2.548	2.494
18	4.414	3.555	3.160	2.928	2.773	2.661	2.577	2.510	2.456
19	4.381	3.522	3.127	2.895	2.740	2.628	2.544	2.477	2.423
20	4.351	3.493	3.098	2.866	2.711	2.599	2.514	2.447	2.393
21	4.325	3.467	3.072	2.840	2.685	2.573	2.488	2.420	2.366
22	4.301	3.443	3.049	2.817	2.661	2.549	2.464	2.397	2.342
23	4.279	3.422	3.028	2.796	2.640	2.528	2.442	2.375	2.320
24	4.260	3.403	3.009	2.776	2.621	2.508	2.423	2.355	2.300
25	4.242	3.385	2.991	2.759	2.603	2.490	2.405	2.337	2.282
26	4.225	3.369	2.975	2.743	2.587	2.474	2.388	2.321	2.265
27	4.210	3.354	2.960	2.728	2.572	2.459	2.373	2.305	2.250
28	4.196	3.340	2.947	2.714	2.558	2.445	2.359	2.291	2.236
29	4.183	3.328	2.934	2.701	2.545	2.432	2.346	2.278	2.223
30	4.171	3.316	2.922	2.690	2.534	2.421	2.334	2.266	2.211
31	4.160	3.305	2.911	2.679	2.523	2.409	2.323	2.255	2.199
32	4.149	3.295	2.901	2.668	2.512	2.399	2.313	2.244	2.189
33	4.139	3.285	2.892	2.659	2.503	2.389	2.303	2.235	2.179
34	4.130	3.276	2.883	2.650	2.494	2.380	2.294	2.225	2.170
35	4.121	3.267	2.874	2.641	2.485	2.372	2.285	2.217	2.161
36	4.113	3.259	2.866	2.634	2.477	2.364	2.277	2.209	2.153
37	4.105	3.252	2.859	2.626	2.470	2.356	2.270	2.201	2.145
38	4.098	3.245	2.852	2.619	2.463	2.349	2.262	2.194	2.138
39	4.091	3.238	2.845	2.612	2.456	2.342	2.255	2.187	2.131
40	4.085	3.232	2.839	2.606	2.449	2.336	2.249	2.180	2.124
41	4.079	3.226	2.833	2.600	2.443	2.330	2.243	2.174	2.118
42	4.073	3.220	2.827	2.594	2.438	2.324	2.237	2.168	2.112
43	4.067	3.214	2.822	2.589	2.432	2.318	2.232	2.163	2.106
44	4.062	3.209	2.816	2.584	2.427	2.313	2.226	2.157	2.101
45	4.057	3.204	2.812	2.579	2.422	2.308	2.221	2.152	2.096
46	4.052	3.200	2.807	2.574	2.417	2.304	2.216	2.147	2.091
47	4.047	3.195	2.802	2.570	2.413	2.299	2.212	2.143	2.086
48	4.043	3.191	2.798	2.565	2.409	2.295	2.207	2.138	2.082
49	4.038	3.187	2.794	2.561	2.404	2.290	2.203	2.134	2.077
50	4.034	3.183	2.790	2.557	2.400	2.286	2.199	2.130	2.073
60	4.001	3.150	2.758	2.525	2.368	2.254	2.167	2.097	2.040
80	3.960	3.111	2.719	2.486	2.329	2.214	2.126	2.056	1.999
120	3.920	3.072	2.680	2.447	2.290	2.175	2.087	2.016	1.959
240	3.880	3.033	2.642	2.409	2.252	2.136	2.048	1.977	1.919
∞	3.841	2.996	2.605	2.372	2.214	2.099	2.010	1.938	1.880

表 A.4（续3）

$$P(F>F_\alpha)=\alpha \qquad \alpha=0.05$$

df₁										df₂
10	12	15	20	24	30	40	60	120	∞	
241.882	243.906	245.950	248.013	249.052	250.095	251.143	252.196	253.253	253.314	1
19.396	19.413	19.429	19.446	19.454	19.462	19.471	19.479	19.487	19.496	2
8.786	8.745	8.703	8.660	8.639	8.617	8.594	8.572	8.549	8.526	3
5.964	5.912	5.858	5.803	5.774	5.746	5.717	5.688	5.658	5.628	4
4.735	4.678	4.619	4.558	4.527	4.496	4.464	4.431	4.398	4.365	5
4.060	4.000	3.938	3.874	3.841	3.808	3.774	3.740	3.705	3.669	6
3.637	3.575	3.511	3.445	3.410	3.376	3.340	3.304	3.267	3.230	7
3.347	3.284	3.218	3.150	3.115	3.079	3.043	3.005	2.967	2.928	8
3.137	3.073	3.006	2.936	2.900	2.864	2.826	2.787	2.748	2.707	9
2.978	2.913	2.845	2.774	2.737	2.700	2.661	2.621	2.580	2.538	10
2.854	2.788	2.719	2.646	2.609	2.570	2.531	2.490	2.448	2.404	11
2.753	2.687	2.617	2.544	2.505	2.466	2.426	2.384	2.341	2.296	12
2.671	2.604	2.533	2.459	2.420	2.380	2.339	2.297	2.252	2.206	13
2.602	2.534	2.463	2.388	2.349	2.308	2.266	2.223	2.178	2.131	14
2.544	2.475	2.403	2.328	2.288	2.247	2.204	2.160	2.114	2.066	15
2.494	2.425	2.352	2.276	2.235	2.194	2.151	2.106	2.059	2.010	16
2.450	2.381	2.308	2.230	2.190	2.148	2.104	2.058	2.011	1.960	17
2.412	2.342	2.269	2.191	2.150	2.107	2.063	2.017	1.968	1.917	18
2.378	2.308	2.234	2.155	2.114	2.071	2.026	1.980	1.930	1.878	19
2.348	2.278	2.203	2.124	2.082	2.039	1.994	1.946	1.896	1.843	20
2.321	2.250	2.176	2.096	2.054	2.010	1.965	1.916	1.866	1.812	21
2.297	2.226	2.151	2.071	2.028	1.984	1.938	1.889	1.838	1.783	22
2.275	2.204	2.128	2.048	2.005	1.961	1.914	1.865	1.813	1.757	23
2.255	2.183	2.108	2.027	1.984	1.939	1.892	1.842	1.790	1.733	24
2.236	2.165	2.089	2.007	1.964	1.919	1.872	1.822	1.768	1.711	25
2.220	2.148	2.072	1.990	1.946	1.901	1.853	1.803	1.749	1.691	26
2.204	2.132	2.056	1.974	1.930	1.884	1.836	1.785	1.731	1.672	27
2.190	2.118	2.041	1.959	1.915	1.869	1.820	1.769	1.714	1.654	28
2.177	2.104	2.027	1.945	1.901	1.854	1.806	1.754	1.698	1.638	29
2.165	2.092	2.015	1.932	1.887	1.841	1.792	1.740	1.683	1.622	30
2.153	2.080	2.003	1.920	1.875	1.828	1.779	1.726	1.670	1.608	31
2.142	2.070	1.992	1.908	1.864	1.817	1.767	1.714	1.657	1.594	32
2.133	2.060	1.982	1.898	1.853	1.806	1.756	1.702	1.645	1.581	33
2.123	2.050	1.972	1.888	1.843	1.795	1.745	1.691	1.633	1.569	34
2.114	2.041	1.963	1.878	1.833	1.786	1.735	1.681	1.623	1.558	35
2.106	2.033	1.954	1.870	1.824	1.776	1.726	1.671	1.612	1.547	36
2.098	2.025	1.946	1.861	1.816	1.768	1.717	1.662	1.603	1.537	37
2.091	2.017	1.939	1.853	1.808	1.760	1.708	1.653	1.594	1.527	38
2.084	2.010	1.931	1.846	1.800	1.752	1.700	1.645	1.585	1.518	39
2.077	2.003	1.924	1.839	1.793	1.744	1.693	1.637	1.577	1.509	40
2.071	1.997	1.918	1.832	1.786	1.737	1.686	1.630	1.569	1.500	41
2.065	1.991	1.912	1.826	1.780	1.731	1.679	1.623	1.561	1.492	42
2.059	1.985	1.906	1.820	1.773	1.724	1.672	1.616	1.554	1.485	43
2.054	1.980	1.900	1.814	1.767	1.718	1.666	1.609	1.547	1.477	44
2.049	1.974	1.895	1.808	1.762	1.713	1.660	1.603	1.541	1.470	45
2.044	1.969	1.890	1.803	1.756	1.707	1.654	1.597	1.534	1.463	46
2.039	1.965	1.885	1.798	1.751	1.702	1.649	1.591	1.528	1.457	47
2.035	1.960	1.880	1.793	1.746	1.697	1.644	1.586	1.522	1.450	48
2.030	1.956	1.876	1.789	1.742	1.692	1.639	1.581	1.517	1.444	49
2.026	1.952	1.871	1.784	1.737	1.687	1.634	1.576	1.511	1.438	50
1.993	1.917	1.836	1.748	1.700	1.649	1.594	1.534	1.467	1.389	60
1.951	1.875	1.793	1.703	1.654	1.602	1.545	1.482	1.411	1.325	80
1.910	1.834	1.750	1.659	1.608	1.554	1.495	1.429	1.352	1.254	120
1.870	1.793	1.708	1.614	1.563	1.507	1.445	1.375	1.290	1.170	240
1.831	1.752	1.666	1.571	1.517	1.459	1.394	1.318	1.221	1.000	∞

表 A.4(续4)

$$P(F > F_\alpha) = \alpha \qquad \alpha = 0.025$$

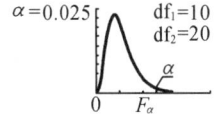

$\alpha = 0.025$ $df_1 = 10$ $df_2 = 20$

df_2	df_1								
	1	2	3	4	5	6	7	8	9
1	647.789	799.500	864.163	899.583	921.848	937.111	948.217	956.656	963.285
2	38.506	39.000	39.165	39.248	39.298	39.331	39.355	39.373	39.387
3	17.443	16.044	15.439	15.101	14.885	14.735	14.624	14.540	14.473
4	12.218	10.649	9.979	9.605	9.364	9.197	9.074	8.980	8.905
5	10.007	8.434	7.764	7.388	7.146	6.978	6.853	6.757	6.681
6	8.813	7.260	6.599	6.227	5.988	5.820	5.695	5.600	5.523
7	8.073	6.542	5.890	5.523	5.285	5.119	4.995	4.899	4.823
8	7.571	6.059	5.416	5.053	4.817	4.652	4.529	4.433	4.357
9	7.209	5.715	5.078	4.718	4.484	4.320	4.197	4.102	4.026
10	6.937	5.456	4.826	4.468	4.236	4.072	3.950	3.855	3.779
11	6.724	5.256	4.630	4.275	4.044	3.881	3.759	3.664	3.588
12	6.554	5.096	4.474	4.121	3.891	3.728	3.607	3.512	3.436
13	6.414	4.965	4.347	3.996	3.767	3.604	3.483	3.388	3.312
14	6.298	4.857	4.242	3.892	3.663	3.501	3.380	3.285	3.209
15	6.200	4.765	4.153	3.804	3.576	3.415	3.293	3.199	3.123
16	6.115	4.687	4.077	3.729	3.502	3.341	3.219	3.125	3.049
17	6.042	4.619	4.011	3.665	3.438	3.277	3.156	3.061	2.985
18	5.978	4.560	3.954	3.608	3.382	3.221	3.100	3.005	2.929
19	5.922	4.508	3.903	3.559	3.333	3.172	3.051	2.956	2.880
20	5.871	4.461	3.859	3.515	3.289	3.128	3.007	2.913	2.837
21	5.827	4.420	3.819	3.475	3.250	3.090	2.969	2.874	2.798
22	5.786	4.383	3.783	3.440	3.215	3.055	2.934	2.839	2.763
23	5.750	4.349	3.750	3.408	3.183	3.023	2.902	2.808	2.731
24	5.717	4.319	3.721	3.379	3.155	2.995	2.874	2.779	2.703
25	5.686	4.291	3.694	3.353	3.129	2.969	2.848	2.753	2.677
26	5.659	4.265	3.670	3.329	3.105	2.945	2.824	2.729	2.653
27	5.633	4.242	3.647	3.307	3.083	2.923	2.802	2.707	2.631
28	5.610	4.221	3.626	3.286	3.063	2.903	2.782	2.687	2.611
29	5.588	4.201	3.607	3.267	3.044	2.884	2.763	2.669	2.592
30	5.568	4.182	3.589	3.250	3.026	2.867	2.746	2.651	2.575
31	5.549	4.165	3.573	3.234	3.010	2.851	2.730	2.635	2.558
32	5.531	4.149	3.557	3.218	2.995	2.836	2.715	2.620	2.543
33	5.515	4.134	3.543	3.204	2.981	2.822	2.701	2.606	2.529
34	5.499	4.120	3.529	3.191	2.968	2.808	2.688	2.593	2.516
35	5.485	4.106	3.517	3.179	2.956	2.796	2.676	2.581	2.504
36	5.471	4.094	3.505	3.167	2.944	2.785	2.664	2.569	2.492
37	5.458	4.082	3.493	3.156	2.933	2.774	2.653	2.558	2.481
38	5.446	4.071	3.483	3.145	2.923	2.763	2.643	2.548	2.471
39	5.435	4.061	3.473	3.135	2.913	2.754	2.633	2.538	2.461
40	5.424	4.051	3.463	3.126	2.904	2.744	2.624	2.529	2.452
41	5.414	4.042	3.454	3.117	2.895	2.736	2.615	2.520	2.443
42	5.404	4.033	3.446	3.109	2.887	2.727	2.607	2.512	2.435
43	5.395	4.024	3.438	3.101	2.879	2.719	2.599	2.504	2.427
44	5.386	4.016	3.430	3.093	2.871	2.712	2.591	2.496	2.419
45	5.377	4.009	3.422	3.086	2.864	2.705	2.584	2.489	2.412
46	5.369	4.001	3.415	3.079	2.857	2.698	2.577	2.482	2.405
47	5.361	3.994	3.409	3.073	2.851	2.691	2.571	2.476	2.399
48	5.354	3.987	3.402	3.066	2.844	2.685	2.565	2.470	2.393
49	5.347	3.981	3.396	3.060	2.838	2.679	2.559	2.464	2.387
50	5.340	3.975	3.390	3.054	2.833	2.674	2.553	2.458	2.381
60	5.286	3.925	3.343	3.008	2.786	2.627	2.507	2.412	2.334
80	5.218	3.864	3.284	2.950	2.730	2.571	2.450	2.355	2.277
120	5.152	3.805	3.227	2.894	2.674	2.515	2.395	2.299	2.222
240	5.088	3.746	3.171	2.839	2.620	2.461	2.341	2.245	2.167
∞	5.024	3.689	3.116	2.786	2.567	2.408	2.288	2.192	2.114

表 A.4(续 5)

$$P(F > F_\alpha) = \alpha \qquad \alpha = 0.025$$

				df$_1$						df$_2$
10	12	15	20	24	30	40	60	120	∞	
968.627	976.708	984.867	993.103	997.249	1 001.414	1 005.598	1 009.800	1 014.020	1 018.258	1
39.398	39.415	39.431	39.448	39.456	39.465	39.473	39.481	39.490	39.498	2
14.419	14.337	14.253	14.167	14.124	14.081	14.037	13.992	13.947	13.902	3
8.844	8.751	8.657	8.560	8.511	8.461	8.411	8.360	8.309	8.257	4
6.619	6.525	6.428	6.329	6.278	6.227	6.175	6.123	6.069	6.015	5
5.461	5.366	5.269	5.168	5.117	5.065	5.012	4.959	4.904	4.849	6
4.761	4.666	4.568	4.467	4.415	4.362	4.309	4.254	4.199	4.142	7
4.295	4.200	4.101	3.999	3.947	3.894	3.840	3.784	3.728	3.670	8
3.964	3.868	3.769	3.667	3.614	3.560	3.505	3.449	3.392	3.333	9
3.717	3.621	3.522	3.419	3.365	3.311	3.255	3.198	3.140	3.080	10
3.526	3.430	3.330	3.226	3.173	3.118	3.061	3.004	2.944	2.883	11
3.374	3.277	3.177	3.073	3.019	2.963	2.906	2.848	2.787	2.725	12
3.250	3.153	3.053	2.948	2.893	2.837	2.780	2.720	2.659	2.595	13
3.147	3.050	2.949	2.844	2.789	2.732	2.674	2.614	2.552	2.487	14
3.060	2.963	2.862	2.756	2.701	2.644	2.585	2.524	2.461	2.395	15
2.986	2.889	2.788	2.681	2.625	2.568	2.509	2.447	2.383	2.316	16
2.922	2.825	2.723	2.616	2.560	2.502	2.442	2.380	2.315	2.247	17
2.866	2.769	2.667	2.559	2.503	2.445	2.384	2.321	2.256	2.187	18
2.817	2.720	2.617	2.509	2.452	2.394	2.333	2.270	2.203	2.133	19
2.774	2.676	2.573	2.464	2.408	2.349	2.287	2.223	2.156	2.085	20
2.735	2.637	2.534	2.425	2.368	2.308	2.246	2.182	2.114	2.042	21
2.700	2.602	2.498	2.389	2.331	2.272	2.210	2.145	2.076	2.003	22
2.668	2.570	2.466	2.357	2.299	2.239	2.176	2.111	2.041	1.968	23
2.640	2.541	2.437	2.327	2.269	2.209	2.146	2.080	2.010	1.935	24
2.613	2.515	2.411	2.300	2.242	2.182	2.118	2.052	1.981	1.906	25
2.590	2.491	2.387	2.276	2.217	2.157	2.093	2.026	1.954	1.878	26
2.568	2.469	2.364	2.253	2.195	2.133	2.069	2.002	1.930	1.853	27
2.547	2.448	2.344	2.232	2.174	2.112	2.048	1.980	1.907	1.829	28
2.529	2.430	2.325	2.213	2.154	2.092	2.028	1.959	1.886	1.807	29
2.511	2.412	2.307	2.195	2.136	2.074	2.009	1.940	1.866	1.787	30
2.495	2.396	2.291	2.178	2.119	2.057	1.991	1.922	1.848	1.768	31
2.480	2.381	2.275	2.163	2.103	2.041	1.975	1.905	1.831	1.750	32
2.466	2.366	2.261	2.148	2.088	2.026	1.960	1.890	1.815	1.733	33
2.453	2.353	2.248	2.135	2.075	2.012	1.946	1.875	1.799	1.717	34
2.440	2.341	2.235	2.122	2.062	1.999	1.932	1.861	1.785	1.702	35
2.429	2.329	2.223	2.110	2.049	1.986	1.919	1.848	1.772	1.687	36
2.418	2.318	2.212	2.098	2.038	1.974	1.907	1.836	1.759	1.674	37
2.407	2.307	2.201	2.088	2.027	1.963	1.896	1.824	1.747	1.661	38
2.397	2.298	2.191	2.077	2.017	1.953	1.885	1.813	1.735	1.649	39
2.388	2.288	2.182	2.068	2.007	1.943	1.875	1.803	1.724	1.637	40
2.379	2.279	2.173	2.059	1.998	1.933	1.866	1.793	1.714	1.626	41
2.371	2.271	2.164	2.050	1.989	1.924	1.856	1.783	1.704	1.615	42
2.363	2.263	2.156	2.042	1.980	1.916	1.848	1.774	1.694	1.605	43
2.355	2.255	2.149	2.034	1.972	1.908	1.839	1.766	1.685	1.596	44
2.348	2.248	2.141	2.026	1.965	1.900	1.831	1.757	1.677	1.586	45
2.341	2.241	2.134	2.019	1.957	1.893	1.824	1.750	1.668	1.578	46
2.335	2.234	2.127	2.012	1.951	1.885	1.816	1.742	1.661	1.569	47
2.329	2.228	2.121	2.006	1.944	1.879	1.809	1.735	1.653	1.561	48
2.323	2.222	2.115	1.999	1.937	1.872	1.803	1.728	1.646	1.533	49
2.317	2.216	2.109	1.993	1.931	1.866	1.796	1.721	1.639	1.545	50
2.270	2.169	2.061	1.944	1.882	1.815	1.744	1.667	1.581	1.482	60
2.213	2.111	2.003	1.884	1.820	1.752	1.679	1.599	1.508	1.400	80
2.157	2.055	1.945	1.825	1.760	1.690	1.614	1.530	1.433	1.310	120
2.102	1.999	1.888	1.766	1.700	1.628	1.549	1.460	1.354	1.206	240
2.048	1.945	1.833	1.708	1.640	1.566	1.484	1.388	1.268	1.000	∞

表 A.4(续6)

$P(F>F_\alpha)=\alpha \qquad \alpha=0.01$

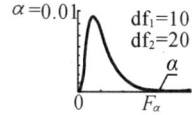

$\alpha=0.01 \qquad df_1=10 \quad df_2=20$

df_2	df_1								
	1	2	3	4	5	6	7	8	9
1	4 052.181	4 999.500	5 403.352	5 624.583	5 763.650	5 858.986	5 928.356	5 981.070	6 022.473
2	98.503	99.000	99.166	99.249	99.299	99.333	99.356	99.374	99.388
3	34.116	30.817	29.457	28.710	28.237	27.911	27.672	27.489	27.345
4	21.198	18.000	16.694	15.977	15.522	15.207	14.976	14.799	14.659
5	16.258	13.274	12.060	11.392	10.967	10.672	10.456	10.289	10.158
6	13.745	10.925	9.780	9.148	8.746	8.466	8.260	8.102	7.976
7	12.246	9.547	8.451	7.847	7.460	7.191	6.993	6.840	6.719
8	11.259	8.649	7.591	7.006	6.632	6.371	6.178	6.029	5.911
9	10.561	8.022	6.992	6.422	6.057	5.802	5.613	5.467	5.351
10	10.044	7.559	6.552	5.994	5.636	5.386	5.200	5.057	4.942
11	9.646	7.206	6.217	5.668	5.316	5.069	4.886	4.744	4.632
12	9.330	6.927	5.953	5.412	5.064	4.821	4.640	4.499	4.388
13	9.074	6.701	5.739	5.205	4.862	4.620	4.441	4.302	4.191
14	8.862	6.515	5.564	5.035	4.695	4.456	4.278	4.140	4.030
15	8.683	6.359	5.417	4.893	4.556	4.318	4.142	4.004	3.895
16	8.531	6.226	5.292	4.773	4.437	4.202	4.026	3.890	3.780
17	8.400	6.112	5.185	4.669	4.336	4.102	3.927	3.791	3.682
18	8.285	6.013	5.092	4.579	4.248	4.015	3.841	3.705	3.597
19	8.185	5.926	5.010	4.500	4.171	3.939	3.765	3.631	3.523
20	8.096	5.849	4.938	4.431	4.103	3.871	3.699	3.564	3.457
21	8.017	5.780	4.874	4.369	4.042	3.812	3.640	3.506	3.398
22	7.945	5.719	4.817	4.313	3.988	3.758	3.587	3.453	3.346
23	7.881	5.664	4.765	4.264	3.939	3.710	3.539	3.406	3.299
24	7.823	5.614	4.718	4.218	3.895	3.667	3.496	3.363	3.256
25	7.770	5.568	4.675	4.177	3.855	3.627	3.457	3.324	3.217
26	7.721	5.526	4.637	4.140	3.818	3.591	3.421	3.288	3.182
27	7.677	5.488	4.601	4.106	3.785	3.558	3.388	3.256	3.149
28	7.636	5.453	4.568	4.074	3.754	3.528	3.358	3.226	3.120
29	7.598	5.420	4.538	4.045	3.725	3.499	3.330	3.198	3.092
30	7.562	5.390	4.510	4.018	3.699	3.473	3.304	3.173	3.067
31	7.530	5.362	4.484	3.993	3.675	3.449	3.281	3.149	3.043
32	7.499	5.336	4.459	3.969	3.652	3.427	3.258	3.127	3.021
33	7.471	5.312	4.437	3.948	3.630	3.406	3.238	3.106	3.000
34	7.444	5.289	4.416	3.927	3.611	3.386	3.218	3.087	2.981
35	7.419	5.268	4.396	3.908	3.592	3.368	3.200	3.069	2.963
36	7.396	5.248	4.377	3.890	3.574	3.351	3.183	3.052	2.946
37	7.373	5.229	4.360	3.873	3.558	3.334	3.167	3.036	2.930
38	7.353	5.211	4.343	3.858	3.542	3.319	3.152	3.021	2.915
39	7.333	5.194	4.327	3.843	3.528	3.305	3.137	3.006	2.901
40	7.314	5.179	4.313	3.828	3.514	3.291	3.124	2.993	2.888
41	7.296	5.163	4.299	3.815	3.501	3.278	3.111	2.980	2.875
42	7.280	5.149	4.285	3.802	3.488	3.266	3.099	2.968	2.863
43	7.264	5.136	4.273	3.790	3.476	3.254	3.087	2.957	2.851
44	7.248	5.123	4.261	3.778	3.465	3.243	3.076	2.946	2.840
45	7.234	5.110	4.249	3.767	3.454	3.232	3.066	2.935	2.830
46	7.220	5.099	4.238	3.757	3.444	3.222	3.056	2.925	2.820
47	7.207	5.087	4.228	3.747	3.434	3.213	3.046	2.916	2.811
48	7.194	5.077	4.218	3.737	3.425	3.204	3.037	2.907	2.802
49	7.182	5.066	4.208	3.728	3.416	3.195	3.028	2.898	2.793
50	7.171	5.057	4.199	3.720	3.408	3.186	3.020	2.890	2.785
60	7.077	4.977	4.126	3.649	3.339	3.119	2.953	2.823	2.718
80	6.963	4.881	4.036	3.563	3.255	3.036	2.871	2.742	2.637
120	6.851	4.787	3.949	3.480	3.174	2.956	2.792	2.663	2.559
240	6.742	4.695	3.864	3.398	3.094	2.878	2.714	2.586	2.482
∞	6.635	4.605	3.782	3.319	3.017	2.802	2.639	2.511	2.407

表 A. 4(续 7)

$$P(F>F_\alpha)=\alpha \qquad \alpha=0.01$$

10	12	15	20	24	30	40	60	120	∞	df$_2$
6 055. 847	6 106. 321	6 157. 285	6 208. 730	6 234. 631	6 260. 649	6 286. 782	6 313. 030	6 339. 391	6 365. 864	1
99. 399	99. 416	99. 433	99. 449	99. 458	99. 466	99. 474	99. 482	99. 491	99. 499	2
27. 229	27. 052	26. 872	26. 690	26. 598	26. 505	26. 411	26. 316	26. 221	26. 125	3
14. 546	14. 374	14. 198	14. 020	13. 929	13. 838	13. 745	13. 652	13. 558	13. 463	4
10. 051	9. 888	9. 722	9. 553	9. 466	9. 379	9. 291	9. 202	9. 112	9. 020	5
7. 874	7. 718	7. 559	7. 396	7. 313	7. 229	7. 143	7. 057	6. 969	6. 880	6
6. 620	6. 469	6. 314	6. 155	6. 074	5. 992	5. 908	5. 824	5. 737	5. 650	7
5. 814	5. 667	5. 515	5. 359	5. 279	5. 198	5. 116	5. 032	4. 946	4. 859	8
5. 257	5. 111	4. 962	4. 808	4. 729	4. 649	4. 567	4. 483	4. 398	4. 311	9
4. 849	4. 706	4. 558	4. 405	4. 327	4. 247	4. 165	4. 082	3. 996	3. 909	10
4. 539	4. 397	4. 251	4. 099	4. 021	3. 941	3. 860	3. 776	3. 690	3. 602	11
4. 296	4. 155	4. 010	3. 858	3. 780	3. 701	3. 619	3. 535	3. 449	3. 361	12
4. 100	3. 960	3. 815	3. 665	3. 587	3. 507	3. 425	3. 341	3. 255	3. 165	13
3. 939	3. 800	3. 656	3. 505	3. 427	3. 348	3. 266	3. 181	3. 094	3. 004	14
3. 805	3. 666	3. 522	3. 372	3. 294	3. 214	3. 132	3. 047	2. 959	2. 868	15
3. 691	3. 553	3. 409	3. 259	3. 181	3. 101	3. 018	2. 933	2. 845	2. 753	16
3. 593	3. 455	3. 312	3. 162	3. 084	3. 003	2. 920	2. 835	2. 746	2. 653	17
3. 508	3. 371	3. 227	3. 077	2. 999	2. 919	2. 835	2. 749	2. 660	2. 566	18
3. 434	3. 297	3. 153	3. 003	2. 925	2. 844	2. 761	2. 674	2. 584	2. 489	19
3. 368	3. 231	3. 088	2. 938	2. 859	2. 778	2. 695	2. 608	2. 517	2. 421	20
3. 310	3. 173	3. 030	2. 880	2. 801	2. 720	2. 636	2. 548	2. 457	2. 360	21
3. 258	3. 121	2. 978	2. 827	2. 749	2. 667	2. 583	2. 495	2. 403	2. 305	22
3. 211	3. 074	2. 931	2. 781	2. 702	2. 620	2. 535	2. 447	2. 354	2. 256	23
3. 168	3. 032	2. 889	2. 738	2. 659	2. 577	2. 492	2. 403	2. 310	2. 211	24
3. 129	2. 993	2. 850	2. 699	2. 620	2. 538	2. 453	2. 364	2. 270	2. 169	25
3. 094	2. 958	2. 815	2. 664	2. 585	2. 503	2. 417	2. 327	2. 233	2. 131	26
3. 062	2. 926	2. 783	2. 632	2. 552	2. 470	2. 384	2. 294	2. 198	2. 097	27
3. 032	2. 896	2. 753	2. 602	2. 522	2. 440	2. 354	2. 263	2. 167	2. 064	28
3. 005	2. 868	2. 726	2. 574	2. 495	2. 412	2. 325	2. 234	2. 138	2. 034	29
2. 979	2. 843	2. 700	2. 549	2. 469	2. 386	2. 299	2. 208	2. 111	2. 006	30
2. 955	2. 820	2. 677	2. 525	2. 445	2. 362	2. 275	2. 183	2. 086	1. 980	31
2. 934	2. 798	2. 655	2. 503	2. 423	2. 340	2. 252	2. 160	2. 062	1. 956	32
2. 913	2. 777	2. 634	2. 482	2. 402	2. 319	2. 231	2. 139	2. 040	1. 933	33
2. 894	2. 758	2. 615	2. 463	2. 383	2. 299	2. 211	2. 118	2. 019	1. 911	34
2. 876	2. 740	2. 597	2. 445	2. 364	2. 281	2. 193	2. 099	2. 000	1. 891	35
2. 859	2. 723	2. 580	2. 428	2. 347	2. 263	2. 175	2. 082	1. 981	1. 872	36
2. 843	2. 707	2. 564	2. 412	2. 331	2. 247	2. 159	2. 065	1. 964	1. 854	37
2. 828	2. 692	2. 549	2. 397	2. 316	2. 232	2. 143	2. 049	1. 947	1. 837	38
2. 814	2. 678	2. 535	2. 382	2. 302	2. 217	2. 128	2. 034	1. 932	1. 820	39
2. 801	2. 665	2. 522	2. 369	2. 288	2. 203	2. 114	2. 019	1. 917	1. 805	40
2. 788	2. 652	2. 509	2. 356	2. 275	2. 190	2. 101	2. 006	1. 903	1. 790	41
2. 776	2. 640	2. 497	2. 344	2. 263	2. 178	2. 088	1. 993	1. 890	1. 776	42
2. 764	2. 629	2. 485	2. 332	2. 251	2. 166	2. 076	1. 981	1. 877	1. 762	43
2. 754	2. 618	2. 475	2. 321	2. 240	2. 155	2. 065	1. 969	1. 865	1. 750	44
2. 743	2. 608	2. 464	2. 311	2. 230	2. 144	2. 054	1. 958	1. 853	1. 737	45
2. 733	2. 598	2. 454	2. 301	2. 220	2. 134	2. 044	1. 947	1. 842	1. 726	46
2. 724	2. 588	2. 445	2. 291	2. 210	2. 124	2. 034	1. 937	1. 832	1. 714	47
2. 715	2. 579	2. 436	2. 282	2. 201	2. 115	2. 024	1. 927	1. 822	1. 704	48
2. 706	2. 571	2. 427	2. 274	2. 192	2. 106	2. 015	1. 918	1. 812	1. 693	49
2. 698	2. 562	2. 419	2. 265	2. 183	2. 098	2. 007	1. 909	1. 803	1. 683	50
2. 632	2. 496	2. 352	2. 198	2. 115	2. 028	1. 936	1. 836	1. 726	1. 601	60
2. 551	2. 415	2. 271	2. 115	2. 032	1. 944	1. 849	1. 746	1. 630	1. 494	80
2. 472	2. 336	2. 192	2. 035	1. 950	1. 860	1. 763	1. 656	1. 533	1. 381	120
2. 395	2. 260	2. 114	1. 956	1. 870	1. 778	1. 677	1. 565	1. 432	1. 250	240
2. 321	2. 185	2. 039	1. 878	1. 791	1. 696	1. 592	1. 473	1. 325	1. 000	∞

表 A.4（续 8）

$$P(F > F_\alpha) = \alpha \qquad \alpha = 0.005$$

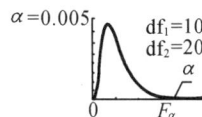

$\alpha = 0.005$, $df_1 = 10$, $df_2 = 20$

df_2	df_1									
	1	2	3	4	5	6	7	8	9	10
1	16 210.723	19 999.500	21 614.741	22 499.583	23 055.798	23 437.111	23 714.566	23 925.406	24 091.004	24 224.487
2	198.501	199.000	199.166	199.250	199.300	199.333	199.357	199.375	199.388	199.400
3	55.552	49.799	47.467	46.195	45.392	44.838	44.434	44.126	43.882	43.686
4	31.333	26.284	24.259	23.155	22.456	21.975	21.622	21.352	21.139	20.967
5	22.785	18.314	16.530	15.556	14.940	14.513	14.200	13.961	13.772	13.618
6	18.635	14.544	12.917	12.028	11.464	11.073	10.786	10.566	10.391	10.250
7	16.236	12.404	10.882	10.050	9.522	9.155	8.885	8.678	8.514	8.380
8	14.688	11.042	9.596	8.805	8.302	7.952	7.694	7.496	7.339	7.211
9	13.614	10.107	8.717	7.956	7.471	7.134	6.885	6.693	6.541	6.417
10	12.826	9.427	8.081	7.343	6.872	6.545	6.302	6.116	5.968	5.847
11	12.226	8.912	7.600	6.881	6.422	6.102	5.865	5.682	5.537	5.418
12	11.754	8.510	7.226	6.521	6.071	5.757	5.525	5.345	5.202	5.085
13	11.374	8.186	6.926	6.233	5.791	5.482	5.253	5.076	4.935	4.820
14	11.060	7.922	6.680	5.998	5.562	5.257	5.031	4.857	4.717	4.603
15	10.798	7.701	6.476	5.803	5.372	5.071	4.847	4.674	4.536	4.424
16	10.575	7.514	6.303	5.638	5.212	4.913	4.692	4.521	4.384	4.272
17	10.384	7.354	6.156	5.497	5.075	4.779	4.559	4.389	4.254	4.142
18	10.218	7.215	6.028	5.375	4.956	4.663	4.445	4.276	4.141	4.030
19	10.073	7.093	5.916	5.268	4.853	4.561	4.345	4.177	4.043	3.933
20	9.944	6.986	5.818	5.174	4.762	4.472	4.257	4.090	3.956	3.847
21	9.830	6.891	5.730	5.091	4.681	4.393	4.179	4.013	3.880	3.771
22	9.727	6.806	5.652	5.017	4.609	4.322	4.109	3.944	3.812	3.703
23	9.635	6.730	5.582	4.950	4.544	4.259	4.047	3.882	3.750	3.642
24	9.551	6.661	5.519	4.890	4.486	4.202	3.991	3.826	3.695	3.587
25	9.475	6.598	5.462	4.835	4.433	4.150	3.939	3.776	3.645	3.537
26	9.406	6.541	5.409	4.785	4.384	4.103	3.893	3.730	3.599	3.492
27	9.342	6.489	5.361	4.740	4.340	4.059	3.850	3.687	3.557	3.450
28	9.284	6.440	5.317	4.698	4.300	4.020	3.811	3.649	3.519	3.412
29	9.230	6.396	5.276	4.659	4.262	3.983	3.775	3.613	3.483	3.377
30	9.180	6.355	5.239	4.623	4.228	3.949	3.742	3.580	3.450	3.344
31	9.133	6.317	5.204	4.590	4.196	3.918	3.711	3.549	3.420	3.314
32	9.090	6.281	5.171	4.559	4.166	3.889	3.682	3.521	3.392	3.286
33	9.050	6.248	5.141	4.531	4.138	3.861	3.655	3.495	3.366	3.260
34	9.012	6.217	5.113	4.504	4.112	3.836	3.630	3.470	3.341	3.235
35	8.976	6.188	5.086	4.479	4.088	3.812	3.607	3.447	3.318	3.212
36	8.943	6.161	5.062	4.455	4.065	3.790	3.585	3.425	3.296	3.191
37	8.912	6.135	5.038	4.433	4.043	3.769	3.564	3.404	3.276	3.171
38	8.882	6.111	5.016	4.412	4.023	3.749	3.545	3.385	3.257	3.152
39	8.854	6.088	4.995	4.392	4.004	3.731	3.526	3.367	3.239	3.134
40	8.828	6.066	4.976	4.374	3.986	3.713	3.509	3.350	3.222	3.117
41	8.803	6.046	4.957	4.356	3.969	3.696	3.492	3.334	3.206	3.101
42	8.779	6.027	4.940	4.339	3.953	3.680	3.477	3.318	3.191	3.086
43	8.757	6.008	4.923	4.324	3.937	3.665	3.462	3.304	3.176	3.071
44	8.735	5.991	4.907	4.308	3.923	3.651	3.448	3.290	3.162	3.057
45	8.715	5.974	4.892	4.294	3.909	3.638	3.435	3.276	3.149	3.044
46	8.695	5.958	4.877	4.280	3.896	3.625	3.422	3.264	3.137	3.032
47	8.677	5.943	4.864	4.267	3.883	3.612	3.410	3.252	3.125	3.020
48	8.659	5.929	4.850	4.255	3.871	3.601	3.398	3.240	3.113	3.009
49	8.642	5.915	4.838	4.243	3.860	3.589	3.387	3.229	3.102	2.998
50	8.626	5.902	4.826	4.232	3.849	3.579	3.376	3.219	3.092	2.988
60	8.495	5.795	4.729	4.140	3.760	3.492	3.291	3.134	3.008	2.904
80	8.335	5.665	4.611	4.029	3.652	3.387	3.188	3.032	2.907	2.803
120	8.179	5.539	4.497	3.921	3.548	3.285	3.087	2.933	2.808	2.705
240	8.027	5.417	4.387	3.816	3.447	3.187	2.991	2.837	2.713	2.610
∞	7.879	5.298	4.279	3.715	3.350	3.091	2.897	2.744	2.621	2.519

表 A. 4(续 9)

$$P(F>F_\alpha)=\alpha \qquad \alpha=0.005$$

12	15	20	24	30	40	60	120	∞	df₂
24 426.366	24 630.205	24 835.971	24 939.565	25 043.628	25 148.153	25 253.137	25 358.573	25 464.458	1
199.416	199.433	199.450	199.458	199.466	199.475	199.483	199.491	199.500	2
43.387	43.085	42.778	42.622	42.466	42.308	42.149	41.989	41.828	3
20.705	20.438	20.167	20.030	19.892	19.752	19.611	19.468	19.325	4
13.384	13.146	12.903	12.780	12.656	12.530	12.402	12.274	12.144	5
10.034	9.814	9.589	9.474	9.358	9.241	9.122	9.001	8.879	6
8.176	7.968	7.754	7.645	7.534	7.422	7.309	7.193	7.076	7
7.015	6.814	6.608	6.503	6.396	6.288	6.177	6.065	5.951	8
6.227	6.032	5.832	5.729	5.625	5.519	5.410	5.300	5.188	9
5.661	5.471	5.274	5.173	5.071	4.966	4.859	4.750	4.639	10
5.236	5.049	4.855	4.756	4.654	4.551	4.445	4.337	4.226	11
4.906	4.721	4.530	4.431	4.331	4.228	4.123	4.015	3.904	12
4.643	4.460	4.270	4.173	4.073	3.970	3.866	3.758	3.647	13
4.428	4.247	4.059	3.961	3.862	3.760	3.655	3.547	3.436	14
4.250	4.070	3.883	3.786	3.687	3.585	3.480	3.372	3.260	15
4.099	3.920	3.734	3.638	3.539	3.437	3.332	3.224	3.112	16
3.971	3.793	3.607	3.511	3.412	3.311	3.206	3.097	2.984	17
3.860	3.683	3.498	3.402	3.303	3.201	3.096	2.987	2.873	18
3.763	3.587	3.402	3.306	3.208	3.106	3.000	2.891	2.776	19
3.678	3.502	3.318	3.222	3.123	3.022	2.916	2.806	2.690	20
3.602	3.427	3.243	3.147	3.049	2.947	2.841	2.730	2.614	21
3.535	3.360	3.176	3.081	2.982	2.880	2.774	2.663	2.545	22
3.475	3.300	3.116	3.021	2.922	2.820	2.713	2.602	2.484	23
3.420	3.246	3.062	2.967	2.868	2.765	2.658	2.546	2.428	24
3.370	3.196	3.013	2.918	2.819	2.716	2.609	2.496	2.377	25
3.325	3.151	2.968	2.873	2.774	2.671	2.563	2.450	2.330	26
3.284	3.110	2.928	2.832	2.733	2.630	2.522	2.408	2.287	27
3.246	3.073	2.890	2.794	2.695	2.592	2.483	2.369	2.247	28
3.211	3.038	2.855	2.759	2.660	2.557	2.448	2.333	2.210	29
3.179	3.006	2.823	2.727	2.628	2.524	2.415	2.300	2.176	30
3.149	2.976	2.793	2.697	2.598	2.494	2.385	2.269	2.144	31
3.121	2.948	2.766	2.670	2.570	2.466	2.356	2.240	2.114	32
3.095	2.922	2.740	2.644	2.544	2.440	2.330	2.213	2.087	33
3.071	2.898	2.716	2.620	2.520	2.415	2.305	2.188	2.060	34
3.048	2.876	2.693	2.597	2.497	2.392	2.282	2.164	2.036	35
3.027	2.854	2.672	2.576	2.475	2.371	2.260	2.141	2.013	36
3.007	2.834	2.652	2.556	2.455	2.350	2.239	2.120	1.991	37
2.988	2.816	2.633	2.537	2.436	2.331	2.220	2.100	1.970	38
2.970	2.798	2.615	2.519	2.418	2.313	2.201	2.081	1.950	39
2.953	2.781	2.598	2.502	2.401	2.296	2.184	2.064	1.932	40
2.937	2.765	2.583	2.486	2.385	2.280	2.167	2.047	1.914	41
2.922	2.750	2.567	2.471	2.370	2.264	2.152	2.030	1.897	42
2.908	2.736	2.553	2.457	2.356	2.250	2.137	2.015	1.881	43
2.894	2.722	2.540	2.443	2.342	2.236	2.123	2.000	1.866	44
2.881	2.709	2.527	2.430	2.329	2.222	2.109	1.987	1.851	45
2.869	2.697	2.514	2.418	2.316	2.210	2.096	1.973	1.837	46
2.857	2.685	2.502	2.406	2.304	2.198	2.084	1.960	1.824	47
2.846	2.674	2.491	2.394	2.293	2.186	2.072	1.948	1.811	48
2.835	2.663	2.480	2.384	2.282	2.175	2.061	1.937	1.798	49
2.825	2.653	2.470	2.373	2.272	2.164	2.050	1.925	1.786	50
2.742	2.570	2.387	2.290	2.187	2.079	1.962	1.834	1.689	60
2.641	2.470	2.286	2.188	2.084	1.974	1.854	1.720	1.563	80
2.544	2.373	2.188	2.089	1.984	1.871	1.747	1.606	1.431	120
2.450	2.278	2.093	1.993	1.886	1.770	1.640	1.488	1.281	240
2.358	2.187	2.000	1.898	1.789	1.669	1.533	1.364	1.000	∞